湖南主要乡土树种培育技术

童方平　吴际友　编著

中国林业出版社

图书在版编目（CIP）数据

湖南主要乡土树种培育技术/童方平，吴际友编著. -北京：中国林业出版社，2015.5
ISBN 978-7-5038-7984-5

Ⅰ.①湖…　Ⅱ.①童…③吴…　Ⅲ.①树种-育苗-湖南省　Ⅳ.①S723.1

中国版本图书馆CIP数据核字（2015）第102074号

责任编辑：李　伟

出版　中国林业出版社（100009　北京市西城区德内大街刘海胡同7号）
http：//lycb.forestry.gov.cn　电话：(010)83143544
发行　中国林业出版社
印刷　北京北林印刷厂
版次　2015年5月第1版
印次　2015年5月第1次
开本　889mm×1194mm　1/16
印张　30.75
字数　900千字
印数　1~1000册
定价　80.00元

《湖南主要乡土树种培育技术》

编　委　会

主　编： 童方平　吴际友

副主编： 许忠坤　汤玉喜　徐清乾　李　贵

编　委（按姓氏拼音为序）：

柏方敏　陈　瑞　陈　孝　程　勇

纪程灵　黄　帆　黄明军　刘振华

刘　球　林　峰　李　贵　李　艳

李永进　龙应忠　童方平　童　琪

汤玉喜　唐　洁　王旭军　吴际友

吴　敏　许忠坤　徐清乾　杨　艳

张　勰

目　录

上篇　苗木培育理论基础

中篇 林木培育理论基础

下篇　培育技术各论

针叶树种类

阔叶树类

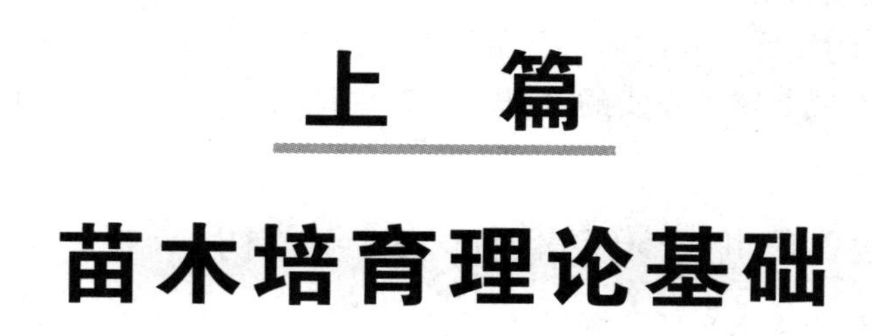

上　篇

苗木培育理论基础

第一章　苗木培育发展与展望

苗木是造林绿化的生物基础。良种壮苗是乡土树种培育成功与否的关键。由于造林地域广，生态环境复杂，加之林木的生长周期长，若苗木质量不好，不仅会影响造林的丰产效果，甚至还会导致造林失败，造成资源、人力及财力的极大浪费。因此，了解我国苗木培育发展概况，掌握苗木培育相关知识，用苗木培育理论基础指导苗木培育生产实践，对于培育出优质苗木具有十分重要的意义。

第一节　我国苗木培育发展历程

黄帝轩辕时期便有“时播百谷草木”，这表明在公元前两千多年就出现了苗木培育的萌芽。新中国成立60多年来，随着林业的发展，我国林木种苗培育建设从无到有、从简单生产到全面建设，苗木培育事业不断发展，为林业发展奠定了坚实的基础。从新中国成立初期至今，我国苗木培育发展主要经历了以下四个阶段。

一、号召动员阶段(20世纪50年代初~60年代初)

新中国成立初期，面对全国2.6亿公顷荒山，各地开展了较大规模的群众性植树造林活动。为保证植树造林需用的种苗，1950年5月16日，政务院发布《关于全国林业工作指示》明确规定的林业建设方针包括：普遍护林，选择重点有计划地造林；大量采种育苗，并要求各地应保留一定数量的土地，准备经营苗圃，从而拉开了中国林木种苗发展的序幕。

这一阶段的重点是以提高单位育苗面积产量、保证质量为中心，发展国营苗圃，主要依靠发动各村、各户、各互助组、合作社自己采种、育苗来解决，鼓励群众造林。对苗木供不应求的树种，实行贷种、贷苗、奖励、调剂供应，互通有无。同时林业部提出适地适树、细致整地、良种壮苗、适当密植、抚育保护、改进工具等六项造林基本措施，其中将良种壮苗作为重要措施之一。通过国家政策和措施的施行，广泛采种、苗圃建设以及组织技术指导等工作的开展，有力地促进了各地种苗工作的开展。

二、研究试点阶段(60年代初~1978年)

1959年底，全国林业厅(局)长会议提出林业建设基地化、林场化、丰产化方针，扭转了有种就采，有苗就栽的局面，开始摸索科学用种、育苗。20世纪60年代初，各地相继开展了种源调查、采种基地规划、种子检验等工作。借鉴国外林木良种选育发展经验，林业部提出开展良种选育是促进林木速生丰产的重要措施，建议先搞试点，并举办林木良种选育培训班，科研与生产协作，开始进行松、杉等树种的优树选择，积极开展试验性种子园建设，并建立了我国首批种子园。

在种子采收方面，开始注意种子来源与产地对造林成效的影响，并提倡选择优良母树采种，改变落后生产方式，提高造林质量；在育苗方面，随着社队林场的迅速发展，许多地方由互助组、合作社育苗过渡到生产队育苗和社队林场育苗，逐步发展成为县、公社、大队、生产队四级育苗，开始走向就地育苗、就地造林。国家有计划地收购种子，调剂余缺；根据造林计划，预先准备种苗，国有林场都自建苗圃，每个县(市)办1~2处示范苗圃。在“文化大革命”期间，多数地区种苗工作处于停滞状态。

三、基地生产阶段(1978～1999年)

1978年，国家林业总局在福建省召开全国林木种子工作会议，提出了实现林木种子生产专业化、质量标准化、造林良种化的目标，强调要恢复、健全各级林木种苗管理机构，加强经营管理，大力繁育推广良种。随后国家林业总局发布了《林木种子经营管理试行办法》和《林木种子发展规划》。1979年，林木良种基地建设纳入国家基本建设计划，实行专项投资，林木遗传育种研究列入国家和林业部科技攻关计划。1980年，中共中央、国务院发出《关于大力开展植树造林的指示》，明确提出建立合理的种子生产基地，努力实现种子生产专业化、质量标准化、造林良种化，标志着大规模的林木种苗基地建设从此开始。1990年国务院提出了到20世纪末，全国每年要为造林绿化提供良种150万公斤和200亿株合格苗的具体指标。

至20世纪末，分布比较合理的林木良种基地建设初具规模，全国共有各类林木良种基地630处，总面积76659公顷，全国育苗面积19.88万公顷，其中新育苗面积11.42万公顷，总产苗量304.16亿株，其中容器育苗22.31亿株，培育良种苗木105.88亿株，年可供造林合格苗184.91亿株。

四、依法治种阶段(2000年至今)

2000年12月1日，《中华人民共和国种子法》的施行，这是我国第一部关于种子的专门法律，它标志着我国林木种苗建设步入法制化轨道，林木种苗发展进入了一个崭新的历史阶段。

在这一阶段制定了一系列《种子法》配套法规，为林木种苗依法行政提供依据。明确执法主体，林木种苗行政执法和质量监督体系初步形成。深入开展执法检查和质量监管，种苗生产经营秩序明显好转；加强林木种苗项目建设，种苗生产能力得到增强；大规模的种苗工程建设，带动了社会种苗的大发展，大大提高种苗的生产供应能力，为国家林业重点工程的顺利推进提供了强有力的种苗保障。

全国林木种苗质量逐年提高，林木种子样品合格率由2002年的35.1%提高到2009年的96.7%，苗木合格率由2002年的81.7%提高到2009年的96.2%。从2006年起，林木种苗质量抽查把造林林木良种使用率作为一项重要内容，并实行定量抽查与定性检查相结合的方式。2007年又将林木良种审定情况列入抽查范围，有效地促进了林木良种的推广使用，提高了造林成效和林地效率。全国每年提供林木种子2000多万吨，提供合格苗木300多亿株。

这一阶段，林木种苗工作实现了四个重大转变：工作目标从单纯考虑林业行业自身发展转向指导和带动社会种苗发展，围绕国家林业总体战略和林业建设中心，促进农民脱贫致富、促进农村经济发展转变；工作重点从强调国有苗圃、带动社会育苗为主向加强林木良种基地建设与管理、林木种质资源保护等基础性、战略性、长期性的公益事业转变；工作方式从微观业务管理向宏观管理，加强公共服务和市场监管转变；工作手段从单一行政手段管理向以贯彻实施《种子法》为核心，综合运用法律、行政、经济手段管理转变。

第二节　苗木培育技术最新进展

20世纪90年代中期以后，随着常规育苗技术已经日趋成熟，育苗技术研究的重点开始转向苗圃灌溉、容器育苗、组培育苗等以前不够重视的技术。随着市场的需求，工厂化育苗得到了蓬勃的发展，特别是工厂化育苗技术及设备，如组织培养技术，全光喷雾嫩枝扦插技术、容器育苗技术温室苗架及自动喷雾设备的设计等已取得显著成果。有关苗木培育的专著、科技论文、成果等也大量涌现。大规模的工厂化育苗以其生产的苗木遗传品质好，数量多和质量高，便于集约化经营及生产成本低等优点，成为优质苗木生产发展的主要方向。同时生根粉、苗木活力保护等新型产品的推广应用，以及稀土微肥、生长调节剂、生物制剂的应用，提高了苗木的产量和质量，为工厂化育苗奠定了技术基础，使我国育苗工作上升到了一个新的台阶。此外，在苗木质量评价方面，建立了形态指标、生理指标以及分子鉴定辅助手段相结合的更为可靠的评价体系，为苗木质量的定量评价和苗木生产规格的标准化开辟了新的途径。

第三节　我国苗木培育中存在的问题

林业的发展，造林营林是根本；造林营林要发展，苗木要先行。苗木是林业生产重要的基础生产资料和物质保障，优质苗木更是林业跨越式发展的重要保证。同时苗木产业在满足社会需求，提高优势林产品国际竞争力，促进林业结构调整和带动农民增收致富中都具有重要的作用。我国苗木培育技术在近年来取得了较快的发展，但与国际先进育苗技术相比，还存在较多重要科技问题需要解决。目前我国的林业生产发展还不完善，苗木质量参差不齐，总体质量偏低，严重影响了林业生产作用的发挥。我国林业生产中苗木质量偏低主要表现在几个方面：

一、我国林业生产中的苗木质量受到林木种子的影响，总体质量不高

优质的种子对于提高苗木的质量有着十分重要的作用，一个生命的生长需要良好的胚胎，同样一棵参天大树的成长也需要播种优良的种子。但是目前我国良种生产量低，生产中良种使用率不足60%，且地区间极不平衡，个别地区良种使用率甚至不到10%，而林业发达的美国良种使用率在86%以上，日本和芬兰良种使用率高达100%。与国外发达国的林业生产相比，我国林业生产中的苗木质量还是落后的。

二、与林业发达国家及我国农业的种子相比，林木良种经营精准化不够

目前我国林业领域的良种品质保障技术方面尚处于比较粗放的水平，新工艺技术开发力度不足，以及种子催芽过程的精准调控等技术严重滞后于林业发达国家及我国农业领域。

三、苗木培育技术水平有待提高

我国裸根育苗技术虽然比较成熟，但如平衡施肥技术、适量灌溉技术、有害生物控制技术、苗木早期速生增壮技术等都需要加强研究和开发。我国已开发出部分适用于低成本、劳动力密集型、小规模生产的育苗技术，但对环境高度控制、高度机械化程度的大规模育苗技术开发的力度非常有限，包括精准播种技术、规模化无性繁殖技术、容器生产技术、精准灌溉施肥技术、基质酸碱度精准控制技术、环境温度湿度控制技术等尚未形成可操作性强的体系，且大多数情况下苗木的质量评价普遍建立在形态学基础上，缺乏生理指标和活力指标的配合，而且与造林后成活率及早期生长状况的关联评价也基本被忽略。

四、苗圃商业化、种苗产业化以及科研合作化不够

由于苗圃商业化、种苗产业化以及科研合作化不够，使得种苗产业化水平不高，种苗科学研究和技术开发的产学研长期稳定合作机制不够成熟。苗木生产的产业化是苗木产业发展的必然趋势。苗木生产的产业化即是要按照市场经济体制的基本要求，以科技为依托，对全国苗木生产进行全面规划，合理布局，扶持龙头企业，建立起比较完备和发达的苗木生产产业化体系，组成“企业＋农民”的联合体，实行“利益共沾，风险共担”模式。离开了龙头企业，势单力薄的农户就无所依托，苗木上档次、上规模更是无从谈起。但是目前我国对于苗木生产缺乏全面的规划和有效的指导。

五、苗圃从业人员技术水平有待提高

在苗圃从业人员中相关专业技术人员比例低，知识更新程度不够；苗木繁育中心具有相关专业的人员比例不足，从业人员不够稳定，且缺乏长期稳定的苗圃从业技术培训机制。而在林业发达的国家

和地区，林业专业技术人员都是经过严格培训的，多则十几年，少的也有几年专业培训。

六、苗木培育缺乏标准化的管理

目前，我国对于苗木培育的管理从市场到技术都未能做到规范化的管理，苗木市场的混乱对于良种的选择和苗木的培育都会产生不良的影响。另外，苗木的培育需要严格的规划管理，确保苗木培育的每一个过程都是十分严格和有效。对于林业生产中的苗木培育需要系统化的管理，对苗木的生产进行规范化的管理是提高苗木质量的重要影响因素。

影响苗木质量的因素是众多的，如何解决影响苗木质量的因素，为林业生产做出重要的贡献，为生态环境的改善及林农增收等做出贡献不仅仅是苗木培育专家思考的问题，同时也需要林业从业人员积极主动参与其中。

第四节　苗木培育的发展与展望

可持续发展是人类社会缔造一个健康和富有生机的环境的必然选择。作为陆地生态系统的主体，森林在实现社会及生态环境可持续发展中发挥着不可替代的作用，而林业发展和生态建设成效关键在营林，营林质量优劣关键在种苗，因此林木种苗是发展现代林业和促进林业科学发展的原动力。林木良种是林木优良遗传基因的载体，是决定林木生长速度和品质优良的内在因素。大量事实证明，选育和推广使用林木良种造林，可以大大提高木材和经济林产品的产量和质量，是解决木材和林产品供应问题的治本之策。纵观我国目前林业及种苗事业的发展的现状、发展潜力以及苗木培育存在的问题，近期可通过突破以下以下几方面的研究使苗木培育得到一定程度的发展。

一、大力加强林木种子生物学研究

种子生物学理论与知识是良种品质保障的基础，特别是花芽分化、性别控制、开花、传粉、受精、胚胎发育等一系列生殖生物学与良种繁育及种实产量调控关系密切，种子发育过程与实时采种、适当存储关系密切，种子休眠和萌发特性与种子催芽的关系密切，这些也都是国际上种子生物学研究的热点问题。因此我国林木种子事业需大力加强这些方面系统而深入的研究。

二、大力加强良种繁育与品质保障技术的精准化研究

加强对环境高度控制、高度机械化程度的大规模育苗技术开发，包括精准播种技术，规模化无性繁殖技术、容器生产技术、精准灌溉施肥技术、基质酸碱度精准控制技术、环境温度湿度控制技术等方面的研究，形成可操作性强的体系。

三、广泛深入开展苗木生物学研究

我国在良种基地经营管理、采种、调制、储藏、催芽等方面虽取得了大量的成果，生产技术也日趋成熟，但总体上还很粗放。今后应加强育苗精准调控等常规技术的精准化研究。要使苗木培育技术得到有效提高，必须在掌握好苗木生长发育规律的同时，加强其土壤性质、土壤和灌溉用水的酸碱度、氮磷钾等肥料的施用时间、比例及用量，以及光照、温度、二氧化碳浓度、空气湿度、杂草密度、菌根菌等各方面的关系的深入研究，这也是苗木优质速生、环境控制育苗必需的理论与知识。

四、加强苗木质量评价和控制技术的研究

苗木的形态指标直观、易于测量，但其并不能全面真实地反映苗木活力状况；生理生化指标可以反映苗木活力的真实情况，但不直观，经常需要专门的仪器或较长时间；分子标记辅助鉴定手段精准度高，操作自动化高，且不受树木生长发育阶段及环境条件的影响，但不具有直观性。因此，要对每

个树种，研究其形态指标与生理生化指标的相关关系，找出最能代表苗木活力状况的指标，并结合分子标记辅助鉴定手段用于苗木质量评价，同时加强苗木质量指标与培育技术的关系、以及全程调控苗木质量技术的研究。

五、大力提高苗木培育从业人员的理论与技术水平

先进的技术需要得到正确的使用和规范的操作才能发挥出其作用，而苗木培育从业人员的专业素质在很大程度上影响苗木培育技术的生产应用效果。因此必须通过各种途径大力提高苗木培育从业人员的理论和技术水平。

六、强化苗木产业化运营研究、切实促进种苗的商业化、规模化进程

只有种苗商业化后才能促进种苗产业的稳定性和可持续发展。在商业化生产的前提下，只有规模化才能提高效益，而规模化生产就需要有适合的、配套的精准化的技术体系。因此，重点加强种苗产业化研究，切实促进种苗的商业化、规模化运营，注重生产性苗木培育技术的配套化、精准化，是亟待深入开展的一项重要工作。

七、积极引进国外先进成熟的苗木培育理论与技术

根据我国苗木的现状和发展需要，大力引进国外先进成熟的苗木培育理论与技术，并实现再创新，应用于我国的苗木培育生产，加速我国种苗产业的发展步伐。

苗木培育的基础研究要顶天、应用研究要立地。苗木培育的相关基础研究一定要深入、要赶超世界先进水平，而应用技术的研究一定要适用、配套化、规模化、生产化，而且要产学研有机结合，在研究中应用，在应用中研究。此外，还需加大育苗投入比重，从营林生产整个过程考虑育苗成本和森林培育成本，而不是孤立的分段控制；要加快良种化进程，控制良种化应用水平；既要向国外学习，更要走自己的路，发展自己的特色，敢于创新，勇于领先。

第二章　林木种子生物学

林木种子从广义上讲是指可直接用于更新造林或培育苗木的繁殖材料，包括植物学意义上的种子、果实、枝、叶、茎尖、根等营养器官及组织、细胞、细胞器、人工种子等，其担负着林木上下世代间遗传物质传递的重要使命。种子生物学是研究植物种子特征特性、生命活动规律及种子处理加工、种子贮藏原理和技术的一门应用科学。包括林木发育与开花结实、种子形态构造、种子化学成分组成、种子形成与发育、种子成熟、寿命、种子休眠与萌发、种子活力、种子脱水耐性、呼吸及后熟、劣变，以及无性繁殖材料生物学方面的内容。了解种子生物学知识，掌握其相关技术，对于生产优质种子具有重要意义。

第一节　林木发育与结实

种子和苗木是森林培育的物质基础，林木必须经过开花、传粉和受精作用才能产生种子，利用种子繁殖后代，使其生生不息。从植物学的观点出发，种子是由胚珠发育而成的繁殖器官，因而种子应具有完整的胚，是幼小植物的缩影。从林业生产的角度来看，种子的含义相对比较广泛，播种用的种子和果实统称为林木种子或林木种实以及作为无性繁殖材料的植物组织。要了解林木结实规律，首先应了解林木发育过程，林木结实年龄受多方面因素影响有所差异，花芽分化是林木开花结实基础。

树木是多年生多次结实(除某些竹类外)的植物，其一生的发育周期可分为大发育周期和小发育周期。树木的大发育周期，指从种子发芽到植株死亡。一般实生树木的一生按树龄和发育特点可划分为幼年期、成年期、衰老期三个阶段，林木每个时期的生物学特性不同，因而对良种繁育及育苗造林的意义也不同。因此掌握好林木的发育过程及各个发育时期的特点，以便根据生产需求定向控制林木的发展方向。

一、幼年期

从种子萌发开始，形成幼苗，长成幼树，直到树木开花结实前的时期。这个时期树木主要进行营养生长，地上部和根系迅速扩大，形成主干、骨架枝、根冠和根系，构建成完整的树体，是个体建造的重要时期。开花必须以营养生长和营养物质积累为基础，所以林木一般都有一个较长的幼年期。在这个时期用任何人为的措施都不能使之开花(但这一阶段可以人为缩短)。在幼年期林木的可塑性大、适应性强，但抗性弱。这一阶段无性繁殖能力强，适用于做营养繁殖材料。

二、成年期

从开花结果到盛果期(结实能力开始下降时为止)是树木的成年期，成年期又可细分为青年期与壮年期。树木进入成年期同时进行着营养生长和生殖生长，生殖生长更加旺盛，在适宜的外界条件下，随时可以开花结果。这一阶段幼年期的一些形态逐渐消失；枝条扦插不如幼年期成活率高；结实能力随年龄逐渐提高，并且在一个相当长的时期中相对地稳定在一定的水平上，是种子经营工作中的重要时期。

三、衰老期

衰老期又叫结实衰退期，衰老更新期，指营养生长和结实能力逐渐衰弱，营养生长趋于停滞，直至个体死亡。这一时期生长势下降，甚至出现“负生长”，结实能力下降，种子质量差，不适用于造林；树体抗性较弱，无性繁殖成活率低。一般在营林过程中，在该时期到来之前，就应进行伐林更新。

以上是实生苗来源的树木的生长发育时期，发育龄期的转变是逐渐过渡的，幼年期、成年期、衰老期之间并无截然的界限。无性起源的树木，根据无性繁殖材料的不同，生长发育时期可能不同。一般情况下，营养繁殖的新个体的发育阶段与其母体的发育阶段相同，自此继续它的发育，不必经历最初的发育阶段。

了解树木的大发育周期，在生产中有很大的实际意义。由于树木茎的异质性，不同部位的枝条对结实年龄影响很大，用已达结实的树冠上的枝条扦插或嫁接，早的次年可结实，迟的也不过三、四年。但如果用根蘖或树木基部枝条繁殖，其结果年龄则与实生苗同样迟缓。因此在扦插育苗等无性繁殖时可优先选择已达结实树龄的营养组织，以提早结实。

树木的小发育周期(或叫年发育周期)，树木每年都有与外界环境条件相适应的形态和生理机能的变化，并呈现一定的生长发育的规律性，即为树木的年发育周期。例如树木在一年中发芽、生长、开花、结果、落叶、休眠一年为一个周期。小发育周期分为生长期和休眠期。生长期是指从春季开始进入萌芽以后，在整个生长季节中都属于生长期。休眠期是指冬季为适应低温和不利的环境条件，树木处于休眠状态这一时期。由于树木年发育周期的存在，树木形成不同年龄的枝条，一般一年生枝条生活力较旺，扦插、嫁接成活率较高。

第二节 林木开始结实年龄

树木的幼年期是不能开花结实的，树木只有结束了幼年期，达到性成熟阶段(即成年阶段)才能接受开花诱导、开花结实。影响树木的结实年龄主要有遗传因素、树木起源因素、外界环境因素等。一般喜光、速生树种幼年期较短，开始结实较早；耐阴、生长缓慢的树种幼年期较长，开始结实较晚；树体高大的树木，一般开花结实也较晚。有些树种开花结实十分迟缓，银杏需 20 年结实，云杉需 40 年开花结实。树种起源不同结实年龄也不相同，一般情况下，无性起源的树木开花结实早，有性起源的树木开花结实迟，例如嫁接繁殖的核桃苗 3 ~4 年可结实，实生核桃 10 年才结实。

此外在一些特殊情况下，如土壤瘠薄干旱，或遭受病虫、火灾以后，林木常常过早开始结实，这是营养生长受到强烈抑制，个体早衰的结果，是林木早衰的表现，是不正常的现象，林业上称之为“未老先衰”。

由于林木的结实年龄是可以遗传的，为了林木的速生丰产，应当尽量避免从某些低矮而结实较早的幼树上采种。

第三节 林木结实的周期性

已经开始结实的林木，因受到内在因子和环境因子的影响，每年结实数量差异很大，结实少的年份称之为小年或歉年，结实多的年份称之为大年，又称为种子年或丰年，结实量中等的年份称之为平年。从一个丰收年到下一个丰收年间隔的年限为结实间隔期，这种丰歉年交替出现的现象，称结实周期性。结实周期的长短，因树种和环境条件不同而异。

林木出现结实周期性现象的原因较多，一般认为是营养问题、另外还受内源生长调节剂、林地土壤养分等环境因子的影响。

林木大量开花结实，要大量消耗贮藏物质，同时还影响来年生长。由于开花结实消耗了大量的碳水化合物，因此使氮的同化作用减弱，便不能形成蛋白质，而大部分形成简单的氮化物氨基酸等。但花芽形成又需要存在充足的蛋白质态氮，因为只有代谢作用趋于合成蛋白质时，才能有利于花芽的形成，花芽多，营养芽就相对减少，以后枝叶也就减少，光合作用面积及光合效能也减少，从而影响生长。因此开花结实多的年份，营养枝强烈争夺养分，碳水化合物不足，使花原基不得发育，或花芽分化过早或过晚，以致来不及充分发育。同时结实多，使母树感到氮不足，生长素减少，即使开花也不易结实，即使结实也容易脱落，因此丰收后造成来年减产。

林木体内含有成花激素和抑花激素，当两者含量达到平衡状态时，有利于花芽分化。种子抑花激素含量高，所以种子丰收年时不利于花芽大量分化，从而影响次年结实量。

结实周期又受气候条件的影响。在气候条件愈适宜的地区，结实愈多愈频繁，否则反之。结实周期还受天气条件的影响，如天气条件愈好，愈有利于下一年贮备大量同化物，有利于丰收年的出现。

林木结实大小年并非不可改变，如创造营养条件，加强林木抚育和土壤管理，调节光照，减轻和消除自然灾害，改进采种方法等手段，并施激素以利花芽形成花，能提高种子产量或缩短结实间隔期。种子年的种子质量好，种粒大而重，发芽率高，对培育壮苗，提高造林成活率有重大意义。

第四节　林木种子发育与成熟

一、种子发育的一般过程

种子的形成和发育一般经历花芽分化、传粉、受精、种子发育、成熟、脱落等过程。林木每年形成的顶端分生组织，在进入开花结实阶段后，芽要分化成叶芽或花芽，即花芽分化的过程。影响花芽分化的因素主要与母体营养状况、激素种类与含量、环境条件等因素有关。多数树种的花芽分化发生在开花前一年的夏季到秋季之间，少数的树种每年多次花芽分化、多次开花。

树木的花期，因树种不同而不同。针叶树一般在春季开花，阔叶树在春夏秋冬开花的都有。种子的形成到发育成熟所需时间也因树种而异，短则 1～2 个月，长则 3 年，大多数为当年开花，秋季成熟。

树木传粉方式有风媒、虫媒、鸟媒、水媒等，但以风媒和虫媒为主。传粉后，花粉萌发，精卵结合，实现受精作用，之后经过种胚发育、胚乳发育和种皮发育等过程，进入种子成熟过程。

种子一般由胚、胚乳和种皮组成，胚由胚根、胚轴、胚芽、子叶组成。种子的生命集中体现在胚上。在适宜的条件下，胚芽发育成植株的主茎尖；胚根发育成根；子叶和胚乳储存了种子萌发所需要的糖类、蛋白质、脂肪、酶类等物质；种皮覆于种子周围起保护种子的作用。

种子的成熟是卵细胞受精以后种子发育过程的终结，包括形态成熟和生理成熟。外观上呈现成熟特征时称为形态成熟。种子的各个器官如种胚、子叶、种皮形成，且种子具有发芽能力时称为生理成熟。

生理成熟和形态成熟的先后因树木种类不同而不同。一般种子先生理成熟后形态成熟，也有的种子成熟过程的这两个方面基本上是一致的，而另一些先形态成熟后生理成熟。有些树种达到生理成熟时形态上还未充分成熟，这样的种子不耐贮藏而且成苗率低。有些树种，如白蜡、银杏、青钱柳的种子，形态成熟时种胚还有待继续发育。为了避免种子散落或被鸟兽盗食，生产上常以一部分种子进入形态成熟作为采种信号，这时的成熟状况称为收获成熟，但不能盲目提前采种，以免降低种子质量。

在生产中，判断种子成熟期可由感官根据种实的外部形态及味觉来判断。但在实践中要积累经验，才能准确判断。另外也可由比重，发芽试验，生化分析，解剖等方法判断，但因其操作相对复杂，在生产中应用不多。

二、影响种子产量和质量的因子

树木开花、传粉受精、种子发育和成熟，都受到诸多因素的影响，进而影响林木种子的产量和质量。归纳起来可分为母树条件的内在因素，以及以土壤条件、气候、天气及生物因子为代表的外界因素。

(1)影响林木种子的产量和质量的内在因素。主要包括树种的年龄、生长发育状况、传粉受精、种子成熟期。

高质量的种子大多数是在壮年或在丰产年产生的，一般发育较好的树结实产量和质量也较高，有些树种在幼年产生的种子多是瘪粒，即使是较饱满的种子，其出苗率也较低，且苗木柔弱。

树木的生长发育状况对苗木的影响也较大，在同龄林中，生长旺盛的优势树结实较多。因优势树的树冠采光多，利于其生长发育及结实，而生长弱势的树种没有这些优势条件，其营养生长和生殖生长都会受到影响。但过盛的营养生长也不利于母体结实。

(2)影响林木种子的产量和质量的外在因素。主要包括适宜的气候条件、立地条件、土壤物理性质及营养成分。

适宜的气候条件，如温度、光照、水分。树木结实与母体营养生长所需的气候条件基本一致。适度的高温、低湿、强日照有利于花芽分化，花芽分化状况是种子产量的基础；花期的气候对种子产量影响也较大，花期遇到晴朗的微风天气有利于花粉的传粉受精；受精后，需要适宜的气候，不宜过湿、过冷或过干，果实才能坐果发育，直至成熟。受光照和温度影响，一般树木最好的果实来自树冠的中上部。

立地条件、土壤物理性质及营养成分对林木种子的质量和产量也有很大的影响。当土壤的物理性质适合造林树种的生长，同时养分供应充足时，有利于树木的开花结实；适当疏松的土壤有助于空气的畅通、水分的储藏吸收；土壤微生物的活动，从而有利于营养物质的合成和分解，利于种子的生产。同时土壤中营养要足以提供树木的生长发育，且各营养元素越趋于平衡状态，越有利于林木结实，此外适当的施用磷肥，对林木结实常有良好的影响。在其他条件相同的情况下，立地条件好的林分，其种子的产量和质量也相对较高。

适度的林内生物量等都在一定程度上影响着林木种子的产量和质量。林木生长在空旷地或者林缘，常具有开阔的树冠，充足的光照，能结实较多；而在较密集的林分中，由于单株营养面积较小，其种子的产量和质量相对较低。

在实际生产中树木开花多的年份往往比结实丰产的年份多，其原因较多，主要是由于授粉不好或自体受精的影响，以及鸟类、昆虫为害等缘故。另外种子成熟所需时间越长，其受到危害机会也就越多，对种子产量就会有影响。

第五节　种子的寿命

种子寿命是指种子群体在一定环境条件下保持生活力的期限，即种子能存活的时间。种子寿命是一个群体概念，指一批种子从收获到发芽率降低到50%时所经历的天(月、年)数，也称半活期。但在林业生产上，种子寿命的概念是指种子生活力在一定条件下能保持90%以上发芽率的期限。

一、种子寿命的差异

树木种子寿命的差异很大，这种差异性受多种因素的影响。首先是由树木本身的遗传性所决定的，有的树木种子寿命较短，而有的树木种子的寿命则较长。其次，这种差异性受环境条件的作用，包括种子留在母株上时的生态条件以及收获、脱粒、干燥、加工、贮藏和运输过程中所受到的影响。通常提到的某一种树木种子的寿命是指它在一定的具体条件下能保持生活力的年限。当时间、地点以及各种环境因素发生改变时，树木种子的寿命也就随之改变。

二、影响种子寿命的内在因子

(一)种皮结构

种皮(有时包括果皮及其附属物)是空气、水分、营养物质进出种子的必然通道，也是微生物侵入种子的天然屏障。凡种皮结构坚韧、致密、具有蜡质和角质的种子，尤其是硬实，其寿命较长。反之，种皮薄、结构疏松、外无保护结构和组织的种子，其寿命较短。种皮的保护性能也影响到种子收获、加工、干燥、运输过程中遭受机械损伤的程度，凡遭受严重机械损伤的种子，其寿命将明显下降。

(二)化学成分

糖类、蛋白质和脂肪是种子三大类贮藏物质，其中脂肪较其他两类物质更容易水解和氧化，常因酸败而产生大量有毒物质，如游离脂肪酸和丙二醛等，对种子生活力造成巨大威胁。含油量高的种子比淀粉种子和蛋白质种子较难贮藏。含油酸、亚油酸等不饱和脂肪酸较多的种子更难贮藏，因为它们较之硬脂酸、软脂酸等饱和脂肪酸更容易氧化分解。

(三)种子的生理状态

种子若处于活跃的生理状态，其耐藏性是很差的。生理状态活跃的明显指标是种子呼吸强度增强。凡未充分成熟的种子，受潮受冻的种子，尤其是已处于萌动状态的种子，或者发芽后又重新干燥的种子，均由于旺盛的呼吸作用而寿命大大缩短。

(四)种子的物理性质

种子大小、硬度、完整性、吸湿性等因素均对种子寿命产生影响。凡小粒、秕粒和破损种子，其表面大，且胚部占整个籽粒的比例较大，因而呼吸强度明显高于大粒、饱满、完整的种子，其寿命较短。

(五)胚的性状

相同条件下，大胚种子或胚占整个籽粒比例较大的种子，其寿命较短。胚部结构疏松柔软，水分高，很容易遭受仓虫和微生物的侵袭。

(六)正常型种子和顽拗型种子

正常型种子具有适于干燥低温贮藏的特性，而顽拗型种子具有不耐低温贮藏和不耐脱水干燥的特性，因此，顽拗型种子的寿命较短。

三、影响种子寿命的环境因素

(一)湿度

种子水分愈高，种子寿命就愈短，尤其是当种子水分超过安全水分时，种子寿命大幅度下降。当种子水分在5%～14%范围内，每上升1%的水分，种子寿命缩短一半。

(二)温度

在种子安全水分范围内，贮藏温度愈低，种子寿命愈长。在0～50℃范围内，温度每上升5℃，种子寿命缩短一半。

(三)气体

氧气会促进种子的劣变和死亡，而氮气、氦气和二氧化碳则延缓低水分种子的劣变进程，但会加速高水分种子的劣变和死亡。

(四)光线

强烈的日光中紫外线较强，对种胚有杀伤作用，且强光与高温相伴，种子经强烈而持久的日光照射后，也容易丧失生活力。

(五) 微生物及昆虫

真菌和细菌的活动，能分泌毒素并促使种子呼吸作用加强，加速其代谢过程，因而影响其生活力。昆虫会破坏种子的完整性，也会影响种子寿命。

(六) 化学物质

用化学物质处理种子，可提高贮藏的稳定性，延长种子寿命。

第六节　种子的休眠

种子休眠指具有生活力的种子在适宜发芽条件下不能萌发的现象。种子休眠是树木在长期系统发育过程中形成的抵抗不良环境条件的适应性，所以休眠有利于种族的生存和延续。

休眠包括两种情况：原初休眠和二次休眠。原初休眠指种子在成熟中后期自然形成的在一定时期内不萌发的特性，又称自发休眠。二次休眠又称次生休眠，指原无休眠或已通过了休眠的种子，因遇到不良环境因素重新陷入休眠 ，为环境胁迫导致的生理抑制。

种子休眠的原因很复杂，可能是单方面原因，也可能是多方面原因综合影响的结果。

一、胚休眠

(一) 种胚未成熟

从树木种子的外表看，各部分组织已充分成熟并已脱离母株，但内部的种胚尚未成熟，种胚相对较小，有些情况几乎没有分化，需从胚乳或其他组织中吸收养料，进行细胞分化或继续生长，直到完成生理后熟。其种胚发育的适宜条件是在潮湿和一定的温度条件下，湿土或湿沙中层积，经数周以致数月种胚就能发育完全并获发芽能力。

(二) 种子未完成生理后熟

生理后熟是指休眠的种子需要在特殊的条件下贮藏一段时间，使胚完成分化或长到足够大小或完成生理成熟这一过程。在生产中，有些树木种子的种胚虽已充分发育，种子各器官在形态上已达完备，但胚的生理状态不适宜发芽，即使发芽条件已充分具备也不会萌发，只有经过一定时期的后熟，才具备发芽能力。如青钱柳等林木种子就属于这一休眠类型。

二、种皮的障碍

许多种子在成熟后，种皮常成为萌发障碍而使种子处于不能萌发状态。种皮障碍种子萌发又分三种情况：

(一) 种皮的不透水性

许多种子的种皮特别坚实致密，其中存在疏水的物质，阻碍水分透入种子。由于种皮不透水而不能吸胀发芽的种子称为硬实种子。硬实的形成是种子较深的一种休眠形式，有利于种子寿命的延长和后代的繁衍。硬实分布很广，在豆科、锦葵科、旋花科、睡莲科、椴树科等许多科属中普遍存在，特别是小粒豆科和木本豆科种子中比例甚高。

检测种子的硬实率必须浸种查算，但硬实的顽固性在群体和个体间均有差别，有的浸泡时间长了可以透水，也有浸泡 10 年不透水的。因此，一般以浸泡 24 小时不透水吸胀为判定硬实的标准。

(二) 种皮不透气性

有些种子种被可以透水但不透气，阻碍了种内外气体交换造成休眠。

(三) 种皮的机械约束作用

有些种子如核果的种皮特坚硬，虽透水通气，但胚在一定时间内无法顶破向外生长，直到种皮得到干燥机会，或随时间的延长，细胞壁的胶体性质发生变化，种皮的约束力逐渐减弱，种子才能萌发。

在自然界中，种皮的软化主要是通过环境因子作用，如动物粪便中的酸类物质、微生物在温暖潮湿的条件下的腐蚀分解和森林的大火。人工处理的办法主要是机械法、热水烫、酸处理、温暖潮湿的环境、火烧和利用未成熟的果实。

三、发芽抑制物质的存在

有些树木种子在成熟过程中积累一些抑制萌发的物质，当积累达到一定量时，种子便陷入休眠。抑制物质的种类很多，最重要的抑制物质是脱落酸、酚类物质、香豆酸、阿魏酸、儿茶酸等。种子含有抑制物质并不意味着种子一定不能发芽，主要取决于抑制物质的浓度，此外含抑制物质的种子不仅影响本身的正常发芽，而且对其他种子也发生作用。

破除由抑制物质引起的休眠，主要通过大雨淋洗、流水冲洗、多天的漂洗和浸泡、冷处理几天、剥离胚、用激素 GA_3等方法处理。

四、光的影响

光对种子休眠的影响因树种不同而异，大部分种子发芽对光并不存在严格的要求，无论在光下还是暗处都能萌发，但也有一些新收获的种子需要光或暗的发芽条件，否则就停留在休眠状态。根据种子发芽对光敏感性的状况，分为三类：喜光性或需光性种子：因白光的存在而缩短或解除休眠的种子；光性或暗发芽种子：因白光的存在而加强或诱导休眠的种子；对光不敏感种子：在光下或黑暗中均能很好萌发的种子。

许多不适宜萌发的外界条件是引起种子二次休眠的主要原因。

第七节　种子的萌发

种子萌发是种子的胚从相对静止状态变为生理活跃状态，并长成幼苗的过程。种子萌发的前提是种子具有生活力，解除了休眠，部分树木的种子还需完成后熟过程。

种子的萌发需要适宜的温度，一定的水分，充足的空气。种子萌发时，首先是吸水。种子浸水后使种皮膨胀、软化，可以使更多的氧透过种皮进入种子内部，同时二氧化碳透过种皮排出，里面的物理状态发生变化；其次是空气，种子在萌发过程中所进行的一系列复杂的生命活动，只有种子不断地进行呼吸，得到能量，才能保证生命活动的正常进行；最后是温度，温度过低，光合作用大大减弱，呼吸作用受到抑制，光合生产率降低，种子内部营养物质的分解和其他一系列生理活动，都需要在适宜的温度下进行的。

种子的萌发，除了种子本身要具有健全的发芽力以及解除休眠期以外，也需要一定的环境条件，主要是充足的水分、适宜的温度和足够的氧气。

一、充足的水分

休眠的种子含水量一般只占干重的 10% 左右。种子必须吸收足够的水分才能启动一系列酶的活动，开始萌发。不同种子萌发时吸水量不同。一般种子吸水有一个临界值，在此以下不能萌发。一般种子要吸收其本身重量的 25% ~50% 或更多的水分才能萌发。种子萌发时吸水量的差异，是由种子所含成分不同而引起的。为满足种子萌发时对水分的需要，生产中要适时播种，精耕细作，为种子萌发创造良好的吸水条件。

二、适宜的温度

不同树木种子萌发都有一定的最适温度。高于或低于最适温度，萌发都受影响。超过最适温度到一定限度时，只有一部分种子能萌发，这一时期的温度叫最高温度；低于最适温度时，种子萌发逐渐缓慢，到一定限度时只有一小部分勉强发芽，这一时期的温度叫最低温度。了解种子萌发的最适温度以后，可以结合树木的生长和发育特性，选择适温季节播种。

三、足够的氧气

种子吸水后呼吸作用增强，需氧量加大。一般树木种子要求其周围空气中含氧量在10%以上才能正常萌发。土壤水分过多或土面板结使土壤空隙减少，通气不良，均会降低土壤空气的氧含量，影响种子萌发。

四、充足的阳光（少数树木）

一般种子萌发和光线关系不大，无论在黑暗或光照条件下都能正常进行，但有少数树木的种子，需要在有光的条件下，才能萌发良好。需光种子一般很小，贮藏物很少，只有在土面有光条件下萌发，才能保证幼苗很快出土进行光合作用，不致因养料耗尽而死亡。嫌光种子则相反，因为不能在土表有光处萌发，避免了幼苗因表土水分不足而干死。因此在实际生产育苗时考虑到该树种种子发芽对光的反应。

第八节　无性繁殖

无性繁殖又称营养繁殖，是利用树木营养器官（根、茎、叶等）的一部分为繁殖材料，在一定条件下人工培育完整新植株的方法。营养繁殖的方法很多，包括传统的扦插、嫁接、埋条以及组织培养等。

无性繁殖的生理基础主要是细胞潜在的全能性所决定的。细胞的潜在全能性是指树木的每个细胞都包含着该物种的全部遗传信息，从而具备发育成完整植株的遗传能力。树木细胞全能性是树木组织培养等无性繁殖的理论基础，在适宜条件下，任何一个细胞都可以发育成一个新个体。本节只对常用的扦插、嫁接做简要的讨论。

一、扦插

树木扦插生根，愈合组织的形成都是受生长素控制和调节的，细胞分裂素和脱落酸也有一定的关系。枝条本身所合成的生长素可以促进根系的形成，其主要是在枝条幼嫩的芽和叶上合成，然后向基部运行，参与根系的形成。生产实践证明，人们利用树木嫩枝进行扦插繁殖，其内源生长素含量高，细胞分生能力强，扦插容易成活。在插条生根过程中，插条不定根的形成是一个复杂的生理过程。插条扦插后能否生根成活，除与树木本身的内在因子外，还与外界环境因子有密切的关系。

（一）影响插条生根的内在因子

（1）树种的生物学特性：不同树种的生物学特性不同，因而它们的枝条生根能力也不一样。根据插条生根的难易程度可分为：易生根的树种，如柳树、杉木等；较易生根的树种，如刺槐、刺楸等；较难生根的树种，如苦楝、臭椿等；极难生根的树种，如马尾松、樟树等。

（2）插穗的年龄：包括所采枝条的母树年龄及所采枝条本身的年龄。插穗的生根能力是随着母树年龄的增长而降低的，在一般情况下母树年龄越大，树木插穗生根就越困难，而母树年龄越小则生根越容易。由于树木新陈代谢作用的强弱，是随着发育阶段变老而减弱的，其生活力和适应性也逐渐降低。相反，幼龄母树的幼嫩枝条，其皮层分生组织的生命活动能力很强，所采下的枝条扦插成活率高。所以，在选条时应采自年幼的母树，特别对许多难以生根的树种，应选用1～2年生实生苗上的枝条，扦插效果最好。此外，随着年龄的增加，母树的营养条件可能更坏，特别是在采穗圃中，由于反复采条，地力衰竭，母体的枝条内营养不足，也会影响插穗生根能力。插穗年龄对生根的影响显著，一般以当年生枝的再生能力为最强，这是因为嫩枝插穗内源生长素含量高、细胞分生能力旺盛，促进了不定根的形成。一年生枝的再生能力也较强，但具体年龄也因树种而异。

(3)枝条的着生部位及发育状况：有些树种树冠上的枝条生根率低，而树根和干基部萌发条的生根率高。因为母树根颈部位的一年生萌蘖条其发育阶段最年幼，再生能力强，又因萌蘖条生长的部位靠近根系，得到了较多的营养物质，具有较高的可塑性，扦插后易于成活。干基萌发枝生根率虽高，但来源少。所以，做插穗的枝条用采穗圃的枝条比较理想，如采穗圃，可用插条苗、留根苗和插根苗的苗干，其中以后二者更好。

(4)枝条的不同部位：同一枝条的不同部位根原基数量和贮存营养物质的数量不同，其插穗生根率、成活率和苗木生长量都有明显的差异。但具体哪一部位好，还要考虑植物的生根类型、枝条的成熟度等。一般来说，常绿树种中上部枝条较好，这主要是由于中上部枝条生长健壮，代谢旺盛，营养充足，且中上部新生枝光合作用也强，因而对生根有利；落叶树种硬枝扦插中下部枝条较好，因中下部枝条发育充实，贮藏养分多，为生根提供了有利因素；若落叶树种嫩枝扦插，则中上部枝条较好，由于幼嫩的枝条，中上部内源生长素含量最高，而且细胞分生能力旺盛，对生根有利。

(5)插穗的粗细与长短：插穗的粗细与长短对于成活率、苗木生长有一定的影响。对于绝大多数树种来讲，长插条根原基数量多，贮藏的营养多，有利于插条生根。插穗长短的确定要以树种生根快慢和土壤水分条件为依据，一般落叶树硬枝插穗 10～25 厘米；常绿树种 10～35 厘米。随着扦插技术的提高，扦插逐渐向短插穗方向发展，有的甚至一芽一叶扦插，如茶树采用 3～5 厘米的短枝扦插，效果很好。在生产实践中，应根据需要和可能，采用适当长度和粗细的插穗，合理利用枝条，应掌握粗枝短截，细枝长留的原则。

(6)插穗的叶和芽：插穗上的芽是形成茎、干的基础。芽和叶能供给插穗生根所必需的营养物质和生长激素、维生素等，对生根有利。尤其对嫩枝扦插及针叶树种、常绿树种的扦插更为重要。插穗留叶多少一般要根据具体情况而定，一般留叶 2～4 片，若有喷雾装置，定时保湿，则可留较多的叶片，以便加速生根。

另外，从母树上采集的枝条或插穗，对干燥和病菌感染的抵抗能力显著减弱，因此，在进行扦插繁殖时，一定要注意保持插穗自身的水分。生产上，可用水浸泡插穗下端，不仅增加了插穗的水分，还能减少抑制生根物质。

(二)影响插条生根的外界因子

影响插条生根的外因主要有温度、湿度、通气、光照、基质等。其因素之间相互影响、相互制约，因此，扦插时必须使各种环境因子有机协调地满足插条生根的各种要求，以达到提高生根率、培育优质苗木的目的。

(1)温度：插穗生根的适宜温度因树种而异。多数树种生根的最适温度为 15～25℃，以 20℃最适宜。然而很多树种都有其生根的最低温度，如杨、柳在 7℃左右即开始生根。一般规律为发芽早的如杨、柳要求温度较低；发芽萌动晚的及常绿树种要求温度较高。不同树种插穗生根对土壤的温度要求也不同，一般土温高于气温 3～5℃时，对生根极为有利。这样有利于不定根的形成而不适于芽的萌动，集中养分在不定根形成后芽再萌发生长。在生产上可用马粪或电热线等做酿热材料增加地温，还可利用太阳光的热能进行倒插催根，提高其插穗成活率。但温度高于 30℃，会导致扦插失败。一般可采取喷雾方法降低插穗的温度。插穗活动的最佳时期，也是病菌猖獗的时期，所以在扦插时应特别注意。

(2)湿度：在插穗生根过程中，空气的相对湿度、插壤湿度以及插穗本身的含水量是扦插成活的关键，尤其是嫩枝扦插，应特别注意保持合适的湿度。

①空气的相对湿度：空气的相对湿度对难生根的针、阔叶树种的影响很大。插穗所需的空气相对湿度一般为 90% 左右。硬枝扦插可稍低一些，但嫩枝扦插空气的相对湿度一定要控制 90% 以上，使枝条蒸腾强度最低。生产上可采用喷水、间隔控制喷雾等方法提高空气的相对湿度，使插穗易于生根。

②插壤湿度：插穗最容易失去水分平衡，因此要求插壤有适宜的水分供应。插壤湿度取决于扦插基质、扦插材料及管理技术水平等。有报道表明，插条由扦插到愈伤组织产生和生根，各阶段对插壤含水量要求不同，通常以前者为高，后者依次降低。尤其是在完全生根后，应逐步减少水分的供应，以抑制插条地上部分的旺盛生长，增加新生枝的木质化程度，更好地适应移植后的田间环境。

(3)通气条件：插穗生根时需要氧气。扦插时插穗基质要求疏松透气，尤其对需氧量较多的树种，更要选择疏松透气的扦插基质，同时浅插。如基质为壤土，每次灌溉后必须及时松土，否则会降低成活率。

在扦插繁殖技术体系中，影响扦插生根、成活的因素不是孤立的，各种内外因素相互作用、综合影响着扦插成活的结果。因此，不仅要了解单一因素的影响，还要分析各因素之间的相互关系及综合影响，才能够根据不同情况采取相应的措施，达到扦插成活的目的。

二、嫁接

嫁接是林木育苗上常用的一种技术。嫁接能否成活受诸多因素的制约，除了树木种类、砧木和接穗的亲和能力等内在因素以外，主要还受温度、湿度、光照、嫁接技术等外在因素的影响。

(一)影响嫁接成活的内因

(1)嫁接亲和力：嫁接亲和力是指砧木和接穗嫁接双方在内部组织结构、生理代谢和遗传特性上彼此相同或相近，因而能够互相结合在一起并正常生长发育的能力。亲和力是嫁接成活最基本的条件，一般认为砧木与接穗亲缘关系对其有重要影响。亲缘关系越近，嫁接亲和力越强；同属，同种，同品种间亲缘关系近的嫁接成活能力最强；同科异属间的亲和力较小；科间嫁接在生产上很少应用。

(2)砧木和接穗的生理特性：砧木、接穗的生理特性是影响亲和力与嫁接成败的主要因素。在嫁接繁殖中，当砧木对水分与养分的吸收，与接穗的消耗接近，或者接穗合成的养料与砧木的需要接近时，二者亲和力强，易成活。形成层旺盛活动时期，砧木树皮容易剥离，芽接时插入接芽容易，成活率最高。若砧木和接穗的根压不同，若砧木根压高于接穗，生理活动正常，嫁接能够成活；反之，就不能成活。这是有些嫁接组合正接能成活，反接却不能成活的原因。有些苗木的代谢产物，如酚类物质、树脂等，往往对嫁接愈合有阻碍作用，使砧、穗不能愈合。

(3)砧木和接穗的质量：只有在砧、穗保持生活力的情况下，愈伤组织才可能在适宜的条件下形成、生长，为嫁接成活创造条件。植株生长健壮，营养器官发育充实，体内贮藏的营养物质较多，嫁接就容易成活。所以，要选择生长健壮、发育良好的砧木，同时要从健壮的母树上选取发育充实的枝条剪取接穗。砧木和接穗任何一方生活力差，都会影响其形成层活动及其再生能力的发挥，使嫁接成活的可能性降低。砧木拥有天然的根系，生活力一般都较强；而接穗是切离母树的部分，如何保持其生活力，是保证嫁接成活的关键之一。反映接穗生活力的主要指标是含水量，所以在繁殖实践中，不论是在嫁接前接穗的运输和贮藏过程，还是嫁接后的管理，都要特别注意防止接穗失水。砧木最好选用实生苗，因其根系强大、抗逆性好，而且阶段发育年龄小。

(二)影响嫁接成活的外因

(1)湿度：愈伤组织的形成与生长必须有一定的湿度环境，同时接穗也必须在一定的湿度条件下才能保持生活力，因此，湿度是影响嫁接成活最为重要的环境因素。一般枝接后需要3～4周、芽接需要1～2周的时间，砧木与接穗才能愈合，这段时期保证嫁接部位的湿度，是保证嫁接成活的关键。否则，愈伤组织无法生长、接穗失水干枯等导致嫁接失败。所以，在嫁接时需要采用保湿材料绑缚、涂抹接蜡、套袋或培土等方法，保持接合部位湿润，并防止接穗失水。

(2)温度：形成层和愈伤组织的活动需要在一定温度下才能正常进行。大多数树种在20～25℃的温度范围内，各种生理活动活跃，形成层活动旺盛，愈伤组织形成快。所以，选择温度适宜的季节进行嫁接，是保证成活的一个重要条件。不同树种愈伤组织生长的最适温度各异，这与树种自然萌芽、生长的最适温度有关。一般物候期早的树种，愈伤组织生长的最适温度较低为20℃，物候期中的树种略高为20～25℃，而物候期晚的树种最适温度高达30℃左右的温度。因此，在春季嫁接时，各树种的嫁接时间与次序，可依据树种物候期判断确定；而在夏、秋嫁接时，温度都能满足愈伤组织生长的需要，嫁接时间与次序要根据生长停止早晚或植株产生单宁、树脂等抑制物质的多少来确定。

（3）光照：光照对愈伤组织的生长有明显抑制作用。在黑暗条件下，愈伤组织产生多，呈鲜嫩的乳白色，砧、穗易愈合；而在光照条件下，愈伤组织较少且外层硬化，呈浅绿色或褐色，砧、穗不易愈合。因此，在生产中，使用不透光的材料进行绑缚，或采用培土方法，在嫁接部位创造黑暗条件，有利于愈伤组织形成，提高成活率。

（4）氧气：空气氧气也是愈伤组织生长的必要条件之一。在嫁接繁殖中，采取各种方法防止水分散失、保持湿度的同时，必须考虑到嫁接愈合对空气的需要，以免造成氧气供应不足使愈伤组织窒息死亡。因此，协调好保持湿度与保证空气的矛盾，是嫁接繁殖中需要注意的问题。

（5）嫁接技术：嫁接本身是一种技巧性很强的技艺，每个技术环节操作失当都可能对最后的结果造成致命影响。如果切削接穗时不够平滑，砧木与接穗的切削面不能紧密贴合，缝隙过大，就会使双方愈伤组织接合时间延迟，甚至不能结合；嫁接时砧木与接穗的形成层不能对准对齐，就会使嫁接成活率降低；如果砧木和接穗只有极少部分的形成层相接，虽然能成活，但在接穗生长到一定时期后，叶片增多增大，蒸腾作用增强，最后接穗仍会死亡；枝接要求接穗下端与砧木上端相接，如果倒置嫁接一般不能成活；绑缚方法或材料使用不当，也常造成嫁接失败。凡此等等，均说明嫁接技术的每个步骤与环节都是非常重要的。此外嫁接中还要求切削面要平滑、嫁接速度要快，以避免削面氧化变色。涂蜡要及时和完全等，否则均易导致嫁接失败。刀剪最好要经过消毒，避免感染嫁接口。

在嫁接繁殖技术体系中，影响嫁接成活的因素不是孤立的，各种内外因素相互作用、综合影响着嫁接的结果。因此，不仅要了解单一因素的影响，还要分析各因素之间的相互关系及综合影响，才能够根据不同情况采取相应的措施，达到嫁接成活的目的。

第三章　优良种子质量体系

良种是指遗传品质和播种品质都优良的种子。林业生产中，广义的良种是指一切具有优良遗传品质和播种品质的繁殖材料，包括种子、接穗、插条、叶片、芽体、块根、块茎、鳞茎、球茎、花粉、植物培养材料等。良种在现代林业中已经表现出越来越明显的效益。

种子品质包括两个方面的内容。一是种子的遗传品质，即与种子(包括繁殖材料)遗传特性有关的品质，是指从母体遗传下来的特性，所以遗传品质的好坏，取决于采种母树的选择；二是播种品质，即与种子播种后的出苗状况、苗木生长状况等有关的品质。因此在实际生产中要科学的选择种源，培育具有优良性状的母树，建立良种基地，是保障种子具有优良遗传特性的基础措施。此外，实时采种(采集穗条、砧木)、合理调制调拨、正确储存运输、科学的质量检测以及正确有效的催芽(无性繁殖材料预处理)等，则是保障种子具有优良播种品质的有效措施。本章所讲的种子质量体系，是指与种子播种品质相关的技术措施。通过这些技术措施的落实，有助于培育出优质的苗木。

第一节　林木种子质量指标

指示播种品质的各种参数为播种品质指标，包括净度、含水量、千粒重、优良度、健康状况、发芽能力、生活力等。此外还可根据需要进行种子活力、种子类别等方面的测定和检验。无性繁殖材料品质指标有穗条活力、芽的饱满度、健康状况和再生能力等。

一、净度

净度是被测定样品的纯净种子重量，占被测样品各成分的总重量的百分数。净度是种子播种品质的重要指标之一。确定播种量时，首先需要知道该批种子中的纯净种子究竟占多少。净度还会影响种子的贮存，因为有些夹杂物的吸湿性强，因而使种子含水量升高，反潮发热，使病菌活动加强，降低种子寿命。因此净度也是划分种子品质等级的指标之一。

二、千粒重

千粒重(以克为单位)通常用气干状态下的1000粒纯净种子的重量来表示，它是反映种子播种品质的重要指标。在同一树种中，千粒重数值愈高，说明种子愈大愈饱满，意味着种子含有较多的营养物质，其中的空粒也可能较少，这样的种子发育成的苗木也比较健壮。同一树种的种子千粒重因地理位置、立地条件、海拔高度、母树年龄、母树的生长发育状况，各年的开花结实条件以及采种时期等因子的不同而异。一般丰年的种子往往比较饱满，歉年的种子往往较小较轻。

三、含水量

种子中的水分是保持种子生命活动的一种重要物质，水分在种子中起介质作用。种子的新陈代谢作用，必须在有水分时才能进行，但在贮藏期间，如果种子水分过高，就影响到种子贮藏的安全，所以种子水分是种子播种品质中重要指标之一。通常是在烘箱中用105℃(有时为了快速也有较高的温度)温度烘干样品，测定样品前后重量之差来计算含水量。

四、种子发芽力的指标

种子的萌发能力是播种品质中最重要的指标，是品质检验最重要的项目。种子发芽试验的最终目的，是要了解播种前的种子质量和将来田间出苗情况。由于田间条件变化很大，特别是环境因子变化的不可控性，其试验结果没有可靠的重演性，因此，在田间条件下进行发芽试验是不适宜的。所以，一般采用实验室的方法进行发芽试验。

(一)发芽率

发芽率是正常发芽的种子占供试种子总数的百分数。发芽率高，表示有活力的种子数量多、比例高，播种后出苗率高。为了使发芽率这个指标能够相互比较，除了发芽试验的条件必须一致，参与计算的只限于正常的发芽粒。

(二)发芽势

发芽势是发芽种子数达到高峰时，正常发芽种子的总数与供试种子数的百分比。它是反应种子品质的主要指标之一。发芽率相同的两批种子，发芽势高的种子品质好，播种后发芽比较迅速而整齐，场圃发芽率也高。一般根据各树种的发芽习性应规定计算发芽势的天数。

(三)平均发芽速度

供试种子发芽所需的平均时间(天，小时)称为平均发芽速度，是衡量种子发芽快慢的一个指标。在同一个树种中，平均发芽速度的数值小，表示该批种子发芽速度快，发芽能力较好。

(四)场圃发芽率

在生产上更需要了解的是在场圃条件下的发芽情况。中、小粒种子的场圃发芽率一般都比实验发芽率低得多。而且测定场圃发芽率的最大困难在于发芽条件难于控制，所得的结果很难重复。此外，测定出来的数据对于当年的播种实践已无指导意义，只能作为一种数据积累，对以后育苗实践有参考价值。

五、种子活力

种子活力是指种子的发芽潜在能力和种胚所具有的生命力，通常是指一批种子中具有生命力(即活的)种子数占种子总数的百分率。种子活力是种子生活力的集中体现，能更全面的体现田间的利用价值。

六、种子健康状况

种子健康状况主要是指是否携带病原菌，如真菌、细菌、病毒以及害虫等。检测种子样品的健康状况，为评估种子质量提供依据，从而提出对种子的处理意见。

七、林木种子真实性

种子的真实性是指一批种子所属品种、种或属与文件描述是否相符。这是鉴定种子样品的真假问题。品种纯度是指品种个体与个体之间在特征特性方面典型一致的程度，用本品种的种子数(或株、穗数)占品种供检验本样品数的百分率表示。林木种子的真实性和纯度鉴别问题的现实意义，首先是保障提供造林用苗木的高度一致性，以确保造林的成功，其次是防止不法分子造假、避免林业生产单位和个人遭受巨大经济损失。

第二节　影响种子质量的因素及保障

影响林木种子质量的因素包括遗传因素、环境因素等(详见第二章)。林木种子因其来源于不同的种源区及母树，本身就有优劣之分，因此需在采种时对种源和母树严格把关。此外种子采集、调制、储藏、运输、销售及使用过程对种子质量及对林业生产用种的品质也有重要的影响。即使是良种培育基地的优良种子，如果在种子采集、调制、储藏、运输、销售及使用过程中出现问题，也会在很大程度上影响种子的品质，从而影响到壮苗的培育和造林成效。因此要保障优良种子质量体系，需在保障优良种子遗传品质的同时，还需在种子和无性繁殖材料的采集、调制、储藏、运输以及种子催芽及无性繁殖材料的预处理技术上层层把关，每一个环节都不容忽视。

一、采种

林业上的采种，是指采集树木上的果实或种子(亦包括采集穗条、根等)。种实采集的关键是适时适法。适时采集就是需要把握种子的成熟性状和成熟期，及时采集，获得种粒饱满、品质优良的种子，避免采集过早或过晚。适法采集就是需要用正确的方法采集，宜上树采摘的则上树采，宜树下捡拾的则树下捡拾，不乱敲、不砍枝、不伐木(结合采伐进行采种的除外)采种。

(一)采种林分及母树选择

对于已经建立了种子园、母树林或采穗圃的树种，则应首先采自种子园、母树林或采穗圃的种子或穗条。如没有具备这些条件，则应从优良种源林中的优良母树上采种。母树的性状、生长、发育都与种子质量有着密切关系，但不是所有的母树都会结出优良的种子，所以采种首先要选择好母树，选取质量特别好的优树，作为采种母树。从优良母树上采集的种子不但具有优良的播种品质，而且还具有优良的遗传性，繁殖后代时，其优良的特性就可遗传，后代林木就能保持优良品质。乡土母树土生土长，由于长期经受分布地区气候、土壤条件的影响，适应了当地经常变化着的外界环境，并能把适应能力固定下来，遗传给下一代。因此，选用优良乡土母树的种子造林容易成活，适应性强，而且种源丰富，可以就地采种就地育苗。所以在选择采种母树时，也可选用优良的乡土母树。

此外，种子生产基地应对不同树种的年龄、分布区、数量等在图纸上进行全面详尽的记录，并建立各树种的种子资源档案。便于采种林分及母树选择。采种林分及母树选择的条件：种源明确、生长健壮、干形优良、抗性强，无严重病虫害，还需考虑采种母树树龄等因素。

(二)确定采种期

采种时期主要根据种子的成熟期和脱落期确定。种子成熟期可分成两个阶段：当种子内部的营养物质积累到一定程度、外部形态也有相应变化、胚具发芽能力时为生理成熟；当种子内部营养物质停止积累，外观具有该树种固有特征，胚完成发育时为形态成熟。种子的成熟期除受树种本身内在因素的影响外，还受地区、年份、天气、土壤、树冠部位，以及人为活动等因素的制约。确定种子成熟期的方法有多种，最常用的是根据球果或果实的颜色变化来判断；而胚和胚乳的发育状况则是确定种子成熟期的最可靠指标，可切开用肉眼观察，或不切开而用X射线检查。比重法较为简单易行，在野外即可进行，生化指标如还原糖含量和粗脂肪含量等也能说明成熟程度。种实有的成熟后立即脱落，如杨树、柳树、榆树、桦树等；有的较长时间宿存枝头，如二球悬铃木、臭椿、楝树等；有的为中间类型，即种子成熟后经过一短暂时间才部分脱落，如油松、侧柏等。可根据上述情况确定最佳采种期，并严格按照采种时间组织采种工作。

(三)采种方法

采种方法一般根据种实的类型、脱落的形式和时间、树体的大小等综合因素来确定。采种一般可分为地面收集落种(主要适用于少量大粒种子)、树上采种和伐倒木采种(结合采伐进行)三种方法，其中以树上采种为主。

二、种实的调制

刚采得的种实不适合贮藏或播种，把采得的种实进行处理使其达到适合贮藏或播种的程度称为种实的调制。在多数情况下，采集的种实中含有鳞片、果荚、果皮、果肉、果翅、果柄、枝叶等杂物，必须经过及时的晾晒、脱粒、清除夹杂物、去翅、净种、分级、再干燥等处理工序，才能得到纯净的种实。新采集的种实一般含水量较高，为防止发热，霉变对种实质量的影响，采集后要在最短的时间内完成种实调制。对于不同类别以及不同特征的种实，调制时要采取相应的调制工序。

(一)球果类种实的调制

球果类种实，其种子包藏在球状果的种鳞内。种实调制中首先要进行干燥，使球果的鳞片失水后反曲开裂，种子才能脱出。球果干燥分自然干燥和人工干燥脱粒两种方法：

(1)自然干燥脱粒：自然干燥调制以日晒为主，选择向阳、通风、干燥的地方，将球果摊放在场院晾晒，或设架铺席、铺油布晾晒。在干燥过程中，经常翻动。夜间和雨天要将球果堆积起来，覆盖好，以免雨露淋湿，使晾晒时间拖长。通常经过10天左右，球果可开裂。球果的鳞片开裂后，大部分种子可自然脱出，未脱净的球果再继续摊晒使种子全部脱出。对于针叶树种的球果，含松脂较多，不易开裂，可先在阴湿处堆沤，用40℃左右温水或草木灰淋洗，盖上稻草或其他覆盖物，使其发热，经两周左右待球果变成褐色并有部分鳞片开裂时，再摊晒一周左右，可使鳞片开裂，脱粒出种子。然后用筛选、风选或水选，去翅去杂，取得纯净种子。对于如落叶松、油松等带翅的种实，完成脱粒工序后，要通过手工揉搓或用去翅机，除去种翅，以便于贮藏和播种。

自然干燥法优点是作业安全，调制的种子质量高，不会因温度过高而降低种子的品质。因此，适用于处理大多数球果。

(2)人工干燥脱粒：在球果干燥室，人工控制温度和通风条件，促进球果干燥，使种子脱出，温度保持在30～60℃，具体温度根据不同种实特性而定。也可使用球果脱粒机脱粒种子。另外，可采用减少大气压力，提高温度的减压干燥法或称真空干燥法脱粒种子。使用球果真空干燥机进行脱粒，不会因高温而使种子受害，特别是能够大大缩短干燥时间，提高种实调制的工作效率。

(二)干果类种实调制

干果类种实调制工序主要是使果实干燥，清除果皮和果翅、各种碎屑、泥土和夹杂物，取得纯净的种实，然后晾晒，使种实达到贮藏所要求的干燥程度。调制时要注意，含水量高的种实若放置时间长，种实堆容易发热而致使种子受害，因此，必须及时进行调制，且不宜暴晒，而是适宜阴干，或直接混沙埋藏。含水量低的种实，一般可在阳光下直接晒干。

(1)蒴果类种实调制：杨、柳等树种，采集的果实晒几个小时后，应及时放入通风而凉爽的室内进行阴干，一般在架设好的帘子上摊铺，并经常翻动，以防止发热。待蒴果开裂时敲打脱粒。如油茶等树种，采集后可放在筐内晾晒。晾晒数日，蒴果开裂后，即可搅动或敲打脱粒。

(2)荚果类种实调制：多数荚果类种实含水量较低，如刺槐、合欢等，采集后直接摊在晾晒场上晒干，待荚果开裂，敲打脱粒，用风车等除去其他夹杂物，获得纯净种子。对于皂角类等果皮坚硬的种实，可用石滚或机械压碎果皮，清除夹杂物，取出种子。

(3)翅果类种实调制：槭树、香椿、杜仲等树种的翅果，不必去翅，干燥后除去其他杂物即可贮藏。其中，杜仲翅果在阳光下暴晒易失去发芽力，应阴干。

(4)坚果类种实调制：含水量较高的栎类种实，不宜在阳光下暴晒。采集后及时通过水选或手选，除去虫蛀果实，摊在通风处阴干。阴干过程中注意经常翻动，以免发热，当种实含水量降低到一定程度时，则可进行贮藏。

(三)肉质果类种实调制

肉质果类包括浆果、核果、仁果、聚合果以及包在假种皮中的球果等。肉质果实的调制的关键是去掉肉质果皮。

肉质果的果肉含有较多的果胶和糖类，水分含量也高，容易发酵腐烂。所以，采集种实后要及时调制，取出种子。否则出现发酵现象会降低种子品质。调制的工序主要为软化果肉、揉搓果肉，用水淘洗取出种子，然后进行干燥和净种。一般情况，从肉质果实中取出的种子含水率高，不宜在阳光下暴晒，应在通风良好的地方摊放阴干，达到安全含水量时进行贮藏。

(四)净种和种粒分级

(1)净种：是指清除种实中的鳞片、果屑、枝叶、空粒、碎片、土块、异类种子等夹杂物的种实调制工序。通过净种可提高种子净度。根据种实大小和夹杂物大小不一及比重的不同，可选用筛选、风选和水选等方法净种。筛选时，先用大孔筛筛除大的夹杂物，再用小孔筛筛除小杂物和细土，最后留下纯净的种子。风选时主要应用风车和簸扬机等，将饱满种子和夹杂物分开。水选时利用种粒和夹杂物比重的差别，将待处理的种实放置筛中，并浸入慢流的水中，使夹杂物、空瘪粒和受病虫害的种粒上浮而除去，将下沉的饱满种子取出阴干。

(2)种粒分级：是将一个树种的一批种子按种粒大小进行分类。种子大小在一定程度上反映种子品质的优劣。通常大粒种子活力高，发芽率高，幼苗生长好，因此，种粒分级非常重要。分级时可利用筛孔大小不同的筛子进行筛选分级，也可利用风力进行风选分级，还可借助种子分级器进行种粒分级。种子分级器的设计原理是，种粒通过分级器时，比重小的被气流吹向上层，比重大的在底层，受震动后，分流出不同比重的种子。

(3)建档：净种分级后的种子要及时登记，建立档案。登记项目包括树种、产地、采集时间、采集人、采集方法、处理方法以及粒级。这一记录要跟随在种子储藏、调拨运输、育苗、造林至森林收获的整个营林过程中，为以后的种子调拨与经营提供依据。

三、种子贮藏

种子贮藏是种子收获后至播种前的保存过程。种子经净种、分级后，因播种季节、生产计划等因素不能立即播种，需将种子按照一定的方法贮藏至播种时。其要求防止发热霉变和虫蛀，保持种子生活力、纯度和净度，为生产提供合格的播种材料。

种子安全贮藏要保持“干、冷、净”的状态。一般在贮藏前要充分净种、去杂质、使水分含量达到安全含水量。大多数种子的安全含水量在3% ~14%，适宜的贮藏温度为0 ~5℃，空气相对湿度在30% ~50%，需注意通风透气。贮藏时需按树种、批次、质量、产地分别贮藏。用于贮藏种子的库房，应具备防水、防鼠、防虫和防菌、通风、防火等基本条件。

贮藏环境相对湿度小、低氧、低温、高二氧化碳及黑暗无光的条件有利于种子贮藏。具体的种子贮藏方法依种实类型和贮藏目的而定，最主要依据种子安全含水量的高低来确定，应用较多的是干藏法和湿藏法。含水量低的种子一般适宜干藏，含水量高的种子一般适宜湿藏。

(一)干藏法

种子本身含水量相对低，计划贮藏时间较短的种子，尤其是秋季采收且准备来年春季进行播种的种子，可采用干藏法。适于干藏的树种有侧柏、杉木、柳杉、水杉、马尾松、落叶松、刺槐等。方法是：先将种子进行干燥，达到气干状态，然后装入麻袋、布袋、缸、或其他容器内，置于常温，相对湿度保持在50%以下，且通风的种子库贮藏。贮藏时注意容器内要稍留空隙，严密防鼠、防虫，注意及时观察，防止潮湿。

计划贮藏时间超过1年以上时，为了控制种子呼吸作用，减少种子体内贮藏养分的消耗，保持种子有较高的活力，可进行密封干藏。如柳、桉等种子，将种子装入容器内，然后将盛种容器密闭，置于低温条件下保存。密封干藏时，种子的含水量一般应干燥到5℃左右，容器可用瓦罐、铁皮罐和玻璃瓶等，也可用塑料容器，种子不宜装得太满。密闭容器中充入氮和二氧化碳等气体，利于降低氧气的浓度，适当地抑制种子的呼吸作用。此外，容器内要放入适量的木炭、硅胶和氯化钙等吸湿剂。

(二)湿藏法

湿藏法即把种子置于一定湿度的低温条件下进行贮藏。湿藏有助解除种子休眠的作用，可结合种子催芽进行贮藏。这种方法适于安全含水量高的种子，如栎类、樟、楠、青钱柳等。

湿藏的基本要求：保持湿润，防止种子干燥；通气良好，防止发热；适度的低温，控制霉菌并抑制发芽。湿藏法一般用湿沙、泥炭等透气又保湿的材料与种子混匀后进行坑藏、窖藏或室内贮藏。栎类及红松等种子还可在流水中贮藏。

湿藏法贮藏种子可采用室内堆藏和室外堆藏、坑藏等方法。

(1)坑藏法：室外挖坑埋藏最好选地势较高、背风向阳的地方，通常坑的深和宽为100～120厘米，坑长视种子多少而定。坑底先垫10厘米厚的湿沙，然后种子与湿沙按容积1∶3混合后放入坑内，在坑上放置至少10厘米的沙子。贮藏坑内隔一段距离插一通气筒或作物秸秆或枝条，以利通气。地表之上堆成小丘状，以利排水。珍贵或量少的种子，可将种子和沙子混合或层积，置入木箱内，然后将木箱埋藏在坑中，效果良好。

(2)堆藏法：堆藏法一般分为室内堆藏和室外堆藏。室内堆藏需选择空气流通、温度稳定的房间或地窖等。先在地上浇水打湿地面，然后再铺一层10厘米左右的湿沙，然后按种子与湿沙1∶3的容积比混合或种沙分层铺放。堆的规格保持在高50～80厘米，宽1米左右，长度视种子数量及室内大小而定。堆内每隔1米插一束秸秆，堆间留出通道，以便通风检查。贮藏过程中要保持湿度和温度，防止条件发生剧烈变化。银杏和樟树种子，沙子湿度宜控制在15%左右；栎类、槭、椴等，可采用30%湿度，如果湿度太大，容易引起发芽。一般以手握成团，手捏即散为宜。室外堆藏选地势较高、背风向阳的地方，按室内堆藏的方法铺设沙床，一层种子一层湿沙堆积贮藏，上层用薄膜盖实。冬天需再在上面用草席覆盖保温。贮藏过程中要经常查看，注意保持湿度和温度。

四、种子的调拨

当本地所产种子不能满足育苗造林需要时，需从外地调进种子。在调种过程中一定要控制种源的范围，不宜超过规定的界限范围，避免照成严重后果，因此必须合理调拨种子。种源调拨是否适当，对生产影响颇大，种源不同则造林效果也不同。

在种源试验的基础上，划分种子调拨区，才能做到合理调拨和使用种子。种子的合理调拨实质上也是生态型和地理型的选择。在种子调拨时应遵循以下原则：①选择最适种源区或本地种源；②当缺少本地种源或无最适种源区时，需在造林地附近地区调拨种子；③若在造林地附近也缺乏种子时，则选择气候条件和土壤条件与造林地相同或相似的地区的种子，尽量减小误差。总之，尽量在本气候亚带内或邻带内的最适种源区进行调种，隔带调种一定要慎重，且在造林布局时，一定要尽量安排在立地条件与原产地接近的林地上。

在自然条件下，种子由北向南和由西向东调拨的范围比相反的方向大。如马尾松种子的调拨，由北向南纬度不超过3°，由南向北纬度不超过2°；在经度方面，由气候差的地区向气候条件较好的地区调拨范围不超过16°；在海拔范围内调拨种子时，从高海拔向低海拔调拨范围比相反的方向大，一般不超过300～500米。此外，在采用外源种源时，最好先进行种源试验，试验成功后再大量调进种子用于生产。调运苗木及无性繁殖材料时也应遵循上述原则。

五、种子运输

种子运输的首要问题是要做好包装工作。需用麻袋等透气的包装物，包装时可适量地混合一些木炭粉吸潮。如需长途运输时则不宜装太满，便于翻动种子透气，避免在运输过程中霉烂；对于易丧失活力的种子如杨树等则应密封运输。其次应做好运输过程中的保管工作，防潮透风，此外还要防止混杂等。

六、种子销售

在种子销售过程中要严格按照《种子法》合法合理销售，对违规违法销售行为必须严格查处。

(一)依规依法，信息真实

销售的种子以及无性繁殖的器官组织(如根、茎、枝、叶等)应附有标签，标签的内容、颜色、标注文字类别与字号大小、制作形式等应当规范、合法。标签的内容应包括树种或品种名称、种子类别、种子产地、种子经营许可证编号、质量指标(纯度、净度、水分和发芽率)、检疫证明编号、净含量、生产年月、生产商名称、生产商地址和联系方式，以及对特殊情况的加注。不得有伪造、涂改标签或试验、检验数据的行为，以免直接导致标签标注的品种信息不真实。

(二)建立种子销售档案

种子经营者应当建立种子经营档案，载明种子来源，加工、贮藏、运输和质量检测各环节的简要说明及责任人，种子销售去向等内容。林木种子经营档案的保存期限按林业行政主管部门规定保存。

(三)按证按区域销售

种子经营许可证的有效区域由发证机关在其管辖范围内确定。种子经营者按照经营许可证规定的有效区域进行销售，设立分支机构的，可以不再办理种子经营许可证，但应当在办理或者变更营业执照后15日内，向当地林业行政主管部门和原发证机关备案。

(四)加强销售检查，惩处违规违法行为

要加强对种子销售工作的执法检查。在检查时，应当注意种子经营者是否存在只有销售或代销包装种子资格却私自灌装、加工、包装种子的行为，是否存在转委托代销包装种子行为。一旦发现违规违法的销售行为，则严加惩处。

七、种子使用

在种子使用过程中，应严格按照各树种的生物学特性进行使用。根据不同树种的特性，匹配不同的环境条件和技术措施，做到科学用种，以保障种子的生物活性、发芽率，以及苗木质量及造林存活率。

第三节　种子品质检测

一、种子检验相关概念

(一)种批

种批又称种子批，是指种源相同、采种年份相同、播种品质一致、种子重量不超过一定限额的同一树种的同一批种子。具备下列条件的同一树种的种子：在同一个县范围内采集的；采种期相同；加工调制和贮藏方法相同；种子经过充分混合，使组成种批的各成分均匀一致地随机分布；不超过规定数量。特大粒种子如板栗、麻栎、油桐等为10000公斤；大粒种子如油茶、苦楝等为5000公斤；中粒种子如红松、樟树、沙枣等为3500公斤；小粒种子如油松、落叶松、杉木、刺槐等为1000公斤；特小粒种子如桉、泡桐、木麻黄等为250公斤。重量超过规定5%时需另划种批。

通常以一批种子作为一个检验单位进行种子品质检验。若种子重量超过规定的限额，应另划种批，对于种子集中产区可以适当加大种批限量。

(二)样品

样品是从种批中抽取的小部分有整体代表性的、用于品质检验的种子。样品的抽取应按照规定的程序和强度进行，分为初次样品、混合样品、送检样品和测定样品。

(1)初次样品：是指从种批的每个抽样点上取出的少量样品。

(2)混合样品：是指从一个种批中抽取的全部等量的初次样品合并混合而成的样品。

(3)送检样品：是指送交检验机构的样品，可以是整个混合样品，也可以是从中随机分取的一部分，但数量不得少于标准的规定。

(4)测定样品：是指从送检样品中分取一部分直接供做某项品质测定用的样品。

抽样是抽取有代表性的、数量能满足检验需要的样品，其中某个成分存在的概率仅仅取决于该成分在该种批中出现的水平。

为使种子检验获得可高的结果并具有重演性．必须按照规程规定的方法。从种批中随机提取具有代表性的初次样品、混合样品和送检样品。这是因为同它应当代表的种批相比，样品的数量极少，无论检验工作做得如何准确，检验结果也只能表明供检样品的品质。因此必须尽最大努力保证送检样品能准确地代表该批种子的组成成分。同样，检验机构也要使分取的测定样品能代表进检样品。只有这样才能通过样品的检验评定种批品质。

二、种子检验程序

种子品质检验工作有一定的连贯性和顺序性，不同指标的检验有相关性，因此需遵从一定的顺序。根据《林木种子检验规程》(GB 2772－1999)，一般种子品质检验程序如图 3-1。

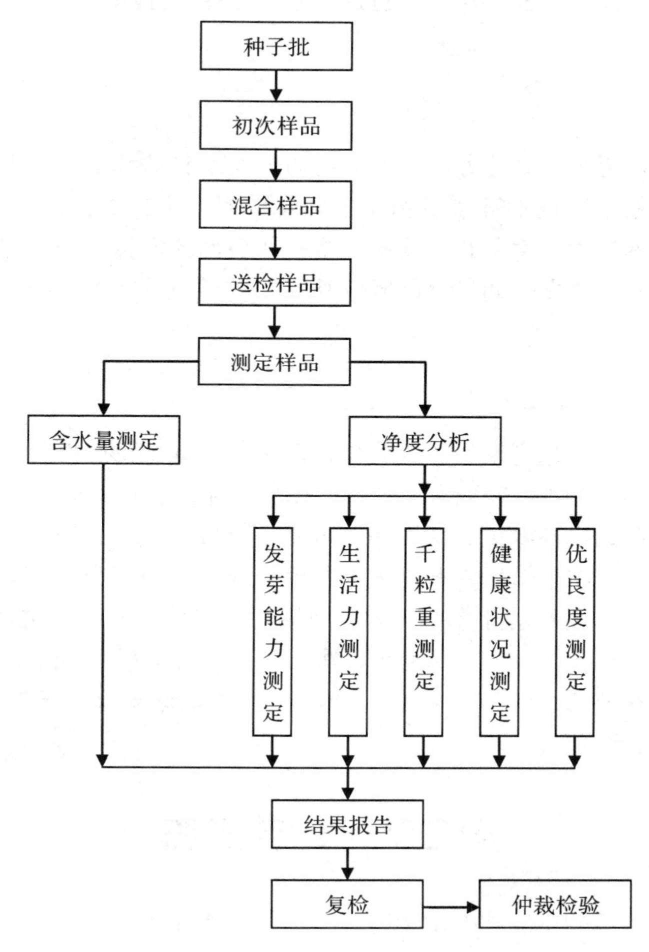

图 3-1　一般种子品质检验程序

从图 3-1 中可知，当确定测定样品后，即进行含水量测定与净度及有关项目的分析。然后整理出测定与分析的结果报告，根据结果报告可安排复检及仲裁检验。对检测及分析的相关记录、资料进行整理，建立种子检验技术档案，并妥善保存。

第四章　苗木培育生物学

苗木是在苗圃中培育的、具有完整根系且在绝大多数情况下具有完整茎干的造林或园林绿化用的木本植物材料。无论年龄大小，只要还在苗圃中培育，就是苗木。苗木质量对造林成败有重要的影响，林木的生长周期较长，若苗木质量不好，不仅会影响造林效果，甚至导致造林失败，造成人力和财力的浪费。因此，苗圃经营管理和技术人员，必须了解和掌握苗木的生长发育规律及影响苗木生长发育的各种因素，在造林设计时就对苗木的种类、大小、生理特性做出明确的规定，根据造林设计要求定向培育苗木，从而保证为造林提供有高质量的苗木。

第一节　苗木种类与苗龄

一、苗木种类

苗木的种类较多，但尚无统一划分方法，根据国内外苗木科研和生产情况，苗木种类划分主要有以下几类：①根据育苗时根系所处的环境及苗木出圃时根系带土与否，将苗木分为裸根苗和容器苗；②根据繁殖材料不同将苗木分为实生苗和营养繁殖苗；③根据苗木移植与否将苗木分为原床苗和移植苗。此外还有的苗木属于复合类型，如裸根苗移植到容器里形成移植容器苗，在容器内扦插而形成扦插容器苗等。

二、苗龄

苗龄一般以苗木主干的年生长周期为计算单位，即每年以地上部分开始生长到生长结束为止，完成1个生长周期为1龄，称1年生，完成2个生长周期为2年生，以此类推，完成50%的生长周期为半年生苗。苗龄和移植次数，以及嫁接、截干等，可用一组数字表示。第一个数字表示在原床上的生长周期，第二个数字表示第一次移植后在移植床上的生长周期，第三个数字表示第二次移植在移植床上的生长周期，如再移植则再相应增加数字，数字间用短线连接，各数字之和为苗木的年龄。例如1－0表示未移植的一年生原床苗；2－1表示移植一次，移植后又培育1年的3年生移植苗；2－1－1表示经过两次移植的4年生移植苗；1(2)－0表示1年干2年根的原床营养繁殖苗；1(2)－1表示2年干3年根，移植一次的营养繁殖苗。

第二节　幼苗形态

幼苗是由种子发芽后生长初期的幼小植物体，是由种子繁殖而来的实生苗的早期阶段，是植物个体发育中的一个重要阶段，其内部构造、外部形态、对环境要求和逆境抗性等方面具有一定的特点。幼苗是种子与后期成苗的重要纽带，既有联系又有一定的区别。因此了解和掌握苗木的生物学特性、定制正确的育苗管理措施等对其后期生长发育有重要意义。

一、子叶的数目

幼苗的子叶是植物发育时的第一片叶，或是第一轮叶中之一个。它的功能是使内胚乳中储藏的养料用于幼苗的发育，但有时也充当储藏或光合作用器官。因此在苗木培育过程中，保护子叶是非常重要的。子叶的数目因植物种类不同而异，裸子植物种子的子叶数目较多，有2片至多片，如银杏有2～3片，松树则有多片子叶；被子植物种子的子叶数目1～2片，如单子叶植物的种子内具1片子叶，而双子叶植物的种子内具2片子叶；禾本科植物种子内的子叶，又称为“内子叶”或“盾片”，其功能较为特殊，具有吸收和消化作用；而兰科种子无子叶。

二、子叶的形状

子叶的形态是重要的特征之一，不同树种其子叶的形态各异，大多数为椭圆形。子叶一般为全缘的，但裸子植物的松属和云杉属有细微锯齿。子叶一般具有短柄，少数无柄或具长柄。子叶在胚轴上的位置一般向下倾斜，但也有些是直立的。子叶在不同的时段其状态也会有所不同，如合欢的子叶在夜间有卷折现象，这种些都在鉴定幼苗时具有明显的分类学意义。

三、子叶的寿命

被子植物子叶的寿命一般很短，当真叶发出数片后，子叶就逐渐凋萎。在裸子植物中，子叶的寿命一般从一年（松属、雪松属）到2～3年（红豆杉属、云杉属）或更长，而且在植物生长的初期，子叶是主要的同化器官。子叶的脱落发生在不同时期，这主要取决于树种的特性和环境条件的变化。

第三节　苗木生长类型与时期

苗木生长类型与生长时期，与苗木培育措施的正常选用具有密切的关系。实际育苗生产中，必须根据生长类型的不同和生长时期的不同，采取相应适宜的育苗技术措施。

一、苗木高生长

苗木生长类型主要指苗木的高生长类型。根据苗木高生长期的长短，可把苗木的高生长类型分为两大类，即春季生长型和全期生长型。

（一）春季生长型

春季生长型又可称前期生长型。这类苗木的高生长期及侧枝延长生长期很短，北方地区只有1～2个月，南方地区为1～3个月，而且每个生长季只生长1次，一般到5～6月份前后高生长即结束。春季生长型苗木有时出现二次生长现象，生长部分当年秋季不能充分木质化，不耐低温、春旱，经过寒冬和春季干旱，死亡率很高。产生二次生长的原因大致可归纳为3点：一是母树遗传因素的影响；二是秋季气温高，圃地氮肥过多，或土壤水分多；三是秋季强日照时间长，如红松苗如果秋季强日照超过14小时，即出现二次生长。

对春季生长型苗木，为了促进地上部和地下根系生长，春季必须在速生前期及时进行追肥，灌溉和中耕。为了防止二次生长，速生期后要适时停止灌溉和施氮肥。

（二）全期生长型

全期生长型是指苗木高生长期持续在全生长季节的树种。这种生长由环境和遗传因素共同控制，没有预先形成的特殊结构。北方树种的生长期为3～6个月，南方树种的生长期可达6～8个月，有的达9个月以上，热带地区或更长。

全期生长型苗木的高生长持续在全生长季节中，树叶生长和新生枝条的木质化都是边生长边进行，到秋季达到充分木质化。这类苗木的高生长在年生长周期中一般要出现1～2次生长暂缓期，即出现高生长速度明显缓慢、生长量锐减、甚至生长停滞的状态，这个时期是根系的速生高峰期。苗木体内营养物质的分配方向始终是保证重点生长部位。幼苗期前期根系生长比高生长快，到幼苗期后期高生长速度逐渐超过根系而进入速生期。高生长量出现第一个速生高峰时，苗木已达枝叶繁茂，地上部分的营养器官发达，是需要水、肥量最多的时期；这时根系生长较缓慢，与地上部分的形态和生理上都不协调，并且地上部分发达的枝叶所制造大量碳水化合物输送到根部，促进了根系加速生长，因而根系生长速度又加快。另外，高生长速生暂缓期的气温高、光照强，不利于苗木高生长；而土温较气温低，适于根系生长，土壤水分也较充足，所以一般根系速生高峰是出现在高生长暂缓期内。待根系速生高峰过后，高生长又出现第二次速生高峰期。

二、苗木直径生长

苗木的直径生长高峰与高生长高峰也是交错进行的。直径生长也有生长暂缓期。夏秋两季的直径生长高峰都在高生长高峰之后。秋季直径生长停止期也晚于高生长，这是很多树种的共同规律。一般当高生长停止后，直径生长还有个小高峰。

三、苗木根系生长

根系生长在一年中有数次生长高峰。根系生长高峰是与高生长高峰交错的。夏、秋两季根的生长高峰都在高生长高峰之后。根系生长的停止期也比高生长停止期晚。根系生长高峰期与径生长高峰期接近或同时。根系生长量以夏季最多、春季次之、秋季最少。根系生长对环境条件的要求，除了温度、土壤水分和养分外，有的树种苗木还要求通气条件。松属苗木对土壤通气条件较敏感。

第四节　播种苗的年生长

一、出苗期

从播种开始到幼苗出土、地上部分出现真叶（针叶树种壳脱落或针叶刚展开），地下部分长出侧根以前的阶段为出苗期。此期长短因树种、催芽方法、土壤条件、气象条件、播种方式、播种季节的不同而有差异。一般树种需要 10～20 天，发芽慢的树种需要 40～50 天。

出苗期的生长发育特点：种子生长发育成幼苗，阔叶树子叶出现（子叶留土的树种真叶未展开）；针叶树子叶出土、种皮未脱落、尚无初生叶；地下部分尚无侧根、生长较快；地上部分生长较慢；幼苗靠种子贮存的养分生长，还没有自身制造营养物质的能力，苗木抗性较弱。

二、幼苗期

幼苗期是指从地上部长出第一片真叶、地下部分出现侧根，到幼苗开始高生长的一段时期。此期长短因树种不同有所差异，一般 3～8 周。

幼苗期的生长发育特点：地上部出现真叶，地下部分长出侧根，开始光合作用，制造营养物质；树叶数量不断增长，叶面积逐渐扩大；前期幼苗高生长缓慢而根系生长速度快，长出多级侧根；后期主要吸收根系长达 10 厘米以上，地上部分生长速度由慢变快；幼苗个体明显增大，对水分、养分要求增多。

三、速生期

速生期是苗木生长最旺盛的时期，是在正常条件下，从苗木高生长加快到高生长减慢之间的时期。此期长短因树种和环境条件的不同而有差异。速生期是苗木生长的关键时期。

速生期的生长发育特点：苗木生物量增长迅速，达最大值；叶量增多，单叶增大。苗木的高生长量、地径生长量和根系生长量达到全年生长量的 60% 以上，形成发达的根系和营养器官。速生树种在这个时期有侧枝长出，苗木根系生长幅度较大。

四、苗木木质化期

苗木木质化是指苗木的地上、地下部分充分木质化，进入越冬休眠的时期。

木质化的生长发育特点：苗木高生长速度迅速下降直至停止，形成顶芽；直径和根系生长可出现一个小生长高峰，继而停止；苗木含水量逐渐下降；苗木地上、地下部分完全木质化，其抗性增强，落叶树种树叶脱落，逐渐进入休眠期。

第五节　留床苗的年生长

在前一年育苗地上继续培育的苗木，包括播种苗、营养繁殖苗等，称为留床苗。留床苗的年生长一般分为3个时期，即生长初期、速生期和生长后期。与1年生播种苗最大的区别是没有出苗期，并且表现出前期生长型和全期生长型的特点。

一、生长初期

生长初期是从冬芽膨大时开始，到高生长量大幅度上升时为止。

生长特点：苗木高生长较缓慢，根系生长较快。春季生长型苗木生长初期的持续期很短，约2～3周；全期生长型苗木历时1～2个月。

二、速生期

速生期是从苗木高生长量大幅度上升时开始，春季生长型苗木到苗木直径生长速生高峰过后为止，全期生长型苗木到高生长量大幅度下降时为止。此期是地上部分和根生长量占其全年生长量最大的时期。但两种生长型苗木的高生长期相差悬殊。春季生长型苗木高生长速生期的结束期到5～6月份。其持续期北方树种一般为3～6周左右，南方树种为1～2个月左右。

生长特点：春季生长型苗木速生期的高生长量占全年的90%以上。高生长速度大幅度下降以后，不久苗木高生长即停止。从此以后主要是树叶生长，叶面积扩大、叶量增加，新生的幼嫩枝条逐渐木质化，苗木在夏季出现冬芽。高生长停止后，直径和根系还在继续生长，生长旺盛期约在高生长停止后1～2个月左右。全期生长型苗木速生期的结束期，北方在8月至9月初；南方到9月乃至10月才结束。其持续期，北方树种为1.5～2.5个月左右，南方树种约3～4个月。高生长在速生期中有2个生长高峰，少数出现3个生长高峰。

三、苗木木质化期

苗木木质化期是从高生长量大幅度下降时开始，到苗木直径和根系生长都结束时为止。

生长特点：两种生长型的留床苗木质化期的生长特点也有不同。春季生长型苗木的高生长在速生期的前期已结束，形成顶芽。到木质化期只是直径和根系生长，且生长量较大。而全期生长型苗木，高生长在木质化期还有较短的生长期，而后出现顶芽；直径和根系在木质化期各有1个小的生长高峰，但生长量不大。木质化期的生理代谢过程，与1年生播种苗的木质化期相同。

第六节　移植苗的年生长

在苗圃内经过移栽而继续培育的苗木为移植苗，一般分为成活期、生长初期、速生期和苗木木质化期。与1年生播种苗及留床苗最大的区别，移植苗有一个成活期，也称缓苗期。成活后，其他与留床苗相同。

一、成活期

成活期是从移植时开始，到苗木地上部开始生长，地下部根系恢复吸收功能为止。

经移栽的苗木根系被破坏，损伤了部分须根，降低了苗木吸收水分与无机养分的能力，因此，移植后的苗木要经过一个缓苗期。移栽后，由于株行距加大，改善了光照条件，营养面积扩大了，未切断的根很快恢复了功能，被切断的根在创面形成愈伤组织，从愈伤组织及其附近萌发许多新根，因而移植苗的径生长量加大。成活期的持续期一般约 10 ~ 30 天。

二、生长初期

生长初期是指从地上开始生长，地下长出新根时开始，直至苗木高生长量大幅度上升时为止。

地上部生长缓慢，到后期逐渐变快。根系继续生长，从根的愈伤组织生出新根。两种生长型苗木的高生长期表现同留床苗。

三、速生期

速生期的起止期同留床苗，但出现期较迟。地上与地下的生长特点与留床苗的速生期相同。全期生长型苗木在速生期中的生长暂缓现象，移植苗有时比留床苗出现的晚。

四、苗木木质化期

苗木木质化期的起止期和苗木生长特点都可参照留床苗的有关内容。

第七节　扦插苗和嫁接苗的年生长

扦插苗的年生长周期可分为成活期、幼苗期(生长初期)、速生期和苗木木质化期 4 个时期。埋条苗的年生长过程与扦插苗基本相同。所以扦插苗的生长特点和育苗技术要点，对埋条苗也适用。

一、成活期

落叶树种自插穗插入土壤中开始到插穗下端生根、上端发叶、新生幼苗能独立制造营养物质时为止，常绿树种自插穗插入土壤中开始到插穗生出不定根时为止，这段时期为成活期。

插穗无根，落叶树种也无叶，在成活过程中养分的来源主要是插穗本身所贮存的营养物质。插穗的水分除了插穗原有的以外，主要是从插穗下切口通过木质部导管从基质中吸收的。成活期的持续期，各个树种间的差异很大。生根快的树种约需 2 ~ 8 周，生根慢的针叶树种需 3 ~ 6 个月，个别达 1 年左右。嫩枝插穗也从愈合组织先生根，但比休眠枝条快，所以成活期持续时间短。

二、幼苗期

落叶树种的插穗，地上部分新生出幼茎，故称为幼苗期，是指从插穗地下部分生出不定根、上端已萌发出新叶开始，到高生长量大幅度上升时为止的时期。常绿树种因已具备地上部分，但生长缓慢，所以称为生长初期，是指从地下部已生出不定根、地上部开始生长时起，到高生长量大幅度上升时为止的时期。

扦插苗扦插当年即表现出两种生长型的生长特点。幼苗期或生长初期的持续期，春季生长型约 2 周左右，全期生长型 1 ~ 2 个月。这一时期插穗产生的幼苗因地下部已生出不定根，能从土中吸收水分和无机营养元素，地上部已有树叶能制造碳水化合物，所以前期根系生长快，根的数量和长度增加都比较快，而地上部生长缓慢；后期地上部分生长加快，逐渐进入速生期。

三、速生期和苗木木质化期

扦插苗速生期和苗木木质化期的起止期及生长特点与留床苗相同。

嫁接苗和扦插苗的区别主要是有一个砧穗愈合期，相当于扦插苗的成活期。其他与扦插苗基本一致。

第八节　容器苗的年生长

容器苗由于大多数情况下是在人工控制的优化环境下生长，生长较快，可控性强，所以一般划分为出苗期、速生期、木质化期3个基本时期。

一、出苗期

实生苗从播种经过种子萌发，直到长出真叶为止为出苗期。扦插苗从插穗插入容器中到插穗生根、茎开始生长为止为出苗期。可细分为发芽阶段和早期生长阶段。这一阶段主要保证种子发芽成苗或插穗生根。

二、速生期

从苗高以指数或较快的速度生长开始，到苗木达到预定的高度结束。春季生长型苗木在顶芽形成时也就达到了要求的高度，可采取措施避免未达到预定高度即形成顶芽；而全年生长型苗木不形成顶芽，不能自动结束，需要通过观察确定它达到要求的高度时，采用停止高生长促进措施来人工控制该时期的结束。

三、木质化时期

从苗木形成顶芽或达到预定的高度开始，到进入休眠为止。在这一阶段开始把高生长的能量转移给苗木的加粗生长和根生长，保证苗木直径也达到要求的粗度，侧芽形成，根继续生长，并完成休眠诱导和胁迫适应两个生理过程。

第九节　苗木培育的非生物环境

苗圃生态环境包括非生物和生物环境两方面，非生物环境包括大气（地上）和土壤（地下）环境两部分。大气因子和土壤因子之间相互联系、共同与生物因子一起，综合对苗木的生长发育产生影响。

影响苗木培育的大气因子主要包括温度、湿度、光照、二氧化碳等。二氧化碳、水蒸气和光参与光合作用、呼吸作用和蒸腾作用。这些生理过程都与叶片温度和气孔功能有关，而这又与二氧化碳浓度、光强、湿度和温度相关。此外，苗木生长与云量云状、风向风速、太阳辐射、降水量等都有关系，但这些因子属于间接因子，通过影响空气温度、湿度、光照和二氧化碳浓度等起作用。

影响苗木培育的土壤因子包括土壤温度、土壤水分、土壤空气、土壤质地、土壤结构、土壤矿质营养、土壤有机质、土壤酸碱度、土壤热性质、土壤毒理性质等。苗木吸收利用的是土壤养分和水分，而土壤养分和水分的数量和有效性，则直接或间接地受以上各土壤因子的影响。

一、温度

影响苗木培育的温度包括空气温度、地面温度和地中温度，每一部分的温度都对苗木培育具有重要的影响。种子发芽、插穗生根、茎和根生长、苗木生长，以及苗木发育的各个阶段都与温度变化密切相关，详见树种各论。

二、空气湿度

空气湿度通常指相对湿度，即某温度条件下单位体积的空气中实际含有的水汽量与该温度下空气能含有的最大水汽量之比，用百分数表示。

大田育苗情况下，空气湿度受空气温度、降水状况、灌溉情况和风向风速等因子的影响。环境控制育苗设施内，则主要受空气温度、灌溉情况和通风情况等因子的影响。无性繁殖时，湿度控制更重要，初期一般要求高湿(90% ~100%)，因为插穗需要减少蒸腾保持膨压以形成根系，近苗木层空气湿度的重要性要大于基质的湿度，一般在插穗繁殖生根期间内，人工控制空气湿度在90%以上的近饱和至饱和状态，而基质的湿度不能过高。嫁接需要高湿环境避免水分胁迫，但嫁接口不能太湿。

三、土壤性质

土壤中不同大小的矿物颗粒配合比例的组合，称为土壤质地或机械组成。可按土壤中物理黏粒(粒径小于0.01 毫米)和物理砂粒(粒径大于0.01 毫米)的相对比例，把苗圃土壤划分为沙土、沙壤土、壤土、黏壤土和黏土。土壤质地影响着土壤的蓄水、供水、保肥、供肥、导热、导温能力和适耕性，而这些特性对于苗木的生长发育有着重要作用。

黏土由于粒间毛管性孔隙多、大孔隙少，因此通气性差、透水性弱、保水性强。垄作或床作育苗时，床或垄高度宜高些。黏土热容量大，春季土壤增温慢，俗称"冷土"，播种、扦插出苗慢。黏土本身含有一定数量的矿物养分，施肥时必须考虑黏土土壤通气性差、好气性微生物活动弱的特点，避免施肥过深，延缓肥效，以致造成苗高年生长期长的树种贪青、秋末与入冬受冻害。

沙土与黏土都不是育苗的理想土壤质地，需要进行土壤质地改良，使之成为壤土。壤土提供了育苗的一个最佳土壤环境条件，有一定数量的大孔隙和相当数量的小孔隙，通气性与透水性良好，保水性与保肥性强，土壤热状况良好，耕作性良好，适耕期较长。

四、土壤营养及水分

土壤有机质是土壤的重要组成成分，是土壤肥力的物质基础。土壤有机质可以提供苗木生长发育所需要的养分、增强土壤的保水保肥能力和缓冲性，改善土壤的物理性质，促进土壤微生物的活动等。在育苗过程中，用地、养地和护地的关键都是增加土壤有机质含量。保持较高的土壤有机质含量，对提高地温、保持良好的土壤结构、调节土壤的供水供肥能力都是十分重要的。

苗木吸收的营养元素是由根系从土壤中获得的。但苗圃土壤中速效态成分的营养元素含量不多，并且受温度、土壤水分、pH 值的制约，为了培育优质苗木，辅助施肥是必需的。同时由于土壤水分受人为灌溉的影响，因此建立科学灌溉制度的苗圃，使土壤含水量随着苗木的不同物候期的需水量而变化。

五、土壤毒理性质

枯枝落叶、根桩及根腐解物以及根系分泌物等自毒物质在圃地积累到一定程度后，与土壤中的其他不利因素相结合，会对幼苗产生毒害效应，影响幼苗生长。

土壤毒性对其种子萌发及幼苗光合作用、呼吸作用、叶绿体片层结构、气孔开张等部分生理生化过程，甚至对其基因、蛋白质表达都有显著的影响。

六、人工基质

人工基质又叫人工土壤、盆土、土壤混合物、混肥等，是人工配制的用于苗木培育基质。人工基质多用于容器育苗生产中。

人工基质常应用一些泥炭藓、蛭石和珍珠岩等基质，此外泥炭、树皮粉、锯末等也被应用于生产中。容器育苗用的基质要因地制宜、就地取材，并应同时具备下列条件：来源广，成本较低，具有一定的肥力；理化性状良好，保湿、通气、透水；重量轻，不带病原菌、虫卵和杂草种子，同时须在基质中添加适量基肥。

七、光照

光作为苗木的环境信号之一，是影响苗木生长的众多外界环境中最为重要的条件。其重要性不仅表现在光合作用对苗木体的建成作用上，光还是植物苗木整个生长过程中的重要调节因子。光对植物的影响是贯穿植物体后期生长发育的整个过程的，是生长发育的基础，通过在植物体幼苗分化、营养生长中起作用而影响植物生长发育。一般情况下，阳光是林木育苗的主要光源，辅助光源有日光灯、白炽灯、碘钨灯等。

八、二氧化碳

碳是构成苗木体的基本元素之一，来自于空气和土壤中的二氧化碳。

土壤中的二氧化碳含量的变化，主要取决于土壤温度。土壤中二氧化碳含量较高，可以超过空气中二氧化碳含量的数十倍，但土壤二氧化碳逸出量与土壤温度和土壤含水量关系密切，主要通过土壤呼吸放出二氧化碳，供苗木叶部吸收。

空气中二氧化碳含量的时间变化，在一天内的午间含量最低，这显然对光合作用不利。同时，空气中二氧化碳含量较少，尤其在温室育苗中更少。大田育苗，主要是加强通风、必要时可以施干冰以增加二氧化碳含量；温室育苗，主要通过通风、施干冰、碳燃料燃烧来增加二氧化碳含量。

第十节　苗木培育生物环境

除了温度、湿度(水分)、光照、二氧化碳、土壤和营养物质等因素以外，苗木生长还受周围杂草、病、虫、菌根等生物环境因子的影响。

苗木生物环境包括有益和有害两类，有益生物主要指菌根菌和根瘤菌，有害生物主要指病菌、害虫和杂草。鸟类、鼠类有时也会产生危害，但不普遍。

一、菌根菌

菌根是自然界中一种普遍的植物共生现象。它是土壤中的菌根真菌菌丝与苗木营养根系形成的一种联合体，具有强化苗木对水分和养分的吸收，特别是对磷和氮的吸收的作用。

二、苗木病害

根据苗木病害能否侵染，可将苗圃病害分为侵染性病害与非侵染性病害两类。由真菌、细菌、类菌质体、病毒、线虫及寄生性种子植物等病原物引起的病害叫侵染性病害；由环境条件不良或苗圃作业不当造成的苗木伤害叫非侵染性病害又叫生理病害。在苗圃育苗上，习惯地把苗木病害只理解为侵染性病害。

三、苗木害虫

苗圃中危害苗木的昆虫，种类繁多，根据害虫为害方式及为害苗木部位，可将苗圃害虫分为地下害虫、蛀干害虫、刺吸害虫、食叶害虫。

四、苗圃杂草

苗圃有害植物就是我们通常所说的杂草。杂草是苗木的主要竞争者，使苗木生长条件恶化，夺取苗木养分、水分、光照，影响空气流通。同时许多杂草是病菌和虫害的寄主，易助长病虫害的发生和传播。生产中常用人工或化学药剂除草除苗圃杂草。

第五章　苗木土壤、水肥、光照管理与利用技术体系

通过对圃地的土壤、水、肥以及光进行科学管理，给苗木创造一个优越的外界环境条件，满足其生长发育对土壤、水、肥、气、热的综合需求，为苗木在造林及绿化中的功能和效益能够快速、持久、充分地发挥提供可靠的保证，是苗木土、肥、水管理的根本目的。

第一节　苗木的土壤管理

（一）土壤是苗木生长的基础

土壤不仅起到支持、固定苗木的作用，而且还为苗木生长发育提供所需矿质养分。通过多种综合措施来提高土壤肥力，改善土壤结构及理化性质是对苗木进行土壤管理的重要目标，以保证苗木健康生长所需的养分、水分、空气的不断有效供给。土壤通气性能不良，首先会造成苗木根部缺氧，进而降低根系的吸收功能，根系加速衰老甚至腐烂。容重大、通气透水不良的黏重土壤会严重影响微生物的活动和阻碍苗木根系的伸展，从而影响苗木的正常生长。

（二）苗圃土壤的基本特点

一般情况下，各种苗木对土壤的要求不同。以下几点是良好的苗圃土壤通常应具备的基本特点：

（1）优良的物理性质：土壤质地适中、耕性好是大多数苗木的要求，同时还应有较多的水稳性和临时性的团聚体。固、液、气三种形态物质组成及其比例是土壤优良的物理性质的物质基础，固相物质40%～57%、液相物质20%～40%、气相物质15%～37%为较为适宜的三相比例。

（2）土壤养分状况均衡：缓效养分、速效养分含量相对均衡，且大量、中量和微量元素比例适宜，是肥沃土壤的重要特征。苗木根系生长的土层中，有机质含量应在1.5%～2.0%以上，而且养分贮量应丰富、肥效长，心土层、底土层的养分含量也应较高。

（3）适宜的土体构造：土体构造应该达到以下要求才能有利于苗木的生长：深度在1.0～1.5米范围内的土体构造为上松下实结构，表层区特别是在0.4～0.6米内吸收根集中分布的范围内，一般属于土层疏松、质地较轻的土体构造。这样既有利于保水保肥，又有利于通气、透水、增温。

从土壤改良入手是水、肥、光管理的基础，通过采取适当的生产措施改良土壤，同时通过采用松土除草、地面覆盖、施肥、灌溉与排水等技术，改良土壤的理化性质和提高土壤肥力等，从而满足苗木生长发育的需要。

第二节　苗木的水分管理

水是树木的命脉，树木的生长发育、光合作用，都离不开水的参与。但幼苗的组织嫩弱，对水的要求很严，缺水时苗木会发生萎蔫，渍水时又会发生根部腐烂。同时水分又是土壤肥力的一个重要因素，因此，苗木的水分管理十分重要。

（一）水分性质调节

苗木的水分来源主要靠根从土壤中吸收。土壤中的水主要靠自然降水、人工灌溉和地下水。自然

降水一般难以满足苗木生长需要，必须根据不同生长阶段的需要量通过人工灌溉补充土壤水分。不同来源的水分性质不同，需要加以调节，以适应苗木生长和苗圃管理对水质的要求。

(1)水源选择：人工灌溉的水源分为河水、湖水、水库水、井水、贮藏水等。有条件的前提下，优先使用酸碱度相对稳定的河水。其次可选用湖水或水库水，井水和截贮雨水一般只作为辅助用水。

(2)盐碱度与pH值控制：土壤溶液中的盐分过多，会对苗木产生以下几种途径盐害。盐分过多增加土壤溶液的渗透压，造成生理干旱；使土壤结构和团聚作用遭到破坏，由此降低土壤的通透性；溶液中的钠、氯、硼等其他离子的直接毒害；改变土壤的pH值和溶解度，进而影响养分的有效性。一般灌溉水的pH值要求中性至弱酸性，pH值的标准在5.5～6.5之间，具体应根据所培育的树种不同而进行调节，通常用磷酸、硫酸、硝酸和醋酸。一般优先应用磷酸调节水分的酸碱度，既调节pH值，又能增加磷素营养。

(3)水温控制：一般春秋季灌水的水应控制在10～15℃，夏季水温应控制在15～37℃。如果水温过低或过高，应采取适当措施调节。

(4)杂质控制：灌溉水的杂质包括沙粒、草木碎片、昆虫、病菌孢子、草籽等。这些杂质一方面影响灌溉设备，另一方面会给苗圃土壤带来病虫、杂草，因此要加以控制。一般灌水中的悬浮杂质如小细沙，杂草、藻类等可以用过滤的方式去除；真菌、细菌的等可用氯化的方法进行处理。

(二)苗圃灌溉系统

苗圃的灌溉系统包括水源、提水系统、引水系统、蓄水系统和灌溉系统等组成部分。水源最好在苗圃的高处，以便引水自流灌溉。如用井水，水井的数量应根据井的出水量和圃地一次灌水量来决定，并力求均匀配置在各生产区，以保证及时供水。如果水源位置过低，不能直接引水灌溉时，则需安装抽水机等提水设备。

引水主要通过灌溉渠道。苗圃渠道有固定渠道和临时渠道两种，按其规格大小又可分为主渠和支渠。主渠直接从水源引水供应整个圃地的灌溉用水，规格较大。支渠从主渠引水供应苗圃的某一生产区的灌溉用水，规格较小。其具体规格大小和数量多少，可根据实际需要来确定，以保证育苗用水的及时供应而又不过多占用土地为原则。灌溉渠道的设置可与道路相结合，并均匀分布在各生产区，力求做到自流灌溉，保证及时供水。

目前，苗圃常用的灌溉系统有固定式和移动式两种喷灌系统、微喷系统、雾喷系统、滴灌系统等。环境控制育苗设施内还可能配备地下灌溉设施。

(三)灌溉方法

苗圃的灌水方法根据当地水源条件、灌溉设施不同而不同。

(1)漫灌：漫灌是较为传统的灌溉方法，将整个田块都放满水，这种用大量的水浇灌田地，使水漫满整个圃地的灌溉方式叫做“漫灌”。漫灌方法简单，但耗水量较多且易造成土壤板结。

(2)沟灌：沟灌是指在苗床间开沟培垄，把水引进沟里，使水沿沟底流动浸润苗床土壤，直至水分充分渗入苗木周围土壤为止。该方式省工，但耗水量较大。

(3)喷灌：喷灌是利用喷头等专用设备把有压水喷洒到空中，形成水滴落到地面和苗木表面的灌水方法。用移动或固定喷头进行灌溉，便于实现灌溉机械化和自动化，还可以喷洒化肥、农药等。喷灌对土地平整要求不严格。这种方法省水、省工、效率高，但设备成本较高。

(4)微喷灌：微喷灌是利用折射、旋转、或辐射式微型喷头将水均匀地喷洒到苗木枝叶等区域的灌水形式，隶属于微灌范畴。微喷灌的工作压力低，流量小，既可以定时定量的增加土壤水分，又能提高空气湿度，调节局部小气候，广泛应用于种植场所，以及扦插育苗等区域的加湿降温。

(5)滴灌：滴灌是利用塑料管道将水通过直径约10毫米毛管上的孔口或滴头送到苗木根部进行局部灌溉。它是目前干旱缺水地区最有效的一种节水灌溉方式，水的利用率可达95%。滴灌较喷灌具有更高的节水增产效果，同时可以结合施肥，提高肥效一倍以上。其不足之处是滴头易结垢和堵塞，因此应对水源进行严格的过滤处理。

(6)地下灌溉：地下灌溉是将灌溉水引入田面以下一定深度，通过土壤毛细管作用，湿润根区土壤，以供苗木生长需要。这种灌溉方式亦称渗灌，适用于上层土壤具有良好毛细管特性，而下层土壤透水性弱的地区，但不适用于土壤盐碱化的地区。其优点是灌水质量好，蒸发损失小，少占耕地，且不影响机械耕作，灌溉作业还可与其他田间作业同时进行。但地下管道造价高，管理检修较困难，在表层土壤浸润较差的条件下，对种子出苗不利；在透水性强的土壤中渗漏损失大，迄今仍限于小面积使用。

(四)灌溉的时间和灌水量

灌溉时间和灌溉量的多少，因季节、土壤类型、树种特性、生长发育阶段以及繁殖方式而有不同。如夏季中午气温很高，灌溉宜在清晨或傍晚；冬季气温低，则宜在中午；春、秋季则宜在上、下午。高温干旱天气，每天需灌水 2～3 次；雨季灌溉应适当停止。沙质土比黏质土灌水量要大，次数要多。有些树种幼苗根系较发达，又较耐旱，灌水的量和次数可适当少些；而幼苗根系发育较慢，又较耐湿，灌水的量和次数都相应要多些。

(五)灌溉施肥

灌溉施肥是灌溉与施肥相结合而形成的一项复合技术，即每次灌溉都结合施肥，灌溉与施肥同时进行的一项新技术。灌溉施肥具有提高肥料利用率，节省施肥劳力，灵活、方便、准确地控制施肥数量和时间，施肥及时且养分吸收快，有利于应用微量元素，改善土壤环境状况，使苗木能在边际土壤条件下正常生长，以及有利于保护环境、节省用水，并能进行精准化施肥等优点。但灌溉施肥设施投资大、需要使用溶解度大的肥料、易产生盐分积累等缺点，因此技术要求高，管理要求严。

(六)苗圃排水

排水作业是指对因雨季雨量过大时，避免发生涝灾而采取的田间积水的排除工作。这是苗圃在雨季进行的一项重要的育苗养护措施。春季和夏季是南方的雨季，降雨量占全年的60%～70%。此间常出现大雨、暴雨，造成田间积水，加上地面高温，如不及时排除，往往使苗木尤其是小苗根系窒息腐烂死亡，或减弱生长势，或感染病虫害，降低苗木质量。因此在安排好灌溉设施的同时必须做好排水系统工作。

苗圃在总体设计时，必须根据整个苗圃的高差，自育苗床面开始至全圃总排水沟口，设计组织安排排水系统，将多余的水从育苗床面一直排出到圃外。

进入雨季前，应将区间小排水沟和大、中排水沟联通，清除排水沟中杂草、杂物，保证排水畅通，并将苗床畦口全部扒开。连雨天、暴雨后设专人检查排水路线，疏通排水沟，并引出个别积水地块的积水。

对不耐水湿的树种苗木，如臭椿、合欢、刺槐、山桃、黄栌、丁香等幼苗，应采取高垄、高床播种或养护，保证这些树种的地块不留积水。

此外，苗圃经常应用一些肥料和杀虫剂，排水时水中含有的这些物质会对环境造成污染。苗圃应该建立废水沉淀池，先将水排入沉淀池，经过沉淀处理，再把符合环保要求的水排入环境中。

第三节　苗木的施肥管理

合理施肥就是以最小用肥量发挥最大的作用，既满足苗木对营养的需要，同时避免营养损失、肥料浪费和污染环境，从而使苗木健康成长。科学地施肥，改善土壤的理化性质、提高土壤的肥力，增加苗木营养，是保持苗木健康长寿的有力措施之一。因此，科学施肥是关键，合理施肥主要坚持看天、看地、看苗木、看长势、看肥料等原则。

(一)根据土壤特点施肥

从土壤矿物质组成、有机质含量、质地结构、土壤肥力等状况进行综合考虑。不同性质的土壤中所含有的营养元素的种类及数量有所不同，故应看土施肥，缺哪种肥则施哪种肥。在一般土壤中，应以施氮肥为主，但也不是绝对的。如在红壤土与酸性沙土中，磷和钾的供应量不足，要增施磷、钾肥；褐色土中氮、磷不足，故应以氮、磷为主，可不施或少施钾肥。此外，一般干旱缺雨地区的土壤，多呈碱性，不利于喜酸性的苗木生长，应施过磷酸钙、硫酸铵等酸性肥料；雨量充足的地区，土壤多成偏酸性，如果长期施用酸性肥料，会缩小溶解度，造成土壤板结，所以应增施钙、镁、磷等碱性肥；对保肥较好，肥效慢，前劲小、后劲足的黏质土，在浅施腐熟有机肥的基础上，应注意前期增施速效肥；对于沙土则要薄肥勤施。由于土壤养分的速效性因苗木的吸收、气象条件的变化及土壤微生物的活动等因素的变化而改变，如果根据土壤化验结果进行施肥，要特别注意这些因素的影响。

此外肥效的发挥和土壤性质及水分含量也有密切的关系。土壤中水分亏缺，施肥后土壤溶液浓度增高，苗木不但不能吸收利用，反而会受毒害，对于这种情况施肥有害无利。积水或多雨地区肥分易淋失，会降低肥料的利用率，因此，施肥要根据当地土壤水分变化规律或结合灌水进行。土壤容重、土壤紧实度、通气性以及水、热等均是土壤的物理性质，土壤质地和土壤结构都会影响土壤的这些物理性质。

(1)沙性土壤：质地疏松、通气性好、温度较高、湿度较低是沙性土壤的重要特征，属“热性土”，宜用猪粪、牛粪等冷性肥料。施肥宜深不宜浅。为了延长肥效时间，还需加入半腐熟的有机肥或腐殖酸类肥料等。因为沙土有机质少，温度高，吸收容量小，保肥力差，所以每次施用量宜少，但应增加施用次数。

(2)黏性土壤：黏性土质地紧密，通气性差，温度低而湿度小，属于“冷性土”。宜选用马粪、羊粪等热性肥料。施肥深度宜浅不宜深，而且使用的肥料应当充分腐熟。

(3)酸性土壤：处于酸性反应的条件下，有利于阴离子的吸收。且酸性条件下，可提高磷酸钙和磷酸镁的溶解度。所以，酸性土壤应选用碱性肥料，氮素肥料选用硝态氮较好。在酸性土壤中的磷极易被土壤固定，钾、钙和镁等元素易流失，应施用钙镁磷肥、磷矿粉、草木灰、石灰等碱性肥料，以及其他碱性还有偏碱性的可溶性盐类肥料。

(4)碱性土壤：处于碱性反应的条件下，有利于阳离子的吸收。且在碱性条件下，可降低铁、硼和铝等化合物的溶解度。碱性土壤应选用酸性肥料，氮素肥料以氨态氮肥为好，磷肥要选过磷酸钙还有磷酸铵等水溶性的。对中性或接近中性、物理性质也很好的土壤，适用的肥料较多，不过也要避免使用碱性肥料。

(二)根据肥料的性质施肥

不同种类的肥料性质差异很大，即同一种肥料由于形态不同，差别也很大，因此肥料施用时要根据其性质不同合理选择。肥料的种类不同，其营养成分、性质、作用、效果和施用的苗木种类、施用的条件与成本都不相同。通常将肥料分为有机肥料、无机肥料与微生物肥料三种。有机肥含肥素全面，能满足苗木生长各方面的需要，具肥效长、易做底肥、副作用少，不易使土壤板结的优点，但也有发酵时间长，有难闻臭味等不足之处。无机肥含肥素较单纯，能较快与土壤中的某些物质起化学反应而被根系吸收，再运输到各个器官发挥作用，有肥效快的特点，易作种肥和追肥使用。微生物肥料是活体肥料，它的作用主要靠它含有的大量有益微生物的生命活动来完成。微生物肥料中有益微生物的种类、生命活动是否旺盛是其有效性的基础，而不像其他肥料是以氮、磷、钾等主要元素的形式和多少为基础。因此微生物肥料的肥效与其活菌数量、强度及周围环境条件密切相关，包括温度、水分、酸碱度、营养条件及原生活在土壤中土著微生物排斥作用都有一定影响，因此在应用时要加以注意。

(1)有机肥料：有机肥料是将有机质当做主要组成的肥料。此类肥料一般由动、植物的残骸、人粪尿和土杂肥等经过充分腐熟后而成。堆肥、厩肥、绿肥、饼肥、鱼肥、血肥、人粪尿、家畜与鸟类的粪便，屠宰场的下脚料、马蹄掌以及秸秆、枯枝、落叶等经过腐熟后均成为有机肥。一般农家肥料均为有机肥。因为有机质需经过土壤微生物的分解，才能逐渐为苗木所利用，为苗木提供多种营养元素，所以，有机肥通常见效较慢，为迟效性肥料。

(2)无机肥料：无机肥料包括经过加工而成的化肥与天然开采的矿质肥料等。化肥又有单质化肥与复合化肥，为速效性肥料，多用于追肥。在生产中用到的化肥有硫酸铵、尿素、硝酸铵、碳酸氢铵、过磷酸钙、磷矿粉、氯化钾、硝酸钾、硫酸钾、钾盐等。还包括含 Fe、B、Mn、Zn、Cu 等微量元素的盐类。

(3)微生物肥料：微生物肥料一般用对植物生长有益的土壤微生物制成，又分细菌肥料与真菌肥料等。细菌肥料由固氮菌、根瘤菌、磷化细菌和钾细菌等制成，而真菌肥料是由菌根菌等制成的。

此外，根据补充的元素不同，常用的化学肥料还包括氮肥、磷肥、钾肥、复合肥等。通常氮肥应集中适当使用，在土壤中少量施用氮肥往往没有显著效果。在缺少氮肥的土壤中要注意磷肥、钾肥的使用，因为 P、K 与 N 有拮抗作用，磷肥、钾肥的使用应在不缺氮素的土壤中才经济合理，否则其效果不大。而且，施用有机肥与磷肥时，除考虑当年的肥效外，一般还需要考虑前一两年施肥的种类和用量。在生产实际中需根据肥料的性质及在不同土壤条件下对苗木的作用和效果，决定施肥的种类与用量。如磷矿粉生产成本低，肥源较广，肥效长，在酸性土壤上施用效果很好，不过若在石灰性土壤上施用则效果不明显。

(三)根据苗木的生长发育特性施肥

苗木在不同的生长期所需的养分有所不同。苗木在其生长的过程中，对各种营养元素的需要已经形成了一定的比例关系，所以，施肥的时间需在苗木最需肥的时候，以便使有限的肥料能被苗木充分吸收。一般在幼苗期应注意既要施能促进根系生长、增强养分吸收能力的磷肥，又要施能促进营养生长、增加叶绿素的氮肥，还要施能提高光合作用强度、促进碳水化合物代谢的钾肥。而在 8、9 月后则不施氮肥，应施磷肥、钾肥，以促进苗木的木质化，提高其抗寒能力。

苗木自外界环境中吸收利用营养元素的过程，实质上是一种选择吸收的过程，其主要取决于苗木本身的需要。确定施肥的最佳时期，首先要了解苗木在何时需要何种肥料，同时还要了解苗木并不是在整个生长期内都从土壤中吸收养分，也不是土壤中有什么营养元素就吸收什么元素。具体施肥的时间要视苗木生长的情况和季节而定。在生产上，一般分基肥和追肥。总的来说，基肥施用要早，追肥要巧。

(1)基肥的施用：基肥是处于较长时期内供给苗木养分的基本肥料，所以宜施腐殖酸类肥料，堆肥、厩肥、圈肥、鱼肥、血肥与腐烂的作物秸秆、树枝、落叶等迟效性有机肥料。这些有机肥料需经过土壤中的微生物分解，方能提供大量元素和微量元素给苗木较长时间吸收利用。

(2)追肥的施用：追肥是在苗木生长期间施用的肥料。目的是及时补给代谢旺盛的苗木对养分的大量需要，追肥以速效肥料为主。追肥常用的肥料有尿素、碳酸氢铵、氨水、氯化钾、腐熟农家肥、过磷酸钙。

为了使肥料施得均匀，一般都要加几倍的土拌匀或加水溶解稀释后使用，施用的方法有：沟施法、浇灌法和撒施法。

(1)沟施法：沟施法又叫条施，在行间开沟，把矿质肥料施在沟中。沟施的深度，原则上是使肥料能最大限度地被苗木吸收利用，具体深度因肥料的移动范围和苗根的深浅而异，一般要达 5 ~ 10 厘米以上。磷肥在土壤中几乎不移动，追肥要稍深，应达 10 厘米以上。苗根分布浅的宜浅，分布深的宜深。施肥后，必须及时覆土，以免肥料的损失。

(2)撒施法：撒施法是把肥料与干土混合后(几倍或数十倍的干细土)撒在苗行间，撒施肥料时，严防撒到苗木茎叶上，否则会严重灼伤苗木致使死亡。施肥后必须盖土或松土，否则肥分损失很大，影响肥效。

(3)浇灌法：浇灌法是把肥料溶于水后浇于苗木行间根系附近，这种施肥方法比较省工，但存在着施肥浅，不能很好地覆盖肥料。

撒施和浇灌这两种方法，存在共同缺点是施肥浅，肥料不能全部被土覆盖或不能覆土因而肥效减低。

(4)根外追肥：用速效性肥料或微量元素的溶液喷于苗木的叶子上的施肥方法。因为叶子是制造碳水化合物最重要的器官，肥料喷到叶子上很快即渗透到叶子的细胞中去，通气光合作用制造碳水化合物，最后合成苗木所需的各种营养物质。

(四)根据苗木的营养性状采取适宜的施肥措施

不同树种的苗木对营养元素的要求略有不同，因此其施肥种类、用量以及方法等方面存在差异。此外，同一树种的不同品种，其苗木所需要的养分也是有区别的。再者，苗木的外观表现也表明需要不同性质的肥料。比如，苗木矮小细弱，叶色枯黄，说明是缺氮肥所致；如果苗木生长缓慢，叶子卷曲，根系不发达，就是缺磷肥所致；叶片边缘和叶尖发黄，茎干柔软易弯曲，抗旱、抗寒能力很弱，那是缺钾肥所致。

(五)根据天气条件施肥

天气条件(光照、温度、湿度等)也是合理施肥的主要依据。南方温暖、湿润地区，肥料肥效快，宜多施腐熟程度差的有机肥；北方缺水、干旱地区则必须结合灌溉或将肥料兑水使用。

施肥属于综合养护管理中的主要环节，但必须与其他养护管理措施(特别是灌水)密切配合，肥效才能得到充分的发挥。一般情况下，施肥应对症而施，针对苗木的需要进行施肥，才能达到应有的效果。施肥的时间通常因肥料性质不同而异。对于易流失与易挥发的速效性或施后易被土壤固定的肥料，如碳酸氢铵，过磷酸钙等应在苗木需肥前施入；迟效性肥料如有机肥料，因为需要腐烂分解矿质化后才能被苗木吸收利用，故应提前施用。由于同一肥料因施用时期不同而效果不一样，所以，肥料要在经济效果发挥的最高时期施用。

第四节　苗木的光管理

光对苗木的影响是多方面的，如光合作用、蒸腾作用、光周期、叶绿素、花青素的形成，以及水分与养分的吸收、运输等。在苗木培育过程中，阳光是主要的光源，同时应以其他灯光为辅助光源。

光照影响苗木地上部分的生长。强光抑制了顶芽的生长，却增强了侧芽的生长，促进组织分化，使苗木出现多头。过强则易引起日灼。光照不足时，苗干的直立生长势强，表现为徒长和黄化。

光照强度也间接影响地下部分的生长。光照不足时根系的伸长量减少，新根发生数少，甚至停止生长。因为根系的营养于地上部分的同化产物，当光照不足时，同化量降低，产生的同化物首先供地上部分，然后才输送到根部，所以阴雨季节对根系的生长不利，而耐阴的苗木形成较低的光补偿点，以适应阴雨的环境条件。由于光照不足，根系生长不良，导致地上部分木质化程度差，抗旱抗寒能力低，冬季易受冻害。

一般情况下，自然光照便能满足苗木的正常发育，对于大棚育苗的苗木，合理控制光照时间，应适当延长光照时间，以防止苗木提前休眠。对于长日照树种，可采取的方法是：日落后和日出前增加光照 4 ~8 小时；夜间增加光照 2 ~5 小时。这样可以打破苗木的黑暗期，达到促进苗木继续高生长的目的。

对一些喜阴或半耐阴苗木采取遮光处理是其生长必要的。一般在中午光照太强时，利用草席、苇帘、遮阴网覆盖而达到减弱光照的目的，而在光弱或傍晚时则应将覆盖物除去。草席遮光较重，遮光率一般在 50% ~90% 之间；苇席遮光率在 24% ~76% 之间；遮光网多用化学纤维纺织而成，遮光率在 20% ~80% 之间，遮光率与颜色、网孔大小及纤维粗细有关。

第五节　苗木四季综合管理

(一)春季管理

进入春季，气温开始回升，雨水增多，病虫害也开始发生。因此，应根据这些情况，及时加强对苗圃的早春管理，一般应注意以下四个问题：

(1)防冻害：早春气候多变，升温与降温变化幅度很大，尤其是在雨雪初晴的夜晚，常还有霜冻天气出现，很容易导致逆温伤害苗木。因此，一定要注意做好防冻工作。对采用保护地栽培的苗木，霜冻天和寒潮来临前，一定要扣好大棚；必要时还应根据降温情况，在棚膜上加盖草苫等覆盖物；对一些名贵苗木，还可在棚内设置小拱膜增温保苗；天气放晴后，可及时揭苫接受光照；晴天中午升温很快，为防止棚内温度升高烧苗，应高度注意棚内温度情况，适当揭膜开窗，通风降温，防止高温伤苗；对露地育苗的苗圃，强寒潮之前，还要设置屏障，抵挡寒潮袭击。

(2)防湿害：春季雨雪多，地势低洼的苗圃一旦土壤含水量过多，不仅降低土温，且通透性差，严重影响苗木根系的生长，严重时还会造成苗木烂根死苗，影响苗木回暖复苏。因此，进入春季，应在雨前做好苗圃地四周的清沟工作，对原有排水沟要进行一次清理；没有排水沟的要增开排水沟，已有的还可适当加深，做到明水能排，暗水能滤，做到雨后苗圃无积水；尤其是对一些耐旱苗木，更应注意水多时要立即排水，防止地下水位的危害；要对苗圃地进行一次浅中耕松土，并结合撒施一些草木灰，能起到吸湿增温的作用，促进苗木生长发育。

(3)防肥害：有些苗木可在早春播种或扦插，为了培肥苗圃地，施入基肥时应采用腐熟的有机肥料；若施入未经腐熟的有机肥料，随着气温回升，肥料发酵时易造成伤种伤根伤苗；对刚开始生长的苗木，在追施肥料时，也应注意切忌过浓过多，最好用稀薄的、腐熟的人畜粪尿水浇施；切不可过量施入浓肥或化肥，防止烧根。

(4)防病害：春季苗木常见主要病害有猝倒病、立枯病、根腐病、炭疽病等，特别是猝倒病和立枯病，随着气温回升和雨量增多，发病率高、蔓延快，是苗木生产的大敌，常造成苗木成片大量死亡。这些病害主要由真菌引起，其中腐霉菌最适土温为12～20℃，丝核菌和镰刀菌最适土温为20℃左右。在温度适宜和相对湿度达10%～100%之间，湿度越大，其侵染和繁殖能力越强。而这时的苗木一般多处于幼嫩期，容易受病菌感染。因此，春季苗圃地管理，要加强防护工作，苗圃地下水位高，应及时加深或增开排水沟，排水降湿；及时清除病苗，一旦发现有猝倒病、立枯病病苗，必须收集进行销毁，同时在病苗地周围撒些石灰粉，防止其再次侵染蔓延；喷药防治，开春后，每隔10～15天，可用0.5%～1%波尔多液，或65%代森锌500倍液喷洒苗木，这样能使苗木外表形成一层保护膜，可防止病菌入侵并直接杀死病菌。

(二)夏季管理

夏季虽是雨水较多的季节，但往往会出现先干后汛或先阴后干等不稳定天气。一般应注意以下五个问题：

(1)灌溉：在干旱阶段对苗木及时进行灌溉。苗木速生期的灌溉要采取多量少次的方法，每次要灌透灌匀；在苗木生长后期，除遇到特别干旱的天气外，一般不需灌溉。苗圃所有沟渠配套体系必须在雨季到来之前开挖好，以便及时排水降渍，保证苗木正常生长。苗圃受到洪涝灾害后，要及时疏通沟渠，排除渍水和污泥杂物，及时整理好苗木和苗土，做到明水直流、暗水直落，待苗木恢复生机后再进行除草、松土。

(2)除草：夏季苗圃内经常会有杂草生长，应在每次灌溉或降雨后进行除草、松土。除草要掌握“除早、除小、除了”的原则。松土要逐步加深，全面松匀，确保不伤苗，不压苗。撒播的苗木不方便松土，可将苗间杂草拔除，在苗床表面撒盖一层细土，防止露根透风，影响苗木生长。

(3)控芽：有的树种因气候、土壤、遗传等因素，在苗期徒生侧芽，不利于培育壮苗。因此要及时摘芽、除蘖，提高苗木质量。

(4)追肥：可在苗木的行间开沟追施速效性肥料。沟的深度要适当，将肥料施在沟内，然后盖土。追肥要在苗木生长速生期前进行，施肥时注意不要将浓肥沾到苗木的嫩梢上。要根据不同苗木品种安排追肥时间，一般针叶树种在苗木封顶前30天停止追肥；阔叶树种应在立秋前追肥。

(5)防病虫：随着苗木的生长，病虫也会随时侵害苗木。苗木的病虫害一般以预防为主，应做好病虫害的预测和预报，对可能发生的病虫害做好预防，对已发生的病虫害要及时除治。

(三)秋季管理

秋季与夏季管理有所类同，但气温变化差异大，注意以下六点：

(1)及时灌溉：苗木速生期灌溉要采取多量少次的方法。每次灌溉要灌透、灌匀。在苗木生长后期，除特别干旱外，一般不需灌溉。

(2)清除杂草：在每次降雨或灌溉后要松土、除草。撒播苗不便松土，可将苗间杂草拔掉，再在苗床上撒一层细土，防止苗木露根透风。人工除草结合松土进行，用除草剂灭草前要先试验，以免发生药害。

(3)防涝：秋季雨水较多，一旦苗木受涝，对苗木适时出圃影响很大。因此要挖好排水沟。

(4)科学追肥：追肥要用速效肥料，在行间开沟，将肥料施于沟内，然后盖土。也可将肥料稀释后，均匀喷施于苗床(垄、畦)上，然后用清水冲洗植株。针叶树种在苗木封顶前30天左右，应停止追施氮肥。

(5)防病治虫：苗圃地要做好病虫害的预测、预报工作，对可能发生的病虫害进行预防，对已发生的病虫害要及时防治。

(四)冬季管理

根据冬季特点，为确保翌年春季造林苗木质量和成活率，苗圃要加强管理，提高苗木抗寒性，使苗木安全越冬。具体管理措施如下：

(1)清理：首先要清理苗圃的杂草和树叶，用人工把杂草和树叶清理一堆，放到空地烧毁，以防别人燎火烧死树苗，并减少病虫害传播，影响春季造林苗木质量和用苗量。

(2)浇冻水：苗圃要及时浇冻水，冻水要浇大浇透，使苗木吸足水分，增加苗木自身的含水量，防止冬季大风干燥苗木失水过多，影响造林成活率。时间可安排在上午10点至下午4点之间，有利于土壤渗水吸收。

(3)防止损伤：减少苗圃苗木损伤，首先应防止苗木树皮损伤，以免造成苗木体内水分流失。还要防止苗木顶芽的损伤，以免影响苗木质量。还要防止人为破坏的损伤，确保苗木安全越冬。

(4)修剪：为减少苗木水分消耗，可剪去部分下部枝条，以提高苗木质量，在起苗时方便、省工省时。

中　篇

林木培育理论基础

第六章　遗传控制技术体系

遗传控制技术是林木培育的一项基础性技术工作，它是林木培育能否实现目标的根本。也就是说，遗传控制技术的关键是林木培育时必须使用具有优良遗传品质进行造林。唯有如此，造林才能达到速生高产、优质高效的目的。

第一节　林木良种的定义

通过人工选育或测定，经国家级或省级林木品种审定委员会审定的林木种子，其包括树种、变种、变型、类型、种类(无性系)及杂交种的种子或果实，穗条及种根。在特定的区域内，其产量、适应性、抗性等方面明显优于当前主栽品种，它包括：①经过区域试验证实，在一定区域内生产上有较高使用价值、性状优良的品种；②优良种源区内的优良林分或者种子生产基地生产的种子；③有特殊使用价值的种源、家系或无性系；④引种驯化成功的树种及其优良种源、家系和无性系。选用遗传品质优良的繁殖材料造林，能充分利用自然生产潜力，提高林产品的质量和品质，增强林木抗性以及充分发挥森林多种功能和效益。

第二节　国内外林木育种发展概况

一、国外林木遗传育种的发展简况

林木引种、选择和杂交的实践活动由来已久，特别引种可追溯到古代2000年前。但林木育种作为一门科学，则始于19世纪。林木种源试验是由法国学者De Vilmorin于1821年从欧洲赤松最早进行的，随后俄国、奥地利、瑞士等林学家对落叶松、云杉、松、橡等树种作了种源试验，证实了种源间存在着明显的差异。1892年国际林联为主要造林树种制定了国际种源试验计划，推动了国际林木种源试验的开展。

林木杂交工作是由德国植物学教授Klotzch于1845年首次进行了欧洲赤松和欧洲黑松间的杂交，19世纪末，爱尔兰A. Henry开始杨树杂交，到20世纪初，美国、意大利、德国也进行杨树杂交，其中意大利的成绩尤其显著。20世纪30年代掀起杂交育种高潮，在松、落叶松、板栗、榆树等树种中都做过大量试验，但真中杨属的杂交取得的成效最大。1936年瑞典Nilsson－Ehle发现了三倍体山杨无性系。

林木种子园的研究，丹麦林学家C. S·拉森(Larsen)于20世纪30年代，用嫁接方法繁殖选择出水青冈等树种的无性系，这种繁殖方式后来发展成为生产优质林木种子的主要形式——种子园。到50年代种子园逐步为世界各国认可，并普遍采用。现全世界已有100多个树种相继建立了种子园。

二、我国林木育种的发展简况

我国的杨树、柳树和杉木的无性繁殖有千年的历史。据史料记载，闽北林农插杉造林(即无性系造林)的历史可追溯千年以上。但将林木育种作为一门工作，还是始于20世纪30年代。1931年，我国林木育种的先驱者叶培忠教授在中山植物园作了杨树杂交试验准备。1938年他在四川农业改良所峨眉山林业试验场进行杉木杂交，1946 年在甘肃天水继续开展杨树种间杂交。20 世纪 60 年代初由东欧引进杂种无性系杨树，70 年代又从西欧和美国引进无性系杨树，80 年代以来，相继展开了大规模的杨树杂交研究。黄东森等的“中林 46 等 12 个杨树新品种杂交育种研究”取得了可喜成绩。

在林木种源试验方面，福建林学院俞新妥教授于 1957 年首次开展了马尾松种源试验。北京林学院陈俊愉教授 1962 年做了楝树的种源研究。1964 年中国林业科学研究院亚热带林业研究所也进行了杉木和马尾松等树种的种源试验。80 年代以来，在国家科技项目的主持下，杉木、马尾松、落叶松、红松、油松、樟子松、侧柏、杨、柳、榆、泡桐等乡土树种，以及湿地松、火炬松、桉、刺槐等外来树种相继开展了种源试验，取得了一系列重大科技成果。

在林木种子园研究方面，1964 年南京林学院陈岳武先生在闽北开展杉木优树选择，并于 1966 年在福建洋口建成我国第一个杉木无性系种子园，此后还对杉木作了早期选择、配合力育种、品种交互作用和稳定性研究。1966 年广东省林业研究所所长朱志淞教授在广东台山建立了湿地松种子园。1983 年以来，林木良种选育研究列为国家重点科技攻关项目，种子园研究和建设进入深化阶段。我国已有约 50 个树种先后建立了种子园。

在林木引种方面，潘志刚等作了湿地松、火炬松、加勒比松、马占相思等多个树种的引种研究，成功地引进了湿地松、火炬松、加勒比松等树种，并在我国南低山丘陵地区进行了大面积栽种。

第三节　湖南主要用材林林木良种及增产效果

湖南林木种苗工作一直走在全国前列，尤其是林木育种繁育、种苗工程管理、油茶育苗行业监管等工作出类拔萃。近 10 年来，湖南省共争取国家种苗工程资金 1.5 亿多元，建设了 7 类 113 个种苗工程项目，6 个良种基地被评为“国家重点林木良种基地”；生产合格苗木 87 亿多株，满足了全省林业重点工程和油茶产业基地建设对优质种苗的需求。至“十一五”期末，湖南省新建杉木、马尾松、湿地松二代种子园 620 公顷，各类采种基地 8000 公顷，采穗圃 333 公顷，形成了较为完善的选、引、育、繁、推广相结合的良种生产和繁育体系，极大地提高了湖南省林木种苗的保障供应能力。尤其是建成了桃林湿地松、攸县杉木种子园等 6 个“国家重点林木良种基地”，桂阳县马尾松、江华采育场杉木马尾松良种基地等 10 个“省级重点林木良种基地”，年供种能力已突破 2.5 万公斤大关，有力地促进了林木良种的推广应用。全省主要造林树种良种使用率达到了 85%。

一、杉木良种

以湖南省林科院杉木组牵头的湖南省杉木良种研究取得了一系列突出成绩。湖南省杉木在 20 世纪七、八十年代进行了两次全分布区的种源试验。综合评选出 25 个适宜湖南省造林的优良种源。其中，湖南的会同、靖州、江华，贵州的锦屏、黎平，四川的洪雅，广西的融水、资源，江西的全南，福建的来舟 10 个为最佳种源，平均增产效益达 16% 以上，其中最优种源材积实际增益平均 30.4%。

杉木初级种子园率先于 1966 年在靖县排牙山林场建立，1973 年以后相继在会同、攸县、江华等县营建初级种子园 400 多公顷。1984 年以后，在资兴、攸县、江华新营建 1.5 代种子园 100 公顷。20 世纪末 90 年代后，利用 65 个优良遗传材料相继在靖县、会同、攸县建立二代种子园。同时，选择出材积增益 30% 以上的组合建立杂交种子园。通过高世代杉木种子园建立技术研究，从 112 个家系中选择出优良家系 20 个，平均材积增益 38.1%，树高、胸径、材积遗传力分别为 70%、63%、58%。以育种值大于生产对照 20% 为标准，从湖南省 4 个主要初级种子园 126 个家系中，评选出优良家系 30 个，平均材积增益 30.6%。从靖州县排牙山种子园多年度重复子代测定林中，以材积表现值大于生产对照 20% 为标准，评选出优良家系 14 个，平均材积增益 42.5%。从桃源县老井子代林中，以材积增益 20% 为标准，评选出优良家系 5 个，平均材积增益 35%。从攸县柏市种子园多年度重复子代测定林中，评选出材积增益 20% 以上的优良家系 51 个，平均材积增益 38.2%。共计评选出优良全同胞家系 30

个，半同胞家系120个，双系种子园亲本8组。改建1.5代种子园118.47公顷，新建1.5代种子园100公顷，双系种子园10.67公顷，二代种子园13.33公顷。杉木三代种子园分步式高效营建技术研究，选育出杉木优良家系40个，通过了湖南省林木品种审定委员会的审定。

杉木在无性系选育方面，选出了优良无性系89个，材积大于对照50%以上，采穗圃产量提高4倍以上。

二、马尾松良种

湖南省林科院马尾松课题组对湖南马尾松林进行生态类型区划分，将全省分为5个产区（地区）和11个小区。湖南马尾松不同造林区选择出材积生长增益达到15%以上的优良种源29个，增益20%以上的优良种源22个，增益达到30%以上的优良种源13个，增益达到35%以上的优良种源10个，增益达到40%以上的优良种源4个，其最大增益达到110.63%。

湖南省马尾松良种选育工作成绩突出，经湖南省第一届林木良种审定委员会审定通过的马尾松优良种源共3个、湘林所马尾松优良家系共10个、马尾松良种基地1处。经湖南省第二届林木良种审定委员会审定通过的马尾松纸浆材优良家系共5个。材积增益达到43.8%～97.9%；马尾松良种造林成林率提高22.4%，林分成材率可提高50%以上，为全省马尾松人工林基地建立及其投资效益的提高提供了重要技术保障。

三、湿地松、火炬松良种

湖南省林科院国外松研究人员通过开展湿地松、火炬松种源试验，选出适合湖南省低丘红壤地区的湿地松优良种源5个，火炬松优良种源9个。湿地松最优种源的材积生长量比平均种源大16%，比国产广东省台山种子园种子大26%，比进口最差种源大46%；火炬松最优种源的材积生长量比平均种源大12%，比对照湖北引种火炬松种源大16%，比进口最差种源大22%。对湿地松种子园去劣改良后，使其遗传增益（材积）提高23.47%，木材比重的遗传增益提高3.6%，种子产量提高2倍以上，种子播种品质超过国家标准，遗传品质达到美国同类种子园标准。选育出湿地松半同胞优良家系22个（其中15个通过省级良种审定、1个通过国家级良种审定、3个通过国家级良种认定）。

四、杨树良种

湖南省林科院杨树研究人员通过生长、材性、抗性等多性状分层次综合选育，在杂交组合美洲黑杨55/65×W07中，选育出了湘林-75、湘林-90、湘林-101杨3个新无性系，在杂交组合美洲黑杨W10×2KEN8中，选育出了湘林-77、湘林-92杨2个新无性系。湘林-90比主栽种I-69杨增产50%以上，比中汉-17增产30%以上。杂交选育出了XL-90等5个综合表现突出的美洲黑杨优良新无性系。"湘林90"等5个美洲黑杨杂交新无性系2010年通过省级林木良种审定，其示范林平均胸径、平均树高、平均单株蓄积分别较上一代良种中汉17提高15.6%、6.9%和40.9%，示范效果显著。

五、"三杉"良种

湖南省林科院"三杉"课题组在洞庭湖区通过对125个树种的引种研究，筛选出香椿、喜树、檫木、鹅掌楸、小叶杨、棕榈、梧桐、中国槐和水杉、池杉、落羽杉等10多个树种均适宜于湖区生长。其中最适宜的是水杉、池杉、落羽杉，逐步成为了洞庭湖区的主栽树种。

六、檫木良种

湖南省林科院檫树研究人员以檫树自然分布区中10个省的27个檫树种源为材料，划分了五个种源区，以南带、中带为生产力较高的优良种源区。评选出适于湖南省的优良种源为湖南的沅陵、攸县、郴州、隆回、平江；江西的赣州、乐平；广东龙川；福建拓荣。利用优良种源造林，增产效益显著，最优种源比最差种源树高、胸径及材积分别大25.6～60%、27.1～51.4%及49.2～312.4%。优良种源平均增产效益为17%以上。

七、福建柏良种

湖南省林科院福建柏科研人员通过对7省区19个种源、48个家系进行研究，选择出适宜湖南栽培的优良种源10个，材积遗传增益达16.09%～88.70%；选择出优良家系14个，材积遗传增益达15.19%～184.80%。

八、桤木、台湾桤木良种

湖南林科院研究人员选出了生长与材性兼优且适应性、抗性均优的台湾桤木优良无性系4个：F12、F02、F21、F07，与对照相比，其材积增益分别是：151%、130%、107%、76%，且材性性状优良；筛选出了扦插生根率高的无性系15个，平均扦插生根率达85%以上。

九、红椿良种

湖南省对引进的27个红椿种源进行了较深入的研究，选择出综合表现良好的种源为111、91、92、64、51、61、103、63。开展了红椿等珍贵用材树种种质资源收集与良种选育，选育出了5个生长性状优良的红椿家系：TC02、TC03、TC04、TC12和TC20。

十、黧蒴栲良种

湖南省林科院研究人员选择黧蒴栲优树57株，通过对6年生家系生长测定与材性、热值分析，有5个半同胞家系即：PG07、RS09、TD01、RS08、PG08、PG10入选为优良家系，其材积、基本密度及热值增益分别为156.33%～391.78%、12.70%～25.22%及15.81%～31.80%。

十一、榉木良种

在榉木引种方面，湖南省林科院科研人员选育出3个生长性状优良的红榉家系：ZS5、ZS7、ZS10。

十二、闽楠良种

湖南省林科院研究人员在湖南选择闽楠优树87株，选育出优良种源3个、优良家系5个。

十三、红豆杉良种

湖南省林科院研究人员在湖南选择南方红豆杉优树123株，选育出优良种源3个、优良家系5个。

十四、光皮桦良种

湖南省林科院光皮桦研究人员选出光皮桦优树28株。优树树高、胸径、木材密度、纤维含量、纤维长度分别大于林分平均值4.3%～45.9%、29.0%～81.7%、1.3%～10.3%、1.2%～10.1%、0.7%～9.6%。并从30个子代材料测定中评选出麻17、麻11、杨5、麻27、杨1、麻3、麻20、麻15共8个优良家系，可在生产中推广。

十五、翅荚木良种

湖南省林科院研究人员在湖南、广西、广东、贵州等省(区)选择翅荚木优树42株，选择、采集优良种源种子12份进行造林试验林，经测定证实广西靖西、广西融水、湖南通道、广东韶关为翅荚木优良种源区。

第四节　乡土树种培育必须科学使用良种

针对湖南省乡土树种培育现状和当前良种工作面临的问题，湖南省乡土树种培育必须牢固树立“林以种为本，种以质为先”的理念，以促进现代林业建设为目标，以全面推进乡土树种培育使用良种化进程为主题，以大力提高林木良种产量和质量为主线，以科技为支撑，以科研为先导，以品种选育为基础，以良种繁育为核心，以基地建设为重点，建设一批乡土树种多树种、多品种，布局合理，结构优化，高效特色的乡土树种良种繁育基地，构建完备的乡土树种良种选育、生产、使用、推广体系，全面提高良种壮苗生产供应能力，确保在乡土树种培育中必须科学使用良种，必须依法使用良种。到2020年，湖南省主要造林树种工程造林良种使用率达到100%，苗木受检率达到95%，林木种子受检率达到100%，种子储备能力达到年均用种量的20%以上，促进全省乡土树种木培育科学发展。

一、加强乡土树种种质资源的收集保存与开发利用

按照功能性、区位性要求，坚持统一规划、集中保存原则，以乡土树种育种材料为重点，建立乡土树种种质资源保存库，开展具有开发利用价值和潜在利用价值的乡土树种种质资源的收集保存与研究，进行科学有效的鉴定与评价，提出评价意见和利用方向，建设乡土树种种质资源动态监测体系和保护体系，为乡土树种良种选育奠定基础。

二、加大乡土树种良种选育力度，不断进行种质创新

组织科研院校、生产管理单位等部门的专家和技术人员，建立协作机制，围绕林业建设发展需要，开展乡土树种新品种、新技术联合攻关，针对乡土树种良种选育进行立项重点研究，以良种基地为平台，以选优、杂交等常规育种为基础，进行品种改良与种质创新，尽快选育一批高产优质、适应性强、抗逆性强适合湖南省不同立地条件生长的优良乡土树种、品种和优良无性系，并探索出一套与良种相匹配的高产高效栽培技术措施，促进科技成果转化应用。

三、加强乡土树种良种基地建设与管理，提高良种生产能力

抓好乡土树种良种基地优良资源的收集保存与遗传测定工作，加快良种升级换代步伐；加强乡土树种种子园、母树林和采穗圃的建设与管理，提高良种生产能力；加强基地技术人才培养，充实自身技术力量；加强基地与科研院校合作，根据不同基地与树种类型，确定科技支撑单位和指导专家，制定合作计划，围绕基地建设设立科研课题，让科研更有针对性，更能贴近生产实际，又使基地建设因科研项目的带动，提高基地建设的科技含量和水平。

四、确立保障性苗圃，提高乡土树种良种苗木供应能力

选择基础条件好，技术力量强、区域优势明显的国有苗圃，确定为保障性苗圃，实行“定点采种、订单育苗、定向供应”的方式，营建乡土树种良种基地、良种保存圃、采穗圃和繁育圃，应用轻型基质容器育苗等先进的育苗技术，培育乡土树种良种苗木，保证乡土树种培育对良种苗木的需求。

五、加强乡土树种良种宣传与示范指导，加快良种在乡土树种培育中的推广步伐

对国家和省审定通过的乡土树种良种广泛进行宣传，提高广大林农对乡土树种良种在林业增产中的重大作用和深远意义的认识，鼓励企业、个人积极参与乡土树种良种推广应用，有针对性地对林农开展乡土树种优新品种及其配套技术应用的培训。建立乡土树种良种推广示范基地，培育乡土树种高产优质典型样板林，以点带面，并及时组织召开现场观摩会，加快乡土树种良种的推广速度。

六、充分掌握乡土树种良种资源及特性，在乡土树种培育中科学选择和使用乡土树种良种

在乡土树种培育时，首先要掌握全省或本地区的乡土树种良种资源总量，即有多少个乡土树种以及这些乡土树种的种源、优树、种子园、家系和无性系。充分了解乡土树种良种的特性，以及需要配套的立地条件和培育技术措施。良种不是万能的，不可能适用于一切时间和空间。良种要良法，良种只有在特定的立地条件和培育技术措施支撑下，才能完全显现出良种的效益。有的良种地域性很强，超过了特定区域就可能不是良种。因此，有了良种还要会使用良种，乡土树种科学培育才能实现丰产丰收的目的。

七、强化政府行为，建立使用乡土树种良种造林的考核机制

各级林业主管部门应切实把乡土树种良种工作作为林业工作的重中之重来抓，把乡土树种良种化发展纳入林业发展规划的核心内容，将造林良种使用率、造林种苗合格率纳入乡土树种培育目标考核管理，明确要求，在造林设计中做出良种使用规定，造林实绩核查将乡土树种良种使用作为重要指标，造林设计不含良种使用率的，市、县级以上林业主管部门不予审批；造林未达到设计确定的林木良种使用率的，造林项目不予验收。以此推动乡土树种良种的推广使用，促进乡土树种培育的科学发展，实现林业效益的不断增长和可持续发展。

第五节　乡土树种培育必须依法使用良种

一、我国林木良种相关法律法规

（一）《中华人民共和国种子法》

于2000年7月8日第九届全国人民代表大会常务委员会第十六次会议通过，根据2004年8月28日第十届全国人民代表大会常务委员会第十一次会议《关于修改〈中华人民共和国种子法〉的决定》第一次修正，根据2013年6月29日第十二届全国人民代表大会常务委员会第三次会议《关于修改〈中华人民共和国文物保护法〉等十二部法律的决定》第二次修正。

该法律明确了种子概念、种子监管工作的重点，规定了强化种子市场监管的主要内容及法律责任。严格企业市场准入。各级行政管理机关要严格按照法定条件办理种子企业证照，加强对种子经营的管理。商品种子要符合《种子法》有关品种审定、新品种保护、质量要求、加工包装、标签标注等规定。品种名称应当规范；主要品种推广前应当通过国家或省级审定；逐步建立"缺陷种子召回制度"；发现销售的种子有问题的要及时更换；实行品种退出机制，发现经审定通过的品种已不适合农业生产需要或有难以克服缺点的，要及时退出。依法加强对种子市场的监管，切实履行种子市场监管职责。依法加大打击力度，及时查处生产、销售假、劣种子等违法行为。要加强对种子企业的监督检查，对资质条件不再符合发证要求的，要依法撤销其种子生产经营许可，加强种子质量市场监督抽查的力度，认真落实种子质量标签制度，依法加强种子市场的宏观调控和价格监管。

（二）《林木种子生产、经营许可证管理办法》

于2002年10月15日国家林业局第2次局务会议审议通过，自2002年12月15日起施行。该办法明确规定林木种子生产、经营许可证必须严格实行分级发放、严格审查申报材料、严格填写注明事项、严格审核发放对象，加强对被许可人的指导和监督管理。

（三）《林木良种推广使用管理办法》

该办法于1997年6月15日林业部令第13号公布施行。该办法明确规定未具有林木良种审定或者

认定合格证书的林木种子，不得作为林木良种推广使用。从事林木良种推广使用活动，必须遵守该办法。否则，将受到惩罚。

（四）《林木种苗质量监督管理规定》

为加强林木种苗生产、流通和使用环节监督管理，防止腐败行为发生，确保国家林业重点工程和国土绿化使用的林木种苗质量，依据《中华人民共和国种子法》等有关法律、法规，国家林业局于2002年12月11日发布施行《林木种苗质量监督管理规定》。该规定提出了六个制度，即实行林业行政主管部门要加强领导干部林木种苗质量管理责任制，实行林木种苗生产经营许可和标签制度，实行林木种苗质量检验制度，实行林木种苗订单制度，实行林木种苗使用责任追究制度，实行林木种苗质量案件上报跟踪制度。

（五）《林木种子质量管理办法》

针对在林木种子生产供应中存在重数量、轻质量的问题，不规范的林木种子生产、加工、包装、检验和贮藏，以及无证生产、无证经营、销售假冒伪劣种子等行为时有发生，给林木种子质量水平提高带来了不利影响。根据种子法的有关规定，国家林业局于2007年1月1日起施行《林木种子质量管理办法》，规范林木种子生产经营各个环节的质量管理，加强林木种子的质量监管。该办法对开展林木种子生产经营活动的种子生产、加工、包装、检验、贮藏等质量管理活动做了明确规定，进一步加强林木种子质量监督管理，提高林业发展和生态建设的质量水平。

（六）《林木种子包装和标签管理办法》

为了加强林木种子包装和标签管理，规范林木种子包装和标签的制作、标注和使用行为，保护种子生产者、经营者和使用者的合法权益，根据《中华人民共和国种子法》的有关规定，国家林业局于2002年8月19日公布施行《林木种子包装和标签管理办法》。该《办法》明确了各级林业行政主管部门负责本辖区内林木种子包装和标签的制作、标注和使用的监督管理工作。

（七）《湖南省实施〈中华人民共和国种子法〉办法》

该办法于2004年1月6日经湖南省第十届人民代表大会常务委员会第七次会议通过，自2004年3月1日起施行。

（八）《湖南省种子管理条例》

为加强农作物种子和林木种子管理，维护品种选育者和种子生产者、经营者、使用者的合法权益，促进农业林业生产，湖南省人大常委会于1988年10月29日颁布，1989年1月1日实施《湖南省种子管理条例》。

（九）国务院办公厅关于《加强林木种苗工作的意见》

鉴于林木良种是林业增产增益的重要内因，是治本之策，在建设现代林业中始终发挥着“原动力”的作用，因此，国务院办公厅于2012年12月26日下发了国办发〔2012〕58号文件《加强林木种苗工作的意见》。该《意见》明确要“全面提升林木种苗良种化水平”“到2020年主要造林树种良种使用率提高到75%以上”。这是《意见》发展目标中唯一量化的要求，说明林木良种化建设是林木种苗建设工作的主线和灵魂。目前我国林木良种使用率仅为51%，与国外80%以上的良种使用率相比差距很大，因此，必须加速良种选育工作，大力推广使用林木良种。

（十）湖南省人民政府《关于加强林木种苗工作的实施意见》

2013年7月23日，湖南省人民政府办公厅印发了《关于加强林木种苗工作的实施意见》。明确提出了林木种苗的发展目标，到2020年，完成全省林木种质资源调查，建成主要造林树种、名优经济林树种、花卉和主要珍贵树种种质资源保存库，有效保护林木种质资源；形成科研分工合理、产学研结合、资源集中、运行高效的林木育种新体制，力争实现在主要造林树种的良种选育和遗传改良上，湖南成为南方重要的育种中心，在其他树种的良种选育和遗传改良上，形成湖南的特色；选育推广一批适应性强、增产明显、具有自主知识产权的林木良种和新品种，主要造林树种工程造林良种使用率达到100%，苗木受检率达到95%，林木种子受检率达到100%，种子储备能力达到年均用种量的20%以上；围绕林业产业发展，建成一批林木良种繁育基地，建设一批生产规模化、管理精细化、设备现代化、质量标准化、资源信息化、人员专业化的种苗生产基地，通过产学研结合，培育一批创新能力强、示范作用明显的种苗生产龙头企业；健全职责明确、手段先进、监管有力的林木种苗管理体系，提高林木种苗的供给保障能力和质量安全水平，为绿色湖南建设提供数量充足、品种对路、质量优良的林木种苗。实施意见还提出了加强组织领导，建立健全林木种苗管理体系，完善地方法规和标准体系，创新发展机制等保障措施来确保意见提出的发展目标。实施意见特别提出，强化各级林业部门的林木种苗管理职能，明确管理机构，落实工作责任，建设一支廉洁公正、作风优良、素质过硬、装备精良的种苗管理队伍；加强种苗管理机构和质检机构标准化建设，加大林木种苗行政执法力度，维护种苗生产安全。

二、加强监督，严格执法，确保乡土树种培育依法使用良种

（一）建立林木良种在乡土树种培育中推广使用的监督制度

林木良种是林业生产活动中的基本生产资料，是林业建设的重要物资。林木良种的真与伪、好与坏，代表了林木种苗行业的发展水平和管理能力，直接影响林业建设的成与败。林木良种的推广使用，在林业生产和生态建设中发挥了重要作用。但是，目前存在着林木良种使用率偏低、真假难辨、使用混乱等现象。为了保护林木良种选育者的权益及生产者和使用者的利益，提高林木良种使用率，保护林木良种，必须建立林木良种推广使用监督制度。

首先，要从林木良种的选育者开始监督。良种选育者在选育品种获得林木品种审定委员会的审（认）定以后，有权将所选育品种作为林木良种推广使用。在推广时，要向生产者或推广者出具良种证明，证明中包括良种名称、树种、学名、良种编号、适宜推广生态区域、发证机关等信息。其次，对林木良种的经营者进行监督，确保良种经营流通环节依法有序进行。再次，对林木良种使用推广者进行监督，保证在造林环节上使良种落到实处。建立林木良种推广使用监督制度，可以有效地防止不法人员利用林木良种难以用肉眼识别的障碍，欺骗林木良种的消费者和使用者；为国家和地方政府投资的工程造林提供良种壮苗来源；增加选育者的成就感和知名度；为林木良种推广者增加技术水准和信誉保证；进一步规范林木良种选育者、审定机关的行为，帮助林木良种审定机关跟踪了解林木良种的推广使用情况，帮助林木种苗行业管理部门落实林木良种的优惠政策，为林木良种更好地服务造林绿化、促进林木种苗行业的健康发展作出应有的贡献。

（二）强化林木良种在乡土树种培育中推广使用的奖惩力度

对在乡土树种培育中积极推广使用良种的单位和人员要给予奖励，作出特殊贡献的要进行重奖。通过奖励，进一步调动营造林单位和个人在乡土树种培育中使用林木良种的积极性，提高其遵纪守法的自觉性，创造知法守法的良好氛围。进一步规范林木种苗生产经营秩序，严格林木种苗市场准入，依法打击生产经营假劣林木种苗的违法行为。林业主管部门要组织有关人员定期对本辖区的种苗生产经营使用情况进行自查，全面掌握苗圃生产情况，对在乡土树种培育中使用未经审认定品种进行育苗的，立即督促其整改。市林业局将会同省林业厅组成种苗质量检查组按照县区进行种苗质量检查，一经发现在乡土树种培育中使用未通过审认定林木品种的，要根据《中华人民共和国种子法》和有关规定进行查处。对未按照规定使用林木良种营造乡土树种丰产林的要给予警告或罚款的处罚。造成严重后果的追究其行政、经济责任，犯罪的则追究其刑事责任。

第七章　立地控制技术体系

立地控制技术是林木培育的一项基础性技术工作，它是林木培育能否实现目标的关键。在林木培育中，影响林木的生长发育、形态和生理活动的地貌、气候、土壤、水文、生物等各种外部环境条件的总和，称为立地。构成立地的各个因子，即立地条件。立地条件的优劣，直接影响到林木的成活、生长势、生长速度及生长量，最终影响到造林的经济和生态效益。

第一节　立地的相关概念

1. 立地

泛指地球表面某一范围地段上的植被及其环境的总和，是自然地理发展的自然综合体。

2. 森林立地

是指某一森林地段上的植被与其环境的总和，包括地质、地貌、气候、土壤、植被等。

3. 立地类型

是指地域不一定相连、立地条件基本相似的自然综合体的集合。

4. 森林立地类型

是地域上不相连，但立地条件基本相同、立地生产潜力水平基本一致的森林地段的组合。

5. 立地质量

某一立地上既定森林或其他类型植被的生物生产潜力，包括气候因素、土壤因素、生物因素。

6. 立地条件

在某一立地上，凡是与森林生长发育有关的自然环境的综合。在一定程度上立地质量和立地条件可以通用。

第二节　主要立地因子与林木生长的关系

一、地形

地形是指地球表面形态特征而言，通常所说的高山、河谷、平地、沙丘等都是地表形态特征的反映。地形对森林的影响不是直接的，但由于它对光、热、水等因子的再分配作用很大，因此被看做是重要生态因子。海拔、坡向、坡度、坡位是地形中影响林木生长的重要因素。了解这些因素与林木生长的关系，对于培育林木至关重要。

（一）海拔高度

海拔高度也称绝对高度，就是某地与海平面的高度差，通常以平均海平面做标准来计算，是表示地面某个地点高出海平面的垂直距离。海拔高度会影响到温度、降水的变化和土壤呼吸差异，进而影响到树木的生长。随着海拔高度的上升，气温就相应下降。通常海拔每升高 100 米，相当于纬度向北推移 1°，年平均气温则降低 0.5～0.6℃。对于不耐低温的树木而言，海拔高度是控制林木向高海拔地区扩展的限制因子。海拔高度对降水量的影响也很大。高山上海拔较高，气温低，水汽容易达到饱和，从而凝结致雨，常形成地形雨，降水量相对低海拔地区大。特别是冰雪天气多，影响林木的生长并造成冰灾雪害。海拔高度不仅影响空气温度，而且影响土壤温度。空气温度、土壤温度这两个因子是影响土壤呼吸沿海拔梯度变化的主因子。不同海拔土壤呼吸差异极显著，随着海拔升高，呼吸值逐渐降低；土壤呼吸与空气温度、土壤温度、大气 CO_2 摩尔分数、土壤含水率间存在极显著的相关关系，与土壤密度间存在显著的相关关系，土壤呼吸与土壤有机碳、全氮、速效钾、有效磷质量分数间的相关关系均不显著。当然，不同纬度地区同一海拔则不具有可比性。如湖南省2000米海拔高度和海南岛的同一海拔高度，其温度、降水量是截然不同的，其森林结构和树种分布更是截然不同。

(二)坡向

坡向是指地形坡面对太阳的朝向。地形坡面朝着太阳直射的方向日照多，称为阳坡，背着太阳的方向称为阴坡。在森林资源清查中，根据样地范围的地面朝向确定坡向：①北坡：方位角8°～23°；②东北坡：方位角24°～67°；③东坡：方位角68°～112°；④东南坡：方位角113°～157°；⑤南坡：方位角158°～202°；⑥西南坡：方位角203°～247°；⑦西坡：方位角248°～292°；⑧西北坡：方位角293°～337°。对于坡度小于5°的地段，坡向因子按无坡向记载。

我国由于一年中太阳只能直射在南北回归线之间，北半球东西走向的山脉，南坡日照多，所以南坡是阳坡，北坡是阴坡。坡向主要影响光照强度和日照时数，并引起温度、水分和土壤条件的变化。由于向阳坡日照时间长，气温高，霜冻情况比阴坡大为减轻，所以阳坡的林木一般比阴坡多，且长势好。南坡树木多为喜光的阳性树木，并表现出一定程度的旱生特征。阳坡的果树果实产量较高。而且由于热量差别，同一自然带林木在阳坡的分布高度一般比阴坡高。阳性树种喜阳坡生境，在阴坡则长势较差。阴性树种则反之。北坡树木多为喜湿、耐阴的种类。由此可见，在同一地理条件下，南向坡(南、东南、西南)日照充足，而北向坡(西、西北、和东北)日照较少；温度的日变化，以阳坡大于阴坡，一般可相差2.5℃。由于生态因子的差别，树木在不同坡向表现不同。生长在南坡的树木，物候早于北坡，但受霜冻、日灼、旱害较严重；北坡的温度低，影响枝条木质化成熟，树体越冬力降低。北方，在东北坡栽植树木，由于寒流带来的平流辐射霜，易遭霜害；但在华南地区，栽在东北坡的树木，由于水分条件充足，表现良好。

坡向除了指对太阳的朝向，也指对风的方向而分为迎风坡和背风坡，迎风坡指的是迎着风的来向的一坡，另一坡即为背风坡。湖南省丘陵山地东侧迎着来自太平洋的东南风，所以东坡为迎风坡，西坡为背风坡。来自海洋的暖湿气流，在山脉的迎风坡受地形阻挡被迫抬升，山上海拔较高，气温低，水汽容易达到饱和，从而凝结为地形雨，使迎风坡林地比背风坡湿润，林木生长所需要的水分条件能够比背风坡满足得好，林木也就较西坡多而茂。由于坡向对降水的影响也很明显，往往造成一山之隔降水量相差很大，大山脉更是如此，进而影响林木的分布和生长。空气中大量的水汽丢失在迎风坡的坡面上，使迎风坡非常潮湿，形成湿润的常绿阔叶林。

(三)坡度

坡度是指坡面的倾斜程度，是反映山地陡峭程度的一个重要因子，常用度数法表示。在森林资源清查中，一般用样地范围内的平均坡度记载，以度为单位。根据坡度的大小分为平，缓，斜，陡，急，险6级。①平坡：＜5°；②缓坡：5°～14°；③斜坡15°～24°；④陡坡25°～34°；⑤急坡35°～44°；⑥险坡：≥45°。坡度越大，表示山坡的陡峭程度越大。研究表明：坡度越高，山体越陡峭，越不利于水土保持。坡度的陡缓，控制着水分的运动，控制着物质的淋溶、侵蚀的强弱以及土壤的厚度、颗粒大小、养分的多少，并影响着动植物的种类、数量、分布和形态。

坡度也是影响土壤侵蚀的主要原因之一，在其他条件相同的情况下，坡度不同，土壤侵蚀量有较大差别。坡度越大，坡面上土体受到雨水冲刷力就大，则坡面上的土体不稳定性也就越大，就更容易被径流冲走，形成严重的水土流失。而且，由于坡度的增加而减少雨水停留和入渗时间，使雨水入渗量减少，造成土壤含水量低下，土壤黏粒含量少，有机质含量低，土壤肥力就差。因此，坡度对土壤含水量影响很大，坡度越大，土壤冲刷越严重，含水量越少；同一坡面上，上坡比下坡的土壤含水量小。据观测，连续晴天条件下，3°坡的表土含水量为75.22%，5°坡为52.38%，20°坡为34.78%。耐旱和深根的树种，如仁用杏、板栗、核桃、香榧、橄榄和杨梅等，可以栽在坡度较大(15°～30°)的山坡上。坡度对土壤冻结深度也有影响，坡度为5°坡时结冻深度在20厘米以上，而15°时则为5厘米。

在山区，耕地大部分集中在800米以下7°～25°的坡度上，优质耕地少，中、低产地多，并存在大量的陡坡耕地。森林大多分布在800米以上>25°陡坡上。25°以上坡地，由于地势较陡，属于比较陡峭的山体。因此，1991年6月29日施行的《中华人民共和国水土保持法》第十四条规定："禁止在二十五度以上陡坡地开垦种植农作物。"同时还规定："本法施行前已在禁止开垦的陡坡地上开垦种植农作物的，应当在建设基本农田的基础上，根据实际情况，逐步退耕，植树种草，恢复植被，或者修建梯田。"这些地区如果过度开发，经济和农作物都上了25°坡以上，就会影响生态安全，造成环境破坏、天然林减少、水土流失、生物多样性降低等恶果。

坡度对森林分布的影响很大。据栾忠平、吴湘菊研究不同坡度森林分布的特征，结果表明：阔叶林在25°以下坡度所占比重为93.4%，在25°～35°坡度范围内为5.5%，在35°～45°坡度范围内为0.9%，在45°坡度以上的为0.2%。幼龄林在不同坡度上分布基本一致，均为2%；中龄林随坡度的增加依次为31%、21%、19%、15%；近熟林所占比重在25°坡度以下为38%，在25°～35°坡度上为34%，在35°～45°坡上为38%，45°坡以上为48%；成熟林依次为21%、34%、34%、32%；过熟林依次为5%、9%、7%、4%。这也同时说明了，坡度过大不利于林木生长。因此，有专家提出坡度45°是植树造林的上限。但是，作为丰产林培育的林分与一般林分如水土保持林、荒山绿化的生态林对海拔高度的要求是不同的，其要求的海拔高度相对要低。

(四)坡位

坡位是影响立地条件尤其是水分条件的重要地形因子。一般分脊、上、中、下、谷5个坡位：①脊部：山脉的分水线及其两侧各下降垂直高度15米的范围；②上坡：从基部以下至山谷范围内的山坡三等分后的最上等分部位；③中坡：三等分的中坡位；④下坡：三等分的下坡位；⑤山谷：汇水线两侧的谷地。处于平原和台地上的林地，则称平地。

在相同的坡向和坡度条件下，不同坡位的温湿状况、土壤条件、植被条件不同。其气温变化也较为复杂，通常从坡底到坡腹、坡顶，温度由高到低，高山，每上升100米，气温下降0.5℃左右。随着温度的变化，土壤由肥变瘠，植被由茂密到稀疏。

坡位不同，土壤含水量有很大差异，土壤水分变化也明显不同。从上坡到下坡，同一等高线上的土壤水分变异程度随着土壤水分平均值的增加而减小，这与土壤水分从上坡到下坡变异程度逐渐减小大体上是相吻合的。这说明随着坡地海拔的上升，风速、温度、植被、土壤特性等因素对土壤水分在不同位置上分布的差异性影响越来越显著。

坡位对土壤的发育、水肥条件影响较大，因而对林木的生长发育的影响也较大。通常上坡的(特别是山脊)土层薄，林木生长较差，而下坡的林地土层厚，水肥条件好，林木生长好。何小三等对不同坡位对油茶林地土壤养分及生长量的影响进行研究，得知下坡的土壤微生物数量明显高于其他坡位，不同坡位的微生物数量从大到小为下坡>中坡>上坡。赵汝东等研究不同坡位(坡上、坡中，坡底)马尾松对土壤理化性质、酶活性和微生物学性质的影响。结果表明，0～20厘米和20～40厘米土层土壤有机质、全氮、碱解氮和速效钾坡位间差异均显著($P<0.05$)，其中有机质和全氮均表现为坡底坡中坡上；而全磷和全钾位间差异不显著；3坡位中，坡底土壤黏粒较高容重较小。土壤酶活性坡位间差异不显著，可能受林分密度影响较大。两土层微生物生物量碳氮与土壤呼吸强度均为坡底最大，且与有机质和全氮相关性分别达显著($P<0.05$)和极显著($P<0.01$)正相关，但在微生物对碳利用效率、有机碳氮累积程度等方面坡位间差异不显著。黄礼祥对毛竹林在不同坡位上的生长情况进行了调查和分析。结果表明，坡位对毛竹的生长影响显著，毛竹生长从好至差依次为下坡（含山谷）、中坡、上坡（含山脊）。不同坡位的毛竹生长在树高、胸径、竹产量3个指标上差异均达0.01显著水平。林维彬探讨了不同坡位对毛竹立竹度的影响，结果表明，坡位对毛竹立竹度影响显著，下部与上部、上部与中部

立竹度达显著差异。方志伟通过对3年生和5年生香樟生长发育状况的调查分析，结果表明：坡位对香樟造林的初植期影响不明显，在幼林中的后期(3～5年生)开始出现明显的坡位效应，表现为下坡位的香樟树高、地径、冠幅及根系量极显著地优于上坡位的，随着年龄的增大这种差异现象愈加明显。这些研究都说明了一个现象，即坡位影响了土壤及水肥条件，进而影响了林木的生长。在大多数情况下，土壤及水肥条件随着坡位向下而变好，林木也是随着坡位向下而变好。但是，需要特别指出的是，在自然环境中，坡位由于受特殊地形地势的影响，那种土壤及水肥条件呈现下坡 > 中坡 > 上坡规律性变化并未适应所有山体。在实际中，有的山坡的上坡中坡下坡土壤变化不大，有的变化则很大。有的是上坡好于中坡，中坡好于下坡。有的则是中坡好，上坡下坡反而均差。有的则是上坡最好，下坡最差。因此，在造林选地时必须从实际出发，具体山体具体对待，根据不同山体的坡位具体情况制定营林规划和管护措施。

二、土壤

(一)湖南省主要森林土壤类型

1. 红壤

红壤是全省的主要土壤，发育于第四纪红土、花岗岩、板页岩、砂砾岩、石灰岩坡(残)积物，一般土层深厚，酸性强，含有机质少，富含铁、铝，养分缺乏，全氮含量低，肥力较低。主要分布于武陵山雪峰山以东的丘陵山麓及湘、资两水流域，多分布于海拔500米(湘北)、600米(湘中)到700米(湘南)以下，湘西约在400米(湘西北)～600米(湘西南)以下。红壤风化淋溶作用强，在高温多雨，干湿交替明显的气候条件下，铁的游离度高，并使土壤呈红色。红壤以其脱硅富铝化为其成土的主要特点。土体中原生矿物强烈分解，硅和盐基遭到淋失，黏粒及次生矿物不断形成，而铁、铝、钛等氧化物则相对富集，致使土壤中硅铝率变低。适于多种林木生长，自然植被为常绿阔叶林，现多为人工林，树种主要为马尾松、杉木、樟木、楠木、油茶、柑橘、乌桕以及楠竹等。

2. 黄壤

黄壤垂直分布位于红壤之上，水平分布于雪峰山、南岭山区。多在湘东北、湘西北海拔400～1000米，湘南海拔600～1300米地带。黄壤是在温暖湿润的气候条件下形成的，所处的中低山区有降水多、云雾多、湿度大、温差小等气候特点。黄壤除脱硅富铝化和生物富集过程外，还具有独特的水化特征，这与环境相对湿度大，土壤经常保持潮湿，铁的化合物以针铁矿、褐铁矿和多水氧化铁为主有关，黄壤剖面以亮黄棕色为特征，淋溶淀积层尤为明显，土壤呈酸性反应。黄壤地区的热量条件较同纬度红壤地带略低，但湿度大，年降水量最高可达2000毫米。自然植被为亚热带常绿阔叶林和常绿—落叶阔叶林混交林。黄壤是适宜栽植杉、松、竹林木和果树的土壤。

3. 黄棕壤

黄棕壤位于黄壤之上，主要分布在海拔1000～1300米以上山地，其中湘南1300～1900米，湘北1000～1600米。黄棕壤分布地区，具有气温低、雨量多、云雾多、日照短、湿度大、有冰冻等气候特点，适于高山树种及药材林木生长。

4. 石灰土

主要分布于省境西北的武陵山地区，湘中和湘南的石灰岩地区，表土近中性，石灰含量丰富，适宜油桐、乌桕、漆树和柏木等生长。红色石灰土发育于各类石灰岩母质，分布湘南海拔700米以下，湘北海拔500米以下，与红壤同地带。红色石灰土所处地形坡度相对较大，故有时位于石灰岩红壤之上。红色石灰土分为红色石灰土和淋溶红色石灰土两个亚类。二者的区别在于：红色石灰土酸碱度全土层较一致，表层pH值6.0～6.5，心土层及底土层略高；淋溶红色石灰土土壤呈上酸下碱特征，表层pH值6.5左右，心土层和底土层pH值可达7.5以上，且有石灰反应。黑色石灰土分为黑色石灰土、黄色石灰土、棕色石灰土三个亚类。多分布于湘西自治州各县，在永州、常德、娄底、邵阳、衡阳、郴州、怀化、张家界等市也有分布。黑色石灰土亚类是发育于石灰岩上的岩性土，为非地带性土壤，可以出现在不同的海拔高度，分布于石灰岩山丘区，常见于山顶部、岩隙或谷地低平处，其受周围岩石和自身繁茂草灌植被及气候等条件影响，土壤中有机质积累，与钙相互作用，生成腐殖酸钙，使土壤呈黑色。成为有机质含量较高、石灰反应较强、土层较浅、发育程度弱的一种岩性土。黄色石灰土亚类分布于湘东北、湘西北海拔500～1000米，湘南海拔700～1300米地带，与黄壤分布高度相同。常与石灰岩黄壤交错分布，所处地形较陡，坡度在20°以上。棕色石灰土亚类发育于石灰岩、白云岩风化物，分布海拔多在1000米以上石灰岩峰丛、峰林地区的常绿阔叶林或常绿—落叶阔叶林下，或草灌生长茂密的地带。

5. 紫色土

分布于湘江中游、沅江谷地、澧水谷地及洞庭湖东侧，以长衡、茶永、沅麻等盆地分布集中连片。湘中、湘东、湘北分布的海拔高度一般在300米以下，武陵山区一般在海拔400米左右，最高如古丈、沅陵境内可达海拔800米左右。紫色土发育于白垩纪紫色砂页岩母质，以土壤呈紫红色为其主要特点。紫色土根据成土时间、淋溶程度等因素分为酸性紫色土、中性紫色土和石灰性紫色土三个亚类。酸性紫色土多处于低丘中下部及岗地顶部，地势低平，坡度小，土层深厚，其成土时间较长，土壤pH值6.5以下，无石灰反应。中性紫色土分布于山丘岗地中、下部，一般处酸性紫色土之上，石灰性紫色土之下，多为坡地，土层50厘米左右，其成土时间较短，土壤pH值6.5～7.5左右，无到弱度石灰反应。石灰性紫色土分布于山丘岗地中上部或基岩裸露的低平地段，所处坡度较大，常有岩石风化碎片补充，使土壤处于幼年阶段，土层浅薄，土壤pH值大于7.5以上，中到强度石灰反应。森林覆盖低，自然植被是亚热带常绿阔叶林，但由于砍伐多为次生林代替；低山、丘陵地带多被辟为农耕地，种植柑橘、竹、油桐等经济作物以及粮、棉、油等大田作物。保水防冲能力弱，水土流失较严重。

6. 山地草甸土

在湖南省主要分布在海拔1600米以上的平缓山顶及零星分布在海拔1000米以上的孤山、独峰的山脊平缓地带。由于海拔较高，气温低，降水多，湿度大，山顶部位气温至少要低8～15℃，年降水量可增高1～2倍。一年中有大半时间云雾弥漫，相对湿度高达80%～90%，土壤积雪和冻结期长。由于山顶风强，乔木生长困难，仅有灌丛及耐湿性草甸植被生长。在1000～1500米的平缓地带，由于自然肥力较高，常生长有常绿阔叶与落叶阔叶混交林，或生长茂密的灌木矮林。

（二）土壤性质与林木的生长

土壤是陆地表面由矿物质、有机质、水、空气和生物组成，具有肥力，能生长植物的未固结层。森林土壤则是在森林植被条件下发育的土壤，是林木生长的载体，是发展林业生产的基础。

1. 土壤厚度

土层厚度是指可供林木根系生长活动的土体厚度。通常指森林土地表土层至母质层之间的土壤厚度。它是土壤的一个重要基本特性，能直接反映土壤的发育程度，与土壤肥力密切相关，是林木生长的重要物质基础。土层厚度关系到土壤中水分、空气的容积及林木所需养分贮量，也影响根系伸展及林木抗风倒性能。土层厚度在山区尤为重要，由于山地森林土壤中石质多、土层薄，因此土层厚度是宜林地选择的主要因素。土层厚度划分以A层、B层厚度总和为准，40厘米以下为薄土层，41～80厘米为中土层，80厘米以上为厚土层。山地土壤厚度与地形部位及母质类型有关，一般坡下部堆积母质上形成的土壤厚度较大，山脊山顶或坡上部残积母质上形成的土壤土层较浅薄。土层厚度大，水肥条件相对好，适合乔木和经济林木生长。土层浅薄，水肥条件相对差，较适合杂灌木或草本植物生长。孙禄瑞等研究红松在不同的土层厚度中的生长表现，表明红松生长在土层厚度>50厘米的厚层土比薄层土胸径生长量提高27%，树高生长量提高19%。郑兰英等研究不同土层厚度对毛竹生长量的影响，表明不同土层厚度分组中毛竹胸径生长量差异显著，说明土层厚度对毛竹胸径长势影响明显，80厘米以上土层厚度的长势明显优于80厘米以下。何亚平等研究土壤厚度对麻风树生殖与生长性状的影响，表明：①土壤厚度对雌花数量、性比都存在明显影响，土壤厚度较大时，雌性适合度较高；②土壤厚度明显影响到营养性构件大小，土壤资源丰富样地营养性构件明显较大，分支能力较强；③土壤厚度较大时，果期构件的果实包装良好，生殖频率、果实数量、千粒重都明显大于土壤厚度较薄样地，而结籽率、败育率变化不明显；④土壤厚度较大时，个体高度较大，垂直空间资源利用相对充分，而冠幅和地径则容易受到密度效应制约；⑤土壤厚度较大时，果实及其组分性状都较大，种子产量潜力较大。

2. 土壤腐殖质

土壤腐殖质是有机质经过微生物作用后形成具有多功能团的、含氮的、酸性的高分子有机化合物，即胡敏酸、富里酸。通常用胡敏酸与富里酸比值（HA/FA）评价腐殖质质量。通常草甸上 HA/FA 比值大于1.0，阔叶林土壤 HA/FA 比值为0.5～1.0，针叶林土壤 HA/FA 比值小于0.5。腐殖质在森林土壤肥力上具有多功能，它是林木营养物质的主要源泉，土壤中大部分氮、磷、钾等养分存贮在腐殖质中，通过逐渐释放而为森林植物吸收利用，成为稳定的长效肥源。腐殖质分解过程中所产生的有机酸能够溶解难溶性磷，提高磷的利用率。腐殖质是林木养分的主要来源，腐殖质既含有氮、磷、钾、硫、钙等大量元素，还有微量元素，经微生物分解可以释放出来供林木吸收利用。腐殖质是一种有机胶体，吸水保肥能力很强，一般黏粒的吸水率为50%～60%，而腐殖质的吸水率高达400%～600%，保肥能力是黏粒的6～10倍。腐殖质是形成团粒结构的良好胶结剂，可以提高黏重土壤的疏松度和通气性，改变砂土的松散状态。同时，由于它的颜色较深，有利吸收阳光，提高土壤温度。腐殖质为林木生长提供了丰富的养分和能量，土壤酸碱适宜，因而有利林木生长，促进土壤养分的转化。

3. 土壤质地

土壤质地是由大小不同的土粒以各种比例组合而成。根据各种土粒级百分比，土壤质地划分为砂土、沙壤土、壤土和黏土。质地在化验室用比重计法或吸管法测定，在野外用手感法也能确定。森林土壤质地影响土壤有效水含量、养分含量和土壤保水保肥性能和通气性、透水性及温度变化，因而质地与林木生长关系密切。南方低山丘陵林地土壤多黏土、壤土，结持力紧密，易于板结，通透性差，保肥力强，但易导致地表水土流失，这种性状不利于杉木生长，对毛竹繁衍、生长尤为不利。

4. 土壤水分

土壤水分状况（土壤湿度）影响到物理、化学和生物过程，对林木生长有显著制约作用。水分在土壤中受到各种作用力的影响，分为重力水、毛管水、吸湿水和膜状水。重力水受重力作用影响极易渗漏或流失，甚少为林木利用。吸湿水和膜状水受土壤颗粒的强烈吸附，也难于为林木吸收。毛管水可长时间在土壤孔隙中滞留，能为根系充分吸收，是林木利用的主要水分类型。土壤水分状况直接受气候（降水、气温）、地形、植被及土壤本身性状的影响。在一定气候区域内地形对水分再分配起着主导作用。通常高海拔地区降水量大、空气湿度高，土壤湿度较低海拔湿度大。

5. 土壤植被

植被是覆盖地表的植物群落的总称。植被与气候、土壤、地形、动物及水状况等自然环境要素密切相关。植被在土壤形成上有重要作用。在不同的气候条件下，各种植彼类型与土壤类型间也呈现出密切的关系。植被能直接影响土壤形成方向；同时，随着土壤性质的变化，又能促使植被发生变化。从植被的生长状况可看出土壤的结构、质地、水肥状况。土壤结构、质地好，水肥充沛，则植被丰茂。反之，土壤结构、质地差，水肥贫乏，则植被稀少势弱。不同的土壤类型，生长不同类型的植被。在实践中，可根据土壤植被情况作为选择造林树种的参考依据。

6. 土壤酸碱度（pH 值）

土壤酸碱度是土壤各种化学性质的综合反映，它与土壤微生物的活动、有机质的合成和分解、各种营养元素的转化与释放及有效性、土壤保持养分的能力都有关系。土壤酸碱度常用 pH 值表示。我国土壤酸碱度可分为5级：pH 值 <5.0 为强酸性，pH 值5.0～6.5 为酸性，pH 值6.5～7.5 为中性，pH 值7.5～8 .5 为碱性，pH 值 >8.5 为强碱性。酸性土壤中，氢离子浓度大，容易把胶体中钙离子代换出来淋失，故酸性土易板结。而碱性土壤含有大量代换性钠离子和氢氧离子，使土粒分散，干后板结，造成碱土的结构性不良。土壤酸碱度对土壤养分有效性有重要影响，在 pH 值6.0～7.0 的微酸条件下，土壤养分有效性最高，最有利于林木生长。pH 值低于 6.0 时，磷、钼、钙、钾、镁氮、和硫都会大大减少有效性；而 pH 值高于 7.0 时，锌、硼、锰、铁和铜会大大减少有效性。使用石灰可以改良酸性土壤，使其达到中和活性酸、潜性酸，改良土壤结构的目的。而施用石膏，或磷石膏、硫酸亚铁、硫黄粉、酸性风化煤等，可以改碱性土壤。土壤酸碱度与植物生长也有很密切关系。自然界里，一些植物对土壤酸碱条件要求严格，它们只能在某一特定的酸碱范围内生长，这些植物就可以为土壤酸碱度起指示作用，故称指示植物。如映山红只在酸性的土壤上生长，称为酸性土的指示植物；柏木是石灰性土的指示植物，而碱蓬是碱土的指示植物。不同的栽培植物也有不同的最适宜生长的酸碱度范围，知道了它们各自最佳的生长范围，我们就可以因地制宜地根据土壤酸碱度，选择合适种植的树种，或根据树种，调节土壤酸碱度到合适的范围。大多数树种都不能在 pH 值低于 3.5 和高于 9 的情况下生长。不同树种都有其适合的 pH 值范围。如酸性土 PH 值 <6.5 及 >4.0 ，适宜树种为杜鹃、山茶、马尾松、栀子、棕榈、红松、杨梅、含笑。中性土 pH 值 6.5 ~ 7.5 之间，适宜树种为大多数树种。碱性土 pH 值 7.5 ~ 8.5，适宜树种为柏木、乌桕、柽柳、紫穗槐、沙枣、白蜡、胡杨、枸杞等。

第三节　选地造林，充分发挥地力作用，创造地利效益

一、充分认识立地对林木生长的作用，造林必须先识地

立地是生态系统的重要组成部分之一，对立地的利用，不能破坏生态平衡和自然环境，而应有利于维护和建立良好的生态系统和自然环境。根据立地与其他自然因素的特点，因地制宜，宜林则林、宜农则农、宜牧则牧，既要有利于发展生产和提高经济收益，又要防止生态系统失调和得天独厚环境的破坏。值得注意的是立地生产植物产量(生物产量)的高低是由立地和环境条件共同作用的结果。因除立地外，大气、温度、降水、日照、污染等因素也会不同程度地影响树木的生长发育。另外，即使在相同的立地环境条件下，不同树木对立地提供的条件吸收利用的能力也是不同的。同一肥力的立地土壤可表现出两种不同的有效肥力水平。对于生态上适宜某种土壤的树种表现出有效肥力高，对于不适宜的树种，则表现出有效肥力低。例如能使侧柏生长良好的石灰性土壤，如栽种杉树则会发生生长不良的现象。这就是土壤肥力的生态相对性。再如，在一些水湿的甚至是积水的泥炭沼泽土上，赤杨生长良好，而其他树种则不能良好地生长。所以只有把树种的生态要求和土壤的生态性很好地结合起来，土壤的肥力才能得到充分利用，这就是生产实践中强调的“适地适树”。在我国造林工作中，有时因树种选择不当，造成林木生长不良或死亡，其原因不是由于立地中不存在为林木吸收利用的物质或能量，而是立地中不具有该树种所必需的或特定的物质或能量。因此在造林工作中进行树种选择时，立地因素是其中最重要的因素之一，有时甚至是决定性的因素。林地的森林分类与经营方式、方法都须考虑其立地质量。造林地的立地条件对造林树种的选择、人工林的生长发育和产量、质量都起着决定性的作用，不同立地条件的造林地上必须采用不同的造林技术措施。

二、预先了解造林地的立地状况，是乡土树种培育的基本要求

乡土树种培育工作者要对计划造林的具体立地状况事先要充分了解，掌握该区域立地有关的各种情况。对该区域的气候、地形和土壤的各主要因子做到心中有数，以便科学确定育林目标，制定造林规划。

三、根据造林地的立地状况，选择好立地进行造林，是乡土树种培育获得丰产的基本保证

乡土树种培育是丰产造林的重要组成部分，其与生态造林区别在于二者的培育目标不同。生态造林的培育目标主要是绿化荒山荒地，保持水土，美化环境。而丰产造林除了同时具有生态林的部分生

态功能作用外，其培育目标主要是速生、优质、丰产、高效。因此，丰产造林必须在“适地”的基础上进行“择地”造林，即选择地形、土壤、水肥条件好的立地进行造林，可称之为选地性造林，以实现造林的速生性、优质性、丰产性和高效性。

四、根据造林地的立地状况，选择适宜的树种进行造林，是乡土树种培育获得丰产的关键

乡土树种培育由于要实现造林的速生性、优质性、丰产性和高效性的培育目标，除了择地之外还要择树，即树种的选择。不仅是选择适生于这些立地的树种，更为重要的是要选择在这些立地上能丰产的树种，也就是说要能优生。要根据立地状况来筛选优生树种，进而获得培育的高效益。

五、根据立地条件和树种特性，制定与之配套的技术措施并确保实施，是乡土树种培育获得丰产的根本

乡土树种培育是一项系统工程，因此必须根据立地条件和树种特性，制定与之配套的造林及抚育管理技术措施并确保实施，才能实现培育的目标。立地条件好，树种也选择对了，但如果造林和抚育管理技术措施不配套，要想实现培育的目标也是不可能的。因此，立地、树种、造林及抚育管理技术措施必须有机结合，是乡土树种培育获得丰产的根本。

第八章　水分管理与利用技术体系

水是树木生存的重要因子，也是树木体构成的主要成分，树干、枝叶和根部的水分含量约占50%以上。树体内的生理活动都要在水分参与下才能进行，光合作用每生产0.5公斤光合产物，约蒸腾150～400公斤水。水通过不同质态、数量和持续时间的变化对树体起作用，水分过多或不足，都影响树体的正常生长发育，甚至导致树体衰老、死亡。因此，对水分进行科学管理与利用，是林木培育实现丰产高效的保证。

第一节　土壤水分概念

土壤水分即土壤水，又称土壤湿度，是保持在土壤孔隙中的水分。主要来源是大气降水和灌溉水，此外尚有近地面水汽的凝结、地下水位上升及土壤矿物质中的水分。土壤水是树木吸收水分的主要来源(水培植物除外)，另外树木也可以直接吸收少量落在叶片上的水分。

土壤水分由于在土壤中受到重力、毛管引力、水分子引力、土粒表面分子引力等各种力的作用，形成不同类型的水分并反映出不同的性质。按其受力的性质和运动状态，分为吸湿水、膜状水、毛管水和重力水四种类型。它们对树木的生长作用各不相同。

一、吸湿水

是土壤吸收空气中水汽分子而得到的水分。它被分子引力吸附于土壤颗粒表面，不受重力影响，作分子扩散运动，在105～110℃高温下汽化散失。土壤吸湿水的含量与土壤性质和空气相对湿度有关。土壤质地越细，含有机物越多时，吸湿水量也越大。土壤吸湿水的含量主要决定于空气的相对湿度和土壤质地。空气的相对湿度愈大，水汽愈多，土壤吸湿水的含量也愈多；土壤质地愈黏重，表面积愈大，吸湿水量愈多。此外，腐殖质含量多的土壤，吸湿水量也较多。吸湿水受到土粒表面分子的引力很大，最内层可以达到pF值7.0，最外层为pF值4.5，所以吸湿水不能自由移动，无溶解力，树木不能吸收，重力也不能使它移动，只有在转变为气态水的先决条件下才能运动，因此又称为紧束缚水，属于无效水分。

二、膜状水

又叫薄膜水，是土壤颗粒吸收液态水而在吸湿水外围形成的水膜。膜状水受土壤颗粒的吸力较吸湿水小，但重力也不能使其移动，以液体状态从水膜较厚的土粒向水膜较薄的土粒移动，黏滞性强，无溶解力，很难为植物利用。薄膜水的含量决定于土壤质地、腐殖质含量等。土壤质地黏重，腐殖质含量高，膜状水含量高，反之则低。由于膜状水受到的引力比吸湿水小，一般为pF值3.8～4.5，所以能由水膜厚的土粒向水膜薄的土粒方向移动，但是移动的速度缓慢。薄膜水能被树木根系吸收，但数量少，不能及时补给树木的需求，对树木生长发育来说属于弱有效水分。

三、毛管水

是受毛管力作用而保存在土壤毛管孔隙中的水分，受土粒的吸力小，容易移动，具有溶解养分的作用，是土壤中最有效的水分，也是树木吸收利用的主要水分来源。毛管水根据其所处部位及存在状况，又分为毛管上升水和毛管悬着水。毛管上升水是指在地下水支持条件下沿毛管上升的水分，是土体中与地下水位有联系的水分，常随地下水位的变化而变化。其原因是地下水受毛细管作用(毛管现象)上升而形成的，其运动速度与毛细管半径有密切联系。毛管悬着水是指降水和灌溉后，重力水完全下渗，借助毛管力保持在土壤上层的水分，是土体中与地下水位无联系的水分。土壤孔隙的毛管作用因毛管直径大小而不同，当土壤孔隙直径在0.5毫米时，毛管水达到最大量；土壤孔隙在0.001~0.1毫米范围内毛管作用最为明显；孔隙小于0.001毫米，则毛管中的水分为膜状水所充满，不起毛管作用，故这种孔隙可称无效孔隙。在毛管系统发达的壤质土壤中，悬着水主要存在于持水孔隙中，但毛管系统不发达的砂质土壤，悬着水主要围绕着砂粒相互接触的地方，称为触点水。毛管水是土壤中最宝贵的水分，因为土壤对毛管水的吸引力只有pF值2.0~3.8，接近于自然水，可以向各个方向移动，根系的吸水力大于土壤对毛管水的吸力，所以毛管水很容易被树木吸收。毛管水中溶解的养分也可以供树木利用。

四、重力水

当进入土壤的水分超过田间持水量后，一部分水沿着大孔隙受重力作用向下渗漏，这部分受重力作用的土壤水称重力水。重力水下渗到下部的不透水层时，就会聚积成为地下水。所以重力水是地下水的重要来源。地下水的水面距地表的深度称为地下水位。地下水位要适当，不宜过高或过低。地下水位过低，地下水不能通过毛管支持水方式供应树木；地下水位过高不但影响土壤通气性，而且有的土壤会产生盐渍化。若重力水在渗漏的过程中碰到质地黏重的不透水层可透水性很弱的层次，就形成临时性或季节性的饱和含水层，称为上层滞水。这层水的位置很高，特别是出现在犁底层以上会使树木受渍，通常把根系活动层范围的上层滞水叫潜水层，对树木生长影响较大。土壤中大量积聚出现重力水，使土壤大孔隙充水，缺少空气，时间过长可导致树木因根部环境条件恶化而使死亡。遇到下层较干燥的土壤时，重力水又转化为其他类型的土壤水。重力水虽然能被树木吸收，但因为下渗速度很快，实际上被树木利用的机会很少。

上述各类型的水分在一定条件下可以相互转化，例如：超过薄膜水的水分即成为毛管水；超过毛管水的水分成为重力水；重力水下渗聚积成地下水；地下水上升又成为毛管支持水；当土壤水分大量蒸发，土壤中就只有吸湿水。穿插于土壤孔隙中的树木根系从含水土壤孔隙中吸取水分，用于蒸腾。土壤中的水气界面存在湿度梯度，温度升高，梯度加大，因此水会变成水蒸气蒸发逸出土表。蒸腾和蒸发的水加起来叫做蒸散，是土壤水进入大气的两条途径。表层的土壤水受到重力会向下渗漏，在地表有足够水量补充的情况下，土壤水可以一直入渗到地下水位，继而可能进入江、河、湖、海等地表水。降水、蒸发和人类进行的灌溉、排水活动可以起到调节土壤水分的作用。

第二节 土壤水分与林木生长的关系

一、水在树体生理活动中发挥重要作用

水是树体生命过程不可缺少的物质，细胞间代谢物质的传送、根系吸收的无机营养物质输送以及光合作用合成的碳水化合物分配，都是以水作为介质进行的。另外，水对细胞壁产生的膨压，得以支持树木维持其结构状态，当枝叶细胞失去膨压时即发生萎蔫并失去生理功能，如果萎蔫时间过长则导致器官或树体最终死亡。一般树木根系正常生长所需的土壤水分为田间持水量的60%~80%。树体生长需要足量的水，但水又不同于树体吸收的其他物质，其吸收的水分中大约只有1%在生物量中被保留下来，而大量的水分通过蒸腾作用耗失体外。蒸腾作用能降低树体温度，如果没有蒸腾，叶片将迅速上升到致死的温度；蒸腾的另一个生理作用是同时完成对养分的吸收与输送。蒸腾使树体水分减少而在根内产生水分张力，土壤中的水分随此张力进入根系。当土壤干燥时，土壤与根系的水分张力梯度减小，根系对水分的吸收急剧下降或停止，叶片发生萎蔫、气孔关闭、蒸腾停止，此时的土壤水势

称为暂时萎蔫点。如果土壤水分补给上升或水分蒸腾速率降低，树体会恢复原状；但当土壤水分进一步降低时，则达永久萎蔫百分数，树体萎蔫将难以恢复。

二、树体生长与需水时期

春季萌芽时，树体进入需水时期，如冬春干旱则需在初春补足水分，此期水分不足，常延迟萌芽或萌芽不整齐，影响新梢生长和新叶的形成，但如果水分过多则花芽分化减少。开花时期是树体又一需水时期，花期干旱会引起落花落果，降低座果率。夏末秋初，是树木次新梢生长期，温度急剧上升，枝叶生长迅速旺盛，此期需水量最多，对缺水反应最敏感，为需水临界期，供水不足对树体年生长影响巨大。果实发育的幼果膨大期需充足水分，为又一需水临界期。经济林木的秋梢过长是由后期水分过多造成的，这种枝条往往组织不充实、越冬性差，易遭低温冻害。

三、土壤水分与树木生态类型

树种在系统发育中形成了对水分不同要求的生态习性和生态类型，表现为对干旱、水涝的不同适应能力。

(一) 旱生类型树种

即适应在沙漠、干热山坡等干旱条件下生长的树种，有的具有发达的根系；有的具有良好的抑制蒸腾作用的结构；有的具有发达的储水结构；有的具有很高的渗透压或发达的输导系统，抗旱能力较强。树木对干旱的适应形式主要表现在两方面：一是本身需水少，具有小叶、全缘、角质层厚、气孔少而下陷、并有较高的渗透压等旱生性状，如石榴、扁桃、无花果、沙棘等。麻黄、沙拐枣的叶面缩小或退化以减少蒸腾；夹竹桃的叶具有复表面，气孔长在气孔窝内，气孔窝内还有许多表皮毛，这种结构可以降低水分的蒸腾作用；仙人掌、景天等肉质多浆植物，具有发达的贮水薄壁组织，能缓解自身的水分需求矛盾。另外是具有强大的根系，能从深层土壤中吸收较多的水分供给树体生长，如葡萄、杏等，能充分利用土壤深层的水分；抗旱力强的树种，有桃、扁桃、杏、石榴、枣、无花果、核桃、马尾松、黑松、泡桐、紫薇、夹竹桃、白杨、刺槐、柳、苏铁、箬竹等；抗旱力中等的树种，有苹果、梨、柿、樱桃、李、梅、柑橘、胡桃、茶梅、珊瑚树、栎、竹类等。

(二) 湿生类型树种

生长在潮湿、雨量充沛、水源充足的陆地环境中，有的树种还能耐受短期的水淹。耐涝树种中，常绿类有棕榈、杨梅、夹竹桃等；落叶类以池杉、落羽杉、水松、柽柳、垂柳、杞柳、龙爪柳、小檗、栾树、枸杞、乌桕、枫杨、白蜡、胡颓子、紫藤、石榴、山楂、皂荚、三角枫、栀子花、木芙蓉、喜树、杜鹃、葡萄等较耐涝，最不耐涝的是桃、梅、杏等。树体的耐涝性与水中含氧状况关系最大，也与气温有关。据试验，在缺氧死水中，无花果浸 2 天、桃 3 天、梨 9 天、柿和葡萄 10 天以上，枝叶表现凋萎；而在流水中经 20 天，全未出现上述现象；高温积水条件下，树体抗涝能力严重下降。耐涝树种的生态适应性表现为，叶面大、光滑无毛、角质层薄、无蜡层、气孔多而经常张开等。池杉、枫杨等湿生类型树种，在高湿土壤条件下生长会发生形态变异，如树干基部膨大、产生肥肿皮孔、形成膝状根、树干上产生不定根等。适于部分或完全沉于水中生长的，称为水生树种，如垂柳和红树。

(三) 中生类型

介于旱生和湿生类型之间的树种，大多数园林树木属之。对水分反应的差异性较大，如油松、侧柏、酸枣等倾向旱生植物性状，而桑树、旱柳、乌桕等则倾向湿生植物性状。

四、人工林地水分供耗与林分生产力的关系十分密切

魏天兴等通过定位观测，分析了人工刺槐和油松林地供水与耗水关系、土壤水分动态及林木生长情况。结果表明：人工刺槐和油松林 4 、5 、6 月三个月林地土壤水分消耗大于供给，水分供耗矛盾突

出，土壤贮水减少；雨季水分供给充足，土壤贮水增加；在干旱季节和年份，相同条件下，密度大的林分林地水分供耗矛盾突出，林地水分亏损严重；不同坡向，水分亏损量大小顺序为：阳坡、半阳坡、阴坡；土层土壤水分调查显示，阳坡、半阳坡密度较大的林分林地土壤含水量较低，出现干化现象；从水分生产力来看，由于林地水分供应不足，林木生长不同程度受到限制，林分生产力逐年降低。

五、不同土壤水分状况对林木的生长产生不同的影响

杨建伟等研究了土壤水分与刺槐苗木生长关系及水分利用特征。结果表明：随着土壤含水量的下降，刺槐叶水势、叶含水量、生长速率、光合速率及单叶水分利用效率（WUE）均显著下降；在整个生长季中刺槐枝条快速生长和干物质增加主要集中在4～6月份。刺槐于8月上旬达到最高旬耗水量，而最高月耗水量均在7月份。在整个生长季中，3～4月份、9～10月份耗水处于低水平，这与3～4月份枝条尚未伸展，9～10月份气温低、生理功能衰退有关。随着土壤含水量的下降，刺槐在整个生长季中根干重、茎叶干重下降显著。其根干重和茎叶干重均表现为适宜土壤水分下最高，严重干旱下最低，但根冠比却是在严重干旱下最高，适宜水分下最低。干旱胁迫下刺槐根的生长和茎叶生长受到显著抑制，但茎叶生长受到的影响比根大。刺槐生物量的累积和土壤水分含量的高低有显著的一致性，随着土壤水分含量的下降，虽然根冠比表现为上升趋势，但由于光合速率下降显著，导致枝条生长速率、根系生物量、茎叶生物量积累下降明显。

六、在林木生长旺盛时期，保持充足的水分供给尤为重要

霍应强揭示了南京地区马尾松林4～6月份为林木生长旺盛、土壤水分供应充足但稍不稳定时期，这一阶段的水分供应对林木生长起决定作用，并指出，若在土壤水分比较稳定的20厘米土层深度以下采取措施促进林木根系往深层发展，就能更有效地利用土壤水分，进而促进林木的生长。殷春梅探讨了土壤容重及含水量对香樟树木生长的影响，结果表明，土壤含水量差异达到极显著水平（$P=0.002<0.01$）；土壤容重有一定的差异但未达到显著水平（$P=0.145>0.05$）。土壤容重与香樟树木生长量呈负相关；土壤含水量在16.34%时，香樟树高、冠幅、冠高、胸径和地径等均达到了最大值，土壤含水量过高或过低都不利于树木的生长。因此，在香樟栽植过程中，应通过采取各项栽培措施，使土壤容重和土壤含水量保持在适合的范围，为树木生长提供最佳的土壤水分条件。

七、土壤水分与树木根系生长有着密切关系

土壤水分状况对根系生长的影响是多方面的。通气良好而又湿润的土壤环境有利于根系的生长，当土壤含水量达最大持水量的60%～80%时最适宜根系生长。当土壤水分降低到某一限度时，即使温度、通气状况及其他因子都适合，根也要停止生长。水分不足、土壤过干，易造成根系出现木栓化和发生自疏，影响树木生长；根在干旱条件下，根受害，早于叶片出现萎蔫的时间。一是根对干旱的抵抗力要比叶子低得多，在严重缺水时，叶子可以夺取根部的水分，或是根系把体内的水分供给了叶子，这样根系因缺水不仅停止生长和吸收，甚至死亡。水分过多而含氧少时便会抑制根系的扩展，土壤过湿，甚至出现积水，不但能抑制根的呼吸作用，还造成停长或腐烂死亡。在地下水位高和沼泽地的土壤里，树木主根不发达，侧根呈水平分布，根系浅。落羽松在沼泽地上的侧根多有"笋"状隆起，高出地面或水面。柳树遭水淹后，树干上萌发气生根浮于水面，靠水面荡漾进行气体交换，而一些树种如油松等积水几天就可能死亡。

第三节　土壤水分管理与利用

一、灌溉

树木的生长离不开水分的供给，树木生长所需的水分，主要是由根部从土壤中吸收的，在土壤中含水量不能满足树根的吸收量，或地上部分的水分消耗过大的情况下，可采取灌溉的方式满足树木生长对水分的需要。灌溉时要做到适量，最好采取少灌、勤灌、慢灌的原则，必须根据树木生长的需要，因树、因地、因时制宜地合理灌溉，保证树木随时都有足够的水分供应。

（一）灌水时期

正确的灌水时期对灌溉效果以及水资源的合理利用都有很大影响。理论上讲，科学的灌水是适时灌溉，也就是说在树木最需要水的时候及时灌溉。但对林木的灌溉目前仍以干旱性灌溉为主。即在发生土壤、大气严重干旱，土壤水分很难满足树木需要时进行的灌水。在我国，这种灌溉大多在久旱无雨，高温的夏季和早春等缺水时节，此时若不及时供水就有可能导致树木死亡。夏季正是树木生长的旺季，需水量很大，但阳光直射、天气炎热的中午不要浇水，中午时进行叶面灌水也不好。

根据土壤含水量和树木的萎蔫系数确定具体的灌水时间是较可靠的方法。一般认为，当土壤含水量为最大持水量的60%～80%时，土壤中的空气与水分状况，符合大多数树木生长需要，因此，当土壤含水量低于最大持水量的60%以下，就应根据具体情况，决定是否需要灌水。随着科学技术和工业生产的发展，用仪器测定土壤中的水分状况，来指导灌水时间和灌水量已成为可能。国外在果园水分管理中早已使用土壤水分张力计，可以简便、快速、准确反映土壤水分状况，从而确定科学的灌水时间，此法值得推广。所谓萎蔫系数就是因干旱而导致树木外观出现明显伤害症状时的树木体内含水量。萎蔫系数因树种和生长环境不同而异。我们完全可以通过栽培观察试验，科学而又简单易行的测定各种树木的萎蔫系数，为确定灌水时间提供依据。

（二）灌水方式

正确的灌水方式，可使水分均匀分布，节约用水，减少土壤冲刷，保持土壤的良好结构，并充分发挥水效。常用的灌水方式有下列几种：

1. 人工浇水

在山区及离水源过远的地方，人工担水浇灌虽然费工多而效率低，但对一些珍贵用材林、经济果木林和药用林仍有必要。浇水前应松土，并在树干基部挖好水穴（堰），深约15～30厘米，大小视树龄而定，以便浇水。

2. 地面灌水

这是效率较高的常用灌水方式，可利用的水源有河水、井水、塘水等，可灌溉面积较大，又分沟灌、漫灌等。沟灌方式应用普遍，能保持土壤的良好结构，它是引水沿沟底流动浸润土壤，待水分充分渗入周围土壤后，不致破坏其结构，并且方便实行机械化。漫灌是大面积的表面灌水方式，因用水极不经济，现已很少采用。

3. 地下灌水

是利用埋设在地下多孔的管道输水，水从管道的孔眼中渗出，浸润管道周围的土壤，用此法灌水不致流失或引起土壤板结，便于耕作，较地面灌水优越，节约用水，但要求设备条件较高。在有些国家中有安装滴灌设备进行滴灌的，可以大大节约用水量。滴灌是最能节约水量的灌水方式，但需要一定的设备投资。

4. 空中灌水

包括人工降雨及对树冠喷水等，又称“喷灌”。人工降雨是灌溉机械化中比较先进的一种技术，但需要人工降雨机及输水管等全套设备，目前我国正处在应用和改进阶段。机械喷灌的水首先是以雾化状洒落在树体上，然后再通过树木枝叶逐渐下渗至地表，避免了对土壤的直接打击、冲刷，因此，基本上不产生深层渗漏和地表径流，既节约用水量(一般可节约用水20%以上)，又减少了对土壤结构的破坏，可保持原有土壤的疏松状态；而且，机械喷灌还能迅速提高树木周围的空气湿度，控制局部环境温度的急剧变化，避免高温、干风对树木的危害，对树木产生最适宜的生理作用，为树木生长创造良好条件。

二、排水

长时间的下雨，使土壤含水过多，氧气不足，抑制根系呼吸，削减吸收机能。严重缺氧时，根系进行无氧呼吸，容易积累酒精使蛋白质凝固，引起根系生长不良，甚至造成树木死亡。特别是耐水力差的树种更应抓紧时间及时排水。排水的作用是减少土壤中多余的水分，增加土壤空气的含量，促进土壤空气与大气的交流，提高土壤温度，激发好气性微生物活动，加快有机质的分解，改善树木营养状况，使土壤的理化性状全面改善。

(一)排水条件

林地有下列情况之一时，就需要进行排水：

(1)树木生长在低洼地，当降雨强度大时，汇集大量地表径流，且不能及时宣泄，而形成季节性涝湿地。

(2)土壤结构不良，渗水性差，特别是土壤下面有坚实的不透水层，阻止水分下渗，形成过高的假地下水位。

(3)林地临近江河湖库，地下水位高或雨季易遭淹没，形成周期性的土壤过湿。

(4)在洪水季节有可能因排水不畅，山谷洼涝林地形成大量积水，或造成山洪暴发。

(二)排水方法

排水通常有以下种三方法：

(1)明沟排水：明沟排水是在地面上挖掘明沟，排除径流。它常由小排水沟、支排水沟以及主排水沟等组成一个完整的排水系统，在地势最低处设置总排水沟。这种排水系统的布局地面，汇聚雨水，然后集中到排水沟，从而避免林地树木遭受水淹。

(2)暗沟排水：暗沟排水是在地下埋设管道，形成地下排水系统，将地下水降到要求的深度。暗沟排水系统与明沟排水系统基本相同，也有干管、支管和排水管之别。暗沟排水的管道多由塑料管、混凝土管或瓦管作成。建设时，各级管道需按水力学要求的指标组合施工，以确保水流畅通，防止淤塞。

(3)机器排水：河湖滩地的林地低洼，积水太深，沟渠一时难以排尽，则需用抽水机排出。

三、林地水分管理工程措施

(一)鱼鳞坑

鱼鳞坑是一种基于水土保持的造林整地方法，在较陡的坡面上沿等高线自上而下的挖形如鱼鳞状的半圆型或月牙型土坑，呈品字形排列，故称鱼鳞坑。土坑规格一般为形成内径长80厘米、宽80厘米、深60厘米(或视立地和树种情况调整规格)的鱼鳞状种植穴。采用人工直接刨挖，表土回填，生土培埂。鱼鳞坑具有一定蓄水能力，在坑内栽树，可保土保水保肥。对于土壤水分条件差，自然恢复植被能力弱的荒山、荒坡必须采取鱼鳞坑措施进行治理。鱼鳞坑修建应满足苗木栽植标准，但不能一概而论，应根据降雨、坡度、土壤渗透强度等具体运用。

(二)山坡截流沟

山坡截流沟是在斜坡上每隔一定距离修筑的具有一定坡度的沟道。山坡截流沟能截短坡长，阻截径流，减轻径流冲刷，将分散的坡面径流集中起来，输送到蓄水工程里或直接输送到林地。有的山坡地由于水土流失，坡面的水土条件差，在夏季地表温度可达60～70℃；土壤有机质含量在0.5%以下，有效磷含量几乎为零。为了改变山丘坡地的水土条件，可在陡坡面选择适当位置，沿等高线挖水平沟蓄水保土，沟深60～100厘米，宽约50厘米，沟距由沟深、沟宽及集水面积的大小决定，以在大雨时，沟水不满出沟面为准。由于挖沟，疏松了土壤，又蓄积了雨水，改善了的林木土壤水分环境和肥力状况，地表植被覆盖率迅速提高，可促进林木快速生长。

（三）林间灌溉管道

对于培育高效益的乡土树种或经济林木，在经营成本较充裕的条件下，可安装林间灌溉管道，进行林地节水灌溉（喷灌或滴灌）。灌溉林地的坡度一般在25°以下，有山塘水库或沟渠围堰，且与林地高差在35米以上。如果无现成水源，可选择山冈、山岭处建蓄水池。用水管把山塘水库蓄水池的水引到山脊，沿山脊放一水管作为分管，在分管上每隔30～40米接一根支管，支管从山脊通到山脚，在支管上每隔20～30米装一个喷枪或阀，使用时打开喷枪或在阀上套上滴管即可。也可用总管把水引到山脊或高点，此段水管固定。然后每隔一定距离（一般20～30米）在地角装一相对固定阀门，需要用水时用软管相连。此方法优点是管子占地少，成本低，适用于连片经营或栽培水平比较一致的林木。灌溉管道有三种方式：①喷灌管道，是将蓄水池水往塑管向下加压，通过管道，由喷水嘴将水喷洒到山地面上，喷头至蓄水池的落差高度要达30米以上，每公顷安装固定喷头30个。②管孔喷灌管道，管孔喷灌比自动喷嘴喷灌范围更小。投资更少，是将支管灌水、过滤、加压、经各级管道微型小孔喷在林地空间。支管可放在地面，也可挂在林中，高度1米左右。③滴灌管道，滴灌属于局部灌溉，只湿润树木根部分土壤，使用在无多大落差的林地块上，各支管经过树木处通一小孔，管水就从小孔中滴下树木根部，然后被树木吸收利用。滴灌与其他地面灌溉相比，可节水85%左右。滴灌可与施肥结合，选择可溶性肥料随水施入树根底部，及时补充树木所需要的水分和养分，增产效果更佳。

第九章　营养管理与利用技术体系

树木营养管理与利用技术是乡土树种培育技术体系中的重要组成部分，其包括了施肥、辅助性灌溉、松土除草等内容。为了在短时间内从单位面积上获得更多的木材，北美和北欧各国首先进行林木施肥；欧洲其他国家和日本也在稍后进行。随着营林集约程度的提高，我国人工林施肥面积也逐渐增长。在平原地区栽培杨树和泡桐速生丰产林，施肥已成为不可缺少的措施。近些年来，杉木、马尾松、湿地松、桉树、毛竹、油茶、油桐、核桃树等用材林和经济林也普遍进行施肥。因此，在林木培育生产中，施肥、灌溉、松土除草等作为树木营养的供给保障技术，已日渐引起了人们的重视并广泛应用。

第一节　树木营养概念

一、树木营养

是指树木生长发育对外界环境条件的营养要求，即树木体从外界环境中吸收生长发育所需的养分，以维持其生命活动的作用，称为营养。其中，可分为空气营养和土壤营养。树木从空气中吸收二氧化碳，在叶绿体中进行光合，产生糖类，占树木体干重的95%，即树木主要由碳氢氧组成，而碳来自空气中的二氧化碳，称为空气营养。氢和氧来自水，是树木的根从土壤中吸收的，许多无机盐类也是从土壤中吸收的，称为土壤营养。

二、树木体所需的化学元素(营养元素)

树木体内的元素组成十分复杂，其成分几乎包括自然界存在的全部元素，现已确定有60种之多，一般新鲜树木体中含水分75%～95%，干物质5%～25%；干物质中，灰分元素占1%～5%，碳45%左右，氧45%左右，氢6%左右，氮1.5%左右。由此可知，碳、氢、氧三种元素占植物干重的90%以上。

三、土壤营养的三种形式

土壤作为树木体的营养载体，是由固体、液体(水分)及气体三项物质组成的，其中液体和气体存在于土壤空隙之中。固体物质主要包括矿物质和有机质。土壤水分中含有多种无机、有机离子及分子，由此形成土壤溶液。土壤中气体的物质种类与大气相似。土壤的成分并非孤立存在，而是密切联系、相互影响，共同作用于土壤肥力的。按体积百分比计算，疏松肥沃的表土为：固体物质和孔隙各占50%左右，在固体物质中，矿物质约占45%，有机质则小于5%；土壤中能直接或经转化后被树木根系吸收的矿质营养成分，包括氮(N)、磷(P)、钾(K)、钙(Ca)、镁(Mg)、硫(S)、铁(Fe)、硼(B)、钼(Mo)、锌(Zn)、锰(Mn)、铜(Cu)和氯(Cl)等13种元素。在土壤孔隙中，水分与空气各占50%左右。肥力较低的土壤，一般孔隙的体积较小。土壤肥力的高低，决定树木营养的多寡。

第二节　营养对树木生长的作用

一、不同营养成分对树木生长产生的作用

（一）氮、磷、钾三元素对树木生长的作用

在树木的生长过程中，需要大量的养分，需要多种化学元素作为营养，通过光合作用来制造碳水化合物，供应其生长的需要。树木的生长过程中对氮、磷、钾三种元素需要量较多，而这三种元素尤其是氮、磷在土壤中含量较少，常感不足。通过生产实践，人们把氮、磷、钾称为肥料三元素，它们是在树木生长过程中缺一不可的主要营养元素。

1. 氮促进树木营养生长、增加叶面积、促进光合作用

氮在树木体内常向生长旺盛的部位聚集，因而加速了树木的生长，增进经济果木林果实的品质和产量。氮的含量多少直接影响树木对磷和其他元素的吸收。土壤中全氮含量一般在 50 ~ 200 毫克/公斤。土壤含氮量过剩时容易使树木枝梢徒长，不能充分木质化而影响树木的越冬，直接降低了树木抗低温的能力，并降低了树木对干旱及病虫害侵害的能力。缺氮会引起树木叶片黄化，新梢细弱，落花落果严重，长期缺氮，则导致树体衰弱，抗逆性降低。

2. 磷促进树木细胞分裂和分生组织生长，有利于新芽和根系生长点的形成

磷在苗木体内的含量比氮少，全磷在土壤中的含量一般 10 ~ 20 毫克/公斤。磷促使树木的根系生长，能使根系扩大吸收面积，使树木生长充实坚硬，并充分木质化，并能对病虫害、干旱、低温具有一定的抵抗能力；磷还能促进经济果木林花芽分化和果实发育，提高果实品质。磷素不足表现为树木萌芽开花延迟，新梢和细根生长减弱，并影响果实的品质，抗寒、抗旱力降低。

3. 钾能补偿光照的不足，促进氮化合物的合成作用，利于树木的木质化

钾素在苗木体内含量较多，在土壤中的含量 100 ~ 200 毫克/公斤。钾可促进经济果木林果实肥大和成熟，提高果实品质和耐贮性。钾在树木的体内呈水溶性存在，使树木体内的溶液浓度提高，树木的结冰点下降，因而增强了树木的抗寒性。缺钾的树木生长细弱，根系生长受抑制，机械组织不发达，树木高生长缓慢。缺钾的经济果木林树叶小、果小、裂果严重，着色不良，含糖量低，味酸，落果早。

（二）微量元素对树木生长产生的作用

树木需要的营养元素除氮、磷、钾等大量元素外，还需要镁、铁、锰、锌、硼、钙等多种微量元素。

（1）镁是叶绿素的组成部分，又是 RuBP 羧化酶、5 – 磷酸核酮糖激酶等酶的活化剂，对光合作用有重要作用，在核酸和蛋白质代谢中也起着重要作用。树木缺乏镁时，矮小，生长缓慢，先在叶脉间失绿，而叶片仍保持绿色，以后失绿部分逐步由淡绿色转变为黄色或白色，还会出现大小不一的褐色、紫红色斑点、条纹，症状在老叶，特别是老叶叶尖先出现。

（2）铁在树木中的含量虽然不多，通常为干物重的千分之几。但铁有两个重要功能：一是某些酶和许多传递电子蛋白的重要组成，二是调节叶绿体蛋白和叶绿素的合成。铁又是固氮酶中铁蛋白和钼铁蛋白的金属成分，在生物固氮中起作用。铁对树木的光合作用、呼吸作用都有影响。树木缺铁时，下部叶片常能保持绿色，而嫩叶上呈现失绿症。

（3）锰对树木的生理作用是多方面的，它能参与光分解，提高植物的呼吸强度，促进碳水化合物的水解；调节体内氧化还原过程；也是许多酶的活化剂，促进氨基酸合成肽键，有利于蛋白质的合成；促进种子萌发和幼苗的早期生长；还能加速萌发和成熟，增加磷和钙的有效性。缺锰症状首先出现在幼叶上，叶肉失绿，严重时失绿小片扩大，表现为叶脉间黄化，有时出现一系列的黑褐色斑点而停止生长，严重时成褐色干枯死斑。

(4)锌能很好地改变树木体内有机氮和无机氮的比例，大大提高抗干旱、抗低温的能力，促进枝叶健康生长；锌参与叶绿素生成、防止叶绿素的降解和形成碳水化合物。缺锌除叶片失绿外，在枝条尖端常出现小叶和簇生现象，称为“小叶病”，严重时枝条死亡，产量下降。在经济果木林中缺锌现象较普遍。

(5)硼能参与叶片光合作用中碳水化合物的合成，有利其向根部输送。它还有利于蛋白质的合成、提高豆科作物根瘤菌的固氮活性，增加固氮量；硼还能促进生长素的运转、提高植物的抗逆性；它比较集中于树木的茎尖、根尖、叶片和花器官中，能促进花粉萌发和花粉管的伸长。树木缺硼一个重要的症状是子叶不能正常发育，叶内有大量碳水化合物积累，影响新生组织的形成、生长和发育，并使叶片变厚、叶柄变粗、裂化。经济果木缺硼时，结果率低、果实畸形有木栓化或干枯现象。因此，要及时补充树木生长所需的微量元素。

二、营养对树木生长发育的影响

林木施肥是改善和增加土壤肥力和养分的有效方法，也是树木获得营养的主要来源。通过将有机或无机营养物质施入土壤中，以改善林木营养状况和促进林木生长，达到优质、高产、高效、低成本的营林目的，尤其是在短伐期林分集约经营方面，林木施肥成为速生丰产林培育的一种必不可少的基础技术措施。

龙应忠等对湿地松林进行追肥试验，结果表明：追肥对湿地松的树高、胸径、材积生长有显著的促进作用，追肥3年后，树高可增产15%，胸径可增产7%～12%，材积增产25%～40%。而在第四纪红壤上，追肥可提高火炬松的树高生长量，但对其胸径的促进作用不大。在追肥后3年左右的时间里，对湿地松树高、胸径、材积以及对火炬松的树高有显著或极显著的作用。胡炳堂等进行湿地松林施肥试验，3年的结果表明，施P或配合N、K使树高H、全林地径断面积GBA、全林胸高断面积BA、冠幅直径CW等总生长量分别较对照增长35%～45%、52%～109%、119%～195%、29%～49%。在各种施肥处理中，以N、P、K完全肥料的效果最佳。杨硕知等对4年生湿地松优良家系试验林测土配方施肥，结果表明：施肥后第2年，土壤全P含量与湿地松树高及胸径生长呈现极显著正相关，施肥后土壤中速效K含量与叶片中全K含量呈现极显著正相关，土壤中全N增长与湿地松叶片全N含量增长均呈现显著正相关。湿地松平均树高与胸径相较于未施肥的对照组增幅分别达11%与13%以上，其差异达到了极显著水平。

周玮等研究了不同施肥处理下马尾松苗木苗高、地径、根系的动态变化。研究表明：施肥对马尾松地上及根系生长有一定促进作用。其中，苗高、地径在单施磷肥时生长最好，到12个月时，分别为16.23厘米、0.29厘米，高于对照67.5%及155.1%；根长最长为54.58厘米/株，高于对照69.2%；主根长相对较短(20.67厘米/株)，仅高于对照29.1%；根表面积较大，为11.86平方厘米/株，明显高于对照104.8%；根尖数较多(239个/株)，高于对照16.1%，侧须根发达。其次是氮、磷、钾肥混施效果较好，而单施氮肥则效果不佳。

吴惠仙等对I－69杨进行施肥后期肥效的研究，结果表明：在杨树连栽地施肥有明显增产效果，与对照区相比，施肥区材积最大增长量达136%。在3种化肥中，N肥、NP肥使用效果最佳。经土壤、叶片采样分析，施肥区土壤中有机质、全N、速N、有效性Zn、Fe，叶片中Zn、Cu、Mn、Fe、B均比对照区高。

宇万太等研究了追施氮肥当年与翌年对桉树各部位生物量和氮贮量的影响，结果表明：与对照相比，追施氮肥翌年桉树生物量增加幅度显著高于当年，说明氮肥对于提高桉树生物量具有一定累积作用，追肥的增产效果明显；追施氮肥也使全树氮贮量分别提高30.2%和73.5%，追施氮肥处理桉树生物量提高1倍以上。

三、营养对树木对开花结实的影响

针叶树母树林施肥实验证明，施肥后种子产量大增。对7年生湿地松种子园中施用硝酸铵，施肥后10个月统计，施肥小区平均每株树上出现的雌球花数为31个，不施肥的对照区仅15个。美国一木材公司报道说在一个火烧迹地附近的林木施肥之后，种子产量增加10倍。美国林务局经几年实验证明，橡胶树施肥后产量提高23%。

丁跃峰等研究了N、P、K肥对油松母树生长及开花结果的影响，结果表明：N肥对油松母树开花结实有明显的促进作用，差异达到了5%显著水平，$F=10.28$。氮与磷的交互作用亦达到了1%的显著水平，$F=6.23$。施肥对母树结实有显著影响，$F=4.7$。经多重比较得知，水平4(450克/株)、水平3(300克/株)与水平1(对照)差异显著。油松种子园连续2年施农家肥后，母树结实有明显增加，处理2、处理3和处理4分别比对照增加了52.6%、68.9%和67.3%。张国洲等研究施肥对马尾松采种母树球果与种子产量的影响，结果表明，施肥有助于较大幅度地提高采种母树球果和种子产量，施肥后的球果和种子产量分别是未施肥母树球果和种子产量的1.34倍和1.55倍。

程政红等对攸县嫁接9年生杉木种子园连续3年施肥，结果表明：①树高、胸径、冠幅、结实层厚度、球果量、百果重、出籽率、种子千粒重分别比对照提高了3.7%、6.1%、1.8%、19.5%、30.0%、4.6%、11.5%、5.1%；②肥料为磷钾肥混合，即每株施有效磷、钾各150克，于采种后在接株周围挖环状沟一次性施入效果最佳；③不同无性系对不同肥料反应有差异，各无性系按最佳配比施肥，球果成倍增产；④纯氮不能促进成年种子园结实，但可显著促进营养生长，施氮对促进幼年种子园接株生长效果好；⑤施肥对结实中等的无性系以及山坡上部的母株有较好的增产效果。迟健等对浙江、广东两省6个杉木种子园进行施肥，结果是：在贫瘠土壤上施肥效果最显著，施肥时间应配合种子发育节律和花芽分化期，以6月最关键，次为8月和4月；每年施2次较好，并提倡无机肥与农家肥相结合。最佳施肥配方一般可增产种子30%～50%，出籽率、千粒重、发芽率也有所提高。

杨柳平等对广东省梅州市梅县地区的6年生幼龄普通油茶进行配方施肥试验。试验结果表明：配方施肥对幼龄油茶生长有促进作用，比对照植株的结实率提高88.15%；增施P肥对油茶幼林早期挂果有明显的促进作用；配方施肥对幼林油茶结实率的影响达显著水平。申巍等研究施肥对25年生油茶生长和结实特性的影响，结果表明：复合肥和有机肥(腐熟鸡粪)混合施用对油茶生长和结实量有明显的影响，对油茶冠幅乘积、春梢长度、直径、产量都有显著的提高；施肥对出籽率、含水率影响不大，但施用有机肥对出油率有显著的影响。

四、营养对木材理化性质的影响

夏玉芳研究了施肥对中龄马尾松木材主要物理性质和管胞形态的影响，结果表明：施肥有助于增加生长轮宽度，提高晚材率，P肥使管胞宽度、腔径，尤其是径向腔径有所增加。P肥使下部木材基本密度显著增加，N、K肥对木材基本密度影响不大。

徐有明等研究了黄红壤立地上湿地松幼林施肥种类、施肥量及施肥配比对生长量、木材物理力学性质的影响，结果表明：①施用N肥对湿地松生长有显著的抑制作用，K肥处理材积明显下降，P肥和P肥与N、K配比施肥及N、P、K配比施肥显著地促进湿地松胸径、树高、材积的生长；②施肥处理对木材弦向干缩率、径向干缩率、纵向干缩率、体积干缩率、差异干缩5个气干干缩性状的影响没有达到差异显著的水平，但单施P肥、NP配比施肥使木材差异干缩、纵向干缩率明显减小，单施K肥、单施N肥使木材纵向干缩率增大；③单施P肥或P肥与N、K配比施肥及单施一定量的K肥能明显提高湿地松木材晚材率、基本密度、顺纹抗压强度、抗弯弹性模量，且P肥量与材性提高量成正比，而N肥处理显著降低了木材性质；④施肥处理对生长量与木材性质间相关性的影响因施肥种类而异，树高、胸径、材积因子与顺纹抗压强度、抗弯弹性模量、抗弯强度基本上呈正相关；晚材率、木材密度与顺纹抗压强度、抗弯弹性模量、抗弯强度呈正相关；⑤林分内优势木木材物理力学性质明显优于中庸木，中庸木木材性质优于劣势木。

柴修武等研究了林地施肥与I-214杨木材性质的关系，结果是林地施肥后，木材纤维的长度、宽度、壁厚及化学组成的α-纤维素的数均值呈上升趋势；木材细胞次生壁微纤丝角由19.4度减至18.3

度，纤维素的相对结晶度由54.5%增加为56.3%；木材的物理力学性质诸项指标，虽互有高低，经方差分析验证，尚未达到差异显著水平；化学机械浆(CMP)制浆特征和浆张的物理性质，除多量施肥的化学预处理后得率(89.2%)稍高外，其他各项指标相近。不同施肥处理水平间的杨树木材基本密度和气干材含水率差异均达到显著水平，并且都高于CK；杨树专用肥处理下的杨树纤维长和纤维长宽比最大，尿素处理下的纤维宽最大，磷铵处理下的木材纤维壁厚最大，专用肥2处理下400克/株的粗纤维含量最高，复合肥3处理下800克/株的杨树灰分含量、酸不溶木质素含量最高。

罗建举等分析了施肥处理对尾叶桉木材化学成分含量的影响规律，认为施肥处理对尾叶桉纤维素含量和木素含量没有显著影响，而对抽提物含量和戊聚糖含量有极显著影响；施肥处理会显著提高木材中冷水抽提物，热水抽提物，1% NaOH抽提物和戊聚糖含量，而且施肥量愈大，木材中戊聚糖含量愈高。

第三节　树木营养管理与利用

一、保障树木根部营养

树木所获得的养分大部分是通过根系的吸收获得的，根部营养是使树木获得高产的前提与保证。根部施肥具有增加土壤肥力，改善林木生长环境、养分状况的作用，通过施肥可以达到加快林木生长，提高林分生长量，缩短成材年限，促进树木结实以及控制病虫害的目的。

(一)施足基肥

基肥又称底肥，在进行造林时施入土壤中的肥料。施足基肥可满足林木在整个生长发育阶段内能获得适量的营养，为林木速生高产打下良好的基础；同时培养地力，改良土壤，为林木生长创造良好的土壤条件。

1. 基肥施用的原则

一般以有机肥为主，无机肥为辅；长效肥为主，速效肥为辅；氮、磷、钾(或多元素)肥配合施为主，根据土壤的缺素情况，个别补充为辅。

2. 基肥的施用量

基肥的施用量应根据树种的需肥特点与土壤的供肥特征而定，一般原则是：用材林施用量比经济果木林略少，轮伐期短的比轮伐期长的略少，土壤肥力高的比肥力低的略少，养分含量高的肥料可少施，质地偏黏的土壤应适当多施。相反，质地偏砂的土壤适当少施。如桉树以每公顷施过磷酸钙600公斤及碳酸氢氨400公斤为最优方案，其次是每公顷单施过磷酸钙600~800公斤，或每穴施入钙镁磷基肥500克。杨树施复合肥每株1公斤左右，杉木、马尾松、红豆杉每株施过磷酸钙400~500克，或钙镁磷肥250~300克；香樟、枫香、光皮桦、桤木、闽楠、粤栲、厚朴、喜树、深山含笑等阔叶树种每穴施用过磷酸钙250~300克，或钙镁磷肥200~250克；油茶等经济林树种及珍贵药材树种每株施复合肥1~1.5公斤，或过磷酸钙2~3公斤，或钙镁磷肥1.5~2公斤。总之，肥种及施量可视实际情况如立地、树种、培育目标而科学确定。

3. 基肥的施用方法

整地挖穴时，将肥料与表土充分拌匀后施入穴内，待半个月左右造林。栽植时一般不宜同时施基肥，因会引起树木烧根。

(二)及时追肥

追肥是在树木生长期间，根据树木个体生长发育阶段对营养元素的需要而补施的肥料。

1. 追肥的使用原则

一要看土施肥，即肥土少施轻施，瘦土多施重施；砂土少施轻施，黏土适当多施重施；二要看树势施肥(看的树木长势长相)，即旺树不施或轻施，弱树适当多施；三看树木的生育阶段：幼林期少施轻施，营养生长与生殖生长旺盛时多施、重施；四看肥料性质，一般追肥以速效肥为主，而营养生长与生殖生长旺盛时则以有机、无机配合施用为主；五看树木种类：有的树木对肥料敏感性强，可多施，以速效肥为主。六看林种类型：经济果木林及用材树种的种子园、母树林、采穗圃多施、重施。

2. 追肥的施用量

根据土壤、树种、林分类型具体确定。施肥量过多或不足，对树木生长发育均有不良影响。树木吸肥量在一定范围内随施肥量的增加而增加；超过一定范围，施肥量增加而吸收量下降。因此，施肥量既要符合树体要求，又要以经济用肥为原则。

3. 追肥的施用方法

一是穴施法，在树干根部50厘米(或根据树木大小确定)外挖数个小穴，将肥料与表土充分拌匀施入穴内，覆土。二是环形沟施法，如在其树干基部50厘米外周围开一条围沟而施肥；三是喷施法(根外追肥)，作为补充施用肥料的方法。四是枝干注入法。氮素化肥易溶解且移动性大，应稍浅施。磷、钾肥移动性较差，碳铵类容易挥发，腐熟粪尿臭味较大，一般应挖沟稍深施为佳。在雨前或雨后施肥效果好，因湿潮使易肥料溶化和被土壤吸附。随着树龄的增加，施肥穴、沟位距树干的距离应逐渐增加。

4. 追肥时期

用材树种在生长的中前期一般追肥2~3次，多在5年后进行第一次追肥，在15年生左右进行第二次追肥。如是培育大径材或是慢生的珍贵树种，可在25年生左右进行第三次追肥。经济林及药用林追肥时期则很复杂，根据树种和培育目标具体确定。如油茶林追肥，是夺取高产和减少大小年的重要措施。栽植前施足基肥的，一般栽后三年内不要再施追肥。从第四年起就要科学合理地追施肥料，要求每年2月份和10月份各施一次肥，每次每株施复合肥500~1000克，第五年后逐年加大肥量，第八年后每株每次可施1000~2000克。先在树冠投影边缘挖半月形或条形的沟，沟深宽各25~35厘米，长50~60厘米，把肥料均匀施下后要及时覆盖泥土。油茶追肥如有土杂肥、牲畜肥则更好。

二、叶面施肥

树木除可从根部吸收养分之外，还能通过叶片吸收养分，这种营养方式称为树木的根外营养。因此，可以对树木进行叶面施肥。叶面施肥的优点是：吸收快，各种养分能够很快地被叶片吸收，直接从叶片进入树体，参与树木的新陈代谢。用量省，叶面施肥集中喷施在树木叶片上，通常用土壤施肥的几分之一或十几分之一的用量就可以达到满意的效果。效率高：施用叶面肥，可高效能利用肥料，是经济用肥的最有效的手段之一。叶面施肥则减少了肥料的吸收和运输过程，减少了肥料浪费损失，肥料利用率高。叶面肥可以在树木不同生长阶段、不同种植密度和高度下进行，有利于大规模机械化施肥操作。但叶面施肥也有其局限性，即肥效短暂，每次施用养分总量有限，又易从疏水表面流失或被雨水淋洗；有些养分元素(如钙)从叶片的吸收部位向树体其他部位转移相当困难，喷施的效果不一定好。总之，树木叶面施肥不能代替根部施肥，因为树木吸收养分的绝大多时还是通过根系吸收的；叶面施肥与根部施肥结合，可以起到相互促进、相互补充的作用。

(一)叶面施肥常用叶面肥料及浓度

尿素0.20%~0.5%，磷酸二氢钾0.3%~0.5%，过磷酸钙0.5%~1.0%，硫酸镁0.2%，硫酸钾0.05%~0.5%，硫酸锌0.5%~1.0%，硼酸0.1%~0.2%，钼酸铵0.01%，硫酸铜0.01%~0.02%，硫酸锰0.05%~0.01%。一般选择上述一种肥料进行单施。

(二)叶面施肥方法

不管什么肥料，喷施浓度一般都在0.5%以下。要注意避免浓度过大易造成树木烧伤。叶面施肥既要喷施树冠的外围，也要喷施树体的内膛枝叶，上下、里外叶片要全部喷到。另外，还要注意喷药喷匀、喷细，雾化好，这样才能收到良好的效果。而施量不足，肥效起不到很好的效果。肥料能及时、全部的被吸收，与气温、湿度及天气状况都有关。当气温在 18～25℃之间时，叶片气孔会全部张开，这时施肥能显著提高肥效；当气温超过 30℃时，叶片气孔关闭，喷施的肥料就难以被叶片吸收，这时不能喷药，以免造成药害；当空气湿度大时，肥液在叶片上停留时间长，被吸收的养分则较多；空气湿度小时，施肥不易被叶片吸收。因而，叶面施肥一般选择无风的晴天或阴天进行，最好以清晨或傍晚喷施效果最佳，当叶片有雾水时应待露水干后喷施，严禁在强光暴晒、大风天气和雨前喷肥。

三、及时灌溉，充分发挥土壤肥力的作用

（一）灌溉对土壤肥力的作用

在正常土壤水分状况下，土壤肥力才能有效地发挥作用，因为土壤有机养分的矿化需要水分参与；化学肥料在土壤中的溶解需要水分参与，没有溶解的养分不能被吸收利用；养分向根表的迁移需要水分参与，养分向根表的迁移主要靠扩散、质流来进行，而扩散和质流都需要以土壤水分为介质；根系对养分的吸收无论是主动吸收还是被动吸收都需要以水分为介质。因此，灌溉可以促进土壤固相养分的释放速度。研究表明，灌溉后，土壤的碱解氮、速效磷和速效钾在灌溉后都出现了明显的增加趋势，尤其以滴灌的灌溉方式增加量最大，分别较对照（CK）增加了 3.2%、7.8% 和 13.7%，出现这种原因主要是由于膜下滴灌更有利于改善土壤的湿度和温度，从而更有利于矿质营养的转化，增加土壤的有效养分。可见，土壤水分的适量增加有利于各种营养物质溶解和移动，有利于磷酸盐的水解和有机态磷的矿化，这些都能改善树木的营养状况。土壤水分还能调节土壤温度，但水分过多或过少都会影响树木的生长。水分过少时，树木会受干旱的威胁；水分过多时，会使土壤中空气流通不畅并使营养物质流失，从而降低土壤肥力，或使有机质分解不完全而产生一些对树木有害的还原物质。

（二）灌溉的方法

正确的灌水方式，可使水分均匀分布，节约用水，减少土壤冲刷，保持土壤的良好结构，并充分发挥水效。常用的灌水方式有下列几种：

1. 人工浇水

这是传统的林业灌溉措施。在山区及离水源过远的地方，人工担水浇灌虽然费工多而效率低，但对一些珍贵用材树种、高效经济果木林及药用林仍有必要。浇水前应松土，并在树干基部周围做好水穴（堰），深约 15～30 厘米，以便浇水。

2. 地面灌水

这是效率较高的常用灌水方式，可利用的水源有河水、井水、塘水等，可灌溉面积较大，又分沟灌、滴灌、漫灌等。沟灌方式应用普遍，能保持土壤的良好结构，它是引水沿沟底流动浸润土壤，待水分充分渗入周围土壤后，不致破坏其结构，并且方便实行机械化。滴灌也是地面灌水的一种方式，多在经济果木林地、药用园和竹林中采用。漫灌是大面积的表面灌水方式，因用水极不经济，现已很少采用。

3. 地下灌水

是利用埋设在地下多孔的管道输水，水从管道的孔眼中渗出，浸润管道周围的土壤，用此法灌水不致流失或引起土壤板结，便于耕作，较地面灌水优越，节约用水。但要求设备条件较高及一定的设备投资。

4. 空中灌水

包括人工降雨及对树冠喷水等，又称“喷灌”。人工降雨是灌溉机械化中比较先进的一种技术，但需要人工降雨机及输水管等全套设备，目前我国正处在应用和改进阶段。机械喷灌的水首先是以雾化状洒落在树体上，然后再通过树木枝叶逐渐下渗至地表，避免了对土壤的直接打击、冲刷，因此，基本上不产生深层渗漏和地表径流，既节约用水量，一般可节约用水 20% 以上，又减少了对土壤结构的

破坏，可保持原有土壤的疏松状态。但要求设备条件高及设备投资大。

四、松土除草，增加土壤活性，减少养分消耗

（一）松土的作用

1. 松土能够改善土壤的透气性能，促进树木根系的呼吸作用

林地保持充足的氧气供应，有利于树木的根呼吸。树木根系呼吸所需要的氧气，是从土壤空气中吸取的。因此良好的土壤通气是树木生理活动的重要条件。树木由于生长快，树体生理活动旺盛，根系对氧气的需要量较高。土壤通气性不良会导致根系缺氧而影响根的吸收。土壤中氧的浓度对根系生长发育影响很大。实践证明，在土壤含氧量低于10%时，根系就不能正常活动，大于12%时才能产生新根。土壤时间长了容易结块，这样就降低了树根的透气性，如同把树根密闭起来了一样，树木生长就很困难。而通过松土之后，使土壤颗粒之间的空隙加大，空气就容易进去，增加了根细胞的呼吸；呼吸作用加强了，可以加强蒸腾作用，促进了根毛与土壤中的矿质元素的交换，这样也就能促进根对矿质元素的吸收。

2. 松土能够增加土壤有效养分含量

土壤中的有机质和矿物质养分，都必须经过土壤微生物的分解后，才能被树木吸收利用。因林地中绝大多数微生物都是好气性的，当土壤板结不通气，土壤中氧气不足时，微生物活动弱，土壤养分不能充分分解和释放。中耕松土后，土壤微生物因氧气充足而活动旺盛，大量分解和释放土壤潜在养分，提高土壤养分的利用率。

3. 松土能够调节土壤水分含量

干旱时松土，能切断土壤表层的毛细管，减少土壤水分向土表运送，减少蒸发散失，提高土壤的抗旱能力。破除土壤板结，截断毛细管，防止土层以下水分的蒸发，达到蓄水保墒作用。当水分过多时，又可以使土壤水分蒸发，使树木生长发育良好。

4. 松土能够提高土壤温度

松土能使土壤疏松，受光面积增大，吸收太阳辐射能增强，散热能力减弱，并能使热量很快向土壤深层传导，提高土壤温度。尤其对黏重紧实的土壤进行中耕，效果更为明显，可使种子发芽，幼苗快长。

5. 中耕结合林木追肥

既能活化表土减少杂草与树木争夺养分，又能做到肥料深施，减少挥发浪费。

（二）松土的方法

松土的时间和次数因树木种类、生长势、杂草和土壤状况而异。松土深度在树木幼林期宜浅，以免伤根；中期应加深，以促进老根系萌发新根。结合松土向树木基部壅土，以增厚树木根部土层，或培高成垄的措施，称培土。

在用机械松土时，靠近树干基部的土壤宜浅，远离树干基部宜深，要特别防止过多轧断树根。雨前松土，能使耕作层多蓄水；雨后松土，能切断表土毛细管，减少水分蒸发，改善土壤的通气状况，增加表土的吸热面积，提高土温，也能提高速效养分数量。有研究发现，对林地进行松土，磷、钾的有效含量有明显增加，氮素的有效含量也略有提高。但是，如松土过于频繁，容易使有机质分解过快而损耗有效养分。因此，应在满足有效养分供应的前提下，减少频繁的耕作，进行适时适量的松土。

（三）除草的作用

传统的人工分铲除杂草和机械翻耕除草因为使土壤翻松，其作用与松土相同。除此之外，锄除或机耕的杂草埋进土中后，可以增加土壤肥力。加之，除去杂草灌木后，减少了对土壤养分和水分的竞争和消耗，使树木从土壤中能获得更充分的营养，进而促进树木的生长发育。

(四)除草的方法

1. 人工铲除

这是传统的林业除草方法。包括用锄头将杂草铲除，也可结合松土时进行。或人工用镰刀将杂草割除。

2. 机械翻耕除草

用耕土机将林地进行翻耕，将杂草埋入土中。

3. 割草(灌)机除草

利用割草机对林地杂草割除，如林地杂灌木多，则用割灌机割除。机具割草功效高，其功效相当人工除草的16倍。效益佳，由于割草机旋转速度快，对杂草的切割效果好，特别对嫩度高的杂草的切割效果更佳。一般一年除草2次，基本能达到除草要求。

4. 化学除草

利用林地除草剂对杂草进行灭除。化学除草持效期较长，可达几个月，甚至一年或多年，可以在整个生长季节几乎不用除草。选择林地专用除草剂对一年生和多年生杂草、杂灌、杂竹、蕨类、藤本等能彻底通除灭根。但也有报道，某些除草剂可使林地土壤板结，也可使有益草类灭除，因此也需慎用。

5. 火力除草

对于林木高大特别是枝下高度达10余米的林地，且杂草灌木高度不大时可用火力除草。美国南方松林地除草常用此法。

6. 新栽幼树覆盖地膜压草

幼树覆盖地膜后成活率高、萌芽早，能促进树体发育，提早幼树成型和结果。实践表明，覆盖地膜压草的效果十分显著，使用杀草膜、黑膜时在覆盖期不需除草，对竹林和经济果木林采用此法，效果更好。

第十章　光照管理与利用技术体系

光照是树木赖以生存的必要条件，是树木制造有机物质的能量源泉。没有光照，树木难以生长，或者发育不良。树木的开花结实、芽的发育、叶子的形态和解剖特征、叶子的排列，以及林木的外形等都因光照的影响而不同。增强光照能促进林木发育，使林木提前开花结实，加速种子成熟，提高结实量。光照过弱时，林木光合作用所制造的有机物质比呼吸消耗的物质还少，林木生长就会停止。因此，在林木培育中，充裕的光照是林木高产高效的保障。

第一节　光照相关知识

一、光照

指光线的照射，是生物生长和发育的必要条件之一。光照包含自然光照与人工光照。日照即为自然光照，灯光照明即为人工光照。

二、光照周期

自然界一昼夜 24 小时为一个光照周期。有光照的时间为明期，无光照的时间为暗期。自然光照时一般以日照时间计光照时间(明期)；人工光照时，灯光照射的时间即为光照时间，为期24 小时的光照周期为自然光照周期；为期长于或短于24 小时的称为非自然光照周期；如在 24 小时内只有一个明期和一个暗期的称为单期光照；如在 24 小时内出现两个或两个以上的明期或暗期，即为间歇光照。

三、光照、日照时间

一个光照周期内明期的总和即为光照时间。日照时间是指每天从日出到日落，直接照射到地面的时数。影响树木生长发育的日照时间，还包括曙光、暮光在内，因为曙光、暮光也能使一些树木进行光合作用。

四、光照强度(照度)

是物体被照明的程度，指单位面积上所接受可见光的能量。对生物的光合作用影响很大。可通过照度计来测量。

五、太阳辐射

是指太阳向宇宙空间发射的电磁波和粒子流。地球所接受到的太阳辐射能量仅为太阳向宇宙空间放射的总辐射能量的二十亿分之一，但却是地球大气运动的主要能量源泉。到达地球大气上界的太阳辐射能量称为天文太阳辐射量。太阳辐射是一种短波辐射，是影响树木生长发育最直接和最重要的气象要素。

六、光合作用

即光能合成作用，是指绿色植物和某些细菌，在可见光的照射下，经过光反应和碳反应，利用光合色素，将二氧化碳(或硫化氢)和水转化为有机物，并释放出氧气(或氢气)的生化过程。同时也有将光能转变为有机物中化学能的能量转化过程。即在光照的条件下，树木体把二氧化碳和水转化成有机物和氧的生理化学反应，叫做树木的光合作用。光合作用是一系列复杂的代谢反应的总和，是生物界赖以生存的基础，也是地球碳—氧循环的重要媒介。

七、叶绿素

树木进行光合作用的主要色素。光合作用是通过合成一些有机化合物将光能转变为化学能的过程。叶绿素实际上存在于所有能营造光合作用的生物体，包括绿色植物、原核的蓝绿藻（蓝菌）和真核的藻类。叶绿素从光中吸收能量，然后能量被用来将二氧化碳转变为碳水化合物。

八、呼吸作用

生物体内的有机物在细胞内经过一系列的氧化分解，最终生成二氧化碳或其他产物，并且释放出能量的总过程，叫做呼吸作用。呼吸作用是生物体在细胞内将有机物氧化分解并产生能量的化学过程，是所有的动物和植物都具有的一项生命活动。生物的生命活动都需要消耗能量，这些能量来自生物体内糖类、脂类和蛋白质等有机物的氧化分解，具有十分重要的意义。

十、光补偿点

光补偿点是指植物在一定的光照下，光合作用吸收 CO_2 和呼吸作用数量达到平衡状态时的光照强度。植物在光补偿点时，有机物的形成和消耗相等，不能累积干物质。

第二节　光照在林木培育中的作用

一、光照对树木生长发育的作用

（一）光照强度对树木生长发育的影响

1. 光照强度直接影响树木光合作用的强弱

在一定光照强度范围内，在其他条件满足的情况下，随着光照强度的增加，光合作用的强度也相应地增加。但光照强度超过光的饱和点时，光照强度再增加，光合作用强度不增加。光照强度过强时，会破坏原生质，引起叶绿素分解，或者使细胞失水过多而使气孔关闭，造成光合作用减弱，甚至停止。光照强度弱时，树木光合作用制造有机物质比呼吸作用消耗的还少，树木就会停止生长。只有当光照强度能够满足光合作用的要求时，树木才能正常生长发育。光照强度对树木根系的生长能产生间接的影响，充足的光照条件有利于树木根系的生长，形成较大的根茎比；当光照不足时，对根系生长有明显的抑制作用，根的伸长量减少，新根发生数少，甚至停止生长。尽管根系是在土壤中无光条件下生长，但它的物质来源仍然大部分来自地上部分的同化物质。当因光照不足，同化量降低，同化物减少时，根据有机物运输就近分配的原则，同化物质首先给地上部分使用，然后才送到根系，所以阴雨季节对根系的生长影响很大，而耐阴的树种形成了低的光补偿点以适应其环境条件。树体由于缺光状态表现徒长或黄化，根系生长不良，必然导致上部枝条成熟不好，不能顺利越冬休眠，根系浅且抗旱抗寒能力低。

2. 光照强度影响树木的外形

在空旷地和全光照条件下生长的树木，光照强度强，冠幅宽大，树干尖削度也较大，枝下高较低，具有较高的观赏与生态价值。而生长在光照强度较弱条件下的树木冠幅较小，树干生长均匀，节少挺直。光照过强会引起日灼，尤以大陆性气候、沙地和昼夜温差剧变情况下更易发生。叶和枝经强光照射后，叶片温度可提高 5 ~ 10℃，树皮温度可提高 10 ~ 15℃以上。当树干温度为 50℃以上或在 40℃持续2小时以上，即会发生日灼。日灼与光强、树势、树冠部位及枝条粗细等均密切相关，如果光照强度分布不均，则会使树木的枝叶向强光方向生长茂盛，向弱光方向生长不良，形成明显的偏冠现象。

3. 光照强度影响树木的生长发育速度

当光照强度愈强，树木积累的有机物质愈多，树木的生长发育速度就愈快。反之，树木生长发育速度减慢。光照强度与树木生长发育速度正相关，但光照强度超过光的饱和点时，树木生长发育速度减慢。光照强的突然变化，有时使树叶枯黄，树木生长减弱，幼树处于强光照射下，甚至死亡，所以在育苗时就需要遮阴。方江保等对亚热带常绿阔叶树种苦槠幼苗进行了不同生长光强(100%，40%和15%自然光强)处理，并在5月和9月对苦槠幼苗光合以及荧光参数进行测定。结果表明：无论5月和9月，随着生长光强的降低，苦槠幼苗叶片的最大净光合速率、光补偿点和光饱和点均有减小的趋势。这说明，苦槠是一种耐阴树种，遮光可降低其最大净光合速率、光补偿点和光饱和点，以及增加叶绿素相对含量，以增强在弱光条件下的生长发育能力。这些现象表明，强光环境对苦槠幼苗的光合作用具有一定的负效应，但对林下的幼苗光合作用与生长却是有利的。方飞燕等通过对野外毛竹林样地内竹笋设置笋尖透光、全遮光二种处理，以全自然光作对照，动态测定了各处理下毛竹幼竹的生长指标，结果表明：不同光照强度对毛竹幼竹成竹过程有显著差异，笋尖透光处理的毛竹生长最好，株高、胸径分别比对照提高了12.99%和2.43%。

4. 光照强度的变化

在自然条件下，由于天气状况、季节变化、树木高度和密度的不同，光照强度有很大的变化。阴天光照强度小，晴天则大。一天内，早晚的光照强度小，中午则大。一年中，冬季的光照强度小，夏季则大。树木密度大时光照强度小，树木密度小时光照强度大。在林分中，树冠上层的光照强度大，树冠下层的光照强度小。光照强度在赤道地区最大，随纬度的增加而逐渐减弱。光照强度还随海拔高度的增加而增强，例如在海拔1000米可获得全部入射日光能的70%，而在海拔0米的海平面却只能获得50%。此外，山的坡向和坡度对光照强度也有很大影响。在北半球的温带地区，山的南坡所接受的光照比平地多，而平地所接受的光照又比北坡多。随着纬度的增加，在南坡上获得最大年光照量的坡度也随之增大，但在北坡上无论什么纬度都是坡度越小光照强度越大。

(二)日照时间对树木生长发育的影响

日照时间影响树木的光合作用。日照时间是指每天从日出到日落，直接照射到地面的时数。影响树木生长发育的日照时间，还包括曙、暮光在内，因为曙、暮光也能使一些树木进行光合作用。光照对喜阳植物的影响不仅在于光照的强弱，还在于日照时间的长短。在一定范围内，光照时间长，延长光合作用，可以增加有机物质的合成，加快树木的生长，但是当光照强度不足的时候，树木就无法正常的生长。日照时间影响树木的分布和引种。在经济果木树种中，对长日照树木进行北种南移，需选择较早熟的品种。南种北移，需选择较迟熟品种。短日照植物，北种南移，选择原产地、迟熟品种及感光性弱的品种。南种北移，应引早熟及感光性弱的品种。具体引种时，除考虑光照时间的长短外，还要注意热量条件。

二、光照对树木开花结实的作用

光照是光合作用的能源，光照强度、光周期和光质均影响树木的开花结实。光照强度对树木花的形成有特别明显的作用，开花结实需要积累一定数量的光能。接近于饱和点的光照强度，利于树木的开花结实。光照强度还和花的性别有关，如充足的光照有利于樟子松的雌球花生长，而其雄球花的生长需要适当的遮阴。云杉和红松等树种的雌球花多生长在树冠顶部，雄球花多发生在树冠下部也是这个原因。一天内白昼和黑夜的相对长度即光周期与树木的开花密切关联。自然条件下各种树木长期适应所分布地区的光周期变化，而形成了与之相对应的开花特性。生长在高纬度地区的树木如樟子松、红松和桦树等多为长日照树木。生长在低纬度热带地区的椰子、柚木和芒果属于短日照树木。生长在中纬度地区的垂柳和黄连木则属于中日照树木。对于短日照的树木，必须经历一段短日照的天数，才能开花。长日照树木则必须经历一定的长日照天数才能开花。

树木的成花受基因控制，光是启动花基因的最重要的因素，并使开花结实产生显著差异。林分内的树木与孤立木、林缘木的最大差别在于，孤立木和林缘木所处的微生境条件好，特别是由于光照条件好，树体受光充足，因而开始结实较早，结实比较均衡而且丰富。郁闭度大的林分，枝条重叠，单株树冠的受光面积也小，结实时间一般都比较迟，且产种量也低。据调查，汨罗市桃林湿地松种子园的一株湿地松林缘木母树年产种子量可达 2 ~3 公斤，相当于林分内单株结实量的 5 ~6 倍。据报道，杜仲孤立木的结实量比林分高出 8 ~34 倍。在欧洲赤松的一个结实量调查的标准地中，4 株结实量最大的树木占该标地结实株数的 5. 5%，产生了 9735 粒种子，重 55 克，占该标准地种子总粒数的 35. 7%，占总重量的 38. 1%。

同一株树木，由于受光条件的差异，其树冠的不同部位和不同方向的结实数量和质量也有很大的区别。树冠中上部的结实量显著大于下部，受光面大的树冠方向结实量显著大于受光面小的方向。在山区，受不同坡向的影响，光照条件的差异也对树木的结实和产量产生很大的影响。生长在阳坡的树木比阴坡的树木结实期提前，且产量高。照度强弱与生长量，开花数及光合强度是一致的，在一定范围内，光照强度愈大，则光合强度大，有利于有机物质积累，故生长量大，开花数多；反之，光合强度小，甚至只有呼吸作用，消耗体内有机物质，处于饥饿状态，则开不了花，生长极端衰弱，处于死亡状态。如将杜鹃树配植在紫楠林下，光照强度仅为全日照的 3% 左右，故杜鹃全部阴死。配植在悬铃木大树树冠下的毛白杜鹃，靠近树干处不开花，因该处光照强度仅为全日照的 8%；稍离树干远处，光强增至全日照的 20% ~30% 处，开花显著增多；接近悬铃木树冠正投影的边缘处，光照强度大，则开花繁茂。配植在金钱松林下的锦绣杜鹃在林分的中央，光照强度仅为全日照的 6. 6%，故不开花；在林缘为全日照的 23%，故开花良好。配植在三角枫下的毛白杜鹃，在林中光照强度为全日照的 7. 4% ~9%，故不开花；林缘为 15% ~20%，或有少量开花。配植在以枝叶稀疏的榔榆、臭椿、马尾松混交林下的毛白杜鹃，则开花良好，尤其在林中空地上的毛白杜鹃，花、叶均茂。浙江省林科院对 23 年生杉木母树林的南偏东和北偏西两块标准地选择标准木进行采种对比，结果表明，无论种子产量还是重量都以受光充分的阳坡为好。如球果个数，南偏东比北偏西多 62. 7%；球果重，南偏东比北偏西多 61%；发芽率，南偏东比北偏西多 7. 4%。昆明林业试验场调查不同坡向上华山松的种子产量，北坡每公顷生产种子 8. 2 公斤，东北坡 18. 3 公斤，西北坡 21. 1 公斤，西南坡 24. 02 公斤。在种子园、母树林的经营时，疏伐就成为促进林木结实的重要技术，而在新建种子园、母树林就要充分考虑母树植株之间的距离。据福建省来舟林业试验场观察，经过疏伐，不仅种子产量极大增加，种子质量也显著提高。从经过疏伐的母树林和从一般母树林采得的种子，千粒重分别为 9 克和 6. 23 克，发芽率分别为 61. 1% 和 34. 9%。上述可见，光照对林木的开花结实产生的影响很大，因此，在生产实践中要充分发挥光照的作用，促进林木的开花结实，达到种子丰产的目的。

三、光照对木材理化性质的影响

树木的木材理化性质受诸如光照等许多外因的影响。如生长在长日照（光周期为 18 小时）的洋槐，不论气温高低，均产生大量早材分子。若在短日照（光周期为 8 小时）的条件下，则只产生少量直径较小的导管或无导管。在松柏类树木中，木材管胞直径的变化除与气温的高低有直接关系外，往往也与日照长短有关。在生长季中，如果日照缺乏，不仅影响树木的生长，而且还限制了形成层的活动，造成了狭窄的木材生长轮。Takafumi kubo 在日本柳松的研究中，测试了 5 年生柳松幼树在不同的庇阴条件（10%、20%、40% 和 100%）的光照强度下管胞长度，得出最低光强明显抑制管胞径向生长和管胞长度增加减慢。郭明辉在对红松材性与气候因子的关系的研究中得出结论：红松径向直径与日照呈显著正相关；胞壁率与日照呈负相关；纤丝角与日照时数、日照百分率呈正相关；生长速率和生长轮宽度的主要促进因子包括日照时数。邹桂霞等发表了三北地区杨树速生林材积生长量与气候因子关系分析的研究，结果表明：光照对杨树木材细胞尺寸有显著的影响，光照越强，管胞的径向直径越大，微纤丝倾角越大。

第三节 光照的管理与利用

一、了解树种的光照特性，科学选择树种

根据树种对光照的敏感程度，大致可以把树种划成以下三种光照生态类型：

(一) 喜光树种

在全日照下生长良好而不能忍受荫蔽的树种。例如落叶松属、松属(华山松、红松除外)、水杉、桦木属、桉属、杨属、柳属、栎属的多种树木，以及臭椿、乌桕、泡桐等。喜光树种的细胞壁较厚，细胞体积较小，木质部和机械组织发达，叶表有厚角质层；叶的栅栏组织发达，不只1层，常有2～3层；叶绿素A多时有利于红光部分的吸收，使喜光植物在直射光线下充分利用红色光段，气孔数目较多，细胞液浓度高，叶的含水量较低。

(二) 喜阴树种

在较弱的光照条件下比在全光照下生长良好。例如许多生长在潮湿、阴暗密林中的草本植物，如人参、三七、秋海棠属的多种植物。严格地说，木本植物中很少有典型的喜阴植物，而多为耐阴植物(中性树种)，这点是与草本植物不同的。耐阴树种的细胞壁薄而细胞体积较大，木质化程度较差，机械组织不发达，维管束数目较少，叶子表皮薄，无角质层，栅栏组织不发达而海绵组织发达。叶绿素B较多因而有利于利用林下散射光中的蓝紫光段，气孔数目较少，细胞液浓度低，叶的含水量较高。

(三) 耐阴树种(中性树种)

在充足的阳光下生长最好，但亦有不同程度的耐阴能力，在高温干旱时在全光照下生长受抑制。耐阴树种的耐阴程度因种类不同而有很大差别，过去习惯于将耐阴力强的树木称为阴性树，但从形态解剖和习性上来讲又不具典型性，故以归于中性树种为宜。在中性树种中包括有偏喜光的与偏阴性的种类。例如榆属、朴属、榉属、樱花、枫杨等为中性偏阳；槐、木荷、圆柏、珍珠梅属、七叶树、元宝枫、五角枫等为中性稍耐阴；冷杉属、云杉属、建柏属、铁杉属、粗榧属、红豆杉属、椴属、杜英、大叶槠、甜槠、阿丁枫、荚蓬属、八角金盘、常春藤、八仙花、山茶、桃叶珊瑚、海桐、杜鹃花、忍冬、罗汉松、紫楠、棣棠、香榧等均属中性而耐阴力较强的种类，因为这些树种在温度、湿度适宜条件下仍以在光线充足处比在林下阴暗处为健壮。

二、根据树种的光照特性，确定育林措施

对树种的光照特性了解后，可以根据其不同的光照特性制定具体的育林措施。例如对阳性树种则应选择向阳的山地或坡向，而不能在阴坡种植阳性树种。同理，阴性树种喜阴湿环境，若栽植在向阳干燥的地方就会生长不良。阳性树种的造林密度宜大，阴性树种造林密度可小。阳性树种的疏伐时间可早，疏伐强度宜大。而阴性树种的疏伐时间可迟，疏伐强度宜小。喜光、速生、分枝多的树种，造林密度可稀一些，如杨树、桦树等；耐阴、生长慢、分枝少的树种，密度可以大些。因此，科学选择树种，根据其光照特性确定育林措施，是乡土树种培育获得速生丰产高效的前提。

三、了解造林地光照情况，做到适地造林

立地条件是影响森林形成与生长发育的各种自然环境因子的综合，是由许多环境因子组合而成的，而光照是其中重要的因子之一。在造林前，要对拟造林地的自然环境因子进行详细了解，特别要掌握各地块的光照情况，向阳地选择阳性树种，背阴地选择阴性树种，做到适地造林。

四、根据造林地光照状况，确定合理密度

造林地的立地条件对造林树种的选择、人工林的生长发育和产量、质量都起着决定性的作用，不同立地条件的造林地上必须采用不同的造林密度。造林密度的大小对林木的生长、发育、产量和质量均有重大影响，确定造林密度是造林工作的重要环节。光照对林木生长的影响有很多方面，其中最大的一个方面是对光合作用的影响。在确定造林密度时，必须考虑充分光照这一自然因子。基于光照情况的合理密度的原则是：在一定的光照条件下，林分内个体得到充分生长发育，林分群体取得最高效益。同一种树种在光照条件好的地块，可适当密植，加快郁闭成林；在光照条件较差的地块，则可适当稀植，有利于通风透光，保证树体的生长及果实成熟。

五、及时疏伐，改善光照条件，提高林分产量和质量

疏伐是通过适时适量伐除部分林木，调整树种组成和林分密度，改善环境条件，促进保留木生长的一种营林措施。其以采伐部分林木为手段，改善林内光照条件，为保留木增加营养面积，同时进行人工选择，以达到提高产量和质量的培育目的。疏伐的主要作用是降低林分密度，改善林木光照条件，促进林木增长。经过抚育间伐，林分内株数减少，林冠郁闭度下降，使林内光照强度增加，林内空气、土壤的湿度、温度、理化性质也相应地发生了变化，有利于死地被物的分解，提高了土壤的肥力。由于林内环境更有利于树木的生长，林木的管胞和导管长度增加，木材纤维长度加大，秋材所占百分率提高，年轮宽度较间伐前增大，木材的质量也相应得到提高。同时，光照条件的改善，促进了林下天然更新，也给人工栽植珍贵树种创造了有利条件。

在乡土树种培育中要针对不同林种进行疏伐。例如培育用材林通过疏伐促进林木生长，缩短林木培育期，培育大径材。由于疏伐扩大了保留木的营养空间，地下根系提高了活性，能更好地吸收养分与水分。树冠能得到舒展，产生适中的冠幅和叶面积，从而使林木得到较好的生长量。尤其径生长随密度的降低而明显提高，这就可以大大缩短林木培育期限，早日到达工艺成熟规格要求。对用材林的疏伐一般进行 2～3 次，第一次多在林分郁闭时进行，第二次多在第一次疏伐后的 5～10 年后进行。疏伐强度是 15%～30%，伐后郁闭度不低于 0.6。按照“砍被压木，留优势木；砍病腐木、濒死木、枯立木，保留健康木；砍多杈木、断折木，留树干通直、长势优良”的三砍三留原则，伐除下层被压木、病腐木、弯曲木、断折木、丛生木、分杈木以及生长不良、初植过密株等劣质个体，调整林分密度，改善林分光照状况，加速林木的生长，提高林分质量和单位面积产量，最终培育成珍贵用材或大径级良材。经济林及种子园、采种母树林的疏伐则是在进入结果期后，在连续多年观测结果量情况的基础上进行疏伐。主要伐去过密株、结果量少的低产植株，以改善通风透光条件，增加结果植株的光照面积和水肥营养供给，达到优质高产高效的目的。

第十一章　温度管理与利用技术体系

温度是树木的重要生存因子，它决定着树种的自然分布，生长速度和景观质量。温度因纬度、海拔高度不同而发生的变化，是不同地域树种组成差异的主要原因之一。树木的所有生理活动和生化反应都与温度有关，温度的变化还会导致其他环境因子，如湿度、空气流动等发生变化，从而影响树木的生长发育。由于温度对树木的生长、发育以及生理代谢活动有重要的影响，因此，在乡土树种培育中必须对温度进行科学管理和利用，以达到高效培育的目的。

第一节　温度概念

天气预报中的气温，指在野外空气流通、不受太阳直射下测得的空气温度。林业上所指的温度，一般是指大气的温度，即气温，是表示空气冷热程度的物理量。空气中的热量主要来源于太阳辐射，太阳辐射到达地面后，一部分被反射，一部分被地面吸收，使地面增热；地面再通过辐射、传导和对流把热传给空气，这是空气中热量的主要来源。国际上标准气温度量单位是摄氏度(℃)。气温是用来衡量地球表面大气温度分布状况和变化态势的重要指标。它可根据需要分为日均气温、日高气温、日低气温；月均气温、月低气温、月高气温和年均气温、年低气温、年高气温；以及年积温、极端高温、极端低温等。

温度是林木不可缺少的生态因子。它对树种的传播和萌发，树木的生长和发育、开花和结果，以及森林的组成、演替和地理分布都有重要影响。另一方面，森林又通过同周围大气不断进行物质和能量的交换，从而影响并改变森林内及其影响所及地区的气象要素场结构(包括辐射、温度、湿度、风、降水、空气成分等)。因此了解森林和气温间的相互关系，可以掌握森林生态系统中的客观规律，为合理开发利用森林资源、科学的营造森林、保护自然资源和维护良性的生态平衡，为发展林业生产和改善人们生活环境服务。

第二节　温度与林木生长的关系

温度是树木的重要生存因子，它决定着树种的自然分布和生长。温度因纬度、海拔高度不同而发生的变化，是不同地域树种组成差异的主要原因之一。温度又是影响树木生长速度和景观质量的重要因子，对树体的生长、发育以及生理代谢活动有重要的影响。因此，了解温度与林木生长的关系，对于指导乡土树种的培育具有重要意义。

一、温度对林木生命过程的影响

温度是影响林木生长的重要气象因子之一，由于它能左右许多直接影响林木生长过程的其他因子，因此，温度对林木生长的影响不但非常显著，而且甚为复杂。水分和温度，是树木生命中最重要的两大生态因子。温度高于45℃时，一般树木即停止生长。因此，常把零上几度树木开始生长至45℃树木停止生长的这个温度范围，称为生长温度。有些树木在低于0℃或高于45℃的温度时，虽然生长停止，但仍能在相当长的时间内继续生存下去，这个温度范围，称为生存温度。各种树木的生长温度和生存温度范围并不相等，其最适宜的生长温度也不一样。即使同一种树木，因器官、组织、年龄和生育期不同或其他条件的差异，所要求的温度也会有很大的变化。以不同树种来说，一般原产于热带的林木，其最适生长温度要比原产于温带的林木高些。以树木的器官来说，适宜于根生长的温度，低于干、叶生长温度。不同的生育期，也要求不同的温度条件，大多数树木种子需在0～5℃开始萌发，6℃以上展叶，15℃以上才能开花。一般树木在0～35℃的气温范围内，温度升高，生长也加速。乔木树种对温度适应范围较大。在一年中，从树液流动开始到落叶为止的日数，称为生长期。不同树种的生长期长短不一样，一般南方树种的生长期较长，北方树种较短，尤其是生长在湿润热带地区的树种，全年都在生长。在生长季中，各树种生长期变化往往很大，大多数落叶阔叶树，在终霜后开始恢复生长，而在初霜前结束生长，它们的生长期短于生长季。柳属例外，其发芽早、落叶晚，生长活动超过生长季。常绿树种，特别是针叶树，在霜期内温度较高的日子里，仍有不同程度的生长现象。

二、温度对林木营养器官生长的作用

温度对林木营养器官生长的影响是很显著的。营养芽的形成、休眠以及由它发育为枝条的时间，都与温度密切相关。许多实验证明，如果夏末温度过低，就会极大地缩短营养芽分化的时间，并且在来年由它发育成的枝条，节间较短，枝条的数量减少。温度与林木芽的开放、枝条的生长有密切关系。例如，由于每年温度条件的变化，在同一地点的山毛榉芽开放的时间，可以相差36天之多，槭树芽开放时间相差21天，栎树相差24天。此外，由于地理纬度、地形、海拔高度等的影响，使温度条件产生差异，芽开放的时间随之不同，枝条开始生长的时间也因此而不一致。温度条件还由于它能调控枝条伸长的持续时间和速度，进而影响枝条的生长。树木木质部的每年增长量，也受温度的强烈影响。这是因为温度影响形成层每年开始活动的时间、强度和活动持续时间的长短造成的。林木形成层的生长活动，也类似于枝条的伸长，必须有一个临界的低温。超过这临界低温后，其生长速度便随温度的升高而增加，直至超越某个上限温度后，才开始下降。

三、温度对树木生理活动的影响

树木的种子在一定的温度条件下吸水膨胀，促进酶的活化，加速种子内部的生理生化活动，从而发芽生长。树木的光合作用有它的温度三基点，不到最低点和超过最高点，光合作用都难以进行。温度也影响呼吸作用，呼吸作用的温度范围，远比光合作用幅度大，一般呼吸作用的最适温度要比光合作用的最适温度高。温度对树木蒸腾作用的影响有两个方面，一方面是温度高低改变空气的湿度，从而影响蒸腾过程；另一方面，温度的变化又直接影响叶面温度和气孔的开闭，并使角质层蒸腾与气孔蒸腾的比例发生变化，温度愈高，角质层蒸腾的比例愈大，蒸腾作用也愈强烈。如果蒸腾作用消耗的水分超过从根部吸收的水分，则树木幼嫩部分可能发生萎蔫以至枯黄。树木的各种生理活动都必须在一定的温度条件下才能进行。一般树木在零上几度就可进行光合作用，开始生长。光合作用的最低温度，因树种而异。针叶树如松属为－7℃，云杉属为－5℃；多数树种进行光合作用的最低温度为5～8℃，最适温度为25～30℃，最高温度为40～45℃。温度过低，光合作用所提供的可用能量，抵不上呼吸作用的消耗，无法维持生长所需的基本生化过程。然而，温度过高，酶被钝化，酶控的代谢过程被破坏，并由于高温引起的高速呼吸而过量消耗碳水化合物。高速蒸腾也使树木体内水分不足，其结果降低树木的生长速度。

四、积温与林木生长的关系

林木生长发育除需要一定的平均温度(如年平均温度、最热月和最冷月平均温度)外，还需要一定的积温。树木生长所需的基效温度的累积值，称为生长季积温(又称有效积温)，其总量为全年内具有效温度的日数和有效温度值的乘积。目前较为广泛地应用积温来研究树木各生长发育时期或全生育期对热量的要求。不同树种，或同一树种的不同生长发育期，要求不同的积温，一般落叶树种为2500～

3000℃，而常绿树种多在4000～4500℃以上。采用积温表示某一地区热量资源和树木所需的热量，是一种有效的方法，它既能考虑到温度的强度，也考虑到持续的时间，能较好地反映树木对热量的要求，可作为乡土树种培育的主要依据。当然在使用积温时，还应考虑到一些非气象因子对树木发育速度的影响。某些地区对某些树种生长发育所需的积温虽然达不到，然而有时它们还能正常生长，这是因为环境因素有着相互补偿作用的结果。另外，在某一地区，虽然积温能满足某些树种生长发育的要求，但由于极端温度的限制，仍难以生长。例如湖南省湘北一带，积温可以充分满足桉树生长，但因冬季最低温度较低，常常使桉树受到冻害，使引种受到了限制。在自然条件下，一般对积温要求高的树种，只能分布在纬度较低的地区，对积温要求低的树种，则分布在纬度较高的地区。

五、温度的时空变化对林木生长的影响

温度的空间变化通过纬度和地形及海拔高度变化来体现。纬度影响温度，地球上随着纬度的升高太阳高度角减小，太阳辐射量也减小，年平均温度逐渐降低。纬度每升高1°，年平均温度下降0.5～0.9℃。从赤道到极地划分为热带、亚热带、温带和寒带，不同气候带的树木组成不同，森林景观现象各异，如从高纬度到低纬度，分别为寒温带针叶林、温带针阔叶混交林、暖温带落叶阔叶林、亚热带常绿阔叶林、热带季雨林和雨林等。在树种分布上，“橘生淮南则为橘，生于淮北则为枳”，讲的就是纬度温度的制约关系。地形及海拔高度变化影响温度，通常海拔每升高100米，相当于纬度向北推移1°,年平均温度则降低0.5～0.6℃；而高山上的昼夜温差更可达30～50℃。温度还受地形、坡向等地理因素影响，一般情况下，南坡太阳辐射量大，气温、土温比北坡高，同一树种在南坡的分布上限要比北坡高。温度的时间变化对林木生长的影响也很大。温度的时间变化主要指全年的季节性变化与一日中的昼夜变化。温度的年变化节律主要表现在四季的变化，温度由低逐渐升高再逐渐降低。5日为一候，候平均温度达到10～22℃时的为春、秋季，22℃以上为夏季，10℃以下为冬季。一日中温度的昼夜变化，最低值出现在近日出时，日出后气温逐渐升高，至13:00～14:00达最高值，此后又逐渐下降。温度的昼夜变化对树木的生长和果实的质量产生影响，如云南的山苍子含柠檬醛高达60%～80%，而浙江产的只有35%～50%，其主要原因是高原地区温度日较差大(气温日较差亦称气温日振幅，是一天中气温最高值与最低值之差)，导致生化反应不同而物质积累有异。

六、极端温度对林木生长的影响

极端高温对树体的影响是，当生长期温度高达30～35℃时，一般落叶树种的生理过程受到抑制，升高到50～55℃时受到严重高温伤害。常绿树种较耐高温，但达50℃时也会受到严重伤害。而落叶树种于秋冬温度过高时不能顺利进入休眠期，影响翌年的正常萌芽生长。高温对树木的危害作用，首先是破坏了光合作用和呼吸作用的平衡，叶片气孔不闭、蒸腾加剧，使树体“饥饿”而亡；其次，高温下树体蒸腾作用加强，根系吸收的水分无法弥补蒸腾的消耗，从而破坏了树体内的水分平衡，叶片失水、萎蔫的结果，使水分的传输减弱，最终导致树木枯死。再有，高温会造成对树木的直接危害，强烈的辐射灼伤叶片、树皮组织局部死亡，以及因土壤温度升高而造成对树木根颈的灼伤。而极端低温对树木的伤害是：①冻害，即因受零下低温侵袭，树体组织发生冰冻而造成的伤害。②寒伤，即受0℃左右低度影响，树体组织虽未冻结成冰但已遭受的低温伤害。③霜害，即秋春季的早、晚霜危害。不同树种及树木品种间的抗寒能力也不尽相同。另外，树体的不同发育阶段其抗寒能力也不相同，通常以休眠阶段的抗寒性最强，营养生长阶段次之，生殖生长阶段最弱。

七、不同森林类型与温度的关系

林分不同，林内温度也有很大差异。欧阳学军等分析了鼎湖山4种不同海拔高度森林温湿度的差异及其原因，结果表明：鼎湖山马尾松林、针阔叶混交林、沟谷雨林和山地常绿阔叶林的年平均气温和大气相对湿度分别为22.7℃、80%，20.9℃、82%，20.4℃、87%和19.2℃、81%。这4种森林的

年平均日较差依次为5.9℃、4.6℃，3.6℃和3.1℃，且月变异系数逐渐减小，森林主要通过降低日最高温而减少林型间气温日较差。局部小地形和植被类型的差异是造成林内气温在不同林型间差异的原因，而海拔高度的差异造成马尾松林与山地常绿阔叶林温度极显著差异，也加剧了与针阔叶混交林温度的显著差异。

八、森林小气候调节温度的作用

森林小气候是指由森林以及林冠下灌木丛和草被等形成的一种特殊小气候。在森林小气候的形成中，组成森林的树木品种、林龄、结构、郁闭度以及灌木层和草被的特性等，都起着很大的作用。由于森林的存在和影响，在林内表现出太阳辐射减少、气温日变化缓和、空气湿度和降水量增大以及风速减小等小气候特征。林中各季气温变化：①冬季(12～翌年2月)，林中气温全天比林外气温高，但相差不大。②春季(3～5月)，白天林中气温比林外高，但夜间比林外低。这是因为春季树林没有发叶，白天获得的太阳辐射较充足，加之林内乱流较弱，所以白天林内气温比林外高；夜间林冠上有冷空气下沉和林内乱流不强，因而气温比林外低。③夏季(6～9月)，白天因林冠稠密的树叶强烈地削弱了太阳辐射，以致林中所获得的热量较无林地少，加之森林总蒸发耗热较大，所以气温自然比林外低；夜间森林继续有蒸发耗热以及乱流较弱，因之气温仍旧比林外偏低。④深秋因大多树木叶子脱落，林内与林外气温之差与春季相仿。据测定，在高温夏季，林地内的温度较非林地要低3～5℃。在严寒多风的冬季，森林能使风速降低而使温度提高，从而起到冬暖夏凉的作用。

九、森林温度与森林火灾的关系

温度与森林火灾关系十分明显。长期的天气干燥可导致地面温度持续升高，森林物质易引起自燃。热带雨林中常年降雨，林内湿度大，树木终年生长，体内含水量大，一般不易发生火灾。降水多的湿润年一般不易发生火灾。森林火灾多发生在降水少的干旱年，由于干旱年和湿润年的交替更迭，森林火灾就有年周期性的变化。凡一年内干季和湿季分明的地区，森林火灾往往发生在干季，这时雨量和植物体内含水量都少，地面温度高，地被物干燥，容易发生火灾，称为火灾季节(防火期)。我国南方森林火灾多发生在冬、春季，北方多发生在春、秋季。在一天内，太阳辐射热的强度不一，中午气温高，相对湿度小，风大，发生森林火灾的次数多；早晚气温低，相对湿度大，风小，发生森林火灾的次数少。

吕爱锋等从区域的角度来探讨森林火灾与气温和降水的关系，结果表明：降水和气温的变化能够较好地反映火灾面积的年际变化。降水减少的同时温度升高以及降水升高的同时温度降低与火灾面积的增、减存在的较好的同步关系，且在不同地区、不同时间这种伴随关系有差异。对不同地区森林区域平均气温、降水与火灾面积的相关性分析发现，大多数地区森林火灾面积与气温具有较好的正相关关系。

英国布里斯托尔大学的Marko Scholze研究组评估了气候变化对主要生态系统可能产生的影响。研究的结果认为，即便气温升高不到2℃，在南美洲、非洲南部和中亚野火频率增加的风险也相当大。升高的气温将极大地增加亚马孙河流域、中美洲和中国东部森林消失的风险。

第三节　林分温度管理与利用

一、充分了解树种的温度特性，科学选择适温树种进行培育

湖南省南北地域的温度相差2～3℃，低海拔和高海拔的温度相差10～20℃。有的树种可以在湖南省南北地域栽植，有的则只能在湘南造林，但却不能在湘北造林。有的树种只能在低海拔生长，在高海拔则不能生长。不同树种对温度的要求不一样。因此，乡土树种培育时必须要充分了解树种的温度

特性，根据其温度特性，在适宜的纬度和海拔高度造林。在引进国外树种时，除了考虑雨型的差异外，还要考虑温度的差别。无论是北方的喜凉品种，还是热带的喜热树种，都很难忍耐湖南省夏天高温高湿，冬天低温高湿的环境，不顾自然规律盲目引进，一旦树木死了就是不小的经济损失。相比之下，一些乡土树种面对恶劣天气就淡定多了，乡土树种经过了各种恶劣天气的千锤百炼，已经适应了当地的气候和水文条件，自我保护和调节能力很强。因此，造林应尽量选用乡土树种。

不同树种对温度的适应性有很大的不同。田如男等以不同年龄的5个木兰科和1个冬青科常绿阔叶乔木树种为试材，探讨其抗寒性大小。研究结果表明：12月底采样树种的半致死温度低于9月初采样，9月初采样树种的半致死温度相差不大(－6.08～－5.03℃)，而12月底采样树种的半致死温度相差较大(－13.48～－9.86℃)。经过冬季低温锻炼，除3年生的乐昌含笑和金叶含笑的半致死温度略高于－10℃外，其余均低于－11℃，且随着树龄的增大，抗寒性增加。6个供试树种的抗寒性强弱顺序为：深山含笑、阔瓣含笑、乳源木莲、大叶冬青、金叶含笑、乐昌含笑。宋丽华等以银杏、悬铃木、香花槐、金叶复叶槭和玉兰等5个树种的一年生休眠枝条为试材，通过五个梯度的低温处理(－10℃、－15℃、－20℃、－25℃、－30℃)，测定丙二醛、可溶性糖与脯氨酸含量和电导率，研究低温胁迫对这几种乔木绿化树种抗寒性的影响。结果表明：不同树种之间抗寒性存在差异性，5个树种的抗寒性由强到弱的顺序为：悬铃木、香花槐、玉兰、银杏金叶复叶槭。

科学选择适温树种，是造林成功的技术保障。湖南省引种桉树有极其深刻的教训，大规模引种的桉树，大多数毁于严寒。遭受寒害后，又未作科学分析就简单地对整个桉属树种予以全盘否定，结果一些耐寒的未冻死的桉树也被伐掉了，使桉树的发展严重受挫。后来，湖南省通过不懈努力，选育了耐寒桉树，经历了多次强度低温的考验，表示出很强的耐寒性，如新宁县的赤桉经历了－8.8℃低温，衡阳市郊的赤桉在4年生时经历了－7.9℃低温，湘北华容县3年生赤桉经历了－9.6℃低温及连续9天的冰冻天气。保存数量较多的桉属树种为赤桉及其变种，其次为广叶桉、大叶桉、直杆蓝桉、野桉、斜脉胶桉、葡萄桉等，赤桉中表现较好的种源为四川渡口、江西贵溪，云南开远等过渡性种源。湖南省引种湿地松、火炬松取得了很大成功，全省造林面积达30多万公顷，主要原因是湖南省的温度与雨型和原产地相同。但加勒比松就因湖南省温度低于原产地而不适应在湖南省发展。因此，在树种的引进和选择时必须要考虑其对温度的适应性。

二、做好林木高温抗旱工作

(一)采取遮阳及覆盖措施

苗圃地可利用搭棚、盖网等措施，减少阳光照射和土壤水分蒸发。大苗可采用地膜、秸秆、木屑等覆盖材料对树木进行根部覆盖保墒。在地膜覆盖之前一定要浇透水，覆盖时要以树干为圆心把地膜拉平，在地膜四周和表面用泥土覆盖，确保不见地膜，防止光分解和膜下水分走失，如需要补水也是在沿树干把地膜掀个小孔把水灌入即可。注意不要在覆盖物上踩踏，导致土壤密实而影响根系呼吸。对造林地墒情尚好的地块，用塑料薄膜覆盖于幼树周围或整个行间。或把松土除草清理下的灌草铺于幼树周围，厚度20厘米以上。

(二)灌溉降温增湿

连续高温干旱后，对叶片有萎蔫现象发生的树木，可于早晨或傍晚进行叶面喷雾和根部灌溉。灌溉的方式为空间喷灌和地面滴灌。

(三)浇水抗旱

无灌溉设施的，尽可能采取人工浇水抗旱，浇水要尽量避开高温时段。干旱导致土壤严重缺水，树体水分也因蒸腾而保有量不足，此时给树木浇水，要本着循序渐进、先少后多的原则，先浇小水，然后再浇透水，逐渐让土壤恢复正常结构，这样浇水不仅浇得透，而且利于树木吸收，对树木生长非常有利。

(四)适当修剪

经过炎热的夏季，加之遭受高温干旱影响，一些树木会出现干死的枝条和树梢，应及时将干死的枝条进行疏除，对干死的枝梢进行短截。对于疏除的枝条，不应留桩，应从根部剪除，对于大的伤口，应涂抹油漆进行处理。对于山上造林轻度受旱的幼树，可及时剪除芽叶焦灼、叶部萎蔫但未受害的枝条，以及受旱致死已丧失发芽能力的枝条，减少水分散失，避免旱情加重。对于因栽植深度不够造成根系吸收空间不足造成旱害的，以及旱情严重的阔叶树种，可在幼树周围采取培土措施。

(五)平茬

对于地上部分旱害严重，但是树干基部及根系仍然良好，且萌蘖能力强的树种，可采取平茬措施。平茬高度一般控制在距地表面 10 厘米左右。

(六)培土

对于因栽植深度不够造成根系吸收空间不足造成旱害的，以及旱情严重的阔叶树种，可在幼树周围采取培土措施采取浅翻松土、砍草埋青等措施进行树盘覆盖，即将杂草或秸秆覆盖在树干根部周围直径 0.5～1 米的范围内，以保蓄林地水分，改善墒情。

(七)松土除草

对于土壤比较黏重而杂草灌木比较多的新造林地和幼林地，可通过松土除草清除灌木杂草，以减少土壤水分的损失；砂质土壤且杂草灌木比较少的新造林地和幼林地，可不进行松土除草。

(八)施肥

夏季高温干旱，会导致树木生长受到影响，秋后气温凉爽，树木又进入旺盛生长期，故此对于遭受旱害的树木，应适当施肥，以促其生长，利于安全越冬。秋季给树木施肥，要把握好一个原则，即使其生长而不徒长。具体方法是，在施肥时可施用一些氮肥和钾肥，二者的比例为 1∶3，这样施肥，既可使树木正常生长，缓解枝条营养生长不足的问题，又不至于因施用过量氮肥而导致树木枝条徒长，从而影响安全越冬。

三、做好低温防寒抗冻工作

(一)控肥控水

早秋适量施用磷钾肥或农家肥，可促进枝条及早结束生长，有利于组织充实，延长营养物质的积累时间，从而更好地进行抗寒锻炼，有效保护树木不遭受冻害，而且利于植株来年返青开花和春季生长。次年 3 月上旬即开始补充肥水，促进新梢生长和叶片增大，提高光合作用的效能，保证树体健壮。

(二)林地覆盖

低温来临时，采用薄膜、秸秆、锯木碎屑等对珍贵乡土树种或竹林地进行覆盖。气温回升后及时揭开覆盖物。

(三)熏烟增温

气温降到 1℃以下时，及时采用熏烟法进行增温。以锯末、碎柴草等为燃料，夜间 22 时左右点燃，注意控制火势，以暗火浓烟为宜，每公顷置燃火点 36～60 个。

(四)根颈培土

在树木根颈部培起直径 50～80 厘米、高 30～50 厘米的土堆，可防止低温冻伤根颈和树根，同时也能减少土壤水分的蒸发。

(五)树干涂白

用石灰加石硫合剂对树干涂白，可以减小向阳面皮部因昼夜温差过大而受到的伤害，并能杀死一些越冬的病虫害。涂白时间一般在 10 月下旬到 11 月中旬之间，不能拖延涂白时间，温度过低会造成涂白材料成片脱落。树干涂白后，减少了早春树体对太阳热能的吸收，降低了树温提升的速度，可使树体萌动推迟 2～3 天，从而有效防止树体遭遇早春回寒的霜冻。

(六)药剂防寒法

使用植物防冻剂抗寒，从内改善并激发树木细胞活性，增加细胞能量代谢和增强细胞膜结构的稳定性，恢复树木生机。使用后在树木表面形成保护膜，增强保水和抗冻能力，抑制和破坏冰冻蛋白成冰活性，增加热量，降低结冰能力，显著提高树木对低温的抵抗力。在晚秋霜冻或寒潮来临前两周左右，早春在发芽前后，开花前后，突然低温寒潮来临时使用。喷施：稀释 100～150 倍喷施，每次间隔 10～15 天。灌根：胸径 10 厘米以下，每 2 公斤稀释 100～150 倍灌根；胸径 10 厘米以上，稀释 200～300 倍以上灌根，每次间隔 10～15 天。

四、做好高温天气森林火灾预防工作

调控森林可燃物是森林防火的一个重要手段，尤其是高温干旱季节长的年份，地表可燃物载量大，通过人工或自然的手段清理降解可燃物，及时清除林地上的枯枝落叶，减少其载量，是减少森林火灾的发生，降低燃烧强度，避免地表火向树冠火的转化的重要手段。

其次，通过营造阻燃、耐火的常绿阔叶林、针阔混交林，既可以降低林分的温度，也可以降低林分燃烧性，是预防森林火灾的有效生物方法。

再次，及时调整林木在林分内的密度，对过密的树木进行疏伐，使林分通风透气，进而降低林内温度。特别是要清除枯死的树木。因树木在枯死、腐朽、虫蛀过程中，容易形成空心，空心的树洞里如堆积了枯枝树叶等，很容易在腐烂后产生沼气。夏季温度高，树木就有可能发生自燃，形成森林火灾。因此，疏伐和清枯尤为重要。

第十二章　人工林生态系统物质生产原理

人工林生态系统的物质生产是通过根系从土壤摄取养分和水，经过树根、干、枝的导管输送到叶片，叶片在光照的作用下，将二氧化碳和水转化成有机物和氧气。氧气释放于空中，而将有机物（主要为碳素）通过筛管输送到树木体内，日渐积累而使树木生物量增大。因此，可以形象地说，在树木的物质生产活动中，根系是物质生产的营养机，导管和筛管是物质生产的输送器，叶片是物质生产的加工厂。掌握人工林生态系统物质生产原理，并用以指导人工林的高效培育，至关重要。

第一节　基本概念

一、人工林

是采用人工播种、栽植或扦插等方法和技术措施营造培育而成的林分。根据其繁殖和培育方法的不同，一般分为播种林、植苗林和插条林等。根据其培育目的的不同，一般分为用材林、经济林、药用林、观赏风景林、水土保持林等等。

二、林分

是指森林的内部结构特征。即树种组成、森林起源、林层或林相、林型、林龄、地位级、出材量及其他因子大体相似，并与邻近地段又有明显区别的森林地段。也就是说，林分指内部结构特征（如树种组成、林冠层次、年龄、郁闭度、起源、地位级或地位指数等）基本相同，而与周围森林有明显区别的一片具体森林。林分常作为确定森林经营措施的依据，不同的林分需要采取不同的经营措施。

三、生态系统

是指在自然界的一定的空间内，生物与环境构成的统一整体，在这个统一整体中，生物与环境之间相互影响、相互制约，并在一定时期内处于相对稳定的动态平衡状态。

四、森林生态系统

是以乔木为主体的生物群落（包括植物、动物和微生物）及其非生物环境（光、热、水、气、土壤等）综合组成的生态系统。是生物与环境、生物与生物之间进行物质交换、能量流动的自然生态科学。

五、人工林生态系统

按人类的需求建立起来，受人类活动强烈干预的森林生态系统。

六、物质生产

本文特指森林或树木生物量的形成。

七、森林生物量

森林生物量是森林生态系统生产力的指标，是森林生态系统结构优劣和功能高低的最直接的表现，是森林生态系统环境质量的综合体现。森林群落的生物量是指群落在一定时间内积累的有机质总量，通常的单位面积或单位时间积累的平均质量或能量来表示。生物量中的现存量则是指活有机体的干重，两者的主要区别在于是否包括林地积累的枯落物。目前普遍使用的生物量概念是后一种含义，即活有机体干重，不包括枯枝落叶层。其中乔木层的生物量是森林生物量的主体，一般大约占森林总生物量的90%以上。

八、树木生物量

包括一株树的地上及地下部分。地下部分是指树根的重量；地上部分是指树干、枝叶、花果的重量。其中树干生物量占全树地上部分的60% ~70%，枝叶花果占30% ~40%。地下部分为地上部分的50%左右。

九、树木生长量

指单株树木或林分的直径、断面积、树高、材积等测树因子随年龄增加而变化的数量。在森林经理工作中，生长量是确定森林成熟年龄和采伐量的基本依据。生长量不仅与树种特性、年龄结构、立地条件以及气候等自然条件有关，而且与经营管理水平有密切的关系。它既是预测森林资源消长规律的主要因子，又是评价林地生产力和经营措施效果的指标。在经济林及药用林中，常指果实或培育目的物质的产量。

十、树木的组成

树木是由种子(萌条、插条)萌发，经过幼苗期，长成枝叶繁茂、根系发达的乔、灌木。纵观全树，它是由树根、树干和树冠三大部分组成。

(一)树根

是树木的地下部分主根、侧根和毛细根的总称。占树木总体积的5% ~25%。主根的作用是支持树体固定树木，侧根和毛细根的功能是吸收土中水分和矿物质营养。

(二)树干

树梢与树根之间的直立部分。主要用材部分，占树木总体积的50% ~90%。作用与功能：①输导水、树液，贮存营养物质，并支撑树冠；(树内运输)；②通过木质部的生活部分(边材)向上输送水分与矿物质至树冠；③通过树皮的韧皮部将树冠制造的养料向下输送至根部，并贮存于树干内。

(三)树冠

从树干上生长的枝丫、树叶、侧芽和顶芽、花果等部分的总称。占树木总体积的5% ~25%。主要起光合作用，将根吸收的水分、养料及叶吸收的CO_2，通过光合作用制成碳水化合物。

(四)树木的生长

包括树干生长、根系生长、树皮生长，以及枝叶生长和花、果生长发育。

1. 树干生长

包括树干高生长和直径生长。树干高生长是树根和树干主轴生长点的分生活动，即顶端分生组织或原生组织的分生活动的结果。首先由初生维管束内的形成层，称束中形成层(由后生木质部与后生韧皮部之间存留的原始形成层发展的)，待进一步发展。束间薄壁细胞恢复分生能力称束间形成层。二者形成一圆圈合称形成层。形成层、侧向分生组织(也称次生分生组织)为细胞分裂活跃的生长层，使树干的不断加高和侧枝的不断延伸。树干直径生长是树干形成层向内分生次生木质部向外分生次生韧皮部，具有较低分生能力，直径生长就是由于形成层的细胞分裂而引起的，形成层的原始细胞分裂为木质部细胞和韧皮部细胞，使树干变粗。在树干的增粗生长过程中，由于树木形成层随季节的活动周期性使树干横断面上出现因密度不同而形成的同心环带，即为树木年轮。

2. 根系生长

包括垂直生长和水平生长。垂直生长是树木的根系大体沿着与土层垂直方向向下生长，这类根系叫做垂直根。垂直根多数是沿着土壤缝隙和生物通道垂直向下延伸，入土深度取决于土层厚度及其理化特性。在土质疏松通气良好、水分养分充足的土壤中，垂直根发育良好，入土深，而在地下水位高或土壤下层有砾石层等不利条件下，垂直根的向下发展会受到明显限制。垂直根能将植株固定于土壤中，从较深的土层中吸收水分和矿质元素，所以，树木的垂直根发育好，分布深，树木的固地性就好，其抗风、抗旱、抗寒能力也强。水平生长是树木的根系沿着土壤表层几乎呈平行状态向四周横向发展，这类根系叫做水平根。根系的水平分布一般要超出树冠投影的范围，甚至可达到树冠的2~3倍。水平根大多数占据着肥沃的耕作层，须根很多，吸收功能强，对树木地上部的营养供应起着极为重要的作用。即树木的营养供给主要是由须根的活动来进行的，须根多则活动能力强，树木的营养供给就充分。

3. 枝、叶生长

枝条及叶片的生长包括加长生长和加粗生长。加长生长是枝条或叶片的顶生细胞分裂和纵向延伸并使枝条或叶片延长。加粗生长则是形成层细胞分裂、分化、增大而使枝条加粗的结果。叶片由顶芽的生长点细胞分化而成。就一个叶片来说，叶片初期生长缓慢，叶面积扩展不大，经过10几天后就进入旺盛生长期。此期细胞不断分裂和伸长，生长速度加快，叶面积不断扩大，叶片光合作用所形成的有机物质大部分用于叶片生长，构成新的细胞，进行呼吸作用和为生命活动所消耗，仅有少部分在叶片中积累下来，使叶色深绿，彩叶树种的叶色则更浓。

4. 花、果生长发育

树木枝条的生长点既可以分化为叶芽，也可以分化为花芽。而生长点由叶芽状态开始向花芽状态转变的过程，称为花芽分化。花芽形成全过程，即从生长点顶端变得平坦四周下陷开始，到逐渐分化为萼片、花瓣、雄蕊、雌蕊以及整个花蕾或花序原始体的全过程，称为花芽形成。花器的形成与完善直至性细胞的形成，经授粉后，形成果实。果实生长没有形成层活动，而是靠果实细胞的分裂与增大而进行。果实先是伸长生长(即纵向生长)为主，后期以横向生长为主。经过细胞分裂、组织分化、种胚发育、细胞膨大和细胞内营养物质的积累和转化等过程，致使果实成熟。

5. 树皮生长

树木形成层以外的全部组织，统称为树皮。一般树皮是由表皮、皮层、初生韧皮部所组成。外表皮是树木最外部的死组织，由角质化的细胞组成。周皮是韧皮部和外表皮之间的部分，包括木栓、木栓形成层和栓内层的总称，周皮形成后，表皮即脱落。木栓是树皮外层的主要成分，能隔绝水分和气体通过，对树有保护作用。木栓形成层通常只有一层或两层细胞，是分生生长木栓的组织，向外生长成木栓层，向内形成栓内层，不过在根部的木栓形成层是由中柱鞘转变的。栓内层是木栓形成层向内部分化出的一层细胞。韧皮部在木质部的树干和周皮之间，是树皮内部输送营养的部分。

十一、光合作用

即光能合成作用，是指绿色植物和某些细菌，在可见光的照射下，经过光反应和碳反应，利用光合色素，将二氧化碳(或硫化氢)和水转化为有机物，并释放出氧气(或氢气)的生化过程。同时也有将光能转变为有机物中化学能的能量转化过程。树木的光合作用，即在光照的条件下，树木叶绿体把经由气孔进入叶子内部的二氧化碳和由根部吸收的水转变成为葡萄糖，同时释放出氧气。这种把二氧化碳和水转化成有机物和氧的生理化学反应，叫做树木的光合作用。光合作用是一系列复杂的代谢反应的总和，是树木赖以生存的基础，也是地球碳－氧循环的重要媒介。

十二、呼吸作用

生物体内的有机物在细胞内经过一系列的氧化分解，最终生成二氧化碳或其他产物，并且释放出能量的总过程，叫做呼吸作用。呼吸作用是生物体在细胞内将有机物氧化分解并产生能量的化学过程，是所有的动物和植物都具有一项生命活动。呼吸作用的目的，是透过释放食物里的能量，以制造三磷酸腺苷(ATP)，即细胞最主要的直接能量供应者。在呼吸作用中，三大营养物质：碳水化合物、蛋白质和脂质的基本组成单位—葡萄糖、氨基酸和脂肪酸，被分解成更小的分子，透过数个步骤，将能量转移到还原性氢(化合价为 -1 的氢)中。最后经过一连串的电子传递链，氢被氧化生成水；原本贮存在其中的能量，则转移到 ATP 分子上，供生命活动使用。

第二节　人工林生态系统物质生产原理

一、根系吸收土壤中的水肥养分，提供物质生产的原料

树木的地下部分是庞大繁杂的根系系统，它在树木的生长发育中发挥吸收、固着、输导、合成、储藏和繁殖等功能。但其主要功能是吸收作用，它能吸收土壤中的水分、无机盐类和二氧化碳。树木体生长发育所需要的各种营养物质，除少部分可通过叶片、幼嫩枝条吸收外，大部分都要通过根系从土壤中吸收。

根系是树木的主要吸收器官，但并不是根的各部分都有吸收功能。无论是对水分的吸收还是对矿物质的吸收，其吸收功能主要在根尖部位，而且以根毛区的吸收能力最强。根毛区的大量根毛既增大了吸收面积，由果胶质组成细胞壁黏性和亲水性强，也有利于对水分和营养物质的吸收。因此，在移植苗木时应尽量少损伤细根，保持苗木根系的吸收功能，有利于提高苗木的成活率；在抚育时要根据树木的大小，选择适宜的锄抚深度。过浅，发挥不了抚育的作用。过深，则会损伤大量的根系，影响对养分的吸收，对树木的生长反而不利。有些树木的根系能分泌有机和无机化合物，以液态或气态的形式排入土壤。多数树种的根系分泌物有利于溶解土壤养分，或者有利于土壤微生物的活动以加速养分转化，改善土壤结构，提高养分的有效性。有些树木的根系分泌物能抑制其他植物的生长而为自己保持较大的生存空间，也有一些树种的根系分泌物对树木自身有害，因此在进行人工林树木栽培与管理中，不仅要在换茬更新时考虑前茬树种的影响，也要考虑树种混交时的相互关系，通过栽植前的深翻和施肥等措施加以调节和改造。

此外，根系还具有的输导和合成及贮藏功能。由根毛、表皮吸收的水分和无机盐，通过根至干的维管组织输送到枝，而叶制造的有机养料经过干输送到根，再经根的维管组织输送到根的各个部分，以维持根系的生长和生活的需要。根也可以利用其吸收和输导的各种原料合成某些物质，如合成蛋白质所必需的多种氨基酸、生长激素和植物碱。许多树木的根内具有发达的薄壁组织，是树木贮藏有机和无机营养物质的重要器官，特别是秋冬季节，树木在落叶前后将叶片合成的有机养分大量地向地下转运，储藏到根系中，翌年早春又向上回流到枝条，供应树木早期生长所需要的养分。所以，树木的根系是其冬季休眠期的营养储备库，骨干根中储藏的有机物质可以占到根系鲜重的 12%~15%。

二、导管的物质运输作用

导管将根系提供的物质生产的原料输送到叶片，筛管将叶片生产的有机物输送到树木体内进行贮存积累，扩大生物量。

树木分属于两种植物类别，即裸子植物和被子植物。裸子植物与被子植物的主要区别是：裸子植物和被子植物的维管组织都由木质部和韧皮部组成。但裸子植物的木质部一般主要由管胞组成，而被子植物的木质部则由导管及管胞组成；裸子植物的韧皮部只有筛胞，而没有筛管、伴胞，而被子植物韧皮部由筛管和伴胞组成。导管、筛管、管胞、筛胞都称为树木的输导组织。输导组织是树木体中担负物质长途运输的主要器官。根从土壤中吸收的水分和无机盐，由它们运送到地上部分。叶的光合作用的产物，由它们运送到根、茎、花、果实中去。树木体各部分之间经常进行的物质的重新分配和转移，也要通过输导组织来进行。

木质部是由几种不同类型的细胞构成的一种复合组织，它的组成包含管胞和导管分子或纤维、薄壁细胞等。其中管胞和导管分子是最重要的成员，水的运输是通过它们来实现的。管胞和导管分子都是厚壁的伸长细胞，成熟时都没有生活的原生质体，次生壁具有各种式样的木质化增厚，在壁上呈现出环纹、螺纹、梯纹、网纹和孔纹的各种式样。然而，管胞和导管分子在结构上和功能上是不完全相同的。管胞是单个细胞，末端楔形，在器官中纵向连接时，上、下二细胞的端部紧密地重叠，水分通过管胞壁上的纹孔，从一个细胞流向另一个细胞。管胞大多具较厚的壁，且有重叠的排列方式，使它在植物体中还兼有支持的功能。所有维管植物都具有管胞，而且大多数蕨类植物和裸子植物的输水分子，只由管胞组成。在木质部中，许多导管分子纵向地连接成细胞行列，通过穿孔直接沟通，这样的导管分子链就称导管。导管分子的管径一般也比管胞粗大，因此，导管比管胞具有较高的输水效率。被子植物中除了最原始的类型外，木质部中主要含有导管，而大多数裸子植物和蕨类植物则缺乏导管。其单个的导管细胞，长不过500~1000微米左右，连成管子后，一般长约10厘米。长的如枫树的导管，一根可长约2米，白蜡树的可长达10米。由很多导管还可以连成一个更长的管道。组成导管的细胞，两端的细胞壁都已消失，好像竹竿把节打通了的情形一样。由于根内细胞液浓度与土壤水分浓度差产生的渗透压(根压)，特别是叶子蒸腾作用的拉力，以及水分子本身的内聚力(即水分子之间的相互吸引力)，使水在导管里成为一条连续不断的水柱，从而把叶和根连接起来。这样就使水和溶于水中的无机盐类源源不断地沿着导管运送到树木的各个部分。

韧皮部也是一种复合组织，包含筛管分子或筛胞、伴胞、薄壁细胞、纤维等不同类型的细胞，其中与有机物的运输直接有关的是筛管分子或筛胞。筛管分子与导管分子相似，是管状细胞，在树木体中纵向连接，形成长的细胞行列，称为筛管，它是被子植物中长距离运输光合产物的结构。筛管分子只具初生壁。壁的主要成分是果胶和纤维素。在它的上下端壁上分化出许多较大的孔，称筛孔，具筛孔的端壁特称筛板。筛管分子的侧壁具许多特化的初生纹孔场，称为筛域，其上的孔较一般薄壁细胞壁上初生纹孔场的孔大，比胞间连丝更粗的原生质丝在此通过，这使筛管分子与侧邻的细胞有更密切的物质交流。筛管分子的侧面通常与一个或一列伴胞相毗邻，伴胞是与筛管分子起源于同一个原始细胞的薄壁细胞，具有细胞核及各类细胞器，与筛管分子相邻的壁上有稠密的筛域，反映出二者关系密切。现了解，筛管的运输功能与伴胞的代谢紧密相关。有的树木伴胞发育为传递细胞筛管运送养分的速度每小时可达10~100厘米。裸子植物和蕨类植物中，一般没有筛管，运输有机物的分子是筛胞。

从上述可知，水分及无机盐类的运输和有机物的运输，分别由二类输导组织来承担，一类为木质部的导管，主要向上运输水分和溶解于其中的无机盐；另一类为韧皮部的筛管，主要向下运输有机营养物质。树木体木质部中的导管和管胞，把根系从土壤中吸收的水分和无机盐输送到树木的各个部分；而大多数的裸子植物中，管胞是唯一输导水分和无机盐的组织。导管与筛管，它们把根、干、叶、花、果等各部分，连成一个纵横交错的管道网，组成了树木体内的运输系统，担负着繁忙的运输任务，为树木源源不断地输送物质生产的原料和光合产物。

三、叶片的物质转化与运输功能

叶片把无机物和水转化为有机物和氧气，并释放出氧气，有机物则通过筛管送达到树木体内，保障树体对有机物的需求。

叶片是由叶芽中前一年或前一生长时期形成的叶原基发展起来的，其大小与前一年或前一生长时期形成叶原基时的树体营养状况和当年叶片生长条件有关。不同树种和品种的树木，其叶片形态和大小差别明显，同一树体上不同部位枝梢上的单叶形态和大小也不一样。旺盛生长期形成的叶片生长时间较长，单叶面积大。不同叶龄的叶片在形态和功能上也有明显差别，幼嫩叶片的叶肉组织量少，叶绿素浓度低，光合功能较弱，随着叶龄的增大单叶面积增大，生理活性增强，光合效能大大提高，直到达到成熟并持续相当时间后，叶片会逐步衰老，光合功能也会逐步衰退。

树叶是树木进行光合作用的主要器官。树叶的叶肉细胞中的叶绿体是光合作用反应的场所。在树木叶片的上表皮下方，细胞有通常 1 至数层，长圆柱状，垂直于表皮细胞，并紧密排列呈栅状，叫做栅栏组织，内含较多的叶绿体。接近下表皮的叶肉细胞形状不规则，含叶绿体较少，排列比较疏松，叫做海绵组织。栅栏组织中的细胞含叶绿体较多，海绵组织中的细胞含叶绿体较少，这也就是为什么叶片的上表皮颜色较深，而下表皮颜色较浅的原因。那么，叶肉细胞中的栅栏组织和海绵组织与光合作用有什么联系呢？栅栏组织和海绵组织细胞中储存着叶片大量的叶绿体，是光合作用的主要场所。栅栏组织细胞中含叶绿体较多，细胞排列紧密，有利于吸收阳光进行光合作用；海绵组织细胞中含叶绿体较少，细胞排列疏松，有利于气孔开闭，使气体进出叶片。

叶绿体是绿色植物细胞内进行光合作用的结构，是一种质体。质体有圆形、卵圆形或盘形 3 种形态。叶绿体含有叶绿素 a、b 而呈绿色，容易区别于另两类质体——无色的白色体和黄色到红色的有色体。叶绿素 a、b 的功能是吸收光能，通过光合作用将光能转变成化学能。

光合作用过程可以分为两个阶段，即光反应和暗反应。前者的进行必须在光下才能进行，并随着光照强度的增加而增强，后者有光、无光都可以进行。暗反应需要光反应提供能量和氢，在较弱光照下生长的植物，其光反应进行较慢，故当提高二氧化碳浓度时，光合作用速率并没有随之增加。光照增强，蒸腾作用随之增加，从而避免叶片的灼伤，但炎热夏天的中午光照过强时，为了防止植物体内水分过度散失，通过植物进行适应性的调节，气孔关闭。虽然光反应产生了足够的 ATP 和氢，但是气孔关闭，CO_2 进入叶肉细胞叶绿体中的分子数减少，影响了暗反应中葡萄糖的产生。

影响光合作用的因素：有光照（包括光照的强度、光照的时间长短）、二氧化碳浓度、温度（主要影响酶的作用）和水等。这些因素中任何一种的改变都将影响光合作用过程。如：在大棚育苗过程中，可采用白天适当提高温度、夜间适当降低温度（减少呼吸作用消耗有机物）的方法，来提高苗木的生长量。再如，二氧化碳是光合作用不可缺少的原料，在一定范围内提高二氧化碳浓度，有利于增加光合作用的产物。由于水分既是光合作用的原料之一，又可影响叶片气孔的开闭，间接影响 CO_2 的吸收。因此，当长期干旱，土壤严重缺水时，根系不能为树叶提供充足的水分，会使光合速率下降。

树叶的表面积越大，受光面积越大，光合作用的产物越多。叶制造的光合产物输送到茎（树木）经韧皮部由筛管等组成的运输通道，输送到树木所有的生活细胞，为它们提供营养物质。韧皮部对有机物质既能向根部运输，又能向生长点移动，还可以向处于发育过程中的花或果实运输。正在生长的幼叶是需要营养而急需输入光合产物的。当叶子达到最终面积的 30% ~50% 时，它便开始向外输出糖。这时糖从叶柄进入茎韧皮部后便同时进行上下双向运输。水与无机物运输的主要通道是木质部导管，木质部的主要成分是导管或伴胞，很适合大量的水溶液沿树体向上运输。树木从光合产物中得到碳水化合物等营养，顶端芽的分生组织较为活跃，细胞迅速分裂加大和延长，使茎发生长度生长，同时在不同方向上进行分裂，在茎延长的同时保持树木的圆柱形。因此，树生长得快慢、产量高低、成林成材的早迟，完全取决于树叶制造和供应光合产物的多少。

四、木材的形成与积累

在充足的水肥供应和高效的光合作用下，木材形成包括以下三个过程。

（1）形成层的细胞分裂，主要包括形成层中的纺锤形原始细胞分生产生木质部和韧皮部的轴向细胞，如针叶树材的管胞、轴向薄壁细胞，阔叶树材的导管分子、纤维细胞、管胞、轴向薄壁细胞等；以及形成层中的射线原始细胞分生产生木质部和韧皮部的射线细胞，包括针叶树材和阔叶树材的射线薄壁细胞以及某些针叶树材具有的射线管胞等。

（2）新生木质部细胞的成熟，其过程基本上分为两个阶段：A. 细胞的扩大生长；B. 细胞壁增厚和木质化。木材细胞的扩大生长，包括细胞直径的增长（以针叶树材的早材管胞和阔叶树材的导管分子为显著）和细胞的轴向延伸（以阔叶树材的木纤维为显著）。当细胞长到一定大小以后，木材细胞壁开始增厚（产生次生壁）和木质化。木质化的程度尤以胞间层及新生壁为甚，次生壁的木质化程度较小。

（3）成熟木质部细胞的蓄积，年复一年形成大量木材，树木的生长也因此逐渐由盛而衰。

第三节　以物质生产原理指导人工林培育，实现速生丰产、优质高效

从人工林物质生产原理的论述中我们可以明晰地看到，人工林的生物量、树木的生长量的高低，主要取决于根系提供的水肥原料和叶片生产的光合产物的多少。因此可以说，人工林要达到速生丰产、优质高效的目标，水肥条件是根本，光合产物是关键。

一、高度重视造林地的选择

根据造林地的立地状况，选择地形、土壤、水肥条件好的立地进行造林，是人工林培育获得丰产的前提。土层要深厚、疏松、肥沃、湿润、排水良好。雨水要充沛，年降水量1000毫米以上，以满足树木对水分的需要。在造林时要选择向阳立地，以延长光合作用的时间。

二、确定合理密度

造林密度的大小对林木的生长、发育、产量和质量均有重大影响，确定造林密度是造林工作的重要环节。光照对林木生长的影响有很多方面，其中最大的一个方面是对光合作用的影响。在确定造林密度时，必须充分考量光照这一自然因子。基于光照情况的合理密度的原则是：在一定的光照条件下，林分内个体得到充分生长发育，林分群体取得最高效益。同一种树种在光照条件好的地块，可适当密植，加快郁闭成林；在光照条件较差的地块，则可适当稀植，有利于通风透光，保证树体的生长及果实成熟。

三、施足基肥并及时追肥，保障树木根部营养

树木所获得的养分大部分是通过根系的吸收获得的，根部营养是使树木获得高产的前提与保证。根部施肥具有增加土壤肥力，改善林木生长环境、养分状况的作用，通过施肥可以达到加快林木生长，提高林分生长量，缩短成材年限，促进树木结实以及控制病虫害发展的目的。在进行造林时要施底肥，追肥是在树木生长期间，根据树木个体生长发育阶段对营养元素的需要而补施的肥料。通过施肥，以满足林木在整个生长发育阶段内能获得适量的营养，为林木速生高产打下良好的基础；培养地力，改良土壤，为林木生长创造良好的土壤条件

四、做好抗旱工作，保障水分供应

树木的生长离不开水分的供给，树木生长所需的水分，主要是由根部从土壤中吸收的，在土壤中含水量不能满足树根的吸收量，或地上部分的水分消耗过大的情况下，可采取灌溉的方式满足树木生长对水分的需要。灌溉时要做到适量，最好采取少灌、勤灌、慢灌的原则，必须根据树木生长的需要，因树、因地、因时制宜的合理灌溉，保证树木随时都有足够的水分供应。

五、搞好松土除草抚育工作，改善土壤水肥条件

松土除草能够改善土壤的透气性能，促进树木根系的呼吸作用。林地保持充足的氧气供应，有利于树木的根呼吸。根呼吸作用加强了，可以加强蒸腾作用，促进了根毛与土壤中的矿质元素的交换，这样也就能促进根对矿质元素的吸收。同时，松土除草能够增加土壤有效养分含量。松土后，土壤微生物因氧气充足而活动旺盛，大量分解和释放土壤潜在养分，提高土壤养分的利用率。此外，还能够调节土壤水分含量，达到蓄水保墒作用。加之，除去杂草灌木后，减少了对土壤养分和水分的竞争和消耗，使树木从土壤中能获得更充分的营养，进而促进树木的生长发育。

六、及时间伐，改善林分光照条件

疏伐是通过适时适量伐除部分林木，调整树种组成和林分密度，改善环境条件，促进保留木生长的一种营林措施。疏伐的主要作用是降低林分密度，改善林木生长环境，促进森林更新。经过抚育间伐，林分内株数减少，林冠郁闭度下降，使林内光照强度加大，以增加光合作用产物，促进林木生长，提高林分质量和单位面积产量，最终培育成珍贵用材或大径级良材。

七、防治病虫对树叶的危害

加强对树木各种叶病的防治。防治食叶性害虫时的危害指标测定以30%～50%失叶量为起点，被害叶量超过此指标时，叶量少，光合产物达不到光补偿点，将使林木遭受经济损失，因此，要积极防治树叶虫害，以减少失叶量和经济损失。

下　篇

培育技术各论

针叶树种类

第十三章 柔毛油杉

第一节 树种概述

柔毛油杉 *Keteleeria pubescens*，松科油杉属常绿大乔木，为我国特有古生孑遗珍贵树种，是国家Ⅱ级重点保护野生植物。树高可达30余米，胸径达1.5米，具有速生丰产，材质优良，用途广泛，适应性广等特点，是很有发展前途和推广价值的珍贵用材树种。

一、木材特性及利用

（一）木材材性

柔毛油杉心材红褐色，早晚材颜色分明，材色很美；木材具有独特的松脂香味。

（二）木材利用

木材是上等的家具良材，也可用作房屋建筑的承重构件。干缩系数大，不耐水湿，因此一般不宜作造船、建桥、电杆用。

二、生物学特性及环境要求

（一）形态特征

乔木，树皮暗褐色或褐灰色，纵裂；一至二年生枝绿色，有密生短柔毛。叶条形，在侧枝上排列成不规则两列，先端钝或微尖，长1.5～3厘米，宽3～4毫米，上面深绿色，中脉隆起，无气孔线，下面淡绿色，沿中脉两侧各有23～35条气孔线。球果成熟前淡绿色，有白粉，短圆柱形或椭圆状圆柱形，长7～11厘米，径3～3.5厘米；中部的种鳞近五角状圆形，长约2厘米，宽与长相等或稍宽，上部宽圆，中央微凹，背面露出部分有密生短毛；苞鳞长约为种鳞的2/3，中部窄，下部稍宽，上部宽圆。近倒卵形，先端三裂，中裂呈窄三角状刺尖，长约3毫米，侧裂宽短，先端三角状，外侧边缘较薄，有不规则细齿；种子具膜质长翅，种翅近中部或中下部较宽，连同种子与种鳞等长。花期4月，球果10月成熟。

（二）生长规律

柔毛油杉树高生长初期较缓慢，4年后生长速度加快，速生期出现在20～35年之间，年平均生长为0.6～0.8米，40年后渐次下降，至60年急剧下降，80年后基本处于缓慢状态。胸径生长初期也比较缓慢，速生期在20～40年之间，年平均生长量0.8～1.3厘米，60年后渐次下降，80年后急剧下降，150年后就更为缓慢了，但直至数百年之后尚能生长。材积生长的速生期约在40～60年之间。萌芽林比实生林的速生期提早5～8年。

（三）分布

柔毛油杉为我国特有树种，零星分布于广西北部、湖南南部和西部，贵州仅产榕江、雷山、黎平、锦屏、镇远、剑河、石阡、梵净山等地。海拔分布主要在600～1100米，大多处于山顶上坡或较空旷之地，以混生为主，有时成小块状纯林。

（四）生态学特性及环境要求

柔毛油杉为喜光树种，适宜生长于较开阔的阳坡，幼林期需庇荫；喜温暖湿润气候，在年平均气温13～18℃，降水量800毫米以上的地区生长良好；深根性树种，皮层发达，能贮藏水分，有对干旱生境适应力较强，对土壤肥力和酸碱度要求不高，是低丘土壤瘠薄红壤和石灰岩山地的优良造林树种。

第二节　苗木培育

一、良种选择

柔毛油杉资源极少，多为零星残存分布或局部成片分布，良种选育研究工作未见有报道。林木良种是造林获得高效益的关键，可在分布区内选择优树采种。优树形质指标为：生长旺盛，树干通直圆满，枝下高为树高的1/2以上，树冠较窄，树龄20年以上，结实正常，无病虫危害。

二、播种育苗

（一）种子采集与处理

10月下旬至11月中旬，当大部分球果成熟种鳞未开裂或轻微开裂时，抓紧时间用采种刀或高枝剪采收。采下的成熟球果放在通风干燥处堆放7天左右，待种鳞全部裂开后，翻动并稍加敲打球果使种子散出，揉搓去除种翅，用风选法去除瘪种及杂质。柔毛油杉种子富含油脂，要采用低温干燥的贮藏方法，同时注意防鼠防虫。

（二）苗圃选择与准备

苗圃位置宜选择交通方便，地形平坦，阳光充足，灌溉方便，排水良好的地方，忌选积水洼地、山谷风口等地。圃地以土壤肥沃疏松，呈中性或微酸性的沙壤土和壤土为宜。前茬作物为蔬菜或培育过针叶树苗的土地不宜选用，以减少病虫害。

圃地可在冬季开始深耕，深度以20～30厘米为宜。将杂草和地下的幼虫集中在一起晒干，烧掉。初春再浅耕一次，深度以10～20厘米，清除残存的杂草，然后耙平做床。床面要平整，略呈拱面，以利排水。床宽100厘米～120厘米，床高15厘米～20厘米。两床之间设40厘米步道，两床外侧各设一条宽25厘米、深20厘米排水沟，圃地四周设一条宽40厘米、深30厘米环通排水沟。播种前每公顷施生石灰300～375公斤进行土壤消毒。柔毛油杉幼苗喜阴，应在苗床上搭设遮阴棚，棚高2米，用竹、木做支架，棚顶和棚侧四周铺设50%遮光度的遮阳网。

容器苗圃地对土壤没有特殊要求，为节约耕地，可在山坡或土壤贫瘠的土地上建圃，苗床用砖头建成放营养袋的基座或铺3厘米厚的河沙。

（三）施放基肥

施足基肥、接种菌根是培育柔毛油杉富根壮苗的关键技术之一，基肥以长效肥料或有机肥为主，如农家肥，饼肥、复合肥和草木灰等。浅耕前将基肥全面撒于圃地，浅耕时把基肥与土壤均匀混合。施肥量每公顷草皮灰6万～9万公斤，磷肥2250～3000公斤或腐熟的厩肥6万～9万公斤。施基肥的同时加入适量的油杉或松树林表土，以接种菌根。实验表明施足基肥、接种菌根的苗木生长旺盛，粗壮，1年生苗可高达30厘米，地径0.4厘米以上。

（四）播种育苗

1. 种子直播育苗

柔毛油杉种子含油脂高，容易丧失发芽力，应随采随播或 3 月前播种。播种前要进行温水浸种催芽，先把种子用 0.3% 的高锰酸钾溶液浸种 2 小时，再把种子放在 45℃ 的温水里浸泡，让温水自然冷却浸种 24 小时后，把浮在水上面的劣种子捞去，再换清水浸种 24 小时，然后捞在编织袋内沥水，沥干即可播种。采用条播或撒播，条播行距为 15 厘米，沟深 5～8 厘米，每公顷播种量 150 公斤，撒播每公顷播种量 180～225 公斤。播种后覆盖细土，厚度 1 厘米。喷足水后盖草，以保持湿润，防止杂草和土壤板结。

2. 芽苗移植育苗

柔毛油杉为深根性树种，侧根极少。为培育富根苗，可采用芽苗切根横摆移植育苗。采用种子温水浸种催芽后，播种于沙床，沙床宽 1 米，厚度 20 厘米，也可在圃地苗床进行芽苗的培育。将种子均匀撒于苗床，每平方米播种 0.4 公斤。种子播完后用细沙均匀地覆盖，厚度为 2～3 厘米。沙床用竹条搭建栱棚，栱棚上置薄膜保温保湿，四周压实。床温不能超过 30℃，超出应揭膜或对苗床洒水，降低床内温度，防止烧苗。如遇低温寒潮，夜间应在膜外加草帘保温。

当芽苗高 4～5 厘米左右，有 6～7 片针叶时即可进行芽苗截根移植。移植前先早晚揭膜炼苗，时间由短到长，几天后让芽苗接受全光。移苗前将沙床浇透水，用小铲将芽苗取出，用 0.01% 的高锰酸钾溶液消毒，选取生长良好、主根明显的幼苗，5～10 根一束放在干净小木板上，用利刀于生长点下 1～2 厘米处截断主根，然后用湿纱布覆盖，切完根后立即移栽，在苗床挖开深 10 厘米左右的沟，行距 15 厘米，将芽苗横置于沟中，苗距 5 厘米。用细土轻轻压实根际周围，使芽苗根际与苗床土壤紧密接触。栽后浇定根水，最好栽一段苗淋一段水，以利芽苗成活。遮阴棚盖上 50% 遮光度的遮阳网，防治芽苗被高温灼伤。

3. 营养袋容器育苗

柔毛油杉侧根不发达，早期生长缓慢，采用营养袋容器育苗可以加强根系生长，栽植后不蹲苗，造林成活率高，可提高造林成效。营养土可采用含腐殖质量高的森林表土，最好采用油杉或松树林的表土，捣碎过筛，加入 5% 有机肥和过磷酸钙等复合肥拌匀。有条件的可以加入泥炭土、珍珠岩、稻壳炭、椰糠等进一步改善基质理化性状。营养土配好后装入直径 6 厘米，高 20 厘米的容器袋。装好的营养袋整齐排放在床面上，喷水使袋子里的土壤湿透。

可采取种子点播或芽苗移植，种子直播每袋播 1～3 粒，芽苗移植先用小竹竿或牙签扎孔，孔的深度与芽苗根系长度一致，将芽苗放入小孔中，再将营养土压实。移植后随即浇透水。遮阴棚盖上 50% 遮光度的遮阳网，避免芽苗被高温灼伤。

（五）苗期管理

1. 揭草与遮阴

柔毛油杉播种 20 天后开始发芽出土，应分批揭去覆盖的草。幼苗喜荫，揭草后应在遮阴棚盖上 50% 遮光度的遮阳网遮阴。遮阴是培育富根壮苗的关键技术之一，遮阴苗木的高生长可达不遮阴的2～4 倍。10 月上旬后撤除遮阴进行炼苗。

2. 水肥管理

苗期生长要注意水肥的管理，特别是水的管理。播种后到种子萌发前应多浇，每天一次或隔天一次，有利于种子萌发；幼苗期根系浅，可少量多次，保持表土湿润；6 月后可减少浇水，表土不干不浇，浇则浇透；10 月后苗木生长减慢，除特别干旱应停止浇水，避免秋梢徒长，促进苗木木质化。浇水应在清晨或傍晚。柔毛油杉不耐水湿，雨季前要做好苗圃地清沟工作，适当增开排水沟，做到明水能排，暗水能滤。雨后要立即排水，防止地下积水的危害。

追肥可采用叶面施肥和土壤施肥。叶面追肥应在阴天或晴天，无风的下午或傍晚进行，从 5 月开始到9月，每隔半月进行一次根外喷施，前期以施尿素为主，后期增施钾肥，第一次使用浓度为0.2%～0.3%，以后以稀到浓，最高不超过2%。土壤施肥可结合松土除草，在行间开沟，将速效肥料施于沟内，然后盖土。

3. 松土除草

松土除草可以改善土壤的物理和化学性质，消灭与苗木竞争的杂草，是一项必要的措施。每次浇水或降雨后可进行除草、松土，除草要掌握“除早、除小、除了”的原则，松土要逐步加深，全面松匀，确保不伤苗，不压苗。撒播的苗木不方便松土，可将苗间杂草拔除，在苗床表面撒盖一层细土，防止露根透风，影响苗木生长。幼苗刚出土时，只宜手扯杂草，避免伤幼苗。生长期为节省人工可使用专杀双子叶植物的除草剂，并结合人工拔除单子叶植物杂草。使用除草剂应先小范围多次试验，确保不伤苗木才可进行。

4. 移苗间苗

间苗可改善苗木生长环境，给苗木创造良好的光照条件和通风条件，减少苗木病虫害的发生，提高苗木质量。当苗高4～5厘米左右，有6～7片针叶时就可间苗，苗木间距5厘米左右。间苗前，要用清水喷洒床面湿透，将要间去的小苗用小铁铲带土挖起，另选地移栽。间苗后，再用清水喷洒床面，使苗木与土壤黏在一起，提高苗木成活率。

5. 防治病虫害

在育苗的过程中，各种病虫害会给苗木的生长带来影响，严重时会导致幼苗的大面积死亡，必须做好病虫害的预防，及时除治发生的病虫害。柔毛油杉苗期主要病害是猝倒病和立枯病，是育苗常见病害之一。通过圃地选择、土壤消毒、合理轮作、加强空气流通等措施可有效预防；在雨季用多菌灵、托布津、百菌清广谱杀菌剂和波尔多液交替喷洒苗木，可以保护苗木同时消灭病菌；发现病苗及时拔除销毁，清除周围病土，并于周围撒上石灰粉，防止病害扩散。苗期主要虫害是地老虎、蛴螬、蝼蛄等地下害虫，除草整地时注意清除幼虫，虫害不严重时可清晨人工捕捉。

三、扦插育苗

柔毛油杉资源较少，结实率低，大小年明显，间隔期长，不能为人工林栽培提供足够的苗木，阻碍了这一优良树种的发展。扦插育苗可保护和扩大柔毛油杉资源，满足生产上的苗木需求。同时柔毛油杉主根发达，侧根较少，通过扦插育苗可加强侧根生长，扩大根系营养面，促进树体生长，速生期可比实生苗大大提前。

(一)苗圃选择与整理

选地、整理、作床和实生苗生产相同，在苗床上铺8～10厘米厚过筛新鲜无菌黄心土(混合1/3的河沙)，并搭设高1.8米的遮阳棚，用遮阳网进行遮阳，避免基质表面温度过高。

扦插前土壤须消毒，用50%多菌灵可湿性粉剂500倍液或70%甲基托布津可湿性粉剂600倍液喷淋。消毒后插床覆盖塑料薄膜，密封3～4天后揭开，以备扦插。

(二)扦插

春季3月或秋季9月进行扦插，扦插在上午10时前下午2时后或阴天进行。从树体中上部选取生长健壮、无病虫害的当年生半木质化枝条，剪成8～10厘米，上下端均剪成斜口，保留6～8片叶和顶芽，其余叶片削去。用1/10000的GGR生根剂浸泡15分钟。穗条处理后插入基质，插入深度为穗长的一半，株行距5厘米×10厘米。插后压实，及时浇透水，使插穗与土壤密接。

(三)插后管理

插完马上用竹片、薄膜搭薄膜拱棚保温保湿，使苗床处于全封闭中，利于插穗生根。遮阴棚盖上50%遮光度的遮阳网；每周用0.2%的多菌灵、甲基托布津、代森锰锌交替喷洒，预防霉变，喷药时可加入10%的磷酸二氢钾和少量尿素；平时注意观察，保持基质湿润，当温度大于35℃时，应揭膜透风降温；插后150天左右可以揭膜，揭膜时先打开拱膜两端，炼苗3～5天后，再揭膜。

四、苗木出圃与运输

柔毛油杉苗木早期生长较慢，林分郁闭较晚，为减轻以后幼林抚育的工作，一年生苗高20厘米以上方可出圃上山造林，较小的苗截根移植等第二年再出圃造林。在苗木进入休眠期至春季苗木即将萌动前起苗，起苗前5～6天要浇透水。起苗深度要宜深不宜浅，过长的主根或侧根，因不便掘起可以将其切断，切忌用手拔苗，避免伤根，注意不伤顶芽。起苗后要分级，剔除断头、双头、弯头、根颈部撕裂、根系损伤重、有病虫害的苗木。合格苗可分别以100株扎成捆。

2天内运输的苗木，用塑料袋包裹根部；2天以上运输的苗木，先在成捆苗木根部蘸泥浆或保湿剂，再用塑料袋包裹。批量芽苗运输用带通风孔及抗压的容器包装，注意温湿条件。运输前应在苗木上挂上标签，注明树种和数量。运到目的地后，要逐捆抬下，不可推卸下车。对卸后的苗木要立即将苗包打开进行假植，过干时适当浇水或浸水，再行假植。

第三节　栽培技术

一、立地选择

柔毛油杉适应性较强，对环境条件要求不高，可选择Ⅱ类以上林地造林。

二、栽培模式

(一) 纯林

由于纯林生产力高，较易于管理，目前生产上大多以纯林为主。天然林中柔毛油杉常以小块状纯林存在，并没有出现生态问题，可见柔毛油杉纯林是可行的。

(二) 混交林

树种组成是混交造林成败的关键，各树种应形成互补，充分光照、水分和各种营养物质，相互促进。柔毛油杉材积生长的速生期在40～60年之间，经营周期长，适合与短周期见效快的速生树种、经济树种混交或林农间作。柔毛油杉喜光，但幼林需庇荫，主根发达，侧根较少，与早期高生长迅速，后期以直径生长为主的树种可形成互补。如与湿地松混交，湿地松早期生长较快，树冠张开，可形成侧方庇荫，后期柔毛油杉生长加快，7～8年后树高超过湿地松，可满足自身的光照需求。两者虽都为深根系树种，但湿地松侧根发达，密集分布表层，不会与柔毛油杉发生竞争。柔毛油杉与湿地松可采用带状混交，混交比例为3∶3或2∶3，株行距2米×3米或3米×3米。另外柔毛油杉为深根性树种，轮伐期长，与浅根性的速生树种混交，可以充分利用空间和时间，取得更好的效益。柔毛油杉为喜光树种，枝叶较密集的混交树种将会影响柔毛油杉光合作用，抑制柔毛油杉的生长，从而影响混交的效果，如与大叶相思混交效果不佳。

三、整地

(一) 造林地清理

根据造林地的种类、植被繁茂程度、土壤状况和造林技术的不同要求，可采用不同的林地清理方式。一般采伐迹地、火烧迹地、杂草地、灌木繁茂地和准备进行全面整地的造林地都采用全面清理或带状清理；杂草稀疏低矮的造林地可进行块状清理。清理造林地的方法很多，有割除、火烧、堆积、挖除以及利用化学药剂清理等。

(二)整地时间

秋冬垦挖、开穴，以保证土壤充分风化。

(三)整地方式

整地方式必须因地制宜，根据具体情况来决定，要做到有良好的水土保持效果，有利于林木速生丰产，同时节约劳动力，降低成本。采取挖明穴回表土方法进行整地，挖穴时应按“品”字形沿等高线排列，穴规格为60厘米×60厘米×40厘米、50厘米×50厘米×40厘米、40厘米×40厘米×30厘米。可根据立地条件选择穴的规格。回填土要满，清除穴内的石砾、草根、树皮。

(四)造林密度

株行距视立地条件而定，丘陵区可密些，如2米×2米，每公顷2498株；山区及条件较好的地方可稀些，如株行距2米×2.5米，每公顷1995株。

(五)基肥

根据本地情况每穴可施土杂肥10公斤，磷肥0.5公斤，饼肥0.5公斤。

四、栽植

(一)栽植季节

由于柔毛油杉萌动较早，一般在冬末春初造林最佳，冬季造林在土壤封冻前进行；春季造林在苗木新芽萌动前进行。小苗宜春季雨季造林。

(二)苗木选择

由于柔毛油杉一年生播种苗较小，平均高才15厘米左右，造林成活率低，因此应培育2~3年苗或1年生容器苗造林，以提高造林成效。如果用一年生播种苗，苗高应大于20厘米。

(三)栽植

栽植时注意扶正苗木，舒展根系，填土时先用湿润而细碎的表土填入穴内，填到2/3左右，将苗木轻轻向上一提，使苗根舒展，踩紧后，把余土填上，再踩。苗木栽植深度，一般要比原来在苗圃内略深一点。为了保持土壤中的水分，栽后应在穴面上盖一层松土，即“三埋二踩一提苗”的栽植技术。栽苗成活的技术关键是穴大根舒展、深浅适当、根土密接。

五、林分抚育

(一)日常管理

造林地栽上苗木以后，要及时检查成活情况，遇到死亡植株应尽快补植。造林后4~5年内，要杜绝人员频繁活动和牲畜践踏，制定规章制度，实行专人看管，同时搞好监测观察，防止鸟兽侵害、病虫害危害，发现危害及时防治，林地要随时注意防火。

(二)幼林抚育

柔毛油杉幼林期需要侧方蔽荫的环境，因此造林后的上半年仅对混交林中的柔毛油杉做穴状锄草抚育，下半年秋后才全面锄草抚育，锄草时应挖除茅草头、杂灌头、竹蔸，进行扶苗，特别注意不要损伤基茎，因基茎破皮极易受白蚁为害，且皮部愈合能力差，易生病腐。掌握内浅外深，留意将所锄杂草离开幼树，不能压苗，最好能水平带放置，有利于挂淤贮水，防止水土流失。以后每年抚育2次，共抚育3年，4年后林分郁闭。

六、轮伐期的确定

柔毛油杉材积生长的速生期约在40~60年之间，因此应以培养大径材为主，轮伐期在60年以上。

第十四章　铁坚油杉

第一节　树种概述

铁坚油杉 *Keteleeria davidiana* 又名铁坚杉、油杉，为松科 Pinaceae 油杉属 *Keteleeria* 树种。本属湖南有铁坚油杉、江南油杉、黄枝油杉、柔毛油杉 4 种，其中铁坚油杉最为常见。铁坚油杉适应性较广，华东、华中地区中高山有自然分布。铁坚油杉干形通直，树形优美，材质优良，是我国特有的珍贵用材树种。

一、木材特性及利用

(一) 木材特性与利用

铁坚油杉木材淡黄褐色，有树脂，硬度适中，纹理斜，比重 0.67，耐久用。可供建筑、桥梁、枕木、家具等用材。

(二) 其他用途

铁坚油杉根皮油脂可用作造纸填料，种子可用于驱虫、消积、抗癌。

二、生物学特性及环境要求

(一) 形态特征

铁坚油杉为常绿针叶乔木，树高可达 50 米，胸径可达 2.5 米；树皮粗糙，暗深灰色，深纵裂；老枝粗，平展或斜展，树冠广圆形；一年生枝有毛或无毛，淡黄灰色、淡黄色或淡灰色，二三年生枝呈灰色或淡褐色，常有裂纹或裂成薄片；冬芽卵圆形，先端微尖。叶条形，在侧枝上排列成两列，长 2 ~5 厘米，宽 3 ~4 毫米，先端圆钝或微凹，基部渐窄成短柄，幼树或萌生枝之叶先端有刺状尖头，上面光绿色，无气孔线或中上部有极少的气孔线，下面淡绿色，沿中脉两侧各有气孔线 10 ~16 条，微被白粉，横切面上面有一层不连续排列的皮下层细胞，两端边缘二层，下面两侧边缘及中部一层。球果圆柱形，长 8 ~21 厘米，径 3.5 ~6 厘米；中部的种鳞卵形或近斜方状卵形，长 2.6 ~3.2 厘米，宽 2.2 ~2.8 厘米，上部圆或窄长而反曲，边缘向外反曲，有微小的细齿，鳞背露出部分无毛或疏生短毛；鳞苞上部近圆形，先端三裂，中裂窄，渐尖，侧裂圆而有明显的钝尖头，鳞苞中部窄短，下部稍宽；种翅的中下部或近中部较宽，上部渐窄；子叶通常 3 ~4 枚，但 2 ~3 枚连合，子叶柄长约 4 毫米，淡红色；初生叶 7 ~10 枚，鳞形，近革质，长约 2 毫米，淡红色。花期 4 月，种子 10 月成熟。

(二) 生态学特性及生长规律

铁坚油杉喜温暖湿润，宜生于由砂岩、石灰岩发育的酸性、中性或微碱性土壤。喜光树种，初期稍耐阴蔽，以后需光性增强。

幼龄阶段，地下部分生长速度超过地上部分，主要长粗壮的主根，侧根也很发达；5 ~6 年之后，地上部分生长转快，10 ~20 年生长最快，在适宜的立地条件下，20 ~30 年内，每年高生长在 1 米左右，胸径在 1 厘米左右。30 ~35 年后，树高和直径生长都趋于缓慢。在干旱的丘陵和瘠薄的山地，容易发生落叶病和提早封顶，每年高生长仅 30 ~50 厘米。

（三）地理分布

产于秦岭南坡以南，西至甘肃东南部，经陕西南部、四川北部、东部及东南部、湖北西部及西南部、湖南西北部，南达贵州西北部；常散生于海拔500～1300米山地的半阴坡，常与马尾松、杉木、栓皮栎等针阔叶树混生。

第二节　苗木培育

一、良种选择与应用

选择优良母树采种。

二、播种育苗

（一）种子采集与处理

铁坚油杉10月中下旬球果成熟，当种鳞转为淡黄色即可采收。过迟，种鳞松散与种子同时脱落。球果采下后，堆放室内，堆高不超过50厘米，使种鳞开裂；因含油丰富，不宜暴晒，以免油化而降低发芽率。球果中部的种子大而饱满，质量较好，基部的种子细小，质量较差。脱粒后，可使用粗孔的筛子筛选，再堆放通风干燥的室内阴干后干藏。每百公斤球果可得纯净种子12～15公斤，每公斤种子20000～24000粒，发芽率60%以上。

（二）圃地选择及施基肥

铁坚油杉为菌根性树种，宜在海拔400～500米山地建立永久性育苗基地或在林间育苗。平原和丘陵地区可选择比较荫蔽的地方做苗圃。没有菌根的苗圃，宜用菌根土垫床、盖种或打浆沾种，促使苗木根系及早感染菌根真菌。每公顷施饼肥750～1200公斤，或腐熟厩肥3500～4000公斤与过磷酸钙225～375公斤混合翻入土中。

（三）播种育苗与管理

3月份播种，播种前，种子放入40℃温水中（自然冷却）浸一昼夜，捞出阴干再用0.5%福尔马林消毒，条播，条距20厘米，每公顷播种75～90公斤；撒播，每公顷播种120～150公斤。播后用焦泥灰拌以菌根土或完全用菌根土覆盖，厚约1厘米。两周后发芽，20天左右出齐。5～7月间勤施追肥，林间育苗可不遮阴。

三、扦插育苗

（一）圃地选择

扦插圃要求地势高、排灌方便，土壤要求较肥沃、疏松、呈微酸性。将苗圃进行深耕25厘米、整理、除去杂物，结合整地每公顷施生石灰750公斤撒在地面进行土壤消毒，结合开厢每公顷施钙镁磷肥750公斤或复合肥750公斤作基肥。以120厘米宽开厢，东西向，厢沟宽25厘米，厢沟深20厘米，其余围沟、腰沟依次渐深，苗床上铺一层厚4～5厘米的过筛干净未耕种过的无菌黄心土，苗床做好后，搭设高1.8m左右的遮阳棚，用遮阳网进行遮阳，要求遮阳网的透光度为50%左右，避免基质表面温度过高。

（二）插条采集与处理

当年生半木质化的侧枝（树体中上部的嫩枝），要求生长健壮、发育正常、无病虫害，将其剪成6～9厘米长的枝段，枝段带叶数为0～12片，并在枝节处用手术刀片削成马蹄斜口作为插条下口，放入ABT_1生根粉200毫克/公斤溶液中浸泡，深度为2～3厘米，浸泡时间12小时。

（三）扦插时间与要求

扦插可在春季和秋季进行，也可在生长季节进行，一般在雨季扦插易成活。生长季前期的 5 月下旬至 6 月初以及生长季后期的 9 月下旬是两个适宜的扦插时期。苗床基质的温度应掌握在 22 ~ 28℃之间，在此温度条件下，插穗最易生根。

（四）插后管理

1. 覆膜保湿

插后及时浇透水，使插穗与土壤密接，插完一垄应及时覆膜，其方法是：用约 2 厘米宽光滑竹片两头插入苗床两侧其中间成拱形，中间离地面高度约 50 厘米左右，其上覆盖无色透明地膜，用土压膜边，使苗床处于全封闭状态。遮阳棚上盖遮阳网，确保苗床内温度在 35℃以内，扦插苗处在高温高湿的环境中，利于插穗生根。

2. 喷药防菌、灭菌

主要药品有多菌灵、甲基托布津、代森锰锌，进行轮流喷洒，防止霉变发生，浓度为 800 ~ 1000 毫克/公斤，在扦插后覆膜前喷 1 次，以后视情况喷洒。

3. 拆棚与揭膜

插后 150 天左右可以揭膜，揭膜时先打开拱膜两端，让其自然通风 3 ~ 5 天后，再揭膜。10 月中旬以后，白天平均气温低于 20℃时，及时拆除遮阳网，使苗木接受全光照。扦插后经常查看扦插圃内土壤湿度等情况，当土壤变得干燥时，应揭膜喷水并及时密封地膜。

四、苗木出圃与处理

起苗时，宜多带宿土，保护菌根，随起随栽。保持根系湿润，则造林成活率高，生长旺盛。

第三节 栽培技术

一、立地选择

造林选地时可选择 300 米以上，1400 米以下的山地。母岩以花岗岩、板岩、页岩发育的山地黄壤、黄棕壤为好，土层厚度 50 厘米以上。

二、栽培模式

铁坚油杉初期生长比较缓慢，可结合松土抚育，开展林地套种。培育大径材，约 50 年为一轮伐期，一般与黄山松、杉木、木荷等混交造林。

三、整地

（一）造林地清理

对于荒地、皆伐作业等类似之地，先将地中的树枝、树叶和杂草进行清理和集中，然后选择无风的天气、放到迹地的中央、并在有人看护的前提下进行集中销毁。在清理过程中，必须保留生长好的乔木树种（特别是阔叶树种）的幼苗和幼树；对于低产林改造、森林重建、优材更替中的造林之地，只清理需要栽树周围的杂草、枯枝以及影响其生长的树枝。

（二）整地时间

冬季或造林前，以冬季为最好。

（三）整地方式

铁坚油杉可直播造林。穴垦整地，穴径 60 厘米，深 40 厘米，3 月播种，每穴播种 8 ~ 10 粒，覆土约1厘米，最好再盖上碎草。苗木出土后，结合抚育，分批去除瘦弱株，每穴选优健壮的一株，培养成林。

铁坚油杉也可植苗造林。整地方式与直播造林相同。

（四）造林密度

株行距2米×2米，或2米×2.5米，或2米×3米。

（五）基肥

有条件的地方可以在造林前施足基肥。花岗岩发育的土壤施氮肥；板岩、页岩发育的土壤施磷肥。

四、栽植

（一）栽植季节

于冬季、早春树木春芽萌发前造林。

（二）苗木选择、处理

选择2~3年生健壮苗木。

（三）栽植方式

铁坚油杉可直播造林和植苗造林。

五、林分管抚

（一）幼林抚育

铁坚油杉枝条坚韧，抗风能力强，唯在孤峰突起和海拔较高的山地，特别是临风坡向造林，由于土壤潮湿疏松，冬季土壤冻结，加之强劲风吹，幼树根颈处常因频繁摇撼而形成孔穴，严重影响幼树生长。因此，在幼林期松土除草时要注重培土，防止幼树偏斜。

铁坚油杉早期生长较慢，抚育工作很重要。大面积造林要连续抚育3~5年，每年用锄抚育一次，刀抚一次。抚育时不宜打枝，一般5~6年即可郁闭。郁闭后，每隔3~4年进行砍杂，除蔓一次。

（二）施追肥

有条件的地方可以种植绿肥，结合抚育埋青。也可在春季抚育时施氮肥一次，每公顷750公斤左右。

（三）修枝、抹芽与干型培育

铁坚油杉树形好，主干突出、通直，分枝小，出材率高，不需要整形修剪。

（四）间伐

12~15年后适当间伐，每公顷保留1500~2250株。也可将计划间伐的幼树挖出，供“四旁”绿化之用。培育大径材，可在20~25年左右再间伐一次，每公顷保留900~1200株。约50年为一轮伐期。

（五）病虫害防治

铁坚油杉苗期容易感染猝倒病、茎腐病。幼树和林木主要有袋蛾为害。

防治办法：

1. 猝倒病防治

用1%硫酸铜液浸种24小时，或每100公斤种子用1~2公斤敌克松拌种；每公顷圃地用磨碎过筛的硫酸亚铁100~225公斤，或70%敌克松粉7.5公斤进行土壤消毒；拔去病苗后喷70%敌克松700倍液也有效果。

2. 茎腐病防治

施用棉籽饼或抗生菌饼肥作基肥；用10%苏化911以1∶100的毒土撒施于苗床上；夏季搭棚遮阴或行间覆草。

3. 袋蛾防治

及时摘除袋囊，集中烧毁；对幼龄幼虫，用90%敌百虫800～1000倍液喷雾、80%敌敌畏1000～1500倍液喷雾。也可用高效氯氰菊酯1500倍液等防治。

第十五章　马尾松

第一节　树种概况

马尾松 *Pinus massoniana* 又名青松、山松、枞树、枞柏，松科 Pinaceae 松属 *Pinus* 双维管束松亚属树种。针叶乔木，是我国分布最广，数量最多的一种松树。马尾松对生境的适应性强，耐瘠薄干旱，较耐寒，飞籽成林天然更新快，是我国南方山地丘陵地区恢复植被、保持水土、荒山绿化的先锋树种。其材性好、易加工、用途广泛，经济价值高，因此也是我国木材战略基地建设的重要商品用材树种。

一、木材特性及利用

（一）木材材性

心边材区别较不明显。心材深黄褐色微红，边材浅黄褐色，甚宽，常有青皮。年轮极明显，极宽。木射浅细。木材基本密度 0.397～0.451 克/立方厘米，材质硬度中等，强度与红松、杉木相仿，纹理直或斜不匀，结构中至粗。树脂道大而多，横切面有明显油脂圈。握钉力强，干燥时翘裂较严重。

（二）木材利用

木材主要供建筑、枕木、矿柱、制板、包装箱、火柴杆、胶合板等使用。木材含纤维素 62%，脱脂后为造纸和人造纤维工业的重要原料。木材耐水湿，有"水中千年松"之说，特别适用于水下工程。

（三）其他用途

马尾松也是中国主要产脂树种，松香是许多轻、重工业的重要原料，主要用于造纸、橡胶、涂料、油漆、胶粘等工业。松节油可合成松油，加工树脂，合成香料，生产杀虫剂，并为许多贵重萜烯香料的合成原料。松针含有 0.2%～0.5% 的挥发油，可提取松针油，供作清凉喷雾剂，皂用香精及配制其他合成香料，还可浸提栲胶。树皮可制胶粘剂和人造板。松籽含油 30%，可制肥皂、油漆及润滑油等。球果可提炼原油。松根可提取松焦油，也可培养贵重的中药材——茯苓。花粉可入药。松枝富含松脂，火力强，是群众喜爱的薪柴，供烧窑用，还可提取松烟墨和染料。

二、生物学特性及环境要求

（一）形态特征

树高 30 米，最大达 40～45 米，胸径 0.6 米，最大达 1.5 米。树皮红褐色，呈不规则裂片；一年生小枝淡黄褐色，轮生；冬芽圆柱形，端褐色叶 2 针 1 束，罕 3 针 1 束，长 12～20 厘米，质软，叶缘有细锯齿；树脂脂道 4～8，边生。球果长卵形，长 4～7 厘米，径 2.5～4.0 厘米，有短柄，成熟时栗褐色脱落而下，脱落而不突存树上，种鳞的鳞背扁平，横不很显著，鳞脐不突起，无刺。种长 4～5 毫米，翅长 1.5 厘米。子叶 5～8。花期 4 月；果次年 10～12 月成熟。

（二）生长规律

头 3 年内生长缓慢，3～5 年后生长急剧加速，每年高生长 50～100 厘米。高茎生长旺盛期为 15～25 年。一般 20 年生树高达 13 米，胸径达 14 厘米左右；30 年树高达 18～25 米，胸径达 30 厘米左右；40 年的大树树高可达 25～29 米，胸径约为 35 厘米。

(三)分布及资源

马尾松是我国分布最广、数量最多的一种松树，南北纵跨超过纬度 12°，东西横贯超过经度 20°，北自淮河、伏牛山、秦岭，南至广东、广西南部，东自东南沿海和台湾，西至贵州中部、云南东部用四川大相岭以东，广泛分布于全国 14 个省区的海拔 600～800 米以下地带，极少数地带在海拔 1200 米以下，几乎大半个中国都有它的足迹。根据全国“十一五”森林资源清查统计资料报告，全国马尾松林面积 1434 万公顷，蓄积量 68800 万立方米，无论是面积还是蓄积在用材林树种中均占重要位置。

湖南省是马尾松主要产区之一，至 2009 年，全省马尾松林面积达 224.7 万公顷，活立木蓄积量 10341 万立方米，分别占全省森林总面积、全省森林总蓄积量的 45.9% 和 35.0%。湖南省马尾松资源分布的特点是幼龄林所占比重很大，中龄林次之，近熟林、成熟林、过熟林甚少，面积比重分别为 75%、18%、2%、4%、1%；资源集中分布于武陵、雪峰及幕阜山地，占全省马尾松分布面积的 50% 以上。天然林占比很多，达 184 万公顷，人工林占比较少，仅 40 万公顷，比例为 82∶18。

(四)生态学特性

马尾松为阳性树种，喜光，多生长在丘陵及低山地带，受光照不同，生长也有差异，位于南坡的生长较好，北坡的生长较差；喜温暖湿润气候，在分布区内生长良好的区域年平均气温为 13～22℃，年平均相对湿度大于 80%。马尾松因其天然更新能力强，能飞籽成林，在我国尤其是南方的造林绿化、工业原料林基地建设方面起到了不可替代的作用。但松毛虫为害严重，应注意加强防治。

(五)环境要求

阳性树种，不耐庇荫，喜光、喜温。适生于年均温 13～22℃，年降水量 800～1800 毫米，绝对最低温度不到 -10℃。根系发达，主根明显，有根菌。对土壤要求不严格，喜微酸性土壤，但怕水涝，不耐盐碱，在石砾土、沙质土、黏土、山脊和阳坡的冲刷薄地上，以及陡峭的石山岩缝里都能生长。

第二节　苗木培育

一、良种选择与应用

(一)种子使用区划

根据《中国林木种子区 - 马尾松种子区(GB8822 - 88)》国家标准之用种规定，马尾松各种子区或亚区使用外种子区的种子应按照规定进行调种。在该标准中，湖南省属湘黔山地及湘赣低山丘陵区。其中湘黔山地调种主要在Ⅲ三峡山地，Ⅵ武夷山中北部山地，Ⅶ南岭都庞岭以西山地，Ⅷ南岭都庞岭以东山地；而湘赣低山丘陵区调种则主要应在Ⅷ南岭都庞岭以东山地，Ⅶ南岭都庞岭以西山地。

(二)优良种源

通过种源选择试验，适宜在湖南省造林、表现出明显的增产效益的马尾松优良种源有：湖南慈利、永顺、安化、资兴、江永、江华、绥宁、汝城，贵州凯里、都匀、黎平、德江，江西安远、崇文、吉安，福建闽清、邵武、永安，广东连县、乳源及四川岳地等 21 个地方的种源。其幼林的树高生长增产 5%～10%，胸径生长增产 7%～12%，材积生长增产 10%～16%。其中安化、永顺、资兴、江永等 4 个地方的种源，1996 年通过湖南省第一届林木良种审定委员会审定，在湖南省各试验点生长均表现优良，可以在湖南省大力推广应用。

(三)种子园种子

湖南省 1979 年开始在城步、桂阳等县营建第 1 代生产性马尾松种子园，面积 47 公顷，每年可生产第 1 代种园良种 1620 公斤；1991 年开始在城步、洪江、安化等县营建第 1.5 代马尾松种子园，面积 87 公顷，每年可生产第 1.5 代种子园良种 3250 公斤；2002 年开始在桂阳、城步、江华、保靖等县营建第2代马尾松种子园，面积75公顷，每年可生产第2代种子园良种1850公斤。上述种子园种子可为湖南省营造马尾松速生丰产林提供大量用种。

(四)优良家系种子

湖南省现已定向选择出优良家系127个，其中，密生型纸浆材优良家系33个，纸、材兼用型优良家系30个，大径级用材优良家系64个。湘林所马尾松优良家系共审定通过10个优良家系，编号分别为F001、F002、F003、F004、F005、F006、F007、F008、F009、F010。2007年由湖南省第二届林木良种审定委员会审定通过5个纸浆材优良家系，编号分别为MZ－1、MZ－2、MZ－3、MZ－4、MZ－5，可在生产中大力推广应用。

二、球果采摘与处理

马尾松一般于霜降过后11月上旬至中旬球果已经成熟，当果鳞由青变为黄褐色，鳞片尚未开裂时，即可采集。由于成熟种子极易脱落飞散，故一定要在该时间段迅速上山，选择树干高大通直、薄皮、宽冠、无病虫危害，树龄在15～40年的健壮母株采种。采用人工爬树或高枝剪采摘，不要用棍棒打落采摘。

暴晒筛落法出种：一般摊开暴晒3～4天，就开始有种子脱落，选择完全开裂的球果装入竹篮里，来回抖动，筛落籽粒，通过多批次重复操作，球果籽粒便可全部脱落，这种方法出籽率高，种子杂质少。

堆沤法出种：先在地面铺一层8～10厘米厚的稻草，然后将球果堆高80～100厘米厚度，随即浇上50℃的2%的温热石灰水溶液把球果淋湿，面上再盖上稻草，将马尾松球果放在避风的房间里堆沤。每隔2～3天翻动一次，保持球果湿润。经过8～10天堆沤，当球果由栗褐色变为黑色，部分鳞片微裂，摊晒在晒场上4～6天，球果就会开裂，晒时要经常翻动，让籽粒脱落。在太阳西斜时，把球果收拢成堆，再经去翅除杂，收集种子。适当干燥后，可放麻袋或筐内短期贮藏，以备来春播种。一般出种率2%～4%，每公斤纯种约84000粒，发芽率70%～90%。

三、大田富根壮苗育苗

(一)用种量确定

人工栽培马尾松，必须使用前一年采收的新鲜种子。大田育苗时优良种源和一代种子园种子用种量为每公顷37.5～45.0公斤，优良家系种子用种量为每公顷22.5～30.0公斤。

(二)圃地选择

要想育好马尾松裸根壮苗，首先要选好苗圃地，根据马尾松幼苗喜光，怕水涝的特点，苗圃应选择在地势开阔、平坦，或略有倾斜，易于排水的新荒土或稻田作圃地，周围无大树或山峰遮阴，阳光充足。土壤应选择微酸性的沙质壤土或轻黏壤土，未发生过严重病害的马尾松圃地可实行连作，但不能超过2年。不要选上年度种过蔬菜、瓜类、棉花、马铃薯或杉木等针叶树种的圃地，预防感染立枯病和地下害虫的危害。

(三)圃地准备

细致整地是培育壮苗的物质基础。苗圃地在前一年冬天来临之前，用犁翻耕，打破厚而坚实的土层，增加土壤的透气性，耕深一般16～18厘米。在犁耙之后需要施足基肥，以培肥地理。施肥可以使用硫酸钾复合肥，因为马尾松最适合的土壤是pH值在6.0～6.5的弱酸性土壤。如果土壤是中性土壤，每公顷可以使用硫酸钾复合肥300公斤改良土壤；如果土壤的pH值在7.5以上，呈弱碱性，则每公顷使用硫酸钾复合肥450公斤改良土壤。如果土壤的pH值不符合马尾松的生长要求，即使能够出苗，幼苗也不会健壮。

在作床前，为了预防立枯病和地下害虫，应进行土壤消毒。通常每公顷使用25%的多菌灵可湿性粉剂 30 ~45 公斤。因为多菌灵可湿性粉剂的使用量比较小，如果直接撒到土里边会造成药剂不均匀，所以，可以将多菌灵可湿性粉剂与细土拌匀，均匀地撒在苗床里。

（四）修筑苗床

当春天来临，温度稳定在 15℃以上的时候，就可以修筑苗床准备播种了。苗床方向大都依地形而异，但以南北向为好。苗床宽度 0.8 ~1.0 米，高度 0.15 ~0.20 米，长度根据地块而定，可长可短，步道宽 30 厘米。沿着拉好的直线挖排水沟，排水沟的目的就是为了保持土壤的疏松透气，排水沟的深度一般 0.4 ~0.5 米，宽度 0.3 米。排水沟挖好之后，要把苗床里的土精细的耙平，耙地之后，土壤上松下实，上面的土壤松，保墒通气好，有利于出苗，下面的土壤实，种子与土壤接触紧密，有利于吸水发芽和根系下扎。

（五）浇水保墒

苗床整理好之后，要浇水保墒，目的是为种子提供发芽所需要的水分。这一次浇水一定要浇透，要让 15 厘米厚的苗床土充分吸收水分并达到饱和状态。浇足了水之后，不能马上播种，要等苗床里的水全部渗透到地里之后，才可以播种。

（六）播种

2 月底至 3 月，先将马尾松的种子在 40℃的温水中浸泡 2 小时，使种子充分吸水膨胀，有利于出苗。把浮在水面上的种子捞除，因为这些种子不成熟，最后把剩下的种子捞出。

种子在贮藏运输过程中，会或多或少地带有各种病菌，在播种之前最好能进行种子消毒。可以将甲基托布津等药物撒在浸泡后的种子上，与土一起拌匀，在土壤中闷 4 ~5 小时后，再进行播种；或者，以 0.3% 的高锰酸钾溶液淋洒入混有基质的种子中，并以薄膜覆盖，1 周后揭膜用清水淋洒后播种。

可采用条状点播或块状撒播：条状点播时，先在床面上开条状小沟，条距 12 ~15 厘米，将马尾松林下表土过筛后均匀撒于条状沟内，点播种子间距 5 ~6 厘米；苗床撒播时，将马尾松林下表土过筛后均匀撒于苗床表面，为了使种子在苗床里分布更加均匀，可以将种子和细土掺匀后再播种，撒施的时候一定要均匀，不可以有的厚有的薄，以防出苗时不整齐。播种后随即以过筛黄心土或火土灰覆盖种子，再用茅草、稻草、杉枝或发酵的锯末屑覆盖。覆盖物厚度 0.5 ~1.0 厘米，不可太厚，太厚会使种子顶不出土，造成出苗困难。当种子发芽出土一半以上时，在晴天傍晚或阴天分 2 次揭除上层覆盖物。播种当天至种壳脱落前，应及时在圃地四周及步道两侧投放鼠药，并经常检查、更换，以防鼠鸟危害。

（七）苗期管理

马尾松苗期管理主要工作有除草、施肥、浇水、间苗、病虫害防治等。

1. 除草

苗圃中的土壤条件好了，杂草也会长得很旺盛，这些杂草与小苗争夺养分，所以，松土锄草是必不可少的。每年的春季和夏季是杂草生长最旺盛的时候，当苗床杂草影响马尾松苗木生长应不定期及时人工除草，一般每 15 天进行一次松土锄草，保持育苗地干净无杂草，可改善土壤的透气性和透水性，还可以减少土壤水分蒸发，调节土壤温度，减少灌溉次数，有利于根系的生长发育。除草要做到除早、除小、除了，除草剂对幼苗生长及苗床土壤腐蚀严重，一般禁止使用。

2. 施肥

为促进苗木迅速生长，提高苗木质量，每年的 5 月下旬至 7 月中下旬，每隔 15 ~30 天对苗床土壤每次每公顷追施硫酸钾复合肥 300 公斤，叶面施 0.2% ~0.3% 的磷酸二氢钾溶液 + 0.1% 尿素溶液 + 0.01% ~0.02 % 的硼酸水溶液。8 月份以后停止追施硫酸钾复合肥，有条件时适量追施磷、钾肥，以促进苗木稍部充分木质化。

3. 浇水

除高温、干旱季节出现苗木萎蔫时适量进行灌溉外，平时应尽量控制水分，以达到有效促进须根发育的目的。

4. 间苗

经过一段时间的生长，马尾松的小苗有的长得密，有的长得稀，需要间苗补苗。这时，需把过密的小苗挖出来，一般的原则是去小留大，去弱留强，补到缺苗的地方，达到株行距在15厘米左右，保证幼苗分布均匀。大田育苗需于5月底至7月中旬分2次进行间苗，保留苗木约每平方米130株。

5. 切根

8月上旬、中旬，对大田播种苗进行切根。在切根前1天将苗床淋湿，切根后若天晴，则需及时浇水1～2次。切根时用锋利铁铲距苗木基部5～6厘米处以45°斜切，然后在苗床两边从床面下6～8厘米处向苗床对面水平方向用力推进。

6. 苗期病虫害防治

马尾松幼苗时期常见的虫害不多，苗木出土至初生叶形成期间，常见的虫害有地老虎为害幼苗，可用水胺硫磷、甲基异柳磷、三唑磷、DL－泛酰内酯等高效低毒农药，按说明的低限浓度配制水溶液淋洒圃地，用量以药液湿润表土为度。

马尾松幼苗常见的病害是立枯病、猝倒病，病害应以预防为主。立枯病的病原为枯斑盘多毛孢，病原菌以分生孢子和菌丝体在树上病叶中越冬。立枯病一般于5月开始发生，6～9月为发病盛期，随气温下降，发病率逐渐降低，11月以后，病害基本停止发生。所以自5月份开始，就要注意观察。立枯病是马尾松的一种叶部病害，幼苗得了立枯病，开始时只是针叶的尖端发黄，以后逐渐向整个针叶蔓延。如果发现立枯病的症状要及时防治，立枯病采用打药的方法防治，以100～200倍波尔多液，每隔3～4天喷1次，连续喷施3～4次；或可以使用多菌灵等杀灭真菌的药物，按照说明书的用量兑水，用喷雾器喷施即可，喷施的时候要仔细，从树干到树枝，上上下下都要喷到。出苗期间若发现猝倒病，可用退菌特或多菌灵400～500倍液每隔3～4天喷1次，连续喷施3～4次，并对圃地进行排水、松土等，以降低苗床湿度。若发生黄化病，则应及时追施菌根肥，并进行松土、洒水、施肥。

（八）苗木出圃

大田富根壮苗培育一年即可出圃，起苗前1天要浇透水，起苗时如苗木Ⅰ级根扎入苗床较深，则要用锋利的铁铲平行苗床方向边铲边取。出圃苗要求顶芽饱满、无伤害，苗干直、色泽正常、无病虫危害，根系发达且已形成良好根团，无机械损伤，无病虫害。

根据《主要造林树种苗木质量分级（GB6000－1999）》国家标准之苗木分级规定，马尾松苗木出圃应达到要求，详见表3-1。

表3-1　马尾松1年生苗数量指标

Ⅰ级苗				Ⅱ级苗			
地径（>厘米）	苗高（>厘米）	根系		地径（厘米）	苗高（厘米）	根系	
		长度（厘米）	Ⅰ级侧根数			长度（厘米）	Ⅰ级侧根数
0.35	20	15	10	0.25～0.35	15～20	12	8

起苗时间应与造林时间相衔接，做到随起、随运、随栽植。起苗前先适当浇水湿润苗床，用齿锄松土，手紧握松苗基部上提，不能硬拔，轻拿轻放。苗木在搬运过程中，松苗间要设法保持间隙通风不能密贴，不能堆积过夜，以防烧坏苗木。

四、大田芽苗切根育苗

(一)温床培育芽苗

温床宽 1～1.2 米，高度 15 厘米；采用泥质河砂或以过筛黄心土与腐熟锯末屑混合各半基质进行作床。2 月下旬至 3 月上旬，以 0.3% 的高锰酸钾溶液淋洒入混有基质的种子中，并以薄膜覆盖，1 周后揭膜用清水淋洒后播种，播种量为每平方米 0.1～ 0.2 公斤。播种后用细河砂覆盖，厚度 0.5～1.0 厘米，，播种后马上淋透水，用弓形棚架薄膜覆盖。未出芽时，棚内温度保持在 30～35℃，出芽后注意通风，棚内温度保持在 25～30℃。

(二)芽苗移栽

当芽苗胚轴伸长，但部分芽苗子叶尚未露出种壳时，选择阴天或晴天傍晚移入苗床。移栽前半天将温床浇透，起苗后将芽苗根尖剪去部分，保留根长 2～3 厘米，随即消毒后立即放入盛有清水的盆内。其移栽密度约为每平方米 130 株，株行距 5～6 厘米×12～15 厘米，移栽时随栽随浇水。移栽后每 1 天早晚浇水 1 次，连续 3～5 天，至芽苗成活。

(三)其他

圃地选择、圃地准备、修筑苗床、苗床浇水保墒、苗期管理、切根、苗木出圃等事项，操作技术与大田富根壮苗培育基本一致。

五、容器育苗

(一)圃地选择

本着“就近造林，就近育苗”的原则，苗圃地应选在距造林地近，运输方便，有水源、浇灌条件好，便于管理的田地或土地。育苗地要平坦，排水良好。山地育苗要选在通风良好、阳光较充足的半阴坡或半阳坡，不能选在低洼积水，易被水冲、沙埋的地段和风口处。

(二)圃地整地

育苗地要清除杂草、石块，平整土地，做到土碎、地平。在平整的圃地上，划分苗床与步道，苗床一般宽 0.8～1.0 米，床长依地形而定，步道宽 35 厘米左右，苗床高 20 厘米以上。然后以 0.2%～0.5% 的高锰酸钾水溶液淋洒床面，对圃地进行 1 次全面消毒。育苗地周围要挖深 30 厘米以上的排水沟，雨水多时做到内水不积，外水不淹；干旱需灌溉泡水时，堵住排水沟即可。

(三)营养土配制

将稻谷壳粉、火土灰以及马尾松幼林下表土和腐殖土过筛备用；取经半年以上堆沤、发酵过的锯木屑以 500～600 倍多菌灵或退菌特溶液拌匀(至手捏成团，但指缝无水渗出)备用。可以采用以下三种营养土配比：

(1)按重量 50% 的过筛稻谷壳粉 ＋ 20% 的过筛松林表土 ＋ 10% 的过筛火土灰＋10% 的过筛腐殖土 ＋ 8% 的过筛黄心土＋2% 的复合肥；

(2)按重量 30% 过筛松林表土 ＋ 20% 木屑 ＋ 16% 过筛火土灰 ＋ 16% 过筛腐殖土＋ 16% 过筛黄心土 ＋ 2% 复合肥；

(3)按体积 18% 的黄心土 ＋ 73% 黑龙江泥炭土 ＋ 3% 菜枯 ＋ 3% 糠灰 ＋ 3% 珍珠岩。

土壤应选择微酸性的沙质壤土或微酸性的轻黏壤土，含沙量不能超过 40%，若含沙量过高，容器不保水保肥，在出圃运输和造林时易散，形成裸根苗，达不到容器育苗的作用；若含沙量少或没有，容器内的土壤黏性大，不利于种子发芽出土，也不利于浇水，浇肥。土壤必须用生土，不能用熟土，熟土病菌多，黏性重，容器的表面易生草、结壳形成青苔，浇水浇肥不易浸到根部。配置方法是充分混合拌匀，成堆后以薄膜覆盖堆置 15～30 天。

取土和处理：在太阳暴晒的时候，把表土的杂灌草除掉，深挖翻耕，暴晒三四天左右，可以用人工打细，用筛子筛好或用沙机，把土壤经过沙机即可。后者节省劳动力，也节省经济。为防晚上下雨把泥土打湿，用油布把挖土和筛好的土盖好。把筛好的土运到育苗地，均匀撒于苗床，同时喷洒多菌灵。

（四）装袋、点播

一般情况下每人一天可装4000袋，照这样的速度可估算装袋、点播用工。种子的需要量按每公斤56000粒，每袋2粒种子计算。播种前一天先对种子进行处理，把种子放在高锰酸钾溶液的水中，浸泡1小时，用手搅水里的种子，用手掌拍打水面，除掉不饱满的种子，这样反复几次，水底的种子全是饱满的，然后倒去水把种子晾干就可以播种了。采用能降解的无纺容器袋，规格为高度12～14厘米，直径7～9厘米。营养土装到距容器袋口1厘米左右为好，用木棒在容器的中间插一个洞，放1粒种子，播后随即以过筛松林表土均匀覆盖(以不见种子为度)，洒足水分，盖上稻草或茅草。

（五）容器摆放

将播有种子的容器袋垂直摆放在苗床上，为了便于苗期管理，容器摆放要横竖对齐，每行摆容器袋12个左右，株与株之间适当靠紧，行与行之间相距3厘米。为了保水和容器不易倾倒，容器之间的间隙用黄心土填满。

（六）苗期管理

苗木出土10天后，在雨后或阴天，对容器中种子没有发芽的进行补苗。补植时用筷子在营养袋里插个孔，把幼苗的主根切断，切的长度一般在主根弯曲的地方，把切断主根的幼苗放进插好孔的袋里，苗不能弯曲，用手指把土轻压。晴天每天早晚都要淋水，以防幼苗干枯死，在淋水土壤疏松后，不定期的把容器中的杂草除尽。要多观察苗木生长状况，看苗木是否有倒伏，根部是否有腐烂，苗是否缺肥或变黄变白，若出现前两种情况就施多菌灵，变黄就施富含钾的肥料，变白即缺铁，施硫酸亚铁。若没出现上述情况，一般前中期以尿素施肥为主，后期停施氮肥施钾肥，防止秋梢徒长，促进苗木木质化。若急需苗木，可追施生长素；若苗木长势很快，但当时又不需苗木可追施抑制剂，控制苗木生长。

（七）苗木出圃

取苗前一天要浇水，起苗时要切断穿出容器的根系，不能硬拔，严禁用手提苗茎，保持容器内根团完整，防止容器破碎。苗木在搬运过程中轻拿轻放，装箱后用汽车运到造林地。

在栽植前1～2天起苗，并将苗木分级。裸根苗立即把苗根蘸上泥浆，每100株一把用编织袋包装。容器苗取苗前先将容器苗基质淋透，或在雨后再装筐。要做到随起随运随栽，在起苗、运苗、暂短贮存过程要始终保持苗根湿润，切忌风吹日晒和堆压发热。富根裸苗造林，苗木充足时要求达Ⅰ级标准，苗木紧张时要求达Ⅱ级标准。

第三节　栽培技术

一、造林地选择

立地是林木赖以生存的物质基础和载体，其选择是否合理，直接关系到造林的成败和培育目标能否实现，因此，造林地选择是技术关键之一。马尾松造林地不宜大面积集中连片，要根据其树种特性和立地条件，因地制宜，合理布局，使之与阔叶树混交，既有利于水土保持和改善森林环境，更利于有效防止松毛虫的大面积危害。速生丰产林应尽量布设在16指数级以上立地。具体可选择在以板岩、砂页岩、石英砂岩、紫色砂页岩等为主发育的黄红壤、黄壤，pH值为4.5～6.5，土层深厚、肥沃、湿润、疏松、排水良好的立地上。丰产林宜在海拔800米以下的阳坡、半阳坡山区、丘陵、岗地。坡度小于35°为宜。全阴坡、涝洼地、盐碱土、钙质土不宜造马尾松。

二、树种配置模式

(一)纯林

马尾松纯林模式具有选地范围广、造林设计及造林实际操作较简易、林分生产力较高的优点，在生产中仍大量采用。但成片的纯林面积不宜过大，一般在40公顷以下。

(二)混交林

随着马尾松造林面积的迅速扩大，生态小环境的空间分化简单，生态平衡处于相对较低水平，单一针叶纯林的弱点逐渐暴露出来，立地衰退日益明显，松毛虫危害严重，火灾频率增加，林分产量低，已引起人们的广泛关注。为了增强马尾松林分组成，经过长期的生产实践，南方各省在借鉴马尾松天然混交林模式的基础上，选择出了一批经营容易、效益较高、优劣互补的混交树种。常见的马尾松混交林有以下几种：

1. 马尾松＋枫香

枫香喜光，速生，根深，稍耐旱，耐火烧，不择土壤，常为次生林的优势种。当在比较困难的地域营造混交林时，马尾松与枫香混交是不错的选择。从湖北省1975～1990年混交林研究结果看，12年生的枫香冠幅达4.5～5.0米，其影响距离近3.0米，若每2竖列马尾松间栽1竖列枫香，马尾松受到严重压抑，故马尾松与枫香宜采用7∶3比例的块状混交。造林初始密度一般纸浆材林每公顷2250～2700株，建筑材林每公顷1800～2250株。

2. 马尾松＋桤木

马尾松与桤木混交，能有效地利用和改良土壤，首先马尾松作为深根性的先锋树种能够充分利用土壤深层的肥力，把土地绿化起来，桤木作为浅根性的非豆科固氮树种，可以有效地利用浅层土壤肥力，同时桤木作为落叶树种，有大量的枯枝落叶进入土壤表层，两者配合相辅相成，对改良土壤有巨大的作用。建议以马尾松为主要树种，桤木为次要树种按照7∶3的比例进行带状、块状混交，不宜行状、列状混交。造林初始密度一般纸浆材林每公顷1800～2250株，建筑材林每公顷1500～2000株。

3. 马尾松＋刺槐

伴生树种刺槐具有根瘤菌，且生长迅速，落叶量大，其落叶中含氮量高，对改良林地土壤有很好的效果。每2竖列马尾松间栽1竖列刺槐，形成7∶3的混交林，造林初始密度每公顷2250～2700株。从湖北省1975～1990年混交林研究结果看，12年生时，混交林中刺槐大部分树高大于马尾松，马尾松生长受抑制。为保障马尾松正常生长，建议当刺槐胸径达到10～12厘米时，首次砍伐利用，以后刺槐伐蔸上每2～3年砍伐一次，作为薪材使用。

4. 马尾松＋木荷

木荷较喜光，树冠浓绿，常用于营造防火林带。宜潮湿山地及排水良好的酸性肥沃土壤，在湖南主产海拔800米以下的山地，常与松、栲、栎、椆等混生。最好采用带状混交，初始密度一般2米×2米，有利于防火。也可每2～3竖列马尾松间栽1竖列木荷，形成7∶3或8∶2的混交林，但列状混交要求树种之间的列距适当大一些(2.5米)。

5. 马尾松＋柏木

马尾松与柏木混交是困难地造林很好的组合，因为柏树树冠上部很窄，松比柏径生长要快，冠幅也大，马尾松高生长比柏木慢，但不受其压。马尾松主根深侧根少，而柏木根系较浅显且细根密集，两者相互补充，能充分利用土壤空间。每2～3竖列马尾松间栽1竖列木荷，形成7∶3或8∶2的混交林，密度每公顷2505株。

6. 马尾松＋栎类

松栎混交林17年生后，马尾松材积连年生长量明显高于纯林，松栎混交是一种成功的混交类型。

采用带状混交，初始密度一般2米×2米。

7. 马尾松+其他树种

湖南省退耕还林中还选用了杉木、苦楝、樟树、马褂木、三角枫、香椿、楠竹、栾树、喜树、酸枣、桉树、檫木、油茶、湿地松、枇杷、泡桐作为伴生树种与马尾松进行混交。

三、林地清理

林地在整地前一般进行清山炼山，将林地内的藤类、杂草和灌等全部砍倒，伐桩要求在20厘米以下。待杂草、灌木等地上物晒干后，办好生产用火许可手续，选择无风阴天进行炼山，炼山时在林地最高处开始或逆风面点火，不能在山脚或顺风面(风头)点火，炼山结束后要派足人员留守，直至明火熄灭，确保炼山安全。

由于炼山原植被的养分大量流失，对土壤的物理结构和有益微生物有一定破坏作用，有些项目造林要求不进行炼山。而是将砍倒的植被晒干后，人工将其沿水平带摆放，以不影响造林后幼林生长为度，但要特别注意防火。

四、整地

(一)整地方式

整地是造林的一道重要工序，是造林前对造林地土壤翻垦的一项造林技术措施。整地首先使土壤变得疏松，有利于苗木根系的伸展，创造良好的土壤耕层构造和表面状态，协调水分、养分、空气，热量等因素，提高土壤肥力。整地方式及规格的选择，既要确保整地质量合乎要求，又要防止林地水土流失，以促进幼树生长发育。因此，应选择合适的整地方式以防止林地水土流失，同时严格执行整地与植穴规格，提高植穴土壤营养水平，为幼树生长创造良好条件。造林前一年秋冬整地效果较好。整地方式分为穴状整地、带状整地、全垦整地三大类。

1. 穴状整地

只要求造林穴动土，有利于充分利用岩石裸露山地土层较厚的地方和采伐迹地伐根土壤肥沃的地方，相对于其他整地方式节省劳动力、降低成本，水土流失量小，但其改善立地条件的效果不及其他整地方式。穴状整地可采用圆形坑穴、方形坑穴、鱼鳞坑穴3种。圆形坑穴一般直径0.3~0.4米、深度0.4~0.5米，可根据小地形灵活选择整地位置；方形坑穴规格有大穴(60厘米×60厘米×40厘米)、中穴(40厘米×40厘米×30厘米)及小穴(一锄法)3种，黏重的土壤规格可稍大些，沙质土壤的地区规格可稍小些；鱼鳞坑整地是山坡地植树造林常用的一种方法，在山坡上方挖近似半月形的坑穴，整地对地表植被破坏较小，常用于坡度在30°以上的瘠薄山地。穴垦整地对马尾松工程造林具有显著的水土保持效益，建议推广应用。

2. 带(梯)状整地

适宜25°以下的坡地，在需整地的带上，翻土25~30厘米，边翻土边碎土，拣出夹杂物，然后将翻土层构筑成横山带状平面。水平面带宽一般设计60~100厘米，斜坡面保留带宽度一般设计80~120厘米；带状整地还适宜于地下水位高的低洼地，平行开沟排水，沟两侧筑埂，埂上栽树。带(梯)状整地方式费工费时较多，劳动强度大，工程质量要求较高的项目多采用该种方式；带(梯)水平面上打穴，株距1.5~2.0米，方形坑穴规格有大穴(50厘米×50厘米×40厘米)、小穴(40厘米×40厘米×30厘米)。

3. 全垦整地

将造林地块全面垦复，分人工锄头挖垦和机器垦地两种方式。全垦整地深度一般20~25厘米，适宜于坡度小于12°的低山丘陵，尤其是前植被为小竹(将竹根全部去除，以防来年重生)的地块。其优点是近期整体改良土壤结构，快速释放土壤营养，有利造林幼株前期生长，为传统的整地方式。但由于全垦整地水土流失严重，现不提倡采用该方式，建议谨慎使用。

(二)初植密度

各地具体条件和经营习惯不同，初植密度有较大的变化幅度。在具体应用时，应根据立地条件、培育目标、市场需求及社会经济条件来确定初植密度。培育大径材应控制在每公顷1600～2000株(2.5米×2.5米或2.0米×2.5米)，培育中径材应控制在每公顷2066～2500株(2.2米×2.2米或2.0米×2.0米)，培育小径材应控制在每公顷2500～3000株(2.0米×2.0米或2.0米×1.67米)，培育纸浆材应控制在每公顷2500～3600株(2.0米×2.0米或1.67米×1.67米)。

五、栽植

1. 植苗季节

马尾松造林有植苗造林和播种造林两种方法，除飞播外，一般宜采用植苗造林。整地完成，湖南省冬季植苗造林最适宜的栽植时间为12月至翌年1月，此时，苗木已木质化有利抗冻，气温下降蒸腾减少，雨量充沛墒足易活。如要在春季造林，栽植时间为2～3月，宜早不宜迟。栽植天气，以阴天、小雨或雨后较好，忌大风天栽植。

2. 表土回穴

植苗前的小雨或雨后天，将造林穴周边表土回穴，回穴土量至穴深的1/2左右，与施入的基肥充分搅拌均匀，用于几天后植苗造林。

3. 植苗

富根裸苗造林，小苗都带着土坨，运输及植苗时不要将土坨弄掉。先用锄头将混合好的回穴表土挖开一个小洞，将带着土坨的苗木完全放进小洞中，然后填土向上轻提苗，用脚踏实，踩踏时不损坏土团为度，再用土填满造林穴锤紧、培蔸。

容器苗造林，在栽植时，先用手适当捏紧容器袋，防止营养土松散，撕掉容器袋丢于造林穴旁，然后将苗木立于施好基肥并表土回穴的明穴中，植苗技术与裸根苗栽植一致。

富根裸苗、容器苗栽植深度以栽入苗木地上部分的6～8厘米为度，同时必须做到苗正、根舒、压实，不反山，过长的主根可截断再栽。为确保成活，也可在栽植时使用保水剂和生根粉。有条件的地方，小苗栽上之后，立即浇一遍水。

4. 补植

对造林后出现死苗、缺苗、动物啃伤树苗，或成活率达不到85%的地块，要在次年春、秋季进行补植，按规定期限达到初植密度要求，补植苗及植苗技术要求同初植造林。

六、林分管理

(一)抚育

造林后前三年，幼林地杂灌木生长旺盛。如果不进行除萌、除草、松土、培蔸等抚育工作，杂灌木长得比人还高，与马尾松幼株争夺阳光和土壤营养，严重影响马尾松幼株的成活与生长。通过抚育可增加马尾松幼林的光照，改善土壤结构和肥力，抚育是保障造林成功的必需措施。

要求造林后前三年每年抚育两次，抚育的内容包括除萌、除草、松土、培蔸等，抚育时间根据杂灌生长情况确定，原则上以杂灌不影响幼树生长为准，一般在每年酷暑来临前的4～5月和结束后的8～9月。

第一年第一次为带状挖草，当大部分杂草灌木都长出后即可进行，以种植行为中线，树上方60厘米，下方40厘米范围内的杂灌木蔸挖除干净，带外的杂草灌木砍至20厘米以下；第一年第二次及第二年两次抚育均为带铲，带内杂灌全部铲干净，带外的杂草灌木砍至20厘米以下；第三年抚育为砍杂两次，要求将林地内的杂草灌木砍至20厘米以下。造林前尽可能先喷除草剂，然后再定植，一般情况下，喷除草剂后不须进行第一次带状挖草头抚育。定植后原则上不做除草剂抚育。

（二）施追肥

马尾松林分普遍存在立地条件较差，林分密度大且分布不匀，林种单一而林下植被稀少以及林地枯落物组成简单且不易分解等特点，加之长期以来的经营习惯以及人们过分对其耐干旱瘠薄等树种特性的强调，导致其施肥措施常被忽略，以致土壤养分循环系统输出大于输入，地力衰退普遍存在而生态价值降低。作为林木速生丰产重要措施，施肥对木材产量等经济性状产生明显影响的同时，对土壤 pH 值具有一定的调节作用，并能显著提高土壤有机碳、有机质、速效氮、速效磷、速效钾含量以及土壤含水率，因而明显改善土壤肥力状况，提高土壤保水保肥能力。

施肥方法：采用上方穴施法，穴长、宽各 20～25 厘米，穴深 30～35 厘米，不同肥种分穴埋施，穴距 50～60 厘米，施肥后随即覆土，施肥穴统一选择于树干正上坡距其基部 50～80 厘米处。

1. 幼林施肥

造林后前三年的马尾松幼林，无论是单施氮、磷、钾肥，还是任意二种或全营养配合施用，对土壤 pH 值均具有一定的调节作用，全效及速效养分含量都有不同程度的提高，并能显著提高土壤有机碳和有机质含量，从而改善土壤肥力状况，提高土壤保水保肥能力。以全氮和速效磷的土壤肥力增幅为最大，在实际生产中，建议造林后前三年的马尾松幼林，结合抚育每年每株施尿素 0.2 公斤，或者每年每株施用 P_2O_5 含量较高的复合肥 0.5 公斤。

2. 中龄林施肥

唐效蓉、蒋胜铎、张翼等对马尾松人工中龄林施肥效果研究表明：间伐到 750～1200 株/公顷后，随即每株施尿素（含 N 46.3%）0.1 公斤，过磷酸钙（含 P_2O_5 12.6%）0.67 公斤，钾肥（含 KCl 60.0%）0.33 公斤进行配方施肥，效果非常好。通过间伐与施肥，缩短了轮伐期 1～4 年；胸径相对对照平均增长率达 15.44%，单株材积平均增长率达 19.72%，单位面积材积平均增长率达 2.82 %。建议马尾松中龄林每 2～3 年进行一次施肥，施肥配比为：每株尿素 0.1 公斤，过磷酸钙 0.67 公斤，钾肥 0.33 公斤。

3. 近熟林施肥

据福建省明溪国有林场廖世水对马尾松近熟林施肥效应研究，林分进入近熟林期间，林木间竞争加剧。马尾松是强阳性树种，林内蔽荫不见光的枝叶枯黄，枯枝落叶落地之后，分解缓慢，属于粗腐殖质。此时氮素多被贮存于有机枝叶中，暂时难以转化为可利用态，林分氮素供应紧缺；而钾可从枝、叶、树皮中由雨水淋洗进入林地土壤。研究表明：在近熟林内施肥，每株施同样重量的有效 N、P、K 0.3 公斤，对蓄积量的影响磷肥 > 复合肥 > 氮肥 > 钾肥，蓄积量分别比对照增产 23.5%、15.4%、13.6%、8.1%。

从以上研究结果看出，林地较缺磷，施磷肥效果最佳，施钾肥效果最差，施氮肥和复合肥对林木生长的促进效果不大。因此，马尾松林近熟林的培育过程施肥应以施磷肥为主，建议马尾松近熟林每 2 年每株施过磷酸钙 1.8 公斤。

（三）密度管理

林分密度直接影响林分平均直径的生长，间伐是林分集约经营活动中的主要措施。马尾松中龄林阶段，土壤有机质含量有所下降，特别是土层深度 16～30 厘米的土壤，水解 N 和速效 P 含量下降，速效 N 下降最明显。林分密度大，生长量大的林分，速效 N、P 下降幅度也大。林分密度低而林下植被发育好的林分，枯落物分解速度快。未经间伐密度较大的林分林下植被发育较迟，比间伐林分推迟 8～9 年，且林分平均胸径小，大中径材比例低，经济效益差。适度间伐不会产生不利于地力维护的水土流失，合理的林分密度管理还可提高微生物数量。通过间伐，林下植被获得了良好发育，林下植被种类、盖度及生物量迅速增加，保留木的生长量和质量得到提高，林分结构得到改善。因此，通过间伐适当降低林分密度，对提高林分经营效益，维护土壤肥力，因而保障林地保持长期生产力具有十分重要的意义。

1. 间伐原则

在间伐中，应按照"去小留大、去劣留优、去密留稀、去病留强、林木间距保留均匀"的原则，坚持适量、适时，达到全林分生长量最高为目的，消除被压木，断梢木，双梢木，切忌因利小不进行间伐或轻微间伐，或唯利是图而"拔大毛"，人为造成林分生长不良。

2. 间伐时间及强度

间伐的关键技术在于确定特定时期林分的最适经营密度。间伐时间是重要的技术要素，为使间伐获得最佳的效果，使林分的生长潜力得到充分发挥，必须确定适宜的间伐时间。所谓最适密度就是使林分的结构最为合理，各株林木的冠、干都能正常地生长发育，从而使森林保持最大生产力的最佳密度。

根据湖南省林科院试验分析结果，胸径离散度是便于测量，并能灵敏反应林分分化程度、结构质量与间伐施工质量的指标，可作为马尾松人工林有效确定间伐始期的重要指标之一；以固定样地观测资料结合解析木材料分析，根据林分胸径连年生长量与胸径离散度的变化，确定不同地位级间伐的起始年龄是有效、准确性高；对幼林或中幼林其胸径离散度以控制在0.8～0.9为宜，中龄林或成林以控制在0.7～0.8为适宜。以此得出马尾松人工速生丰产林经营密度管理表，可供生产上参考，详见表3-2。

表3-2　马尾松人工速生丰产林经营密度管理

林龄（年）	地位指数	平均胸径（厘米）	保留密度（株/平方公里）		
			上限	最适	下限
6～10	20	6.8～13.5	2070	1830	1605
11～15		12.5～18.1	1665	1500	1335
16～20		17.0～21.7	1410	1215	1035
21～25		21.0～24.5	1035	885	720
26～30		24.0～26.9	795	675	555
6～10	18	6.6～10.2	2100	1980	1875
11～15		10.7～16.4	1935	1785	1635
16～20		13.6～18.1	1635	1500	1350
21～25		17.4～21.4	1425	1290	1155
26～30		20.8～24.3	1155	1035	915
8～12	16	6.8～11.7	2070	1935	1800
13～18		10.7～16.6	1845	1650	1470
19～24		15.8～20.5	1530	1395	1245
25～30		19.9～23.4	1260	1130	1005
8～12	14	6.5～11.8	2130	1980	1815
13～18		10.8～16.6	1875	1680	1500
19～25		15.9～20.2	1560	1425	1290

根据中国林科院亚热带林业研究所试验分析结果，当林分树冠面积指数达到1.0～1.2时，是幼林开始抚育间伐的适宜时间。一般在幼林7～9年生时可进行第一次间伐，间隔4～5年可进行第2次间伐，再间隔4～5年可进行第3次间伐。合理的间伐强度取决于经营目的，在不同的生长阶段确定合理的密度。马尾松林分间伐时间及强度，详见表3-3。

表 3-3　马尾松林分间伐时间及强度

培育目标	第一次间伐		第二次间伐		第三次间伐	
	林龄（年）	强度	林龄（年）	强度	林龄（年）	强度
小径材	7～9	40				
中径材	7～9	30	12～13	20	16～17	20
大径材	7～9	30	12～13	20	16～17	20

（四）林分病虫害防治

马尾松主要虫害有马尾松梢螟、松小卷叶蛾、萧氏松茎象、松毛虫等，主要病害有猝倒病、赤枯病、叶枯病、松瘤病等。要以预防为主，综合防治，做好预测预报工作，及时防治，以减少危害。

（1）松梢螟（*Dioryctria splendidella*），又名微红梢斑螟、松梢斑螟、松干螟、钻心虫，属鳞翅目螟蛾科。

防治方法：

①加强林区管理：加强幼林抚育，促使幼林提早郁闭，可减轻危害；修枝时留茬要短，切口要平，减少枝干伤口，防止成虫在伤口产卵；利用冬闲时间，组织群众摘除被害干梢、虫果，集中处理，可有效压低虫口密度。

②汞灯诱杀成虫：根据成虫趋光性，甚至黑光灯以及高压汞灯诱杀成虫。

③保护天敌：保护与利用天敌。

④药剂防治：于越冬成虫出现期或第一代幼虫孵化期喷洒 50% 杀螟松乳油 1000 倍液或 30% 桃小灵乳油 2000 倍液、10% 天王星乳油 6000 倍液、25% 灭幼脲一号 1000 倍液、50% 辛硫磷乳油 1500 倍液。

（2）松梢小卷叶蛾（*Petrova cristata*），属鳞翅目，小卷叶蛾科。

防治方法：

①根据成虫羽化后 9 时前栖息树干的这一特性，于 4 月上旬至下旬每天 9 时前进行人工捕杀成虫。

②在初发生和危害较轻的地区，从 4 月开始，当被害枝上的叶及幼果出现枯萎时，人工剪除被害枝烧毁，消灭枝内幼虫。

③生物防治。先把松枝脂卷叶蛾和冬悄卷叶蛾的蛹放在室内培育，并按不同比例将赤眼蜂接种在卷叶蛾产的卵上。赤眼蜂对松枝脂卷叶蛾卵的寄生率一般为 62.5%～87.2%。赤眼蜂于初卵期和初卵期后 10 天分两次释放，每公顷放蜂量为 150 克，放蜂可降低松梢小卷叶蛾危害 50% 左右。

④化学防治。成虫羽化盛期用 50% 杀螟松乳油 250 倍和 2.5% 溴氰菊酯乳油 500 倍液按 1∶1 的比例混合用喷雾器喷洒树干，对刚羽化出的成虫杀死率达 100%。在危害期应集中消灭初龄幼虫。用 80% 敌敌畏乳油 800 倍液或 90% 敌百虫与 80% 敌敌畏（1∶1）稀释 800～1000 倍液，或 80% 敌敌畏 800 倍与 40% 氧化乐果混合液 1000 倍液喷洒受害枝条，效果均好，根据老熟幼虫转移到树皮内滞育的习性，于 5 月底 6 月初，用 25% 溴氰菊酶乳油 2500 倍液喷雾，或用 25% 溴氰菊酯乳油、10% 氯氰菊酯乳油各 1 份，分别与柴油 20 份混合，刷于树干基部和土部以及骨干枝上成 4 厘米宽毒环，对老龄幼虫致死率达 100%。

（3）萧氏松茎象（*Hylobitelus xiaoi*），属属鞘翅目、象虫科。

防治方法：

①最有效的物理防治方法是人工捕捉幼虫，在 9～12 月开展防治效果明显。

②人工抚育措施砍除寄主周围约 50 厘米范围内的杂灌，以及寄主下层的轮枝，让光线进入树干基部。同时刨去半径 50 厘米范围内的枯枝落叶层和约 5 厘米厚的表土层，降低微环境的湿度，可以有效地降低林间的虫口密度。

③化学防治：用 40% 的氧化乐果、防治 3 龄前幼虫，致死率达 100%；用 3% 的呋喃丹毒砂涂根茎防治，致死率达 90% 以上。用磷化铝熏蒸防治率达 95% 以上。用 16% 虫线清乳油防治萧氏松茎象幼

虫，杀虫效果可达100%。

(4)松毛虫(*Dendrolimus punctatus*)，属鳞翅目枯叶蛾科，又名毛辣虫、毛毛虫。分布于我国秦岭至淮河以南各省。主要为害马尾松，亦为害黑松、湿地松、火炬松。

防治方法：

①加强预测预报。要有专人负责，常年观察虫情，以便出现大发生征兆时，及时采取措施。

②营林技术防治。造林密植，疏林补密，合理打枝，针阔混交，轮流封禁，保持郁生，造成有利于天敌而不利松毛虫的森林环境。

③生物防治。白僵菌粉剂：每克含量100亿孢子，用量每公顷7.5公斤，白僵菌油剂每毫升含量100亿孢子，用量每公顷1500毫升，白僵菌乳剂每毫升含量60亿孢子，用量每公顷2250毫升。青虫菌六号液剂或苏云金杆菌制剂每公顷1500克。在松毛虫卵期释放赤眼蜂，每公顷75万~150万头。黑光灯诱杀成虫。

④化学防治。狠抓越冬代防治，松毛虫越冬前和越冬后抗药性最差，是一年之中药剂防治最有利的时期，用药省、效果好。在有效剂量下，对人畜无害并可保证松毛虫天敌、蜜蜂及鱼类安全。常用药剂有50%马拉硫磷乳剂或50%马拉硫磷乳剂，90%晶体敌百虫2000倍液，2.5%敌百虫粉剂每公顷45公斤；由于松毛虫对菊酯农药特别敏感，超低容量喷雾可使用2.5%溴氰菊酯每15毫升、20%杀灭菊酯或20%氯氰菊酯每22.5毫升、50%敌敌畏油剂、25%乙酰甲胺磷油剂或杀虫净(40%敌敌畏+10%马拉硫磷)油剂，用量均为每公顷2250~3000毫升；亦可采用20%伏杀磷每公顷150毫升或20%灭幼脲1号胶悬剂10000倍液，原药每105~150克。

(5)幼苗猝倒病。

防治方法：在气温过高的南方地区培育马尾松的幼苗时，需选择地形平坦、排水性能好的地段作为育苗的苗圃基地。及时对土壤进行消毒，如采用暴晒与药剂灌浇等。土壤施肥过程中，一定要将有机肥充分腐熟，再用磷、钾肥加以重施。

(6)赤枯病和叶枯病。

防治方法：吸取四川和贵州地区的经验，可按每公顷含30%硫黄的“621”烟剂11.25~15.00公斤实施防治，一般在6月上中旬放烟1次，效果非常好。

(7)松瘤病。

防治方法：在病害严重地区避免营造松栎混交林，清除林下栎类杂灌木；结合松林抚育砍除重病树或病枝；在春季或秋季，先将患病的部位沿上下方向划破，在病部涂抹上松焦油或粉锈宁药剂，具有一定防治效果。

(五)培育目标及砍伐树龄

根据对市场需求、木材价格及不同立地的生长潜力的综合分析，来确定培育目标。建议：20及以上立地指数级以培育大径材为主，18立地指数级以培育大中径材为主，16以上立地指数级以培育中小径材为主，14及以下立地指数级以培育小径材为主。在综合考虑不同培育目标林分的经济成熟龄、数量成熟龄、工艺成熟龄(纸浆材林还考虑纸浆得力与采伐树龄的关系)基础上，确定各立地指数级不同培育目标的采伐树龄，详见表3-4。

表3-4 马尾松人工速生丰产林各指数级采伐树龄 单位：年生

培育目标	立地指数				
	14	16	18	20	22
小径材	22~24	20~22			
中径材		24~26	21~23	20~22	20~21
大径材			27~29	26~28	25~27
纸浆材	17~19	16~18	15~17	14~16	13~15

第十六章　金钱松

第一节　树种概述

金钱松 *Pseudolarix amabilis* 又名金松、水树，属松科金钱松属，为中国特有的孑遗植物，为国家渐危种和二级保护植物，现今主要分布于长江中下游地区。金钱松体形高大，树干通直且材性优良，又具有优美的树形，入秋叶变为金黄色极为美丽，与南洋杉、雪松、金松和巨杉合称为世界五大公园树种。金钱松还常作为珍贵的用材树种栽培，其根皮为传统中药材，现代药理学研究证实金钱松提取物具有抗真菌和抗癌的作用。

一、木材特性及利用

(一)木材特性

木材黄褐色，结构粗略，纹理通直；木材心边材区别不明显，重量属于“轻”一级，材质稍硬，生长年轮明显，宽度不均匀；早晚材的密度有显著差别。木材耐潮湿，有较强的抗火性，在落叶期间如遇火灾，即使枝条烧枯，主干受伤，次年春天主干仍能萌发新梢，恢复生机。

(二)木材利用

金钱松木材结构粗略，纹理通直，耐潮湿，是建筑、桥梁、船舶、家具等优良用材。

(三)其他用途

金钱松的种子可榨油。树根可作纸胶的原料。树皮药用，有抗菌消炎、止血等功效，可治疗疥癣瘙痒、抗生育和抑制肝癌细胞活性等。

二、生物学特性及环境要求

(一)形态特征

金钱松为高大落叶乔木，高可达 40 米，胸径可达 1.5 米，树干通直，枝平展，树冠宽塔形。具有长短枝之分，短枝生长极慢。叶条形柔软，镰状或直，长 2 ~ 5.5 厘米，宽 1.5 ~ 4 厘米，在长枝上螺旋状着生，在短枝上簇状密生，平展成圆盘状；叶脱落后有密集成环状的叶枕，秋季叶呈金黄色。雌雄同株，其球花生于短枝顶端。雄球花黄色圆柱状下垂，雄蕊多数。雌球花紫红色直立单生，珠鳞和苞鳞螺旋状着生。珠鳞腹面基部着生 2 个胚珠。球果当年成熟，种鳞木质化腹面有种子 2 枚。种子白色，具宽大的种翅，几与种鳞等长，种翅膜质淡黄色，子叶 4 ~ 6 枚。花期 4 月，果期 9 ~ 10 月。

(二)生长规律

金钱松是长寿树种，幼年期生长缓慢，约 10 年生后其生长速度逐渐加快，约至 15 年生进入开花结实期，而其树高、胸径、材积仍然可以保持长时间的旺盛生长，百年生以上的植株不但可以继续营养生长，也可以维持较佳的生殖生长。

(三)分布

目前，金钱松正处于濒危状态，已经被列为国家二级保护植物，主要分布于长江中下游地区，长江中下游以南低海拔温暖地带亦有零星分布。其垂直分布幅度为 100 ~ 2300 米，常生长于海拔 1500 米以下的常绿阔叶林和落叶阔叶混交林中，但在1000米以下生长较好，另外，由于金钱松的树干通直、生长迅速和树形美观，深受人们的喜爱。目前，该种作为园林绿化树种，已经在国外许多地区被引种成功。

(四)生态学特性

金钱松适生于亚热带山地温凉湿润的气候条件，其分布区年平均气温为13～17℃，最冷月(1月)平均气温2～5℃，最热月(7月)平均气温27～29℃，极端最低气温为－18～－15℃，年降水量1200～1800毫米。土壤多为黄壤或黄棕壤，pH值为4. 5～6. 0。金钱松为深根系树种，生长旺盛，在幼龄阶段稍耐蔽阴，生长较慢，但10年后需光性增强，生长不断加快，在中等郁闭和土壤较湿润的条件下，天然更新最好，只要注意适时抚育就能成长起来。常见与金钱松伴生的树种有：青冈栎 *Cyclobalanopsis glauca*、甜槠 *Castanopsis eyrei*、绵槠 *Lithocarpus henryi* 和紫楠 *Phoebe sheareri* 等。

(五)环境要求

金钱松适应性强，为菌根共生树种。喜光，初期稍耐阴，以后需光性增强。适生于年平均气温13. 0～17. 0℃，极端最低气温－18～－15℃；多分布于山地及丘陵坡地的下部、坡麓及沟谷、河流两边；也能在较差的丘陵山地生长。对土壤的酸碱度要求不严，酸性至微碱性土均能适应，但喜排水良好的酸性土，忌积水地和盐碱土。在土层深厚、肥沃、湿润的丘陵山地生长迅速，成材快。

第二节　苗木培育

一、良种选择与应用

选择20年生以上、生长旺盛的优良树种作为母树。

二、播种育苗

(一)种子采集与处理

每年10月下旬至11月上旬为金钱松种子最适宜的采种期，当果实呈褐色时即可采收。母树宜选择生长健壮的15～30年生林木，球果在室内摊开阴干7～10天，然后放在日光下摊晒2～3天，待具翅小坚果自行分离后脱粒去杂，装麻袋或种子柜干藏。播种前1个月需用湿砂层积催芽，湿砂与种子的比例为1～2∶1。

(二)选苗圃及施基肥

金钱松为菌根性树种，宜在海拔500米左右的山地建立永久性育苗基地，或在土内有菌的林间育苗。圃地播种前10天用2%～3%的硫酸亚铁水溶液按每公顷10～15公斤用量均匀喷洒消毒，并施有机肥45吨/公顷，化肥750公斤/公顷，混合翻入土中。细耕整地做成宽1. 2米的高苗床，要求床面土壤细碎、平整。

(三)播种育苗与管理

每年2月下旬至3月上旬播种，播种前将种子放入40℃温水中浸一昼夜，自然冷却后捞出阴干，再用0. 5%福尔马林溶液消毒。浅沟条播，条距20～25厘米，每公顷播种150～225公斤。播种后，先在种子上覆盖约1厘米厚度的黄心土，然后再覆稻草保湿保温。大约40天左右幼苗出土，出土后于阴天或傍晚揭去盖草并及时中耕除草，适度遮阴，适时灌溉排水。在4～5月份雨季及时间苗，通过间苗调整密度，适当补植，定苗密度1平方米保持20～25株。林间育苗可不遮阴，大田育苗6～8月间应设荫棚遮阴，以降低土表温度，并保持苗床湿润，以利菌的繁殖，促进苗木生长。

三、扦插育苗

（一）圃地选择

以东西向深沟高畦为好，并施以基肥。畦面整平后，在其上铺一层厚度为6厘米的混合土（红土与砂按1:1配制），增加土壤的酸性及通透性，以利不定根的形成，从而提高成活率。

（二）插条采集与处理

选择母树当年生树冠中上部半木质化、芽饱满、组织充实、无病虫害的枝条作为插条。剪取枝条长度一般为15～25厘米，插条直径为0.5～3.0厘米之间，每根插条保留有2～4个饱满芽，下端切口稍斜且平滑，避免因皮部太薄引起操作损伤，导致病菌侵染。插条采集后，应及时置于荫凉潮湿处或用湿润的材料包好，以避免失水，并及时将枝条截成插穗，尽量做到随采随剪、随处理、随扦插。

扦插前先用0.1%～1.0%高锰酸钾水溶液浸泡插穗24小时，再用100毫克/公斤吲哚丁酸溶液或100～500毫克/公斤萘乙酸浸泡5秒钟，取出晾干后扦插，或将插条放在生根粉中蘸一下再扦插，均可提高成活率。

（三）扦插时间与要求

扦插一般要求气温在15～32℃之间，扦插时间可选择在春季和秋季，也可在生长季节，但在雨季扦插易成活。一般情况下，生长季前期的5月下旬至6月初以及生长季后期的9月下旬是两个适宜的扦插时期，落叶前后到翌年萌芽前充分硬化的休眠枝扦插存活率最高。苗床基质的温度应掌握在22～28℃之间，在此温度条件下，插穗最易生根。

（四）苗期管理

（1）遮阴。为防止棚温过高，应有遮阴措施。春、夏扦插的苗木从扦插到生长至10～15厘米前均覆盖在荫棚下，一般遮阴强度为70%左右。这样既有利于叶片进行光合作用，又不至于因光照过强，引起插穗水分失调，影响成活率。

（2）揭棚。5月扦插的幼苗，9月中旬可选择阴雨天揭去荫棚；6～7月以后扦插的幼苗，10月上中旬揭棚，这样可使苗木充分利用阳光，提高光合作用；秋、冬扦插的幼苗，翌年3月中下旬揭棚，这时因春季气温低、阴雨天多，揭棚后，苗木生长加快，在夏季高温来临前可长至15～30厘米以上，因而可安全度过高温季节。

（3）灌溉。为苗木供应充足的水分是提高其成活率的重要保证，灌溉方式根据各地条件而定。有条件的地方最好安装喷灌，浇灌次数及水量随季节、天气、苗木大小而定，其原则是对发根之前的苗木，晴天每天淋水2次，让土壤保持湿润，以苗芽不勾头为适度；发根后的苗木每天淋水1次，但高温干旱季节每天要淋水2次，切勿断水。在插穗未发根之前不能用污水浇苗，以免剪口腐烂。雨季要及时排水，切勿积水，以免烂根。

（4）施肥。及时施肥和适量追肥是促进小苗快速生长的重要条件。由于春、夏扦插的幼苗，要赶在当年12月出圃，生长时间短，所以在苗根系健全后（1～2厘米）即开始喷施叶面肥和根系追肥，并进行病虫害防治工作，尤其用生根粉处理的插穗，由于其根系发达，吸收水肥快，如果供肥不足则不能发挥其效率，甚至会出现饥饿状态。

施肥时，喷施叶面肥2次/月左右。根系追肥以施水肥为主，有条件的最好挖有粪池，将农家肥、饼肥等沤于粪池，每月最少施1次，其浓度随苗木的成熟度而定。一般10厘米左右的幼嫩苗木施水肥浓度为10:1，苗木长至15～20厘米时施水肥浓度为7:1，20厘米以上的苗木到秋末时施水肥浓度可加大到5:1。施用化肥如尿素、复合肥、硫酸铵、过磷酸钙等，要掌握以氮肥为主，磷、钾肥为辅的原则，其比例为3:1:1。幼苗期施肥浓度为硫酸铵或尿素或复合肥0.25公斤兑水50公斤，过磷酸钙0.5公斤兑水50公斤。苗木成熟后浓度加大1倍即可。淋水肥时最好用洒水壶浇施，淋肥时，事先将肥料溶解。但必须注意每次淋完肥后均要喷洒清水，以防肥料沉积在嫩叶上，引起烧苗，而高温干旱季节宜在下午 5 时后淋肥。

(5)除草松土苗床上的草要早除、勤除、保持无杂草。由于苗床上经常浇水，容易板结，通气性及水分、养分的渗透性差，影响根系吸收能力，因此扦插 2 个月后，苗木根系已形成，须及时松土，以利于幼苗对水肥的吸收，加速生长。松土时要轻度松动苗木行间的土壤，深度要达 2 厘米左右。松土次数随板结情况而定，一般松土 2 ~3 次/年，当年出圃苗木松土 2 次，隔年苗松土 3 次/年。

第三节　栽培技术

一、立地选择

金钱松喜湿润的气候条件，要求深厚肥沃、排水良好的中性或酸性沙质壤土。能耐 -18℃的低温，但不耐干旱，也不适应盐碱地及长期积水地。造林地宜选避风向阳、土层深厚、排水良好的山谷山坳和山脚地带。

选择低山、丘岗、台地和平原，由花岗岩、板页岩、砂砾岩、红色黏土类、河湖冲积物等发育的红壤、黄壤，坡度为斜坡、缓坡、平坡，而坡向、坡位无特殊要求，当然以中下部、山谷、山洼的土层深厚肥沃地带，腐殖质厚度以薄至厚都可，土壤厚度也以中至厚都好，土壤质地以沙土、沙壤土和轻壤土最合适，立地条件以肥沃型和中等肥沃型合适，土壤酸碱度应在 4. 5 ~6. 0 之间。

二、整地

(一)造林地清理

对于荒地、皆伐作业等类似之地，先将地中的树枝、树叶和杂草进行清理和集中，然后选择无风的天气、放到迹地的中央、并在有人看护的前提下进行集中销毁。在清理过程中，必须保留生长好的乔木树种(特别是阔叶树种)的幼苗和幼树；对于低产林改造、森林重建、优材更替中的造林之地，只需清理要栽树周围的杂草、枯枝以及影响其生长的霸王树枝。

(二)整地时间

冬季或造林前，以冬季为最好。

(三)整地方式

全垦加大穴或穴垦。对于荒地、皆伐作业等类似之地，且一般山地坡度在 15 度以下的地方，适宜全垦加大穴的整地方式，造林后实行林粮、林蔬、林经作物间作，全垦厚度不少于 40 厘米，穴的规格以 40 厘米 ×40 厘米 ×40 厘米为好；在低产林改造、森林恢复、森林重建、优材更替中的造林之地，或坡度大于 25 度的地方，采用穴垦整地，穴的规格为 50 厘米 ×50 厘米 ×50 厘米。当然，穴的大小主要决定于土壤的松紧度，如果土壤较紧，且石砾较多，穴的规格应更大一些，反之，则可以小一些。

(四)造林密度

对于全垦整地的造林初植密度宜 3 米 ×3 米或 3 米 ×4 米；对于穴状整地的低产林改造、森林恢复、森林重建、优材更替中的造林之地每公顷宜栽 300 ~450 株。

(五)基肥

每穴施磷肥 0. 5 公斤，每穴施复合肥 0. 25 公斤。

三、栽植

(一)栽植季节

在每年冬季落叶后至第 2 年萌发前开始造林。

（二）苗木选择、处理

一般用2～3年生苗木进行造林。

（三）栽植方式

一般采用穴植法，裸根苗采用“三覆二踩一提苗”的通用造林方法；如果是容器苗，在容器袋解散过程中要确保容器中的土壤不散，在栽植时免去“一提苗”的过程，“二踩”一定注意不要将已解散的容器中的土壤踩散，只是在容器土壤的周围轻踩，使容器土壤与穴中的土壤充分密接。栽后一定要浇好水。

四、林分管抚

（一）幼林抚育

金钱松初期生长十分缓慢，可结合间种套种，每年除草松土2次，抚育时，最好不要打枝，一般5～6年即可郁闭。郁闭后，每隔3～4年进行砍杂、除蔓1次。

（二）施追肥

通常结合整地在回填土时进行，每穴施复合肥0.15～0.20公斤。

（三）修枝、抹芽与干型培育

在冬季植株进入休眠或半休眠期，要把瘦弱、病虫、枯死、过密等枝条剪掉。也可结合扦插对枝条进行整理。

（四）间伐

2～15年后当林分郁闭度达0.9以上，被压木占总株数的20%～30%时，即可进行适当间伐。采用下层抚育间伐方式，第一次间伐强度为林分总株数的25%～35%，每公顷保留1800～2400株，以后为20%～30%，间伐后林分郁闭度不小于0.7，间伐间隔周期一般应为10年左右。培养大径级用材，可在20～25年生时再间伐1次，每公顷保留900～1200株。

（五）病虫害防治

防治猝倒病用1%硫酸铜液浸种24小时，或每100公斤种子用1～2公斤敌克松拌种；或施硫酸亚铁150～225公斤/公顷，或绿享5号菌剂2000倍液进行防治；及时拔除病、弱苗，最后每穴选留1株壮苗。

在茎腐病防治上，施用饼肥或生物肥作基肥，可提高苗木的抗病能力；夏季搭荫棚或行间覆土，可有效防止此病发生，如有发病及时用70%百菌清1000倍液防治。

在袋蛾防治上，应及时摘除袋囊，集中烧毁；对幼龄虫，用90%敌百虫800～1000倍液喷雾；也可用高效氯氰菊酯1500倍液等防治。

防治落针病：出现落针病时，立即喷2%～3%的青矾溶液（喷药后10分钟要用清水喷洗），在落叶后与第二年萌芽前再用同样的方法各喷一次青矾溶液，并中耕除草施肥一次。

第十七章　杉木

第一节　树种概述

杉木 *Cunninghamia lanceolata* 属杉科杉木属的常绿乔木，高达 30 米，胸径可达2.5～3.0 米，是我国南方最重要的速生用材树种。现有面积 754.1 万公顷，蓄积量 2.637 亿立方米，其中人工林面积 449.8 万公顷，蓄积量 1.498 亿立方米，人工林面积占全国人工林总面积的 24.0%，人工林蓄积量占全国人工林蓄积的 28.3%。杉木材质优良，用途广泛，在我国栽培已有上千年的历史。杉木不仅是很好的工程用材树种，也是最受群众喜爱的生活用材树种，已成为我国发展用材林基地的主要树种。

一、木材特性及利用

（一）木材特性

杉木是我国主要的建筑材之一，木材纹理通直，结构均匀，早晚材界限不明显，强度相差小，不翘不裂。材质轻韧，强度适中，质量系数高，加工容易，耐腐防虫，耐磨性强，具有芳香气味。

（二）木材利用

1. 工程用材

主要用途有 2 类，①房屋建筑用材：屋架、屋面木基层、柱子、门、窗、阁栅、室内装修、施工材等；②交通、电信、采掘工程用材：电杆、码头修建、桥梁、铁道枕木、坑木等。

2. 工业用材

主要用途有 3 类：①车船制造，船舶的船壳、甲板、桅杆、桨、舵、船舱等均以杉木为上选。此外，汽车、货车等的车厢板、车架等，南方亦多采用杉木。②农具及生活用品用材：杉木亦是制造各种农具的良材。南方古老的主要农具如犁、耙、风车以及播种机、拖拉机等机械，均可用杉材制作。由于杉木耐腐抗虫，我国古代就用杉木做桶等器皿盛放食物。③制浆和造纸用材：杉木纤维含量低，木纤维长度短，木质素含量高，是优质的制浆和造纸用材。另外，杉木的采伐剩余物还可加工成地板、小型木制品、生产木片等。

（三）其他用途

杉木材可治漆疮或脚气病。杉木皮及杉木材固定骨折有奇效。杉木根和根皮含游离氨基酸、甾体化合物、脂肪酸和维生素 C，具有祛风利湿，行气止痛，理伤接骨的功效，主治风湿痹痛、胃痛、疝气痛、淋病、白带、血瘀崩漏、痔疮、骨折、脱臼和刀伤。杉木树皮可代瓦，是良好的绝缘材料，还可制胶；杉木烧炭可作火药，碎屑、刨花等用蒸馏法可提取芳香油；种子可榨油供制皂。杉木精油是一种从杉木中提取的，无色或微黄色、透明具有芳香味的液体。它具有强有力的木香、麝香、龙涎香香气，可适用配幻想型香精，主要用于化妆品和皂类。因此，杉木精油不仅是一种宝贵的天然香料，杉木精油中的各种成分还具有药用价值。杉木精油中柏木醇含量为 60% 左右，其余还有 α－蒎烯、柏木烯、揽香烯、α－松油醇、β－石竹烯等。柏木醇俗称柏木脑，目前市场价格在 120 元/公斤左右，具有温和淡甜的木香与柏木特征香气，有些接近甲基紫罗兰酮，极淡而留香长。

二、生物学特性及环境要求

(一)形态特征

1. 叶

杉木的叶发生于茎(或枝)顶的叶原基，密集螺旋状互生，下延生长，在侧枝上因叶基扭转而排列成2列状。叶形为线状披针形，边缘有锯齿，叶背面中脉两侧有两条白色气孔线，营养枝的叶长3~6厘米，宽约0.4~0.6厘米，生殖枝上的叶较小，长不到2厘米。叶基下延与枝条外部愈合，叶色因叶绿体、叶表皮蜡质含量的不同而有浓绿、黄绿、灰绿等色。

2. 根

杉木根系发达，主根不明显，侧根发育良好，为浅根性树种，约85%的根系集中在10~20厘米的土层中。

3. 干和枝

杉木是无短枝发育的针叶树种，主干发达，顶端优势明显，极少分叉，主干茎尖向上生长，每生长一段；形成一轮腋芽，长出一轮侧枝，因此杉木分枝层性现象明显，幼龄速生期每年分枝可达6~8层，成年树分枝层数较少。幼年期树冠呈尖塔形，成年树冠近卵形，老年树因树高生长减慢而逐渐平顶。杉木分枝有两种，一是营养枝，抽生枝叶；一是生殖枝，形成球花。生殖枝比较短小，生有许多密集的小型叶。在雄球花开放干枯后或球果长大后，其顶端生长点又可再伸长抽出新枝。

4. 花

杉木的花称为球花，分为雄球花和雌球花两种，雌雄同株。

(1)雄球花芽呈扁球形，开放后球花10余个簇生于树冠中下部的枝顶。据测定，各地杉木雄球花形态变异较大。其性状变异有一定规律性，如雄球花直径大，则其球花较长，小孢子叶球数目较多，小孢子叶球直径大，小孢子叶球长，小孢子叶数多。

(2)雌球由雌球花轴和轴上螺旋状排列的苞鳞组成。每个苞鳞基部的上表面还着生小而薄与苞鳞贴生的珠鳞，在珠鳞上生有3个卵形的胚珠，每个胚珠由珠被、珠孔、珠心3部分组成6。雌球花开花时球花下垂，顶部苞鳞是肉红色，由上而下张开苞鳞，露出绿色膨胀的胚珠，在珠孔处有一滴由珠心分泌出来的粘液。受粉后苞鳞紧包。

5. 球果

成熟的杉木球果近球形或卵圆形，长2.5~5厘米，直径3~4厘米，苞鳞黄褐色或棕黄色，革质扁平，三角状卵形，先端反卷或紧包，有细锯齿，宿存，种鳞小，3浅裂，裂片有旧缺齿。球果成熟后，鳞片张开，种子散落。每个球果有种子50~134粒，发育完整的种子具有胚、胚乳和种皮。

6. 种子

成熟的种子扁平，卵形，两侧有窄翅，长7~8毫米，暗褐色，种脐在种子下部的一侧，是种子从种鳞脱落时留下的疤痕，种孔在种子顶端凹陷处。种子在种皮内为一层乳黄色的胚乳，在胚乳内有胚，包括胚根、胚轴、胚芽和子叶4部分。胚根向种孔一端，在胚根前面还有一卷曲的胚柄。子叶两片。在胚根和子叶相连处为胚轴，胚轴的顶端、两片子叶之间为很小的胚芽。

(二)生长规律

1. 杉木个体年生长

杉木个体年生长变化规律大体上可划分为生长初期、生长盛期、生长末期和休眠期。

(1)生长初期林木刚结束冬季休眠，树液开始流动，主枝与侧枝的顶芽膨胀开展，但以主梢顶芽开始生长为此期结束，中亚热带东部比北亚热带地区这一时期来得早。多数地区是从2月下旬开始，到5月中旬为止，约80天。

(2)生长盛期是一年中生长最活跃的时期，树高、胸径与枝条生长最大值均在此期出现。在中亚热带的黄山地区正常的气候条件下，此期各部分的生长量约占全年生长量的85%，而且树高与胸径生长往往交互出现，侧枝与胸径生长几乎同时进行。在北亚热带侧枝的生长量通常在8月份以前大于高生长，以后各部分的生长逐渐下降，直到侧枝与主梢生长基本停止为此期结束。这个时期一般从5月中旬到10月中旬，约150天。

(3)生长末期树高生长基本结束，胸径生长急剧下降，直到主、侧枝顶芽形成，针叶大部分褪色，为此期的主要特征。这个时期一般从10月下旬开始到11月下旬为止，约40天。

(4)休眠期针叶全部变褐，树液停止运行，种子大部分已飞散。此期要延续到翌年2月下旬左右，约85天。

2. 林分生长发育

杉木是速生树种，人工杉木林一般20～30年即可成熟利用。采用高效短周期栽培模式甚至可以缩短到10～15年主伐利用。杉木以种子发芽长成苗木，一般需一年时间。一般树高生长在3～4年进入速生期，连年生长量最大值多出现在5～10年，平均生长量最大值出现在11～15年。胸径生长在4～5年进入速生期，连年生长量最大值出现在6～16年，平均生长量最大值出现在12～20年。材积平均生长量最大值在20～30年。

3. 物候期

(1)树液开始流动期一般在2月上中旬开始，平均气温升到6～8℃以上，此期限约15～20天，此后进入生长盛期。

(2)芽膨胀期冬芽开始膨大，芽鳞微裂，露出嫩绿色新芽。一般在3月中下旬。平均气温升到10～11℃以上。侧枝芽先膨胀，顶枝芽迟到3月下旬膨胀。

(3)芽展开期冬芽的顶端展开，如喇叭形裂口。一般在4月上中旬，平均气温15～18℃。

(4)新梢新叶伸长期芽展开后，新梢随着开始伸长。一般在4月下旬至5月上旬，平均气温17～18℃以上。起初侧梢生长较快，主梢伸长不明显，以后主梢伸长逐渐加快，超过侧梢。新梢生长最快的时期多在6～7月。杉木新梢生长属于全年生长类型，当新梢长到一定长度，就在顶端形成侧芽和节，接着又继续伸长，达到一定长度，又形成新的侧芽和节。生长旺盛的植株分节较多，速生阶段最多可达10节(轮)以上。新叶与新梢的生长基本一致。

4. 开花、结果、结实特性

(1)花芽分化。杉木是单性花。雄球花分化在5月中下旬至6月上旬、雌球花分化在8月中旬至9月上旬。雄球花呈扁圆球状，外被盾状鳞片，一般在树液开始流动时，就明显膨胀(芽鳞微裂)。雌球花芽呈圆球状，2月中旬明显增大。一般在2月下旬至3月上旬，雄球花膨大，花芽张开，逐渐露出簇生的小孢子叶球。平均气温8～10℃。整个花期一般从3月上旬至4月上旬。

(2)果实发育。雌花授粉后，经过短期休息后完成受精过程，随后苞鳞闭合并下垂。幼果从此进入发育阶段，以后逐渐膨大。一般从3月下旬或4月上旬延续至当年的10月。一般在10月中下旬，球果进入发育盛期，部分球果鳞片由青绿色变为黄绿色。球果成熟期一般在10月下旬至11月上旬，多数树上的大部分果鳞呈黄绿色。一般11月下旬以后种子开始飞散。11月下旬至12月上旬冬芽形成，高生长停止。树液停止流动期在12月中旬至2月上旬，平均气温在10℃以下。

(3)结实规律。杉木是速生树种，开花结实年龄较早，按其结实过程可分4个时期：

①幼年期：从种子萌发到开始结实时为止，通常8～10年。此期营养器官发育未健全，积累的物质主要用于建造机体而开花激素尚未形成或未达到一定浓度，一般不能开花结实。

②开始结实期：从第一次开花结实到结实3～5次为止，一般为10～15年。杉木经过一段时间的营养生长，生殖器官和性细胞形成，就开始开花结实，但仍以营养生长为止，并逐渐转入与生殖生长相过渡时期。此期结实量不多，种子质量较差。

③结实盛期：从开始大量结实起，到结实开始衰退为止，结实期保持相当长的一段时期，约15～40年。此时营养丰富，光合作用强，母树结实量大，种子质量好，产量高，是采种最佳时期。通常杉

木开花结实存在大小年之差。

④衰老期：此期结实量大幅度下降，一般在 40 ~ 50 年以后，此期营养生长缓慢，但仍有一定的结实能力。

(三)杉木对外界环境条件的要求

1. 温度

杉木适于夏季不炎热，冬季不严寒，降水、空气湿度较大的气候条件。年平均气温 16 ~ 19℃，≥10℃积温 5000 ~ 6500℃，1 月平均气温 6 ~ 9℃，绝对最低温不超过 -10℃，7 ~ 8 月平均气温 26 ~ 28℃的中亚热带中东部至中段，是杉木最适生的中心产区，包括中带东区的武夷山区、中带南部的南岭山地以及中带中区的雪峰山区，也是杉木的集中产区。

2. 湿度

杉木最适生长区年降水量 1300 ~ 1800 毫米，年相对湿度 80% ~ 90%，蒸发量小于降水量 30% 以上，要求土壤湿润而排水良好，含水量占田间持水量 80% ~ 90%(通常含水量 25% ~ 35%)。温暖、湿润、多雨、风和的中亚热带山区是杉木最适生的中心产区。

3. 光照

杉木是较喜光树种，郁闭的林冠下没有天然更新。幼苗对光敏感，从真叶出现时顶芽即弯向光源，但随年龄的增加而逐渐消失。幼树稍能耐阴，进入壮龄阶段，要求充足光源。杉木最适生长区年日照时数 1400 ~ 1800 小时，孤山地区以阴坡、半阳坡生长较好；群山地区坡向影响不显著。

4. 土壤条件

杉木分布区的土壤主要是红壤、黄壤、黄棕壤与黄褐壤，以黄壤土生长最好。杉木生长快、生长量大，根系又集中分布在土壤表层，喜肥嫌瘦，怕碱怕盐，对土壤的要求高于一般树种。杉木生长要求疏松深厚土壤，最适条件为土层厚 80 厘米以上，表土层 25 厘米以上。杉木以下坡生长最好，杉木要求土壤肥力高，土壤腐殖质的含量应不低于 2%，以 4% 以上最为理想；腐殖质层的厚度应在 20 厘米左右，以 30 ~ 40 厘米以上最好。杉木喜酸性土壤，最适 pH 值在 5.0 ~ 6.0 之间。

三、杉木地理分布

杉木是我国特有的用材树种，自然分布广泛。其水平分布大致相当于东经 101°30′ ~ 121°53′，北纬 19°30′ ~ 34°03′之间的亚热带山区。北起秦岭南麓、桐柏山、大别山及宁镇山系，南至广东中部、广西中部与南部；东到浙江、福建沿海山地和台湾地区；西至云南、四川盆地西部边缘、安宁河及大渡河中下游，遍及我国整个亚热带地区。在全国可栽植的范围很广，包括 18 个省(自治区、直辖市)，其中黔东南、湘西南、桂北、粤北、赣南、闽北和浙南等地区是我国杉木的重点产区。按照《全国森林资源统计 ~ 第七次全国森林资源清查》中人工乔木林主要优势树种杉木人工林面积达 853.86 万公顷，占人工林乔木林主要优势树种面积的 21.35%，是我国造林面积最大的树种。国内海南山区、山东昆嵛山、陕西长安南五台、江苏北部平原等地，国外有英国、马来西亚、毛里求斯、南非、日本、阿根廷、美国等国进行了杉木引种栽培。

杉木的垂直分布随纬度和地貌而变化，大致由东南向西北逐渐增高。中心产区杉木主要分布在海拔 800 ~ 1000 米以下的丘陵山地；在南部及西部山区分布较高，在峨眉山海拔达 1800 米，云南东部的会泽海拔达 2900 米；东部和北部分布较低，一般在海拔 600 ~ 800 米以下。杉木分布的地貌以山地和丘陵为主，在我国南部和东部海拔较低，北部和西部海拔较高。

第二节　苗木培育

一、良种选择与应用

（一）优良种源

全国杉木地理种源试验协作组根据各杉木生长区物候、生长情况、生物量、寒害等性状差异，将杉木分布区初步划分为9个种源区：①秦巴山地种源区；②大别山桐柏山种源区；③四川盆地周围山地种源区；④黄山天目山种源区；⑤雅碧江及安宁河流域山原种源区；⑥贵州山原种源区；⑦湘鄂赣山地丘陵种源区；⑧南岭山地种源区；⑨闽粤桂滇南部山地丘陵种源区。依据种源试验结果，把杉木分布区的种源划分为10个种子区和8个亚区，为各杉木栽培区科学调拨种子，适地适种源，提高林分生产力水平提供了科学依据。

全国杉木地理种源试验协作组为杉木各栽培区（包括亚区）、杉木造林的14个省区及主要立地类型选出了一批适生高产种源，并通过综合评价选出：广西融水、福建大田、广东乐昌、福建建瓯、四川邻水、江西铜鼓6个种源属丰产稳定种源；贵州锦屏、福建南平、广西那坡、广西贺县、四川洪雅、湖南会同等为丰产性较好而稳定性一般的种源。其中四川洪雅、四川邻水、福建南平、福建建瓯等种源兼具较强的抗旱力；福建南平、湖南会同有中等的抗寒力；贵州锦屏、广西那坡、四川洪雅、湖南会同、广西融水、广东乐昌等种源对杉木炭疽病具强或较强的抗性；贵州锦屏、福建建瓯、广西融水3个种源产量高，材质已达国家建筑材标准，可作为培养高产优质的建筑材优良种源。杉木优良种源的平均材积实际增益为30.46%，遗传增益为16.09%。

（二）种子园

我国杉木种子园研究工作始于20世纪60年代初期，但大规模进入全面系统的研究是在70年代末和80年代初，全国共建有杉木种子园3000多公顷。

杉木初级（第一代）种子园平均遗传增益在10%～20%，第二代杉木种子园平均遗传增益可提高到30%～35%。杉木优良家系造林遗传增益在21%～69%。21世纪初，我国南方各省杉木高世代种子园已全面进入3代试验性或生产性种子园建设时期，利用高特殊配合力的双系种子园也在理论和技术上取得重要进展，杉木专营性种子园步入快速发展时期。

我国于“七五”初期选出第一批优良家系337个，其中半同胞优良家系318个，平均增产为：树高18.03%，胸径21.75%，材积50.08%；双亲优良组合家系19个，平均增产为：树高21.66%，胸径41.65%，材积60.70%；到“八五”期间共选出820个优良家系。

（三）优良无性系

我国杉木无性系选育研究已突破了无性繁殖技术，进行了无性系选择、测定，主要从杉木优良种源、优良家系、优良杂交组合以及即将采伐的成熟林分中选择优良单株，或在种子园、优良种源子代苗中选择超级苗，目前已初选杉木优良无性系近500个，增产30%～32.9%。据中国林科院林业所完成的“九五”“十五”攻关项目“杉木遗传改良及定向培育技术研究”的成果总结，“九五”期间选育出杉木优良建筑材无性系387个，材积增益15%～217.2%。“十五”期间选出杉木优良纸浆材无性系20个，材积增益50%～145%；耐贫瘠高效营养型无性系3个，材积增益20%以上。

湖南省林业科学院对杉木无性系生长潜力的研究发现，优良无性系y18、y15在28年或31年生时仍能保持前期所具有的生长优势，优良无性系13年生时树高、胸径生长量和单位面积蓄积量分别大于生产种的20.1%～26.6%、27%～31.1%、78.7%～92.7%，优良无性系造林可获得巨大的经济效益。

二、播种育苗

(一)种子采集与处理

杉木球果每果内约含种子200粒，一般每公斤种子约2.4万粒。球果10月下旬成熟，每年11～12月采收为宜。将杉木球果在阳光下晒干，种子从鳞片中脱落，将杂质去除，将种子含水量晒至12%以下，将种子装入麻袋或纤维袋中保存。

(二)选苗圃及施基肥

苗圃地要选择水源条件好、排灌方便的地方。土壤以深厚肥沃含沙砾石少的黄壤土、砂质壤土为好。基肥可用饼肥1.5～3.0吨/公顷，过磷酸钙0.75～1.50吨/公顷，复合肥0.150～0.225吨/公顷。

(三)播种育苗与管理

1. 整地

杉木育苗整地要求精耕细作，达到疏松、细碎、平整、无石块。

2. 土壤消毒

在苗床上均匀喷洒1%～2%的硫酸亚铁溶液，每公顷4500～6000公斤。

3. 起沟作床

苗床以东西向为好，苗床宽1～1.2米，高20～30厘米，走道宽25～33厘米。床边要稍倾斜拍紧，中间略高，做成龟背形。苗圃地四周和中间要开围沟和腰沟，深40～50厘米，但腰沟必须低于走道，围沟低于腰沟，以便于排水和灌溉。

4. 播种

播种前要精选种子和消毒。种子消毒可用0.5%的高锰酸钾或1%漂白粉液浸30分钟，倒去药液，封盖一小时后播种。播种季节以惊蛰到春分为宜。条播，按18～25厘米的距离开沟，沟深1厘米，宽2～3厘米左右，压实，把种子均匀撒在沟中，每公顷需种52.5公斤，然后再用细土覆盖种子，厚度以不见种子为宜，覆土后再盖草。

5. 管理

播种后约一个月，种子发芽出土就要分次揭去盖草，并采取遮阴措施，透光度保持30%～40%，立秋后拆去遮阴棚。杉苗全部出土后要及时除草松土，整个苗期要除草8～10次，同时要适时追施速效性肥料，雨后及时清沟排渍，干旱季节及时浇水和抗旱保苗，并分次做好间苗工作。

6. 杉木猝倒病防治

用1%～2%硫酸亚铁溶液，每公顷喷洒1125公斤，连续喷洒4～7次，每隔7天一次。每次喷洒完后要立即用清水清洗幼苗，以防幼苗产生药害。

三、扦插育苗

无性系培萌圃：因为杉木扦插育苗只能采集根际萌芽条，进行扦插，才能保证有较高的成活率，所以称之为无性系培萌圃，与建设种子园的采穗圃有本质上的区别。

建培萌圃的材料为优良无性系及全同胞家系，增产在50%～140%的系号为：y15、y18、46、300、f18、j30×j20、d3×g12等。

(一)培萌圃营建

1. 材料选用

选用经过湖南省林木良种审定委员会审定通过的优良无性系、优良全同胞家系苗，要求：

(1)无性系数不应少于10个，采用Ⅰ级苗；

(2)全同胞家系苗在系内选用40%的优质苗。

2. 圃地选择

适宜杉木生长，坡度平缓(不超过20°为好)、疏松、肥沃、阳光充足、排水良好的土壤，可防冻害、防牲畜危害的土壤。不宜建在排水不良的山谷、山坡和菜土上。

3. 整地作床

夏、秋季撩壕整地，清除杂草，壕宽40厘米，深40厘米，壕内施基肥，每公顷施枯饼1500公斤、磷肥750公斤，二者混合发酵后施入壕内。

(1)平地撩壕整地作床东西走向，壕距35~45厘米，壕宽、深40厘米，每两壕为一床，床宽120~140厘米，床高15~20厘米，床长不超过50米；

(2)山地沿等高线开垦成1米宽的梯土，然后撩壕整地。

4. 栽植密度

培萌圃前3年，每公顷1.5万~1.8万株。

5. 栽植

弯根浅栽高培土：栽母株时要将主根(实生苗)或主侧根靠近地面弯曲与主干成90°~120°。根际入土3~5厘米，再培土10~15厘米。在一个水平梯土需要栽两个以上无性系时，无性系之间要栽1~2株耐修剪的阔叶树苗标记，栽植要绘制无性系的位置图。

6. 培萌圃的管理

(1)树体管理。

①压弯母树和截顶。当年8月底9月初或次年5月，母树高达50厘米时，将母树树干与地面弯成30°~40°，树干不能成弧形，固定树干并剪除顶芽和基部第一轮侧枝；

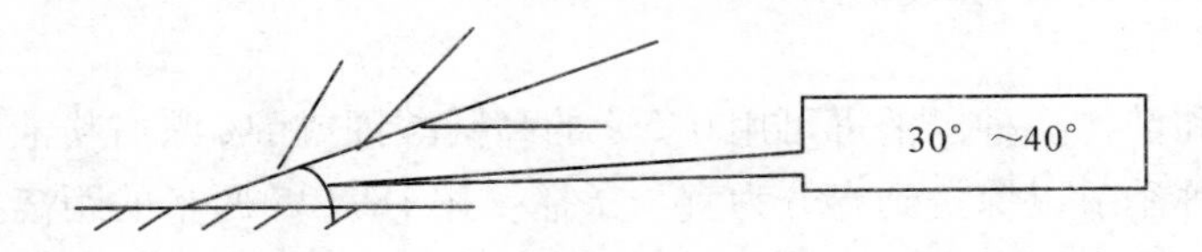

②清除树干上直立萌条，根据除草、除小、除了的要求，经常修剪；

③母株换枝，每3年一次，采用轮换方式每年剪去1/3，冠幅控制在1米左右；

④母树换干，母树树干老化时，选留1株粗壮萌条，长到50厘米以上时，将老化树干平地锯掉，再对留萌行压弯、截顶。

(2)土壤管理。

培萌圃每年中根除草3次以上，追肥1次以上。在4~5月追肥施氮肥，每树施25~50克；冬季施饼肥每树100~200克，培土20厘米。

(3)密度调整。

根据植株生长情况，从第4年开始3年内调整到每公顷0.9万~1.05万株。

(4)病虫防治。

每次修剪、取萌条后，及时喷施75%百菌清可湿性粉500~800倍液，或1%的波尔多液，或7份草木灰与3份石灰混合撒施，每10天一次，连续3次，防治赤枯病、炭疽病等。有白蚁危害时，及时投放白蚁毒饵。

(5)培萌圃的取萌。

取萌截取点一般在萌条基部0.5~1厘米处，一年内取萌四次。

①第一次2~3月，选采长度8厘米以上的萌条；

②第二次4月，选采6厘米以上的萌条；

③第三次5月中旬(夏初)，1厘米以上的萌条全部剪下，选6厘米以上的用于扦插，不足长度的抛弃；

④第四次8月底或9月初，全部采集，6厘米以上的用于扦插，不足长度的抛弃。

(6)插穗的选择。

插穗选根际萌发的顶芽明显、叶片轮生的萌条。以下萌条采穗时剪掉抛弃。

①顶芽不明显，叶片羽毛状排列的萌条；

②树干上的萌条。

(7)插穗的保鲜。

采穗后放入桶子、塑料袋、竹篓等容器，上盖覆盖物，严防插穗受风吹日晒。做到当日采，当日插，插不完的，放荫凉处浅水中保鲜。

(8)扦插。

以株行距3厘米×3厘米的密度扦插，其他与扦插相同。

(二)扦插育苗

1. 扦插圃地的选择

(1)选用肥沃、疏松的壤土、沙壤土，忌选用易板结的黏土和保水力差的砂土。

(2)选用排水良好有水源、半日照的新开垦土、老荒土前作为稻谷的水田(上下丘田高差0.7米以上，上丘为旱土的梯田)；忌选用地下水位高、有渗水的平地、山脚、山窝，整天当西晒的南坡、西坡，或连续育过两年杉苗以上的苗圃地。圃地整理、施肥与播种育苗相同。

2. 扦插

(1)扦插时间。

第一次3~4月上旬；第二次4月中旬到5月中旬。

(2)扦插密度。

扦插可分条插与散插，其密度为：

①春季条插6厘米×16厘米，散插8厘米×8厘米；

②夏初条插4厘米×14厘米，散插7厘米×7厘米。

(3)插穗的处理：将展叶的侧枝剪掉，插穗切口剪成马蹄形，夏初插时将顶芽摘掉。其长度春插8~10厘米，夏初插6~10厘米。

(4)扦插方法：用直径1.5厘米左右的插钎引一个直洞再扦插，插穗入土4~5厘米，插后压实，每插完一床或一片，用喷壶浇透水。

3. 扦插圃的管理

(1)覆盖：用松针、稻草、谷壳、细砂、苔藓等覆盖，覆盖厚度比播种育苗稍薄。

(2)遮阴：春插可在5月份搭阴棚，夏初扦插搭好阴棚后扦插，阴棚透光度30%为宜。

(3)浇水：插穗未生根以前，浇水量与次数主要根据气候和土壤含水状况确定(春插一般插后55~70天生根，夏插一般30~50天生根)，浇水用喷壶，喷水量以打湿表土5厘米深为准。一般情况下，表土土层2~5厘米深湿润，不必浇水。火南风天，即使圃地湿润，每天也需用喷雾器叶面浇水1~2次。

四、苗木出圃

(一)苗木质量要求

根据GB6000标准对苗木进行调查，苗木质量符合DB51/705~2007规定。

(二)起苗

起苗根据造林时间进行，多在冬季或早春。起苗前1~2天应引水灌溉。起苗一般用锄头或铁锹从苗床一侧自外往里带土挖出，然后抖散附土，取出苗木。起苗后，按DB51/T705~2007要求进行苗木分级，经过分级的苗木每100株绑成一捆，根际处要对齐，然后进行打浆蘸根。沾浆用土，应就近挖取质地较黏的黄心土，筛细后用清水调匀备用，可加入适量过磷酸钙、钙镁磷(1%)或食盐(0.3%)，对早期根系恢复有一定促进作用。

(三)假植

经过打浆的杉苗如果不立即送去造林，宜选阴凉场所挖沟假植。假植时根部要对齐，杉苗成捆有序地直立穴中，然后根部覆土，稍加打实。苗木上面应加遮盖，避免阳光直晒。

(四)包装

育杉圃地一般都接近造林地，因此包装要求不甚严格。如距造林地较远，需长途运输，应该认真包装，以免在运输过程中苗根暴露，干燥失水，损坏苗木。一般只用稻草裹根部，中间扎紧，露出苗梢，还可用草包、草席、蒲包及塑料薄膜等包裹。如果运输距离很短，可不加包装，直接置于篮或箩筐中，筐底铺些湿润稻草，以保持根部湿润。

第三节　栽培技术

一、造林地选择

在同一地形条件下，局部地形(坡向、坡位等)及土壤差别仍是很大的，杉木生产力也随之有明显不同，因而仍然要选择生产力高的土壤条件作为造林地，一般选择14、16、18地位指数级的立地进行造林。分布于山坡中部土层厚度60~80厘米，腐殖质厚度15~20厘米，分布于山坡中部以下，山脚、山洼、谷地、腐殖质厚度10~15厘米的，相当于地位指数14。分布于山坡中部以下，土层厚度80~100厘米，腐殖质层厚度15~25厘米，山脚、山洼、谷地土层厚度60~80厘米，腐殖质层厚度10~25厘米，相当于地位指数16。分布山脚、谷地及洼地，土层厚度1米以上，腐殖质层厚度25~40厘米属于18地位指数；而腐殖质层在40厘米以上者，相当于20地位指数。

(一)整地

1. 炼山

炼山是杉木造林的传统方法，对其效果存在不同的看法。炼山既有利也有弊。有利的方面：炼山是一种经济地处理采伐剩余物的方法；增加土壤速效养分；改善土壤pH值，有利于土壤微生物活动等；因而在2~3年内有利于杉木生长。不利的方面是：炼山会大量损失能够肥沃土壤的有机质；长期蓄积在有机质中的N因高温而挥发；通过燃烧而增加的有效养分1年内基本被淋洗掉；烧掉地表的枯落物层，也失去涵蓄降水的功能，因而造成严重的水土流失，这对一些质地粗松的土壤，尤为突出。因此炼山弊多利少，尽可能不炼山，特别在急险坡或是花岗岩、片麻岩及砂岩等风化形成的土壤上，更应避免炼山。如采用环山带状堆积，在带的下方打入树桩，以防滚动。在无条件处理砍伐剩余物的地方，也应将剩余物铺散铺薄，尽可能使炼山的火势轻、烧的时间短，以减少有机质损失。对生长五节芒及竹丛的宜林地，可采用化学除草方法；每公顷用4500克双磷剂，(3000克草甘膦，加1500克调节磷)，于8~9月喷雾，120天即可连根腐烂，春天进行造林，比人工整地可节省投资30%左右。

2. 整地

杉木造林传统的整地方法是全垦，虽然此种整地在杂草繁茂，立地条件较差的条件下对林木生长有较好的效果，但花工多，还往往造成严重水土流失，故在《杉木丰产林标准》中已限制在很小范围内使用，如坡度小于25°，而土壤又比较板结的条件下采用。目前广泛应用的是局部整地，包括穴垦带垦整地。这两种整地方式是在立地条件较好的条件下进行的(如16以上地位指数的立地)，对幼林对不同整地方式的水土保持研究表明，局部整地为固体径流全垦整地少1/7~1/4。局部整地对地力维护有利，规定穴的底径为40厘米×40厘米，深40厘米。规定底径比和口径数好检查，容易掌握规格。

对于带状整地，应严格沿等高线进行，而且应里切外垫呈反坡梯田状，以利水土保持。有的地方带状地未按等高线进行，反而造成水土流失，应予改进。带的宽度通常以70~80厘米为妥。当栽苗时，应栽在带的中间偏外，因那里松土层较厚，表土比较集中。

3. 密度控制

在树种与立地条件确定之后，密度对生长量的影响最明显。不仅影响到林分蓄积量、径生长和出材量，而且影响到林分的小环境和林木的生理过程，森林群落结构和养分水分循环。实际上林业工作者可以通过密度管理，控制林分的内部环境和其生长发育。

密度包括初植密度和通过间伐来调整的林分密度。决定密度的因子很多，但最重要的必须注意如下几点：

(1)培育目标。培育大径材的可以稀一点，小径材要密一点，这是首先要确定的。

(2)立地条件的优劣。好的立地条件可以稀植，因生长较快，差的立地条件要密一点，因长得慢。

(3)间伐下的小径材销路，不仅要看到目前，也要看到今后10年、15年，总之不要形成非商品性间伐。

(4)计算成本。密植的成本高，而稀植成本低，尤其今后用良种苗费用大，而且长得也快。

(5)材质问题。密度大的自然整枝快，结疤少，干形较通直；而密度小的，枝丫大，干形较尖削；此外，密度大小影响早晚材的比例和木材比重。总之要综合上述各因子，权衡利弊得失，决定密度大小。有一点要加以说明的是今后广泛推广良种，特别是无性系，生长速度远优于普通苗木，同时成本也高，因此要求适当稀植。此外，终伐时的保留密度，是一次间伐还是二次间伐达到，保留密度的大小，对林下植被发育，轮伐期的长短和经济效益，会产生明显不同的影响。

4. 初植密度

通过密度试验和长期实践试验，14、16地位指数级立地通常培育中小径材，设计每公顷密度为2505株；18地位指数以上的立地，培育中径材或大径材，采用每公顷1600株。

二、栽植

(一)苗木类型与规格

实践证明，在相同的立地条件和营林措施下，壮苗造林成活率高，生长快，幼林郁闭早，幼林顺利生长，缩短幼林抚育年限，是实现林木速生丰产的必要环节。壮苗首先要求有好的遗传品质，由优良的种源、家系或无性系培育而成，此外苗木本身营养器官发达，有利于幼树生长和抵抗不良的外界条件。据研究，不同规格的杉苗，除苗木的高粗差别显著外，干物质重量、侧根的数量差别尤为明显，因而栽植后高生长明显不同。

目前杉木都用1年生苗木上山，国家已颁布的《杉木速生丰产林标准》中规定选用GB6000《主要造林树种苗木》中Ⅰ、Ⅱ级苗造林。

(二)栽植

1. 栽植季节

通常在12月到翌年2月栽植。在冬季严寒和干旱的地区以春季栽植为好，但最迟应在3月底前结束。栽植成活与天气很有关系，栽植时土壤水分要适中，选择阴天、小雨天和雨后晴天进行。土壤过干，连续晴天，大雨天，大风天以及结冰期间，均不宜栽杉。

2. 栽植深度

杉木根际不定芽的存在和萌发，是该树的一个特性。杉木根际萌条最活跃的部分是在根际以上10厘米左右范围内，当它全部或部分裸露于土外，或者入土太浅时，都可因光照太强，或地表干燥高温，或者由于地上部分生长受阻促使大量不定芽萌发。因而采用适当深栽方法，将根颈萌条活跃区埋入土中，避免不良的环境条件诱发萌芽，也起到用土压制萌条的成长，从而减少萌条发生。根据试验和各地栽植经验，大体合理栽植深度为苗高的1/3到1/2。深栽不仅能减少萌芽条发生，还可提高成活率，因为深层土壤比较湿润。

三、修枝、间伐

(一)修枝技术

1. 修枝林分要求

选择作为无节良材培育的现有幼林的立地指数必须在16以上，且达到杉木无节良材培育的主要指标。

2. 杉木修枝原则

由于杉木林分所处的立地条件、初植密度不同，修枝的开始时间不同，间隔期均有所不同，立地条件好，经营强度高，修枝的开始时间可以提前，反之，则推迟。造林密度大，修枝的开始时间可以提前，间隔期短，反之，则推迟，间隔期长。杉木修枝以不影响杉木生长，获得最大比例无节良材为原则。

3. 单位面积修枝株数

为提高修枝用工的投入产出比，每公顷林分选450株长势最好、树干直、圆满、且具有培养前途的单株进行修枝。

4. 修枝起始时间及间隔期

第一次修枝在林分郁闭、阴枝开始枯死时进行。开始时间5~6年。人工修枝的时间，可在春秋两季进行，林木开始生长前的3月份，林木停止生长后的11月份。间隔期，视林分生长情况，一般1~2年。修枝3~4次。

5. 修枝强度及高度

由于杉木林分所处的立地、初植密度、经营强度不同，修枝强度也不同，以死枝上第一轮活枝为准，第一轮活枝的着生部位树干直径达到直径8~9厘米，即包括第一轮活枝及以下全部死枝修去。每次修枝高度不超过2米。修枝总高度为7米。

6. 修枝的关键技术

修枝技术是无节良材培育的关键技术，修枝要用锋利的刀、斧、锯，要紧贴树干自下往上修割，用锯子锯掉大枝后，将锯口用刀削平，从枝条基部的膨大部位下方，紧贴树干由下向上修剪。总之，要求修枝工具锋利，切口平滑，不能撕裂树皮，修后切面与树干平，不留茬，切勿形成“凹”形或“凸”形切口。修枝季节应在晚秋或早春，此时树液停止流动或尚未流动，不影响修枝林木的生长，同时能减少木材变色现象。

(二)抚育间伐技术

1. 间伐开始期的确定

当小径木的比例达到30%，自然整枝高度达1/3，郁闭度达到0.8以上时，即可进行第一次间伐。

2. 间伐强度及间隔期

(1)间伐强度。

① 18指数级。初植密度1600株/公顷：在10年生时(不包括苗龄)，当上层高达到13.9米，进行第一次间伐，保留株数1350株/公顷；4年后进行第二次间伐，每公顷保留900株。林分20年生时，进行第三次间伐，每公顷保留修枝单株450株，伐除未修枝单株。有条件的地方，保留木每株施复合肥1.0公斤，施肥方式沿树蔸上方挖半径60厘米的半圆沟施肥覆土。

初植密度2050株/公顷：在9年生时(不包括苗龄)，当上层高达到12.5米，进行第一次间伐，间伐强度为株数的28.1%，保留株数1800株/公顷；4年后进行第二次间伐，强度为24.2%，每公顷保留1365株。林分20年生时，进行第三次间伐，每公顷保留修枝单株450株，伐除未修枝单株。有条件的地方，保留木每株施复合肥1.0公斤，施肥方式沿树蔸上方挖半径60厘米的半圆沟施肥覆土。

初植密度2300株/公顷(现有幼林培育类型)：在8年生时，上层高达到10米，进行第一次间伐，强度为27%，每公顷保留2190株；11年生时，上层高达到13米，进行第二次间伐，强度为16.4%，每公顷保留1830株；14年生时，上层高达到15.5米，进行第三次间伐，强度为18.3%，每公顷保留1500株。林分20年生时，进行第四次间伐，每公顷保留修枝单株450株，伐除未修枝单株。有条件的地方，保留木每株施复合肥1公斤，施肥方式沿树蔸上方挖半径60厘米的半圆沟施肥覆土。

② 14、16指数级。初植密度2050株/公顷：在10年生时，上层高达到11.0米，进行第一次间伐，强度为23.4%，每公顷保留1920株；14年生时，上层高达到13.5米，进行第二次间伐，强度为21.9%，每公顷保留1500株。林分20年生时，进行第三次间伐，每公顷保留修枝单株450株，伐除未修枝单株。有条件的地方，保留木每株施复合肥1.0公斤，施肥方式沿树蔸上方挖半径60厘米的半圆沟施肥覆土。

初植密度2505株/公顷(现有幼林培育类型)：在9年生时，上层高达到10.0米，进行第一次间伐，每公顷保留2055株；13年生时，上层高达到13.0米，进行第二次间伐，每公顷保留1500株。林分20年生时，进行第三次间伐，每公顷保留修枝单株450株，伐除未修枝单株。有条件的地方，保留木每株施复合肥1.0公斤，施肥方式沿树蔸上方挖半径60厘米的半圆沟施肥覆土。

(2)间伐木的选择。杉木中幼林间伐采用下层抚育法，按间伐强度，在现场选择间伐木，主要间伐被压木，有缺陷或过密的林木，同时要使保留木均匀分布，间伐木选定后，要在树干上打上标记，以免漏砍、错砍，间伐要做到"砍小留大，砍坏留好，砍密留稀，不留天窗。"

四、施肥

(一)非连栽林地杉木施肥

1. 中上等立地(16地位指数)

施肥每公顷施50~100公斤五氧化二磷(P_2O_5)，相当于每公顷施含14% P_2O_5的钙镁磷肥360~720公斤，无该P肥，也可用每公顷施110~220公斤磷酸二铵代替。肥料可一次施入作基肥，也可作为基肥和追肥施入。

2. 中等立地(14地位指数)

这种立地上的杉木施肥，以P肥为主，由于有机质总量少，土壤养分不平衡应考虑适量的N、K肥。可选用下列施肥方案之一。

(1)造林时每公顷施90~180公斤磷酸二铵作基肥，每株相应施磷酸二铵25~50克，造林第三年4月每公顷追施25~50公斤P_2O_5。另外，还可每公顷追施50公斤K_2O，即每公顷追施含56% K_2O的氯化钾肥90公斤，相当每株施氯化钾25克。

(2)造林时每公顷施25~50公斤 P_2O_5作为基肥，相当于每公顷施含14% P_2O_5的钙镁磷肥180~360公斤，如无该P肥，也可用每公顷施55~110公斤磷酸二铵代替，

(3)造林时每公顷施50~100公斤 P_2O_5作为基肥，相当于每公顷施含14% P_2O_5的钙镁磷肥360~720公斤，每株施钙镁磷肥100~200克或磷酸二铵15~300克。第三年4月每公顷追50~70公斤N和50~70公斤 K_2O，相当于每公顷追施尿素110~160克和含56% K_2O的氯化钾90~130公斤，相当每株施尿素30~45克和氯化钾25~35克。

(二)连栽杉木林地施肥

1. 原为中上等立地(16地位指数)的杉木连栽林地施肥

可选用下列施肥：

(1)造林时每公顷施50公斤 P_2O_5作为基肥，相当于每公顷施含14% P_2O_5的钙镁磷肥360公斤。

(2)造林时每株施钙镁磷肥100~200克或每株施磷酸二铵30~60克。第三年4月每公顷追50~75公斤N，相当每公顷追施尿素110~160公斤，合每株追施尿素30~45克。

2. 原为中等立地(16地位指数以下)

可参考非连栽中等立地(14地位指数)杉木施肥，也可按下列方案施肥。

造林时每株施钙镁磷肥 50 ~ 100 克或磷酸二铵 15 ~ 30 克。第三年 4 月每公顷追施磷酸二铵 90 ~ 180 公斤，相当每株施磷酸二铵 25 ~ 50 克和氯化钾 25 克。

(三)施肥方法

基肥在表土回穴时施入、肥料与所回表土要混匀，使肥料均匀分布在 15 ~ 20 厘米土层内。追施采用沟施方法，在每株树上坡开一条弧形沟，沟长 40 ~ 60 厘米，宽 10 ~ 20 厘米，深 15 ~ 20 厘米，沟距树干 40 ~ 60 厘米。追肥后立即覆土。施肥前须抚育除净杂草，林地内的萌芽条要及时除尽，以免影响肥效。

五、抚育

杉木幼时竞争能力弱，加上采用局部整地，必须加强幼林抚育，重点是清除杂草危害。对幼林危害最重的是五节芒、茅草等。不少地方幼林与五节芒形成“混交”，杉木生长很差，因此在幼木抚育中务必将危害严重的杂草清除干净。还有些特别肥沃之地，如洼地、山脚也是要重点抚育的地方。第1 ~ 3 年每年 2 次，第 4 年 1 ~ 2 次是适宜的，但掌握中可灵活一些。有些地方杂草特别繁茂，第 1 年或第 2 年也可以 3 次，但是因为现在造林用的苗木质量好，生长快，第 4 年可以抚育 1 次或只在有杂草竞争的地方进行抚育，无杂草竞争的地方可不抚育，或只限去除有竞争的杂草等。抚育的范围视整地方式而定。局部整地采用局部抚育。对一些无碍幼林生长的杂草灌木可以保留覆盖地面，以利地力维护。科学的决定抚育季节可以提高抚育效果。如果是进行 2 次抚育，第 1 次应在春夏之交，旱季来临之前；第 2 次应在第 2 个生长高峰之前，即 8 月中旬前后。

六、病虫害防治

杉木对病虫害具有一定的抗性，以往在发展范围小，纯林不多的情况下，很少发现病虫灾害。随着杉木为主的用材林基地建设的发展，加上纯林多，种植区域的不断扩大、不少地区的杉木人工林，已遭受不同程度的病虫危害，因而加强杉木林的病虫害防治工作，已显得越来越突出和重要。

由于杉木分布范围广，又多分散在交通不便的丘陵和山地，加上林业生产周期长，所以在研究杉木病虫害防治措施时，必须注意经济效益与实际可能。多年实践证明，本着预防为主，生物防治和药械防治相结合，实行综合防治是可行的，特别要结合病虫害防治培养和选择抗性强的品种；按照适地适树原则选好造林地，实行集约经营，培育健壮林木以增强抵抗力；提倡营造混交林等。现将杉木的主要病虫害及防治方法，简要介绍如下：

(一)病害

杉木林主要病害的有杉木黄化病(侵染性病害)、杉木炭疽病、杉木叶斑病、杉木叶枯病、杉木枯枝病等 5 种。

1. 杉木黄化病

杉木黄化病是生理性病害也是杉木幼林主要病害。杉木发病后，3 ~ 5 年即枯死，有的虽不枯死，但生长缓慢，平顶早衰，形成“小老树”。发病后，杉木针叶由下而上和由内向外逐渐失绿变黄，病树的根系不发达。杉木黄化病形成的原因，主要是土壤含水量过低或过高；土壤养分少；有机质含量低；栽植不好，管理不及时；山脊当风，树形矮化等都直接影响杉木生长发育，针叶就容易出现黄化。黄化严重的幼树，还容易受炭疽病的侵染，使新梢大量枯死。预防方法首先是适地适树；选好适合杉木生长的造林地；集约经营，搞好幼林的抚育管理；在土壤板结的地方进行深挖抚育，以促进林木生长良好。

2. 杉木炭疽病

杉木炭疽病这种病在我国各杉木产区都有发生，尤以丘陵地区为严重。2 ~ 3 年生的幼树发病严重时，可使整株死亡，4 ~ 10 年生幼树，发病轻者针叶枯萎，重者大部分嫩梢枯死。杉木炭疽病的典型症状是颈枯俗称“卡脖子”，即在顶芽以下10厘米内的针叶发病，严重的还会继续向枝条下部扩展，枯死的嫩梢是勾头状。病叶先端变褐色或针叶中段产生不规则形黑褐色病斑，然后针叶尖端枯死。病害继续，使针叶完全枯死，并蔓延到嫩茎上，逐渐使病茎变黑褐色枯死。发病轻的顶芽还能抽发新梢，生长受不同程度的影响。杉木炭疽病由子囊菌中的围小丛壳菌侵染所致。杉木炭疽病的流行主要是树木受到其他环境因素的不利影响，生长势弱、抗病力低所致。防治的方法与杉木黄化病防治方法相同。

3. 杉木叶斑病

杉木叶斑病又叫杉木细菌性叶枯病，在我国杉木产区各地发生比较普遍，尤以海拔300米以上的山区和半山区最常见。在当年生新叶上，最初出现针头状大小的淡红色至淡色斑点，病斑周围有淡黄色水渍状晕圈，针叶背面晕圈不明显。病斑扩大成不规则状，可使成段针叶变成褐色，最后针叶病斑以上部分枯死或全部枯死。严重时，嫩枝也感病，使嫩梢变褐色，植株梢部针叶枯死，林冠似遭火焚。林缘、林道两旁、山脊和迎风坡，杉木针叶互相刺伤的机会多，叶斑病发生严重，混交林内叶斑病较轻。对叶斑病的防治，也以营林措施为主，选择土壤好、受风小的地段栽杉；提倡营造混交林，同时注意苗木检疫，避免病菌扩散。

4. 杉木叶枯病

杉木叶枯病又称杉针黄化病，是由杉叶散斑壳侵染所致，为杉木幼林和成林中常见病害，发病原因也是因树势生长衰弱，故防治方法与杉木炭疽病防治类似。

5. 杉木枝枯病

由杉木葡萄座壳侵染所致。主要发生在闽南地区，病株率几乎达100%。枝枯病发生与立地条件关系密切，闽南沿海土壤贫瘠，杉木生长不良，枝枯严病严重，相反选地质量好，抚育管理好的地方发病轻。防治方法也是加强杉木经营管理，避免在当风坡造林。

（二）虫害

已发现的杉木树干害虫有粗鞘双条杉棕天牛、杉天牛、一点蝙蛾；嫩梢害虫有杉梢小卷蛾；食叶害虫有雀茸毒蛾、小袋蛾、中华象虫、日本黄脊蝗、叶螨；苗圃地害虫有白蚁、非洲蝼蛄、蛴螬、地老虎、种蝇（根蛆）。

1. 粗鞘双条杉天牛

粗鞘双条杉天牛是杉木主要害虫，也危害松、柳杉和柏类。幼虫蛀害直径4厘米以上的杉木，使树势衰弱，针叶逐渐枯萎，常造成风折，甚至整株枯死，未致死的杉木，木材工艺价值显著降低。这种天牛一年或两年发生1代，以成虫或幼虫越冬。成虫出现盛期，正是杉木扬花授粉期。卵多产于2米以下树皮裂缝中，多单产，个别数粒产在一起。卵孵化后，幼虫起初在韧皮部取食，树干上层出白色树脂，以后蛀入木质部。8～10月幼虫化蛹，9～11月变为成虫。防治方法主要是加强抚育管理，要做好除萌防萌工作，对于过密的林木，须适时进行合理的间伐，使林分通风透光，增强树势，发生虫害以后，要做好以下工作：

（1）要及时清除被害木，采伐原木要及时剥皮，伐根要尽量降低并剥皮。

（2）当幼虫尚未进入木质部时，可根据树干上流出白色树脂，用尖刀挑开树皮，顺虫道找出幼虫，将其刺杀。幼虫进入木质部后，可用50%甲基氧化乐果乳剂或锌硫磷400～800倍液注入虫孔，然后用黄泥密封，将其杀死。

（3）成虫出现期，可用烟剂熏杀或以90%敌百虫1公斤加水500～800公斤喷树干。

（4）在成虫出现前，在林缘附近堆积一些病虫木或被压衰弱木、引诱成虫前往产卵繁殖，然后在幼虫未蛀入木质部前剥去树皮集中运出，予以烧毁。

2. 杉梢小卷蛾

杉梢小卷蛾是杉木一种重要害虫，在广大栽杉地区都有发生，特别在新发展杉木的地区，危害非常严重。此虫食性单一，专食杉木嫩梢顶芽，2年生苗木到20米高的大树均能危害，尤以3～5年生幼树受害最为严重，在发生严重地区，幼林害株几乎达到100%，主梢被害率60%以上。主梢被害后萌生多梢，影响生长与材质，尤其多次连续发生、严重危害高生长。杉梢小卷蛾属鳞翅目小卷蛾亚科，每年发生 2 ~5 世代，随地区不同而异。全年以第二代幼虫发生数量最多，危害最严重。此虫以蛹在树上枯死的顶芽内越冬，越冬蛹于 3 月底到 4 月上旬羽化。第一代幼虫 5 月上中旬老熟化蛹，5 月中下旬第一代成虫羽化。防治重点应放在第一、二代(4、5 月间)以压低虫口密度，控制和减轻虫害。卵期防治，可用松毛虫赤眼蜂。每公顷放 150 万头蜂，在室内见有成虫羽化后第三天开始放蜂，共放 4 次，每隔 3 ~4 天放 1 次，放蜂量依次为 2 万、3 万、2 万。每公顷每次挂 75 ~105 个蜂包，蜂包可挂在树干上部侧枝上。防治效果可达 80% 以上。

幼虫期防治，抓住初龄幼虫阶段，用下列化学农药喷雾可收到良好效果。50% 杀螟松 0. 33% 液或 80% 晶体敌百虫 0. 25% 液、40% 乐果乳剂 0. 25% 液、50% 马拉硫磷(马拉松)乳剂 1. 25% 液，溴氰菊酯 0. 03% ~0. 04% 液。在老熟幼虫阶段，可使用 15% 杀虫畏乳剂或 20% 蔬果磷乳剂 0. 33% 液，40% 久效磷乳剂 0. 04% 液喷雾。

打药要细致，让药渗进梢顶杀死害虫。防治老熟幼虫，可采用“三看嫩梢重复打”的办法，看到嫩梢有虫粪、有枯心、有粪迹的重点打药。也可重点喷主梢顶端，以保护主梢免受虫害。

第十八章　柳杉

第一节　树种概述

柳杉 *Cryptomeria fortunei* 又名长叶孔雀松，杉科柳杉属。较喜光，尤宜在空气湿度大，云雾多，夏季较凉爽的海洋性或山区生长良好。它枝条柔软，富弹性，抗风性、抗雪压能力较杉木强；浅根性，无明显主根，侧根发达，树姿优美。是我国长江流域和南方各省的主要优质用材造林树种，也是庭园、公园及道路的优良观赏绿化树种。

一、木材特性及利用

（一）木材特性

柳杉树干通直，材质轻软，纹理直，密度低，气干密度为0.330分克/立方米，基本密度为0.296分克/立方米；心边材区别明显，木材边材白色，心材红色，而且心边材含水率差异显著、生长应力大；渗透性差。

（二）利用

木材可供、建筑、桥梁、造船，也适宜作室内装修、装饰和高级家具制造。含纤维素55.27%，为造纸良材。

二、生物学特性及环境要求

（一）形态特征

乔木，高达40米，胸径可达2米多；树皮红棕色，纤维状，裂成长条片脱落；大枝近轮生，平展或斜展；小枝细长，常下垂，绿色，枝条中部的叶较长，常向两端逐渐变短。叶钻形略向内弯曲，先端内曲，四边有气孔线，长1～1.5厘米。果枝的叶通常较短，有时长不及1厘米，幼树及萌芽枝的叶长达2.4厘米。雄球花单生叶腋，长椭圆形，长约7毫米，集生于小枝上部，成短穗状花序状；雌球花顶生于短枝上。球果圆球形或扁球形，径1.2～2厘米，多为1.5～1.8厘米；种鳞20左右，上部有4～5（很少6～7）短三角形裂齿，齿长2～4毫米，基部宽1～2毫米，鳞背中部或中下部有一个三角状分离的苞鳞尖头，尖头长3～5毫米，基部宽3～4毫米，能育的种鳞有2粒种子；种子褐色，近椭圆形，扁平，长4～6.5毫米，宽2～3.5毫米，边缘有窄翅。花期4月，球果10月成熟。

（二）生长规律

柳杉人工林的树高、胸径的连年生长曲线和平均生长曲线多次相交，变动幅度大。柳杉人工林胸径连年生长曲线在第10年达到了最高值，之后均处于下降趋势。柳杉的树高、胸径的平均生长量在10年之前增长的幅度较大，10年后基本上都保持在较为稳定的水平。柳杉的树高和胸径生长量在31年中保持较快的生长速度，连年生长量随着树龄的增加，大致呈现出先增加后降低的趋势；而材积的连年生长曲线变动幅度相对较小，平均生长量在31年未达到数量上的成熟。

（三）分布

为中国特有树种，分布于长江流域以南至广东、广西、云南、贵州、四川等地。在江苏南部、浙江、安徽南部、河南、湖北、湖南、四川、贵州、云南、广西及广东等地均有栽培。

(四)生态学特性

喜凉爽湿润和阳光充足的环境。耐寒，略耐阴，夏季忌酷热或干旱，怕积水。枝韧性强，浅根性，不耐大风，寿命长。生长适温 14～19℃，冬季能耐 -10℃低温。土壤以土层深厚、富含腐殖质和排水良好的沙质壤土为宜。

(五)环境要求

生于海拔 400～2500 米的山谷边，山谷溪边潮湿林中，山坡林中，并有栽培。柳杉幼龄能稍耐阴，在温暖湿润的气候和土壤酸性、肥厚而排水良好的山地，生长较快；在寒凉较干、土层瘠薄的地方生长不良。柳杉根系较浅，抗风力差。对二氧化硫、氯气、氟化氢等有较好的抗性。

第二节　苗木培育

一、播种育苗

(一)种子采集与处理

每年 10 月采收球果，在阴凉干燥处放置数天，待种子脱落，洗净后湿沙藏，种子切忌干燥。

(二)选苗圃及施基肥

苗圃地宜选择地势平缓，光照充足，土层深厚，疏松较肥沃的砂质壤土，靠近水源，交通方便的地方。圃地选定后，宜在秋末冬初，全面深翻整地，做到“三犁、三耙、三晒”，使土壤充分细碎疏松。并施用石灰(每公顷 25～30 公斤)或硫酸亚铁(每公顷 10～15 公斤)作土壤消毒。基肥用腐熟的有机肥及火土灰，适当拌入一些磷肥，每公顷用量 1500～2000 公斤。

(三)播种育苗与管理

播种时期一般在 2 月中旬至 3 月中旬。播种前种子用 0.5% 的高锰酸钾液或 1% 漂白粉液浸种 30 分钟，进行消毒。

播种方法多为条播。一般播种沟宽 5～8 厘米，条间距 15～20 厘米，每公顷播种量 45～60 公斤。播种后立即覆土，厚约 0.5 厘米，然后盖草，待大部分种子萌发出土时，揭除盖草。

苗期管理工作，要注意及时除草、松土。一般在 5 月初开始间苗，此后陆续间苗 2～3 次，7 月下旬定苗，培育一年生苗，以每平方米保留 120～140 株为宜。适时施追肥，一般在 6、7 月各施一次氮肥，尿素用量每公顷 150 公斤左右，8 月中旬前再施一次氮、磷肥，8 月底以后停止施肥。

二、扦插育苗

(一)圃地选择

以 200 毫克/升 ABT1 号为生根剂，处理时间为 0.5 小时，选择不同比例的基质进行设置。主要有以下 4 种，珍珠岩: 河沙: 黄心土(2:2:1)、珍珠岩: 河沙: 蛭石(2:2:1)、珍珠岩: 河沙(1:1)、河沙。苗圃周围要四面透风，有自动喷水装置，上层要遮盖黑色遮阳网透光度为 30% 左右。

(二)插条采集与处理

柳杉枝条采集树冠外围受到充分光照、枝条节间短、带有 2～3 个侧芽并且无病虫害的嫩枝作为试验材料。插前用流水浸泡枝条下端 12 小时，翌日制穗扦插。将材料剪成长约 7～8 厘米的插条，下切口为斜口，切口整齐、平滑、无撕裂和挤压损伤，除去插穗基部 1/3 的叶。将制好的插穗用 0.1% 多菌灵溶液浸泡 5～10 分钟，进行消毒处理。

（三）扦插时间与要求

扦插时间安排在春季进行，剪取半木质化枝条，长5～15厘米，插入沙床，遮阴保湿，插后2～3周生根，当根长2厘米时可移栽。扦插所用的所有基质先用0.3%的高锰酸钾喷洒均匀，后用清水进行冲洗，晾干后装入8厘米×10厘米营养袋备用。

（四）插后管理

扦插后的管理期间，自控喷雾装置每间隔30分钟喷水30秒，每隔7天喷施1次0.1%多菌灵溶液，叶面肥追肥1次（5%磷酸二氢钾 +1%尿素混合液）。灭菌和喷施叶面肥均在傍晚进行，保留半小时后再启动自动喷灌。

三、轻基质容器育苗

（一）轻基质的配制

营养土是容器育苗的基质，配制时要选择质地不太黏、保水、通气性能良好，不易出现板结，不带草种、害虫和病菌，重量比较轻，便于搬运。通常采用林内腐殖土、泥炭土、火烧土、黄心土、塘泥和细沙等。其配制方法有几种，可以因地制宜地加以选择：

（1）黄心土、火烧土各49%，过磷酸钙2%。

（2）火烧土78%～88%，完全腐熟的堆肥10%～20%，过磷酸钙2%。

（3）泥炭土、火烧土、黄心土各1/3。

（4）黄心土40%，火烧土30%，森林表土或腐殖质土20%，细河沙9%，过磷酸钙1%。

（5）塘泥50%，黄心土30%，细河沙20%。

（二）容器的规格及材质

目前市售塑料薄型容器袋有各式各样的规格，从造林角度来考虑，边远山场应用小型袋子为好，可以减少运输成本；交通运输方便的可用稍大规格的袋子。从成本上看，育苗时间在半年内，可采用4厘米×8厘米规格的小型袋子比较合算。

（三）圃地准备

容器育苗要考虑苗木运输，场地应尽量选择离造林地近的地方，以减少运输成本。育苗场地的选择应考虑以下几个方面：一是排灌方便；二是要平坦，四周开好沟，便于防洪防涝和整齐排列；三是要有充足的阳光，做到能遮能晒。

（四）容器袋进床

将营养土装入容器袋中，营养土应混合拌匀，并盖上塑料布，防止大雨打湿不好上袋。装袋时应分层振实，但不宜装过满，一般装到离容器口0.5～0.8厘米左右即可，然后铲平地面，把装土的容器成行排列。排列时一定要靠紧，既可防干，又能提高场地利用率，在排袋时可用木板左右拦好，拦成一畦一畦的，留好步道，袋排好后用板推紧摆直，整齐成行成畦。

（五）种子处理

播种前种子经过翻晒1次，再用0.5%高锰酸钾或1%的漂白粉浸种30分钟；或者用0.15%～0.3%福尔马林液浸种15分钟，将种子捞起密盖1小时。也可以用0.5%硫酸铜溶液浸4小时，不管使用哪种方法，浸药种子都必须用清水冲洗后再播种。

（六）播种与芽苗移栽

主要是计算过磷酸钙发酵期，一定要有20～30天，而芽苗从下种到移栽约需20天左右，因此装袋结束后可立即播种。

容器育苗用芽苗移植方法，能够节省种子，容器苗上袋用芽苗法保存率高且整齐。苗出床时，种子萌发胚根刚露出、形状像火柴梗一样时，马上用水喷床取苗移栽。边移栽边喷水，并且用黑色遮阴网，搭棚进行遮阴。柳杉容器苗芽苗移栽方法比较简单，即用竹筷或竹签在容器袋中间插下，歪斜一个口子，沿竹签口边种下芽苗，取下竹签轻轻用食指按实即可。在移栽过程中，备用芽苗不可过多，随拔随种，并用盘子放苗，盘中放水养苗。容器苗上袋 1 ~ 7 天是关键成活期，应注意苗木水分供应，防止脱水。7 天以后每天早、晚喷水 1 次，待苗木出真叶后每天喷水 1 次。

(七)苗期管理

1. 水分管理

容器苗与大田苗不一样，水分管理非常重要。水分管理的原则是应保持袋土湿润，严防过干。同时雨天应注意防涝积水，排放容器袋的四周应开好排水沟，防止大雨时积水而影响苗木生长。早期应勤浇水，后期浇水次数可以减少，但水分总量不能减少。

2. 追肥

幼苗初期应多施 N、P 肥，以促进苗木早期发育生根，增强抗病力。中期则多施 N、P、K 完全肥料，以促进苗梢木质化，提高抗性和提高造林成活率。追肥以速效性肥料为主，如尿素、硫酸铵、氯化铵、腐熟人粪尿等，先稀后浓，少量多次，各种肥料交替使用。液体化肥施后应立即用清水洗苗，以免“烧苗”。也可以用磷钙类化肥，还可以用尿素或磷酸二氢氨进行根外追肥。

3. 补苗

芽苗移栽上袋一般成活率都在 90% 以上，为了充分利用容器袋，必须在上袋后半个月进行一次补缺补漏，方法同上，因补缺补漏的苗木比较大，栽植时应格外细心，及时浇水。经过补缺补漏后一般苗木整齐划一，这也是节省成本的一个好办法。

4. 拔草和少部分袋子加细土

容器袋小，装土少，大草会严重影响苗木生长，大草拔除不容易，并且会伤苗，应提倡拔早拔小拔了。同时个别袋子因浇水浇肥袋内土会减少，要及时加土。

四、苗木出圃与处理

(一)苗木规格与调查

出圃苗木应是生长健壮及树形、骨架基础良好的苗木，根系发育良好，有较多的侧根和须根；起苗时不受机械损伤；根系的大小根据苗龄和规格而定，苗木的茎根比小、高径比适宜、重量大。苗木无病虫害和机械损伤；有严重病虫害及机械损伤的苗木应禁止出圃。

(二)起苗与包扎

(1)起苗时应有一定深度和幅度，不损伤根皮，不撕断侧根和须根。不损伤地上枝干，做到枝干不断裂，树皮不碰伤，保护好顶芽。保证达到对苗木规定的标准。

(2)保持圃地良好墒情。土壤干旱时，起苗前一周适当灌水。苗木随起、随分级、随假植，及时统计数字，裸根苗应进行根系蘸浆。有条件的可喷洒蒸腾抑制剂保护苗木。

(3)适量修剪过长及劈裂根系，处理病虫感染根系。

(4)清除病虫危害苗木，按林木植物检疫要求进行处理，尤其是有危险性病虫害的苗木，要集中处理。

第三节　栽培技术

一、立地选择

造林地应选择在气候凉爽多雾的山区缓坡，坡的中、下部和冲沟、洼地以及排水良好的地方，土层较深厚湿润，质地较好，疏松肥沃。山顶、山脊和土壤瘠薄的地方，不宜栽植。

二、栽培模式

（一）纯林

柳杉可以营造纯林。

（二）混交林

柳杉可与杉木/檫树等营造混交林，混交方式常采用单行混交或单双行混交。

三、整地

（一）造林地清理

造林地清理包括全面清理、团块状清理和带状清理。主要包括割除清理法、火烧清理法、堆积清理法和化学药剂清理法。

（二）整地时间

整地如果与造林同时进行，可随整随造。由于这种做法不能充分发挥整地的有利作用，所以，应用不多。但是，如果在土壤深厚肥沃、杂草不多的熟耕地上，或土壤湿润、植被盖度不高的新采伐迹地上，随整随造却能收到较好的效果。

在造林季节之前进行的整地叫提前整地或预整地，一般提前 1 ~ 2 个季节。秋季造林时，整地可提前到雨季前；春季造林时，整地时间可提前到头一年雨季前、雨季或至少头年秋季。

（三）整地方式

造林前的整地是营林生产的重要工序，整地质量的好坏，对林木生长有一定的影响，采用何种整地方式，应当根据造林地立地条件和当地经济状况而定。一般采用穴状整地，整地规格为 60 厘米 ×60 厘米 ×40 厘米。

（四）造林密度

一般纯林培育中径材、初植密度为每公顷 2505 ~ 3333 株；培育大径材，每公顷 1665 ~ 2505 株；培育小径材，每公顷 3333 ~ 4995 株。混交林密度，可采用纯林造林密度。

（五）基肥

一般每穴施磷肥 500 克、氮肥 50 克、钾肥 50 克，施后与穴内土壤搅拌均匀。

四、栽植

（一）栽植季节

裸根苗一般在冬春两季栽植，营养袋苗四季皆可栽植。

（二）栽植方式

苗木入土深度约超过根茎 2 ~ 3 厘米，回细土壅根后，稍向上提苗，使根系舒展，再次填土打紧压实，最后盖一层松土呈弧形。

五、林分管抚

（一）幼林抚育

应在造林当年秋季除草松土 1 次，第 2 ~ 3 年春挖秋锄各 1 次，第 4 年再除草松土 1 次。也可进行林粮间种，以耕代垦，促进幼林生长。

（二）施追肥

幼林期应以施氮肥为主，每年每株每次沟施氮肥 0.2 ~ 0.3 公斤，连续 3 ~ 4 年。

（三）修枝与干型培育

进行修枝整形，改善树体营养状况，可培育通直干形。在修枝中，注意把病虫枝、枯枝、徒长枝及过密枝剪去，以利通风透气。修枝一般在树木停止生长的晚秋进行。

（四）间伐

初植密度为 3000 株/公顷，立地条件中等的林分，5 ~ 6 年即可郁闭成林，一般 10 年内无自然整枝现象。间伐可从第 10 ~ 11 年开始，采用下层抚育法，强度控制在 30% 左右。

（五）病虫害防治

常见有立枯病和赤枯病危害，可用 70% 甲基托布津可湿性粉剂 1000 倍液喷洒。虫害有大蓑蛾、金花虫和赤天牛危害，用 50% 杀螟松乳油 1000 倍液灭杀。

第十九章　柏木

第一节　树种概述

柏木 *Platycladus orientalis* 属柏科，柏木属，常绿乔木，北京称侧柏原产我国，对气候适应性强，树可高达 20 米，胸径可达 1 米，树形美观，四季常青，耐干旱瘠薄，抗病虫，寿命长，种子、木材、叶、皮、根均为人民生活和工业的重要原料。是华北、西北、华东及华南北部荒山绿化的先锋树种，是干旱瘠薄石灰岩山地、沙荒及轻盐碱地区的主要造林树种之一，也是城乡绿化的好树种。

一、木材特性及利用

（一）木材材性

边材黄白或至浅黄褐色；与心材区别明显，界限分明。心材草褐或浅橘红褐色。木材有光泽；香气浓厚；纹理斜；结构甚细，均匀；比重 0.58，坚实耐用，干缩小；强度及冲击韧性均中等；锯刨等加工容易，刨面光滑；耐腐性及抗蚁性均强。

（二）木材利用

柏木木材是优良的建筑，造船、桥梁、家具及细木工用料。

（三）其他用途

柏木叶性味苦涩、性寒，具有凉血止血的功效，常用于吐血、尿血、便血、崩漏等各种出血症。

二、生物学特性及环境要求

（一）形态特征

常绿乔木，高达 20 米，胸径达 1 米；树皮条状纵裂；生鳞叶的小枝圆柱形，绿色，末端的小枝粗 1.1～1.5 毫米。3～4 年生枝紫褐色或红褐色。叶鳞形，绿色，背部拱圆，中部有一明显或不明显的腺点，交叉对生，排成紧密的四列，长约 1 毫米。球果单生侧枝顶端，近球形或略长，直径 1.2～2 厘米，成熟时红褐色或褐色，种鳞交互对生，4～5 对，木质，盾形，外露部分呈不规则的四边形或五边形，中央有短小的尖头；种子扁平，宽圆形或倒卵状圆形，长 3～4 毫米，两侧有翅。花期 3～4 月，球果 10 月成熟。

（二）生长规律

柏木属阳性树种，但幼树耐庇荫，其树形和器官有很大的可塑性，在全光下树干萌发出许多侧枝，树干低矮，发育不良。而如果进行侧方遮阴，则可抑制不定芽的萌发，促进高生长，使树干高大。柏木为浅根性树种，侧根、须根发达，互相交织成网状，能充分利用表层土壤的水分和养分，所以造林易成活，遇到特殊干旱年份也能顽强生存。并且在好的立地条件下生长速度较快。

（三）分布

柏木能生长在绝对低温 －35℃，年降水量 300 毫米的干冷地区和南亚热带气候区，但以年平均气温 8～16℃的暖温带生长最好。在石灰岩、花岗岩等发育的褐土上，pH 值 5～9 范围内均有分布或栽培。国内大部分省市均有分布，其中山东、河南、河北、山西、陕西等省较多。在自然分布区内，从海拔3000米以上的天山山脉，到东部1000米以下的低山丘陵；从内蒙古草原到长江中下游平原都有片林分布。

(四)生态学特性

柏木为阳性树种，喜光，幼时稍耐阴，适应性强，对土壤要求不严，在酸性、中性、石灰性和轻盐碱土壤中均可生长。耐干旱瘠薄，萌芽能力强，耐寒力中等。最适生的条件是年均温度8℃以上，>10℃的积温达3000小时的地区。抗风能力较弱，所以在迎风处生长不良。

(五)环境要求

柏木是温带树种，浅根性、喜光，能耐－35℃绝对低温，对土壤要求不严，更较油松耐土壤干旱和盐碱贫瘠。在我国北方山地造林中，常将较好造林地让位于油松，而将条件差的阳坡半阳坡栽柏木。柏木对温度的要求高于对水分的要求，对土壤要求不严，喜生于湿润肥沃排水良好的钙质土壤。耐寒、耐旱、抗盐碱，在平地或悬崖峭壁上都能生长；在干燥、贫瘠的山地上，生长缓慢，植株细弱。浅根性，但侧根发达，萌芽性强、耐修剪、寿命长，抗烟尘，抗二氧化硫、氯化氢等有害气体，分布广，为中国应用最普遍的观赏树木之一。

第二节　苗木培育

一、良种选择

林木良种是造林获得高效益的关键。使用良种造林在不增加其他投入的情况下，可使造林获得5%～30%增益。因此，柏木造林必须使用良种。由于柏木的良种选育研究工作较晚，目前在湖南省尚未建立种子园，故尚不能使用种子园的种子进行育苗造林。但各地都先后开展了树种资源普查，对柏木的分布情况是掌握的。因此，当前应使用柏木优良种源或优良林分的种子进行育苗造林。

二、播种育苗

(一)种子采集与处理

选择20年生以上、无病虫害的健壮母树采种。当球果变为黄褐色时采收，采回球果放置于太阳下暴晒，果皮开裂后种粒脱出，经风选或水选净种，晒干后装在麻袋中，在阴凉干燥处贮存。每1公斤种子约4.5万粒。

(二)选苗圃及施基肥

苗圃地应选择排水良好、土壤肥沃的沙壤土或壤土，pH值为6.5～7.5，要具有灌溉条件，不宜选择土壤过于黏重或低洼积水地，也不要选在迎风口处。前茬为蔬菜、瓜果和薯类的农作物用地不宜使用，以防病害传播和感染。苗圃地要深耕细耙，施足底肥。翻地常在秋季进行，深25～30厘米。春季适宜浅翻15厘米左右，结合秋季深翻地，每公顷施厩肥37500～75000公斤，然后耙细整平后作床，一般采用平床，即床宽1米，埂高20厘米，长度视地块而定，床面平整，播前1周灌1次透墒水，水分渗干后耙平待播。

(三)播种育苗与管理

1. 种子催芽

播种前为使种子发芽整齐、迅速，最好进行催芽处理。柏木种子先进行水选后捞出，再用0.5%高锰酸钾溶液浸种消毒2小时。然后用40℃温水浸种24小时，将种子捞出平摊于背风向阳处，每天洒温水1次，并经常翻动，种子裂嘴即可播种。

2. 播种

柏木适于春播，由于气候条件的差异，各地播种时间不尽相同。应该根据当地气候条件适期早播。

条播播种量15～22.5公斤/公顷，每床纵播4～5行，播种沟深6厘米，播幅5厘米，下种要均匀，播后覆土2厘米并稍加压实。

3. 苗期管理

幼苗出土期间，土壤要保持湿润，忌灌蒙头水。苗木出土后用1500倍退菌特或多菌灵喷洒1次防治病害。苗高5厘米时间苗，定苗后床面留苗50株/平方米左右。苗木出齐后松土1次，当苗高3～5厘米时可灌水1次，灌水后及时中耕，根据土壤墒情每10～15天浇水1次。在雨季到来之前追肥1次，进入雨季后减少浇水，注意排涝，及时中耕锄草。苗木速生期结合灌溉进行追肥，行间沟施尿素150～225公斤/公顷，分2次施用，在苗木速生前期追施1/2，半月后再追施余下1/2。

三、轻基质容器育苗

（一）轻基质的配制

轻基质配制成分为焦泥灰50%、田土30%、炭化谷壳19%、复合肥1%，加入托布津、多菌灵或福尔马林等粉剂充分拌匀，用薄膜覆盖24小时进行消毒。配置的基质pH值以弱碱性最佳。

（二）容器的规格及材质

将消毒后的基质装入容器袋中，容器袋规格为10厘米×5厘米，均匀压实，装至与容器口持平。呈梅花形紧密摆放好容器袋，床边覆土与容器高度持平，以防容器袋倾倒。

（三）圃地准备

选择土壤肥沃、湿润、疏松的沙壤土、壤土作圃地，施足基肥后整地作床，精耕细作，平整床面。

（四）种子处理

为了提高发芽率，缩短发芽期及出苗整齐，播种前用45℃温水浸种24小时催芽，催芽后进行撒播，用种量150～225公斤/公顷，播后薄土覆盖，覆土厚度以不见种子为宜，并盖上薄膜，根据土壤墒情及时浇水，以保持床面湿润。

（五）播种与芽苗移栽

播种季节一般在2月中下旬或3月上旬，这时气温低，有利于发芽。约1个月后，苗木85%出土，胚壳脱落前即可移栽。芽苗移栽最好选择在阴雨天，晴天应在早晚进行。移栽时将芽苗轻轻拔起，放入盛有少量水的容器里，注意不要损伤苗木；用削尖的竹筷在装好基质的容器袋中间插个小孔，将芽苗放入孔中，用竹筷在边上插几下，使芽苗根部与基质压实，若芽苗根系过长，可适当修剪，栽植深度要稍深于芽苗原来地下根深，栽植要细致，做到栽正栽直，苗土密接，移植后用0.1%新洁尔灭溶液进行喷雾消毒，并喷洒1次透水，5～10天后查苗补缺。

（六）苗期管理

定栽后即用70%左右遮阳网搭架遮阴，连续晴天时，再加盖1层遮阳网，15天后渐渐揭去遮阳网，以促进苗木根系生长发育及炼苗；要及时拔草，做到拔小、拔了，以免影响苗木生长；苗木生长前期每隔10天左右用0.1%新洁尔灭溶液或1000倍多菌灵溶液喷雾消毒，以防立枯病发生；移栽苗缓苗期过后就可追肥，分别用0.3%～0.5%复合肥和0.3%～0.5%尿素等轮流浇施，每隔10天左右施1次；7月～8月高温季节，由于天气炎热干燥，苗木组织木质化程度低，抗逆性差，必须用遮阳网遮阴，并及时浇水，保持基质湿度；9月下旬及时揭去遮阳网，停止施肥，以促进苗木木质化；经过1年的培育，苗高可达15～30厘米，地径0.3厘米以上。

四、苗木出圃与处理

柏木苗木一般为2年出圃，为培养大苗需要进行多次移植。第1次移植株行距20厘米×40厘米，第2次移植30厘米×60厘米。移植后根据墒情及时灌溉并适时中耕除草、施肥，同时注意冬季休眠期的修剪整形。

第三节　栽培技术

一、立地选择

在石灰岩、砂岩的薄土层上，不论在阳坡、阴坡、高山、低山、丘陵，也不论土层厚薄均可栽植柏木。但柏木丰产林则应选择在海拔1000米以下的中低山区和丘陵区造林。柏木虽耐干旱瘠薄，但在土层深厚、土壤肥沃的地方则生长快，因此造林地以土层较厚为宜。在土层薄而干燥的山坡上造林，要提高整地质量。严重盐碱地和低洼易涝地不宜造林。

二、栽培模式

柏木生物量低，枯枝落叶少，对土壤改良作用小。柏木一般营造混交林。柏木混交可以充分利用土地，恢复和提高土壤肥力，提高林分的生产力和生态效能。可结合生态环境的特性，在不同的山地条件下分别采用行、带混交模式。在立地条件差的地方可采用柏木与荆条和刺槐等混交；在立地较好的地方可采用柏木与松树和山合欢等混交。

三、整地

(一)造林地清理

造林地需清除地面杂草、刺棘等，然后再根据地形进行整地。

(二)整地时间

造林地整理是按造林的需求，结合山坡地形和土壤条件进行，一般要在造林前一年的雨季、秋季进行精细整地，以熟化土壤，提高土壤蓄水保墒能力。

(三)整地方式

(1)水平阶整地。适于黄土丘陵区、山地土层较厚的缓坡地，沿等高线整地，一般宽深各30厘米、长3~5米，埂高20厘米，阶面略向内倾斜。

(2)鱼鳞坑整地。适于干旱、水土流失的山地和坡陡、土层薄的地方，采取挖鱼鳞状的坑，坑深70厘米，培土50厘米，起到培植土层厚度，保护根系，增加营养的作用。

(3)反坡梯田整地。适于地形较平整、坡面不平滑的山地，梯田面向内倾斜成反坡，沟田宽1~2米。

(4)水平沟整地。适于山地坡陡和水土流失严重的丘陵区，沿等高线挖横断面呈梯形的沟。

(5)穴状整地。适于平地陡坡、碎坡山地。一般为圆形或方形，坑径40~50厘米，坑深40~50厘米。

(四)造林密度

荒山造林株行距为1米×1.5米或1米×2米，以4500~6000株/公顷为宜。丰产林则以2250~3000株/公顷为宜，不可过密。

四、栽植

(一)栽植季节

柏木栽植可趁解冻后，2~3月份进行，若春季旱象严重时尽量少栽。雨季造林应在透墒之后的连绵阴雨天冒着小雨栽植最好。

(二)苗木选择、处理

用一、二年生苗造林成活率高，柏木造林从起苗到假植时间宜短，随起苗随运输，当日栽完，最好栽前蘸泥浆。栽时根系舒展，苗干端正，深度合适，分层覆土并踩紧。要尽量在林地中片状整地育苗，苗木就地造林。

五、林分管抚

(一)幼林抚育

柏木植苗后要进行抚育管理，当年主要是防旱、保墒，缺苗或死亡的要进行补植。及时松土除草，当年应除草 2 ~3 次，以后每年 1 ~2 次，连续 3 ~4 年。一般造林 5 年后在秋末或初春开始修剪，以后每 2 ~3 年修剪 1 次为宜，修枝强度为树高的 1/3。

(二)施追肥

有条件的可增施有机肥，改良土壤，促进柏木生长，增强树势。

(三)修枝

营造混交林，采取修枝和间伐措施改善生长环境，促进柏木健壮生长，降低侵染源。

(四)病虫害防治

1. 毒蛾

在幼虫密度大时喷洒 25% 灭幼脲 3 号 15 倍液，间隔 7 天再喷 1 次；对郁闭度大的林分进行间伐；设置黑光灯诱杀成虫；苦参烟碱烟雾剂喷洒。

2. 双条杉天牛

在成虫未出孔前用生石灰∶硫黄粉∶水 =10∶1∶40 的比例配制混合液刷树干 2 米以下部位；清除枯死木、濒死木和受害严重的树木；在幼虫期释放管氏肿腿蜂寄生；用 8% 威雷 150 倍液器喷洒树干。

3. 叶枯病

伐除枯死植株并集中烧毁。采用 45% 苯醚甲硫可湿性粉剂 800 倍液，或者 45% 咪鲜胺乳油 3000 倍液于子囊孢子释放盛期对树冠及地面枯枝落叶喷雾 2 ~3 次，以上药剂交替使用效果更明显。或在病菌子囊孢子释放盛期用杀菌剂喷雾防治或用杀菌剂放烟防治，按用量 15 公斤/公顷于傍晚放烟。

第二十章　福建柏

第一节　树种概述

福建柏 *Fokienia hodginsii* 又名建柏，柏科福建柏属树种。系渐危种，为古老的残遗植物。主干通直，树形美观，生长较快，材质好，生态适应性强，根部有多种菌根菌，能培肥土壤，可多代连栽，是我国南方特有的珍贵速生用材树种。福建柏树冠狭窄，树姿优美，叶色美观，具有极高的观赏价值，是优良的园林绿化及庭园观赏树种。

一、木材特性及利用

（一）木材材性

福建柏 20 年即可达到工艺成熟龄，木材气干密度为每立方厘米 0.435 公斤，湿胀比为 1.57、干缩比为 1.62，端面硬度 38.1 兆帕斯卡，抗压强度 29.9 兆帕斯卡，抗弯强度 67.48 兆帕斯卡。福建柏树干通直、节疤少，木材心材黄褐色，边材淡黄色，纹理清晰美观，结构细而均匀、材质稳定、强度中偏低，加工性能良好，干燥质量好，不容易产生变形、翘曲、开裂、腐朽、虫蛀等现象，工艺价值很高。

（二）木材利用

福建柏是高档家具、装饰装潢、木模制作、木雕及建筑的优良用材，适宜用于家具及装饰用材等方面。作为承重构件时要慎重。

（三）其他用途

树根、树桩可蒸馏挥发油，为制造香皂之香料。心材切段或切片，晒干用作煎汤，可治脘腹疼痛、噎膈、反胃、呃逆、恶心呕吐等病。

二、生物学特性及环境要求

（一）形态特征

乔木，高达 17 米；树皮紫褐色，平滑；生鳞叶的小枝扁平，排成一平面，二三年生枝褐色，光滑，圆柱形。鳞叶 2 对交叉对生，成节状，生于幼树或萌芽枝上的中央之叶呈楔状倒披针形，通常长 4～7 毫米，宽 1～1.2 毫米，上面之叶蓝绿色，下面之叶中脉隆起，两侧具凹陷的白色气孔带，侧面之叶对折，近长椭圆形，多少斜展，较中央之叶为长，通常长 5～10 毫米，宽 2～3 毫米，背有棱脊，先端渐尖或微急尖，通常直而斜展，稀微向内曲，背侧面具 1 凹陷的白色气孔带；生于成龄树上之叶较小，两侧之叶长 2～7 毫米，先端稍内曲，急尖或微钝，常较中央的叶稍长或近于等长。雄球花近球形，长约 4 毫米。球果近球形，熟时褐色，径 2～2.5 厘米；种鳞顶部多角形，表面皱缩稍凹陷，中间有一小尖头突起；种子顶端尖，具 3～4 棱，长约 4 毫米，上部有两个大小不等的翅，大翅近卵形，长约 5 毫米，小翅窄小，长约 1.5 毫米。花期 3～4 月，种子翌年 10～11 月成熟。

（二）生长规律

福建柏整个生长发育分为 4 个阶段，第一阶段 0～4 年生为幼林期，第二阶段 4～14 年生为速生期，第三阶段14～24年生为杆材阶段，第四阶段24～32年生为近成熟期。幼林期主要以树高生长为主，胸径、材积生长较慢；速生期的胸径、树高增长较快；杆材阶段主要以材积增长为主，材积连年生长量出现高峰；近成熟阶段平均生长量生长逐渐趋于平缓，接近最大值，但仍保持一定的生长速度。在整个生长过程中，树高连年生长量最大值出现在8年生，平均生长量最大值出现在10～12年生之间，此时连年生长量和平均生长量曲线相交。16～20年生之间，树高连年生长量急剧下降。直径连年生长量最大值出现在6年生，6年生以前，属幼林期，直径生长缓慢，从第6～22年生，是胸径生长的旺盛期，连年生长量达0.77～1.62厘米，连年生长量曲线和平均生长曲线在整个生长过程出现了3次相交，这与经营措施、气候、病虫害等条件的影响有关。材积连年生长量在20年生达到最大值，16～32年生之间，是材积生长的速生期，材积连年生长量在0.01立方米左右，数量成熟年龄大约在40年生左右。

(三)分布

福建柏自然分布的水平空间大约在北纬22°～28°30′，东经102°～120°，其分布中心在北纬24°30′～26°30′，东经110°～119°，以东西向沿纬度线自福建沿海至云南东南山地呈窄带状间断分布，以福建柏为建群种面积较大的林分主要分布南岭山地。大多数资源破坏殆尽，仅湖南与广西交界处都庞岭，福建梅花山，鹫峰山，江西井冈山，贵州雷公山(剑河)，重庆四面山等地残存一定面积以福建柏为优势树种的林分或小面积纯林，其他地区为零星分布。湖南永州都庞岭国家级自然保护区资源较多，有福建柏散生林分4130公顷，其中纯林42公顷，立木总株数9.35万株，蓄积量2万立方米。贵州剑河久仪乡和南哨乡有福建柏小片残林1公顷，立木108株，树高分布9～32米，径级分布30～180厘米，最大1株树龄约600年，是我国目前发现的树龄最古老、树体最高大的一片。垂直分布随经度和地貌而变化，其基本规律是：总体分布海拔500～1800米，往西、往北，分布海拔越高，分布下限越高，分布越窄；往东、往南分布海拔越低，分布下限越低，分布越宽。这与我国大陆地貌东南低、西北高的变化相一致。

(四)生态学特性及环境要求

福建柏属中性偏阳树种，喜温凉湿润气候，适生于中亚热带湿润气候。年平均气温在15℃以上，1月平均气温5℃以上，绝对低温不低于－12℃，年降水量1200毫米以上。幼年能耐一定的荫蔽，可在林冠下造林，15年生以上的福建柏林需光量较大，必须在10年生左右进行间伐，以增加光照，促进林木生长。

福建柏为浅根性树种，主根不明显，侧根发达。适生于中等肥力以上的酸性或强酸性黄壤、红黄壤和紫色土，在土层深厚肥沃湿润立地上生长速度快，造林地宜选山坡中部以下缓坡及山洼等土层较厚的地方。由于其根系发达，穿透力强，有内生菌根，对林地土壤性质具有较强的调节改善作用，是良好的培肥地力树种，对干旱瘠薄的土壤有一定的适应性。但其因承雪量大，在山顶、风口、林缘的林木，易遭大风及冰冻危害，发生断梢或被冰雪压倒，一般生长低矮，成为向高山扩展分布的限制因素。

第二节　苗木培育

一、良种选择

由于福建柏良种选育研究工作较晚，主要是种源与家系选择，目前已筛选出“贵州黎平”“湖南道县”和“福建龙岩”3个适宜中国南方福建柏产区推广种植的福建柏速生优良种源，这些种源具有生长快、抗逆性强的特点。湖南省林业科学院通过早期选择，筛选出适应性强的优良种源6个：湖南道县、福建安溪、广东始兴、江西上犹、福建龙岩、贵州剑河；适应山区的优良种源1个：广西龙胜；适应半山区的优良种源 1 个：贵州黎平；适应丘陵区的优良种源 2 个：福建永泰、福建安溪；适应丘陵区的优良家系 12 个：德化 1 号、德化 2 号、德化 3 号、德化 4 号、德化 6 号、安溪 1 号、安溪 3 号、安溪 10 号、上犹 7 号、古田 2 号、永泰 2 号。这些优良的种源和家系适宜不同生态环境造林地，供生产上推广应用可获得较大幅度的增产效果。

二、播种育苗

(一) 种子采集与处理

10 月下旬采种，树矮处可进行人工采摘；较高处(小于 5 米)搭梯人工采摘；高处(大于 5 米)采取上树，用钩刀、高枝剪采摘球果，或用竹竿敲击使球果掉落于地上拣拾。但必须做到不损伤果枝，不破坏树干，不影响结实和种子产量。

将球果摊晒于平坦晒场或竹席上面，经过 2 ~ 3 个晴天曝晒，球果即可开裂，陆续脱出种子。傍晚翻动球果用筛子筛取种子，这样经过 5 ~ 6 天翻晒，种子即可全部脱出，筛出的种子。经过扬选除杂提纯，再日晒 1 ~ 2 天降低种子含水量，保持干燥，以备贮存。

福建柏种子属于低含水量干性种子，适合于干藏法贮藏。

(二) 苗圃选择与整理

选择交通方便，地形平坦，疏松、肥沃湿润、排水良好、pH 值 5 ~ 7.5 的土壤，忌用黏重土壤。由于福建柏种子较小，千粒重约 50g，苗圃地应选择土壤肥沃，排水良好的沙质壤土。12 月下旬整地，先将过磷酸钙 1500 公斤和 75% 五氯硝基苯 37.5 公斤、代森锌 45 公斤搅拌均匀撒在每公顷圃地上，经过三犁三耙，使过磷酸钙和五氯硝基苯、代森锌与土壤均匀混合，在一定时间内让土壤发酵，使土壤疏松，增加孔隙度，改良理化性质，增加通气透水状况，促使土壤微生物的活动，土壤酸化，抑制和消灭细菌，防治福建柏幼苗病害。然后耙平做床，床土混合 30% 的过筛河砂，床宽 100 ~ 120 厘米，床高 15 ~ 20 厘米。两床之间设 40 厘米步道，两床外侧各设一条宽 25 厘米、深 20 厘米排水沟，圃地四周设一条宽 40 厘米、深 30 厘米环通排水沟。福建柏幼苗喜阴，应在苗床四周搭设遮阴棚，棚高 2 米，用竹、木做支架，棚顶和棚侧四周铺设 50% 遮光度的遮阳网。日照较短的山冲田也可采用全光圃地育苗。

容器苗圃地对土壤没有特殊要求，为节约耕地，可在山坡或土壤贫瘠的土地上建圃，苗床用砖头建成放营养袋的基座或铺 3 厘米厚的河沙。

(三) 播种育苗

1. 种子直播育苗

冬、春均可播种，以春播为主。冬播 11 ~ 12 月，春播 2 ~ 4 月。种子可采用温水浸种催芽，先把种子用 0.3% 的高锰酸钾溶液浸种 2 小时，再把种子放在 45℃ 的温水里浸泡，让温水自然冷却浸种 24 小时后，把浮在水上面的劣种子捞去，再换清水浸种 24 小时，然后捞在编织袋内沥水，并用清水冲洗干净，放在通风的地方催芽。每天早晚用清水喷洒，并把种子轻轻均匀翻动，待有 20% ~ 30% 的种子发芽时即可播种。

一般采用条播法，行距 25 ~ 30 厘米，粒距 5 ~ 6 厘米，播种沟深度，长江以南为 2 ~ 3 厘米，长江以北为 3 ~ 5 厘米，覆土 3 厘米，再盖草或盖膜。每公顷播种量 195 ~ 270 公斤，每公顷产苗木 25.5 万株。

2. 营养袋容器育苗

不同基质配比对福建柏容器苗的出苗率，苗高、地径、根长和生物量均有显著影响。福建柏容器育苗基质配比可采用 68% 黄心土、30% 火烧土和 2% 过磷酸钙或木屑、椰糠、红心土 1∶4∶1，以上配方中可加入缓释肥，如有机肥和过磷酸钙等复合肥等(一般用量每立方米 2 公斤)。将各种基质捣碎拌匀过筛，搅拌均匀，装入直径 8 厘米，高 20 厘米的薄膜袋内。装好的营养袋整齐排放在床面上，喷水使袋子里的土壤湿透。

种子先采用温水浸种催芽，发芽后带每袋点播 1 粒，个别的袋子可点播 2 粒，预防有的袋子种子点播后没有萌芽出袋，可移植补植，播前先将营养袋用清水喷湿润。整个床种子点播后要覆盖上一层基质营养土，覆盖厚度一般 1 厘米左右。整个基质营养土覆盖好，再喷洒清水。

(四)苗期管理

1. 揭草与遮阴

播后 25 天左右种子就开始萌芽，当有 40% 的种子萌芽出土时，在阴天的傍晚揭草，让幼苗接触自然环境生长。揭草过迟幼苗被压，苗茎弯曲影响生长及苗木质量。

由于幼苗生长缓慢，苗茎幼嫩，易遭日灼，必须注意遮阴，3 月可开始盖上 50% 遮光度的遮阳网遮阴，9 月后撤除遮阴进行炼苗。

2. 水肥管理

苗期生长要注意水肥的管理，特别是水的管理。播种后到种子萌发前应多浇，每天一次或隔天一次，有利于种子萌发；幼苗期根系浅，可少量多次，保持表土湿润；6 月后可减少浇水，表土不干不浇，浇则浇透；10 月后苗木生长减慢，除特别干旱应停止浇水，避免秋梢徒长，促进苗木木质化。浇水应在清晨或傍晚。在高温干旱季节要注意排灌，一般在傍晚灌水，次日上午 10：00 以前要把水排干。雨季前要做好苗圃地清沟工作，适当增开排水沟，做到明水能排，暗水能滤。

追肥可采用叶面施肥和土壤施肥。叶面追肥应在阴天或晴天，无风的下午或傍晚进行，苗木长出真叶后，即可开始追肥，施肥应注意勤施薄肥，真叶期和中期主要施尿素，后期施复合肥，每半个月 1 次，9 ~ 10 月停止施肥。土壤施肥可结合松土除草，在行间开沟，将速效肥料施于沟内，然后盖土。

3. 松土除草

松土除草可以改善土壤的物理和化学性质，消灭与苗木竞争的杂草，是一项必要的措施。每次浇水或降雨后可进行除草、松土，除草要掌握“除早、除小、除了”的原则，松土要逐步加深，全面松匀，确保不伤苗，不压苗。撒播的苗木不方便松土，可将苗间杂草拔除，在苗床表面撒盖一层细土，防止露根透风，影响苗木生长。幼苗刚出土时，只宜手扯杂草，避免伤幼苗。生长期为节省人工可使用专杀双子叶植物的除草剂，并结合人工拔除单子叶植物杂草。使用除草剂应先小范围多次试验，确保不伤苗木才可进行。

4. 移苗间苗

间苗可改善苗木生长环境，给苗木创造良好的光照条件和通风条件，减少苗木病虫害的发生，提高苗木质量。从 4 月份开始要分期进行间苗直到 7 月份定苗，每次间苗量宜少，且最好在阴天进行。定苗时，每平方米保留 100 ~ 150 株健壮苗木。间苗前，要用清水喷洒床面湿透，将要间去的小苗用小铁铲带土挖起，另选地移栽。间苗后，再用清水喷洒床面，使苗木与土壤粘在一起，提高苗木成活率。

5. 防治病虫害

在育苗的过程中，各种病虫害会给苗木的生长带来影响，严重时会导致幼苗的大面积死亡，必须做好病虫害的预防，及时除治发生的病虫害。苗期主要病害是猝倒病和立枯病，是育苗常见病害之一。通过圃地选择、土壤消毒、合理轮作、加强空气流通等措施可有效预防；在雨季用多菌灵、托布津、百菌清广谱杀菌剂和波尔多液交替喷洒苗木，可以保护苗木同时消灭病菌；发现病苗及时拔除销毁，清除周围病土，并于周围撒上石灰粉，防止病害扩散。苗期主要虫害是地老虎、蛴螬、蝼蛄等地下害虫，除草整地时注意清除幼虫，虫害不严重时可清晨人工捕捉。

三、扦插育苗

(一)苗圃选择与整理

选地、整理、作床和实生苗生产相同，在苗床上铺 8 ~ 10 厘米厚过筛新鲜无菌黄心土(混合 1/3 的河沙)，并搭设高 1.8 米的遮阳棚，用遮阳网进行遮阳，避免基质表面温度过高。

扦插前土壤须消毒，用 50% 多菌灵可湿性粉剂 500 倍液或 70% 甲基托布津可湿性粉剂 600 倍液喷淋。消毒后插床覆盖塑料薄膜密封，在扦插前 1 天揭开地膜，翻松基质透气，浇透水后备用。

(二) 扦插

夏季 6 月或秋季 10 月进行扦插，夏插气温较高，生根时间较短，秋插的生根率较高。扦插在上午 10 时前下午 2 时后或阴天进行。从树体中上部选取生长充实，顶芽饱满，无病虫害，长度 8～11 厘米，茎粗 0.2～0.6 厘米当年生半木质化枝条，上下端均剪成斜口。用万分之一的 GGR 生根剂浸泡 15 分钟。穗条处理后插入基质，插穗插入基质深度为穗条长度的一半，插前用细竹签引洞，插后将周围稍加压实。及时浇透水，使插穗与土壤密接。

(三) 插后管理

插完马上用竹片、薄膜搭薄膜拱棚保温保湿，使苗床处于全封闭中，利于插穗生根。遮阴棚盖上 60% 遮光度的遮阳网，苗床温度控制在 28℃，平时注意观察，保持基质湿润。定期对苗床进行消毒，每 7～10 天消毒 1 次，用百菌清、甲基托布津、退菌特、多菌灵交替使用，防止病害产生抗性，提高药效。插后 3 个月每 15～20 天喷 0.3% 叶面肥 1 次。每隔 15 天除草 1 次，雨季布道开排水沟防积水。扦插苗生根后每隔半个月施 0.8% 过磷酸钙和 0.1% 尿素溶液。插后 150 天左右可以揭膜，揭膜时先打开拱膜两端，炼苗 3～5 天后，再揭膜。

四、苗木出圃与运输

11 月苗木停止生长，此时应进行苗木调查。1 年生苗高 30 厘米，苗径 0.4 厘米以上可出圃上山造林，小苗可留圃或移植等第二年再出圃造林。起苗时如床面干燥，要提前 1～2 天灌溉，便于起挖。起苗中，要注意不伤顶芽，不撕裂根系。起苗后，立即进行苗木分级，合格苗可分别以 100 株扎成捆蘸泥浆包装。

2 天内运输的苗木，用塑料袋包裹根部；2 天以上运输的苗木，先在成捆苗木根部蘸泥浆或保湿剂，再用塑料袋包裹。批量芽苗运输用带通风孔及抗压的容器包装，注意温湿条件。运输前应在苗木上挂上标签，注明树种和数量。运到目的地后，要逐梱抬下，不可推卸下车。对卸后的苗木要立即将苗包打开进行假植，过干时适当浇水或浸水，再行假植。

第三节　栽培技术

一、立地选择

宜选在海拔 300～1200 米的中下坡位，阳光充足，排水良好，土层深厚，质地疏松，肥沃、含腐殖质较多的微酸至中性土壤。采伐迹地、荒山、低产林改造、低郁闭度(郁闭度低于 0.5)林分林冠下都可以营造福建柏。适宜营造混交林，林地以Ⅰ、Ⅱ类地为宜。在山顶、风口、林缘处的林木易遭受大风及冰冻危害，发生断梢或被冰雪压倒，不宜造林。

二、栽培模式

(一) 纯林

福建柏具有根瘤菌，能维护和改善地力，可多代连栽。到目前为止，未发现大规模的病虫害，在自然界也有大面积的纯林分布，营造福建柏纯林是可行的。福建柏纯林郁闭后可以封山，用近自然的经营模式恢复林分的生态系统。

(二)混交林

福建柏与阔叶树混交，林分结构稳定，抗逆性强，是非常成功的模式。福建柏为浅根性树种，主根不明显，侧根发达，在利用营养空间上与樟树、闽楠、檫木、马褂木、火力楠等深根性阔叶树种相协调，并且具有根瘤菌，能维护和改善地力；同时阔叶树具有落叶量大、分解快、养分含量高等特点，能有效地改善土壤理化性质，与福建柏具有互补效应，而且冠幅大，能满足福建柏幼林期喜阴的要求，从而对福建柏的生长产生促进作用，形成有利于生长的生态环境。通过混交，可减少杂草竞争、增加林内湿度、降低温度变幅、提高水土保持能力和土壤含水量，改善土壤肥力状况，增强水源涵养功能，充分利用营养空间，促进林木生长，提高林分产量和质量，对改善贫瘠山地的生态环境和森林景观以及低产林改造有重要意义。混交林可采用1∶1行间混交，株行距2米×2米。

三、整地

(一)造林地清理

林地清理方式和方法应根据造林地植被的多少和坡度大小而定。属采伐迹地采伐剩余物多，坡度较小的可以采用劈草清杂炼山清理。清理杂灌和采伐剩余物时应均匀铺于林地，利于控制火烧强度进行炼山，中等火烧强度炼山有利于土壤释放养分，促进林木生长；采伐迹地采伐剩余物和杂灌不多、坡度较陡、林冠下套种的必须采用块状清理，或采取环山水平带清理，将挖穴位置清理干净。

(二)整地时间

秋冬垦挖、开穴。

(三)整地方式

宜进行挖明穴回表土方法进行整地，挖穴时应按“品”字形沿等高线排列，穴规格为60厘米×60厘米×40厘米，回表土时注意拾净杂草、杂根以及枯枝落叶，是经炼山整地的，对未烧净的枯枝落叶物也不能回人穴内，以免引起白蚁的繁殖。

(四)造林密度

福建柏最大密度模型的合理经营密度为0.64～0.93，培育大径材，可采用密度经营度0.64的合理密度，即每公顷2312株；培育中径材，可采用密度经营度0.75的合理密度，即每公顷2709株。由于福建柏侧枝发达，适当密植可提前郁闭，减少抚育次数，抑制侧枝生长，促进自然整枝，确保干形通直，初始密度以每公顷3000～3600株为佳。

(五)基肥

根据各地情况而定，每穴可施土杂肥10公斤，磷肥0.5公斤，饼肥0.5公斤。

四、栽植

(一)栽植季节

由于福建柏萌动较早，一般在冬末春初造林最佳，冬季造林在土壤封冻前进行；春季造林在苗木新芽萌动前进行。小苗宜春季雨季造林。

(二)苗木选择、处理

栽植时应注意苗木的保护，做到苗木随起苗，随打泥浆，随栽植。当日不能栽完的，应假植在苗地或造林地蔽荫处，保护苗根。福建柏因根系发达，起苗时应特别注意不要伤害根系，过长根系稍加修剪，打泥浆时放入少许灭蚁灵，预防白蚁为害。

(三)栽植

栽植时注意苗梢不“反山”(即鳞叶的正面朝下坡，有白粉气孔线的背面向上坡)，须根舒展，适当深栽，适当密植。覆土打紧时注意茎基不要碰伤破皮，以免遭受白蚁为害。成活率一般可达90%以上。

五、林分抚育

(一)幼林抚育

幼林抚育的目的在于创造良好的环境条件，以促进幼林生长。福建柏缓苗期较长，幼林期需要侧方蔽荫的环境，因此造林后的上半年仅对混交林中的福建柏做穴状锄草抚育，下半年秋后才全面锄草抚育，锄草时应挖除茅草头、杂灌头、竹蔸，进行扶苗，特别注意不要损伤基茎，因基茎破皮极易受白蚁为害，且皮部愈合能力差，易生病腐。掌握内浅外深，留意将所锄杂草离开幼树，不能压苗，最好能水平带放置，有利于挂淤贮水，防止水土流失。以后每年抚育2次，共抚育3年，4年后林分郁闭。

(二)施追肥

施肥与松土、除草同时进行，每公顷施150公斤氮肥和300公斤磷肥。

(三)修枝培育干形

福建柏由于其本身的生物学特性，自然整枝不良，侧枝发达，尖削度大，出材率低，影响了木材材质、木材利用效率和经济效益。结合抚育，适当去除冠下的一部分活枝、全部的濒死枝和死枝，可促进主干通直生长，增加树干的圆满度，培育主干无节木材和提高木材品质。修枝强度以50%为适宜即修剪后枝下高占树高的50%，方法可用平切法，紧贴树干用小锯子从枝条下方向上将活枝、死枝切掉。

(四)间伐

抚育间伐是调整林分结构，改善林内环境，促进林木生长，提高林分质量和单位面积产量的重要措施。幼林郁闭后，郁闭度达0.9以上，枝下高达1/2以上，被压木占20%以上，或林冠下套种林木出现过分拥挤时，要及时进行抚育间伐，调整立木密度，一般在10～14年即可开始第1次间伐，间伐强度15%～20%(按株数计)，按砍小留大、留优去劣，留稀去密，并适当照顾株行距的原则间伐被压木，弯曲木、被害木，间伐后郁闭度为0.7～0.8为宜。16～20年进行第2次间伐，主伐时保留每公顷1200～1350株。

(五)病虫害防治

福建柏易出现的虫害主要是黑翅土白蚁，取食根茎、树皮，并可从伤口侵入成年树木木质部危害，危害严重时引起树木枯死。在整地时要注意清除伐根等白蚁喜食材料，施用堆肥必须充分腐熟。如果有白蚁危害可根据泥被、泥线、羽化孔突等特点判断蚁巢的位置，进行挖巢杀灭。

六、轮伐期的确定

福建柏木材20年即已达到工艺成熟龄，此时采伐已不影响材性。但是福建柏20年时材积连年生长量达到最大，16～32年仍是材积生长的速生期，数量成熟年龄大约在40年生左右，因此培养小径材以20年为轮伐期，如果培养大径材则以40年为轮伐期。

第二十一章　三尖杉

第一节　树种概述

三尖杉 *Cephalotaxus fortunei* 又名藏杉、桃松、狗尾松、三尖松、山榧树、头形杉，是三尖杉科 *Cephalotaxaceae* 三尖杉属 *cephalotaxus* 常绿乔木，是亚热带特有植物，被列入国家二级珍稀濒危保护植物名录。此树种树体高大，材质优良，枝叶浓密，树姿优美，是良好的观赏树种和珍贵的用材树种。

一、木材特性及利用

（一）木材特性

三尖杉的次生木质部中早材至晚材渐变，组成分子包括管胞、轴向薄壁组织和木射线。管胞具螺纹加厚，径向壁上有一列单列的具缘纹孔，纹孔圆形至卵圆形；交叉纹孔式为云杉型；轴向薄壁组织细胞比管胞大，有淀粉等内含物，此等细胞在横切面上单个散布，纵切面上常轴向排列成一列。生长轮明显，无木薄壁组织细胞；射线 1～12 细胞高，单列，较高的射线可能部分为双列，交叉纹孔直径 4～5 微米，近柏木型，木射线细胞水平壁上有不规则加厚，无纹孔，而切向壁平滑，常具缺刻。

（二）木材利用

材质致密、优良、有弹性，纹理细致美观，坚实耐用，可供航空、高级家具、仪器箱盒、装饰品、雕刻等用。

（三）其他用途

（1）观赏树种因其四季常青，树形优美，叶浓绿、秀丽，种子红色，适宜作庭院观赏植物，亦是较好的盆景树和室内装饰植物。

（2）医药用途种子、枝（或茎）、叶、根及树皮均可入药，可提取多达 30 ～ 40 种生物碱，广泛应用于肿瘤等多种疾病的治疗。

（3）种子可供食用、榨油等。

二、生物学特性及环境要求

（一）形态特征

三尖杉为常绿乔木，高可达 20 米，胸径可达 40 厘米；树皮灰褐色至红褐色，裂成片状脱落。枝较细长，稍下垂，树冠广圆形。小枝对生，基部芽鳞宿存，冬芽顶生。叶螺旋状着生扭转排成 2 列，线状披针形，通常微弯曲呈镰状，长 4～13 厘米，宽 3.5～4.5 毫米，上部渐窄，先端有渐尖的长尖头，基部楔形或宽楔形，上面深绿色，中脉隆起，下面具两条白色气孔带，隐见绿色中脉。花单性异株，雄球花 8～10 个聚生成头状，着生于叶腋，有短柄，通常长 6～8 毫米；雌球花有 1.5～2 厘米长梗，生于枝下部叶腋，由数对交互对生的苞片组成，每苞片有 2 枚直立胚珠，生于小枝基部芽鳞腋部，稀生枝顶。种子椭圆状卵形，长约 2.5 厘米，假种皮熟时紫色或红紫色，顶端有小尖头。花期 3～4 月，种子翌年 8～10 月成熟。

（二）生长规律

三尖杉分布区属中亚热带湿润气候，热量条件十分优越，雨水充沛，年平均气温为 15.6～18.3℃，年降水量为1100～1637 毫米。三尖杉生长缓慢，为浅根性树种，喜肥沃、土层深厚、湿润的酸性黄壤，但在石灰土或土层浅薄地方也能生长，常生于山谷、溪旁常绿阔叶林或常绿落叶阔叶混交林下的灌木层中。调查发现，该种的种子萌发和幼苗、幼树生长必须依赖较阴湿的环境，然而壮龄植株必须在全光照的地方，才能很好的结实。

（三）分布

三尖杉分布区主要在中亚热带湿润气候区，在我国主要分布于广东北部、江西东部和西北部、广西东部、湖北西南部、贵州北部和东南部、四川东南部和中部、云南西部和中部及东南部。湖南省主要分布于绥宁、城步、沅陵、古丈、永顺、东安、龙山、桑植、慈利、桃源、宁乡、新宁。越南北部也有分布。

（四）生态学特性

三尖杉大多见于中亚热带区域，在东部地区主要见于海拔1300～1500 米以下的砂页岩山地，而西部地区分布于海拔1500～2700 米的山地。分布区中心年平均气温14～18℃，极端最低气温常达－10～－5℃，年降水量1300～1600 毫米，相对湿度80%以上，无论在酸性黄壤或黄棕壤，或是在微碱性的黑色石灰土和棕色石灰土都能适应生长。三尖杉喜欢较阴湿的生境，大多零星生长在常绿阔叶林或山地常绿—落叶阔叶林内，为乔木层中、下层的偶见成分，数量少，频率低，种群组成不完整。它一般在3～4 月间开花，9～10 月种子成熟。产子量不多，而且经常间隔几年才能结子一次。

（五）环境要求

三尖杉喜欢较阴湿的生境，无论在酸性黄壤或黄棕壤，或是在微碱性的黑色石灰土和棕色石灰土都能适应生长。三尖杉生长缓慢，为浅根性树种，喜肥沃、土层深厚、湿润的酸性黄壤，但在石灰土或土层浅薄地方也能生长，常生于山谷、溪旁常绿阔叶林或常绿落叶阔叶混交林下的灌木层中。该树种的种子萌发和幼苗、幼树生长必须依赖较阴湿的环境，然而壮龄植株必须在全光照的地方，才能很好的结实。种子落地后在枯枝落叶层的覆盖下经过一年后熟作用才能萌发生长，萌发时需荫蔽环境，幼苗生长缓慢。

第二节　苗木培育

一、良种选择与应用

选择优良母树采种育苗。

二、播种育苗

（一）种子采集与处理

三尖杉的种子一般在9 ～10 月成熟。外观完全成熟的种子，其假种皮大部分呈紫色或紫红色，此时即可采收。三尖杉种子的肉质假种皮水分含量较高，并富含果胶和糖类，容易发酵腐烂。采摘后可集中堆放3～5 天待假种皮软化后，搓洗除去假种皮，用清水冲净捞出种子摊放在干净通风的竹席或木地板上晾干，种子切忌在太阳下暴晒；当种子含水率为10% ～15%时，即可装入麻袋整齐堆放在干燥、阴凉、通风处贮藏。待翌年1～2 月可对种子进行层积催芽处理。

三尖杉种子休眠时间长，及时解除三尖杉种子的休眠状态，提高发芽率，是三尖杉种子育苗成功的关键。采用层积法对种子进行催芽处理，可有效提高三尖杉种子的发芽率。

层积催芽方法：选择地势高、干燥、排水良好、背风、背阴处挖层积沟，沟深65～85 厘米，宽60～80 厘米，长度不定，并在层积沟四周挖好排水沟；所用的基质是沙，用0.5%高锰酸钾溶液浸泡处理1小时消毒灭菌，浸泡完毕，经清水漂净后，备用；对要作催芽处理的三尖杉种子在常温下先用水浸泡一昼夜，然后用0.5%高锰酸钾溶液浸种消毒灭1小时，种子经清水漂净，捞出待处理；将浸泡过的种子与湿沙混合，种子与沙的比例为1∶3，事先在已挖好的沟底铺上10厘米湿沙，其上放入已混合好的种子，厚度以距沟口10厘米止，其上再铺10厘米的湿沙；若催芽处理的种子不多，种子与湿沙混合也可放入木箱或盆内层积催芽，先在木箱或盆底铺1层5～10厘米的湿沙，再在湿沙上铺1层洗净的种子，接着再铺1层3～5厘米的湿沙，上面铺1层干净种子，如此1层沙1层种子，最后1层湿沙的厚度要超过5厘米，并留足5～8厘米的空间，以利种子进行呼吸，防止种子腐烂；或将种子与干净湿细沙以1∶3的比例均匀混合后，置放于木箱或花盆中，最上1层加盖3～5厘米的纯湿沙，同样要留有5～8厘米的空间不装满。注意要使贮藏地保持湿润、低温、通风的良好环境。催芽期间，要求每隔2周检查1次含水量，每隔1个月翻动1次，并及时捡除霉烂种子。若沙粒过干要及时喷水；若发现霉斑，也应及早倒出种子进行搓洗，并重新更换新鲜的干净湿沙再行贮藏。层积4个月后，可观察到三尖杉种子胚已明显形成，第8个月后有少量的种子开始发芽。此时，应及时捡出已发芽的种子播种到苗圃地中培育出苗。到翌年2月，70%的三尖杉种子可取种育苗。经过层积处理，三尖杉种子的萌芽率可达70%以上。

（二）圃地选择及施基肥

三尖杉喜阴湿气候及深厚肥沃、湿润的土壤。因此，要选择半背阴、排灌良好、土层疏松、中壤土并且具备灌溉设施和遮阳设施的地块作育苗地，基肥施复合肥750公斤/公顷、粉碎的菜饼肥1.5吨/公顷。精耕细作，做高25厘米的苗床，长度视地块而定，步道宽30厘米，四周开好排水沟、中沟浅、边沟深，做到雨停沟内不积水。也可以选择在郁闭度为0.6以上的林下或果园作为苗圃地。

（三）播种育苗与管理

三尖杉一般采用裸根育苗，选择土壤疏松、深厚、肥沃、透气良好的地方作苗圃，圃地要施足基肥。采用条播方法来培育裸根苗，条宽10～15厘米，条间距15厘米，种子均匀播于每条播带内，播种子200克/平方米，播后覆盖2厘米厚的腐殖土。

（四）苗期管理

1. 苗床覆盖及遮阴

三尖杉播种完毕后应立即在苗床上覆盖1层厚稻草，并浇透水，当幼苗大量出土时，逐次揭去覆盖物。3～4天给幼苗喷水1次，保持苗床55%～60%的湿度。撤除覆盖物后，立即给苗床搭架遮阴棚，适时喷水，以保持苗床温凉湿润，利于幼苗生长。

2. 水分管理

每年的10月至翌年5月的旱季，要观察苗床土壤的水分状况，适时喷水以保持土壤湿润。进入雨季要及时排出积水，以利苗木生长。

3. 疏苗稀植

三尖杉育苗的用种量一般200粒/平方米左右，如播种过密，小苗3～4叶以后，须按株行距15厘米×20厘米进行疏苗移栽。

4. 除草追肥

要中耕除草2～3次，结合中耕每次追施尿素75～150公斤/公顷、氯化钾3～5公斤/公顷，用水浇施或趁雨天撒施，还可叶面喷施0.25%的尿素与磷酸二氢钾。

5. 病虫害防治

三尖杉苗木抗病性强，苗期受病虫危害较轻。出苗后每15天用0.5%波尔多液或65%敌克松800倍液喷苗木基部，连喷3次，以防治苗木猝倒病和立枯病。每30天预防性喷洒40%乐果乳剂1000倍液，或喷50%敌敌畏1000倍液防治虫害，效果均好。

6. 二年生留床苗

可施腐熟动物稀粪尿3～5次，硫酸铵1～2次，喷洒后及时用清水冲洗苗木，以免发生药害；6～

7 月再施以钾肥，提高苗木木质化程度。此外，要加强除草松土等田间管理。

三、林下育苗

(一) 种子采集与催芽同播种育苗。

(二) 圃地选择及整地

选择郁闭度 0.6～0.7 的无病虫害马尾松中成林，坡度较为平缓，土层深厚、排水良好的地段，在秋季 8～9 月将林内杂草和灌木进行清除，并整理成水平梯面，深挖 20～30 厘米；在 11 月份，浅翻细耙。整地时，施入腐熟的基肥30～45 吨/公顷，然后分厢作床，床高 15～20 厘米，宽 1.2 米；整平厢面后用 15 厘米宽的木板压出播种沟，深 2 厘米，播种沟的距离 20 厘米。

(三) 播种

适时播种，种子经过 1 年的贮藏，有 30% 的种子裂口现白时，要及时筛出种子，并放在 0.2% 的高锰酸钾溶液消毒 10 分钟，再用清水冲洗干净，晾干后均匀地播在沟内。播种后，挖取松林下带有菌根并过筛的黄壤土，覆盖种子，厚度以不见种子为度。

(四) 苗期管理

播种后，铺植苔藓或松针护苗，以保护苗床不受雨水打击和阳光直射，使幼苗不受日灼伤害及避免因茎、叶被泥埋住而窒息死亡，并且能经常保持土壤疏松、湿润，减少中耕除草用工。加强苗木病虫害防治、中耕除草、施肥等技术措施。

四、扦插育苗

(一) 圃地选择

选择半背阴、排灌良好、土层疏松、中壤土并且具备灌溉设施和遮阳设施的地块作为圃地。结合整地施复合肥 750 公斤/公顷、粉碎的菜饼肥 1.5 吨/公顷，精耕细作，做高 25 厘米的苗床，长度视地块而定，步道宽 30 厘米，四周开好排水沟、中沟浅、边沟深，做到不积水。

(二) 插条采集与处理

选择一至二年生的三尖杉幼树作取材母本，插穗长度一般为 10～15 厘米，每条留 1 个顶梢，其余侧枝、叶片全部剪除，并在枝节处用手术刀片削成马蹄斜口作为插条下口，放入 ABT_1 生根粉 200 毫克/公斤溶液中浸泡，深度为 2～3 厘米，浸泡时间 12 小时。

(三) 扦插时间与要求

扦插时间以 5 月下旬至 9 月中旬夏季为好，夏季相对湿度、气温都较高，能于当年形成相当数量的根系并木质化，过冬越春抗旱能力较强。扦插深 3～5 厘米，扦插密度 6 厘米 ×5 厘米。

(四) 插后管理

苗期的管理主要是每天进行喷雾浇水。扦插完后，立即喷 1 次透水，第 2 天早上或晚上喷洒 0.01% 的多菌灵溶液，避免感染发病，在此之后，每隔 5 天喷 1 次。育苗过程中，除了抓好水分和温度管理外，还要抓好营养管理，每隔 5 天喷 1 次低浓度营养液。生根前喷 0.2% 的磷酸二氢钾和生根剂；生根后每隔 3～5 天喷 1 次 0.2% 的营养液(尿素 50%、磷酸二氢钾 40%、复合微量元素 10%)，以促进根系木质化，与此同时还应随时清除苗床上的落叶枯叶。要注意扦插苗浇水过多会导致烂根，但水少又会造成空气湿度偏低，影响三尖杉扦插成功率。可采用以下办法解决：选择吸水率较高的遮阴物；用吸水率较高的锯末铺于厢面；采用塑料小拱棚，改浇灌为喷雾；采用高厢有助于沥水透气。遮阴保湿先在扦插好的苗床上铺 1～2 厘米的保湿锯末，再覆以高 50 厘米的塑料小拱棚，拱棚上再盖 1 层草帘，以不能让阳光直接射入为度。

五、轻基质容器育苗

容器育苗圃地选择、种子处理、播种与芽苗移栽、苗期管理要求与播种育苗相同。容器育苗作凹床，根据本地区的自然条件、物质材料的资源状况以及运输和成本的情况，营养上配方为：75%黄心土+20%腐熟鸡粪+5%钙镁磷肥(腐熟鸡粪为鸡粪40%、锯木屑60%)。营养土的基质经过筛后，边混合边用高锰酸钾溶液消毒，然后，将营养土盛入规格为直径6~8厘米，高8厘米的营养杯，然后置于苗床内备用。容器育苗，将种子均匀撒于营养土表面，每杯播2粒种子。

起苗时需淋透水，使营养杯内的土团紧实，让大田苗床的土壤疏松，避免损伤根系。苗木运至目的地，要适当淋水。

第三节　栽培技术

一、立地选择

三尖杉对土壤要求不严，表现出较强的适应性，根系浅，造林地应选择在海拔800米以下的低山、丘岗、台地和平原，由花岗岩、板页岩、砂砾岩、红色黏土类、河湖冲积物等发育的红壤、黄壤，坡度为斜坡、缓坡、平坡，坡向以阴坡和半阴坡为最好，坡位以山坡的中下部、山谷、山洼的土层深厚肥沃地带，腐殖质厚度以中至厚为最好，土壤厚度也以中至厚为最好，土壤质地以沙土、沙壤土和轻壤土最合适，立地条件以肥、沃型和中等肥沃型合适，土壤酸碱度应在5.5~6.5之间。

二、整地

(一)造林地清理

对于荒地、皆伐作业等类似之地，先将地中的树枝、树叶和杂草进行清理和集中，然后选择无风的天气、放到迹地的中央、并在有人看护的前提下进行集中销毁。在清理过程中，必须保留生长好的乔木树种(特别是阔叶树种)的幼苗和幼树；对于低产林改造、森林重建、优材更替中的造林之地，只清理需要栽树周围的杂草、枯枝以及影响其生长的树枝。

(二)整地时间

冬季或造林前，以冬季为最好。

(三)整地方式

对于荒地、皆伐作业等类似之地，或坡度少于15°的地方，适宜全垦加大穴的整地方式，全垦厚度不少于40厘米，穴的规格以40厘米×40厘米×40厘米为好；在低产林改造、森林恢复、森林重建、优材更替中的造林之地，或坡度大于25°的地方，采用穴垦整地，穴的规格为50厘米×50厘米×50厘米。当然，穴的大小主要决定于土壤的松紧度，如果土壤较紧，且石砾较多，穴的规格应更大一些，反之，则可以小一些。

(四)造林密度

对于荒地和皆伐作业之地，造林初植密度宜2米×2米；对于穴状整地的低产林改造、森林恢复、森林重建、优材更替中的造林之地，每公顷宜栽450~600株。

(五)基肥

每穴施磷肥0.5公斤、复合肥0.25公斤作基肥。

三、栽植

(一) 栽植季节

三尖杉喜欢较阴湿的环境，幼树耐阴，其造林时间在2月至3月下旬，以三尖杉的芽还未萌动之前栽植最为适宜。

(二) 苗木选择、处理

由于苗期生长缓慢，需培育2~3年才能定植。上山造林的苗木必须是合格苗，即根系发达、完整、高度为40厘米或地径为0.4厘米以上。杜绝病、弱苗上山。定植前苗木必须喷药进行病虫害处理，以提高造林成活率。

起苗时如果土壤干燥，要先一天浇水润根，用机具松土起苗，不宜用手强拔，并尽量保留根系上的土壤。

苗木修剪主要是剪除2/3叶片以及苗木下部过多的侧枝，并适当修剪过长的主根。尽可能做到随起苗，随分级、修剪打叶、浆根、包装，随运，随栽，尽可能减少苗根在空间暴露时间，遭受风吹日晒。

(三) 栽植方式

裸根苗采用“三覆二踩一提苗”的通用造林方法；如果是容器面，在容器袋解散过程中要确保容器中的土壤不散，在栽植时免去“一提苗”的过程，“二踩”一定注意不要将已解散的容器中的土壤踩散，只是在容器土壤的周围轻踩，使容器土壤与穴中的土壤充分密接。栽后一定要浇好水。

四、林分抚育

(一) 幼林抚育

三尖杉造林容易，生长缓慢，造林后5年可郁闭成林，故郁闭前每年都要进行抚育管理，幼树需要一定的灌木、杂草遮阳、保温、保湿。一般造林后只需管理3年，抚育5次即可成林，第1、2年分别在6、9月各抚育1次，第3年在7月抚育1次。

抚育方法主要为锄抚和刀抚。锄抚在5~6月进行。主要进行扩穴松土除草，在定植苗的四面挖松土40厘米，深20厘米，土块必须翻转过来，打碎土团，清理杂草；刀抚在8~9月进行。刀抚时用刀将定植苗的四面40厘米内的灌木、杂草及藤本清理干净。

(二) 施追肥

在前3~5年，于每年三尖杉芽子萌发前在树冠周围开沟每株施复合肥0.25公斤。

(三) 病虫害防治

至今未发现危害三尖杉的主要病虫害。

第二十二章　南方红豆杉

第一节　树种概述

南方红豆杉 *Taxus wallichiana* 为红豆杉科红豆杉属，常绿乔木，于1992年被林业部列入国家Ⅰ级重点保护野生植物，国际上列为世界珍稀濒危树种加以保护。其木材坚实、淡红美观、花纹细腻，广泛用于上等建筑、高档家具及装饰；从其树皮和枝叶中提取的紫杉醇是抗癌良药；且树形美观，枝叶四季常绿，果似红豆，常作园林珍品栽植；因此，是中国特有的珍贵用材、药材及优良观赏树种，具有很高的经济价值和开发前景。

一、木材特性及利用

（一）木材材性

南方红豆杉人工林木材的密度中等，干缩系数小，气干密度为0.62～0.86克/立方厘米，基本密度0.55～75克/立方厘米，体积干缩系数为0.305；顺纹抗压强度为54.96兆帕，抗弯强度为92.51兆帕，综合强度为147.47兆帕属中等；其端面硬度和冲击韧性中等；木材淡红，色泽美观，纹理直，结构细腻，坚实耐腐，耐水湿。

（二）木材利用

广泛运用于建筑、家具、造船业、工艺雕刻、装饰等方面。通过工艺品加工，将其制成药用杯，以及室内高级工艺品，由于其具有高品位材质和防癌的特殊功效可以提高其身价，增加产品的附加值。

（三）其他用途

从红豆杉树皮和枝叶中提取的紫杉醇是世界上公认的抗癌药，每公斤售价为500万～1000万美元。紫杉醇用于治疗晚期乳腺癌、肺癌、卵巢癌及头颈部癌、软组织癌和消化道癌。红豆杉枝叶用于治疗白血病、肾炎、糖尿病以及多囊性肾病。

二、生物学特性及环境要求

（一）形态特征

常绿乔木，高达30米，胸径达1米以上；树皮淡灰色，纵裂成长条薄片；芽鳞顶端钝或稍尖，脱落或部分宿存于小枝基部。叶2列，近镰刀形，长1.5～4.5厘米，背面中脉带上无乳头角质突起，或有时有零星分布，或与气孔带邻近的中脉两边有1至数条乳头状角质突起，颜色与气孔带不同，淡绿色，边带宽而明显。种子倒卵圆形或柱状长卵形，长7～8毫米，通常上部较宽，生于红色肉质杯状假种皮中。花期3～4月，种子10月成熟。

（二）生长规律

南方红豆杉为典型的阴性树种，生长极为缓慢，寿命可达500～600年。树高生长初期缓慢，5～35年为速生期；胸径生长前期较慢，10～30年为速生期；材积生长前期缓慢，20～40年为速生期。树高年均生长量为0.4～1.2米，胸径年均生长量达0.7～1.2厘米，人工林轮伐期40～45年，自然生长的要50～250年才能成材。

(三)分布

南方红豆杉主产于我国长江流域，分布区相当北纬23°10′～35°10′，东经98°00′～121°00′。主要包括浙江中西部、安徽南部和西部、福建北部及西部、湖南、江西、湖北西部、广东北部、广西北部、贵州、重庆、四川北部和东南部、云南东北部、山西东南部、陕西东南部及台湾中部等15个省(直辖市、自治区)，计有146万株，蓄积量为16.8万立方米，所处的森林群落面积4万公顷。垂直分布为海拔300～1200米丘陵和中低山地，湖南省多分布于海拔500～1000米。南方红豆杉自然分布区的原生植被大多已遭破坏，现存种群主要零星生于沟谷、溪岸或村寨旁各类次生的针叶林、针阔叶混交林、阔叶林、毛竹林及疏林灌丛中，常数株或数十株聚生，偶有小面积的纯林，多以混生为主。

(四)生态学特性

耐阴树种，喜阴湿环境。喜温暖湿润的气候。自然生长在山谷、溪边、缓坡腐殖质丰富的酸性土壤中，中性土、钙质土也能生长。耐干旱瘠薄，不耐低洼积水。很少有病虫害，生长缓慢，寿命长。常处于林冠下乔木第二、三层，基本无纯林存在，也极少团块分布，在天然林中分布零散，一般情况下分布为小群体，或单株散生在优势种植物树冠林下，适应弱光照，表现为小乔木，在有些地区为优势种，表现为高大乔木。

(五)环境要求

南方红豆杉喜生于山脚腹地较为潮湿处。对气候适应力较强，年均温11～16℃，可忍耐最低极温－11℃，耐阴湿力强，要求肥力较高的黄壤，黄棕壤(酸性，微酸性土壤)，较能耐水湿。具有较强的萌芽能力，树干上多见萌芽小枝，但生长比较缓慢。为浅根性树种，主根不发达，侧根水平展开，扩展面较广，易倒伏，要求土壤不宜过干，但需排水良好，一旦遭受淹没，即有枯死的可能。总体而言，对生长环境要求较严。

第二节　苗木培育

一、良种选择与应用

林木良种是造林获得高效益的关键。使用良种造林在不增加其他投入的情况下，可使造林获得10%以上的增益。由于我国开展南方红豆杉种子园研究较晚，暂时没有国家(或省)审(认)定的南方红豆杉良种，所以建议选用优良单株、优良种源、优良林分的种子进行育苗。

二、播种育苗

(一)种子采集与处理

种子采回后，放置在流水或清水中浸泡2～3天(无流水必须每天换一次水)后，洗净外果皮与果肉。再用湿沙层积贮藏(保持沙子湿润即可，不可使沙子湿度太大，以免烂种)，贮藏用的沙子浇500倍多菌灵溶液进行消毒。贮种后要经常查看，发现种子霉变或砂子干燥，要及时处理。

(二)选苗圃及施基肥

苗圃地选择在交通方便、背风半阳、地势平坦、土层深厚、质地疏松、富含腐殖质、排灌方便的壤土，要求土壤近中性或偏酸性，即土壤pH值在6～7之间。忌用重黏土和前作物是瓜类、马铃薯、红薯、茄子、辣椒、烤烟等的土壤。将选好的苗圃里的碎砖、瓦砾拣出，除去圃地里的杂草、灌木等杂物，于秋季或冬季将土深翻，整细，耙平。结合整地将碾成粉的硫酸亚铁施入圃地进行土壤消毒，施用量是3375公斤/公顷。如果有地下害虫，拌土施入50%辛硫磷颗粒剂37.5公斤/公顷，再复耕一次。如果用原来育过南方红豆杉苗的圃地育苗，则每公顷需用2250公斤生石灰进行土壤消毒与改良。

结合开厢施复合肥($N:P_2O_5:K_2O=15:15:15$)100公斤/公顷作基肥。施足基肥，可以少施追肥或不施追肥，能显著降低人工成本。

(三)播种育苗与管理

1. 作床

以1.0~1.2米宽开厢，东西向，厢沟宽0.3米，厢沟深0.2~0.3米，其余围沟、腰沟依次渐深，厢面呈龟背形后覆盖2~3厘米厚的过筛黄心土。

2. 播种

播种以条播为主，在制作好的苗床上，用硬器刻划出播种沟。播种沟深3~5厘米，沟距8~10厘米，然后在沟中以苗距5~6厘米进行下种点播，下种后用火土灰或黄心土盖种，覆土厚度以不见种子为宜。再用新鲜苔藓覆盖床面，以不见土为宜。覆盖后要在覆盖物上喷撒800倍多菌灵溶液消毒杀菌，一般连喷2次，每3天喷一次。

播种后如果遇到干旱，每隔5~7天应在苗圃灌水一次。

3. 苗期管理

(1)遮阴：苗木出土前就要搭好荫棚，遮阴网架设高度为1.5~2.0米，遮光率为70%。

(2)除草：苗木生长初期，不宜用锄头除草，必须用手扯草，扯草时应小心，以免带出幼苗。苗木生长后期，可用锄头除草。

(3)中耕松土：中耕一般可结合除草在行间进行，中耕深度一般为5~10厘米，时间是6、7、8、9月各一次。

(4)追肥：苗木出土后，2~4个月内，需要磷肥和氮肥较多。施肥主要是浇施尿素或复合肥溶液，施用量是每次每公顷150公斤肥料兑水15000公斤。严禁干撒一切化学肥料，防止肥害。一般一年施3次肥，分别于5月、7月和9月各施一次。如果基肥施得很足，苗木生长旺盛，也可不施追肥。

(5)灌水与排水：苗木生长前期，如果不下雨，一般应10天左右灌一次透水。苗木生长的中后期，如遇久旱，应半月灌透一次水。灌溉工作宜在早晨或傍晚进行。9月底后，不必再灌水。一般灌水后或大雨后，苗木根茎部易被土壤泥浆裹住，应及时用手弹去或喷水冲掉，以免影响苗木生长。缺水要灌溉，多水要排出。

(6)病虫害防治：可定期(每隔10~15天)喷施一次800倍多菌灵液预防。发现病株应及时拔除。发病后，间隔5~6天喷一次1%波尔多液或用5000倍新洁尔灭喷洒消毒。同时要注意减少淋水，搞好排水，控制病害发生环境，以防止病害的蔓延。防治圃地地下害虫可用90%晶体敌百虫0.5公斤兑水1500公斤喷施。

三、扦插育苗

(一)圃地选择及作床

选择排灌条件良好，地势平坦，土壤深厚、肥沃的土地。细致整地耙平后建置苗床，床高30厘米、宽100厘米、步道宽30厘米。按一定比例混合加入河砂与粗粒的珍珠岩作基质，厚25厘米，并用0.5%的高锰酸钾或硫酸亚铁溶液消毒，最后在床面覆1层黄心土，以减少杂草生长。

(二)插条采集与处理

插条要选用优良单株一年生或当年生枝条，剪成8~10厘米长度的插穗。剪穗时，要求切口光滑，无机械损伤，无病虫害，上口平，下端为斜切口，上下剪口离叶或芽0.5~1.0厘米，剪好后插条要用1000多菌灵溶液浸泡10分钟消毒，然后用ABT1号生根粉浸泡1小时，浓度100毫克/公斤。

(三)扦插时间与要求

扦插的时间在5月中上旬效果最好，因此时土壤的湿度较大，温度逐渐上升，有利于插条的生根。在消过毒的床面上将生根液浸泡过的插条插在床面上，深度为5~6厘米，株距为4~5厘米，行距8~

10 厘米，每平方米扦插 260 ~ 300 棵为宜，这样的株距通透性好，苗木根茎粗壮，根系发达。插条过密通则透性差，苗木容易发生根腐和烂根。插条及时覆土踩实，行与行之间的插条相互交错。苗床插满后用喷壶向床面插条浇一次透水，然后用 3 米长的弓条和 3 米宽的塑料扣膜成棚，四周覆土盖实。

（四）插后管理

插条后，床面地温应保持在 18 ~ 25℃之间，棚内温度应在 22 ~ 28℃之间，土壤湿度为 60% ~ 70%。每天观察塑料棚内温度与湿度，弓棚塑料膜内有水珠时为不缺水，无水珠时为缺水，缺水时揭开塑料膜适当接雨或浇水。棚内温度达到 30℃要及时将拱棚两端的塑料打开进行通风。日落后再把塑料膜封严，以保持棚内温度。扦插后 45 天左右，插条开始生根，65 天左右基本生齐，当年可长出 3 ~ 5 厘米嫩枝。2 年后，可进行移栽，这时的根系比较发达容易成活。

四、轻基质容器育苗

（一）轻基质的配制

容器育苗用的基质选择 70% 的森林腐殖质土和 30% 的黄土（或草皮土）混合而成的基质较为理想。为了增加基质肥力，每立方米基质内添加 5 公斤过磷酸钙。为预防苗木发生病虫害，基质要进行消毒处理。用于灭菌的可采用硫酸亚铁，每立方米基质用量为 5 公斤，用于杀虫的可采用辛硫磷，每立方米基质用量为 20 克。

（二）容器的规格及材质

为了节约成本和便于运输，选用打孔的塑料薄膜袋，规格为：底部直径 14 厘米，高 12 厘米，厚度 0.2 厘米；打孔 6 ~ 8 个，孔的分布呈“品”字形，在袋的下部，孔径 4 毫米，孔间距 2 厘米。

（三）圃地准备

选择距造林地较近，地势平坦，运输方便，水源充足，便于管理的地方为育苗地。采用高床育苗，床面宽 1.2 米，高于步行道 20 厘米，步行道 40 厘米。床面整平踏实，床的方向以南北向为宜。育苗地周围挖排水沟，做到内水不积，外水不淹。

（四）容器袋进床

营养土装入袋中后应轻轻压实，土面低于袋口 0.5 ~ 1 厘米为宜。把装好营养土的容器整齐地放置在苗床上，每行 10 ~ 15 袋。

（五）种子处理

把精选的种子先用浓度为 50% 酒精和 40℃地温水（1∶1）浸泡 20 分钟，捞出后用 50ppm 赤霉素浸种 24 小时，能诱导水解酶地产生，促进萌发，提高出苗率。

（六）播种与芽苗移栽

将种子滤出后移入温室催芽，温度要求保持在 22 ~ 25℃，待种子“露白”时，即可点播入已装好营养土地容器中。播种时用小木棍在营养土中央插深 2 厘米地小坑，将种子播入，每袋播种 2 ~ 3 粒。覆土 0.5 厘米。播种时间在 3 月份左右。播种后应及时用稻草覆盖，浇水保持苗床湿润。一般在 20 ~ 30 天即可出苗，在此期间要经常检查种子发芽情况，待发芽 20% ~ 30% 时，分次将稻草揭除，防止高脚苗，揭草后用硫酸铜 0.2% 水溶液或多菌灵 1000 倍液防止猝倒病。每天检查苗木，发现地老虎危害及时捕杀。

（七）苗期管理

在出苗期和幼苗生长期，要适量浇水，保持培养土湿润。特别是在幼苗期，必须做到“见干见湿”，一般 3 ~ 4 天浇水一次。严禁在晴天正午浇水。红豆杉生长缓慢，最怕强光直射，灼伤幼苗，幼苗出整齐后，应及时搭建遮阳网遮阴。在幼苗生长期时要适量地追施氮肥，以促进幼苗生长。追肥最好用水施法，将尿素配成1∶200浓度地溶液进行喷施。幼苗的高度达到3厘米左右时，应进行定苗和缺苗补苗，只留一株壮苗，将土压实。间苗和补苗应选择阴雨天气，而且要边间苗边补苗。补苗时用小木棍在无苗容器中央插深2厘米的小孔，将间出的壮苗植入其中，然后将土压实。间苗和补苗时都需要及时浇足定根水。除草要选择阴雨天或浇水后的上午，拔草要注意不能损伤幼苗。拔草后应将容器内的营养土压实，拔出的草要全部清理出苗圃。红豆杉的抗逆性强，病虫害少，偶有蜘蛛或蚜虫发生，可用敌敌畏、乐果喷施防治。

五、苗木出圃与处理

容器苗2年生才可以带营养土移植。在起苗前1天浇1次透水，使容器苗吸足水分。在起苗、运苗及栽植过程中，要做到轻拿、轻放，容器袋内土团完整，避免松动苗根，保证造林成活率。移植时要将容器袋底部划破，便于幼苗扎根，容器口要与地面齐平。移植密度可根据苗木培育和利用方向确定。

第三节　栽培技术

一、立地选择

造林适宜低山、丘陵、台地、平原，宜选择山坡中下部、有效土层深厚、排水良好、由花岗岩、板页岩、砂砾岩、红色黏土类、河湖冲积物等发育形成的红壤、黄壤和黄棕壤等。最适宜海拔400～1000米。pH值4～7。

二、栽培模式

（一）纯林

纯林造林密度选择两种模式，采枝叶为目的纯林可营造成1.7米×1.3米（等高水平距1.7米，垂直水平距1.3米），初植密度为4500株/公顷；用材林为2米×2米，初植密度为2500株/公顷。

（二）混交林

多树种混交有利于南方红豆杉的成活与生长。南方红豆杉与马褂木、香樟、香椿等树种的混交模式对改善南方红豆杉的生长条件有利。南方红豆杉群落物种多样性指数越高，群落越稳定，说明种间协作对南方红豆杉生存，发展的巨大作用。多年营林经验证明，人工纯林具有多样性低，稳定性差，抗性弱的缺陷，虽速生但地力消耗大，这不但在木材生产而且特别在药材生产中得到有力的证实。在发展作为提取紫杉醇药用资源的南方红豆杉上所采取的策略，采取混交林的形式，应该成为主要造林模式。

香樟按2.5米×2.5米的株行距，其株行间插入一行南方红豆杉，每公顷定植两树种各1600株。马褂木按4米×4米株行距栽植，每公顷定植密度为625株，在其株行距间各插入两行南方红豆杉，其密度为2500株/公顷。香椿（包括苦楝）按5米×5米株行距配置，密度为400株/公顷，其株行距间各插入两行南方红豆杉，密度为1600株/公顷

三、整地

（一）整地时间

秋后即可进行，造林前一个月应结束整地。

（二）整地方式

劈山整地主要是为了给造林目的树种有一个良好的生长环境，同时也应该考虑环境保护防止水土

流失。劈山以一米为间距，采取劈一米留一米的方式进行水平带状劈山，留下的一米用作第一年遮阴，待造林后第二年春季再行劈除。在劈开的带上，以2米为间距进行挖定植穴。采用带垦后挖穴或直接挖穴，大、中、小穴的标准分别为70厘米×70厘米×60厘米、60厘米×60厘米×50厘米、50厘米×50厘米×40厘米，根据不同立地和土壤而采用不同的挖穴规格。定植穴挖好后可适当的填埋一些枯枝落叶，增加土壤有机质，同时还能促进土壤的风化，改良土壤肥力及通透性。实践证明，采用上述方法营造的南方红豆杉，造林成活率能够达到90%以上，植株生长也明显好于常规造林所采用的林地整理方法。

(三)造林密度

高立地条件：造林密度为1665～1995株/公顷；中立地条件：造林密度为1995～2505株/公顷。

(四)基肥

在中立地上施专用肥2公斤/株，在高立地上施专用肥1公斤/株。

四、栽植

造林一般在1～2月，在春季气温回升，南方红豆杉苗木萌芽前利用2年生实生苗进行造林。造林时要选择下雨前后无风的天气，用Ⅰ、Ⅱ级苗造林(Ⅰ级苗苗高60厘米以上、地径0.7厘米以上；Ⅱ级苗苗高50～60厘米、地径0.6～0.7厘米)，严禁用等外苗造林。裸根苗采用“三覆二踩一提苗”的造林方法(深栽、栽紧)，同时造林前剪除苗木部分叶片和离地面30厘米以下的侧枝及过长的主根；容器苗造林要注意始终保持容器中的基质不散，同时使容器基质与穴中的土壤充分密接。同时造林前剪除苗木部分叶片。苗木定植后要浇灌定根水，一方面补充土壤水分保证苗木充足的水分蒸腾；另一方面能使土壤与根系接触的更加紧密。

五、林分抚育

(一)幼林抚育

前三年每年2次除草抚育，分别于4～5月、10～11月进行。

(二)施追肥

施追肥宜在春季进行(每次每株施专用肥1公斤)，从第三年开始每年一次，于树冠垂直投影外侧挖环形沟施入。

(三)修枝、抹芽与干型培育

在冬末春初一是剪除树根根际处的萌发枝和树干上的霸王枝(包括次顶梢)，确保主干生长；二是将树冠下部受光较少的枝条除掉。

(四)病虫害防治

立枯病：可用50%多菌灵300～400倍液或50%托布津300～400倍液或0.1%的退菌特喷洒苗木并交替使用。

第二十三章　香榧

第一节　树种概述

香榧 *Torreya grandis* 属红豆杉科，榧树属。针叶乔木，雌雄异株。第三纪孑遗植物，我国特产。是榧树中的优良单株经无性繁殖培育而成的优良品种。起源于唐代，扩大栽培于宋代，元、明、清三代得到规模发展。由于浙江会稽山区榧树的应用历史悠久和社会经济条件使香榧得以保护和发展起来，所以是香榧的原产地域。香榧分布于长江流域以南的浙江、江苏、安徽、福建、江西、湖南、湖北、四川、云南、贵州 10 个省区。湖南产桃江、新化、东安、安化、宁乡、新宁等地。香榧是果用、油用、材用、绿化、观赏等多用途的优良经济树种，寿命长但生长较慢，栽培易、市场俏、收益高。是著名干果和木本油料树种，种子胚乳含油约 40% 及蛋白质 10%、碳水化合物 28% 和各种人体所必需的微量元素等，为优良食用油。榧子炒食酥脆可口，有特殊香味。木材为建筑、家具等优良用材。

一、木材特性及利用

（一）木材材性

香榧边材白色，心材黄白，纹理直，硬度适中，有弹性，不反翘，不开裂。

（二）木材利用

材质优良，是造船、建筑、枕木、水车板和制造家具的良好用材。

（三）其他用途

香榧树姿优美，细叶婆娑，树干挺拔雄伟，终年常青，寿命长，是良好的庭园绿化树种。

香榧有药用价值，药用范围广，具有杀虫消积，润肺化痰，滑肠消痔，小儿遗尿，健脾补气，降血脂、去瘀生津的功效。还有润泽肌肤、延缓衰老和预防和缓解眼睛干涩、易流泪、夜盲等药用，其内脂碱对淋巴细胞性白血病、治疗和预防血管硬化、冠心病、抑制恶性肿瘤，淋巴肉瘤有抑制作用等。鲜香榧外壳，含有乙酸芳樟脂和玫瑰香油，是提炼多种高级芳香油的原料；假种皮、果壳与树叶可提香榧油、制作工业用栲胶。

二、生物性特性及环境要求

（一）形态特征

香榧为常绿乔木，树体结构由主干、1 ~3 级主(副)枝与侧枝群组成，层性明显，树体呈宝塔形。小枝近对生或近轮生。叶螺旋状着生，二列排列，羽状复叶，条形，质硬，革质，正面暗绿色，背面嫩绿色，直，长 1.2 ~2.5 厘米，宽2 ~4 毫米，先端急尖，有刺状短尖头，基部下延生长，基部圆，上面微凸，无明显中脉，下面有两条与中脉带近等宽的窄气孔带，叶内维管束下方有 1 个树脂道。叶的寿命 3 ~4 年。雌雄异株，风媒传播。雄球花单生叶腋，雌球花成对生于叶腋，基部各有两对交错对生的苞片及外侧的 1 小苞片，近无梗，胚珠 1，直立，单生于假种皮上，受粉后假种皮包裹胚珠。种子椭圆形、倒卵形或卵圆形，长 2 ~4 厘米，假种皮淡紫红色，胚乳微皱。种子两年成熟，同一树上 2 代种子并存，因种子发育时间长，受外界因子影响多，落花落果较严重。

嫁接树，高达20米，干基高30～60厘米，径达1米，常有3～4个斜上伸展的树干。小枝下垂，1～2年生小枝绿色，3年生枝呈绿紫色或紫色。叶深绿色，质较软。种子连同肉质假种皮宽长圆形或倒卵圆形，长3～4厘米，径1.5～2.5厘米，有白粉，干后暗紫色，有光泽，顶端具短尖头，种子长圆倒卵形或圆柱形，长2.7～3.2厘米，径1～1.6厘米，微有纵浅凹槽，基部尖，胚乳微内皱。

（二）生长规律

香榧对栽培环境要求较高，尤其是幼树期对光照、水分等均有很高要求。幼苗抗逆性差，须温暖湿润荫蔽环境，成年树抗逆性强。结果期晚，盛果期则长达数百年；风媒花；在花期需较多的光照。香榧是中性偏阳树种，喜温暖湿润气候，要求冬季温暖，夏季凉爽、湿润、多雾。适生气候条件为年平均气温14.5～17.5℃，1月平均气温2℃左右，年降水量1000～1700毫米，年绝对最低温度－8～－15℃，年有效积温3500（中山丘陵地）～6000℃（中亚带南缘）。5～7月雨水过多易造成落果。香榧适宜生长在黄棕壤山地，在深厚、肥沃、排水良好的沙质土壤上栽培的香榧林生长结果良好，在板结黏重、肥力低或者积水洼地的土壤上生长不良。香榧喜地形起伏，但相对高差不大的立地；香榧对地质环境和土壤适应性范围较宽，但生长结果和种子品质良好的宜林地应是海拔200米以上，土层厚度50厘米以上，疏松肥沃，氮、磷在中等水平以上，含钾量丰富，pH值5.2～6.8。

香榧树体生长时，随着年龄的增长，主要表现为枝叶的成倍增长；而树冠的高生长和径生长较为缓慢没有明显的加速生长过程。香榧树体寿命很长，一般有300～400年，有的上千年的老树依然枝繁叶茂，硕果累累，是一种长效经济植物。

幼龄期香榧不落叶，开花结实后叶片寿命2～4年，多则5年，春季换叶。3月上旬混合芽萌动时，老叶转黄。随结果枝抽生，黄叶纷纷脱落，营养枝抽生时为落叶盛期，同时伴随自然整枝，落叶落枝历时40天左右，风雨交界天气加剧。

香榧的生育期长，结果期晚，需生长15～20年才开始结果，要达到盛果期则需20～30年，盛果期则长达数百年。苗期和幼龄阶段，香榧能抽生春、夏或春、夏、秋2～3次新梢。开花结实后因营养分配的结果，一般只抽生1次春梢。新老枝交接处明显膨大，呈膝状突起。不同部位不同性质的芽抽生形成不同的枝，有延长枝、侧枝、结果母枝、结果枝和萌发枝。春季长度15～25厘米，集中在茎枝的顶端。每年4月20日前后在上年生的春梢顶端开花，5月上旬结果，在第二年的4月20日前后，去年的新枝又开花结果，去年生的幼果一直生长到本年度的9月上旬，才成熟采收。对于一代果而言，从花蕊分化到果实采收，需3年时间，计29个月，果实挂在树上需2年，计17个月。

香榧树早期有明显的主根，成年后侧根发达，主根衰退表现为浅根性。香榧水平根幅可达树体冠幅的2倍左右，吸收根主要集中在离地表15～40厘米处。根系再生能力很强，一旦断根，产生的不定根粗壮有力．香榧根皮特厚，新根肉质，不耐水淹，因此，香榧根系怕长期积水。

（三）分布

由于香榧生态适应性狭窄，仅分布于我国北纬27°～32°的亚热带丘陵山区，主要分布于浙江、安徽、福建、湖南等省，如浙江绍兴、嵊州、诸暨、东阳、临安，安徽宣城、宁固、休宁，湖南宁乡、桃江、大庸、新宁及福建崇安等地。商品榧主产于浙江四明山一带，其产量占全国的90%以上。

（四）生态学特性

香榧分布区域属亚热带季风气候，四季分明，温暖湿润，水热同步，季风显著。年平均气温14～17℃，最冷的1月平均气温2～6℃，极端最低温－15℃，最冷7月平均气温26～29℃，极端最高温43.2℃，无霜期207～240天，年降水量1100～1700毫米。

（五）环境要求

香榧对栽培环境要求较高，尤其是幼树期对光照、水分等均有很高要求。幼年期抗逆性差，喜阴，怕高温、干旱和日光直射，成年树要求有充足的光照，抗逆性强。风媒花，喜微风，忌大风，风速在10米/秒左右对风媒传粉，增强蒸腾作用，调节空气温度湿度都有好处。在花期需较多的光照。香榧是中性偏阳树种，喜温暖湿润气候，要求冬季温暖，夏季凉爽、湿润、多雾。适生气候条件为年平均气温14.5～17.5℃，1月平均温2℃左右，年降水量1000～1700毫米，年绝对最低温度－15～－8℃，年有效积温3500（中山丘陵地）～6000（中亚带南缘）℃。5～7月雨水过多易造成落果。

香榧对土壤适应性较强，pH值在4.5～8.3，并能忍耐干旱瘠薄土壤。无论是黏土、沙土、石砾土，还是岩石裸露的石缝里都能扎根生长、而土层深厚、肥沃、湿润、通透性好的微酸性到中性的沙质壤土上更能发挥其速生丰产性状。香榧适宜生长在黄棕壤山地，在深厚、肥沃、排水良好的沙质土壤上栽培的香榧林生长结果良好，在板结黏重、肥力低或者积水洼地的土壤上生长不良。香榧喜地形起伏，但相对高差不大的立地；在低丘地区，沟谷、阴坡香榧生长好于阳坡、上坡，结实没有显著差别；在海拔500米以上的低山，阳坡的结实情况好于阴坡，坡地好于沟谷。香榧对地质环境和土壤适应性范围较宽，但生长结果和种子品质良好的宜林地应是海拔200米以上，土层厚度50厘米以上，疏松肥沃，氮、磷在中等水平以上，含钾量丰富，pH值5.2～6.8。栽培在石灰岩、紫砂岩及玄武岩发育的矿物元素较丰富的土壤上香榧品质最好。影响香榧生境的生态因子依次为水分、热量和土壤养分。

第二节　苗木培育

一、良种选育与应用

目前湖南省未建种子园。各地可根据已有资源普查情况选用优良种源或优良林分的母树上采种育苗进行造林。其他省份如浙江省东阳市选育的‘丁山榧’‘东榧1号’‘东榧2号’‘东榧3号’‘大叶种细榧’‘朱岩榧’等6个香榧品种被确定为良种。

二、播种育苗

（一）种子采集与处理

于9月上旬，从生长健壮香榧树上选择充分成熟、壳薄仁满、大小均匀、无病子、僵子的榧蒲，一般于果实假种皮由青绿转黄绿，大多数假种皮发生开裂，少量种子脱落时采种。通常每4公斤榧蒲可出种子1公斤左右，每公斤种子420粒左右。采集后堆放在阴凉通风处，堆厚10～15厘米，7～10天，假种皮呈微紫色时取出种子。

种子进行层积沙藏，保持适中的干湿度，用湿沙贮藏，使其完成生理后熟和达到催芽目的。由于香榧贮藏昼夜温差越大，发芽势越强，发芽率越高，故以室外变温催芽为好。选择避风向阳、排水良好的平地或缓坡地，挖成土坑，先铺上15厘米的河沙，然后1层种子1层清洁细沙分层堆积，层积以2～3层为好，堆积厚度以50厘米为宜，再覆盖稻草保温，视情况适当绕水，使沙子保持一定的湿度。冬季最好用双层塑料棚增温。天旱时要洒水以保持沙的含水量在3%～5%（即用手捏沙能成团、手松开时沙团稍触动即散）。香榧的沙藏种子11月下旬开始陆续发芽，至翌年3月底，发芽率可达90%左右，期间应检查2～3次，当胚根长0.5～1.5厘米时即可拣出播种。

（二）苗圃选择与整理、施基肥

苗圃宜选择海拔200～800米，且四面环山、避风、营造时选择半阴坡或半阳坡的地段为佳。同时土层深厚、疏松、微酸至中性、有机质多、湿润、排水良好，无严重病虫害的旱地或农田，交通方便、圃地相对集中的地方，以便除草、施肥等管理。

冬季应施足基肥，无公害有机肥，如农家肥、生物肥、专用复合肥等。

（三）播种育苗与管理

播种株行距15厘米×30厘米，种子横放，胚根向下，浅覆土（厚度约为种子横径的3倍），以柴草覆盖，保持床面疏松湿润。一般4月下旬至5月上旬出土。苗期不耐强光高温，须及时遮阴，阴棚高118米，透光率40%～50%；盛夏视干旱情况每隔10～15天浇透水一次；除草要及时，第1年尽量用手拔除，第2年可浅中耕除草；适量施肥，以稀粪水和0.1%尿素液较安全；害虫主要是地老虎，播种前进行土壤消毒，出苗后进行诱杀防治；梅雨季易发根腐病，须拔除病苗烧毁，然后松土，用1%硫酸亚铁溶液喷洒，可控制病害蔓延。

三、扦插育苗

（一）圃地选择

扦插苗床选择在背阴、土壤深厚、疏松、有机质多、湿润、排水良好的红黄壤，pH值在6.0左右。深挖，细致整地，头年冬季至翌年1月中旬完成三犁三耙，整平碎土，清除杂草、杂物、石块，并施足基肥，施1500公斤/亩火土灰、枯饼肥500公斤/亩和磷、钾肥各50公斤/亩，深耕耙平。喷0.3%甲醛溶液或敌克松进行土壤消毒（喷药后用塑料薄膜覆盖24～48小时）然后开沟作床。苗床高20～25厘米，宽1米，扦插的株行距为4厘米×4厘米。

（二）插条采集与处理

插条在20～30年生，发育健壮，生长旺盛，无病虫害的优树上选取。只能用当年生新梢，用6号ABT生根粉1 000毫克/公斤速醮或300毫克/公斤浸20分钟处理后再扦插为好。插穗条长度以15～20厘米，粗度0.3厘米以上为好。粗度越大，长势越好。插穗太短、太细不利成苗。插穗太长，对成活率与保存率均有影响。

（三）扦插时间与要求

扦插时间在7月上中旬。此时，新梢发育已基本完成，顶芽已形成，茎部半木质化。插后35天开始出现根突。扦插时间太早，枝条木质化程度不高，容易腐烂。扦插时间太迟，不易生根。

扦插时先用圆棒打孔，然后再插，插好后浇透水，搭塑料小拱棚，再搭1.5米高的遮阴棚，前期湿度控制在95%～100%。

（四）插后管理

第一年、第二年搭阴棚遮阴，透光度50%，以黑色遮阴网进行覆盖。网高3m左右，以便于除草、施肥等。除草以后，应进行施肥，每年4～9月底施有机肥和复合肥，追肥量以有机肥0.1公斤/株。4－7月雨季，香榧易发生根腐病、茎腐病等，应特别注意排水，做到步道无积水，这样可以免除或减少苗木发病，且有利于苗木生长。

四、轻基质容器育苗

容器育苗培育苗木具有很大的优势，主要体现在：可使苗木生长迅速；造林成活率高；节省育苗的土地和劳力；种子利用率高；有利于实现育苗过程机械化；劳力使用均衡。

香榧这类苗期生长慢、缓苗期长的树种来说采用容器育苗一方面能加快幼苗生长，缩短育苗年限，克服香榧肉质根易失水、裸根造林成活难、实生苗结果迟和幼树喜阴长大后又喜光的矛盾，同时采用容器大苗上山能显著提高造林成活率，加快投产。

（一）轻基质的配制

轻基质应具有良好的物理性状，有较好的保湿、保肥、通气、排水性能、有恰当的容重等，还要有良好的化学性状，如弱酸性和低肥性，能满足苗木成活和生长发育的养分和水分基础。在基质的配制上，重点从持水性、通气性、容积比和阳离子交换能力四方面考虑，一般以1～2种材料为骨架，然后加入肥料和多种添加剂进行调节。容器育苗基质选择广泛，但必须掌握两条原则：一是适用性，二是经济性。泥炭、珍珠岩、轻石是目前容器育苗常用的栽培基质，其重量轻，具有良好的持水性、透气性，有利于根聚体的形成，阳离子交换能力强，有较低的含盐量。目前容器育苗基质常见的有泥炭、火烧土、黄心土、圃地土、银屑、轻石、珍珠岩、有机肥(河塘龄泥、厩肥、土杂肥、堆肥、饼肥、鱼粉、骨粉)等。

香榧可采用15厘米×15厘米的塑料容器，基质为细黄心土60%、焦泥灰30%、腐熟猪粪10%、复合肥0.5%。另外也可用园土、腐熟的农家堆肥、河沙以2:2:1，再加过磷酸钙或磷酸二铵1~2公斤、尿素250~300g、硝酸钾0.5~1公斤，或者园土:腐殖质:山泥等于4:1:1。以腐叶土或草皮土沤制后曝晒，加1%硫酸亚铁溶液和3%过磷酸钙，并充分混合，搅拌均匀也可。

(二)容器的规格及材质

不同形状、规格的容器对苗木质量均有影响。容器构造是育苗容器是否科学的关键因素。容器底部具小孔或可穿透、内侧壁具导根肋或导根槽是选择育苗容器的2个基本条件。聚丙烯育苗盘(箱)和无纺布容器都具备了上述条件，是当前较为先进的育苗容器。

香榧可采用15厘米×15厘米的塑料容器。或塑料薄膜袋，它具有来源充足、成本低、加工容易、保水保肥、不易腐烂等优点。规格8厘米(径)×15厘米(高)，距底2~3厘米处打若干孔，以利排水透气。

(三)圃地准备

头年冬季至第2年1月中旬完成三犁三耙，整平碎土，清除杂草、杂物、石块。喷0.3%甲醛溶液进行土壤消毒(喷药后用塑料薄膜覆盖24~48小时)然后开沟作床，床高25厘米，床宽100厘米。营养袋装入营养土，排列于苗床上。

(三)种子处理

种子处理催芽9月中下旬，当假种皮由青绿色转为黄绿色并微裂时，采收老熟的榧实作种，剥去假种皮洗净阴干，立即用湿沙贮藏。12月下旬将种子移至向阳场地，用湿沙相间层积，上覆塑料薄膜保温保湿。1个月后，种壳裂开，胚根开始外露，对未裂开种子则取出晒1~2小时，以种壳顶端裂开为度，再进行湿沙层积催芽。将发芽的种子移入容器袋中。覆盖薄土。洒适量的水，保湿，宜少而勤。

(四)苗期管理

重点是浇水和遮阴，香榧系肉质根，易干易烂，因此浇水要少而勤。香榧幼时需庇荫，要搭盖阴棚，同时要注意预防苗木茎腐病，每隔一周喷0.5%波尔多液1次。苗木速生期施速效N肥2~3次，入秋后施1次磷钾肥。

(五)苗木出圃与运输

对香榧来说，由于生长慢，苗木枝叶数量不多，修枝摘叶对苗木生长不利，唯一的办法是保护好根系，主要措施为:阴天或湿度大的天气起苗，每起20~50株，立即打泥浆后用尼龙袋包根放在阴凉处，当晚运苗遮蓬布防风吹，苗木运到后立即造林，造林时从尼龙袋中拿1株栽1株，不让苗木根系受到风吹日晒，成活率一般可保持在90%以上。

应提倡就地育苗就地造林，也可从外地购来小苗，在当地苗圃培育1~2年或上钵培养容器苗，当年秋季或次春造林，效果良好。

第三节　栽培技术

一、立地选择

根据香榧对适生环境的要求，造林地以海拔200~800米，临风、多雾的山谷、山坳，坡度30°以下的阳坡、半阳坡的中上部和地势开阔的沟谷两岸的缓坡地、农耕地(菜园、茶园、桑园、旱粮地等)为最适宜。干旱瘠薄的山冈山脊不宜栽植。土壤以酸性到中性的壤土，即pH值为4.5~8.5，深厚肥沃、通透性好、排水良好、保水保肥能力强的沙质壤土为佳。

二、栽培模式

挖大穴 60 厘米 ×60 厘米 ×50 厘米。株行距一般 4 米 ×5 米，每亩栽 30 株左右。

由于香榧幼时需庇荫，怕日灼，在裸露的造林地上会因光照强而生长不良。选择疏林地、郁闭度 0.5 以下的阔叶林地、灌木林地或杉木采伐迹地，利用上层乔木、灌木或杉木萌芽条提供庇荫，随榧树的生长，逐年伐去上层林木，增加透光，以致最后形成香榧纯林。

三、整地

(一) 造林地清理

根据香榧幼龄期需要阴蔽的特性及水土保持的需要，在实施林地清理时，切忌全面劈山和全垦整地。以小块状(直径 1 米左右)或窄水平带状(带宽 1 米左右)进行劈山整地，然后挖大穴(直径 0.6 ~1 米，深 50 厘米以上)。这样既能提高成活率，又可节省造林成本，也有利于水土保持。挖穴前需先清理表层枯枝落叶，然后将表层肥沃土壤堆放一边，下层土壤堆放另一边。挖好后及时施足腐熟的基肥，先将表层沃土铲入并与基肥混匀，然后继续填埋下层土呈馒头状。

(二) 整地时间

秋冬季节整地。

(三) 整地方式

切忌全面劈山和全垦整地。以小块状(直径 1 米左右)或窄水平带状(带宽 1 米左右)进行劈山整地，然后挖大穴(直径 80 ~100 厘米，深50 厘米以上)。

坡度大的山坡应带状整地，定点挖穴。穴大 1 米，深 0.5 米，施底肥腐熟有机肥。按水平方向开好宽 1 米的工作带，按 5 米 ×5 米间距开展挖穴，栽植穴宜大不宜小，穴的规格至少达到 60 厘米 ×60 厘米 ×60 厘米以上。

香榧幼苗耐阴，保留林地植被，造成侧方庇荫，对造林成活和生长均有利。一般坡度 15°以下可全垦，林粮套种；30°以上坡地以鱼鳞坑块状整地，挖 81 厘米 ×80 厘米 ×60 厘米的种植穴，避开石块、土薄处，保留穴周植被。

(四) 造林密度

种植密度。香榧经济寿命极长，数百年的大树 1 株即可占地数百平方米，同时香榧生长又极缓慢，考虑到前期的经济效益，一般认为栽 450 ~675 株/公顷为宜，但考虑成活率因素，初植密度以 4 米 ×4 米，630 株/公顷左右。在上风口处配置 3% ~5% 授粉雄株。

(五) 基肥

施足基肥。种植穴内，每穴施入经充分腐熟的有机肥 10 ~20 公斤，没有条件的也应分层填入杂草、落叶、草皮等。稍踩实，高度不超过穴深的 1/2，上面回填定植穴四周的表土，并高出地平面 10 厘米左右，也可分 2 次回填。栽植前，每穴施入钙镁磷肥 0.5 公斤，并与穴土拌匀。

四、栽植

(一) 栽植季节

选择在休眠期，以早春(2 月下旬 ~3 月上旬)为宜；秋末冬初(11 月 ~翌年 2 月)也可以造林，但要注意气温在 0 ℃以上，选择阴雨天或雨后晴天，旱情彻底解除，土壤湿润，水分供应充足时进行栽植。长时间高温、干旱和刮风、空气湿度小的天气不宜造林。

（二）苗木选择、处理

苗木规格。香榧嫁接苗和实生苗的小苗抗性弱，特别是根系受到损伤后，造林成活率易受影响；用大苗和容器苗造林则可提高造林成活率。嫁接苗造林要求“2+2”年以上，即实生苗培育2年后嫁接，嫁接后再培育2年，培育1年的嫁接苗尚未达到造林要求；实生苗必须2~3年生以上。良种壮苗的具体要求：生长健壮，根系发达，主侧根多；实生苗高度40~50厘米，嫁接苗30~40厘米；地径粗0.6厘米以上；嫁接苗要求有3个分枝以上。带土球苗好于裸根苗，容器苗最安全，近年在试验地上，用容器苗造林成活率均在95%以上。

苗木除选用良种壮苗之外，在起苗、运输、栽植过程中，要注意保水保湿，防止根系失水，这是提高造林成活率的关键之一。如果在起苗、运输、造林过程中裸根苗受到风吹日晒，首先是吸收水分的幼根、根毛枯萎，吸水功能丧失，而地上部分消耗（蒸腾）水分的器官完整保存，吸水少消耗水分多，使水分失去平衡，导致苗木枯死。有时苗木只有部分吸收根枯死，造林后的苗木不会马上枯死，会通过落叶来减少水分消耗，但这种苗木恢复生长很慢、发育很差，故应在阴天或湿度大的天气起苗。起苗前，应浇透水；起苗时，要用锄头或铁耙带土起苗，切忌用手拔；起苗后，立即打泥浆后即装入尼龙袋中，每袋装5~10株（视苗木大小而定），扎紧袋口（袋口高度应超过苗木地上部分1/2左右），边起苗、边装袋，放置于阴蔽处；运输时，遮蓬布防风吹，苗木最好直立竖放，若需横放，不应超过2层，以免苗木发热。运到后要及时种植，不宜长期假植。造林时从尼龙袋中拿1株栽1株，不让苗木根系受到风吹日晒。倡就地育苗就地造林，也可从外地购来小苗，在当地苗圃培育1~2年或上钵培养容器苗，当年秋季或次春造林，效果良好。

（三）栽植方式

在早春选阴天，带土起苗，大穴浅栽，栽正打紧。每公顷300株左右，注意在林中和主风的上风口适当栽植雄株树，以利授粉。

挖大穴是为了投施有机肥并减少周围杂草灌木根系的干扰。一般挖60~80厘米见方、深50厘米大穴，施入基肥后，大穴挖出的土壤要回填90%以上。苗木种植时，要浅栽，具体要求是苗木根系3/4在地面以下，1/4在地面以上，苗基堆成馒头形，土面高于根径2~3厘米即可，如是嫁接苗切忌将嫁接部位埋入土中，栽植时注意苗木要竖直，根系要舒展，填土50%后拔苗踩实，再填土踩实，最后覆上虚土。若栽种过深，在穴土下沉后，上部继续淤土，使根系不透气，呼吸作用易受影响，甚至产生二重根，苗木生长不良，影响造林成活率。定植后要立竹竿支撑苗木，并结合浇水施入50%敌克松1250倍液，以消毒土壤。

五、林分管抚

（一）幼林抚育

造林后每年进行2次穴状抚育，分别在6月上旬和9月中旬进行，在幼树周围除草松土、培土，并逐年扩大穴抚范围。从第4年开始，分次伐去遮阴木，至第6年全部伐去，并进行一次全面垦抚，秋冬施一次挂果肥。

香榧幼树的病虫害相对较少。但生长势弱或受高温日灼危害后的植株，也易造成病虫危害。因此，防止病虫害发生的最根本措施是加强土、肥、水的管理，并做好树盘覆草，促进幼树生长，增强抗性。栽后第一年重点是做好夏天高温天气的抗旱保苗。需采用新鲜杂草、松枝、竹叶、竹编筐或遮阴棚适时遮阴。一般3月底或4月初进行，宜早不宜迟。有条件的地方应采用遮阴棚，以减轻病虫害发生，提高成活率；无条件的地方应在7月至翌年2月，在树冠投影下覆盖秸秆或杂草等，以减少蒸发，降低土温，促使根系正常生长。冬季覆盖起到保温作用，厚度一般10~15厘米。但在伏旱期后覆盖，严冬后应立即将覆盖物埋入土中，以避免覆盖物霉烂引起立枯病。7~9月干旱季节，有条件林地引水灌溉或根际覆草降温保湿。香榧幼苗枝条比较柔软易垂地，种植时可在根部插根小木棍将香榧枝条绑着，引导其向上生长。嫁接繁殖的香榧树，在自然生长条件下，3～5年生之前，一般偏冠现象比较严重，随着树体的扩大和结果的开始，大部分植株的偏冠现象能够自我纠正。为克服偏冠现象，平衡各骨干枝之间的生长，可采用平拉缓放的方式，增大其开张角度，以缓和生长势，对分枝条较少的苗木通过主梢摘顶以促进分枝，从而较早形成比较标准的多主枝“自然形”或“开心形”树形，为高产、丰产打下基础。

造林后要特别注意水土保持措施的落实，阶梯整地带状造林的林分每年要清沟固坎，保留带间的植被；在坡度较大的地块采用鱼鳞坑造林的，可以从造林的次年开始逐步清除植株周围植被，在种植穴下方垒石坎、移客土做成水平树盘以保持水土。随着香榧树体的生长和需光性的增加，必须及时调整香榧幼林林分结构，逐步疏去混交树，调节光照条件，保证香榧上方光照。香榧生长缓慢，幼龄期宜适当套种豆类作物，既可为幼龄树提供庇荫环境，改善土质，又能以短养长，增加近期收入。

（二）施追肥

香榧幼林施肥以促进树体营养生长为目的，应多用复合肥，并结合有机肥进行。追施肥可增强树势，促进花芽分化，增加结果母枝数量。每年雨季结束后，应及时进行除草松土，幼林松土可结合施肥进行，每年向外扩穴30～40厘米，营造疏松的土壤环境，适应根系向外扩展的要求。

每年1～2月，深翻土壤，改善土壤通气条件，清除枯枝、落叶并埋入土中；7～8月浅耕一次，并割取杂草、嫩柴覆盖榧树根际，以降温保湿，提高抗旱能力。坡度较大的林地，可砌筑土坎培土，增加土壤养分。每年施肥2～3次，时间分别在每年的3月中下旬、9月中旬～10月下旬。施肥时做到多次少施，不施重肥，有机肥必须腐熟后施用，化肥不能直接接触根系或沾黏叶片。土、肥拌匀，施于根系周围，不伤根，不集中施肥。施肥后用土覆盖，以防流失。第一次结合土壤深翻，每株施土杂肥100～200公斤或饼肥5公斤；第二次在5月上中旬，施适量的磷、钾为主的保果肥，促使种实充分发育，减少生理落果；第三次在香榧采收后，为了促使翌年花芽形成和幼果发育，加快恢复树势，施以氮肥为主的速效肥，争取翌年丰产。肥料配比以N、P、K比例2∶0.5∶1.5较好，同时注意酸性土上的Ca、Mg、B和石灰土、紫砂上的Fe、Cu、Mo等元素及微量元素的补充。随树龄增大而逐步增加施肥量，香榧施肥方法应采用沟施的方法，避免目前产区普遍采用的撒施的方法。

（三）修枝、抹芽与干型培育

修枝主要是剪除密生枝、枯死枝、病虫枯枝，保证植株株型合理，防止病虫侵害，提高香榧产量，不必精细修剪。要求树冠低矮，以减少风害，便于管理和采果。用大砧木嫁接的植株可采用多干圆头形。应用两年生砧木嫁接的植株可采用多主干自然圆头形，树冠高度控制在4～5米左右。

（四）病虫害防治

适时清理灌木杂草，翻耕松土，种植绿肥，多施农家肥、有机肥，以促进树木健壮生长，提高抗性。冬季及时清理烧毁枯枝落叶及病残果；用涂白剂进行树干涂白；在蛾类成虫发生期用黑光灯诱杀，以减少虫口基数。合理利用药剂防治。选用无公害农药如吡虫啉、梧宁霉素、甲基托布津等，适时对香榧细小卷蛾、香榧瘿螨、香榧细菌性褐腐病等主要病虫害开展防治。

香榧苗期主要病害有猝倒病、根腐病和叶枯病。害虫主要为蛴螬、地老虎、蝼蛄、蜘蛛和蚜虫等。发生猝倒病可用0.5∶0.5∶100或1∶1∶100倍半量和等量波尔多液进行喷雾防治，每隔7～10天喷施1次，连续喷施3～5次，效果良好；发生根腐病可用多菌灵或甲基托布津1∶500倍溶液进行喷雾防治，每隔5～7天防治1次，连续喷施3次，可抑制病害扩散蔓延，但也要及时拔除病株就地烧毁。发现蛴螬、地老虎、蝼蛄为害，可在苗床上挖沟撒施呋喃丹防治；蜘蛛、蚜虫可用乐果类农药喷杀防治。应用香榧病害防治创新技术：香榧幼苗发生猝倒病、根腐病和叶枯病，用5%明矾液体浇洒，2小时后再用水冲淋，1天1次，根据发病情况而定，轻病的防治2～3次，重病的防治5～7次，效果较好，幼苗成活率平均提高3.8%～5.8%。

成年香榧的虫害主要是白蚁和香榧小卷蛾。白蚁危害根部和树干，用白蚁专用诱杀包在蚁路上诱杀。香榧小卷蛾一年发生2代，以幼虫危害，春季危害新梢，秋季危害叶片，第一代危害期4～5月，第二代6～7月，一般在5月和11月入土化蛹。防治方法：春季可结合防治金龟子，在当年生结果枝尚未完全展叶时用10%吡虫啉可湿性粉剂800～1 000倍液喷雾防治。秋季防治方法相同。香榧菌核性根腐病。发病时以菌丝网住根系，使根系腐烂，俗称"网筋"，一般从6月开始发病，病重时可使整株香榧枯死。酸性黏重土壤与套种薯类作物时易感染发病。防治方法：采用土壤深翻，用生石灰或10%硫酸铜溶液消毒，改良土壤；停止套种薯类。

阔叶树类

第二十四章　银杏

第一节　树种概述

银杏 *Ginkgo biloba* 别名白果、公孙树，为银杏科银杏属落叶乔木。是现有种子植物中最古老的孑遗植物，誉为植物“活化石”，也是起源于中国的特有珍贵树种。在3亿多年前，银杏类植物几乎分布于全世界，至中生代侏罗纪为银杏的全盛时期。目前仅在我国有自然分布，我国银杏资源占世界的90%。银杏全身是宝，集食品、饮料、药材、木材和园林绿化美化于一体，是我国重要的多用途经济树种。

一、木材特性及利用

（一）木材材性

木材质地优良，胀缩性小，硬度适中，干燥容易，不翘曲，不开裂，尺寸稳定性好；耐腐性中等。切削容易，切面光滑，油漆后光亮性好。胶粘容易。握钉力弱，不劈裂。易切削、雕刻。但木材抗虫性较差。

（二）木材利用

常用于建筑、装饰、镶嵌、各种雕刻工艺、高级文化和乐器用品，以及特殊用具等，如匾额、木鱼、印章、工艺品、测绘图版、测尺、仪器盒、笔杆、棋子棋盘、网球拍及各种琴键等。在工业上常用于纺织印染滚筒、翻砂机模型、漆器木模、精美家具等。

（三）其他用途

银杏叶是特殊的药用材料，白果是优良的食品和药材；另外，银杏还是优美的观赏树木。

二、生物学特性及环境要求

（一）形态特征

落叶大乔木，高达40米，胸径可达4米；幼树树皮浅纵裂，大树之皮呈灰褐色，深纵裂，粗糙；枝近轮生，斜上伸展（雌株的大枝常较雄株开展）；叶扇形，有长柄，淡绿色，无毛，有多数叉状并列细脉，顶端宽5~8厘米，在短枝上常具波状缺刻，在长枝上常2裂，基部宽楔形，柄长3~10（多为5~8）厘米，幼树及萌生枝上的叶常较而深裂（叶片长达13厘米，宽15厘米），有时裂片再分裂；球花雌雄异株，单性，生于短枝顶端的鳞片状叶的腋内，呈簇生状；雄球花柔荑花序状，下垂，雄蕊排列疏松，具短梗，花药常2个，长椭圆形，药室纵裂，药隔不发；雌球花具长梗，梗端常分两叉，稀3~5叉或不分叉，每叉顶生一盘状珠座，胚珠着生其上，通常仅一个叉端的胚珠发育成种子，内媒传粉。种子具长梗，下垂，常为椭圆形、长倒卵形、卵圆形或近圆球形，长2.5~3.5厘米，径为2厘米，外种皮肉质，熟时黄色或橙黄色；子叶2枚，稀3枚，发芽时不出土，初生叶2~5片，宽条形，长约5毫米，宽约2毫米；有主根。花期3~4月，种子9~10月成熟。

(二)生长规律

初期生长较慢，实生雌株一般20年左右开始结实，40年后才能大量结果，500年生的大树仍能正常结实。

(三)分布

银杏为中生代孑遗的稀有树种，系中国特产，日本、朝鲜、韩国、加拿大、新西兰、澳大利亚、美国、法国、俄罗斯等国家和地区均有大量引种栽培。银杏在我国的自然地理分布范围很广。从水平自然分布状况看，主要在温带和亚热带气候气候区内，跨越北纬21°30′~41°46′，东经97°~125°，遍及22个省(自治区)和3个直辖市。在海拔数米至数十米的东部平原到3000米左右的西南山区均发现有银杏古树。从资源分布量来看，以山东、浙江、江西、安徽、广西、湖南、湖北、四川、江苏、贵州等省份最多。

(四)生态学特性

银杏属深根性树种，阳性喜光，抗风力强，寿命长，对大气污染有一定抵抗性，抗干旱性较强，耐寒性强，对土壤的适应性亦强，在酸性土、中性土或钙质土均能生长。在野生自然林分中，常与柳杉、榧树、蓝果树等针阔叶树种混生，生长旺盛。

(五)环境要求

年降水量600~1500毫米，年平均气温10~18℃，绝对最低气温不低于-20℃，属我国的温带、暖温带和亚热带地区。据全国各地银杏栽培的实践表明，银杏适合生长在年平均温度20℃以下，最低温度在0℃以下，相当于北纬24°以北的地区，规模栽培宜在海拔1000米以下，在酸性土(pH值4.5)、石灰性土(pH值8.0)中均可生长良好，但以中性或微酸性湿润而排水良好的深厚壤土最适宜，不耐积水之地，较能耐旱，在过于干燥处及多石山坡或过湿之地生长不良。

第二节　苗木培育

一、良种选择与应用

湖南省目前还没有经国家或省级部门审定或认定的良种，生产中可选择林分起源明确，林分组成和结构基本一致，密度适宜，无严重病虫害，在结实盛期，生产力较高，采种林分面积较大，能生产大量种子的优良林分或优势木上采种，这样能提高育苗和造林效果。

二、播种育苗

(一)种子采集与处理

1. 采种期

10~11月。

2. 采种方法与处理

采种选择的母树要品质优良、结实多、树体健壮。最好在种实自然成熟脱落后地面上收集。将采集的种实堆沤2~3天；再浸于水中搓去外种皮，晾干至种皮呈白色。

(二)苗圃选择与整理

1. 选圃地

选择交通方便和背风向阳、接近水源、排灌方便、取土容易的地方做育苗地。虽然银杏能适应各类土壤，但育苗地以沙质壤土最为理想。切忌积水涝洼和盐碱土地。在冬季进行对圃地进行一次深耕，以20~25厘米为宜。将土地深耕后，可不耙平，待冬季风化或冰雪使其自然松散。初春时，可将圃地再进行一次浅耕，深达10～15厘米，耙平，使地表土壤细碎平整，保蓄土壤水分。清除圃地土面杂草。为防积涝，育苗地应事先开出排水沟道。

2. 施基肥

银杏育苗所用的基肥，以有机肥为主，一般每公顷应施4.5万～6万公斤，并混入硫酸亚铁37.5公斤、锌硫磷37.5公斤。未经腐熟的垃圾，特别是掺有腐烂马铃薯之类杂物的垃圾，最好不要用作银杏树育苗的基肥，以免造成病害的大发生。采用饼肥为基肥，苗木长势特好。但是，用饼肥作基肥，一定要先让其充分腐熟，最好能在播种前一个月施进圃地。

3. 作苗床

银杏育苗宜筑苗床，多雨地区可筑高床，干旱地区可筑低床。苗床方向可随地形而定，但以东西向最好。苗床应反复整平耙细，整地愈细育苗效果愈好。为求操作方便，床面宽1～1.2米，床高30厘米，床间沟宽30厘米。

(三)播种育苗与管理

1. 播种育苗

银杏播种的株行距多用株距10厘米×行距20厘米规格。为求出苗整齐和管理上的方便，宜用播种板播种最好。播种板是一块与苗床等宽的木板，按照已确定的株行距离，在木板上钉以小圆木柱，柱高约5厘米，粗与播种穴径相等。播种时先将苗床床面整平整细，然后将播种板按压于床面上，根据所需深度即可压出整齐划一的播种穴，然后将种子放入穴中，盖土覆平。

银杏种子的播种深度，宜浅不宜深。在沙质壤土上，以1.5厘米深的播种穴出苗情况最好。播深2厘米的优于3厘米的，播深4厘米的出苗不齐长势也差。

2. 苗期管理

为使播种后的幼苗顺利出土，苗床土壤的保温保湿是十分重要的。银杏播种之后可覆草保湿，当有1/3以上的种子破土出苗时，即可将覆草逐步撤除。但应加强喷灌，保证土壤的松软湿润。银杏是一个喜肥树种，肥分愈足，生长愈好。当银杏幼苗出现2枚真片时，可用0.1%的尿素或磷酸二氢钾进行叶面喷肥，每10天喷洒一次，待幼苗出现3～4片真叶时，再灌以4.5～6公斤/平方米的腐熟人粪尿(需掺水20%～40%)，或每平方米用10克尿素加水后对成1%的浓度喷洒叶面。每月一次，全年4～5次，对提高苗木产量和质量有明显的作用。

银杏幼苗不耐高温和强光，因此适当的遮阳对幼苗的生长发育是极为有利的。遮阳的方法很多，如架设荫棚、插枝、行间覆草、撒盖木屑、间种作物等。在这些方法中，架设荫棚的效果最为理想。当银杏幼苗不需遮阳时，应立即拆除荫棚。

三、扦插育苗

(一)圃地选择

银杏扦插常用的基质有河沙、沙壤土、沙土。其中河沙生根率极高，材料极易获得，被广泛应用于扦插育苗。沙壤土、沙土生根率较低，多用于大面积春季扦插。将插床整理成长10～20米，宽1～1.2米，插床上铺一层厚度在20厘米左右的细河沙，插前一周用0.3%的高锰酸钾溶液消毒，每平方米用5～10公斤药液，与0.3%的甲醛液交替使用效果更好。喷药后用塑料薄膜封盖起来，两天后用清水漫灌冲洗2～3次，即可扦插。

(二)插条采集与处理

选择20年生以下的树上1～3年生枝条作插条，要求枝条无病虫害、健壮、芽饱满。插条一般在秋末冬初落叶后采集，或春季在扦插前一周结合修剪时采集。将插条剪成15厘米长，含3个以上饱满芽，剪好的插条上端为平口，下端为斜口。注意芽的方向不要颠倒，每50枝一捆，下端对齐，浸泡在100微克/克的萘乙酸液中1小时，下端浸入5～7厘米。秋冬季采的枝条，成捆进行沙藏越冬。

（三）扦插时间与要求

常规扦插以春季扦插为主，一般在3月中下旬扦插，在塑料大棚中春插可适当提早。扦插时在床面上先开浅沟，再插入插穗，地面露出1～2个芽，盖土踩实，株行距为10厘米×30厘米。插后喷洒清水，使插穗与沙土密切接触。

（四）插后管理

苗床需用遮阳网或帘子遮阴，气候干旱时需扣塑料棚保湿，要求基质保持湿润，不能积水，空气相对湿度保持在90%左右，以减少插条蒸腾失水。扦插后除立即灌一次透水外，连续晴天的要在早晚各喷水一次，1月后逐渐减少喷水次数和喷水量。5～6月份插条生根后，用0.1%的尿素和0.2%的磷酸二氢钾液进行叶面喷肥。

四、轻基质容器育苗

（一）轻基质的配制

营养土的配方为：黄心土30%、泥炭土30%、火土灰（谷壳炭）30%、细河砂5%和过磷酸钙5%。营养土、肥料要碾碎过筛，充分拌匀，并堆放3个月。

（二）容器的规格及材质

选择直径8～10厘米、高12～15厘米的薄膜营养袋。为了保护环境，利于苗木造林后根系生长，要选用易降解材料制作的营养袋。

（三）圃地准备

选择交通方便和背风向阳、接近水源、排灌方便、取土容易的地方作为育苗地。

（四）容器袋进床

装袋时营养土要分层灌紧，尤其下层的营养土更要压紧，每袋营养土的装土量，离营养袋口1厘米左右，并松紧一致。将营养袋排放整齐，相互靠紧、放平，防止积水。

（五）种子处理

银杏种子，一般只有70%左右的发芽率。直接播种，往往缺株、断垅，降低土地利用率，也不利于培育壮苗。所以，银杏种子播种前，最好先行催芽。银杏催芽后播种，还有提早播种期的作用。这可以使苗的根颈部位在高温季节到来前，达到初步木质化，使其有较强的抵抗力。具体做法是：在播种前1周，扒出储藏的种子，过筛后用清水冲洗，有芽的即可播种，没出芽的进行催芽。催芽前用0.2%～0.3%高锰酸钾水溶液浸种1小时，然后用清水冲洗一遍，便开始催芽。

（六）播种与芽苗移栽

播种时，如能利用经过催芽的种子育苗，则又能使芽苗的生长更加整齐一致，更有利于芽苗的及时移栽，并使整个育苗工作比常规育苗提前一个季节，非常有利于银杏壮苗的培育。移栽芽苗的时间也特别重要，以刚出土茎干变绿，尚未展叶时移栽最为适宜。

育成芽苗之后，移栽到容器的具体做法是：先用竹签或螺丝刀拨动芽苗表面的覆盖物，从芽苗附着的种子下面撬出整株芽苗。剪断根尖，备用。在准备好的容器基质上，用1厘米左右粗的铁棍或竹杆打一个小洞，深约5厘米，表面口径约3～4厘米，即略大于种子。口径上大下小，接着将芽苗根插入洞内，使整个种子搁于洞中。最后再用这根棍子或杆子从洞的一侧插入土中，先拉向身边，压紧种子以下部位，再向前推，使浮土盖住种子。移栽芽苗的全过程，切忌碰断子叶。因为子叶是银杏芽苗从种子胚乳内吸收营养的通道。不带残留种子的银杏芽苗，移栽后即使成活，也难于长好。芽苗栽植到圃地前一个小时，最好先浸于清水，以使其残留的种子吸足水分。芽苗栽好后，最好挨孔浇一次清水，以使其断根能与土壤密接。特别要注意在浇水之后，仍要使银杏的整个种壳掩埋在土表以下，因为裸露种壳会招来鸟、兽的严重危害。

(七)苗期管理

苗期管理的重点是控制苗床内温度和湿度。主要是水肥管理，晴旱天加强浇水，保持营养土湿润，以利幼苗出土，20 天左右时，要及时间苗补苗，每杯留一株健壮苗。8 月份以前，每 10 ~ 15 天追施氮肥 1 次，9 ~ 10 月每 15 天追施复合肥或磷肥 1 次，以促进苗木木质化。追肥应遵循少量多次的原则，注意做好病虫害的防治。若为全日照圃地，要在幼苗出土或芽苗移植后搭荫棚遮阴。此外，摆放在苗床面没垫农膜的容器苗要搬动、截根(剪去穿出容器底部的主根)1 ~ 2 次，以促使苗木多长侧、须根。

五、苗木出圃与处理

苗木出圃时，要选择雨后晴、阴天进行。裸根苗起苗前一周适量灌水，防止起苗时土壤干燥造成根系损伤。起苗时先用锄头将苗木周边土壤挖松，然后挖出苗木，不损伤根皮，不撕断侧根和须根。不损伤地上枝干，做到苗干不断裂，树皮不碰伤。在质量和规格上要做到不够规格、树形不好、根系不完整、有机械损伤、有病虫害的苗木不出圃。苗木随起、随分级、随假植，有条件的可喷洒蒸腾抑制剂保护苗木，最大限度地减少根系、枝条水分的散失。适量修剪过长及劈裂根系，处理病虫感染根系。将苗木分级包装，对不合格的苗木可留床培育。对当天不能运出造林的苗木要在圃地集中进行假植。

第三节　栽培技术

一、立地选择

依据银杏的生物学特性要求，其最适宜的立地条件为：年平均气温 8 ~ 12℃，年降水量 600 毫米以上，土层深厚肥沃，土壤质地为壤土和沙壤土，土壤 pH 值为 5.5 ~ 7.5。

二、栽培模式

如培养目标是培育银杏大径材，且立地条件好，营造及管护技术力量强，营造银杏用材林可选择纯林模式。

如营造银杏果用园，为便于经营管理，可选择纯林模式。

三、整地

(一)造林地清理

把林地上的杂草、灌木等割除砍倒，堆积后用火烧除。一定要对火势进行严格的控制，开好防火路并做好各项防火措施准备，以防止跑火而引起的森林火灾。

(二)整地时间

整地时间为雨季结束后的 10 月至翌年 2 月，宜早不宜晚，整地后日晒不低于 30 天，不宜现挖现栽。

(三)整地方式

银杏成片造林应尽量进行全面整地方式。山地、丘陵地要修筑水平梯田。平原一般沿南北向布设种植点，山地、丘陵地沿等高线(在水平梯田上)布设并呈品字形配置。银杏种植穴规格要求较高，必须使用大穴，长、宽、高为 60 厘米 × 60 厘米 × 60 厘米，大规格苗木造林时，种植穴还应适当增大。在疏松的沙土或沙壤土上，地下水位较低，种植穴宽可以小一些，但深度应大些；地下水位较高，则植穴可以浅些；在比较黏重的土壤土，则植穴可以宽些，深度可以浅些。

(四)造林密度

银杏乔干稀植丰产园，常用的栽植密度为4米×5米、5米×6米、6米×6米、8米×8米等，结实之前，可进行间作，增加前期经济收入，这种模式具有较好发展前景。

(5)基肥

底肥要以有机肥为主。采用每株施腐熟的土杂肥或圈粪30~50公斤，配施过磷酸钙肥1公斤、尿素0.2~0.5公斤。有机肥料要充分的熟化后才能施入，为防止烧根，肥料上应覆一层壤土。

四、栽植

(一)栽植季节

落叶后至萌发前，约11月至次年2月均可，于立春前20天最宜。

(二)苗木选择、处理

果用林壮苗指发育健壮、根系完整、无病虫害及较大损伤的良种嫁接苗，苗高30厘米以上，基径粗度大于1厘米，主根保留长度大于15厘米，侧根数15条以上。材用林则用实生的优质苗木。

(三)栽植方式

栽植银杏时，将苗木放入栽植坑后，先填表土，再填心土，并将苗木上提几下，使根系与土壤紧密接触，随填土随用脚踏踩、用锄打实。种植深度一般要求在根颈以上10厘米左右。带土坨苗木，去掉包扎物后用同样的方法种植，种植后，要把水浇透。同时在坑的周围做土堰，以利浇水。

栽植时还要注意适当配植雄株，保证授粉。银杏雄株的花粉轻而多，传插较远。雌雄株可按(20~30)∶1的比例配植，并将雄株栽于上风口(按花期风向)。

五、林分管抚

(一)幼林抚育

除草和松土是同时进行。一般从造林年度起连续3~5年，主要在一年中生长季的前半期进行。但植苗造林当年的第一次应尽量提早，并结合进行培土、扶正、踏实等工作。造林后，头1~2年的除草松土次数应多些，以后可减少(1~2次)。可分为穴状(块状)、带状和全面除草松土等方式，以前两种应用较广。除草和松土的深度根据幼树表层根系的分布情况确定，力求少伤根系。

(二)施追肥

银杏果用林追肥要求如下：

幼树期：每年追施2次肥料，4月中旬萌芽肥，6月上旬促长肥。挖0.1~0.15米深的条沟、环状沟或放射状沟，采用硫酸钾复合肥，每次将肥料施入后及时盖土。肥料使用量：1~2年生24~36公斤/公顷，3~4年生48~96公斤/公顷，5~6年生144~240公斤/公顷。

挂果期：每年追施3次肥料。一是萌芽肥：以速效氮肥为主，在2月下旬至3月上旬挖0.1~0.15米深的条沟施入，施尿素168公斤/公顷。二是壮果和花芽分化肥：以磷钾肥为主，在5月下旬至6月上旬挖0.1~0.15米深的环状沟或放射沟施入，施硫酸钾复合肥480公斤/公顷、氯化钾309公斤/公顷。三是果后肥：在9月中旬挖0.1~0.15米深的环状沟或放射沟施入，每株施硫酸钾复合肥16公斤、尿素6.4公斤。施肥后注意及时浇水，促进肥料吸收。4月下旬至6月上旬，根据树势情况，还可喷施叶面肥。叶面肥种类有叶面宝、0.3%~0.5%的尿素液、0.8%~1.0%的复合肥液、0.3%~0.5%的磷酸二氢钾液等。

(三)修枝、抹芽与干型培育

银杏大枝通常不过于密集，整形时顺其自然即可形成主干形树形或主枝开心的挺身形树形。整形中主要维持各主枝间生长势的平衡，使排列有序，疏密适中。遇有大枝密挤生长，则适当调整去除，保证冠内通风透光良好。树干基部如有萌蘖应及时除去。银杏树的结实枝条也多不密生，短缩枝又能连续给实，故除疏除扰乱树形的横生枝、直立徒长枝外，对其余枝条一般极少剪截。当短缩枝多年结实后趋于衰老且基枝下垂时，可对基枝短截，促进更新。骨干枝衰老、结实部位外移严重或出现枯梢时，进行重回缩修剪能刺激隐芽萌生，更新大枝。

（四）人工辅助授粉

果用林因雄株配置少或雄株花粉量少而造成结实率低下时，可采用人工辅助授粉的方法权宜补救。最简单的方法，是从其他地方剪下将开花的雄花枝，直接挂在雌株的上风头高处，使其自然风媒传粉。为了提高授粉效果，节约花粉用量，也可采用人工液体授粉的方法。将摘下的新鲜雄花序用纸包成薄层，放在阳光下晾晒，撤出花粉，然后加水混合。大约每 0.5 公斤新鲜雄花序可加水 25 公斤～30 公斤，滤去渣滓后即可用以喷布雌株。花粉液随配随喷，不宜久放。花粉液中如加入 0.2% 硼砂和 1% 蔗糖则效果更好。雌株最适宜的受粉时间，是在雌蕊珠嘴上出现小圆珠之时。银杏花期约一周，需经常观察掌握好授粉的有利时机。当花期遇有雨雾等不良天气条件影响正常授粉时，也可采用人工辅助授粉的方法进行补救。

（四）间伐

进入丰产期后进行间伐，保留株数为 420 株/公顷。

（五）病虫害防治

（1）超小卷叶蛾：发生在挂果树上。以幼虫危害严重，幼虫经 1～2 天可蛀入嫩枝内危害，被危害的植株枝梢枯死，幼果脱落。

防治方法：成虫羽化盛期用 50% 杀螟松乳油 250 倍和 2.5% 溴氰菊酯乳油 500 倍液按 1∶1 的比例混合用喷雾器喷洒树干，对刚羽化出的成虫杀死率达 100%。在危害期初龄幼虫用 80% 敌敌畏乳油 800 倍液或 90% 敌百虫与 80% 敌敌畏（1∶1）稀释 800～1000 倍液，或 80% 敌敌畏 800 倍与 40% 氧化乐果混合液 1000 倍液喷洒受害枝条，效果均好。根据老龄幼虫转移到树皮内滞育的习性，于 5 月底 6 月初，用 25% 溴氰菊酶乳油 2500 倍液喷雾，或用 25% 溴氰菊酯乳油、10% 氯氰菊酯乳油各 1 份，分别与柴油 20 份混合，涮于树干基部和土部以及骨干枝上成 4 厘米宽毒环，对老龄幼虫致死率达 100%。

（2）金龟子：苗木和幼树均有发生。幼虫咬食嫩茎和根系，成虫取食叶片，先食嫩叶，再食嫩梢，直至在嫩芽处吸取树液，严重影响植株生长。

防治方法：4 月下旬至 5 月中旬，个别植株受害，可人工捕杀；危害量大时，傍晚用 1500～2000 倍敌杀死溶液喷杀。

（3）堆砂蛀蛾：以幼虫危害，白天隐藏于蛀洞内，晚上出来蛀食树干。

防治方法：一是发现虫口数量不多的堆砂蛀蛾危害时，用铁丝插进蛀洞内，可消灭部分直洞中的害虫。二是防治堆砂蛀蛾在幼虫孵化盛期的 6～7 月间，用 80% 敌敌畏乳油 800～1000 倍液喷干防治，间隔 15～20 天喷施 1 次，防治 2～3 次；或冬季落叶后，蛀害处易发现，用药棉沾 80% 敌敌畏乳油原液塞入蛀洞，并用泥土封住洞口进行防治。

（4）大袋蛾：取食叶片危害，边取食边吐丝，将嚼食物粘连作成袋囊。

防治方法：一是人工摘除袋囊灭虫；二是注意保护家蚕追寄蝇、瓢虫、蜘蛛等天敌；三是用苏云金杆菌 1 亿孢子/毫升浓度的菌液喷洒；四是用 90% 敌百虫 800 倍液喷杀。

（5）家白蚁：蛀食根系和树干，受害株开始出现枝叶枯黄，顶端干枯，严重的树干空心，全株枯死。

防治方法：在羽化孔下方离地面 15 厘米处，35°倾斜钻入树心且深度大于主干半径，孔大小视树干粗细而定，清除钻孔内木屑后，用喷雾器向孔内喷白蚁药（常规配方 +10% 灭蚁灵），每洞喷 20～25 克，喷后用废纸或泥土堵塞孔口。

(6)桃蛀螟：初孵化的幼虫在果梗果蒂基部吐丝蛀食，待成长蜕皮后从果梗基部沿果核蛀入果心危害。

防治方法：一是由于桃蛀螟具有趋光性，因而夜晚可采用灯光诱杀；二是以预防为主，7 月初用 80% 敌敌畏乳油 1500 倍液或 90% 敌百虫 1000 倍液喷药防治。

第二十五章　马褂木

第一节　树种概述

马褂木 *Liriodendron chinensis* 为木兰科 Magnoliaceae 马褂木属 *Liriodendron* 落叶大乔木，其树形通直高大、花似郁金香、叶形奇特，花色艳丽，有很高的观赏价值，被誉为世界级观赏树种，在庭院绿化、石漠化治理等领域具有广阔的应用前景。马褂木适应性强，生长旺盛，材质优良，是理想的速生用材及家具用材树种。

一、木材特性及利用

(一) 木材材性

马褂木木材平均纤维长度为 1.63 毫米，平均纤维宽度为 29.35 微米，纹理直、结构细、抗压强度高、心材耐腐性低。马褂木木材白色或淡红褐色，质轻软、抗压性强、切削加工容易，加工面良好。干燥后尺寸稳定。

(二) 木材利用

可用于轻结构材、器皿、车船内装、乐器等，也用于人造板、纸浆、木粉等。此外，因极少或无胶质木纤维，适于作胶合板和刨切微薄木。是优良的纤维原材料，又是家具、室内装饰及轻型结构用材的优质原料。

(三) 其他用途

树皮可入药，主治风湿风寒引起的咳嗽、口渴、四肢微肿等。

二、生物学特性及环境要求

(一) 形态特征

树干和枝条紫褐色，树形美观且高大挺拔，树冠椭圆形，开阔且浓密；主干耸直，树姿端正；叶似马褂，长 7 ~ 12 厘米，两侧各有一裂片，老叶背面密被乳头状突起的白色粉点，叶色由亲本的淡绿变成深绿色，单株叶片数量多。3 月上旬展叶，11 月下旬至 12 月上旬落叶，深秋时节，叶色变成金黄色；花期 4 ~ 5 月，花较大，黄绿色，聚合果，纺锤形，先端钝或尖，由多个顶端具 1.5 ~ 3 厘米长翅的小坚果组成，10 月果熟，自花托脱落。7 年生树高可达 8.7 ~ 10.7 米，胸径 14.5 ~ 19.0 厘米，多年生大树高可达 40 米，胸径 1 米以上。

(二) 分布

马褂木是第四纪冰川期残留下来的树种，主要分布于长江流域以南。在广西猫儿山、兴安、资源等地，以及江西庐山，福建武夷山，浙江临安龙塘山，安徽黄山，湖北巴东、兴山，四川西部，湖南西北部，云南嵩明县等地都有零星分布。

(三) 生态学特性

马褂木可垂直分布在海拔 500 ~ 1700 米，在海拔 500 米以下的低山、丘陵和平原有引种栽培。属中性偏阴树种，喜生在温暖湿润避风的沟谷两旁、山地坡脚丛林中。喜土层深厚、肥沃、湿润、排水良好，沙岩、砂质页岩、花岗岩发育的酸性、微酸性土壤。不耐干旱和水湿。气温高，直射光强烈，易发生日灼。

(四)环境要求

马褂木耐寒、耐半阴，适生于河谷两旁、坡脚路旁或山区丛林、温暖潮湿背风的环境。喜温暖、湿润气候，耐贫瘠、干燥，在年平均气温15～25℃、最低气温－16℃、年降水1200～2000毫米以上、相对湿度80%以上、土层深厚、土壤疏松肥沃、排水良好、pH值4.5～6.5的酸性或微酸性土壤最适宜。

第二节　苗木培育

一、良种选择与应用

马褂木为异花授粉植物，雌蕊有早熟现象，不易授粉。在自然授粉孤立木的条件下，种子发芽率不超过5%，成林的种子发芽率20%～35%，采取人工授粉的发芽率可提高到75%。因此，采果母树应选择本地种源20～30年生的健壮、群状分布且经人工授粉的立木，这样才能保证种质的质量，获得更多的优良性状遗传基础。

二、播种育苗

(一)种子采集与处理

果熟期10月，当聚合果呈褐色时应及时采收。采回的聚合果应在阳光下摊晒3～5天，然后取出种子，装袋藏于通风干燥处。于1月至2月间，将干藏的种子，搓揉去种翅后扬净，再用清水浸泡10个小时，取出摊晾，之后用消过毒且干净的湿沙进行层积沙藏催芽，场所可以是室内的地面上或干净的圃地，一层种子一层沙，种子层厚一般2～3厘米，沙层厚约5～6厘米，上覆稻草保湿。催芽期间除必须保持沙粒湿润外，还要经常检查，以防种粒发生霉变或鼠类啃食种子。经过40～50天的时间，当发现种粒裂口露白后方可用于大田播种。

(二)选苗圃及施基肥

圃地应选择避风向阳、土层深厚、肥沃湿润、排灌方便的沙质壤土。秋末冬初对苗圃地进行深翻，翌年春季结合平整圃地施足基肥，做好排水沟，修筑高床，苗床方向为东西向。基肥以有机肥料为主，如堆肥、厩肥、绿肥或草皮土以及塘泥等，也可适当搭配磷、钾肥，间接肥料以改良土壤为目的。基肥要施足，一般占全年总施肥的70%～80%，一般每公顷施厩肥2250～3000公斤或堆肥11250～22500公斤或饼肥1500～2250公斤、磷肥375～750公斤，施生石灰375～750公斤。堆肥、厩肥、生石灰在第一次耕地时翻入土中，而饼肥、草木灰等作基肥，可在作床前将肥料均匀撒在地表，通过浅耕埋入耕作层的中上部，达到分层施肥的目的。

(三)播种育苗与管理

马褂木种子可随采随播或于春季2～3月播种。播种可采用撒播或条播，撒播播种量为300～450公斤/公顷；条播条距为25～30厘米，沟深10～15厘米，播种量为150～225公斤/公顷。播前用冷水浸泡种子24小时，播后覆盖一层厚约1厘米或2厘米的火烧土或者细沙土并盖以稻草，若无稻草可用遮阳网替代。

遮阴除草：若无有效遮阴措施，马褂木苗易遭日灼危害，因此遮阴防灼伤是马褂木苗木繁育过程中首要解决的问题。一般经20～30天幼苗出土，选在阴天或下午揭草(遮阳网)。揭草后应适度遮阴，透光度50%～60%为宜。苗木生长季节，要及时松土，并按照“除早、除小”的原则除草。保持土壤疏松湿润，雨水多的季节要注意排水，防止苗木根腐病的发生。由于马褂木种子发芽率低，为提高苗木产量和质量，在4月底至8月初要进行间苗和补苗。

肥水管理：马褂木是喜氮树种，当幼苗长出4片真叶时，适当施用氮肥或人粪尿2～3次，追肥宜少量多次、先稀后浓。立秋过后应停止追施氮肥，适当增施磷、钾肥或施3克/升磷酸二氢钾1至2次，促进植株嫩梢木质化，增强其抗寒性，有利于越冬。苗期应及时除草，适时灌水排水，根据圃地肥力情况酌施追肥。一年生苗高达1米时，即可出圃定植，部分小苗可留养1年，翌年再用于造林。

三、扦插育苗

(一)圃地选择

选择背风向阳，土层深厚，pH值为中性或微酸性，不积水、排水良好，距水源较近，交通便利的肥沃壤土作为苗圃用地。

(二)插条采集与处理

插条应选用二年生枝上部及一年生枝基部枝段。插条长度以15厘米为宜，过短枝条养分有限，过长则造成生根位置温度偏低，水分及营养输送较慢。一般每插条应含3个芽为好。截取插条时，上方应在上芽以上约2厘米处平截；下方应在下方芽基部斜截成马蹄形，以能破损下方芽芽节为最好(此处养分充足，可萌发大量不定根)。插条基部在扦插前需用1000倍多菌灵液消毒，在再1000毫克/升萘乙酸或吲哚乙酸或2号ABT生根粉溶液内浸泡20～30分钟，以促进插条基部生根。

(三)扦插时间与要求

扦插时间一般为6月上旬至7月上、中旬。扦插前整平床面，按照行距10厘米，株距5厘米的密度进行扦插。扦插时采取斜插，深度以露出上芽为准。扦插后用手指将插孔向下按实，防止透风松动，以利于苗木生根。畦内扦插密度以行距40厘米、株距20厘米为宜，每畦插3行。扦插完毕后立即喷雾1～2小时，保证第一次要喷透，然后开始间歇喷雾，保持85%左右的湿度。

(四)插后管理

扦插初期要充分保证基质湿润，不断补充水分，在高温天气，从7:30～18:00采用自动间歇喷雾，一般每隔0.5～1小时喷雾1次，防止叶面失水，并起到一定的降温作用，晚上和阴天采用定时间歇喷雾，使相对湿度保持在85%～95%；当插穗开始生根时则适当减少喷雾次数，延长喷雾间隔时间，以利插穗生根，每7～10天喷洒1次杀菌剂，用多菌灵、百菌清等交替使用，幼根形成后于叶面喷施1次0.1%的磷酸二氢钾营养液。同时要及时清除插床落叶和死去的插穗，保持插床清洁卫生。待插条绝大部分生根成活后开始炼苗。

四、轻基质容器育苗

(一)轻基质的配制

用泥炭土、稻壳、森林表土、黄心土、珍珠岩等为基质，按基质配方：泥炭50%＋稻壳20%＋森林表土20%＋黄心土10%或70%泥炭土＋30%珍珠岩搅拌进行配制，统一采用0.01%的高锰酸钾溶液浸泡12小时以上，然后装入塑料托盘，搬运到育苗场地，供育苗用。

(二)容器的规格及材质

用厚度为0.02～0.06毫米的无毒塑料薄膜加工制成的营养杯或由无纺布制成轻型基质网袋，容器大小一般6厘米×10厘米为宜。

(三)圃地准备

圃地应选择地势平坦、排水良好，交通方便，水源电力充足，且无污染，无检疫性病虫害的地方。并及时清除圃地的杂草、石块，做到地面平整，并撒石灰以作消毒处理。之后划分苗床与步道，苗床一般宽 1～1.2 米，床长依地形而定，步道宽 30 厘米左右。根据育苗地水源状况不同，苗床分高床、平床两种。育苗地周围要挖排水沟，做到内水不积，外水不淹。

（四）容器袋进床

将装满基质的容器袋整齐摆放于苗床上，做到高低一致，松紧一致，每畦放完后确保容器袋顶部形成一个平面，每床周围用土或沙围好，以保护苗床。

（五）种子处理

种子经 0.5‰高锰酸钾溶液消毒 2 小时，再用清水冲洗干净，放入 40～50℃温水中浸泡 2 天，放入消毒过的湿沙中拌匀，阴凉保湿，催芽待播种。

（六）播种与芽苗移栽

选择地势平坦，通风良好的圃地做宽 1～1.2 米，高 15～25 厘米的沙床，苗床中间略高，以防苗床积水。用 0.1‰的高锰酸钾消毒后，将催芽后露白的种子播于沙床上，保湿保温，待幼苗发芽出土，呈现“两叶一心”时，移入容器中。

幼苗起苗时，要避免损伤芽苗根系，防止风干，及时栽植。栽植前，芽苗先用 0.01% 左右的高锰酸钾稀溶液消毒，栽植时，芽苗根部要与土壤紧密接触，栽后及时浇水定根，保持苗床湿润。

（七）苗期管理

移栽后应及时搭棚遮阴，以免苗木失水而死亡。晴、旱天气加强淋水，保持基质湿润。

施肥：苗木恢复生长后，夏季至秋初每月追施氮肥 1 次，一般不超过 0.5%，避免过量造成肥害。

病虫害防治：本着“预防为主，综合治理”的方针，每月用多菌灵、波尔多液、百菌清等药液喷洒 1 次，交替使用。对于虫害，可采用杀虫王、乐果等药液防治。如发现少量虫口，可采用人工捕捉的方法及时灭除。

适时炼苗：为促进苗木木质化，加快苗木粗生长，苗木恢复 30 天后，便可适时揭开遮阳网，全日光照炼苗，并逐渐减少淋水次数和淋水量。出圃前 1 个月，挪动苗木（切断穿出容器底部的主根），促进苗木须根、侧根生长。

五、苗木出圃与处理

根据 DB 510100/T 095—2013《马褂木观赏苗木播种培育技术规程及质量分级标准》对马褂木苗木进行分级。选择生长良好，植株健壮，无病虫害的苗木，分批进行出圃。移植苗出圃一般在早春和秋末进行。起苗前 4 天将苗圃地浇透水，使苗木在圃地内吸足肥水，储备充足的营养，以提高苗木移栽后的抗性。小苗出圃时用起苗铲或小锄起苗，使苗木根系带宿土，要求根系完整、茎皮无损伤，避免根部暴露在空气中因失水而影响苗木的移栽成活率。苗木一般要随起随栽，如苗木出圃后不能及时栽植，应选择地势平坦、背风阴凉、排水良好的地方进行假植。假植时，忌整捆摆放，注意排水和保湿。

第三节　栽培技术

一、立地选择

由于马褂木喜温暖湿润和阳光充足的环境，因而造林地宜选择土层深厚肥沃、湿润，排水良好，pH 值 4.5～6.5 的酸性或微酸性的土壤，或地势平缓、土层疏松肥沃、无碱性的中性沙壤土，其造林地一般要求土层厚度在 50 厘米以上。

山地种植宜选土层深厚肥沃、湿润、排水良好、温暖避风的沟谷地或平缓的山坡中、下部；应避免在山脊、风口或季节性积水的地段造林。

二、栽培模式

(一)纯林

纯林造林密度不宜太大，Ⅰ、Ⅱ级立地每公顷 1500 ~ 1650 株；Ⅲ级立地每公顷 1650 ~ 1875 株为宜。

(二)混交林

马褂木可与檫树、杉木、桤木、拟赤杨、柳杉、木荷、火力楠等树种混交，混交方法采取行状混交、块状混交或星状混交。造林后第 1 年 3 ~ 4 月份进行扩穴培土，第 2 ~ 3 年 5 ~ 6 月份与 8 ~ 9 月份全面锄草松土。

三、整地

(一)造林地清理

为提高造林质量，需在造林地整地前先对造林地实施清理，为进行整地、造林和随后的幼林抚育管理创造有利条件，冬春季清理造林地的方法常用的有割除、堆积、挖除及化学方法清理。

(二)整地时间

秋末冬初。

(三)整地方式

对清理后的造林地进行块状整地。种植穴的规格 60 厘米 ×60 厘米 ×50 厘米，或 50 厘米 ×50 厘米 ×40 厘米，种植穴的开挖应在整地开始后随即进行。

(四)造林密度

株行距 2 米 ×2.5 米或 2 米 ×3 米，每公顷 1998 ~ 1667 株。

(五)基肥

马褂木造林所用基肥，每穴将充分腐熟的厩肥 10 ~ 15 公斤、复合肥 100 ~ 150 克与土拌匀，施入穴底，并回填土拌匀，回填在穴底 1/3 处，使底部土质松软。

四、栽植

(一)栽植季节

11 月中下旬或 3 月上旬 ~4 月上旬，芽未萌动或轻微萌动时栽植最佳。

(二)苗木选择、处理

选用 1 年生苗，苗高 60 厘米左右、地径在 1.0 厘米以上，植株长势良好，根系完整发达，枝梢木质化程度高，无机械损伤，无病虫害。尽量缩短起苗、运苗及栽植的时间间隔，做到随起随运随栽，确保造林成活率。

(三)栽植方式

栽植前对苗木进行分级，不同等级的苗木分别栽植。栽植不宜太深，一般较原有深度高 3 厘米即可。苗木要扶正，土要填实，回填时先填表土、熟土，根部培土高出地面 4 ~6 厘米，呈馒头状，嫁接苗尽量埋住嫁接口。栽后浇定根水，浇足、浇透，5 天后再浇 1 次水，盖 1 层细土或薄膜。

五、林分管抚

(一)幼林抚育

从造林后开始，连续进行数年，直到幼林郁闭为止；每年 1 ~ 2 次，连续 3 ~ 5 年。新造林地一般

3～5月或9～10月。

松土除草是土壤管理中一项重要内容，目的是刨松土壤，减少水分蒸发和养分流失，有利于根系的恢复和生长。具体操作措施：里浅外深(与树体的距离)，树小浅松、树大深松，沙土浅松、黏土深松、湿土浅松、干土深松。一般松土除草深度为5～15厘米，加深时可增加到20～30厘米。在苗木郁闭前可以采用树与树轮作、树与农作物轮作及树与绿肥轮作的方式，既可以提高土地的综合产出率，起到抚育幼林的作用，又可增加土壤肥力。

浇水：选择在春季树木开始生长时、夏季树木进入生长高峰时和秋冬季树木要停止生长时进行。浇水量和浇水次数应根据天气和土质等情况而定，要保持土壤含水量不低于田间持水量的60%。为增加土壤的保水持水能力应及时松土保墒。

防火：马褂木幼苗和幼树树皮较薄，非常容易被火烧而造成损失。即使轻微的地面火也足以杀死直径为2.54厘米的幼树树干；火烧后，虽然可能重新萌发，但却会大大降低树木的数量和质量。火烧导致的更严重的后果是，火灾造成的伤口被细菌等微生物侵染，树木被腐蚀而死亡。因此，要加强马褂木幼林的周边的火源管理，及时清除火灾隐患，确保树木健康成长。

(二)施追肥

主要施用以氮为主的复合肥和钾肥，在马褂木生长的旺期追施肥两次，每年5～6月份，施肥量40克；7～8月份为苗木生长高峰期，施肥量80克。随树龄增加可适当增加施肥量，施肥后要及时浇水，采用沟施或穴施，距离树根40～50厘米为宜。

(三)修枝、抹芽与干型培育

马褂木为主干性极强的树种，因此树体采用主干疏层结构。每年在主轴上形成一层枝条，新植苗木修剪时第一年留3个主枝，三年全株可留9个主枝，其余疏剪掉。然后短截所留枝，一般下层留30～35厘米，中层留20～25厘米，上层留10～15厘米，所留主枝与主干的夹角为40°～80°。以后每年冬季，对主枝延长枝截去1/3，促使腋芽萌发，其余过密枝条要疏剪掉。日常注意疏剪树干内密生枝、交叉枝、细弱枝、干枯枝、病虫枝等。如果各主枝生长不平衡，夏季对强枝条进行摘心，以抑制生长，达到平衡，对于过长、过远的主枝要进行回缩，以降低顶端优势的高度，刺激下部萌发新枝。

(四)间伐

为了解决马褂木和其他植物之间的生长矛盾，伐除生长过密、长势较差以及遭受风折、雪压等危害的植株，为目的树木提供一个宽松而又干净卫生的生长环境。马褂木纯林，12年可间伐，混交林可对伴生树种进行间伐，间伐强度15%～25%。

(五)病虫害防治

日灼病：受害部位树皮裂开，阳坡及树干向阳面为害较重。造林时，宜做到“适地适树”，或与其他阔叶树种混交。

卷叶蛾：幼虫为害树叶，老熟幼虫在枯梢内结茧化蛹。防治方法：人工剪除被害枯梢或在成虫期喷射50%敌敌畏乳剂1000倍液。

大袋蛾：幼虫取叶吐丝做袋，取食时，幼虫从袋口伸出来吃叶子，以7～9月为害严重。防治方法：人工摘除虫袋；用80%的敌敌畏乳油1000倍液，或48%的乐斯本乳油1000倍液，或50%的乙酰甲胺磷乳油1000倍液喷雾防治，喷雾时应注意喷到树冠的顶部。

樗蚕：幼虫在6月、9月到11月为害叶子。防治方法：人工摘茧；黑光灯诱蛾；用90%敌百虫2000倍液喷杀幼虫。

凤蝶：幼虫为害树叶。防治方法：人工捉除幼虫或用敌百虫2000倍液喷杀。

第二十六章 厚朴

第一节 树种概述

厚朴 *Magnolia officinalis* 为木兰科 Magnoliaceae 木兰属 *Magnoliaceae* 落叶乔木，树高20米。是我国特有的珍贵木本药用植物资源，被列为国家珍稀濒危植物和国家二级保护中药材。厚朴不仅具有较好的药用价值，其材质优良，花白美丽芳香，又是理想的用材树种和庭院绿化树种。

一、木材特性及利用

(一) 木材材性

厚朴属于中等密度的阔叶树材，抗弯强度范围较大，再加上厚朴木材本身纹理细腻，材质均匀，这些都为厚朴木材弯曲加工提供了良好条件。另外，从纤维特性上看，在阔叶树中属于长纤维材，而且其纤维素含量属于较高水平，有利于提高纸浆得率。

(二) 木材利用

厚朴树干直，材质轻且具有韧性，不易开裂，可供建筑、板料、家具、雕刻、乐器、细木工等用；其纤维长宽比48.27，属于长纤维材，又是理想的造纸原料。

(三) 其他用途

厚朴树皮、根皮、花、种子及芽皆可入药，以树皮为主，为常用大宗药材品种，具有化湿导滞、行气平喘、祛风镇痛及温中燥湿化痰之效，属国家医药局重点推荐的紧缺药材之一。厚朴籽含油量35%，出油率25%，可制肥皂。

二、生物学特性及环境要求

(一) 形态特征

树皮厚，褐色，不开裂；小枝粗壮，淡黄色或灰黄色，幼时有绢毛；顶芽大，狭卵状圆锥形，无毛。叶大，7~9片聚生于枝端，长圆状倒卵形，近革质，先端具短急尖或圆钝，基部楔形，全缘微波状，上面绿色，无毛，下面灰绿色，被灰色柔毛，有白粉；叶柄粗壮，长2.5~4厘米，托叶痕长为叶柄的2/3。花白色，芳香；花被片9~12(17)，厚肉质，外轮3片淡绿色，长圆状倒卵形，盛开时常向外反卷，内两轮白色，倒卵状匙形，基部具爪；雄蕊约72枚，长2~3厘米，花药长1.2~1.5厘米，内向开裂，花丝长4~12毫米，红色；雌蕊群椭圆状卵圆形，长2.5~3厘米。聚合果长圆状卵圆形，长9~15厘米；蓇葖具长3~4毫米的喙；种子三角状倒卵形，长约1厘米。花期5~6月，果期8~10月。

(二) 生长规律

厚朴一般5月初萌芽。5月下旬叶、花同时生长、开放。花持续开放3~4天，花期20天左右。9月果实成熟、开裂。10月开始落叶。厚朴树5~6年生增高长粗最快，15年后生长不明显；皮重增长以6~16年生最快，16年以后不明显，20年后进入盛果期。

(三)分布

厚朴主要分布于四川、湖北、湖南、广西、浙江、江西、福建、江苏等地，目前主要栽培区有四川开县、城口、巫溪、通江、万源、西阳、高县、黔江、纳溪，湖北恩施、鹤峰、宣恩、巴东、建始、长阳、神农架、咸丰、来凤、秭归、兴山，贵州开阳、黔西、遵义、桐梓、赫章，湖南道县、蓝山、双牌、龙山、永顺、江华等地。

(四)生态学特性及环境要求

厚朴多生长在海拔600～1500米之间，超过海拔上限，种子常不成熟。厚朴喜分布于土壤肥沃、土层深厚的向阳山坡林缘地带，多与杉木树共生，在疏松、肥沃、排水良好，含腐殖质土较多的酸性至中性土壤中生长良好。厚朴为喜光性树种，但幼树稍耐阴蔽，喜欢湿暖、凉爽、湿润、多雨雾、光照充足的环境，但又怕酷暑、严寒、积水。分布区年平均气温16～20℃，最冷月平均气温3～9℃，年降水量800～1800毫米，多在1500毫米左右。高温不利于植株的生长发育，而且容易得病。

第二节　苗木培育

一、良种选择与应用

种质的质量关乎苗木的好坏。种子选不好，出苗率低。有的种子因采收季节不佳，或是隔年老陈种子，出苗率低，甚至不出苗。因此选种时，一定要在优良种源或优良林分中选择果大、种子饱满无病的优良植株作为母树，不仅能够保证种子的发芽率，确保苗木的生长质量，而且还能使遗传质量得到提高。

二、播种育苗

(一)种子采集与处理

于每年的9月中旬至10月中旬，观其果皮呈紫红褐色、果皮微微裂开时，选择生长16～25年的皮厚、油润、成长健壮的优良母树上的果实大、籽粒饱满、无病虫害的种子。在采集聚合果后堆放2～5天，使聚合果裂开，露出具有红色假种皮的种子；将其放入水中浸2～3天后取出捣碎其假种皮，用清水冲洗干净，再1%碱水充分揉搓种子，使其假种皮脱落，然后用水冲洗干净，阴干后进行湿沙层积。为了保证厚朴种子在贮藏过程中具有湿润、通气的环境，利于种皮软化和发芽，必须选择地势高燥、疏松、通气、排水良好，背风向阳、无鼠害的地方进行贮藏。

贮藏坑一般深0.5～0.7米，宽0.7米左右，长度以种子数量多少而定。贮藏坑挖好后，先铺一层10～15厘米细沙，然后用高温消毒后的湿润细沙与浸水后种子按3∶1混匀，利于贮藏坑空气流通，以防因高温而使种子丧失发芽能力。贮藏坑填至地面15厘米左右，覆盖湿润的细沙，作成丘形，以防雨水浸入。厚朴种子在贮藏过程中，定期检查。如发现细沙湿度过大时，加入干细沙使其呈湿润为止；反之，细沙过于干燥时，应进行喷水，达到湿润为止。同时，均匀搅拌，使其受湿均匀。为此，厚朴种子贮藏时，必须注意贮藏坑内的温、湿度，否则均会发生不良效果。

(二)选苗圃及施基肥

厚朴幼苗出土后，忌高温、怕日晒、喜湿润、肥沃、酸性的生态条件，因此育苗地的选择是决定厚朴播种育苗成败的关键技术措施之一。为了培育厚朴的优质壮苗，选择土壤深厚，肥沃、湿润、疏松、通气、排灌良好的沙壤土作为育苗地。每公顷施用农家肥30000～45000公斤，或复合肥1000～1500公斤。耙细整平后，进行筑床，床面宽1米左右，高20～25厘米，床间距50～60厘米，长度根据实际需要而定。

(三)播种育苗与管理

种子催芽处理后，露白的种子达到80%时便可进行播种。播种的株行距，一般为20厘米×10厘米~30厘米。播种方法：采用开沟点播。播后覆土1.5~2厘米，稍加镇压后，保持土壤湿润，利于种子发芽出土。

厚朴种子播种后，需要根据厚朴苗木的不同发育阶段进行培育管理，以达到培育优质壮苗的目的。

(1)出苗期：影响种子发芽、幼苗出土的主要因素是土壤温度和水分及覆盖厚度。水分不足，影响种子发芽和幼苗出土，甚至因干旱不能发芽。湿度大，地温低，也会推迟种子发芽时间，延长出土期，还会引起种子腐烂或幼苗烂根。

(2)蹲苗期：从幼苗出现第2片真叶起，能进行独立的营养生长开始到苗木出现速生期为止。该期苗木较嫩，对外界环境条件的不良因素的抗性较弱，影响苗木生长发育的主要因素是：水分、温度、光照、养分等。其措施是保持地表湿润，严防病虫及日灼。

(3)速生期：从苗木高生长加速开始到秋末苗木生长缓慢为止的一段时期。该期气温高，雨量足，空气相对湿度大，苗木生长迅速，因此，应做好除杂草，施肥的管理工作，以保证苗木的正常生长。

(4)生长后期：该期苗木生长缓慢，苗茎木质化，并形成发育良好的顶侧芽。此时的主要任务是：停止浇水，施氮肥，促进木质化，以利于越冬。

(5)休眠期：从苗木落叶后，开始到翌年春发芽前止。该期处于微弱的正常生命活动中，因此，该期主要任务是：防治苗木发生冻害和牲畜危害。

三、扦插育苗

(一)圃地选择

扦插圃地最好选择地势平坦、排灌方便、交通便利、光照充足的沙壤土和壤土地，土层深1米以上，肥力中等；不能选择黏土和沙土做扦插土壤。同时选择圃地时，还要考虑离母树要近，以便就地取条，随采随插，以保证苗木成活率。

整地最好在秋季进行，宜深耕，且耕前应将腐熟农家肥散施于地表作基肥，深度为25~35厘米，然后耙平。同时视灌溉条件与圃地实际状况，将其做成宽1~2米，步道宽20~40厘米，长视地形而定的扦插床。

(二)插条采集与处理

早春2月母树萌动前，选取树冠中下部的1~2年生，直径为1~1.5厘米，健壮、无病虫害的枝条，剪成20厘米长的插穗，上端削平，下端削成马耳形斜面，用1000毫克/升KIBA溶液浸泡30分钟，取出晾干后扦插。

(三)扦插时间与要求

插条随采随插，按行株距10厘米×5厘米斜插入整好的畦土内，插条入深土为穗长的1/2~2/3，上端留1~2个芽露出土面。插后畦面加盖弓形塑膜棚，保持棚内温度25~28℃，相对湿度80%~90%。一个月后发根，再揭膜浇水，第二年春可定植。

(四)插后管理

插穗扦插后应立即灌足第一次水，以后经常保持土壤和空气的湿度，做好保墒和松土工作。在新苗长到15~30厘米时，应选留一个健壮直立的芽，其余的抹除，必要时可在行间进行覆草，以保持水分。在空气温度较高而且阳光充足的地区，可采用全光照自动间歇喷雾装置进行扦插育苗，即利用白天充足的阳光进行扦插，以自动间歇喷雾装置来满足插穗生根对空气湿度的要求，保证插穗不萎蔫又有利于生根。

四、轻基质容器育苗

(一)轻基质的配制

用泥炭土、蛭石、珍珠岩等为基质，按基质配方：泥炭50% +珍珠岩40% +蛭石10%或100%的泥炭土搅拌筛分进行配制，并装袋。统一采用0.5‰左右的高锰酸钾溶液浸泡12小时以上，然后装入塑料托盘，搬运到育苗场地，供育苗用。

(二)容器的规格及材质

容器用可降解的无纺布网袋或者塑料营养杯，规格45毫米(直径)，100毫米(高度)。

(三)圃地准备

厚朴苗圃地应选择疏松肥沃、背风向阳、光照充足、排水良好、含腐殖质较多的旱地为宜。圃地深耕暴晒，清除杂草和石块，平整做床，苗床一般宽1~1.2米，床长依地形而定，步道宽40厘米。

(四)容器袋进床

将装满基质的容器袋整齐摆放于苗床上，保持一致的松紧度，每畦放完后确保容器袋顶部形成一个平面，每床周围用土或沙围好，以保护苗床。

(五)种子处理

种子11月初进行混沙湿藏。方法：与7倍于种子的湿沙混合均匀后，装入透气的尼龙袋内埋入沙坑内，上留通气孔，覆沙20厘米。至来年春季于3月下旬从沙坑中取出沙藏的种子，用筛子筛出种子，用0.2‰的高锰酸钾溶液消毒30分钟，清水冲洗干净，催芽。厚朴种子发芽慢，每天要翻动并检视干湿，至种子露白。

(六)播种与芽苗移栽

芽苗基质采用红壤或黄心土与沙(3∶1)，并渗入1%的磷肥混匀，其疏松程度以“手抓基质成团，放手触地即散”为宜。播种后，采用喷雾法浇水，每天浇水次数视天气和基质湿度而定。每周或半个月喷施1次尿素，浓度从0.2%起，逐渐增大，最多不能超过0.3%。以后每月用波尔多液或百菌清等药液交替喷1次。在芽苗培育过程中，遇到猝倒病或烂苗现象，应及时铲除，并在四周撒上甲基托布津或百菌清药剂，同时注意局部控水。对于虫害，采用人工捕捉方法，也可撒上一些石灰以及喷乐果、敌敌畏等药液，防蚂蚁和蛾类等危害。当芽苗高约5厘米左右，且长出4~6片叶时，移植到轻基质网袋容器。移栽前1天，用花洒将容器基质淋透。移栽时把芽苗淋透，然后用竹签或木棍将幼苗轻轻挑起，放置保湿的托盘。用一根竹签或木棍在容器中间打一个小孔，孔的深度与芽苗根系长度基本一致。然后将幼苗小心地插入小孔中，再用竹签或木棍在芽苗旁边轻轻插入并挤压，使芽苗与基质充分接触，淋透水，再盖上遮阳网。

(七)苗期管理

水、肥管理：厚朴苗期生长要注意水肥的管理，特别是水的管理，幼苗期淋水不宜过多，更不能缺水，容器表面发白即应浇水，否则苗木一旦出现枝叶干枯即难以恢复生长或导致死亡。芽苗恢复生长后约30天，用复合肥和尿素对半拌匀，每隔10天追施1次，施肥浓度按0.5%，随着苗木增大，浓度逐渐增加，最多不超过1%，同时施肥后用清水冲洗叶面，以免肥害。

病虫害防治：芽苗移栽成活后，每月用波尔多液、多菌灵药液交替喷洒1次。在育苗过程中，如出现叶部腐烂，应将其拔除，同时注意控水。发现少量的虫害，可采用人工捕捉的方法及时灭除。

五、苗木出圃与处理

苗木培育1~2年后，高度达到50~80厘米时，即可移栽。根据《主要造林树种苗木质量分级(GB 6000~1999)》进行苗木分级，栽植选用Ⅰ、Ⅱ以上苗木。在冬季落叶后至次年新芽萌动前，将幼苗带土挖出，并蘸泥浆以保湿护根。以 50 株或 100 株扎成一捆，运到外地的苗木要用稻草包裹根部运输；不立即栽植时，要选择阴凉潮湿地方假植。

第三节　栽培技术

一、立地选择

应选择海拔在 800～2000 米之间，土层深厚、疏松湿润、排水良好、含腐殖质较多的酸性、略酸性、中性、带沙土的向阳山坡、林缘及杉树林地，坡地在 15°～20°较佳。碱性重，土质坚硬，砂石多，黏性重，土质板，坚实，排水性差，易积水或缺水，干燥地及受污染地带，不宜选择栽种。

二、栽培模式

（一）纯林

立地条件好的Ⅰ、Ⅱ级地，采取集约经营的初植密度为 1950～2250 株每公顷；Ⅲ级立地或一般经营的初植密度为 2250～2505 株每公顷，可保证在造林后第 3～4 年郁闭成林，节省抚育投工成本。

（二）混交林

适合厚朴混交林的模式主要有行间混交、行带混交、插花混交等。混交林主要有 2 种类型：一种是在Ⅱ类地上以厚朴为主要树种，杉木、马尾松、湿地松、毛竹为伴生树种的混交类型；另一种是以杉木、马尾松为主要树种，以厚朴为伴生树种的混交类型。混交比例多为 1∶1、2∶1、3∶1、4∶1，具体混交比例应视情况而定，每种混交模式要分清主次树种，进行合理配置。

三、整地

（一）造林地清理

厚朴种植地多为山坡、山地、荒地，栽种时需进行整理。首先，在选择好大面积造林栽种地中整理规划，清除杂草、藤蔓、荆棘，结合地形山势，进行开穴，随后进一步清除穴周杂草、荆蔓灌木、枯树茬及污染物等。

（二）整地时间

可在造林的前一年夏季将其杂草、灌木及无利用价值的其他树木砍倒堆放，秋季再将杂草连根挖出暴晒，然后再和灌木一起焚烧或堆沤发酵，以作为基肥使用。

（三）整地方式

造林地坡度较大的可进行带状整地，有利于水土保持和维护地力。挖穴规格为 60 厘米 ×60 厘米 ×50 厘米，或 50 厘米 ×50 厘米 ×40 厘米。

（四）造林密度

根据实际需要，造林密度一般株行距 2 米 ×3 米、3 米 ×3 米，立地条件好的宜稀，差的宜密；以药用为主的宜稀，材药兼用的宜密。

（五）基肥

造林前的冬季挖穴施用基肥。一般可施专用肥 1～1.5 公斤/穴，复合肥 0.4 公斤左右/穴和腐熟后的农家肥或堆肥 3 公斤左右/穴。

四、栽植

(一)栽植季节

厚朴栽植多在冬初及落叶后或者是春季清明节前后进行，此时移栽成活率高。

(二)苗木选择、处理

造林一般选择1~2年生，根茎粗1厘米以上，苗高不低于50厘米，且生长健壮，无病虫害苗木。挖苗时，不要伤其幼苗及根系，随挖随栽，种多少挖多少。需要运到较远的地方栽植的苗木，根部应糊上泥浆，用稻草包扎好，确保苗木湿度。

(三)栽植方式

修整清地后，挖好栽植穴。每穴种苗一株，手执苗木中部，直栽入穴中央，把根向四周不同方向展开，不要弯曲，然后依次将细泥土放入穴内，加土深度8~12厘米时手执苗木稍往上提，使根系能够自然伸展，再填盖适当泥土，稍用脚轻轻踏实压紧，浇透定根水即可。移栽定植后，要经常给定植苗浇水，以保持土质湿润。植株定植成活后，浇水次数可少点，间隔时间可相对延长。

五、林分管抚

(一)幼林抚育

厚朴苗定植后初期3~6年内每年要施追肥1~2次、除草、松土，遇到少雨干旱时节，要进行浇水。厚朴栽种造林地严禁放牧，预防牛、羊的践踏，使幼苗、植株受损。随时进行观察，发现虫害，要及早进行防治。

每年春季，应进行松土、除草，并施人粪、草木灰或农家肥，也可加施适量的过磷酸钙与硫酸铵，混合施用效果更佳。施肥可促进厚朴的快速生长。

在春末盛夏，要对厚朴树四周进行清理，铲除杂草，砍去藤蔓、荆棘，消除病虫害滋生源。移栽后的头3年内，每年夏季，杂草生长旺盛期，均需进行除草、松土，清理四周草蔓一次。生长4年后，可每两年进行一次中耕培土。

(二)施追肥

造林当年施追肥1次，结合中耕除草进行。具体做法：在树冠投影边缘处，开宽约30厘米，深约25厘米的环形沟，沟内施入堆肥、农家肥或枯叶杂草等有机肥2~3公斤/株，如再增施适量的复合肥，则效果更佳。随后的2到3年每年追肥2次。林地郁闭后，可适当追施磷肥，以促进厚朴粗生长。

(三)修枝、抹芽与干型培育

厚朴幼树阶段萌蘖能力较强，要及时将树冠以下的萌芽抹除。成林的厚朴，还要修剪弱枝、枯枝、下垂枝及过密的枝条或病枝，以利透气、合理光照、养分集中供给主干和主枝，有利于厚朴的生长。过密的林冠，要进行间伐或移栽。

(四)间伐

厚朴林分间伐应根据林分生长发育特点、立地条件、造林密度、生长状况等因素，结合考虑当地的社会、经济条件，如交通、劳力、产品销售等确定首次间伐的时间和间伐强度。一般当林分小径木占总数的1/3时或者枝下高达到树高的1/3~1/2时，可进行首次间伐。如果厚朴胸径连年生长量在高峰期过后明显下降，此时也应进行及时间伐。间伐强度可根据林木分级和林分郁闭度确定。通过林木分级可合理控制间伐强度，一般间伐后林分郁闭度不应低于0.6。间伐方法应选择下层木法。间伐间隔期一般4~6年。

(五)病虫害防治

根腐病：苗期发病，根部发黑腐烂，呈水渍状，全株枯死。防治方法：以预防为主，应选择土壤疏松、排水良好的地方育苗。播种前用石灰、敌克松等进行土壤消毒。并选择适宜的播种期和适当的播种量，使苗木早发育，培育健壮苗，提高苗木抗病能力。根腐病发生后，用石灰消毒或50%多菌灵可湿性粉剂500倍液浇病穴或喷洒，防止蔓延。

叶枯病：发病初期叶上病斑黑褐色，最后干枯死亡。防治方法：发病初期摘除病叶，再喷1∶1∶100波尔多液防治。

猝倒病：幼苗出土不久，靠近土面的茎基部呈暗褐色病斑，病部缢缩腐烂，幼苗倒伏死亡。防治方法同根腐病，还可喷50%甲基托布津1000倍液防治，或用五氯硝基苯1000倍液灌根防治。

天牛：主要以成虫咬食嫩枝树皮，造成枯枝。蛀食枝干影响树势，严重时植株死亡。防治方法：①树干涂白防止产卵。②人工捕杀成虫，在8～9月晴天上午进行。③9月后，可从虫孔注入300倍有乙硫磷、久效磷或300倍的敌敌畏等进行毒杀。

褐边绿刺蛾和褐刺蛾：幼虫咬食叶片。防治方法：可喷90%敌百虫800倍液或Bt乳剂300倍液毒杀。

白蚁：危害根部。防治方法：可用灭蚁灵粉毒杀或挖巢灭蚁。

第二十七章　火力楠

第一节　树种概述

火力楠 *Michelia macclurei* 又名醉香含笑，属木兰科含笑属常绿乔木。树高达35米，胸径可达1米以上，树干圆满通直，材质好，是一种优良的速生用材树种。火力楠纤维素含量较高，木质素含量较低，其纤维的长、宽比值达35，所制造的纸张强度较大，是一种良好的阔叶造纸树种。鲜叶着火点温度高达436℃，具有优良的防火、阻火性能，对树冠火和地表火均有良好的阻隔效果，可营造生物防火林带。树形高大、树冠伞形，美观，枝叶繁茂，花色洁白，富有香味，果实鲜红色，有较高的观赏价值，是公园、行道、公路、绿地等的优良的园林风景树、行道树。

一、木材特性及利用

（一）木材材性

10年生火力楠小径原木含水率15%时气干密度和基本密度分别为每立方厘米0.584克和0.483克，属于中等；弦向、径向、体积干缩率分别为4.241%、2.903%、7.197%，差异干缩1.461，干缩性等级属于小；弦向、径向、体积湿胀率分别为7.091%、4.041%、11.313%，差异湿胀1.775；顺纹抗压强度为58.4兆帕斯卡，属于中等；抗弯强度123.6兆帕斯卡，属于高等级；冲击韧性每平方米73.5千焦，属于中等；端面硬度6620N，属于硬等级；顺纹抗压强度和抗弯强度总和182.0兆帕斯卡，木材强度很高。

（二）木材利用

边材与心材界限明显，木材有光泽、结构细、纹理直、切面装饰光滑美观、质较硬、易干燥、有香气、少开裂、不反翘。是建筑、室内装修、家具、车辆、轮船、农具、雕刻、玩具等的优良用材，也可作胶合板材、细木工板或用于生产。

（三）其他用途

用火力楠木屑袋栽香菇，所产香菇不仅朵大、肉厚、柄粗短、菌盖颜色深、产量高，而且粗蛋白、粗脂肪及氨基酸等营养成分含量也高于其他树种，是一种优质的食用菌原料树种。

二、生物学特性

（一）形态特征

树皮灰白色，幼枝、叶托、托叶及花梗被平伏短绒毛。叶革质，倒卵状椭圆形或长圆状椭圆形，长7～14厘米，宽3～7厘米，先端短尖或渐尖，基部楔形。叶面初时被短柔毛，后脱落无毛，背面被灰色毛，杂有褐色，平伏短毛，侧脉10～15对，较细，网脉细，蜂窝状。花梗长1～1.3厘米，径约4毫米。花被片9～12，白色，倒披针形，长3.5～4.5厘米，内轮的较窄小，雄蕊长2～2.5厘米，柄长约2厘米，密被褐色短毛，聚合果长3～7厘米，蓇葖2～10，长圆形，倒卵状长1～3厘米，基部宽阔，疏生白色皮孔，沿背腹缝2瓣开裂，种子1～3粒，扁卵形，长8～10毫米，花期3～4月，果期

9～11 月。

(二)生长规律

幼林在 5 年生以前生长较慢。直径生长从 10～15 年开始加快，20～30 年生最快，年平均生长量约为 1～1.5 厘米。树高年平均生长量在 50～80 厘米，5～8 年生时生长较快，为 1～1.3 米，20～25 年生以后则明显下降。材积年生长量在 15～30 年生时增长较快，一般为 0.03～0.05 立方厘米，成熟期 30～40 年。12～13 年生开始结果，百年生以后还能大量结实。

(三)分布

原产我国云南东南部、贵州东南部、湖北西部、湖南南部、广西南部和广东以及越南北部。一般分布在 500～600 米的山谷，少数分布于海拔 900～1000 米地区，常与橄榄、红锥、马尾松、木荷、油茶混生成林。

(四)生态学特性

喜湿润气候，需年降水量 1500～1800 毫米，相对湿度 80%，土壤深厚湿润，肥沃疏松，微酸性较强，能耐 -7℃低温，还能耐一定的干旱，有抗大气污染和吸收有毒气体的功能，有较强的抗风和防火性能，寿命长。火力楠的原生环境多位于山谷地带的中下部，适宜生长于多由花岗岩、板岩、砂页岩风化后形成的红壤、黄壤、黄棕土壤上，忌土壤积水，不适宜在盐碱土上生长。在土壤深厚、排水良好、疏松肥沃、富含有机物的酸性至中性(pH 值 4.6～8.3 之间)土壤上均生长良好。

第二节　苗木培育

一、良种选择与应用

在当地优良种源中，选择树龄 20 年以上生长旺盛、树干通直，林分整齐、光照充足、无病虫害的优良母树进行采种。

二、播种育苗

(一)种子采集与处理

种子于 10 月下旬至 11 月中旬成熟，种子成熟时果壳由浅绿色变为紫红色时，表明果实已成熟，即可采收。采回的果实应立即在阳光下摊晒 1～2 天，果壳开裂后充分翻动，使种子与果壳分离，再筛选出种子，浸水后沤 1～2 天，使外种皮腐烂，再用手搓洗，除去种子外层的红色肉质假种皮，稍晾干。种子晾干水后与干净的湿河沙以体积比 1∶3 的比例混合沙藏，沙的含水量以手握成团，松开即散为度，少量种子可与湿沙混合贮藏于花盆。因沙粒容易干燥，应 15 天检查 1 次，注意喷水保湿，但水分要适宜，以防种粒霉烂，如发现霉烂现象，可筛出种子，重新冲洗干净，稍加摊晾后再换干净的河沙贮藏。

(二)苗圃选择、施基肥

幼苗喜阴湿而不耐干旱，苗圃地宜选择水分充足、光照条件适中、通风良好、土壤较肥沃的沙质壤土的山地或稻田。播种前 1 年冬季，苗圃地应进行翻耕，深达 25～30 厘米，结合翻耕施过磷酸钙每公顷 300～500 公斤和腐熟的人畜粪 4000～6000 公斤作基肥。

(三)播种育苗与管理

播种时间以 1～2 月较为适宜，撒播、条播均可。撒播为每公顷 120～180 公斤，条播为每公顷 90～110 公斤。播后覆盖厚度约 1 厘米的火烧土或黄心土，并加盖塑料薄膜、搭遮阴网以保温保湿。播后 40～60 天发芽出土，适当薄施 1 次经充分沤熟的有机肥。种子发芽后要加强管理，适时拔草、松土、保持苗床湿润，同时还需防鸟兽和病虫害危害。苗木后期不用淋水，除非特别干旱。间苗分 2 次进行，第 1 次在苗木出土后 30 天内进行，株行距控制在 5 ~7 厘米，第 2 次间苗，最迟在 6 月底完成，每平方米定苗株数约 60 株。

三、轻基质容器育苗

(一)轻基质的配制

营养土用 40% 的黄心土，45% 的火烧土，10% 的木糠，3% 的钙镁磷和 2% 的复合肥混合搅拌均匀，经过打碎过筛配制而成。

(二)容器的规格及材质

容器材质一般用轻基质塑料袋薄膜做成，规格为袋壁厚 0.04 ~0.05 毫米，高度 12 ~20 厘米，直径 10 ~12 厘米，距袋底 2 ~6 厘米处留有小孔，预防容器营养袋在下雨天积水造成烂苗。基质以泥炭土、黄泥土、珍珠岩(8∶1∶1)，选用配方肥料 N、P 、K(3∶2∶1) 效果最佳。

(三)圃地准备

容器育苗应选在通风良好，阳光充足的地方，距造林地附近，既有水源，又方便运输，平坦宽阔的地形作圃地。圃地作床时，先把苗床整成宽 1 米，苗床长根据圃地长度而定，苗床高 10 厘米。

(四)容器袋进床

营养土装袋整齐后按畦摆放在荫棚内，畦宽不超 2 米为宜，畦与畦之间的宽度 30 厘米左右。营养土装入营养袋里时，应把袋里的营养土打实，放在畦面上要挤紧，并喷水湿透，使袋中的营养土更紧实，四边培土，淋透后移苗上袋。

(五)种子处理

与播种育苗相同。

(六)播种及芽苗移栽

在 2 ~3 月，将经催芽处理的种子直接点播于容器中，每杯点播 2 ~3 粒种子，播种时胚根朝下，种子埋入土中 2 厘米，播种后淋透水，7 天后检查，以便及时补植。

待幼苗高 4 ~5 厘米时，即可在 3 ~4 月移苗上袋培育容器苗。移苗前 1 ~2 天，营养袋淋透水，移苗时先在袋中间挖一个植苗孔，植苗后压实并及时淋水。

(七)苗期管理

幼苗初期生长较缓慢，种子点播后，在容器袋子内发现有长出幼草时，要及时除草。除草前，应将容器袋子用清水喷湿透，避免拔草时松动苗木，影响苗木生长。除草后再把容器苗木用清水喷湿，使有松动幼苗的根部能与土壤蘸在一起，可提高苗木成活率。容器苗木生长 7 天左右，可用熟的发酵 0.1% 的人尿肥水喷洒，肥水喷洒之后，再用清水喷洗一遍，避免造成肥伤，影响幼苗生长。每隔 7 天左右喷洒一次，随着苗木的生长，追肥量可逐渐增加。

四、苗木出圃与处理

当年生苗高可达 40 ~60 厘米，地径 0.5 ~1.0 厘米即可出圃造林。起苗后应立即在阴凉无风处适当剪去过长的主根、侧根和损伤根。如果培育绿化大苗，在适当修剪后，以株行距 30 ~50 厘米，在大田移栽。

第三节　栽培技术

一、立地选择

造林地宜选择土层深厚、腐殖质多，土壤水分充足、空气湿度较大的山坡下部或山谷的林地，山顶、山脊、干旱黏结的贫瘠土壤不宜造林。

二、栽培模式

(一) 纯林

只选择火力楠单一树种造林。

(二) 混交林

火力楠对光照要求中等，属于浅根系，是杉木、马尾松、木荷、红锥、桉类等树种的适宜混交树种。混交比例，若以火力楠为主栽树种，比例为1∶1或2∶1；反之，比例为3∶1或5∶1。混交方式除了比例为1∶1时用行间混交外，其余采用带状、块状或插花状混交也行。另外，火力楠适宜在林冠下造林，这对改造马尾松低产林是十分有益的。

三、整地

(一) 造林地清理

一般采取割除清理。主要清除灌木、杂草、竹类以及采伐迹地上的枝丫、梢头、枯干、倒木等。

(二) 整地时间

造林前一年秋冬季节进行。

(三) 整地方式

采用块状或穴状整地，挖明穴，回表土，穴的规格为50厘米×50厘米×40厘米，按品字形沿等高线挖穴。当坡度较大时，可在坡的中部沿等高线保留一个天然植物保护带。

(四) 造林密度

营造短轮伐期工业原料林，造林密度每公顷4500株，一般用材林每公顷3900株，防火林每公顷3300株。

(五) 基肥

造林前一个月回穴土，先回表土后回心土，回穴土至1/2时施放基肥，每穴施用复合肥0.3公斤，与底土充分混匀后继续回穴土至平穴备栽。

四、栽植

(一) 栽植季节

造林时间一般在12月至翌年2月，最迟不超过3月上旬，选择小雨天或阴天栽植为宜。容器苗种植时小心剥除营养袋后带土栽植，可适当深植，回土要细，稍加压平压实后，用松土回填成馒头状。植后1个月检查成活情况，发现死苗及时补植。

(二) 苗木选择、处理

当苗木达到出圃高度时应控制水、肥，进行炼苗。此项工作一般在出圃前1个月左右进行。出圃前1天淋透水即可出圃造林。

（三）栽植方式

根据不同的经营目的，作为用材林可以片植、混植，若是风景树或行道树可孤植、列植。

五、林分管抚

（一）幼林抚育、施肥

造林后检查成活率，若有死亡，可于当年 10 ~ 11 月的小阳春或翌年春进行补植。3 ~ 4 年时，每年 4 ~ 5 月和 8 ~ 9 月各除草、松土 1 次，3 ~ 4 月用复合肥穴施，每株用量 50 ~ 100 克，在林木根部或幼林树冠外缘挖穴深施，并抚育进行覆土，随着幼林生长，每年可酌加施用量。

（二）间伐

间伐始期在造林后 8 ~ 10 年进行。当林分郁闭度达 0.9 以上，被压木占 20% ~ 30% 时或混交林中主栽树种开始被压时，开始间伐。采用下层疏伐法，砍小留大、砍密留稀、砍劣留优，照顾均匀。疏伐强度占总株数 30% 左右，疏伐后林分郁闭度应保持在 0.6 ~ 0.7。

（三）病虫害防治

火力楠的病虫害不多，主要的病害有根腐病、茎腐病和藻斑病。虫害主要有蚜虫、潜叶蛾、天牛等。防治根腐病、茎腐病和藻斑病要注意排涝，特别早春梅雨季节，苗床幼苗较密，易感茎腐病，雨季要注意及时排水，并定期喷杀菌药，如多菌灵 1 克/升溶液和根腐灵 1 克/升溶液效果好。防治蚜虫可喷施溴氰菊酯 0.67 ~ 1.0 克/升溶液。防治潜叶蛾可用 40% 乐果乳剂 500 倍液喷被害植株。天牛主要危害树干基部或树干主枝，造成整株死亡，防治方法可用天牛诱捕器进行诱捕，或用注射器把 40% 速灭杀丁乳剂、20% 吡虫啉可溶剂、50% 久效磷等农药 1 ~ 1.5 毫升溶液注入天牛蛀食孔内进行灭杀。

第二十八章　观光木

第一节　树种概述

观光木 *Michelia odora* 又名香花木、香花楠、宿轴木兰，为木兰科观光木属植物，多年生常绿乔木。树形美观，枝叶浓密，花美丽而芳香，可广泛用于景区、道路、庭院绿化，孤植和群植均成景观，是优良的城乡园林绿化美化香化树种。

一、木材特性及利用

（一）木材材性

木材的干燥特性良好，体积干缩系数在0.36%～0.45%之间；木材微纤丝角在9.6°～20.3°之间；木材纤维长度、纤维腔径、纤维直径、纤维双壁厚分别为1367.47微米、17.87微米、27.26微米、9.39微米；年轮的平均宽度为4.25毫米；基本密度在每立方厘米0.344～0.488克，气干密度及全干密度分别为每立方厘米0.46克和0.43克。木材端面硬度、弦面硬度和径面硬度分别为4366.21N、3061.63N和2748.19N，弦面和径面硬度为软，端面硬度达到中等；抗弯强度是79.79兆帕、抗弯弹性模量是6517.88兆帕、顺纹抗压强度是42.38兆帕、冲击韧性是每平方米26.01千焦，其中冲击韧性属于甚低，其他指标均属低。

（二）木材利用

木材结构细致，纹理直，边材淡黄色，心材淡绿褐色，易加工，少开裂，是家具、建筑、乐器、细木工和胶合板生产等领域的优良珍贵用材。

（三）其他用途

花色美丽而芳香，可提取香料和熏制香茶；种子可榨油；树皮乙醇提取物具有抗肿瘤活性。

二、生物学特性

（一）形态特征

常绿乔木，高达25米，胸径可达1米以上，树皮淡灰褐色，具深皱纹。小枝、芽、叶柄、叶面中脉、叶背和花梗均被黄棕色糙状毛。叶片厚膜质，椭圆形或倒卵状椭圆形，中上部较宽，长8～17厘米，宽3.5～7厘米，顶端急尖或钝，基部楔形，上面绿色，有光泽，中脉被小柔毛，侧脉每边10～12条；托叶与叶柄贴生，叶柄长1.2～2.5厘米，基部膨大。托叶痕几达叶柄中部。花两性，单生叶腋，淡紫红色，芳香；花蕾的佛艳苞状苞片一侧开裂，被柔毛，花梗长约6毫米，具一苞片脱落痕，花被片9，象牙黄色，有红色小斑点，3轮，窄倒卵状椭圆形，外轮的最大，长1.7～2厘米，宽6.5～7.5毫米，内渐小，内轮的长1.5～1.6厘米，宽约5毫米；雄蕊多数30～45枚，长7.5～8.5毫米，花丝白色或带红色，长2～3毫米；雌蕊9～13枚，狭卵圆形，密被平伏柔毛，花柱钻状，红色，长约2毫米，腹面缝线明显，柱头面在尖端，雌蕊群柄粗，长约2毫米具槽，密被糙状毛。聚合突骨果长椭圆形，有时上部的心皮退化而呈球形，长10～18厘米，直径7～9厘米，垂悬于具皱纹的老枝上，成熟时沿背缝线开裂，外果皮榄绿色，有苍白色大形皮孔，干时深棕色，具显著的黄色斑点；每聚合果有心皮5～12个，每心皮有种子1～12粒。种子具红色假种皮，椭圆形或三角状倒卵圆形，长约15毫米，宽约8毫米。花期3～4月，果期10～12月。

（二）生长规律

观光木人工林在幼林阶段树高生长较快，生长高峰期出现在第4年，之后逐渐下降；在第12～20年时保持较高且稳定的生长态势；胸径总生长量随着林龄的增加而增大，前7年为胸径速生期；材积的增长一直呈上升阶段，且随着林龄的增大而加快，在27年达到材积数量成熟。

（三）分布

主要分布我国江西南部、云南南部、贵州、广西、湖南、福建、广东和海南等地属于热带到中亚热带南部地区，在越南北部也有分布。多生于海拔500～1000米的山地常绿阔叶林中。

（四）生态学特性

观光木为弱阳性树种，幼龄耐阴，长大喜光，根系发达，树冠浓密。分布区的年平均气温17～23℃，绝对最低温可达0℃以下，年降水量1200～1600毫米，忌水涝，不耐贫瘠，有一定的耐旱性，在酸性至中性土壤中长势良好。

第二节　苗木培育

一、良种选择与应用

在当地优良种源中，选择树龄20年以上的树干通直、材质优良、速生、树形优美、无病虫害生长健壮的母树采种。

二、播种育苗

（一）种子采集与处理

种子在10月左右成熟，果壳由浅绿色转为暗紫色，当聚合果种皮微裂时及时采收。采回后放通风处晾开，尽量避免阳光暴晒，待蓇葖果开裂后，剥出带假种皮的种子，再用清水浸泡6～12小时，待假种皮软化后，搓洗去红色肉质假种皮，即得淡黄至黄褐色的净种，剔除空粒、瘪粒，用清水漂洗干净。洗出的种子不能日晒，摊于阴凉处晾干即可播种。

种子保持活力期短，一般随采随播。若要留种至翌年春播，则可以采用冷藏或沙藏贮藏种子，一般采用沙藏法。贮藏前用2‰高锰酸钾溶液浸种5分钟进行消毒，接着用清水清洗干净后放在通风阴凉处晾干，后与中粒沙（含水率40%～60%）均匀混合，贮藏于竹、木桶或陶器中，贮藏期间经常检查，防止干燥、霉变和鼠食，每隔3～5天翻动一次，根据沙的潮湿度适当洒水。翌年春筛出种子播用。每百公斤鲜果能取得3.5公斤左右纯净种子，种子每公斤3200～3600粒，种子千粒重为170克左右，发芽率约65%。

（二）苗圃选择与施放基肥

圃地应选在交通便利，排灌条件良好，地势平坦，土质为酸性、肥沃疏松且无鼠害的苗地为宜。9月对圃地进行深挖翻晒，10月整好苗床，床宽1.0～1.2米，床高25～30厘米，步道宽30厘米。施足农家肥作基肥。

（三）播种育苗与管理

观光木种子存在休眠现象。播种前，先后用40℃的温水和每升1500毫克的赤霉素分别浸泡种子24小时和48小时来打破休眠，提高发芽率和发芽整齐度，缩短发芽周期。然后用沙床催芽法进行催芽。沙床催芽最好在大棚内进行，催芽前用砖块砌好催芽床，宽1.0～1.2米，在催芽床内铺一层20

厘米厚的中粗河沙，用2‰高锰酸钾进行消毒，然后将贮藏的种子筛出，均匀播入床面，播后用消毒的河沙盖种，上面再盖一层干净的稻草，浇透水，再用喷雾器喷一次多菌灵，然后在每个催牙床上盖一层塑料拱棚。床内置温湿计。催芽床温度最好能控制在25℃左右，低于0℃时，应适当增温，若高于28℃，则应解开两端透气降温。棚内湿度控制在70%左右，待种子露白时即可点播到圃地或容器中。

一般采用条播方式，行距20厘米×10厘米、沟深8厘米，先在沟底施放充分腐熟的基肥，后放一层5厘米厚的黄土覆盖基肥，然后将种子播下，播后在种子上覆盖1层细黄心土，以不见种子为准，最后再铺1层稻草保湿。出苗盛期至结束分两次撤去覆草，发芽率85%左右。

三、轻基质容器育苗

(一)轻基质的配制

育苗基质采用黄心土(25%)+腐殖土(20%)+泥炭土(50%)+木糠和草木灰(5%)，每立方米基质中加1.5~2.0克复合肥，另加少量的甲基托布津或敌克松。

(二)容器的规格及材质

选用营养袋或无纺布，容器规格一般为8~10厘米×14~16厘米，将拌好的营养土装袋至高的2/3，摆放在苗床上准备播种或移苗。

(三)圃地准备

营养土装袋前15天，应将摆放场地清理干净，用除草剂清除场地上的杂草。苗床应精细打碎、表面平整。为避免苗根长落地，减少苗期管护中搬苗截根的工作量，提高造林成活率，可在床面垫1~2层农用膜，膜上垫2厘米厚粗沙，在沙上摆放薄膜容器。

(四)容器袋进床

将分装好的容器袋分行摆放，摆满后在畦边围土，堆土至容器袋的1/3至1/2，最后淋透水，适当遮阴。

(五)种子处理

与播种育苗相同。

(六)播种、芽苗移栽

在2~3月，将经催芽处理的种子直接点播于容器中，为提高成活率，每杯点播2~3粒种子，播种时胚根朝下，种子埋入土中2厘米，播种后淋透水，7天后检查，以便及时补植。

移苗时要选择阴天，取苗时将芽苗茎部轻轻向上提起，不可损伤芽苗，将取出的芽苗整齐排放于容器内，用湿毛巾盖好备用。定植时先用竹签在容器的基质中央挖一个小孔，深6厘米，将小苗轻轻放入，加土至满，稍提小苗，将芽苗的根部放入时一定要舒展，不可弯曲在孔内，其根茎部与基质表层持平即可，再用手指在芽苗四周轻压实，使其根部与基质充分密接，每个容器内移植1株芽苗，然后浇透定根水。

(七)苗期管理

观光木喜肥喜湿，同时又要避免积水，要及时浇水并注意苗床排水。芽苗移植后放在荫棚里，荫棚里气温要求达到10℃以上。苗入杯后约20天，长出新叶，及时间苗、补苗和拔除杂草。在6~7月间，每隔10~15天松土施肥1次，以氮肥为主，苗木施肥应遵循“由稀到浓、少量多次、适时适量、分期巧施”的技术要领。期间可在每次抽发嫩叶时，喷施适量浓度的植物生长调节剂，使苗木旺盛生长。从8月开始，肥水中应增加磷、钾肥，少施氮肥，以增强苗木的抗伏、抗寒性，加速苗木木质化。

四、苗木出圃与处理

当苗木达到出圃高度时应控制水、肥，进行炼苗。此项工作一般在出圃前1个月左右进行。出圃前1天要淋透水，幼苗宜在圃地荫棚内生长至次年的2～3月才出圃造林或作绿化大苗另行定植培育。

五、苗木病虫害防治

观光木常见的病虫害相对较少，苗期常见的病害有猝倒病、根腐病、立枯病等，常见的虫害有尺蠖、潜叶蛾幼虫及卷叶蛾幼虫。

病害一般以预防为主，应排好水，使排水通畅，每周喷杀菌剂，如多菌灵、甲基托布津、百菌清等，也可在肥水中加入井岗霉素等药液浇灌苗木，起到预防的作用，减少病害的发生。当小苗出土后的一个月内易患猝倒病，表现为根颈部出现褐斑继而转为黑斑，患病部位缢缩，小苗倒伏，此时要拔掉病株，及时喷药，以免扩大病区，可用70%代森锰锌可湿性粉剂500倍液每周喷洒1次，也可每半个月喷1次波尔多液作为预防。

虫害主要是潜叶幼虫、卷叶蛾幼虫及尺蠖等，潜叶幼虫食叶肉，卷叶蛾幼虫卷叶危害。小面积发生时可人工摘除叶卷苞，大面积危害时用化学农药如90%敌百虫500～1000倍液喷洒。防治尺蠖等虫害，可用90%的敌百虫0.2%溶液、40%乐果乳剂0.03%溶液防治。

第三节　栽培技术

一、立地选择

造林地宜选择阴坡、半阴坡或阳坡中下部，要求土层深厚、肥沃、疏松、湿润、酸性土壤。若作用材林可选择杉木采伐迹地；作园林观赏，则视栽植条件进行客土栽培。

二、栽培模式

(一)纯林

只选择观光木单个树种进行造林。

(二)混交林

观光木混生性能好，可作为用材林进行纯林种植，亦可作为残次林改造、生态公益林改造的混交造林树种进行推广应用，适宜与木荷、杜英、杉木、马褂木、冬青等树种混栽。

三、整地

(一)造林地清理

观光木属阳性偏阴树种，尤其早期需适宜避荫，因此，造林地不需深度整地，甚至可适当保留部分杂灌木。

(二)整地时间

一般在造林前3个月或前一年秋冬。

(三)整地方式

采用挖大穴整地，穴规格60厘米×60厘米×40厘米，回填表土。

(四)造林密度

造林密度，纯林每公顷1500～1950株，混交林每公顷1650～2505株，杉木与观光木混交比例为1～2:1，采用株间或行间混交，但观光木的株行距应大于杉木的株行距，这是混交造林成败的关键措施之一。

(五)基肥

有条件的地方可在穴内施基肥，施复合肥或磷肥每穴 0.4 公斤。

四、栽植

(一)栽植季节

造林时间最好选择雨水季节到来之前，即早春的 2～3 月间，最好不要超过 4 月。

(二)苗木选择、处理

幼苗宜在圃地阴棚内生长至 8 月底，当年苗高可达到 50～60 厘米，才可出圃造林或作绿化大苗另行定植培育。造林树苗的主根要完好取出，并在栽植时打泥浆。

(三)栽植方式

山上造林可营造纯林，也可与杉木等混栽；作园林观赏可孤植或行植。栽植前，要将容器苗的塑料袋撕开，无纺纤维容器可不撕，做到随起苗随栽植。栽植时，将苗木栽于穴正中央，根系舒展不窝根，踩实并在穴面上盖 1 层松土，栽植深度与苗木原根际痕持平为宜。

五、林分管抚

(一)幼林抚育

造林后应及时检查造林成活率，如有死亡及时补植。造林当年 8～9 月间除草松土、扩穴 1 次，以后每年进行除草松土 1～2 次，连续进行 3～4 年，直至林分郁闭为止。

(二)施追肥

可结合松土施追肥，以速效氮肥为主，每株施 50 克左右尿素，促进新梢生长。

(三)修枝、抹芽与干型培育

观光木多萌生枝，影响主干生长，以培育用材林为目的的，造林头几年要进行抹芽，主要抹去离地面 2/3 的嫩芽。修枝主要将树冠下的受光较少、生长不良枝条除掉。修枝要保持树冠占树高的 2/3，过度修枝要影响树木生长。修枝时间宜在冬季和春初。定植前的观光木树苗，要是做绿化大苗的，一定要用修枝剪剪去正根，定植后的观光木，便可按一般的绿化大苗培育管理。

(四)间伐

造林 7～8 年后，林木开始分化，对较密的林分可实施第 1 次疏伐，以后每隔 5～6 年间伐 1 次，直至达到主伐密度为止。主伐保留密度每公顷 1050 株，主伐期约为 40 年。

(五)病虫害防治

木兰突细蛾是危害观光木叶部的主要害虫。该虫以初孵幼虫潜入观光木叶片组织啃食，形成棕褐色虫道，随着虫龄的增大，被害处的虫道逐渐扩大成虫斑，往往一个叶片有 2～6 个虫斑，被害的叶片逐渐枯黄脱落。

防治方法：①加强抚育管理，冬季及时清除地面枯枝落叶、灌木杂草并集中烧毁，以消灭越冬蛹。②在各代成虫盛期(2 月、4 月、5 月、7 月、9 月、11 月)以黑光灯诱杀成虫。③在在各代幼虫盛期，可喷洒 40% 乐果乳油或 50% 辛硫磷乳油或 40% 水胺硫磷乳油 500～1000 倍液，或用 2.5% 溴氰菊酯乳剂 4000～5000 倍液。

第二十九章　香樟

第一节　树种概述

香樟 *Cinnamomum camphora* 为樟科樟属常绿大乔木，是主产我国亚热带地区的珍贵用材、芳香油料及优良绿化乡土树种，分布范围广，开发利用程度高，一直受到人们的高度重视。香樟树体高大，冠盖浓密，生态适应性强，我国秦岭至淮河以南地区广为栽培。随着我国城市绿化建设的加速发展，香樟已成为绿化苗木市场的大宗产品之一，广泛用于行道树、园林造景和城市森林生态体系骨干林建设，显著提高了我国城市绿化美化的水平。

一、木材特性及利用

（一）木材材性

香樟木材具怡人的樟脑芳香气味，可祛虫防蛀。具有螺旋纹理或交错纹理，致密美观，木材心、边材区分明显，心材为黄褐色、红褐色至深红褐色，边材淡色，光泽强。木材年轮稍明显，气孔稀疏散状分布，单独或2~3个径向复管孔排列，纵向薄膜细胞成围孔或翼状排列。材质光滑柔韧，软硬程度属中等，收缩率极小，强度低，冲击韧性中等，易干燥，干燥状况良好，干燥后不翘不裂。在水中及地上耐朽性强，胶合性佳。刨削、研磨及其他加工容易，切削出来的弦切面具有美丽纹理，但是木材有腐蚀铁钉之作用。

（二）木材利用

樟木具有木质细密，纹理美丽，质地坚韧，不易产生裂纹等优点，历经百年而不朽，是自古以来雕刻工艺的首选木材，也是制作家具的名贵木材，为宫廷建筑首选木材，尤其在南方地区，多被用于制成衣橱箱柜贮藏棉、毛服饰等物品，其天然防蛀、防霉和杀菌的特点，能使棉毛织物能免受霉季虫蚁的侵害。樟木作为上等用材还多应用在建筑、造船、乐器制造等方面。

（三）其他用途

樟树还是我国重要芳香油料树种，其根、茎、枝、叶都含有樟脑和樟油，此外还含有桉叶素、黄樟素、芳樟醇、松油醇、柠檬醛等化学物质。樟树根中樟脑和樟脑油的含量约2%~4%，枝、叶中的含量为1%~3%，且树龄越大含量越高。人工栽培的优质樟树林每公顷每年可产芳樟醇200~300公斤，每公斤售价85~90元，产值可达每公顷17000~27000元。

二、生物学特性及环境要求

（一）形态特征

常绿大乔木，高可达30米，直径可达3米，树冠广卵形；枝、叶及木材均有樟脑气味；树皮黄褐色，有不规则的纵裂。顶芽广卵形或圆球形，鳞片宽卵形或近圆形，外面略被绢状毛。枝条圆柱形，淡褐色，无毛。叶互生，卵状椭圆形，长6~12厘米，宽2.5~5.5厘米，先端急尖，基部宽楔形至近圆形，边缘全缘，软骨质，有时呈微波状，上面绿色或黄绿色，有光泽，下面黄绿色或灰绿色，晦暗，两面无毛或下面幼时略被微柔毛，具离基三出脉，有时过渡到基部具不显的5脉，中脉两面明显，上部每边有侧脉 1、3、5(7)条，基生侧脉向叶缘一侧有少数支脉，侧脉及支脉脉腋上面明显隆起下面有明显腺窝，窝内常被柔毛；叶柄纤细，长 2 ~ 3 厘米，腹凹背凸，无毛。圆锥花序腋生，长 3.5 ~ 7 厘米，具梗，总梗长 2.5 ~ 4.5 厘米，与各级序轴均无毛或被灰白至黄褐色微柔毛，被毛时往往在节上尤为明显。花绿白或带黄色，长约 3 毫米；花梗长 1 – 2 毫米，无毛。花被外面无毛或被微柔毛，内面密被短柔毛，花被筒倒锥形，长约 1 毫米，花被裂片椭圆形，长约 2 毫米。能育雄蕊 9，长约 2 毫米，花丝被短柔毛。退化雄蕊 3，位于最内轮，箭头形，长约 1 毫米，被短柔毛。子房球形，长约 1 毫米，无毛，花柱长约 1 毫米。果卵球形或近球形，直径 6 ~ 8 毫米，紫黑色；果托杯状，长约 5 毫米，顶端截平，宽达 4 毫米，基部宽约 1 毫米，具纵向沟纹。花期 4 ~ 5 月，果期 8 ~ 11 月。

(二) 生长规律

27 年生香樟平均树高为 15.60 米，年平均高生长量为 0.58 米，胸径为 35.1 厘米，年平均径生长量为 1.10 厘米；树干材积为 0.6790 立方米，年平均生长量为 0.0251 立方米。胸径生长量高峰期为第 12 年，达 2.05 厘米，平均生长量与连年生长量相交于第 16 年。树高生长量高峰期在 12 年，生长量最大达 0.82 米，树高平均生长量、连年生长量的曲线相交于第 16 年。材积连年生长量和平均生长量随着树龄的增大而呈直线增加，27 年生香樟人工林没有达到数量成熟，材积生长量处于旺盛的生长期。

(三) 分布

樟树喜光喜温，是热带和亚热带常绿阔叶树种的代表，水平分布区域在 10° ~ 30°N，88° ~ 122°E 之间，自然分布于中国南方各省(包括湖南、湖北、浙江、江苏、安徽、江西、海南、广东、广西、福建、台湾、云南、四川、贵州等省份)、越南以及日本等地，现亚洲东部、大洋洲和太平洋诸岛也都有分布，其中台湾、福建、江西九江、湖南湘西、贵州东南部等是著名产区。樟树多生长在低山平原，垂直分布一般在海拔 500 ~ 600 米，在湖南、贵州交界处可达 1000 米，而台湾中北部海拔 1800 米的高山还有天然分布的樟树，以海拔 1500 米以下的生长最茂盛。

(四) 生态学特性及环境要求

樟树为喜光树种，稍耐阴；喜温暖湿润气候，适合生长于年平均气温 16℃以上、1 月平均气温 5℃以上、绝对最低温 – 7℃以上、年降水量大于 1000 毫米的环境。耐寒性不强，1 ~ 2 年生幼苗易受冻害，之后抗寒能力增强。为深根系树种，对土壤要求不严，较耐水湿，但不耐干旱、瘠薄和盐碱土，在土层深厚、湿润肥沃的酸性到中性沙质壤土、轻黏壤土或冲积土中樟树生长较好。

第二节　苗木培育

一、良种选择

我国香樟资源丰富，栽培历史悠久，香樟分布于长江流域以南，其中尤以台湾、湖南、福建和江西等省栽培为多，并形成了许多栽培类型或生化品种，但目前香樟良种选育大多以油用和园林绿化为主，用材林方面主要是在初步筛选出苗期表现优良的广东连州、江西井冈山、福建建瓯、浙江庆元、福建上杭 5 个种源和 36 个优良家系。香樟分布面积大，资源多，可于当地选择生长速度快，干形良好的优树采种。

二、播种育苗

(一) 种子采集与处理

选择主干通直圆满、分枝高、树冠发达、结实多及无病虫害的 25 年生以上的优树采种。10 月下旬至 11 月上旬，待浆果果皮由青色变为紫黑色，且柔软多汁时采摘。鲜果采摘后需立即处理，避免堆积发热而损伤种胚。采收的浆果不及时处理可先冷藏。将鲜果浸水 2～3 天，搓去果皮，洗净后拌细沙、草木灰或洗衣粉揉搓脱脂，再洗净、阴干种子。

可用湿度 30% 的河沙与种子按 2:1 混合，进行露天埋藏；也可把种子与含水量 30% 的湿沙层积贮藏于干燥通风的室内或混沙放在塑料编织袋中贮藏。短期贮藏可将种子阴干后装袋吊在通风处干藏。

（二）苗圃选择与整理

宜选择地形平坦，土层深厚、肥沃，排灌条件良好的微酸性壤土为圃地。圃地浅耕，深度 15～20 厘米，碎土，捡去土中草根等杂物，耙平做床。床土混合 30% 的过筛河砂，床宽 100～120 厘米，床高 15～20 厘米。两床之间设 40 厘米步道，两床外侧各设一条宽 25 厘米、深 20 厘米排水沟，圃地四周设一条宽 40 厘米、深 30 厘米环通排水沟。播种前苗床应消毒。消毒后在床面覆盖一层塑料薄膜，密封 3～4 天后揭开，以备播种。

（三）播种育苗

1. 种子直播育苗

宜在 2 月底或 3 月初播种，将种子从沙中筛出，洗净。用 0.5% 高锰酸钾溶液浸种消毒 2 小时，再浸入 40～50℃ 温水中自然冷却 12 小时，重复 2～3 次。待种壳开始龟裂，种胚突起时取出播种。采用条播，条距为 20～25 厘米，沟深 3 厘米，每条播种沟放种子 20～25 粒，每公顷播种子 150 公斤左右，播后用 30% 过筛河沙混合 70% 的过筛黄心土覆盖种子，覆土厚度 1～1.5 厘米。覆土后苗床要适度浇水，并在床面盖草，上面再平铺一层塑料薄膜，薄膜四周压实、密封。

2. 营养袋容器育苗

育苗基质配比可采用 68% 黄心土、30% 火烧土和 2% 过磷酸钙，基质内可加入缓释肥，如有机肥和过磷酸钙等复合肥等（一般用量每立方米 2 公斤）搅拌均匀后装入直径 8～10 厘米，高 20 厘米的薄膜袋内。装好的营养袋整齐排放在床面上，喷水使袋子里的土壤湿透。

可采取种子点播或芽苗移植，种子先采用温水浸种催芽，发芽后带每袋点播 1 粒，个别的袋子可点播 2 粒，预防有的袋子种子点播后没有萌芽出袋，可移植补植，播前先将营养袋用清水喷湿润。芽苗移植可将先播种到圃地，当苗高 5～8 厘米，长出两对真叶，苗木基部已完全木质化后，选择阴雨天移植。移栽前先将营养袋用清水喷湿润，移栽时尽量保护苗木根系和顶芽，注意避免苗木的机械损伤。

（四）苗期管理

1. 揭草与遮阴

播种 30～40 天后，种子萌动发芽，待胚芽出土 1 厘米高时，将床面地膜及盖草揭除。

由于幼苗生长缓慢，苗茎幼嫩，易遭日灼，必须注意遮阴，3 月可开始盖上 50% 遮光度的遮阳网遮阴，9 月后撤除遮阳网进行炼苗。

2. 水肥管理

苗期生长要注意水肥的管理，根据气候和苗床干湿度，适时排灌水，做到内水不积，外水不淹。浇水在早晨或傍晚进行，要浇透水。播种后到种子萌发前应多浇，每天一次或隔天一次，有利于种子萌发；幼苗期根系浅，可少量多次，保持表土湿润；6 月后可减少浇水，表土不干不浇，浇则浇透；10 月后苗木生长减慢，除特别干旱应停止浇水，避免秋梢徒长，促进苗木木质化。

追肥可采用叶面施肥和土壤施肥。叶面追肥应在阴天或晴天，无风的下午或傍晚进行，苗木长出真叶后，即可开始追肥，施肥应注意勤施薄肥，真叶前期和中期主要施尿素，后期施复合肥，每半个月 1 次，9～10 月停止施肥。土壤施肥可结合松土除草，在行间开沟，将速效肥料施于沟内，然后盖土。

3. 松土除草

松土除草可以改善土壤的物理和化学性质，消灭与苗木竞争的杂草，是一项必要的措施。每次浇水或降雨后可进行除草、松土，除草要掌握“除早、除小、除了”的原则，松土要逐步加深，全面松匀，确保不伤苗，不压苗。撒播的苗木不方便松土，可将苗间杂草拔除，在苗床表面撒盖一层细土，防止露根透风，影响苗木生长。幼苗刚出土时，只宜手扯杂草，避免伤幼苗。生长期为节省人工可使用专杀单子叶植物的除草剂，并结合人工拔除双子叶植物杂草。使用除草剂应先小范围多次试验，确保不伤苗木才可进行。

4. 移苗间苗

间苗可改善苗木生长环境，给苗木创造良好的光照条件和通风条件，减少苗木病虫害的发生，提高苗木质量。从 4 月份开始要分期进行间苗直到 7 月份定苗，每次间苗量宜少，且最好在阴天进行。定苗时，每平方米保留 40 ~ 50 株健壮苗木。间苗前，要用清水喷洒床面湿透，将要间去的小苗用小铁铲带土挖起，另选地移栽。间苗后，再用清水喷洒床面，使苗木与土壤黏在一起，提高苗木成活率。

5. 抹芽

樟树多萌生枝，要进行抹芽，抹去离地面 2/3 的嫩芽，培养主干明显的植株。生长期间及时打杈，保护顶端生长优势，精细管理，水肥充足，当年苗高可达 50 ~ 100 厘米。

6. 防治病虫害

苗期主要病害是猝倒病和立枯病，是育苗常见病害之一。通过圃地选择、土壤消毒、合理轮作、加强空气流通等措施可有效预防；在雨季用多菌灵、托布津、百菌清广谱杀菌剂和波尔多液交替喷洒苗木，可以保护苗木同时消灭病菌；发现病苗及时拔除销毁，清除周围病土，并于周围撒上石灰粉，防止病害扩散。苗期主要虫害是地老虎、蛴螬、蝼蛄等地下害虫，除草整地时注意清除幼虫，虫害不严重时可清晨人工捕捉。

三、扦插育苗

（一）苗圃选择与整理

选地、整理、作床和实生苗生产相同，在苗床上铺 8 ~ 10 厘米厚过筛新鲜无菌黄心土（混合 1/3 的河沙），并搭设高 1.8 米的遮阳棚，用遮阳网进行遮阳，避免基质表面温度过高。

扦插前土壤须消毒，用 50% 多菌灵可湿性粉剂 500 倍液或 70% 甲基托布津可湿性粉剂 600 倍液喷淋。消毒后插床覆盖塑料薄膜密封，在扦插前 1 天揭开地膜，翻松基质透气，浇透水后备用。

（二）扦插

夏季和秋插均可。夏插气温较高，生根时间较短；秋插的生根率较高。扦插在上午 10 时前下午 2 时后或阴天进行。插穗选择母株上的当年生半木质化穗条。插穗要求生长充实，顶芽饱满，无病虫害，长度 12 ~ 20 厘米，茎粗 0.2 ~ 0.6 厘米，采条以不破坏母株树高生长为原则。剪插条宜在荫凉处。剪去下部 3 ~ 4 厘米枝叶，下剪口为平口，要求剪口平滑。剪好的插条成捆浸入 70% 甲基托津可湿性粉剂 1000 倍液中消毒保鲜，插条下端浸入药液深度 3 ~ 4 厘米。插前插床要浇足底水，用食指和拇指捏住插条中部，轻轻直插土中，入土深度为条长的 1/3。扦插密度以叶片之间不重叠为宜。部分较细嫩插条，须用竹签打孔后再插，插后填实插缝。每插完一小块后要浇水保湿，全床插完后再浇透一次水。

（三）插后管理

插完后用 70% 甲基托布津可湿性粉剂、70% 代森锰锌可湿性粉剂、40% 氧化乐果乳油 800 倍混合液喷洒一次，防病、防虫。插完后用竹条在插床搭设高 50 厘米的拱架，覆盖 0.02 毫米厚塑料薄膜，用湿润泥土将插床四周薄膜压实、密封。平时根据苗床干湿程度浇水，浇水在清晨或傍晚进行。浇水前揭开苗床一侧薄膜，浇水后用 70% 甲基托布津可湿性粉剂和 70% 代森锰锌可湿性粉剂 800 倍混合液喷洒一次，再将薄膜覆盖密封。注意巡查，及时贴补苗床盖膜破洞。

遮阴棚盖上 60% 遮光度的遮阳网，苗床温度控制在 28℃，平时注意观察，保持基质湿润。定期对苗床进行消毒，每 7 ~ 10 天消毒 1 次，用百菌清、甲基托布津、退菌特、多菌灵交替使用，防止病害产生抗性，提高药效。插后 3 个月每 15 ~ 20 天喷 0.3% 叶面肥 1 次。每隔 15 天除草 1 次，雨季布道开排水沟防积水。扦插苗生根后每隔半个月施0.8%过磷酸钙和0.1%尿素溶液。插后150天左右可以揭膜，揭膜时先打开拱膜两端，炼苗3～5天后，再揭膜。

夏插苗扦插100～120天有90%以上生根成活。此时可揭开苗床两端薄膜，使苗木慢慢适应床外温、湿度变化，5～7天后，揭去全部薄膜；140～150天后，拆除遮阴，全光炼苗25～30天后出圃。秋插苗扦插70天开始生根；100天以后可拆除遮阴棚；140～150天后，揭开苗床两端薄膜，待3～5天后，揭去全部薄膜，全光炼苗25～30天后出圃。炼苗期间要施2次～3次追肥，用0.2%复合肥水溶液或0.1%尿素、0.2%磷肥混合水溶液洒施。禁用赤霉素等植物生长激素洒施。

四、苗木出圃与运输

11月苗木停止生长，此时应进行苗木调查。1年生苗高50厘米，苗径0.40厘米以上可出圃上山造林，小苗可留圃或移植等第二年再出圃造林。起苗时如床面干燥，要提前1～2天灌溉，便于起挖。起苗中，要注意不伤顶芽，不撕裂根系。起苗后，立即进行苗木分级，合格苗可分别以100株扎成捆蘸泥浆包装。

2天内运输的苗木，用塑料袋包裹根部；2天以上运输的苗木，先在成捆苗木根部蘸泥浆或保湿剂，再用塑料袋包裹。批量芽苗运输用带通风孔及抗压的容器包装，注意温湿条件。运输前应在苗木上挂上标签，注明树种和数量。运到目的地后，要逐捆抬下，不可推卸下车。对卸后的苗木要立即将苗包打开进行假植，过干时适当浇水或浸水，再行假植。

第三节　栽培技术

一、立地选择

一般山区、丘陵红壤、黄壤都可栽植樟树。选择在土层深厚、肥沃的土壤上更好。香樟枝叶较多，栽种于过于干旱的土壤会由于蒸发量过大导致顶梢枯死，最后形成多头，不宜在此类地块营造用材林。

二、栽培模式

(一)纯林

虽然目前普遍认为纯林生态保护功能脆弱，容易引起地力退化和大面积病虫害，但由于纯林经营成本低、易于管理、主要树种生产力高，在生产中得到了广泛的应用。有研究表明香樟纯林具有减缓土壤酸化和提高土壤肥力的作用，并且香樟抗病虫能力强，纯林大量存在于自然界的天然林中，均未发现有大面积的病虫害。大面积培育香樟用材纯林，可采取近自然的经营模式，管护时适当保留林地上的灌木杂草，使其向混交林转化。

(二)混交林

樟树树干多杈，树冠扩展。营造混交林能促使樟树长得快、树干直、杆高节少，形成良材。通过混交伴生树对樟树幼时的庇荫，长大时得到伴生树间伐的透光作用，适应了樟树生长对环境的要求。

选择当地速生树种，如枫香、檫木、杉木等为樟树幼年生长创造庇荫条件，促其有良好的高粗生长；同时，伴生树种又能早期提供小径材或薪炭材，并在改良土壤、保持水土、防止病虫害方面也能起到相应的作用。混交树种配置采取株间混交(1株樟树，3株伴生)或行间混交(3行樟树，3行伴生树)；如在水平行上每隔3株枫香栽1株樟树，8～9年后，保留中间1株枫香与樟树混交，伐去其余2株枫香作小径材利用。

三、整地

(一)造林地清理

林地清理方式和方法应根据造林地植被的多少和坡度大小而定。属采伐迹地采伐剩余物多，坡度较小的可以采用劈草清杂炼山清理。清理杂灌和采伐剩余物时应均匀铺于林地，利于控制火烧强度进行炼山，中等火烧强度炼山有利于土壤释放养分，促进林木生长；采伐迹地采伐剩余物和杂灌不多、坡度较陡、林冠下套种的必须采用块状清理，或采取环山水平带清理，将挖穴位置清理干净。

(二)整地时间

秋冬垦挖、开穴。

(三)整地方式

整地要因地制宜，一般山地坡度在15°以下，可实行林粮间作；在陡坡宜采取带垦，防止水土流失；一般等高环山开垦作带，在造林初期2～3年也可间种农作物，促进林木生长，增加收益。采用带状整地，带宽1米，深翻土壤33厘米，再在植树点上挖60厘米×60厘米×50厘米的大穴，施肥造林，减少水土流失。在杂草少、土壤条件较好而劳动力较少的地方，坡地上，可采用穴垦整地，穴规格不应小于50～70厘米见方，深40～60厘米。

(四)造林密度

樟树生长较快，树冠扩展，栽植密度要适应它的生长规律，以株行距2米×2米、2米×3米、3米×3米较好。国家标准《造林技术规程》规定香樟中南华东区营建商品林初植密度为每公顷1200～3600株，东南沿海及热带区初植密度为每公顷1350～3000株，长江上中游初植密度为每公顷1050～3000株。

(五)基肥

每穴可施土杂肥10公斤，磷肥0.5公斤，饼肥0.5公斤。

四、栽植

(一)栽植季节

宜在春季芽苞将要萌动之前定植。冬季少霜冻和雨量较多的地方，也可以冬季造林。从11月至翌年3月都可以，但以3月上、中旬造林的成活率最好。

(二)苗木选择、处理

樟树苗枝叶多，水分蒸腾量大，加上主根长，侧根须根少，为提高造林成活率，常剪除部分或全部叶片以及离地面30厘米以下的侧枝，并适当修剪过长的主根。

(三)栽植

栽植时先在基肥上回填1层表土，再把苗木入穴，注意将苗木扶正、根系保持舒展。然后回填1层土壤，踩实，向上轻提苗木使土壤和苗木根系紧密结合，再覆盖1层土，再踏实，即“三埋两踩一提苗”。最后浇足定根水，待水分渗透完毕后覆上表土，并设防护支架。

五、林分抚育

(一)幼林抚育

造林的前3年每年抚育2～3次，直播造林应抚育3次，同时防止人畜践踏。一般3～4年幼林开始郁闭，林地杂草少了，可以每隔1～2年砍杂灌、松土1次。樟树在丘陵地造林的第1年要预防日灼为害，在造林地内间种农作物，以耕代抚是保证造林存活率、促进林木生长较有效的办法。

(二)施追肥

施肥与松土、除草同时进行，每公顷施150公斤氮肥和300公斤磷肥。

(三)修枝培育干形

香樟由于其本身的生物学特性，多萌生枝，影响主干生长，影响了木材材质、木材利用效率和经济效益。在造林头4年要进行抹芽，并根据生长情况适当修技，加快主干高生长。修剪要注意要保持树冠，修剪宜在冬末春初进行。修枝强度以50%为适宜即修剪后枝下高占树高的50%，方法可用平切法，紧贴树干用小锯子从枝条下方向上将活枝、死枝切掉。

(四)病虫害防治

主要病害有白粉病(病原菌 *Uncinulapolyfida*)、黑斑病(病原菌 *Elsinoecinnamomi*)、黄化病。防治方法按表6-1执行。

表6-1　香樟常见病害防治

病害名称	危害症状	防治方法
白粉病	多发生在苗期和幼林期，发病初期，嫩叶背面主脉附近出现灰褐色斑点，后蔓延到整个叶片，并出现一层白粉，严重时叶片大量脱落	注意苗圃卫生，发现少数病株，立即拔除烧毁。用0.3°～0.5°波美石硫合剂，7～10天喷洒1次，喷洒3～4次
黑斑病	多发生在芽苗期，发病初期芽苗叶片腐烂发黑，并向幼茎和根部蔓延，严重时全株腐烂死亡	播种时做好种子、苗床消毒。用50%多菌灵可湿性粉剂600倍液，或50%退菌特可湿性粉剂800倍液，7～10天喷洒1次，喷洒2～3次
黄化病	一种缺铁性生理病害，多发生在土壤和水质呈碱性的地区。发病初期叶色由绿变黄，叶面有乳白色斑点，严重时叶色变白、枯死	注意苗床土壤酸碱度，提高植株铁的含量，宜在土壤中撒施硫黄粉。较大径级苗木，在干基打孔灌注1：30的硫酸亚铁溶液，在主干注射15克硫酸亚铁、5克尿素、5克硫酸镁与1000毫升水的混合液，叶面喷施0.1%～0.2%硫酸亚铁溶液

常见虫害有樟梢卷叶蛾 *Homonama gnanima*、樟巢螟 *Ortho gaachatina*、樟叶峰 *Mesonura rufonota*、樟天牛 *Eurypo tabatesi*、黑翅土白蚁 *Otontotermes formosannus*、黄胸散白蚁 *Reticulitermes speratus*。防治方法按表6-2执行。

表6-2　香樟常见虫害防治

虫害防治	危害方式	防治方法
樟梢卷叶蛾	1年发生数代。幼虫蛀食嫩梢，影响主梢生长，致使主干弯曲，严重时全株死亡	在3月新梢生长期间，用90%晶体敌百虫，或50%二溴磷乳剂，或50%马拉松乳剂各1000倍液喷杀第一代幼虫，每隔5天1次，喷洒2次～3次；在幼虫钻入嫩梢危害期间，用40%乐果乳剂200～300倍液喷杀，喷洒1～2次
樟巢螟	1年发生两代。第一代幼虫在5月下旬至7月中旬危害；第二代幼虫在8～9月危害。幼虫群集新梢取食叶芽，吐丝卷叶做巢，使新梢枯死	加强苗木抚育管理。人工摘除虫巢并烧毁。幼虫危害初期，用90%晶体敌百虫4000～5000倍液喷杀，喷洒1～2次
樟叶蜂	1年发生数代。危害期在3～6月，幼虫取食嫩叶，使新梢枯死，严重时全株死亡	加强苗木抚育管理。用0.5公斤闹羊花或雷公藤粉末，加清水75～100公斤，制成药液喷杀；用90%晶体敌百虫或50%马拉松乳剂2000倍液喷杀幼虫，喷洒1～2次

（续）

虫害防治	危害方式	防治方法
樟天牛	幼虫蛀食侧枝韧皮部及木质部，严重时全株死亡	用50%辛硫磷乳油，或50%杀螟松乳油，或90%晶体敌百虫各100～200倍液；用50%马拉硫磷乳油40倍液，或2.5%溴氰菊酯乳油400倍液，蘸药棉塞孔毒杀
白蚁类	危害主、侧干木质部，导致树干腐空，严重时倒伏死亡。危害期常见主干树枝上包裹新鲜泥被线，泥线与地下蚁道相连，剥开泥被线，常见工蚁活动	9月中旬～11月上旬为危害高峰期。加强苗木检疫，防止蚁害传播。用40%毒死蜱乳剂20倍液，环涂距地面高10～20厘米主干，或在树蔸周围开沟，洒施灭蚁粉或诱杀剂，每年洒施2～3次，连续施药2年

六、轮伐期的确定

传统观念认为香樟是短轮伐期树种，轮伐期为20至25年。但由于香樟数量成熟、工艺成熟均较晚，27年生香樟人工林没有达到数量成熟，材积生长量处于旺盛的生长期。因此较为合理、经济的采伐时期在栽植后30年生左右时进行，大径级林木采伐则需40年生后进行。

第三十章　沉水樟

第一节　树种概述

沉水樟 *Cinnamomum micranthum* 是樟科樟属乡土阔叶树种，因其所提取的芳香油富含黄樟油素，比重大于水而得名。沉水樟是樟属植物中少有的优质速生用材树种，用途十分广泛，除提供木材以外，植株可提取芳香油，同时还是园林绿化、涵养水源和保持水土的优良树种，有很高的开发利用价值。由于长期以来对沉水樟资源的毁灭性开发利用及其自身的原因，目前国内的沉水樟天然林资源已日趋枯竭，1982 年被列为国家三级濒危保护植物。近年来，随着环境保护意识和林业商品化经营能力的提高，沉水樟资源保护和开发利用得到重视，遗传改良和人工林高效培育技术需求变得迫切。

一、木材特性及利用

(一) 木材材性与利用

沉水樟材性次于香樟，纹理通直，结构均匀细致，气味芳香，可作香樟代用材，供造船、家具、雕刻等用材，也可作胶合板的贴面材料。木纤维长度 1240 微米、宽度 15 微米，可与意大利杨媲美，是优良的纤维工业用材树种。

(二) 其他用途

沉水樟是我国樟科植物中含油量最高的速生经济树种，根、茎、叶都含有芳香油，其中根部与茎部的主要成分是黄樟油素，尤其是根油，黄樟油素含量高达 98% 以上，比世界著名的巴西的黄樟油素 (Ocoteacymbarum) 含量还要高。随树龄的增加，黄樟油素含量均有增长，是日用化工、医药、国防、轻工等方面的重要原料树种。

二、生物学特性及环境要求

(一) 形态特征

乔木，高可达 40 米，胸径可达 150 厘米；树皮坚硬，厚达 4 毫米，黑褐色或红褐灰色，内皮褐色，外有不规则纵向裂缝。顶芽大，卵球形，长 6 毫米，宽 5 毫米，芽鳞覆瓦状紧密排列，宽卵圆形，先端钝或具小突尖头，褐色，外被褐色绢状短柔毛。枝条圆柱形，干时有纵向细条纹，茶褐色，疏布有凸起的圆形皮孔，幼枝无皮孔，多少呈压扁状，无毛。叶互生，常生于幼枝上部，长圆形、椭圆形或卵状椭圆形，长 7.5～9.5(10) 厘米，宽 4～5(6) 厘米，先端短渐尖，基部宽楔形至近圆形，两侧常多少近不对称，坚纸质或近革质，叶缘呈软骨质而内卷，干时上面黄绿色，下面黄褐色，两侧无毛，羽状脉，侧脉每边 4～5 条，弧曲上升，在叶缘之内网结，与中脉两面明显，侧脉脉腋在上面隆起下面具小腺窝，窝穴中有微柔毛，细脉和小脉网结，两面呈蜂巢状小窝穴；叶柄长 2～3 厘米，腹平背凸，茶褐色，无毛。圆锥花序顶生及腋生，短促，长 3～5 厘米，干时茶褐色，近无毛或基部略被微柔毛，几自基部分枝，分枝开展，长 2 厘米，末端为聚伞花序。花白色或紫红色，具香气，长约 2.5 毫米；花梗长约 2 毫米，基部稍增粗，无毛。花被外面无毛，内面密被柔毛，花被筒钟形，长约 1.2 毫米，花被裂片 6，长卵圆形，长约 1.3 毫米，先端钝。能育雄蕊 9，长约 1 毫米，花丝基部被柔毛，花药宽长圆形，第一、二轮雄蕊花丝扁平，稍长于花药，无腺体，花药 4 室，上 2 室较小，内向，下 2 室较大，侧内向，第三轮雄蕊长于花药，近基部有一对具短柄的近圆状肾形腺体，花药4室，上2室较小，外向，下2室较大，侧外向。退化雄蕊3，位于最内轮，连柄长0.8毫米，三角状钻形，柄长约0.4毫米。子房卵球形，长约0.6毫米，向上骤然狭长成长0.6毫米的花柱，柱头头状。果椭圆形，长1.5～2.2厘米，直径1.5～2厘米，鲜时淡绿色，具斑点，光亮，无毛；果托壶形，长9毫米，自长宽约2毫米的圆柱体基部向上骤然喇叭状增大，顶端宽达9～10毫米，边缘全缘或具波齿。7月上旬至8月上旬为开花期，翌年10月果实始成熟，延至12月底落果。

(二)生长规律

沉水樟幼苗及幼林耐阴，生长较慢。成林后年需光性增强，林冠具有明显的趋光特性，生长迅速，树高生长速生期在20～50年，最大年生长量1米以上；胸径生长速生期一般在25年以后出现，最大年生长量可达1.7厘米以上。颜立红等在低丘红壤地区栽培沉水樟，16年生的沉水樟年平均胸径生长量为2.0厘米，年平均高生长量为1.25米，其中最大的一株年平均胸径生长量达2.4厘米，年平均高生长量达1.5米，比同地同生境的其他树种生长都快。

沉水樟主根明显，侧根发达；造林后随树龄的增长，其侧根进一步发育，成林后根系的水平分布比垂直分布广。例如，31年生沉水樟人工林主根深达1.1米以上，根系水平分布可达2.4米以上，侧根主要集中分布在10～60厘米。

(三)分布

沉水樟主要分布于我国中亚热带的中南部至南亚热带的大部分地区，包括浙江、江西、湖南的中南部，台湾北部、福建、广东、广西等省份。水平分布于北纬22°20′～27°30′，东经106°～120°之间；垂直分布一般在海拔高100～800米之间，台湾省北部可达1800米。在湖南，沉水樟多分布于西南部的洞口、城步、新宁等地，但由于湖南省的西部的纬度地带性不很明显，沉水樟也可沿湘西河谷一直分布到保靖、永顺和壶瓶山等地的低海拔沟谷。中亚热带地区常散生在由栲属、润楠属、楠属、樟属、阿丁枫属、冬青属和杜英属等树种组成的常绿阔叶林中。

(四)生态学特性及环境要求

具有喜光、喜湿、好温暖、幼树耐阴蔽的生态特性。适合生在在冬季温和，夏季暖热，雨量多，湿度大，年平均温16～21℃，月平均温5～15℃，极端最低温－5～9℃，年降水量1660～2100毫米，相对湿度82%～85%的地区；沉水樟为深根系树种，适生于土层深厚的酸性黄红壤、红壤或赤红壤，根系有明显的趋肥性和好气性，对林地土壤要求不高，在一般林地上可正常生长，但在土层深厚肥沃、水分充足的生境中生长更好，19年生单株立木材积可达1平方米以上。抗寒性稍差，易受风害和雪压。

第二节　苗木培育

一、良种选择

沉水樟属濒危树种，采种困难，种源稀少，可在分布区内选择优树采种。优树形质指标为：树干通直圆满，枝下高为树高的1/2以上；树冠较窄、生长旺盛，树龄20年以上，结实正常。

二、播种育苗

(一)种子采集与处理

沉水樟果期10月，果实成熟前大量落果，种子空壳率高，发芽率低，易受到病虫危害。采种应选择生长健壮且无病虫害的母树，当大部分果实由青黄变成紫红色至紫黑色时抓紧时间采收。由于沉水樟树体高大，直接上树采种困难，可在果实成熟期树下收集。采种要及时，过迟采集易遭动物和病虫危害，不利于种子发芽。果实采回后浸入水中泡2~3天，然后揉搓，除去果皮，漂去空粒，捞出沉在水底的种子，用清水洗净晾干，切忌暴晒。处理好的种子需及时贮藏。宜采用混砂湿藏于干燥通风处备用。

（二）选苗圃及施基肥

选择地势平缓、排水良好、土层深厚疏松的微酸性沙质壤土做圃地。在翻地时，每公顷施复合肥2250公斤或尿素1125公斤或农家肥11250公斤做基肥，并撒施硫酸亚铁粉150~180公斤或生石灰375~750公斤进行土壤消毒。土壤细碎后即可做床，床面高出步道20厘米，床宽100厘米，床面平整细致。两床之间设40厘米步道，两床外侧各设一条宽25厘米、深20厘米排水沟，圃地四周设一条宽40厘米、深30厘米环通排水沟。在播种前铺一层黄心土，厚度3厘米左右。

（三）播种育苗

2月上旬即可播种，最迟不超过3月份。将种子从沙中筛出，洗净，漂去空粒和坏种子。用0.5%高锰酸钾溶液浸种消毒2小时，再浸入40~50℃温水中自然冷却12小时，重复2~3次。待种壳开始龟裂，种胚突起时取出播种。

沉水樟种子较大，幼苗生长快，个体大，一般采取点播，行距25厘米，株距3~5厘米，播种深度为2厘米，播种后覆盖火烧土，厚度1厘米为宜。覆土后苗床要适度浇水，并在床面盖草，保持表土湿润。每公顷可出苗30万株。

（四）苗期管理

1. 揭草与遮阴

播种30~40天后，种子萌动发芽，待胚芽出土1厘米高时，将床面地膜及盖草揭除。在阴天的傍晚揭草，让幼苗接触自然环境生长。揭草过迟幼苗被压，苗茎弯曲影响生长及苗木质量。

播种后要及时遮阴，特别要注意防鼠，这是沉水樟育苗成败的关键技术。

2. 水肥管理

苗期生长要注意水肥的管理，特别是水的管理。播种后到种子萌发前应多浇，每天一次或隔天一次，有利于种子萌发；幼苗期根系浅，可少量多次，保持表土湿润；6月后可减少浇水，表土不干不浇，浇则浇透；10月后苗木生长减慢，除特别干旱应停止浇水，避免秋梢徒长，促进苗木木质化。浇水应在清晨或傍晚。在高温干旱季节要注意排灌，一般在傍晚灌水，次日上午10点以前要把水排干。雨季前要做好苗圃地清沟工作，适当增开排水沟，做到明水能排，暗水能滤。

追肥可采用叶面施肥和土壤施肥。叶面追肥应在阴天或晴天，无风的下午或傍晚进行，苗木长出真叶后，即可开始追肥，施肥应注意勤施薄肥，真叶期和中期主要施尿素，后期施复合肥，每半个月1次，9~10月停止施肥。土壤施肥可结合松土除草，在行间开沟，将速效肥料施于沟内，然后盖土。

3. 松土除草

松土除草可以改善土壤的物理和化学性质，消灭与苗木竞争的杂草，是一项必要的措施。每次浇水或降雨后可进行除草、松土，除草要掌握“除早、除小、除了”的原则，松土要逐步加深，全面松匀，确保不伤苗，不压苗。撒播的苗木不方便松土，可将苗间杂草拔除，在苗床表面撒盖一层细土，防止露根透风，影响苗木生长。幼苗刚出土时，只宜手扯杂草，避免伤幼苗。圃地四周和畦沟步道可用专杀单子叶植物的除草剂，并结合人工拔除双子叶植物杂草。使用除草剂应先小范围多次试验，确保不伤苗木才可进行。

4. 移苗间苗

间苗可改善苗木生长环境，给苗木创造良好的光照条件和通风条件，减少苗木病虫害的发生，提高苗木质量。从4月份开始要分期进行间苗直到7月份定苗，每次间苗量宜少，且最好在阴天进行。定苗时，每平方米保留40~50株健壮苗木。间苗前，要用清水喷洒床面湿透，将要间去的小苗用小铁铲带土挖起，另选地移栽。间苗后，再用清水喷洒床面，使苗木与土壤粘在一起，提高苗木成活率。

5. 防治病虫害

在育苗的过程中，各种病虫害会给苗木的生长带来影响，严重时会导致幼苗的大面积死亡，必须做好病虫害的预防，及时除治发生的病虫害。苗期主要病害是猝倒病和立枯病，是育苗常见病害之一。通过圃地选择、土壤消毒、合理轮作、加强空气流通等措施可有效预防；在雨季用多菌灵、托布津、百菌清广谱杀菌剂和波尔多液交替喷洒苗木，可以保护苗木同时消灭病菌；发现病苗及时拔除销毁，清除周围病土，并于周围撒上石灰粉，防止病害扩散。苗期主要虫害是地老虎、蛴螬、蝼蛄等地下害虫，除草整地时注意清除幼虫，虫害不严重时可清晨人工捕捉。

三、扦插育苗

沉水樟种子成熟周期为 2 年，种子质量极差，存在严重的空心现象且病虫危害严重，因此种子来源少，发芽率低，远远不能满足人工林栽培的需要，采取扦插育苗可快速获得大量的苗木，扩大沉水樟的种质数量。

（一）苗圃选择与整理

选地、整理、作床和实生苗生产相同，在苗床上铺 8～10 厘米厚过筛新鲜无菌黄心土（混合 1/3 的河沙），并搭设高 1.8 米的遮阳棚，用遮阳网进行遮阳，避免基质表面温度过高。

扦插前土壤须消毒，用 50% 多菌灵可湿性粉剂 500 倍液或 70% 甲基托布津可湿性粉剂 600 倍液喷淋。消毒后插床覆盖塑料薄膜密封，在扦插前 1 天揭开地膜，翻松基质透气，浇透水后备用。

（二）扦插

春插、夏插和秋插均可。春插时间为 3 月份，夏插在当年生春梢半木质化时的 5 月下旬至 6 月中旬，秋插为 10 月份。插穗宜选用 40 龄以下生长健壮的母树剪取一年生萌芽条，或 5 龄以下幼树的当年生枝条。插穗长 4～8 厘米，基部靠节位剪成光滑平口，保留一叶一芽。插穗剪好后，用 GGR6 号（俗称 ABT6 号）溶液（1 克 GGR6 号加水 10～20 公斤）浸条 2～12 小时。扦插在上午 10 时前下午 2 时后或阴天进行。扦插入土深为插穗的 1/2 至 2/3，株行距 5 厘米 ×20 厘米。

（三）插后管理

扦插后浇透水并搭盖拱形透明塑料薄膜，尽量使薄膜四周封闭，以保持膜内温、湿度。一般 35 天至 40 天开始愈合生根，期间注意浇水保湿，保持床内湿度 80% 以上即可。遮阴棚盖上 60% 遮光度的遮阳网，苗床温度控制在 28℃，平时注意观察，保持基质湿润。定期对苗床进行消毒，每 7～10 天消毒 1 次，用百菌清、甲基托布津、退菌特、多菌灵交替使用，防止病害产生抗性，提高药效。插后 3 个月每 15～20 天喷 0.3% 叶面肥 1 次。每隔 15 天除草 1 次，雨季布道开排水沟防积水。扦插苗生根后每隔半个月施 0.8% 过磷酸钙和 0.1% 尿素溶液。3 月和 7 月扦插 40 天后可拆除遮阴棚；60 天后，揭开苗床两端薄膜，待 3～5 天后，揭去全部薄膜，全光炼苗 25～30 天后出圃。10 月扦插要待翌年 3 月中旬方可揭去透明塑料薄膜。

四、苗木出圃与运输

11 月苗木停止生长，此时应进行苗木调查。1 年生苗高可达 80～100 厘米，苗径 0.8～1.1 厘米，当年苗木可出圃造林。起苗时如床面干燥，要提前 1～2 天灌溉，便于起挖。起苗中，要注意不伤顶芽，不撕裂根系。起苗后，立即进行苗木分级，合格苗可分别以 100 株扎成捆蘸泥浆包装。

2 天内运输的苗木，用塑料袋包裹根部；2 天以上运输的苗木，先在成捆苗木根部蘸泥浆或保湿剂，再用塑料袋包裹。批量芽苗运输用带通风孔及抗压的容器包装，注意温湿条件。运输前应在苗木上挂上标签，注明树种和数量。运到目的地后，要逐梱抬下，不可推卸下车。对卸后的苗木要立即将苗包打开进行假植，过干时适当浇水或浸水，再行假植。

第三节　栽培技术

一、立地选择

沉水樟对立地条件要求较高，造林地宜选择土层深1米以上、有机质含量丰富的山地红壤和黄壤。

二、栽培模式

(一)纯林

沉水樟资源破坏严重，自然分布中未见有纯林。因此，在新造林中慎造纯林。

(二)混交林

沉水樟人工栽培较少，营建混交林的更少，目前比较成功的模式是改造杉木低产林，方法为将原来杉木林适当间伐，主要间伐对象是生长不良的、受压的、枯死的、有机械损伤的，并将所有杉木树的自然枯死枝条和叶子全部清除，并清理地面，然后用4米×4米株行距打大穴。

三、整地

(一)造林地清理

采伐迹地采伐剩余物多可以采用劈草清杂炼山清理，清理杂灌和采伐剩余物时应均匀铺于林地，利于控制火烧强度进行炼山，中等火烧强度炼山有利于土壤释放养分，促进林木生长；如采伐剩余物和杂灌不多、坡度较陡、林冠下套种的必须采用块状清理，或采取环山水平带清理，将挖穴位置清理干净即可。

(二)整地时间

秋冬垦挖、开穴。

(三)整地方式

大穴整地，株行距3米×4米或4米×4米；平缓地穴的规格为80厘米×80厘米×50厘米；坡地采用鱼鳞坑穴状整地，穴规格为70厘米×70厘米×40厘米。

(四)造林密度

造林密度为每公顷1500~2500株。

(五)基肥

根据各地情况而定，每穴可施厩肥10~15公斤或磷肥1公斤作基肥，施完基肥后回填表土。

四、栽植

(一)栽植季节

以冬至至立春时段为宜，选择阴天或小雨天造林。

(二)苗木选择、处理

选用一年生实生规格苗或一、二年生扦插合格苗。起苗宜在阴天进行，并适当修剪枝叶；实生苗应剪去过长的主根。长途运输时要注意保湿。栽植前，应先用钙镁磷或GGR6号溶液(1克GGR6号加水20公斤)拌泥浆蘸根。

(三)栽植

栽植深度以土面与苗的根颈处相平为宜。栽苗时将苗放入穴中扶正，边填土边摇动，以使土壤填满缝隙。栽后在干颈四周筑围土埂，以便栽后浇水。特别注意的是把苗木栽栽植时要略为深栽，舒展根系，分层踏实，然后覆松土，做好树窝。

五、林分抚育

(一) 幼林抚育

沉水樟幼林抚育对其幼林生长至关重要。在幼林郁闭前应加强抚育，造林后 3 年每年都要及时松土除草 2 次，并及时除去多余的萌芽枝，造林后第 4、5 年要进行劈草抚育，林分郁闭后结合林木生长状况，进行适当的修枝和适时间伐，促进主干生长。

(二) 施追肥

施肥与松土、除草同时进行，每公顷施 150 公斤氮肥和 300 公斤磷肥。不必施 K 肥。

(三) 病虫害防治

由于人工林较少，除苗期的常见病虫危害外，成林未发现有严重的病虫危害。

六、轮伐期的确定

沉水樟生长较快，25 年即可采伐。如果培养大径材则以轮伐期为 40 年以上。

第三十一章　刨花楠

第一节　树种概述

刨花楠 *Machilus pauhoi* 又名刨花润楠、香粉树、刨花树、竹叶楠，属于樟科润楠属常绿大乔木，分布于长江流域。生长迅速，树高可达20米左右，干形圆满通直，材质优良，用途广泛，可作胶合板材、装饰单板材、木浆原材料，是珍贵用材造林树种；其花穗大，树冠浓密，枝叶翠绿，树形美观，嫩叶嫩枝呈粉红色或红棕色，亦是优良庭院观赏绿化树种。

一、木材特性及利用

（一）木材材性

刨花楠出材量大，边材易腐，心材较坚实，稍带红色，结构细密，硬度适中，刨面较光滑，弦切面的纹理美观，为散孔材，木射线纤细。

（二）木材利用

木材供建筑、加工家具、胶合板、细木工用材及室内装修。木材具胶质，可作为粘合剂与其他原料混合使用。木材刨成薄片，叫“刨花”，浸水中可产生黏液，加入石灰水中，用于粉刷墙壁，能增加石灰的黏着力，不易脱落，并可用于制纸。

（三）其他用途

种子含油脂，可制造蜡烛和肥皂。木材可加工成香粉，是制作蚊香和熏香的上好材料，熏香粉原料远销东南亚各国。

二、生物学特性及环境要求

（一）形态特征

乔木，高可达20米，直径达30厘米，树皮灰褐色，有浅裂。小枝绿带褐色，干时常带黑色，无毛或新枝基部有浅棕色小柔毛。顶芽球形至近卵形，随着新枝萌发，渐多少呈竹笋形，鳞片密被棕色或黄棕色小柔毛。叶常集生小枝梢端，椭圆形或狭椭圆形，间或倒披针形，长7~17厘米，宽2~5厘米，先端渐尖或尾状渐尖，尖头稍钝，基部楔形，革质，上面深绿色，无毛，下面浅绿色，嫩时除中脉和侧脉外密被灰黄色贴伏绢毛，老时仍被贴伏小绢毛，中脉上面凹下，下面明显突起，侧脉纤细，每边12~17条，小脉很纤细，结成密网状；叶柄长1.2~2.5厘米。聚伞状圆锥花序生当年生枝下部，约与叶近等长，有微小柔毛，疏花，约在中部或上端分枝；花梗纤细，长8~13毫米；花被裂片卵状披针形，长约6毫米，先端钝，两面都有小柔毛；雄蕊无毛，第三轮雄蕊的腺体有柄，退化雄蕊约和腺体等长，长约1.5毫米，子房无毛，近球形，花柱较子房长，柱头小，头状。果球形，直径约1厘米，熟时黑色。花期4月，果熟期7月。

（二）分布

分布在浙江、江西、福建、广东、广西、湖南等地，多生于海拔800米以下的丘陵、低山区中的沟谷、山洼、山坡下部土壤肥沃、湿润的立地。

(三)生态学特性

刨花楠为深根性偏阴树种，幼年喜荫耐湿，幼苗生长缓慢，中年喜光喜湿，生长迅速。适应性强，海拔800米以下的土层深厚的山地黄壤都适宜其生长，特别是疏松、湿润、肥沃、排水良好的山脚、山沟边生长更快。

(四)环境要求

刨花楠喜湿耐阴，宜海拔800米以下，土层深厚、疏松、肥沃、湿润及排水良好的山坡和山谷，以中性或微酸性的土壤为好。

第二节　苗木培育

一、良种选择与应用

选择优良种源如江西省安福县谷源山林场、江西省遂川县大坑乡、浙江省建德县建德林场的刨花楠种源进行采种育苗，可提高造林增益。

二、播种育苗

(一)种子采集与处理

选择20～40年生，胸径20～40厘米的生长健壮的优良母树待7月下旬果皮由青转蓝黑色，核果即将成熟时立即采种。用采种布平铺树冠下，上树用竹竿击落，或用钩刀、高枝剪剪采果枝。果实收后，清除枝叶和青果，堆沤1～2天，将果置入竹箩内，用脚踩擦掉肉质的外果皮，再浸入清水中漂洗干净，由于采种季节正值盛夏，气温高，种子难以贮藏，待种壳水迹消失后应尽快播种。出籽率50%，种子千粒重为300～330克，发芽率75%～90%，1公斤约3350粒。

(二)选苗圃及施基肥

育苗圃地应该选择有水源、日照时间较短的山垄田或在避风的林间空地中，以土壤疏松、肥沃及排水良好的砂质壤土或壤土为好。育苗地应精耕细耙，播种前一个月每公顷可用375～450公斤石灰进行土壤消毒，并用900～1500公斤复合肥作基肥。育苗地四周开好排水沟，确保大雨后能及时排水。苗床高20厘米，宽度1米。

(三)播种育苗与管理

刨花楠种子无休眠期。种子采集处理正值高温时期，在高湿的状况下，种子7～10天就会发芽。在通常情况下，种子不宜贮藏，应随采随播。播种采用条播的方式，条距25～30厘米。播种前，用35℃温水浸种24小时，以促进发芽整齐，提前出土。播种后覆一层2～3厘米厚的土。每公顷播种量为150～180公斤。为保持苗床土壤湿润疏松，播种后及时盖芭茅或稻草。

随采随播的季节正值盛夏，气温高，阳光强，幼苗茎叶极易灼伤，播种后应立即搭好遮阴棚，棚高80～100厘米，透光度50%的遮阳网遮阴，9月中下旬拆去荫棚。在林间育苗的，可以不搭荫棚和暖棚，省工、省料、省成本。

播种后7～15天种子陆续开始发芽出土，此时每天傍晚应浇水1次，保持土壤湿润疏松。待70%的种子发芽出土后，可分2次揭草。幼苗出土后，每隔3～5天浇水1次。

8月是幼苗生长的初期，可将尿素配成0.5%的溶液浇施2次，促进幼苗生长。9月中下旬可适量追施钾肥，以促进苗木木质化，使幼苗安全过冬。入秋后，最好每星期喷施0.5%～1.0%硼砂一次。

7月播种的，越冬时苗木较小。因此到11月初，在早霜到来之前要搭好暖棚，以防早霜寒流袭击。如遇强寒潮、霜冻、大雪，要在幼苗上加盖稻草等物，防止苗木遭受冻害。

刨花楠幼苗期生长缓慢，当年生苗高只有10～15厘米，根径0.2～0.3厘米，每公顷产苗量60万株。翌年需要留床或移植一年后，才能上山造林。

三、扦插育苗

(一)圃地选择

育苗圃地应该选择有水源、日照时间较短的山垄田，以土壤疏松肥沃及排水良好的砂质壤土或壤土为好。扦插苗床土壤用黄心土，厚度为15～20厘米。扦插前一周用75%敌克松1000倍液对黄心土进行消毒。

(二)插条采集与处理

插穗的采集是在3月初刨花楠尚未萌动前，选用1年生木质化枝条(硬枝扦插)，或6月上中旬选当年生半木质枝条做插穗(嫩枝扦插)。插穗必须是生长健壮，芽饱满，无病虫害，长度10～15厘米。剪插穗必须在阴凉处进行，并立即置入有水的盆中，插穗上保留1～2片叶子。

(三)扦插时间与要求

扦插时间一般在3月初或6月上中旬。扦插育苗时，扦插的株行距10～20厘米，插穗入土1/2，插后随即压实土壤，是插穗下切口与土壤紧密接触，再浇透水，并于当天用竹片拱成50厘米高的拱棚，用塑料薄膜封盖，拱棚上方搭上阴棚。

(四)插后管理

扦插过后，每隔10～15天打开薄膜浇1次透水，然后再封盖。硬枝扦插80～90天生根；嫩枝扦插60～70天生根。待插穗大部分生根时，可去掉薄膜，扦插成活率一般可达80%。

四、轻基质容器育苗

(一)轻基质的配制

选择树皮、锯末为基质原料。将收集的树皮经晒干、粉碎、过筛后堆沤。堆沤时加入氮肥(每立方1公斤)、磷肥(每立方1.5公斤)拌匀，浇透水。在堆沤过程中翻堆2～3次，堆放半年以上方可使用。通过对不同基质的对比试验，大多数研究者认为按体积比为:树皮粉:锯末:碳化锯末=6:3:1或5:3:2，将配置好的基质用搅拌筛分机进行混合拌匀。

(二)容器的规格及材质

采用半降解无纺纤维作为育苗容器制作材料。把拌匀的基质放入网袋制作机，进行灌装，容器口径为4.5厘米，用0.15%的高锰酸钾溶液浸泡12小时以上，切成10厘米长的小段，装入塑料托盘，运至苗圃，摆放整齐备用。

(三)圃地准备

圃地位置应选择通风良好、光照充足、交通及排灌方便的平坦地区。对圃地要进行深耕细耙，同时施入腐熟农家肥1～2公斤/平方米，捡净草根石块，地面要求平整。然后作床，床面高度以轻基质容器土面高于步道5～10厘米为宜。苗床宽1.0～1.2米，长度不限，床与床之间的步道宽度35～40厘米，苗床四周步道要互通，便于排水与作业。苗床做好再施用与生黄土拌匀的硫酸亚铁对苗床进行土壤消毒，用量为10克/平方米。

(四)容器袋进床

将发酵、消毒后的轻基质分别装填到容器内，必须填实，距离容器上口缘保留约0.5～1.0厘米空间。将装填好的容器呈“品”字形整齐排列到苗床上，容器之间相互挤紧，中间空隙用细沙土填平。四周用泥土堆起与容器平齐，最后使用喷灌系统均匀地对容器洒水，浇透为宜。

(五) 种子处理

播种时选用籽粒饱满、没有残缺或畸形、没有病虫害的种子。需催芽处理，播种前用千分之三的高锰酸钾对种子消毒，然后用40℃温水浸种2天催芽，可促进种子发芽齐整。

(六) 播种与芽苗移栽

种子用800倍的多菌灵进行浸种消毒，密播于温室沙床中催芽，保持沙床温暖湿润。当芽苗高约5厘米左右，且长出2~3片真叶时，可陆续将芽苗移植到轻基质网袋容器内。移栽前一天，需将容器基质淋透。移栽时把芽苗淋透，然后用竹签将芽苗轻轻挑起，放置保湿的托盘内。用竹签在容器中间打一个小孔，孔的深度与芽苗根系长度基本一致，将芽苗小心地插入小孔中，再用竹签在芽苗旁边轻轻插入并挤压，使芽苗与基质充分接触，淋透水，再盖上遮阳网和防雨网。气温低时，注意防寒保暖。

(七) 苗期管理

1. 病害、鸟兽危害防治

播种后7~10天开始发芽，视天气情况在一个月内逐渐撤去稻草。种子发芽前后要防止鸟兽危害。苗木出齐后喷一次500~600倍液多菌灵或800倍液退菌特，以后每隔10~15天喷药一次共4~5次，严防苗木猝倒病和立枯病的发生。

2. 间苗补苗及水肥管理

苗期要由专人看管，经常保持苗床湿润，及时除去杂草。每个容器内保留1~2株健壮苗，其余间苗补缺。夏季6月初至7月中旬可进行根外追肥2次，第一次用尿素(浓度0.2%~0.3%)，第二次用磷酸二氢钾(浓度0.2%)。

五、苗木出圃与处理

刨花楠通常采用1.5年生苗木造林。合格苗的标准苗高60厘米以上，地径0.8厘米以上。育苗地苗木产量为15万~18万株/公顷。刨花楠不适于秋冬造林，造林时间宜在苗木萌动前10~15天，起苗应与造林时间紧密结合。起苗时间应选择阴天或小雨天、不刮大风时进行，挖苗要尽量少伤根系，保留有较多的侧须根，起苗后要及时修剪枝条和过长的根系，摘除全部叶子。运输时根系要用湿稻草包扎，切忌苗根风吹日晒，苗木运到栽植地后要及时栽植。

第三节　栽培技术

一、立地选择

刨花楠喜湿耐阴，对林地的立地条件要求较高，要避免过于干燥瘠薄的土壤，造林地应选择海拔800米以下，土层深厚、疏松、肥沃、湿润及排水良好的山坡和山谷，以中性或微酸性的土壤为好。

二、整地

(一) 整地方式

造林整地宜在秋季开始。在对造林地全面清理的基础上，采用块状或带状整地。栽植穴，穴规格为50厘米见方，深40厘米。栽植穴挖好后，做到表土填入穴底，每穴施复合肥0.2公斤，肥料与土壤充分拌匀。

(二) 造林密度

营造纯林，株行距为2米×3米，或2米×2米，或2.5米×3.0米，每公顷栽植1650株，或2505株，或1320株。混交林，以1行∶3~4行的带混交为宜。

三、栽植

（一）栽植季节

适宜在幼树萌动前10~15天（2月下旬至3月初），不宜过早。成活率可达95%以上。严寒干燥的天气或幼树萌动后均不宜造林。造林最好在阴天或小雨天进行。

（二）苗木选择、处理

造林选用1.5年生的壮苗，7~8月播种培育的幼苗，当年苗高只有10~15厘米，不宜造林。要求苗高达到60厘米以上，地径1~1.5厘米，顶芽健壮饱满，根系发达。苗木栽植前适当修剪枝条和过长的根系，摘除所有叶子。做到随起苗，随打泥浆随造林。泥浆中加入30%~50%钙镁磷肥。忌苗根风吹日晒。栽植时要根舒、苗正，分层踩实土壤，比原圃地土壤深栽2~3厘米。

四、林分管抚

（一）幼林抚育

造林后的当年要及时抚育，防止杂草与苗木争肥。前3年，加强抚育管理，每年全面砍杂灌，扩穴松土2次，并适当施肥。以后每年抚育时要注意修枝整形，培养干形。春季抚育可在生长高峰到来之前的4~5月，第二次抚育可安排在高温过后的9月，高温期间抚育，因为幼树生长环境变化剧烈，会对幼树造成伤害。

（二）间伐

刨花楠纯林造林，5~6年后林分逐渐郁闭。当郁闭度达0.8时，林木分化明显，应适时进行第一次间伐，12年生时再间伐一次。培育中径材的林分每公顷保留1200~1500株；培育大径材的林分最后每公顷保留900株为宜。与杉木混交的，树种间矛盾随着林龄增长而趋明显，应及时对杉木进行抚育间伐，保证刨花楠树冠有充足的营养空间，在混交林中始终处于优势地位。

（三）病虫害防治

（1）炭疽病：开始时出现在老叶的叶尖和叶的边缘。从5月份到7月份，每半月喷1%波尔多液一次。待发病时，每隔7天喷50%代森锌500倍液，连续喷3次。

（2）卷叶蛾：以幼虫吐丝卷缩新萌发的嫩叶，躲在叶苞内咬食叶片。应掌握好幼虫的孵化期，在卷叶前进行喷药。药剂可用80%敌敌畏乳剂1000倍液，90%敌百虫600倍液，如果已经卷合成苞，则人工摘除虫苞并将其烧毁。成虫有趋光性，可用黑光灯诱杀。

第三十二章　闽楠

第一节　树种概述

闽楠 *Phoebe bournei* 又名兴安楠木、楠木、竹叶楠，樟科楠属常绿大乔木。国务院1999年8月4日批准其为国家Ⅱ级重点保护野生植物。闽楠素以材质优良而闻名，其干形通直，木材致密坚韧，芳香耐久，纹理美观，用作高档用材，为中国珍贵用材树种，具有很高的经济、生态和观赏价值。闽楠树形优美，枝叶繁茂，叶稠密、常年翠绿不凋，且一年抽梢三次，嫩叶紫红色，可做优良的行道树、遮阴树或风景树，是理想的园林绿化树种。此外，闽楠林还具有良好的防风、固沙和防火效能，可用于营造防护林带。随着对闽楠树种生物和生态学特性研究的不断深入，更多的生态和社会功能将被开发出来。

一、木材特性及利用

(一) 木材材性

材质致密坚韧，木材呈淡黄色而有香气，耐腐而不易反翘开裂，加工容易，削面光滑，纹理美观。

(二) 木材利用

为上等建筑、栋梁、工艺雕刻及造船之良材。亦用于制作高档牌匾，贵重桌椅、床、箱柜等。在古老的建筑中，如北京十三陵有两人合抱的楠木柱，经久不腐。武夷山白岩的楠木船棺，其年代距今已有3000多年，仍保存完好不朽。

(三) 其他用途

树皮、枝叶具有散寒化浊、利水消肿功效，可治吐泻转筋，水肿。木材和枝叶含芳香油，蒸馏可得楠木油，是高级香料。

二、生物学特性及环境要求

(一) 形态特征

常绿大乔木，高达40余米，胸径达2.5米，树干端直，树冠浓密，树皮淡黄色，呈片状剥落。小枝有柔毛或近无毛，冬芽被灰褐色柔毛。叶革质，披针形或倒披针形，长7～13(15)厘米，宽2～4厘米，先端渐尖或长渐尖。基部渐窄或楔形，下面被短柔毛，脉上被长柔毛，中脉于叶面凹下，在叶背凸起；侧脉10～14对，网脉致密，在下面呈明显的网格状；叶柄长0.5～2.0厘米。圆锥花序生于新枝中下部叶腋，4.3～7(10)厘米，紧缩不开展，被毛。果椭圆形或长圆形，长1.1～1.5厘米，径6～7毫米；宿存花被裂片紧贴果基部。4、5月开花，10～11月果熟。

(二) 生长规律

闽楠幼年阶段，一年形成3次顶芽，抽3次新梢，即冬芽—春梢—夏梢、秋芽—秋梢。冬芽一般在9月底10月初形成，翌年2月下旬抽春梢、春梢生长缓慢，夏梢和秋梢生长快，6月中旬前后夏梢生长最快，为全年高生长的高峰期，8～9月间抽秋梢，出现高生长的第2个高峰，两个高峰期生长量占全年高生长的70%以上。胸径生长期主要在5～11月，以6～9月为最快，占全年生长量的

70%～90%。

根据解析资料，一般天然闽楠，初期生长缓慢，20年生树高和胸径的生长量仅为5.6米和4.1厘米，树高生长50～60年最快，胸径70～90年生长最快，材积60～90年最快。60～95年间的材积生长量占材积总生长量的89%，表明闽楠具有后期生长快的特性。

但人工林的初期生长明显比天然林快，13年生人工林的胸径、树高、材积的处生长量是20年生天然林的3倍、2.3倍和7.1倍。根据来舟林场解析木材料：107年生的天然闽楠，树高25.3米，胸径50厘米，单株材积2立方米。28年生人工楠木树高16米，胸径直径20.7厘米。4～5年生进入树高、胸径速生阶段，树高速生期持续到16年左右，胸径速生期持续到20年生。

（三）分布

闽楠为中国特有植物，产于江西、福建、浙江南部、广东、广西北部及东北部、湖南、湖北、贵州。多生于海拔1000米以下的常绿阔叶林中。

（四）生态学特性

闽楠分布于中亚热带常绿阔叶林地带，分布区气候温暖湿润，春季多雨，年均温17～21℃，1月均温5～11℃，年降水量为1000～1200毫米。表土层深厚肥沃，排水良好，中性或微酸性的沙壤、红壤或黄壤。常与青冈 *Cyclobalanopsis glauca*、丝栗栲 *Castanopsis fargesii*、米槠 *Castanopsis carlesii*、红楠 *machilus thunbergii*、木荷 *Schima superba* 等混生。为耐阴性树种，在不过分荫蔽的林下幼苗幼树常见，林下更新能力强。深根性树种，根部有较强的萌生力。寿命长，病虫害少，能生长成大径材。

（五）环境要求

楠木对立地要求严格，适宜生长在气候温暖湿润、云雾较多、相对湿度大、土壤肥沃的地方，特别是山谷、山洼、阴坡下部及河边台地。要求土层深厚、腐殖质含量高、排水良好、土质疏松、湿润，富含有机质的中性或微酸壤土或沙壤土，立地质量等级在Ⅱ级以上。

第二节　苗木培育

一、良种选择与应用

尽量选择优良种源、优良林分或优良单株的种子进行苗木繁育和造林。

二、播种育苗

（一）种子采集与处理

闽楠种子在11月下旬成熟（小雪前后），当果实由青转变为蓝黑色时，即可抓紧采集，宜选20年生以上健壮母树采种，用钩刀、高枝剪采果枝或用竹竿击落收集种子。采回后，将果实放在竹箩内用脚或手搓擦去果皮，放在清水中，漂洗干净，置于通风室内阴干，待种壳水迹消失后，即或贮藏。果实出籽率40%～50%，种子失水后易丧失发芽力，故多采用湿润河沙分层贮藏，沙子含水量5%左右，沙子过干，种子失水，种皮开裂，导致子叶发霉，丧失发芽力。如需催芽播种，可贮藏在温度较高或有阳光照射的地方，立春前后种子开始大量萌动，播种后可提早数天发芽。

（二）选苗圃及施基肥

闽楠耐阴，忌强光，育苗宜选择日照时间较短、排灌方便，肥沃湿润的圃地，土壤以沙壤土或壤土为好。土质黏重，排水不良，冬季冷空气易汇集的低洼地，不宜作育苗地。圃地要进行三犁三耙，精耕细作，苗床为高床，床面高20厘米，床面宽1米。在山垄田育苗，要深开排水沟，中沟、边沟宽40厘米，深35厘米。整地时要施足基肥。每公顷施猪牛栏粪22500公斤，菜枯饼1500公斤。在耕耙地时把肥料均匀翻入耕作层中。

(三)播种育苗与管理

播种时间以元月下旬至2月。

一般用条播，行间距离20～25厘米，每公顷播种180～225公斤。播后用黄心土、火烧土覆盖，厚度为1.5～2.0厘米。播种后苗床用稻草覆盖，以保持苗床湿润疏松，利于种子的萌发，提高种子发芽率和整齐度。种子发芽出土达60%～70%时，阴天或小雨天分两次揭除稻草。幼苗生长期间，要加强抚育管理，及时除草松土。为防止强光高温对幼苗造成伤害，在灌溉条件较差的地方，在5月份开始搭荫棚，荫棚高度1～1.2米，用透光度40%～50%的遮阳网遮盖。晴天上午9点以前，下午4点以后可打开遮阳网让苗木受光，促进生长和增强抗性。到9月初可撤除荫棚。

5月中旬至7月初进行间苗和定苗，间除生长不良、病虫危害、过密的幼苗，间苗后及时浇水，每公顷定苗量为30万～37.5万株。8～9月是苗木的速生期，在此期间，加大灌溉量，使苗木根系分布层经常处于湿润状态。7～8月每隔20天追施1次复合肥，开沟施肥，用土覆盖，每公顷每次施肥量105～120公斤。9月中下旬追施氯化钾肥，以促进苗木木质化，增强苗木越冬抗寒能力。据研究可知，闽楠苗期需氮肥100～150毫克/株，磷肥22.5～30毫克/株。1年生苗高达30～40厘米，地径0.4～0.5厘米，即可出圃造林或移栽培育绿化大苗。

三、扦插育苗

(一)圃地选择

扦插圃要求排灌方便，土壤肥沃、疏松、呈微酸性。将苗圃进行深耕25厘米、整细、除去杂物，结合整地按每公顷施生石灰750公斤撒在地面进行土壤消毒，结合开厢按每公顷施钙镁磷肥750公斤和复合肥1500公斤作基肥。以120厘米宽开厢，东西向，厢沟宽25厘米，厢沟深20厘米，其余围沟、腰沟依次渐深，苗床上铺一层厚4～5厘米的过筛干净未耕种过的无菌黄心土，苗床做好后，搭设高1.8厘米左右的遮阳棚，用遮阳网进行遮阳，要求遮阳网的透光度为50%左右，避免基质表面温度过高。

(二)插条采集与处理

扦插插穗可采自一年或两年生实生苗的当年生嫩枝，制穗长度为8～10厘米，插穗上部留3片1/2叶片，每片叶保留1/2面积，插穗口上切口为平口，下端斜切且尽量靠近叶结处。插穗制好后放入0.3%的多菌灵水溶液消毒1分钟，取出后用蒸馏水冲洗干净。采用直插法，将插穗浸入100毫克/公斤的GGR生根剂中大概10秒，浸泡长度为插穗长度的1/2，然后以纯黄心土作为扦插基质进行扦插。

闽楠插条扦插生根有皮部生根和愈伤组织生根两种生根类型，但以皮部生根类型为主，少数无性系则属两种生根混合类型。

(三)扦插时间与要求

闽楠嫩枝以4月份扦插插穗生根效果最佳。

(四)插后管理

插后管理主要有：一是覆膜保湿。插后及时浇透水，使插穗与土壤密接，插完一垅应及时覆膜，其方法是：用约2厘米宽的光滑竹片两头插入苗床两侧其中间成拱形，中间高50厘米，其上覆盖无色透明地膜，用土压膜边，使苗床处于全封闭中。遮阳棚上盖遮阳网，扦插苗处在高温高湿的环境中，利于插穗生根。二是喷药防菌、灭菌。主要药品有多菌灵、甲基托布津、代森锰锌，进行轮流喷洒，防止霉变发生，浓度为800～1000倍液，在扦插后覆膜前喷一次，以后视情况喷撒。三是拆棚与揭膜。揭膜时先打开拱膜两端，让其自然通风3～5天后，再揭膜。

四、轻基质容器育苗

(一)轻基质的配制

营养土要避免用带病菌的材料，在移栽芽苗前半月配制好营养土。苗喜酸性土壤，中性土壤也能生长正常，营养土中火土灰用量不能过多，以免影响幼苗生长。容器营养土基质，即过磷酸钙: 火土灰: 黄心土 =3: 27: 70。

(二)容器的规格及材质

容器可采用无纺布网袋。轻基质配制好后，由容器机自动灌装形成圆筒肠状无纺布容器带，口径为4.5～4.8 厘米，再切割成长度为8 厘米的容器育苗袋。

(三)圃地准备

选择地形平缓、排水良好、交通方便的背风半阴坡地作为育苗场地。播种床土质以沙壤土为主，占60%～70%，火烧土占30%～40%，播种前用0.5%的高锰酸钾溶液进行土壤消毒，然后晾晒数日。苗床土壤要达到疏松、细碎、平整、无树根、无石块等要求。床面一般宽100～120 厘米，高15～20 厘米，长度视地形而定。

(四)容器袋进床

将容器袋直接摆上苗床，容器袋之间要紧贴，靠苗床边最外一排容器的侧壁要用土培上，以免水分蒸发太快，增加管理难度。由于网袋容器具有透水、透气、透根的特点，当容器紧贴摆放时水分可以互相渗透，而且容器的底部也可以从土壤中直接吸收水分和营养，从而降低了管理难度，因此用这种方法摆放的容器苗，在根系没长出容器之前，可用所熟悉的裸根苗的管理方法进行管理。当根系从容器侧壁长出时，可利用空气断根或通过移动位置来断根，当容器底部的根系长到苗床土里时，也可以用传统的机械断根法切断底根。

(五)种子处理

播种时依据当地气候和造林季节以及对苗木规格需求来确定。种子成熟后及时采收，将其外种皮洗净后用润砂分层贮藏待用。播种前种子要经过精选、检验、再催芽。催芽方法：播种前用60℃温水加高锰酸钾消毒15 分钟，再用清水清洗2 次后浸泡24 小时；要先将水倒入器皿内，然后边倒种子边搅拌，水面要高出种子10 厘米以上；期间换水1～2 次，防止种子霉烂；种皮吸水膨胀后，捞出摊于器皿中，常温下晾干至不黏粒后即可播种。

(六)播种与芽苗移栽

1. 播种

播种圃地尽量选择地形平缓、排水良好、交通方便的地方。播种方式为条播，条距30 厘米，播种沟深5 厘米，将种子分颗粒播于沟内。

播种时将种子均匀撒播于苗床上，播种量约100～150 粒/平方米，随后用过筛的火烧土或黄心土覆盖种子，厚度以不见种子为宜，覆土后再盖稻草。播种后用稻谷壳覆盖床面，然后在覆盖物上喷洒800 倍多菌灵液杀菌消毒。早晚淋水，保持苗床适当湿润，以促进种子发芽。播种后约15 天，种子先后发芽出土，待70%种子出土后，分次揭去稻草，每隔3～5 天揭去1/3，直至完全揭去稻草。

2. 芽苗移栽

当子叶完全展开转绿，真叶开始长出(种子发芽后20～30 天)时可移栽至网袋容器。晴天移植应在早、晚进行。同一批次的种子，分早、中、晚3 批发芽，长出的苗高、径粗不一，因此苗木移植的时候亦要按照不同规格进行分批移植。移植前将培育芽苗的沙床浇透水，轻拔芽苗放入盛清水的盆内，用湿透的毛巾盖好备用；移苗时用事先准备好的小竹签在移植点上垂直插一小洞，深度以芽根植入不露白根为宜，放入芽苗后再用竹签在原洞旁2 厘米处斜插一签，略深于原洞，将竹签向芽苗方向挤压使苗根与基质密接。移植后随即浇透水，1 周内要坚持每天早、晚浇水，并用遮阳网遮阴。苗木移栽时最好将苗木的主根切除 1/3 以上；并用生根壮苗剂 1000 倍液喷施苗木。

3. 苗期管理

移苗后需保持基质湿润，一般早、晚各淋水 1 次，视天气情况适当增减淋水次数。当出现初生叶，进入速生期前开始追肥。追肥结合浇水进行，用按一定比例的氮、磷、钾混合肥料，配成 1/300 ~ 1/200 浓度的水溶液施用，前期浓度不能过大，严禁干施化肥，根外追氮肥浓度为 0.1% ~0.2%。根据苗木各个发育时期的要求，不断调整氮、磷、钾的比例和施用量，速生期以氮肥为主，生长后期停止使用氮肥，适当增加磷、钾肥，促使苗木木质化，提高苗木抗性和造林成活率。追肥宜在傍晚进行，严禁在午间高温时施肥，追肥后要及时用清水冲洗幼苗叶片。

闽楠幼苗主要虫害有蛀梢象鼻虫和鳞毛叶甲，可在 3 月份成虫产卵期及 5 月中下旬成虫盛发期用 621 烟剂熏杀成虫，每公顷用药 120 公斤，并在 4 月上旬用 40% 乐果乳剂 400 ~ 600 倍液喷洒新梢，可杀死梢中幼虫。

（七）苗木出圃与处理

空气修根是轻基质网袋育苗壮苗至关重要的措施之一。在苗高 15 厘米以上时，密切观察苗木侧根生长状况。当发现侧根穿出容器时，要对苗木进行空气修根，即适当减少浇水次数，移动容器苗使其产生间隙，当干燥空气从容器空隙间流过时，从容器壁长出的幼嫩的根尖萎蔫干枯，达到空气修根的目的，可促进侧根的生长。经过 1 ~ 2 次空气断根处理，容器基质里面的侧根成级数增加，根系发育均匀、平衡，并和基质交织在一起形成网络状的富有弹性的根团，使容器不易破碎，入土后根系可爆发性生长，实现幼苗入土后的快速生长，移栽成活率高。

出圃前 1 个月减少淋水次数和淋水量，提高苗木的木质化程度，增强抗病虫害的能力。

五、富根苗培育技术

湖南对闽楠富根苗培育技术做了系统研究，提出了闽楠富根苗培育核心技术。

（1）掌握了闽楠无性繁殖生根规律，提出了闽楠扦插繁殖关键技术最佳组合。闽楠插条扦插生根有皮部生根和愈伤组织生根两种生根类型，但以皮部生根类型为主，少数无性系则属两种生根混合类型。选出了生根率达 80% 以上的 3 个优株：B03、B02、B08；闽楠嫩枝扦插单株间生根率有显著差异，变幅为 91.8% ~45.5%；筛选出了 GGR 生根剂处理穗条的最佳浓度，即 100 毫克/公斤的 GGR 生根剂处理穗条效果最佳；筛选出了最佳扦插基质，即以纯黄心土作为扦插基质，筛选出了生根壮苗剂 1000 倍液喷施苗木，可使苗木侧根数量比对照增加 50% 以上、侧根长度比对照增长 20% 以上，苗木高生长比对照增加 30% 以上、苗木地径生长比对照增加 20% 以上，成为生长优良的扦插富根壮苗。

（2）提出了闽楠大田播种育苗及其富根壮苗培育技术规程，探讨了闽楠大田播种富根苗培育核心技术。用专用工具在苗床 10 厘米深处对苗木进行切根（苗床切根，其切除根长不小于 1/3，有利于苗木根系生长），并筛选出了生根壮苗剂 1000 倍液喷施苗木，可使苗木侧根数量比对照增加 50% 以上、侧根长度比对照增长 20% 以上，苗木高生长比对照增加 30% 以上、苗木地径生长比对照增加 20% 以上，成为生长优良的富根壮苗，缩短苗木培育周期 1 年且显著提高苗木质量和造林成活率。

（3）提出了容器苗富根苗培育核心技术。筛选出了最佳容器营养土基质，即过磷酸钙∶火土灰∶黄心土 =3∶27∶70，用时过筛，除去块状物，使土肥混合均匀。苗喜酸性土壤，中性土壤也能生长正常，营养土中火土灰用量不能过多，以免影响幼苗生长。苗木移栽时将苗木的主根切除 1/3 以上；并筛选出了生根壮苗剂 1000 倍液喷施苗木，可使苗木侧根数量比对照增加 50% 以上、侧根长度比对照增长 20% 以上，苗木高生长比对照增加 30% 以上、苗木地径生长比对照增加 20% 以上，生长成根系发达的富根壮苗，缩短苗木培育周期 1 年且显著提高苗木质量。

第三节　栽培技术

一、立地选择

闽楠对立地条件要求较高，应选择海拔800米以下的低山、丘岗、台地和平原，由花岗岩、板页岩、砂砾岩和红色黏土类等发育的红壤、黄壤，坡度为斜坡、缓坡、平坡，坡向以东、北、东北、西北及无坡之地为最好，坡位以山坡的中下部、山谷、山洼的土层深厚肥沃地带，腐殖质层厚度以中至厚为最好，土壤厚度以中至厚为最好，土壤质地以沙土、沙壤土和轻壤土最合造，立地条件以肥沃型和中等肥沃型合适，土壤酸碱度应在5~6.5之间。极端最低温~15℃。

二、栽培模式

(一)纯林

闽楠纯林林相整齐，生长较稳定。从闽楠总体人工林生长情况来看，只要调控好闽楠纯林的林分密度，选择好的立地，闽楠纯林的经营效果还是较好的，可以采用营造闽楠纯林。

(二)混交林

闽楠幼年耐阴，通过营造混交林方式可提高造林成活率和促进幼林生长。通常认为，在土层深厚，肥沃湿润的造林地，宜用杉木与楠木混交，混交比例为1:3~4，行带状混交，林分郁闭时，通过适时间伐杉木，确保楠木成林成材。

闽楠和杉木混交，不适合同年造林，杉木比例不宜过大，一般控制楠杉比例为4~6:1为宜。闽楠与杉木混交可明显促进闽楠的胸径和树高生长，且对冠幅、树干通直度和圆满度无明显不利影响，杉木可作为闽楠的优选混交树种。吴载璋对闽楠与杉木混交林生长效应进行了研究，认为闽楠与杉木混交对闽楠生长有促进作用，闽楠混交林生长明显优于闽楠纯林。邱盛棵报道，闽楠与马尾松混交长势较好，明显优于其他混交类型。

据福建资料报道，楠木还可与檫树、樟树及壳斗科树种混交造林，效果良好。

三、整地

1. 造林地清理

对于荒地、皆伐作业等类似之地，先将地中的树枝、树叶和杂草进行清理和集中，然后选择无风的天气、放到迹地的中央、并在有人看护的前提下进行集中烧毁。在清理过程中，必须保留生长好的乔木树种的幼苗和幼树；对于低产林改造、森林恢复、森林重建、优材更替中的造林之地，只清理需要栽树周围的杂草、枯枝以及影响其生长的霸王树枝。

2. 整地时间

整地时间为冬季或造林前，以冬季最好。

3. 整地方式

全垦加大穴或穴垦。对于荒地、皆伐作业等类似之地，适宜全垦加大穴的整地方式，造林后实行林粮间作，全垦厚度不少于40厘米，穴的规格以长40厘米×宽40厘米×深40厘米为好；在低产林改造、森林恢复、森林重建、优材更替中的造林之地，采用穴垦整地，穴的规格为50厘米×50厘米×50厘米。当然，穴的大小主要决定于土壤的松紧度，如果土壤较紧，且石砾多，穴的规格应更大一些，反之，则可以小一些。有条件的地方穴的规格可适当加大一些。

4. 造林密度

对于全垦整地的造林密度宜3米×3米；对于采用穴状整地的低产林改造之地，每公顷宜栽600~

900 株。闽楠幼年期生长较慢，冠幅也较窄，纯林初植密度可适当加大，株行距 2 米 ×2 米或 2 米 ×1.5 米，每公顷 2505 株或 3300 株为宜。

5. 基肥

为促进闽楠造林后幼树的生长，每穴可施磷肥 0.5 公斤，每穴施复合肥 0.25 公斤。

四、栽植

1. 栽植季节

“雨水”前后幼树萌动前，选择阴天或小雨天造林。2 月至 3 月上旬，以闽楠的芽还未萌动之前栽植为最好。

2. 苗木选择、处理

选择健壮、通直、苗高 40 厘米、地径大于 0.4 厘米的苗木栽植。苗木栽植前适当修枝，摘除叶子，剪去过长或受到损伤的根系，剪除 2/3 叶片以及离地面 30 厘米以下的侧枝，并适当修剪过长的主根。

浆根最好用黄心土和钙、镁、磷，按 10:1 配合，再加适量的苗圃地的泥土和移栽用的 ABT 生根粉混合做成泥浆，这样有促进苗根生长，提高造林成活率作用。然后，将浆根的苗木按一定数量用地膜把根部包起来，以防苗木根系干枯，提高造林成活率。

3. 栽植方式

裸根苗采用“三覆二踩一提苗”的通用造林方法。如果是容器苗，在容器袋解散过程中要确保容器中的土壤不散，在栽植时免去“一提苗”的过程。“二踩”一定注意不要将已解散的容器中的土壤踩散，只是在容器土壤的周围轻踩，使容器土壤与穴中的土壤充分密接。

由于闽楠裸根苗造林成活率较低，因此最好用容器苗造林。

五、林分管抚

1. 幼林抚育

闽楠初期生长慢，易受杂草竞争而影响造林成活和幼林生长。因此在造林后 3 ~5 年内，应加强抚育管理，幼林郁闭前每年全面锄草块状松土两次，抚育时间应安排在闽楠高峰生长季节到来之前，即第 1 次抚育在 4 ~5 月，第 2 次在 8 ~9 月。造林当年抚育宜在下半年安排。

2. 施追肥

在前 3 ~5 年，于每年闽楠芽子萌发前在树冠周围开沟，每株施复合肥 0.25 公斤。

3. 修枝、抹芽与干型培育

在头 3 ~5 年及时剪除树根处的萌发枝、树干上的霸王枝，确保主干的生长。

闽楠幼苗基部喜生萌生枝，另外由于一年多次抽梢，容易形成多个顶梢，影响主干生长，以培育用材为目的的，在造林头几年要进行抹芽和及时剪除主梢侧边的次顶梢，以确保主顶梢的生长，加快主干高生长。抹芽是离地面树高 2/3 以下的嫩芽抹掉，减少养分消耗。

修枝主要是将树冠下部受光较少的枝条除掉。修枝要保持树冠相当于树高的 2/3。过多修枝会丧失一部分制造营养物质的树叶，而影响树木生长。修枝季节宜在冬末春初。在混交林管护过程中，修枝更为重要。如楠杉混交林，种间矛盾随着林龄增长激化，如不及时采取调节措施，势必影响楠木和杉木之间的相互依存关系，抑制闽楠生长，应及时对杉木进行修枝、抚育间伐，保证闽楠树冠获得充分的侧方光照与营养空间，使闽楠在适宜的环境条件下生长，在混交林中始终处于优势地位。

4. 间伐

幼林郁闭后两年内枝叶仍旺盛，林木分化也不明显。3 年后，树冠下部枝叶开始枯黄，林木逐步分化，树冠发育较慢，严禁打枝。一般在 7 ~8 年生郁闭，当幼林充分郁闭后 4 ~5 年，即 12 ~13 年生时自然整枝开始，林木分化比较明显，此时应进行第 1 次抚育间伐，间伐强度 30% ~35%，每公顷保留1650～1800株，郁闭度保持在0.7左右。间隔6～7年后，当树冠恢复郁闭，侧枝交错，树冠下部自然整枝明显，胸径生长明显下降时安排第2次间伐，间伐强度30%左右，每公顷保留1200～1500株。

5. 病虫害防治

（1）茎腐病。发病严重时，导致幼苗茎基部变黑腐烂，病株下部叶片发黄叶缘变褐色，随即枯萎，此病病原为土壤习居性菌，圃地积水土壤过湿或连续高温，植株生长不良，容易发病，土壤瘠薄，有机质少，也易感病。

防治方法：①播种前用多菌灵、甲基托布津或敌克松，每平方米5～10克，加细土稀释20～30倍，均匀撒入表土，也可沟施于播种沟内。②注意排水，降低土壤湿度；高温时搭荫棚提高幼苗抗病能力。③发病初期，可用50%多菌灵可湿性粉剂每平方米1.5克喷粉或50%代森锌500倍液，每平方米浇灌2～3公斤药水。

（2）蛀梢象鼻虫。以幼虫钻蛀嫩梢危害，使被害梢枯死，严重时达69.1%，对高生长及干形发育有较大影响。1年发生1代，以成虫越冬，3月闽楠抽梢时，成虫产卵于新梢中，卵孵化后，幼虫在当年新梢中蛀食为害，蛀道长10厘米。幼虫期为3月底到4月中旬，幼虫老熟后即在嫩梢基部的蛀道中化蛹，5月中旬成虫开始羽化，成虫期很长，直到次年3月份产卵后死亡。

防治方法：①在3月份成虫产卵期及5月中下旬成虫盛发期用621烟剂熏杀成虫，每公顷用药7.5～15公斤。②在4月上旬用40%乐果乳剂400～600倍液喷洒新梢，可杀死梢中幼虫。③在发现新梢叶片萎蔫时，及时剪除被害新梢，集中烧毁。

（3）鳞毛叶甲。以成虫啃食嫩叶、嫩梢及小叶皮层，严重的可使嫩梢枯萎。可在4月下旬用621烟剂熏杀成虫，每公顷用药120公斤。

第三十三章　桢楠

第一节　树种概述

桢楠 *Phoebe zhennan*，为樟科楠木属常绿大乔木，是我国二级保护树种，也是我国特有的驰名中外的珍贵用材树种。桢楠树体高大，树干通直，终年叶不凋谢。其材质优良，木材耐腐蚀、不易开裂、木纹美丽、易加工、韧性强，用途广泛，是楠木属中经济价值较高的一种。除此之外，桢楠的木材和枝叶含芳香油，蒸馏可得楠木油，属于高级香料。目前，桢楠在造林绿化、园林配置、生物多样性保护、木材价值等方面，越来越受到人们的重视。

一、木材特性及利用

(一) 木材材性

李晓清等对桢楠木材的物理性质进行了测定和分析。结果表明，木材基本密度0.5克/立方厘米，在60~80年间达到最大值0.54克/立方厘米；40年生的桢楠木材基本密度、顺纹抗压强度、抗弯强度、冲击韧性、端面硬度属中等，顺纹抗压强度、冲击韧性、抗劈力、顺纹抗剪强度、冲击韧性、端面硬度随着树木年龄增大而增加。在80年生时木材冲击韧性属于高等，端面硬度属于很硬。不易开裂耐腐不蛀有幽香。

(二) 木材利用

桢楠木材为上等建筑用材。皇家藏书楼，金漆宝座，室内装修等多为桢楠制作。如文渊阁、乐寿堂、太和殿、长陵等重要建筑都有桢楠装修及家具，并常与紫檀配合使用。历史上，桢楠专用于皇家宫殿、皇家家具。如今，桢楠制品已经成为代表中国文化的古典收藏品，但长期以来都处于有价无货的局面。

(三) 其他用途

桢楠木材和枝叶含芳香油，蒸馏可得桢楠油，是高级香料，也可散寒化浊、利水消肿。

二、生物学特性及环境要求

(一) 形态特征

桢楠芽鳞被灰黄色贴伏长毛，小枝通常较细，有棱或近于圆柱形，被灰黄色或灰褐色长柔毛或短柔毛。叶革质，椭圆形，少为披针形或倒披针形，长7~13厘米，宽2.5~4厘米，先端渐尖，尖头直或呈镰状，基部楔形，最末端钝或尖，上面光亮无毛或沿中脉下半部有柔毛，下面密被短柔毛，脉上被长柔毛，中脉在上面下陷成沟，下面明显突起，侧脉每边8~13条，斜伸，上面不明显，下面明显，近边缘网结，并渐消失，横脉在下面略明显或不明显，小脉几乎看不见，不与横脉构成网格状或很少呈模糊的小网格状；叶柄细，长1~2.2厘米，被毛。聚伞状圆锥花序十分开展，被毛，长6~12厘米，纤细，在中部以上分枝，最下部分枝通常长2.5~4厘米，每伞形花序有花3~6朵，一般为5朵；花中等大，长3~4毫米，花梗与花等长；花被片近等大，长3~3.5毫米，宽2~2.5毫米，外轮卵形，内轮卵状长圆形，先端钝，两面被灰黄色长或短柔毛，内面较密；第一、二轮花丝长约2毫米，第三轮长2.3毫米，均被毛，第三轮花丝基部的腺体无柄，退化雄蕊三角形，具柄，被毛；子房球形，无毛或上半部与花柱被疏柔毛，柱头盘状。果椭圆形，长1.1～1.4厘米，直径6～7毫米；果梗微增粗；宿存花被片卵形，革质、紧贴，两面被短柔毛或外面被微柔毛。花期4～5月，果期9～10月。

(二)生长规律

据解析木资料：一般天然生桢楠，初期生长缓慢，20年生，高和胸径的生长量仅5.6米和4.1厘米，至60～70年生以后，才达生长旺盛期。桢楠树高生长以50～60年最快，胸径以70～95年最快，材积以60～95年最快。特别是材积，60～95年间的生长量占树干总材积生长量89%。表明桢楠具有后期生长迅速的特性。但在人工林中，桢楠初期生长则远较天然林生长迅速。13年生的人工林与20年生的天然林相比，人工林胸径、树高和材积的年平均生长量，分别比天然生长快3倍、2.3倍和7.1倍。

张炜等分析了桢楠的胸径、树高和材积生长规律，结果表明：四川省的气候条件和土壤条件适宜桢楠生长，90年树高平均可达33.80米，胸径(去皮)平均可达43.10厘米，材积(去皮)平均生长量达2.236立方米。桢楠在前50年左右材积生长缓慢，之后进入快速生长期，90年左右时生长速度仍未见明显减缓。

(三)分布

桢楠水平分布的经度约102.5°～110.5°，纬度为25.5°～32.5°，主要在湖北西部、湖南西部、重庆、四川东部和南部、贵州东部和北部。垂直分布高限海拔达2700米，多见于海拔300～1200米的湿润河谷、密林山坡及寺庙村口旁，风景区及风水林中。在湖南省东安县，当地林业部门发现一片保护完好的桢楠林，桢楠树龄大都在500年以上，十分珍贵。

(四)生态学特性

桢楠耐阴，适生于气候温暖、湿润，土壤肥沃的地方，特别是在山谷、山洼、阴坡下部及河边地，土层深厚疏松，排水良好，中性或微酸性的壤质土壤上生长最好。桢楠属于深根性树种，根部有较强的萌生力，能耐间歇性的短期水浸。寿命长，病虫害少，能生长成大径材。

(五)环境要求

桢楠适宜温暖、湿润的气候，年平均温度为14.9℃，月最高温均值19.7℃，月最低温均值11.3℃，年降水量1092毫米。

第二节　苗木培育

一、良种选择与应用

选择优良种源、优良林分或优株的种子进行育苗造林。

二、播种育苗

(一)种子采集与处理

桢楠种子成熟期在10月下旬至11月下旬，不同地理种源的种子成熟期有差异。当果实颜色由青绿色变为紫黑色即成熟可采种。桢楠树形高大，为采种带来不少困难，一般采用高接高枝剪剪取枝条采种。采集的果实，要及时处理，处理的方法是将果实放在箩筐或木桶中捣动，脱出果皮，再用清水漂洗干净，置室内阴干，切忌曝晒，水迹稍干，即可贮藏。一般100公斤果可出种子40～50公斤。种子纯度92%～99%，千粒重200～345克，发芽率达80%～95%。种子含水量较高(20%～40%)，容易失水开裂，子叶发霉，丧失发芽力，因此，处理好的种子须马上用潮湿河沙分层贮藏。如需催芽，可放在温度较高或有阳光照射的地方，这样“立春”前后种子开始大量萌动，用来播种能提早数天发芽。

（二）选苗圃及施基肥

桢楠幼苗初期生长缓慢，喜阴湿，宜选择日照时间短，排灌方便，肥沃湿润的土壤作圃地。土质黏重，排水不良，易发生烂根；土壤干燥缺水，则幼苗生长不良，又易造成灼伤。

播种前，圃地要施足基肥，整地筑床要细致。秋冬季深翻两遍土，第二遍整地时，每公顷施7500公斤腐熟肥，均匀撒在床面上，随后深翻，做成高20厘米，宽1米的苗床，播种前两星期在苗床上撒1%～3%的硫酸亚铁水溶液进行消毒。

（三）播种育苗与管理

桢楠播种从立春至雨水均可进行。一般用条播，条距15～20厘米，条宽6～10厘米。每公顷播种量225～300公斤。播后覆盖火烧土1～2厘米，再盖草或锯屑、谷壳，以保持苗床湿润。约一个月后可以陆续出苗，幼苗出土后，要及时进行除草、松土、施肥、灌溉和排水。幼苗约5～10厘米时，在6月下旬和8月下旬施复合肥或尿素一次，每公顷约30公斤左右，施肥时必须用小铲子开一小沟，将肥均匀地撒入沟内，然后覆土盖好，避免肥料与叶片的接触。

当幼苗长成真叶即可间苗或移植，间苗应分期进行，5～6月间苗，分2～3次进行，间除弱苗、病苗及过于密集的苗木。7月苗高达10厘米左右时，即可定苗，留苗70株/平方米左右，每公顷留苗45万株。8～10月为桢楠幼苗速生期，在此期间，应加强苗圃水肥管理，以加速苗木生长，提高苗木质量。

在平地育苗，由于日照时间长，地表温度高，在暑天，易遭日灼危害，因此尚需要搭建荫棚用遮阳网以适当遮阴。9月份天气凉爽后，及时揭除覆盖物。10月以后，苗木进入生长后期，要控制苗木生长，停止施氮肥和灌溉，以免幼苗受冻害。

一般1年生苗即可出圃造林，1年生苗高约30厘米。1年生壮苗造林比2年生苗造林效果好。一些生长细弱的苗木，可留圃1年再造林。如绿化用大苗，可换床培育3～5年。大苗栽植，必须带土团，并剪去部分叶片，减少水分蒸腾。桢楠愈伤速度较慢，一般不宜剪枝。

三、扦插育苗

（一）圃地选择

扦插圃要求排灌方便，土壤肥沃、疏松、呈微酸性，将苗圃进行深耕25厘米、整细、除去杂物，结合整地按每公顷施生石灰750公斤撒在地面进行土壤消毒，并按每公顷施钙镁磷肥750公斤和复合肥1500公斤施基肥。以东西向做苗床，宽25厘米，高20厘米，苗床上铺一层厚4～5厘米的过筛干净未耕种过的无菌黄心土。一般试验插床下铺鹅卵石，上面基质分别为砻糠灰、细河沙和黄心土。插前用0.3%的高锰酸钾溶液消毒，隔2～3天扦插。

（二）插条采集与处理

在1～5年生优良桢楠母株中，选取生长健壮、无病虫害的当年生半木质化枝条，粗度0.3～0.7厘米。于扦插当天清晨采条，将穗条截成8～10厘米左右插穗，留2个半叶，上切口采用平口，下切口采用斜切。

（三）扦插时间与要求

2～3月是桢楠的生长期，此时的枝条为了防寒保护自身而贮存的营养物质最多。且地温高于气温，有利于愈伤组织和不定根的形成，同时气温较低，蒸腾作用较弱，有助于保持插穗水分平衡。

桢楠扦插采用直插法，首先将剪好的穗条进行处理，将全部穗条浸入生根粉溶液中，速蘸法将穗条下部1/3至1/2浸入溶液中，及时取出，再进行扦插。按10厘米×10厘米的株行距插入已准备好的插床基质中，插入长度为4～5厘米并保持小角度倾斜生根率高。插床基质易蒸发、升温快，扦插太浅不利于生根，扦插太深透气性差，也不利于生根，扦插深度约为插穗长度的1/2时最好。

(四)插后管理

(1)扦插后，为了保证插床温度和湿度，在插床上搭建高约60厘米的塑料拱棚，其上盖塑料薄膜，保持扦插环境湿度。由于在温室中扦插，大部分强光已被滤掉，为了更好的调节光强和光质，塑料薄膜上再加盖遮阳网。相对湿度保持在80%～90%，水要少量多次喷湿，在地上安装温度计，用喷水控制温、湿度。

(2)喷药防菌、灭菌。主要药品有多菌灵、甲基托布津、代森锰锌，进行轮流喷撒，防止霉变发生，浓度为800～1000倍液，在扦插后覆膜前喷一次，以后视情况喷撒。

(3)拆棚与揭膜。揭膜时先打开拱膜两端，让其自然通风3～5天，再揭膜。

四、轻基质容器育苗

(一)轻基质的配置

轻基质容器用中国林科院研制生产的轻基质网袋容器机生产或自行配制，轻基质容器袋规格为高度80毫米，直径50毫米。轻基质的原料配比为锯末∶黄心土∶钙镁磷肥=6∶1∶1(体积配比)。

(二)容器的规格及材质

当前多采用轻基质无纺布容器成型机制成无纺布轻基质容器袋，然后装入塑料托盆，搬运到育苗场地，整齐摆放于垫砖或搭简易框架上，供育苗用。

(三)圃地准备

选择排水良好的场地，平整场地，周边开排水沟。如果场地排水不好，可在平整好的场地上铺一层红砖，再在周边开好排水沟。

(四)容器袋进床

将准备好的轻基质容器的塑料托盘按两盘一排，中间留45～60厘米过道放置在场地上，搭高度1.7～1.8米的遮阳网(透光度50%)，9月中旬拆除遮阳网。

(五)种子处理

将选好的种子放入0.3%～0.5%的高锰酸钾溶液中浸泡消毒20分钟，取出，用清水冲洗干净。

(六)播种与芽苗移栽

(1)将经过浸种催芽的种子播入轻基质容器袋中，为确保每个容器袋中都能有桢楠苗，可在每个容器袋中播2～3颗种子。种子播种深度为2厘米左右，不宜太深。播种后的容器袋内需要保证有一定的含水量，基质不能干燥泛白，每2天浇水1次，浇水应该浇透，否则会影响种子的发芽率。播种后一般10～15天能看见胚芽突出基质。

(2)芽苗培育是育苗的关键，其成功与否直接关系到育苗成败。播种后，采用喷雾法浇水(每天浇水次数视天气和基质湿度而定)，出苗后每周或半个月喷施1次尿素，浓度从0.1%起，逐渐增大，最多不能超过0.3%。以后每月用波尔多液或百菌清等药液交替喷1次。在芽苗培育过程中，遇到猝倒病或烂苗现象，应及时铲除，并在四周撒上甲基托布津或百菌清药剂。当芽苗高约5厘米左右，且长出2～3片真叶时，移植到轻基质容器袋。移栽前1天，将容器基质淋透，移栽时把芽苗淋透，然后用竹签或细木棍将幼苗轻轻挑起，用一根竹签或木棍在容器中间打一个小孔，孔的深度与芽苗根系长度基本一致。将幼苗小心地插入小孔中，再用竹签或细木棍在芽苗旁边轻轻插入并挤压，使芽苗与基质充分接触，淋透水，再盖上遮阳网。

幼苗移植，在苗高5～10厘米时移植，选择无病虫害、有顶芽的小苗，在晴天早晚或阴雨天移植。移植时用手轻轻提苗，使根系舒展，填满土充分压实，使根土密接，防止栽植过深、窝根或露根。每个容器内移苗1株。移植后浇透水，并遮阴。

(七)苗期管理

桢楠苗期生长要注意水肥的管理，特别是水的管理，幼苗期淋水不宜过多，更不能缺水，否则苗木一旦出现枝叶干枯即难以恢复生长或导致死亡。芽苗恢复生长后约30天，用复合肥和尿素对半拌匀，每隔10天追施1次，施肥浓度0.5%，随着苗木增大，浓度逐渐增加，最多不超过1%，同时施肥后用清水冲洗叶面，以免肥害。

芽苗移植后，搭建透明塑料小拱棚，棚高40～50厘米，宽1.2米，两边用土压实，晴天中午高温高湿应及时揭开拱棚两端的塑料薄膜，进行通风降温。当苗长到10～15厘米时拆除塑料薄膜。

除草要掌握“除早、除小、除了”的原则，做到容器内、床面和步道上无杂草，容器内杂草宜在基质湿润时连根拔除，防止松动基质。

由于桢楠种子有多个芽眼，1粒种子可发出1～3株苗，容器直播幼苗出土后15～30天要间苗，每个容器保留1株壮苗。对缺株容器及时补苗，补苗后随即浇透水。

苗木修根是轻基质容器袋育苗关键技术措施之一。通过空气修根的容器袋苗，根系发育均匀、平衡，且多生长于容器边缘，以致容器不易破碎，入土后可爆发性生根，实现幼苗入土后的快速生长，移栽成活率高。一般苗高10～15厘米时，注意观察容器侧壁根生长状况，当容器内侧须根横向穿过网袋时，应及时移动袋苗，使其产生间隙。视天气情况适时控水2～3次。一般基质湿度在50%左右。使苗木产生暂时性的生理缺水，达到苗木空气修根目的，以促进须根生长，增强病虫害的抵抗能力。

五、苗木出圃与处理

9月底开始炼苗，逐步揭开遮阳网，增加光照时间和强度，逐渐减少淋水次数和淋水量，促进苗木的木质化，增强抗病虫害的能力，提高造林成活率。同时，炼苗期间，停止施肥，以提高容器苗抗逆性。通过以上培育技术措施，到第二年春造林季节，桢楠容器苗平均高0.35米、地径0.3厘米，且侧须根多，比常规苗木基质重量小60%，运输方便，造林成活率高达90%。

第三节　栽培技术

一、立地选择

桢楠喜湿耐阴，立地条件要求较高，造林地条件差则不易成林。适宜低山、丘陵、平原，宜选择山坡中下部、有效土层深厚、排水良好，由花岗岩、板页岩、砂砾岩、红色黏土类、河湖冲积物等发育形成的红壤、黄壤和黄棕壤，坡度为斜坡、缓坡、平坡，坡向以东、北、东北、西北及无坡之地为最好，坡位以山坡的中下部、山谷、山洼的土层深厚肥沃地带，土壤厚度和腐殖质层厚度以中至厚为最好，土壤质地以沙土、沙壤土和轻壤土最合适。土壤酸碱度应在5～6.5之间。

二、栽培模式

桢楠与杉木、火力楠、马尾松等树种进行混交试验结果表明：桢楠与杉木、火力楠、马尾松混交均有一定的短期收益，其中以与杉木混交效益最高；桢楠与火力楠、马尾松混交短期效益较为接近；桢楠马尾松混交林中树高与胸径生长均好于桢楠纯林，而桢楠在杉木、火力楠混交林中由于杉木、火力楠幼树生长快，郁闭早，桢楠受光不足，影响了目的树种桢楠胸径生长。而纯桢楠林分由于光照过强，也影响了桢楠生长。桢楠与马尾松混交林中由于马尾松生长速度较适宜，对桢楠幼树生长提供较良好的生态环境，桢楠长势较好。因此，从桢楠的生长情况及短期效益两个方面来考虑，选择桢楠与马尾松混交最为理想。对桢楠与杉木、火力楠混交林分中，适度间伐混交树种杉木、火力楠，以提高林分内部光照强度，可加快桢楠生长。

三、整地

(一)造林地清理

对于荒地、皆伐作业等类似之地，先将地中的树枝、树叶和杂草进行清理和集中，然后选择无风的天气，在有人看护的前提下进行集中烧毁。在清理过程中，必须保留生长好的乔木树种的幼苗和幼树；对于森林重建、优材更替中的造林之地，只清理需要栽树周围的杂草、枯枝以及影响其生长的霸王树枝。

(二)整地时间

从冬至到翌年雨水均可。

(三)整地方式

整地要求细致，一般林地用带状深翻，肥沃林地可穴栽。穴径 50 厘米，深 40 厘米以上。对于荒地、皆伐作业等类似之地，宜全垦加大穴的整地方式，造林后实行林粮间作，全垦厚度不少于 20 厘米。穴的规格分别为 70 厘米 ×70 厘米 ×60 厘米、60 厘米 ×60 厘米 ×50 厘米、50 厘米 ×50 厘米 ×40 厘米，根据不同立地和土壤而采用不同的挖穴规格。穴的大小主要决定于土壤的松紧度，如果土壤较紧，且石砾多，穴的规格应更大一些，反之，则可以小一些。有条件的地方穴的规格可适当加大一些。

(四)造林密度

桢楠幼年期生长较慢，冠幅也较窄，初植密度可适当加大。高立地条件：造林密度为 1665 ~ 1995 株/公顷；中立地条件：造林密度为 1995 ~ 2505 株/公顷。

(五)基肥

在中立地上施桢楠专用肥 2 公斤/株，在高立地上施桢楠专用肥 1 公斤/株。

四、栽植

(一)栽植季节

在 2 月 ~ 3 月上旬，以桢楠的芽还未萌动之前栽植为最好。选择下雨前后无风的天气造林。

(二)苗木选择、处理

采用容器苗和测土配方施肥等科技手段培育桢楠丰产林。过去由于采用裸根苗直接栽培和粗放培育，在一些地区造林难，成活率普遍只有 45% 左右。采用容器育苗，成活率可达 95%。

(1)苗木起苗。在起苗时如土壤干燥，要先 1 天浇水润根。

(2)苗木分级。按一、二级苗木标准对所起苗木进行分级。用合格苗造林，严禁用不合格苗造林。

(3)苗木修枝打叶。主要是剪除 2/3 叶片以及离地面 30 厘米以下的侧枝，并适当修剪过长的主根。

(4)苗木浆根和包扎。浆根最好用黄心土和钙、镁、磷，按 10∶1 配合，再加适量的苗圃地的泥土和移栽用的 ABT 生根粉混合做成泥浆，这样有促进苗根生长，提高造林成活率。然后，将浆根的苗木按一定数量用地膜把根部包起，防苗木根系干枯。

(5)苗木保护。随起苗，随分级，修剪打叶、浆根、包装，随运、随栽。

(三)栽植方式

裸根苗采用“三覆二踩一提苗”的通用造林方法。如果是容器苗，在容器袋解散过程中要确保容器中的土壤不散，在栽植时免去“一提苗”的过程，“二踩”注意不要将已解散的容器中的土壤踩散，只是在容器土壤的周围轻踩，使容器土壤与穴中的土壤充分密接。由于桢楠裸根苗造林成活率较低，因此最好用容器苗造林。

五、林分管抚

(一)幼林抚育

由于桢楠初期生长慢，易遭杂草压盖而影响成活率和生长，因此需加强抚育管理。造林后2 ~5 年内，每年抚育2 次，山坡下部及山谷杂草繁茂地带还应适当增加抚育次数。抚育时间应安排在桢楠生长高峰季节到来之前，即第一次抚育在4 ~5 月，第二次抚育在7 ~8 月。桢楠树冠发育较慢，幼年又较耐阴，抚育时也不得损伤树皮，否则将显著减弱其生长。桢楠林在树冠完全郁闭，林下杂草消灭，出现较多的被压木时，应进行抚育间伐。采用弱度的下层抚育法，即伐去明显的被压木、双杈木以及优良木周围的竞争木。

(二)施追肥

桢楠施追肥宜在春季进行(每次每株施桢楠专用肥1 公斤)，从第三年开始每1 ~2 年施肥一次，于树冠垂直投影外侧挖环形沟施入。

(三)修枝、抹芽与干型培育

在前3 ~5 年及时剪除树根处的萌发枝、树干上的霸王枝，确保主茎的生长。桢楠幼苗基部喜生萌生枝，另外由于1 年多次抽梢，容易形成多个顶梢，影响主干生长。以培育用材为目的的，在造林初期要进行抹芽和及时剪除主梢侧边的次顶梢，以确保主顶梢的生长，加快主干高生长。抹芽是将离地面树高2/3 以下的嫩芽抹掉，减少养分消耗。修枝主要是将树冠下部受光较少的枝条除掉。修枝要保持树冠相当于树高的2/3。过多修枝会丧失一部分制造营养物质的树叶，而影响树木生长。修枝季节宜在冬末春初。

(四)间伐

间伐强度，应视具体情况而定，一般林地较肥沃，初植密度较大的(如每公顷3333 株)，可伐去株数30%左右。

孙祥水等对桢楠与杉木混交林进行间伐试验研究，结果表明，间伐有利于桢楠生长。间伐林分桢楠平均胸径、树高和单株材积分别为不间伐的177. 4%、120. 8%和361. 5%，间伐桢楠林分蓄积量为74. 23 立方米/公顷，不间伐桢楠蓄积量为24. 88 立方米/公顷，间伐桢楠受光条件好，林木树冠大，生长好。

(五)病虫害防治

(1)灰毛金花虫：以成虫啃食嫩叶、嫩梢及小叶皮层，严重的可使嫩梢枯萎。被害株率达80%以上。3 月底到6 月份均有成虫出现，4 月中下旬为盛发期。

防治方法：在4 月下旬用621 烟剂熏杀成虫，每公顷用药7. 5 公斤。

(2)蛀梢象鼻虫：以幼虫钻蛀嫩梢为害，使被害梢枯死。为害严重的，被害株数可达70% 。

防治方法：①在3 月份成虫产卵期及5 月中下旬成虫盛发期用621 烟剂熏杀成虫，每公顷用药7. 5 ~15 公斤。②在4 月上旬用40%乐果乳剂400 ~ 600 倍液喷洒新梢，可杀死梢中幼虫。

第三十四章　檫树

第一节　树种概述

檫树 *Sassafras tzumu* 又名梓木、檫木，为樟科 Lauraceae 檫树属 *Sassafras* 树种。喜光，喜温暖湿润气候及深厚、肥沃、排水良好的酸性土壤，不耐旱，忌水湿，深根性，生长快。檫树是湖南传统的樟、梓、柏、楠、椆五大优良用材树种之一。多系天然散生林，大都与马尾松、杉木、油茶、毛竹、樟树、苦槠、圆槠等树种混生。木材淡黄、坚硬、细致，纹理美观，耐腐，是建筑、车辆、造船、家具良材，种子含油 20%，用于油漆；树形挺拔、冠开展、叶形奇特而秋时红艳，具有较高的观赏价值，宜用于庭园、公园栽植或用作行道树和城郊风景林。

一、木材特性及利用

(一) 木材特性

檫树树皮灰绿色或浅褐色、纵裂，容易剥离；心边材区别明显，边材浅褐色或浅黄色、稍窄、宽 1 ~ 2 厘米，心材褐色，木材光泽性强，有香气，略有辛辣滋味。生长轮明显，环孔材，宽度均匀，早材管孔中至甚大，在肉眼下明显至甚明显，数多，密集连续排列成早材带，早材管孔 2 ~ 5 列；心材管孔侵填体较丰富，早材至晚材急变，晚材管孔甚小而且少，斜切面上略见，径切面上射线斑纹明显，成矩形。

(二) 利用

檫树木材干燥容易，但易开裂，在干燥木材时要制定合理的干燥基准，防止木材材质因干燥而劣化。翘曲变形较少见，耐腐、耐水湿，作为水下用材较为适宜。切削容易，切面光滑，光泽性强，油漆后光亮性良好，自然美观，所以适于作地板、家具用材。木材软硬适中，握钉力好，不壁裂，所以在许多地方用作建筑用房架、屋顶梁、柱、搁栅以及扶手门窗等室内装修用材。花纹美观，切削面光滑可作胶合板用材，也可作机模用材。檫树材耐腐是优良的造船用材，可制船壳、甲板、船坞、码头木桩等。材质稍硬，抗冲击力强可作枕木、桥梁用材。耐水湿、透水性差，可作水车车厢、木桶、木盒容器等用材。

二、生物学特性及环境要求

(一) 形态特征

落叶乔木，高可达 35 米，胸径达 2.5 米；树皮幼时黄绿色，老树皮灰褐色，纵裂。叶卵形或倒卵形，长 9 ~ 16 厘米，宽 5 ~ 8 厘米，两端尖，2 ~ 3 裂或全缘，无毛，离基三出脉或羽状脉，落叶时呈黄色或红色；叶柄长 3 ~ 6 厘米。雄花中具退化雌蕊，雌花中具退化雄蕊；花梗和花被裂片密被棕褐色毛。果近球形，径 8 毫米，熟时由红转为蓝黑，果托盘状；果梗长 2 厘米，号筒状，由下至上增粗。花期 3 ~ 4 月初；果期 6 ~ 8 月。

(二) 生长规律

无论是檫树纯林，还是混交林，檫树幼林林分质量差异不大，平均树高 5 ~ 7 米，胸径 7 ~ 8 厘米。

但15~20年生檫树林林分质量相差甚大：檫树纯林平均高9~12米，胸径12~16厘米，心材腐朽株率达40%以上；杉檫混交林中檫树平均高9~14米，胸径22~28厘米，心材腐朽株率在5%以下。

黄旺志等通过研究表明，檫树树高年生长期170~180天，每年有1个生长高峰(6月份)。胸径年生长期190~200天，一般有2个生长高峰期。

(三)分布

主要分布在我国长江以南十三省(区)。地理分布范围为：北纬23°~32°，东经102°~122°。湖南分布较多的为武陵山、雪峰山脉及湘赣两省交界的武功山、罗霄山山脉一带。垂直分布一般在海拔800米以下的山区，但在主峰高的群山中，海拔高可达1500~1800米左右。

(四)生态学特性

生长于温暖湿润气候。喜光，不耐阴。深根性，萌芽性强，生长快。在土层深厚，排水良好的酸性红壤或黄壤上均能生长良好，陡坡土层浅薄处亦能生长，西坡树干易遭日灼。喜与其他树种混种，但水湿或低洼地不能生长。极端最低温度：-16℃。

(五)环境要求

檫树喜温暖湿润、雨量充沛，年平均温度为12~20℃，造林地一般在海拔800米发下，向阳山坡。适宜土层深厚、通气、排水良好的酸性土壤上生长。凡属酸性红壤或微酸性黄壤等土类如红壤土、黄壤土、沙壤土、黑沙土及其他类型的填方土等，土质疏松、土层深厚、水分充足、排水良好的地方，均适宜檫树生长。

第二节　苗木培育

一、良种选择与应用

檫树为我国南方的主要用材树种之一。科研上做过地理种源试验、建有种子园。但品种选育不多。生产上采用种子园的种子。亦可采用优良的自然类型或地理种源种子。

二、播种育苗

(一)种子采集与处理

檫树种子一般在7月下旬~8月上旬成熟，成熟后7~12天种子自动脱落。要注意观察，抓住时机采种。应选择生长健壮、树龄15~30年、无病虫害、果实饱满的优良母树采种。果实采回后，应立即进行处理(切勿堆放，以免发热腐烂)，用冷水浸渍，搓去果皮，用清水冲洗滔净；再用草木灰水溶液浸种，细砂搓揉，以除去种子表面油脂，然后清水洗净、摊薄层阴干，置通风阴凉的室内层积贮藏，并控制温度不超过27℃为宜。

(二)选苗圃及施基肥

土壤的好坏直接影响檫树播种育苗的成效。圃地要选择地势高燥、深厚肥沃、排灌方便的微酸性砂质壤土。在9月进行第一次耕翻，9月下旬进行第二次耕翻，结合进行清理石块、草根杂物。10月中旬进行一次浅翻，进一步促进土壤熟化，结合浅翻每公顷施饼肥4500~6000公斤，或者厩肥30000~45000公斤。

(三)播种育苗与管理

檫树种子具有休眠期长、发芽不整齐，自然条件2~3年才能全部发芽出土的特点。播种前4~5天，筛选出种子，用冷水浸种24小时，然后用0.05%~0.1%高锰酸钾溶液浸种20~30分钟，用清水冲洗干净，倒入60℃温水中搅拌浸种30分钟后，用箩筐下垫一层经热水烫过的稻草，将种子放入其中，再盖上一层稻草，压实，放入铺满稻草的水缸中，每天浇淋一次40℃左右的温水，温度保持在20～30℃，并翻动均匀。

檫树育苗以春分至清明期间为播种最佳时间，种子经过贮藏充分休眠，温度条件适宜，出苗整齐，省时省种。播种量：每公顷22.5～30公斤。待种子“破胸露白”时选出“破白”种子进行点播，株行距15厘米×20厘米为宜。播种后盖1.5～2厘米黄心土，最后均匀铺上一层薄薄的稻草，保湿保温，有利于种子发芽。

播种至齐苗要20～30天，视幼苗生长情况及时揭草。在生长期除草7～8次，松土3～4次，最后一次应培土。幼苗出土15天后，在阴雨天气用竹签带土移密补疏，并拔除生长不良苗木，使苗木在苗床上分布均匀。出苗初期追肥，第一次追肥用腐熟的沼液或人畜尿加清水按1∶10的比例混合均匀，以后施用浓度逐步加大，促进根系发育。进入7月中旬后，应结合抗旱，用腐熟的沼液或人畜尿加清水按1∶5的比例，另每50公斤水加入尿素200克，视苗木生长情况，施肥1～2次。入秋以后，应以钾肥为主，停施氮肥，以促进苗木木质化，提高苗木抗寒力。

三、扦插育苗

(一)圃地选择

檫树扦插苗床一般宽1.2米，深30厘米。基质为蛭石、砻糠灰、河沙等。蛭石不用消毒；新鲜砻糠灰须用清水淋洗几遍，降低碱性；河沙第1次使用时，要用大水冲洗后曝晒数日，使用过的河沙经0.5%福尔马林溶液消毒后，用塑料薄膜封闭1天，再用清水冲洗干净即可。扦插前需将苗床浇透水。

(二)插条采集与处理

插条年龄与插穗成活率呈正相关，应选用1～5年生母树上的粗壮叉枝、侧枝作为插条；亦可选用大树采伐后从伐桩上萌发的枝条。秋季落叶后剪切插条，再将插条剪成长8～10厘米、直径0.3～1.0厘米、上口距上芽1厘米、下口距下芽0.5厘米的插穗，每枝插穗保留4～5个芽。捆扎后放在5厘米厚的湿沙上，待翌春土壤化冻后，直接插入沙壤苗圃中。

(三)扦插时间与要求

没有经过冬季湿沙处理过的插穗，一般应在2月下旬至3月下旬扦插。为了提高扦插成活率，插穗在用100毫克/公斤ABT生根粉1号液浸泡12小时或用500毫克/公斤萘乙酸粉剂处理后，直接插入蛭石或黄沙苗床中。

(四)插后管理

在离床面60厘米左右处用竹子搭成弓形棚架，上覆塑料薄膜，保持空气和土壤湿度，以利插穗生根。春插一般在插后40～75天生根，在梅雨季节移栽到苗圃中，株行距15厘米×30厘米。栽后淋透水1次，以后3天早、晚各淋1次。正常的田间管理同一般插圃管理。插条的阶段发育年龄小，管理得当，硬枝扦插生根率在80%以上，当年苗高50～180厘米。

四、轻基质容器育苗

(一)轻基质的配制

轻基质选用泥炭土、珍珠岩基质富含有机质，疏松透气，不易板结，保水性能良好，利于苗木生长发育。营养土配置采用100公斤泥炭土与10公斤珍珠岩加1公斤复合肥的比例混合，搅拌均匀。

(二)容器的规格及材质

目前市售塑料薄型容器袋有各式各样的规格，从造林角度来考虑，边远山场应用小型袋子为好，可以减少运输成本；交通运输方便的可用稍大规格的袋子。刘军等研究表明，不同容器规格对苗期生长性状有显著的影响，所以采用10厘米×10厘米规格的无纺布轻基质容器袋。

（三）圃地准备

容器育苗要考虑苗木运输，场地应尽量选择离造林地近的地方，以减少运输成本。育苗场地的选择应考虑以下几个方面：一是排灌方便；二是要平坦，四周开好沟，便于防洪防涝和整齐排列；三是要有充足的阳光，做到能遮能晒。

（四）容器袋进床

配好的营养土装入容器袋中，然后装入塑料托盆，搬运到育苗场地，整齐摆放于垫砖或搭简易框架上，供育苗用。

（五）种子处理

播种前4～5天要进行催芽，筛选出种子，用冷水浸种24小时，然后用0.05%～0.1%高锰酸钾溶液浸种20～30分钟，用清水冲洗干净，倒入60℃温水中搅拌浸种30分钟后，用箩筐下垫一层经热水烫过的稻草，将种子放入其中，再盖上一层稻草，压实，放入铺满稻草的水缸中，每天浇淋一次40℃左右的温水，温度保持在20～30℃，并翻动均匀。

（六）播种与芽苗移栽

芽苗培育是育苗的关键，其成功与否直接关系到育苗成败。芽苗基质采用红壤或黄心土与中沙(3∶1)，并渗入1%的磷肥混匀，其疏松程度以“手抓基质成团，放手触地即散”为宜。播种后，采用喷雾法浇水，每天浇水次数视天气和基质湿度而定。出苗后每周或半个月喷施1次尿素，浓度从0.1%起，逐渐增大，最多不能超过0.3%。以后每月用波尔多液或百菌清等药液交替喷1次。在芽苗培育过程中，遇到猝倒病或烂苗现象，应及时铲除，并在四周撒上甲基托布津或百菌清药剂。

当芽苗高约5厘米左右，且长出2～3片真叶时，移植到轻基质容器袋。移栽前1天，将容器基质淋透。移栽时把芽苗淋透，然后用竹签或细木棍将幼苗轻轻挑起，放置保湿的托盘。用一根竹签或木棍在容器中间打一个小孔，孔的深度与芽苗根系长度基本一致。将竹签或细木棍提起，将幼苗小心地插入小孔中，再用竹签或细木棍在芽苗旁边轻轻插入并挤压，使芽苗与基质充分接触，淋透水，再盖上遮阳网。

（七）苗期管理

1. 水、肥管理

檫树苗期生长要注意水肥的管理，特别是水的管理，幼苗期淋水不宜过多，更不能缺水，容器表面发白即应浇水，否则苗木一旦出现枝叶干枯即难以恢复生长或导致死亡。芽苗恢复生长后30天，用复合肥和尿素对半拌匀，每隔10天追施1次，施肥浓度0.5%，随着苗木增大，浓度逐渐增加，最多不超过1%，同时施肥后用清水冲洗叶面，以免肥害。

2. 病虫害防治

芽苗移栽成活后，每月用波尔多液、多菌灵药液交替喷洒1次。在育苗过程中，如出现叶部腐烂，应将其拔除，同时注意控水。发现少量的虫害，可采用人工捕捉的方法及时灭除。

3. 苗木空气修根

苗木修根是轻基质容器袋育苗关键技术措施之一。通过空气修根的容器袋苗，根系发育均匀、平衡，且多生长于容器边缘，以致容器不易破碎，入土后可爆发性生根，实现幼苗入土后的快速生长，移栽成活率高。一般苗高长至10～15厘米时，注意观察容器侧壁根生长状况，当容器内侧须根横向穿过网袋时，应及时移动袋苗，使其产生间隙。视天气情况适时控水2～3次（一般基质湿度在50%左右），使苗木产生暂时性的生理缺水，达到苗木空气修根目的，以促进须根生长，增强病虫害的抵抗能力。

4. 炼苗

9月底开始炼苗。逐步揭开遮阳网，增加光照时间和强度，逐渐减少淋水次数和淋水量，促进苗木的木质化，增强抗病虫害的能力，提高造林成活率。同时，炼苗期间，停止施肥，以提高容器苗抗逆性。

五、苗木出圃与处理

(一)苗木规格与调查

出圃苗木应是生长健壮及树形、骨架基础良好的苗木，根系发育良好，有较多的侧根和须根；起苗时不受机械损伤；根系的大小根据苗龄和规格而定，苗木的茎根比小、高径比适宜、重量大。苗木无病虫害和机械损伤；有严重病虫害及机械损伤的苗木应禁止出圃。

(二)起苗与包扎

(1)起苗时应有一定深度和幅度，不损伤根皮，不撕断侧根和须根。不损伤地上枝干，做到枝干不断裂，树皮不碰伤，保护好顶芽。保证达到对苗木规定的标准。

(2)保持圃地良好墒情。土壤干旱时，起苗前一周适当灌水。苗木随起、随分级、随假植，及时统计数字，裸根苗应进行根系蘸浆。有条件的可喷洒蒸腾抑制剂保护苗木。

(3)适量修剪过长及劈裂根系，处理病虫感染根系。

(4)清除病虫危害苗木，按林木植物检疫要求进行处理，尤其是有危险性病虫害的苗木，要集中处理。

第三节　栽培技术

一、立地选择

对造林地要求条件较高，适宜在山腹以下或丘陵地区，土层深厚、排水良好、酸性或微酸性的林地上造林。

二、栽培模式

(一)纯林

一般初植造林密度为1600株/公顷，可进行1～2次间伐，最后保留600～750株/公顷。

(二)混交林

檫树适宜造混交林。混交林既能充分发挥檫树的优良特性，又能促进混交树种的生长，效果比纯林好。湖南省靖州市排牙山林场采用一行檫树与二行杉木混交造林(檫720株/公顷，杉1230株/公顷)，13年生时，立木蓄积为185.55立方米/公顷。其中：檫树平均胸径14.6厘米，树高为14米，立木蓄积为100.35立方米/公顷；杉木平均胸径12.7厘米，树高为8.7米，立木蓄积为85.20立方米/公顷。可见，檫、杉混交是可行的。

三、整地

(一)造林地清理

造林地要全面清理，进行全面砍灌、炼山。

(二)整地时间

整地时间一般在造林前一年雨季前、雨季或至少前年秋季。

(三)整地方式

为了消除造林地病源，增加土壤肥力，整地方式应采用全面砍灌、炼山、鱼鳞状大穴整地，该措施还有利于今后未成林地抚育措施的实施。鱼鳞状整地不小于60厘米×60厘米×60厘米，栽植穴深不小于30厘米。整地挖穴要求回填表土。

（四）造林密度

一般纯林造林密度为750～900株/公顷；对于混交林一般以720株/公顷左右为佳。

（五）基肥

每穴施过磷酸钙及钾肥各0.25公斤，并与土壤拌匀。

四、栽植

（一）栽植季节

檫树造林一般以实生苗造林为主，一般在每年2～3月苗木萌芽前进行。但有些地方，受气候条件（干旱、冰冻）限制，不宜植苗造林，可利用檫树萌芽能力强的特点，采用截干造林，效果良好。檫树芽苞萌动期早，在冬季无严重冻害的地区，可在檫树落叶之后，采用冬季造林。

（二）苗木选择、处理

选择二年生壮苗进行栽植，苗木要竖直，根系要舒展，深浅要适当，填土一半踩实，再填土踩实，最后覆上虚土培蔸。裸根苗造林前对苗木进行苗根浸水、蘸泥浆等处理；容器苗运输途中保护好容器中营养土，严禁将营养杯击破去土，栽植时须拆除根系不易穿透的容器。苗木都要分级造林。

（三）栽植方式

檫树生长快，叶大柄长，侧枝横展，栽植株行距可为2米×3米或3米×4米。根据立地条件、土壤含水量和树苗高度确定栽植深度，一般应略超过苗木根颈部。干旱地区、沙质土壤宜适当深栽。

五、林分管抚

（一）幼林抚育

檫树幼林生3～4年后，树高可达3～5米，即郁闭成林。檫树根系喜好通气，怕积水和土壤板结，应每年松土、除草2～3次，或间种绿肥、豆类，以耕代抚，达到疏松土壤，增强土壤透性和蓄水性能。抚育时，注意不要伤及嫩枝、新梢、树皮和根部，以免引起腐烂。此外，还需要做好补植、除萌、开沟排水、扶正培土、深翻埋青等抚育工作。

（二）施追肥

檫树林地一般属酸性红壤与黄壤。这类土质较为瘠薄，黏性重、蓄水保肥性能差。因此，施肥、抚育管理十分重要。幼林期间要全垦深翻埋青，或以耕代抚，间种豆类和绿肥，以疏松土壤，增强土壤透气和蓄水性能，有利于根系伸展，促进幼林生长。

（三）修枝、抹芽与干型培育

檫树为强阳性树种，自然整枝明显，不需整形修剪。

（四）间伐

密度较大的5～6年生的林分，郁闭度达0.7以上，自然整枝明显，本着留优去劣、留稀去密、分布均匀的原则，可进行1～2次间伐，最后保留600～750株/公顷。10年生以上的人工林，应根据经营目的、林分生长状况及立地条件等具体情况，适当调整密度，但切忌打枝。

（五）病虫害防治

檫树的嫩枝或新梢受损伤后，在气温高、阳光直射时，树皮易产生日灼，大枝折断后病菌随雨水从伤口再进入树心，常导致心材腐烂变质。檫树的主要虫害有檫白轮蚧。檫白轮蚧主要危害纯林树冠中上部1～2年生的嫩梢、枝条和叶片。在该虫害发生盛期，虫口密度大，被害枝叶像打过霜和刷过石灰水一样；受害枝干树皮凸凹不平，叶片失绿，卷曲萎缩，轻者影响林木生长，重者导致林木死亡。该虫害易发生在温暖潮湿、空气流通不畅、日照不易直射的纯林内，主要借风力、昆虫及其他动物传播。

防治方法主要有：

(1)营造混交林。

(2)用50%马拉松、40%乐果1000倍液，或50%杀螟松800倍液，在5月底至6月上旬防治檫白轮蚧第一代初孵若虫。

第三十五章　木荷

第一节　树种概述

木荷 *Schima superba* 又名荷树、荷木，属山茶科木荷属常绿乔木，是我国珍贵的阔叶树种，也是我国南方主要的用材林树种。其树冠浓密，叶茂常绿，叶片厚革质，少脂液，富含水分，耐火烧，萌芽力强，可阻隔树冠火，是营造防火林带的主要树种之一。与马尾松混交造林，能起到防松毛虫作用。近年又被用作庭院美化和行道绿化的优良树种。

一、木材特性及利用

(一) 木材材性

树干通直，心边材显著，边材甚狭，色浅，心材淡红褐色，材质坚韧，结构均匀细致，易加工，经过干燥后少开裂，不易变形，耐久用，耐腐蚀。

木材基本密度、气干密度和全干密度分别为每立方厘米 0.560 克、0.697 克和 0.664 克；成熟木材纤维长度 1500 ~1700 微米，纤维宽度 21.6 微米，壁厚 5.3 微米。

(二) 木材利用

木材色调均匀，纵切面具光泽，是纺织工业中制作纱锭、纱管以及雕刻工艺等的上等用材，也是桥梁、船舶、车辆、建筑、农具、家具、胶合板等优良用材。

(三) 其他用途

树皮、树叶含鞣质，可以提取栲胶、单宁，也可入药，有收敛、止泻、杀虫之效。

二、生物学特性

(一) 形态特征

常绿乔木，高达 30 米，树冠广卵形，树皮深褐色，块状纵裂。幼枝常带紫色，无毛或近顶端有毛。老叶入秋呈红色。单叶互生，革质，椭圆形或卵状椭圆形，长 7 ~12 厘米，宽 4 ~6.5 厘米，先端渐尖或短尖，基部楔形，表面深绿，有光泽，背面绿色，两面无毛，边缘有钝锯齿，侧脉 7 ~9 对，叶柄长 1 ~2 厘米。花期 5 ~7 月，花单生枝顶叶腋或成短总状花序，直径 3 厘米，白色，花柄长 1 ~2.5 厘米，纤细，无毛；苞片 2，贴近萼片，长 4 ~6 毫米，早落；萼片半圆形，长 2 ~3 毫米，外面无毛，内面有绢毛；花瓣长 1 ~1.5 厘米，最外 1 片风帽状，边缘多少有毛；子房有毛。蒴果近球形，直径 1.5 ~2 厘米，黄褐色，木质 5 裂。种子扁平，肾形，边缘有翅。10 月果熟。

(二) 生长规律

在自然条件较好的立地条件上，生长较快，树高连年生长量最大值在 10 年前后，胸径连年生长量最大值出现在 20 年前后。

(三) 分布

主要分布于长江以南，四川和云南以东，生于海拔 1500 米以下，低山丘陵多见。盛产浙江、福建、台湾、江西、湖南、广东、海南、广西、贵州。

(四)生态学特性

喜光，喜温暖、湿润气候，亦较耐寒，适应亚热带气候。分布区年平均气温16～22℃，但能耐短期－10℃低温，年降水量1200～2000毫米；幼苗需庇荫，多分布于山地及丘陵地的下部、坡麓。土壤适应性较强，酸性土如红壤、红黄壤、黄壤上均可生长，但以在肥厚、湿润、疏松的沙壤土生长良好，忌水湿，能耐干旱瘠薄，不耐碱性土壤。在深厚、肥沃的酸性砂质土壤上生长最快，造林地宜选土壤比较深厚的山坡中部以下地带。

第二节　苗木培育

一、良种选择与应用

选择当地优良种源，即在优良林分中选择生长迅速、干形通直、无病虫害、15～40年生长健壮的优势木母树采种。

二、播种育苗

(一)种子采集与处理

选择在10月左右蒴果呈黄褐色，即将开裂时采集种子。种子2年成熟，位于树冠外层的是当年幼果，树冠内层的是成熟果实，采种是应加以区别和保护幼果。蒴果采回先堆放3～5天，再摊晒促其果皮开裂后，敲打出种子，过筛、净种，风选或筛选后干藏。种子出籽率4%～6%，千粒重4.5～6.3克，每公斤种子15.8万～22.2万粒，发芽率20%～40%。种子不耐贮藏，贮存半年后播种，发芽率20%以下。

播种前处理：一是温水浸种。先用40℃的温水浸泡24小时后再换1次清水，继续浸种24小时。二是激素溶液浸种。用吲哚叮酸或ABT生根粉200×10^6的溶液浸种12小时。捞去浮在水面上的劣种，再捞出水底好的种子装进箩筐里，放在通风背光的地方晾干，早晚用温水喷湿1次，并轻轻翻动，使种子能均匀吸收到水分。4～6天后种子即可裂嘴，当有40%的种子裂嘴时即可播种。

(二)苗圃选择及施放基肥

大田育苗应选择地势平坦、交通方便、有良好排水灌溉的条件，沙质深厚、肥沃湿润的农田作圃地。整地前，先撒100公斤的过磷酸钙和5公斤的五氯硝基苯、6公斤的代森锌，经过三犁三耙，使其与土壤混合均匀，然后整成畦，畦高30厘米，畦长根据圃地而定，畦与畦之间上宽为30～40厘米，下宽为20～30厘米。畦床面要求整平无积水，并在畦床面上撒一层1厘米厚的营养土(营养土由50%的红壤和49%的火烧土、1%的钙镁磷，经过搅拌均匀打碎过筛制成的细土)，用木板压平。

(三)播种育苗与管理

播种一般在2月上旬至3月初。条播或撒播均可，但以条播为好，便于管理及起苗，播种沟宽10～15厘米，行距20～30厘米，沟深1.5～3厘米，每公顷播种90～135公斤。因木荷种子扁小，播种后用筛子筛一些细土覆在种子上面，覆土宜浅，约0.5厘米左右，然后再盖上稻草，盖草约1厘米左右。播种后15～20天即可发芽。

幼苗出土后80天内为生长初期，要及时在傍晚或阴天揭除盖草。做好松土、除草、间苗，并追施稀粪肥水。除草每月2～3次，拔草后施肥，掌握由稀到浓，每月1～2次，以氮肥为主。7～9月上旬苗木进入生长盛期，可每月施化肥1～2次，施肥在早晨或傍晚进行，每公顷每次施氮肥150公斤左右。施氮肥宜在9月上旬结束，注意混放磷、钾肥，以促进苗木木质化。在高温干旱时要进行灌溉，下雨时要及时排除圃地的积水。

三、扦插育苗

(一) 圃地选择

选择地势较高、背风向阳的地方作为扦插育苗圃地。床宽 2 米、高 40 厘米，周围用砖砌，床内下层铺 10 厘米厚的小石子，中层铺 15 厘米厚炉灰渣，上层铺 15 厘米厚纯净的河沙。在扦插前插床基质要经过日光曝晒，并用 0.1% 的高锰酸钾或多菌灵 400 倍液喷洒消毒灭菌，平整后浇透水，以备扦插。

(二) 插条采集与处理

从优良种源中的生长健壮植株上采穗，插穗为 1 年生枝条，随采随插。长途运输时宜做好保湿。穗长 10 厘米左右，上口为平面，插条基部斜剪，上端留 2 ~ 3 片叶，可剪去叶 1/2 部分，将插穗基部用每公斤 300 毫克赤霉素液浸泡 3 小时，以降低枝条内的生根阻碍物质。插穗的切口是病原菌最容易入侵的部位，为尽量避免病菌的污染，将插穗每 50 根 1 捆，用多菌灵或百菌清 800 倍液喷洒或浸蘸插穗基部。

(三) 扦插时间与要求

扦插时间在 4 ~ 9 月，选择在早晨日出前后或日落后进行。扦插前用清水喷洒插床，使插床基质湿透，按 5 厘米 ×10 厘米的株行距垂直打眼，深度为 3 ~ 4 厘米。

(四) 插后管理

插后用遮阴网遮阴，晴天中午前后 2 ~ 3 小时，用黑色遮阳网遮阳度为 85% ~ 90%，避免强光照射和高温的危害，其他时间及阴雨天不需遮阴。定时喷雾保湿，在光照的条件下约每 2 小时对插穗叶面喷雾 1 次，以保持叶面湿润。当插穗愈合后用 0.2% 的尿素水溶液进行叶面喷肥，每隔 7 天左右喷洒 1 次，追肥在下午停止喷水后进行。

四、轻基质容器育苗

(一) 轻基质的配制

配制营养土的成分为 50% 红心土、48% 火烧土和 2% 过磷酸钙，将其混合均匀，打碎过筛并发酵而做成。

(二) 容器的规格及材质

一般采用塑料薄膜容器，把预先配制的营养土装入容器中。填基质后直径为 10 ~ 15 厘米，高为 20 ~ 25 厘米。距袋底 2 ~ 6 厘米处，打 6 个小孔，预防长期下雨时积水造成烂苗。目前，较为先进的是用无纺布轻基质育苗，无纺布是由一种半降解的纤维网状材料制成，入土后能在较快时间内分解，基质采用炭化谷壳、泥炭等轻基质。

(三) 圃地准备

选择距造林地较近，便于苗木运输，水源充足，日照较短，具有偏阴、平坦的地方作圃地。先将圃地整平，然后作畦，畦长根据圃地而定，畦宽 1.1 米，畦高 5 厘米，畦距 35 厘米。床面要用木板压实，床面两侧要有点倾斜，要求无积水。容器育苗地在育苗前 4 天完成整地。

(四) 容器袋进床

营养土要装紧压实，在畦面上整齐排列，袋子与袋子之间要挤紧，将袋子喷水湿透，然后搭棚，用塑料遮阴网，效果较好，搭棚高度 80 ~ 120 厘米。

(五) 种子处理

种子用 60℃ 热水浸泡并自然冷却，浸泡 24 小时，种子捞起放在箩里盖上湿纱巾保湿催芽，时间 15 ~ 18 天。

（六）播种

直接将种子播入装好基质的容器袋中，每袋播5～6粒，深度为0.5～1厘米。播种后覆盖火烧土，浇水，盖稻草保湿。

五、育苗管理

（一）水分管理

大田育苗播种后，晴天每7天浇水1次，阴天可适当减少浇水，还要排水防涝。在适宜的温度、湿度下，25天左右种子即可发芽。当幼苗出土30%以上时，即可选择在阴天或傍晚揭草。容器育苗，播种后要及时喷水，一般每天早晚都要喷水1次。喷水时，要使营养土湿透。当苗木生长到5厘米左右高时，在傍晚或阴天去掉遮阳网，使苗木在自然的环境里快速生长。

（二）除草

除草应选在雨后或阴天，拔草应小心，不能松动幼苗。除草后要及时浇水，使被松动的苗木根部土壤紧实，以免影响苗木生长，减少死亡。

（三）追肥

当种子萌生1～2个真叶时，于阴天或傍晚进行根外施肥，用0.1%腐熟的人尿水溶液喷洒苗木。然后，再用清水喷洗叶面，以免烧伤苗木。施肥应勤施薄肥，当苗木木质化后，追肥的浓度可逐渐增加，可用0.5%腐熟人尿水溶液或0.1%的尿素溶液喷洒，使苗木逐渐生长。

（四）病虫害防治

幼苗出土后至6月中旬，每隔20天用50%多菌灵可湿性粉剂800～1000倍液或1∶200的波尔多液进行病害防治，有虫害时，可用0.8%敌百虫水剂800～1000倍液或10%氯氰菊酯（灭百可）乳油2000～3000倍液喷洒杀虫。

六、苗木出圃与处理

大田苗长到8～10厘米时，开始定苗，每平方米保留壮苗50～60株，保证产苗量3万～4万株/亩。一年生苗高可达60～120厘米，翌年春季即可出圃造林。容器苗于3～5厘米高时开始定苗，每个袋子只保留1株，对缺苗的袋子应及时补上，100天左右即可出圃上山造林。

起大田苗时切勿伤到苗木侧根和须根及顶芽。按苗木的标准等级（表12-1）扎捆，扎捆后苗根蘸黄泥浆（用97%的黄心土配3%的钙镁磷加水搅拌均匀），用麻袋或稻草包等包装材料包裹根系，减少水分蒸发，挂上标签。运输时，防日晒、忌挤压，即可上山造林。容器育苗出苗时要先把容器袋喷湿，让袋中营养土紧实，防止土团松散，然后装筐上山造林。

表12-1　苗木等级表　　单位：厘米

苗木等级	分级标准			
	苗高（≥）		地径（≥）	
	大床苗	容器苗	大床苗	容器苗
Ⅰ级苗	60	30	0.7	0.5
Ⅱ级苗	40	20	0.5	0.3

注：参照木荷栽培技术规程DNB440500/T87－2004。

第三节　栽培技术

一、立地选择

造林地宜选海拔800米以下、土层深厚、肥沃、pH值<7.0的山谷、山坡下部或中部的阳坡或半阳坡。

二、栽培模式

(一)纯林

只选择木荷一个树种进行造林。

(二)混交林

一般选择与甜槠、苦槠和栲树等常绿阔叶树混交造林，或与杉木、国外松、马尾松行间混交造林，在马尾松的疏林下造林，效果更好。

三、整地

(一)造林地清理

栽植前，需对林地进行砍灌、清理。防火林带造林一般沿山脊、山坡、山脚田边延伸，线长面窄，地况复杂，不便用炼山清理林地，可用化学除草剂灭草后挖穴营造防火林带。

(二)整地时间

整地时间为10～12月。

(三)整地方式

可采用带状、块状整地。整地后要定点挖穴，穴规格50厘米×50厘米×40厘米。

四、造林密度

木荷幼年生长较缓慢，造林密度可稍大些，一般株行距1.7米×2米、1.5米×1.5米，每公顷2941～4444株。营造防火林带、生态林或培育中、小径材，株行距一般为2米×(1.5～2)米，即每公顷2500～3300株；在立地条件较好的地方，培育大、中径商品材，株行距为2米×(2～3)米，即每公顷1600～2500株。

五、栽植

(一)栽植季节

每年2～3月或9～10月，均可种植，栽植最好选择阴天或微雨天。如晴天栽植，要做好运输中苗木的随起随栽，栽植前将苗木除去1/3～1/2的叶片，用泥浆醮黏根部，以保持根系的水分不丢失。

(二)基肥

造林前30天左右，穴内先回填一半表土时施基肥，每穴施复合肥150克、磷肥100克，并拌匀，再回填心土至平穴备栽。

(三)苗木选择、处理

造林苗木应选择Ⅰ、Ⅱ级苗木。栽植时做到随起、随运、随栽，不伤根、不伤皮，根舒、打紧、栽直等。

(四)栽植方式

苗木出圃造林时，尽量做到随起随栽。大床苗按常规植树法使根系在穴内舒展，回土扶正踏实；营养袋苗一定要除袋后，土不散，栽正，回土扶正踏实。

六、林分管抚

(一)幼林抚育

幼林抚育宜在生长高峰和旱季将到之前进行。幼林抚育连续3年，栽植当年抚育1~2次，在造林5~7个月后。第2、3年每年抚育1次，每年4~5月份进行，第4年如尚未郁闭，继续抚育1次。抚育为除草、松土、培土、补植(第1次)外，并结合清除根际萌蘖和位于下部徒长枝，做好培蔸扶正和修枝工作。

(二)施追肥

每次抚育均需追肥，一般施用复合肥150克/株，采用半环状开沟埋施方法，沟深15厘米左右，把肥均匀施于沟内，然后覆土。

(三)修枝、抹芽与干型培育

结合抚育，开展修枝、抹芽与干型培育。

(四)间伐

林分郁闭后，应根据经营目的、林分生长状况及立地条件等具体情况，适当调整密度，进行间伐。间伐后林分郁闭度一般不低于0.6。培育防火林带或生态林，不必进行间伐；培育用材林，在幼林郁闭后，应进行间伐。第一次采用下层疏伐法；第二次在间隔5~6年后，可采用机械间伐法，强度为25%~40%，培育大径材保留每公顷500~750株，培育中径材保留每公顷750~1050株。一般木荷丰产林在25~30年进行采伐。

(四)病虫害防治

1. 病害防治

木荷褐斑病的危害严重。病原菌主要侵害当年生的秋梢嫩叶，亦可入侵前年的老叶，春梢少受其害。发病初期，多从叶尖与叶缘出现红褐色水渍斑，叶面亦出现病斑，病斑逐渐扩大，颜色由红褐色转变为黑褐色，病叶皱缩卷曲枯死，但不脱落。防治用50%多菌灵粉剂300~400倍液或70%甲基托布津可湿性粉剂500~800倍液，10~15天喷洒1次，连续2~3次。

2. 虫害防治

主要害虫为地老虎和蛴螬。小地老虎将新发嫩茎啃断拖入土室啃食，防治地老虎幼虫，用鲜草堆放于圃地，清晨揭草捕杀，成虫可用黑光灯诱杀；蛴螬在地下啃食嫩根，可用50%马拉松800倍液淋洒，每隔7~10天灌1次，连灌2~3次。

第三十六章　杜英

第一节　树种概述

杜英 *Elaeocarpus decipiens*，属杜英科杜英属常绿速生乔木。杜英生长快，材质好，适应性强、繁殖容易，病虫害少，是一种优质速生乡土用材树种，也是庭院观赏及四旁绿化的优良树种。

一、木材特性及利用

(一) 木材材性

杜英材质洁白，纹理通直，结构细而匀，心边材不明显，木材轻，材质较脆，重震易断，气干容重0.48～0.60克/立方厘米，木材易纵裂，不耐水湿，易腐，干燥后易加工，不变形，刨面光滑，胶粘容易。

(二) 木材利用

木材暗棕红色，坚实细致，可供建筑、家具等用材。

(三) 其他用途

杜英树皮率4.4%，树皮含鞣质，可提取栲胶，树皮纤维可造纸。

二、生物学特性及环境要求

(一) 形态特征

高达20米；小枝纤细，通常秃净无毛；老枝干后暗褐色。叶薄革质，倒卵形或倒披针形，长4～8厘米，宽2～4厘米，幼态叶长达15厘米，宽达6厘米，上下两面均无毛，干后黑褐色，不发亮，先端钝，或略尖，基部窄楔形，下延，侧脉5～6对。在上面隐约可见，在下面稍突起，网脉不大明显，边缘有钝锯齿或波状钝齿；叶柄长1～1.5厘米，无毛。总状花序生于枝顶叶腋内，长4～6厘米，花序轴纤细，无毛，有时被灰白色短柔毛；花柄长3～4毫米，纤细，通常秃净；萼片5片，披针形，长4毫米，无毛；花瓣倒卵形，上半部撕裂，裂片10～12条，外侧基部有毛；雄蕊13～15枚，长约3毫米，花药有微毛，顶端无毛丛，亦缺附属物；花盘5裂，圆球形，完全分开，被白色毛；子房被毛，2～3室，花柱长2毫米。核果细小，椭圆形，长1～1.2厘米，内果皮薄骨质，有腹缝沟3条，花期4～5月，果熟期9～10月。

(二) 生长规律

杜英高生长在15年前较快，年均生长量达50厘米，以后减慢，年均生长30厘米。

(三) 分布

我国南方各地均有分布，其中广西、广东、湖南、江西、浙江、福建、台湾等地较多，越南、老挝、泰国也有分布。常散生于海拔300～2000米的山地常绿阔叶林中。常与栲类、石栎类、木荷等树种混生形成群落。

(四) 生态学特性及环境要求

较耐阴树种，中年喜光喜湿，深根性，须根发达，并能耐短期水湿，较速生，顶端优势明显，根萌芽力强。适用于气候温暖湿润、土层深厚、排水良好的中性、微酸性山地红壤、黄壤或微碱性的四旁空地。

第二节　苗木培育

一、良种选择

选择国家或省级良种基地生产的良种。如无此条件，则应选择优良林分健壮母树种子。

二、播种育苗

（一）种子采集与处理

采种母树应选择树龄15年以上、生长健壮和无病虫害的植株。于10月下旬果实由青绿色转为暗绿色时，核果成熟，应及时采种。果实采回后可堆放在阴凉处或放入水中浸泡1～2天，待外果皮软化后，进行搓擦淘洗，再用清水漂洗干净，置室内摊开晾干后及时沙藏（种子切忌曝晒，也不宜长期脱水干藏）。杜英种子大多有深度休眠现象，种子用湿沙低温层积贮藏可显著提高发芽率（可达60%以上）。

（二）苗圃选择与整理

杜英幼苗期喜阴耐湿，应选择日照时间短，排灌方便、地质疏松肥沃的土壤作圃地。播种前对圃地进行深翻，施足基肥（饼肥1500～2000公斤/公顷），并施硫酸亚铁150公斤/公顷进行土壤消毒。筑苗床高20～25厘米，宽1.2米。

（三）播种育苗与管理

3月中下旬播种，一般采用条播，条距15～20厘米，覆土厚度1.5～2厘米。杜英种子千粒重约220克，播种量75～120公斤/公顷。播种后浇足水分，苗床上覆盖稻草或用塑料膜弓棚封闭覆盖。有条件的最好先将种子播种于沙床内，当种子开始出苗形成真叶时，及时进行芽苗移栽，可提高出苗率，也有利于幼苗管理。

据观测，杜英播种后30天左右幼苗出土，5月、6月生长较缓慢，7月生长加快，8月为生长高峰，10月后停止生长，当年生苗平均高50厘米左右。幼苗出土后应及时揭除稻草或塑料薄膜，注意松土、除草和浇水抗旱。杜英幼苗忌高温烈日和日灼危害，遇高温天气应搭设荫棚遮阴。在生长高峰之前可适当追施氮肥，8月底停施氮肥，叶面喷施磷、钾肥，适当控制水分，以提高苗木的抗寒性。

施肥：苗木生长初期，每隔半个月施浓度3%～5%稀薄人粪尿。5月中旬以后可用1%的过磷酸钙或0.2%的尿素溶液浇湿。

除草：可用50%乙草胺1200毫升/公顷和12.5%盖草能600毫升/公顷间替45天交替喷雾。

水分管理：梅雨季节应做好清沟排水工作；干旱季节应做好灌溉工作。

虫害防治：害为食叶害虫铜绿金龟子和地下害虫蛴螬、地老虎。防治铜绿金龟子时应掌握成虫盛期，可震落捕杀，亦可用50%敌敌畏乳剂800倍液毒杀。防治蛴螬、地老虎等地下害虫咬食，可用敌敌畏或甲胺磷乳油质量分数0.125%～0.167%溶液，用竹签在床面插洞灌浇。

间苗：生长盛期（6月中旬以后），应分期分批做好间苗工作，7月下旬做好定苗工作，保留25～30株/平方米，在立秋前半个月停施氮肥。9月中旬～11月中旬，可每隔10天喷1次0.3%～0.5%的磷酸二氢钾溶液和0.2%的硼砂溶液，交替喷施2～3次即可，以促使苗木提早木质化，防止梢头冻害。

三、扦插育苗

（一）圃地选择

选择交通方便、地势较高、地形平坦、靠近水源、灌溉条件好、光照时间偏短、肥沃疏松的水稻田、旱土或5°以下的缓坡地作圃地。

(二)插条采集与处理

杜英扦插插条分为长穗和短穗。其中长穗长约10厘米，插穗上部留有4～5片叶，短穗长约5厘米，插穗上部留有2片叶，插穗应注意随采随用。

(三)扦插时间与要求

按株行距3厘米×5厘米进行扦插，短穗插入深度0.5～1厘米，长穗插入深度1～2厘米，插后浇透水，及时喷洒800倍液多菌灵或百菌清防病。尔后用2厘米宽光滑竹片两头插入苗床两侧架成50厘米高的小拱棚，覆上农用透明地膜密封保湿。

(四)插后管理

扦插后每隔10天，揭膜喷洒800～1000倍液百菌清或托布津(交叉进行)。若苗床较干，喷药前应浇透水，待叶子上无水膜时再喷药。结合喷药，喷施0.5%磷酸二氢钾或尿素(可与药配在一起喷)叶面肥，促进其生根。待插穗生根后，逐步晚盖早揭。“立秋”后，揭去大棚上一层遮阳网。待9月份高温天气过后，可揭去地膜，炼苗10天后拆除大棚，让苗木进行全光照。由于杜英小苗易受冻害，可于霜降前至翌年3月重新覆上地膜保温，倒春寒后再揭去地膜。炼苗半月左右即可移栽。

(五)苗期管理

(1)施肥：苗木生长初期，每隔半月施浓度3%～5%稀薄人粪尿。5月中旬以后可用1%过磷酸钙或0.2%的尿素溶液浇施。

(2)除草：可用50%乙草胺1200毫升/公顷和12.5盖草能600毫升/公顷间替45天交替喷雾。

(3)水分管理：梅雨季节应做好清沟排水工作；干旱季节应作好灌溉工作。

(4)病虫害防治：主要虫害为食叶害虫铜绿金龟子和地下害虫蛴螬、地老虎，防治铜绿金龟子时应掌握成虫盛期，可震落捕杀，亦可用50%敌敌畏乳剂800倍液毒杀。防治蛴螬、地老虎等地下害虫蛟食，可用敌敌畏或甲胺磷乳油质量分数0.125%～0.167%溶液，用竹签在床面插洞灌浇。

(5)间苗：生长盛期(6月中旬以后)，应分期分批做好间苗工作，7月下旬做好定苗工作，保留30～40株/平方米，在立秋前半个月停施氮肥。9月中旬～11月中旬，可每隔10天喷一次0.3%～0.5%的磷酸二氢钾溶液和0.2%的硼砂溶液，交替喷施2～3次即可，以促使苗木提高木质化。一般一年苗可以生长到50厘米左右高。

(六)移栽

一年生的裸根壮苗高达50厘米以上，地径0.5厘米，即可出圃造林。半年生容器苗苗高30～40厘米也可出圃造林。

四、轻基质容器育苗

(一)轻基质的配制

轻基质有珍珠岩、蛭石、泥炭土、腐殖质土和锯木等。

(二)容器的规格及材质

容器可选径6～8厘米、高8～10厘米的塑料薄膜袋或营养杯。

(三)圃地准备

1. 育苗地条件

本着“就近造林，就近育苗”的原则，选在距造林地近，运输方便，有水源或浇灌条件便于管理的地方，育苗地要平坦，排水良好，不能在种过番茄、薯类等的菜地育苗。山地育苗要选在通风良好、阳光较充足的半阴坡或半阳坡，不能够选在低洼积水，易被水冲、沙埋的地段和风口处。

2. 整地作床

育苗地要清除杂草、石块，平整土地，做到土碎、地面平。在平整的圃地上，划分苗床与步道，苗床一般宽1～1.2米，床长依地形而定，步道宽40厘米。根据育苗地水湿状况不同，苗床分为高床、平床、低床三种。气候湿润，雨量较多的地区或灌溉条件较好的育苗地，可以采用高床，即将容器摆放在步道相平的床面上；干旱地区或灌溉条件差的育苗地，采用低床或平床，即在低于步道的床面摆放容器，摆好后容器上缘与步道平（平床）或低于步道（低床）。育苗地周围要挖排水沟，做到内水不积，外水不淹。

（四）容器袋进床

将消毒过的基质装入容器中，在装基质时要注意填实装满（约低于容器上口1厘米）。防止施肥浇水时流失基质和肥料。完成后将容器整齐地排在苗床上，尽量减少容器间的空隙，防止高温时基质干燥，同时用湿土垒边以防容器倒翻。如发现排水不良的容器，要及时用竹签在底部扎1个排水孔。

（五）种子处理

沙藏后的种子用清水20℃浸泡24小时进行催芽。

（六）播种与芽苗移栽

将经过消毒催芽的种子均匀撒播于沙床上，待芽苗出土后移植到容器中。移植前将培育芽苗的沙床浇透水，轻拔芽苗放入盛清水的盆内，芽苗要移植于容器中央，移植深度掌握在根颈以上0.5～1.0厘米，每个容器移芽苗1～2株，晴天移植应在早、晚进行。移植后随即浇透水，一周内要坚持每天早、晚浇水，必要时还应适当遮阴。

（七）苗期管理

1. 追肥

在出现真叶，进入速生期前开始追肥，根据苗木的各个发育时期的要求，不断调整氮、磷、钾的比例和施用量，速生期以氮肥为主，生长后期停止使用氮肥，适当增加磷、钾肥，促进苗木木质化。追肥结合浇水进行，用一定比例的氮、磷、钾混合肥料，配成1∶200～1∶300浓度的水溶液施用，前期浓度不能过大，严禁干施化肥，根外追氮肥浓度为0.1%～0.2%。追肥宜在傍晚进行，严禁在午间高温时施肥，追肥后要及时用清水冲洗幼苗叶面。

2. 浇水

浇水要适时适量，播种或移植后随即浇透水，在出苗期和幼苗生长初期要多次适量勤浇，保持培养基湿润；速生期应量多次少，在基质达到一定的干燥程度后再浇水；生长后期要控制浇水。出圃前一般要停止浇水，以减少重量，便于搬运，但干旱地区在出圃前要浇水。

3. 间苗

1个容器中如有2株以上苗木的，在苗木生长稳定后，及时进行间苗，保留1株壮苗，以免影响苗木生长。

4. 除草

掌握“除早、除小、除了”的原则，做到容器内、床面和步道上无杂草，人工除草在基质湿润时连根拔除，要防止松动苗根。用化学药剂除草，参照GB6001附录。

5. 其他管理措施

育苗期发现容器内基质下沉，须及时填满，以防根系外露及积水致病。为防止苗根穿透容器向土层伸展，可挪动容器进行重新排列或截断伸出容器外的根系，使容器苗在容器内形成根团。

（八）苗木出圃与处理

1. 出圃规格

容器苗以具备形成根团完整、茎干粗壮通直、叶片色泽正常、整体发育整齐、无虫害无损伤为优质苗。

2. 出圃准备

起苗应与造林时间相衔接，做到随起、随运、随栽植。在苗木出圃前 2 天左右，要进行 1 次施肥并浇透水，两者可结合进行，先用磷、钾肥喷施，再用清水浇洗叶面直至基质湿透。起苗时要注意保持容器内根团完整，防止容器破碎。切断穿出容器的根系，不能够硬拔，严禁用手提苗茎。

3. 运输

为减少运输成本，在装车时可将容器苗横向垒叠，这样能使装苗量达到最大，但注意车厢边缘层苗木全部朝内，以免擦伤。此外可以用塑料箱等器具进行分箱装运。

4. 容器苗在造林过程中的注意事项

对于薄膜型容器，只需用小刀片将容器划破即可栽植。硬质容器苗分离有两种方式：一是在苗圃时分离，便于容器回收和减少运输费用，但不利于保护苗木根系；二是在造林现场分离，可以更好地保护苗木根团。苗器分离时，要一手拿住苗木根基，一手拿容器，轻轻外提，即可将苗木与容器脱离。栽植时，要注意保护根团完整，全部埋入泥土下。

第三节　栽培技术

一、立地选择

杜英的造林地应选择土层深厚、排水良好的山地红壤、红黄壤。

二、栽培模式

(一)纯林

杜英可以纯林种植。

(二)混交林

杜英能够与杉木、木荷、樟树、榉木、枫香、红椎等树种进行混交。

三、整地

(一)造林地清理

在整地前进行林地清理，以改善造林地的卫生条件和造林条件。注意清除林业有害植物，鼠害发生严重地区要先降低鼠口密度，然后造林，林地清理采用团状清理为主，以栽植点为中心，对半径 0.5 米范围内的杂、灌进行清理，对于有培育前途的原有树种应予保留。

(二)整地时间

整地时间应在造林前 1 年的秋冬进行，使穴土有一段风化、熟化时间，有利于除掉土壤中的病虫和提高土壤的肥力。土壤质地较好的湿润地区，可以随整随造。

(三)整地方式

整地以穴垦为主，穴规格为 50 厘米 ×50 厘米 ×40 厘米。立地条件差的林地可适当扩大挖穴规格。

(四)造林密度

如营造用材林，立地条件好的，株行距可采用 2 米 ×2 米或 2.0 米 ×2.5 米；如营造生态林，株行距可用 2.5 米 ×2.5 米、2.5 米 ×3.0 米或 3 米 ×3 米，造林效果较好。混交方式以小块状混交为最好。

(五)基肥

在造林前 1 个月，将穴内回填一半表土，同时加施基肥，每穴施复合肥 100 克，填平穴面。

四、栽植

(一)栽植季节

在2~3月份选择阴雨天气，随起苗随栽，尽量减少苗木运输时间

(二)苗木选择及处理

裸根苗选用Ⅰ、Ⅱ级苗造林。容器苗应该选壮苗无病虫害的苗木造林。

(三)栽植方式

裸根苗采用“三覆二踩一提苗”的造林方法(深栽、栽紧)，同时造林前剪除苗木全部叶片和离地面30厘米以下的侧枝及过长的主根；容器苗造林要注意始终保持容器中的基质不散，同时使容器基质与穴中的土壤充分密接。同时造林前剪除苗木1/3叶片。

五、林分抚育

(一)幼林抚育

造林当年5月和11月各进行抚育1次，并全面检查苗木的成活率，对缺株和死株及时进行补植。以后每年在11月抚育1次，连续3年。抚育方法主要是除草、松土、培土、扩穴等工作。对造林地要设置固定的管护标志，防止人畜践踏林木，注意防火。危害杜英的害虫主要为食叶害虫铜绿金龟子及地下害虫蛴螬、地老虎等，在整地施基肥时每穴加施3~5克呋喃丹可有效防治金龟子幼虫。

(二)施追肥

结合抚育进行追肥，造林当年结合抚育每株施复合肥25克，第2、3年4~5月每株施复合肥50克，沿树冠垂直投影内开半环状浅沟，深10~15厘米，把肥料均匀施入沟内，然后填土，以防肥料流失，确保肥效。

(三)抹芽修枝培育干形

(1)修剪时间：修剪时间一般以冬、春为宜，早春最佳，即2月下旬~3月上旬。

(2)修剪原则：以均匀、通风、透光为度，剪去过密枝、冠内横生枝、下脚枝、重叠枝、病虫枝、干枯枝、衰老枝和徒长枝，保留向外扩张枝、健壮枝。修剪时要把握剪密留疏，去弱留强；弱树重剪，强树宜轻剪；冠下重剪，树冠中、上部宜轻剪。

(3)修剪步骤：先剪下部，后剪中上部；先剪冠内，后剪冠外；做到左右平衡，上下透光。

(四)间伐

当林分充分郁闭后出现被压木时，可进行第1次间伐，间伐强度20%~25%，本着留优去密、分布均匀地原则，砍去干形不良或多分叉的被压木。杜英根萌蘖力很强，间伐或皆伐后，可采用人工促进萌芽更新造林，但应注意除萌。

(五)病虫害防治

杜英主要病虫害：铜绿金龟子，成虫食叶片和幼芽，可用震落抽杀或傍晚用灯诱杀，亦可用50%敌敌畏乳剂800倍液毒杀。

第三十七章　仿栗

第一节　树种概述

仿栗 *Sloanea hemsleyana*，为杜英科猴欢喜属常绿乔木，树高20余米，胸径可达50厘米，是湖南珍贵用材树种；其天然分布范围主要集中在四川、云南、湖北、湖南四省区，在湖南的分布集中在湘西自治州及张家界市，在衡山也有零星天然分布，最适宜生长在水分充足、环境湿润的立地。仿栗树形高大美观，树冠开张，树叶宽大浓密，因此也是良好的行道及园林观赏树种；木材纹理细腻，可作为家具、建筑用材；结实率高，种子含油丰富，既可食用，也可作为生物质油料开发利用，是湖南省难得的材、油多用途乡土树种。

一、木材特性及利用

(一) 木材材性

木材纹理通直、结构细密、质地轻软、硬度适中，密度在0.5~0.6，容易加工、干燥后不易变形。

(二) 木材利用

其木材白色、纹理直而细嫩、色泽艳丽、花纹美观，是我国建筑、桥梁、家具、胶合板等之良材。

(三) 其他用途

仿栗营养丰富可食，是猕猴最爱吃的食物之一；仿栗作为野生木本油料植物，含油率高，一般100公斤籽可以榨油50公斤，比油茶与油菜籽的出油率都高，而且油质很好，油色呈雪白，与猪板油一样，在国家能源林树种的选择及开发利用等基础工作中有重要作用；假种皮油供制油漆用。

二、生物学特性及环境要求

(一) 形态特征

顶芽有黄褐色柔毛；嫩枝秃净无毛，老枝干后暗褐色，有皮孔。叶簇生于枝顶，薄革质，形状多变，通常为狭窄倒卵形或倒披针形，有时为卵形，长10~15厘米，最长达20厘米，宽3~5厘米，最宽达7厘米，先端急尖，有时渐尖，基部收窄而钝，有时为微心形，上面绿色，干后稍发亮，无毛，下面浅绿色，无毛，偶或在脉腋内有毛束，侧脉7~9对，基部1对常较纤弱，边缘有不规则钝齿，有时为波状钝齿；叶柄长1~2.5厘米，最长达3.5厘米，秃净无毛。花生于枝顶，多朵排成总状花序，花序轴及花柄有柔毛；萼片4片，卵形，长6~7毫米，两面有柔毛；花瓣白色，与萼片等长，或稍超出，先端有撕裂状齿刻，被微毛；雄蕊与花瓣等长，花药长5毫米，先端有长1.5毫米的芒刺；子房被褐色茸毛，花柱突出雄蕊之上，长5~6毫米。蒴果大小不一，4~5片裂开，稀为3或6片，果爿长2.5~5厘米，厚3~5毫米；内果皮紫红色或黄褐色；针刺长1~2厘米；果柄长2.5~6厘米，通常粗壮；种子黑褐色，发亮，长1.2~1.5厘米，下半部有黄褐色假种皮。花期7月，果熟期10月。

(二) 生长规律

苗高生长在4~6月间生长最慢，8~10月间生长最快，11月以后生长变慢。树高生长3~5年进入速生期，13～15 年高生长速度开始逐渐下降，23～25 年生树高生长较缓慢，此时树高一般可达 20～22 米，30 年生左右树高生长可达 24～25 米。胸径生长 6～8 年进入速生期，16～18 年胸径生长速度开始逐渐下降，30 年生左右胸径生长较缓慢，此时胸径一般可达 30 厘米。

（三）分布

仿栗在国内主要分布于南亚热带至中亚热带湖南、湖北、四川、云南、贵州及广西，越南有分布，湖南省湘南、湘西地区分布有大面积的混交林和散生林。以湘西最多，常分布于湘西北张家界市武陵源、慈利海拔 800 米以下的沟谷两侧，在慈利索溪峪海拔 560 米近沟谷处的仿栗混生林中仿栗占明显优势。

（四）生态学特性

仿栗喜湿润生境，早期生长喜阴耐湿，中期后渐趋喜阳。适宜于山地黄壤、凉爽气候，较耐高温，耐寒性強，在－15℃的低温时尚无冻害。常见的伴生树种有枫香、红淡荚蓬、长柄槭、中华槭、中华石楠、头状四照花等，在仿栗林中这类混生的落叶槭树种类很丰富。

（五）环境要求

在湖南常生于海拔 600 米左右的溪边，适宜于湿润的山谷洼地，或溪沟两侧的坡地，以及坡面较开阔缓坡地。年平均气温 15～18℃，极端最低气温－15℃。年降水量 800 毫米以上。平均相对湿度达 80% 以上，无霜期约 300 天以上。

第二节　苗木培育

一、良种选择与应用

仿栗的良种选育尚在选育中，目前还没有经国家或省级部门审定或认定的良种，生产中应该选择采种林分起源明确，一般在天然林中采种。林分组成和结构基本一致，密度适宜，采种林分无严重病虫害，在结实盛期，生产力较高，采种林分面积较大，能生产大量种子，在优势木上采种，这样能提高育苗和造林效果。

二、播种育苗

（一）种子采集与处理

当木质蒴果刺毛转现紫红色，并先端开始微裂时，即予采收。采种母树应选择 15 年树龄以上，树形端直，无病虫害的健壮植株。采集时，用高枝剪剪取果枝或以棍棒击落。果实采回后，堆集数日，待蒴果大裂，取出种子，去除杂质，搓洗干净，层积沙藏。

（二）选苗圃与施基肥

幼苗期喜阴耐湿，应尽可能选择土层 50 厘米以上、日照时间短、排灌方便、疏松肥沃湿润的土壤作为圃地。秋末冬初时进行全面深翻，清除杂草、石块等杂物。施足基肥，每公顷施腐熟饼肥 2250 公斤，磷肥 1500 公斤，有农家肥的应施腐熟厩肥 4.5 万公斤，用 150～225 公斤硫酸亚铁进行土壤消毒。细致作床，床高 25 厘米，宽 120 厘米，步道宽 30 厘米，开好排水沟。最后，床面铺上一层新鲜黄心土，厚约 2～3 厘米。

（三）播种

播种时间为 2 月下旬至 3 月上旬，播种前先浸种 1 天，待种子晾干后进行播种。条播，条距 20 厘米，播种沟宽 10 厘米，每公顷播种 120～150 公斤。为保持土壤疏松、湿润，有利于种子发芽出土，宜用稻草等覆盖苗床，其厚度以不见泥土为宜。

(四)苗期管理

1. 出苗期

仿栗播种后约 30～45 天出苗。发芽前应保持土壤湿润，注意观察，当 70%～80%幼苗出土后，可在阴天或晴天傍晚揭除覆盖物，以提高场圃发芽率，使出苗整齐。

2. 生长初期

仿栗苗初期生长缓慢，此期的管理重点是及时做好除草、松土、适量的施肥和移苗补缺工作。可每隔半月施浓度 3%～5%稀薄人粪尿。间苗时分期分批进行，于 7 月中下旬做好定苗工作，每平方米保留 35～40 株。

3. 生长盛期

8～10 月份苗木进入生长盛期。此期是苗木生长的关键时期，应及时中耕除草，加强水肥管理。中耕除草 3～4 次，中耕后每公顷撒施复合肥 150 公斤。在条距之间开沟，将肥与细沙土混拌后均匀施入；施肥要做到适量多次，苗小少施，苗大多施，严防烧伤。对于受干旱的圃地，可在苗床条距间铺草，以利抗旱保墒。

4. 生长后期

11 月以后，苗木生长渐停，形成顶芽。此期应停施追肥，进行除草管理即可。为使苗木提早木质化，安全越冬，可每隔 10 天左右用 0.3%～0.5%磷酸二氢钾溶液喷洒 1 次。

三、扦插育苗

(一)圃地选择

圃地应选择在阴坡或半阴坡，土壤肥沃，靠近水源的地方；在强阳光处育苗，需搭棚遮阴。

(二)插条采集与处理

选取生长健壮、整齐一致、无病虫害的半木质化枝条的中上部剪制插穗，长度为 8～10 厘米，上切口平剪，切口距第一芽约 1 厘米，下切口在节(腋芽背面)下方 1 厘米处斜剪，保留上部 2～3 片叶，每片叶约保留 1/2，剪好的插穗在清水中浸泡，以减少抑制剂对生根的影响，然后用 K－IBA 3000 毫克/升的外源生长激素处理插条基部，处理时间为 15 秒。

(三)插条时间与要求

选择生长健壮且无病虫害的植株作为采条母树，选取长势良好，无病虫害的枝条作为插穗。扦插前数日准备基质和穴盘，并用 0.3%的多菌灵对基质进行消毒，以避免插穗霉烂。采穗时间应避免高温和强光照，以减少水分散失，采穗后应立即进行扦插处理，不时给插穗洒水，并将其放在阴凉处进行处理。

(四)插后管理

插后用手压实基质，然后立即人工浇透水一次，后期采用全日照间歇喷雾系统满足插穗温湿需求，插后要根据插穗不同生长发育期对水分和光照的需求以及温室中水温状况及时调节喷雾时间。

四、轻基质容器育苗

(一)轻基质的配制

仿栗幼苗对土壤要求较高，营养土要疏松、肥沃。可用下列配方之一：①黄心土 50%～60%、腐殖土 35%～30%、火烧土 15%～10%；②黄心土 50%～60%、细沙土或锯末 25%～20%、腐熟堆肥 25%～20%；③黄心土 50%、食用菌培植土 20%、火烧土 10%、细沙土 10%、腐熟鸡粪 10%。此外，尽量加入一定比例的仿栗菌根土，以给幼苗接种菌根，促进幼株生长。

(二)容器的规格及材质

将营养土充分捣碎拌匀，装入直径 8～10 厘米，高 12～15 厘米的蜂窝纸杯或营养袋内待用。为了保护环境，利于苗木造林后根系生长，要选用易降解材料制作的营养袋。

(三)圃地准备

仿栗幼苗喜荫庇和湿润环境，圃地以选择半日照、空气湿度大的山沟、山窝地为好。若无这种环境条件，则应搭荫棚。整平土地后作床，苗床高 10～15 厘米，宽1～1.2 米，床面要平、土要碎。排水良好的圃地可采用平床。为避免苗根长落地，减少在苗木管抚期间的搬苗截根的工作量，提高造林成活率，可在床面垫 1～2 层农膜，膜上垫 2 厘米厚粗沙，在沙上摆放育苗容器。

(四)容器袋进床

将灌好育苗基质的容器袋直立排码在育苗盘内，运到育苗现场，摆放于架空苗床。基质充分浇水后用 0.5% 的高锰酸钾溶液浇灌杀菌消毒，再用清水淋溶后进行播种。

(五)种子处理

种子采回后，将种子放入清水浸种一晚，除去空粒、坏粒或不成熟的种子。由于种皮阻碍、内源化学物质抑制和种子的不完全发育，种子存在休眠现象，即采即播难以发芽出苗。因此，种子适宜用室内、地窖湿沙贮藏，但注意通风，避免水分过多造成霉变。

(六)播种与芽苗移栽

1. 播种

在 2～3 月，将经层积处理已萌发胚根的种子直接播于容器中，每杯点播 2 粒种子，播时胚根朝下，种实埋入土中 1～2 厘米，播后浇透水。一周后检查，以便及时补植。

2. 芽苗移栽

先将采回的种子播于种床，待种子萌发、幼苗长出两片真叶时再移栽于容器中，每杯移植 1 株芽苗，播于种床的种实，要注意拌灭鼠剂防鼠食。移栽时要选择阴天，短剪芽苗的主根(保留 2 厘米长左右)，用生根剂(ABT3 号)浸根，压实，浇透定根水。

3. 苗期管理

主要是水肥管理，晴旱天加强浇水，保持营养土湿润，以利幼苗出土，20 天左右时，要及时间苗补苗，每杯留一株健壮苗。8 月份以前，每 10～15 天追施氮肥1次，9 至 11 月每 15 天追施复合肥或磷肥 1 次，以促进苗木木质化。追肥应遵循少量多次的原则，注意做好病虫害的防治。若为全日照圃地，要在幼苗出土或芽苗移植后搭荫棚遮阴。此外，摆放在苗床面没垫农膜的容器苗每年要搬动、截根(剪去穿出容器底部的主根)1～2 次，以促使苗木多长侧、须根。

五、苗木出圃与处理

苗木经过 3 个月培育，苗高 20 厘米以上时，达到了出圃高度，苗木出圃时，要选择雨后晴、阴天进行。出圃前 1 个月左右应控制水、肥，进行炼苗，土壤干旱时，起苗前 1 天应浇透水。裸根苗先用锄头将苗木周边土壤挖松，然后挖出苗木。不损伤根皮，不撕断侧根和须根。不损伤地上枝干，做到苗干不断裂，树皮不碰伤。在质量和规格上要做到不够规格、树形不好、根系不完整、有机械损伤、有病虫害的苗木不出圃。苗木随起、随分级、随假植，有条件的可喷洒蒸腾抑制剂保护苗木，最大限度地减少根系、枝条水分的散失。适量修剪过长及劈裂根系，处理病虫感染根系。清除病虫危害苗木，按林木植物检疫要求进行处理，尤其是有危险性病虫害的苗木，要集中处理，防止感染危害其他苗木。将苗木分级包装，对不合格的苗木可留床培育。对雨天不能运出造林的苗木要在圃地集中进行假植。

第三节　栽培技术

一、立地选择

仿栗对林地的立地条件要求不甚严格，由于幼年喜阴耐湿，宜选择海拔 1500 米以下，年降水量 1000 毫米以上，年平均温度 16℃以上，极端低温 -15℃以上的土层深厚、排水良好的中性或酸性的黄红壤、红壤的山坡、山谷作为造林地。

二、栽培模式

(一)纯林

如培养目标是培育大径材，且立地条件好，营造及管护技术力量强，营造仿栗用材林可选择纯林模式。

(二)混交林

宜与仿栗混交的针叶树种是马尾松、杉木等树种。宜与仿栗混交的阔叶树种是木荷、火力楠、藜蒴栲、枫香、栎类等树种。但无论与哪种树种混交，都要认真考虑到主栽树种与伴生树种的搭配比例，以及间伐方式和收益培育目标。因此，在带状混交中可采取仿栗 2，其他树种 1 的比例进行搭配。

三、整地

(一)造林地清理

造林前须进行造林地清理，翻耕土壤前，应清除造林地上的灌木、杂草、杂木、竹类等杂灌木，或采伐迹地上的枝丫、伐根、梢头、倒木等剩余物。造林地清理有利于改善造林地的立地条件、破坏森林病虫害的栖息环境和利用采伐剩余物，并为随后进行的整地、造林和幼林抚育消除障碍。

(二)整地时间

秋冬季炼山整地，一般 12 月底完成，挖穴规格 50 厘米 ×50 厘米 ×40 厘米，株行距 2 米 ×2 米或 2 米 ×3 米。

(三)整地方式

1. 全面整地

在平坦地、缓坡地（坡度 15°以下），便于机耕、实行林农间作的造林地，采取全面整地，穴状栽植。全面整地连片面积不宜过大。要适当保留山顶和山脊天然植被，坡长每隔 30 米，沿等高线保留 3 米宽的植被带。

2. 带状整地

带状整地是丘陵斜坡地（坡度 16°～25°）常用的整地方式，要求沿着等高线进行；带的宽度一般 1 米左右，带的长度按地形确定，其形式有水平阶、水平槽、反坡梯田等。

3. 穴状整地

穴状整地是湖南造林广泛采用的方式，仿栗栽培大多采取大穴，规格为 60 厘米 ×60 厘米 ×50 厘米或 50 厘米 ×50 厘米 ×40 厘米。剔除穴内杂灌木、根蔸、石块等杂物。

(四)造林密度

造林密度按培育目的、立地条件及经营水平来定。一般每公顷 1660～2460 株。立地条件好、经营水平高则可稀些。为便于林农间作和机械化操作，栽植点采用宽行距、窄株距长方形配置；行距与株距的比例为 2∶1～3∶1，如比例过大，则会产生偏冠现象，影响林木生长和材质。

（五）基肥

定点开挖栽植穴，将表层肥土填入穴内，每穴施放磷肥0.25公斤，氮肥或复合肥0.15公斤作基肥，与表土混合施入穴底，然后填土至穴深的3/4处。

四、栽植

为提高造林成活率，栽植时适当剪去苗木部分叶片。起苗时不要伤根，在挖苗、运苗时，要对苗根进行覆盖或遮阴，做到随起苗、随包装，及时运输，及时栽植。栽苗前要及时修根，栽植时苗木要扶正，并严格做到苗正、舒根、深栽、打紧，栽植深度应超过原地径3~5厘米，栽后修好树盘，浇足定根水，为提高造林成活率，可待水渗入穴后在树盘上覆盖塑料薄膜，林冠下造林成活率更高，与马尾松等其他树种混交造林效果更好，并可作为培育绿化大苗兼用材林经营。

（一）栽植季节

1~2月选择阴雨天造林。

（二）苗木选择、处理

造林必须选用壮苗，用1~2级苗造林，壮苗标准关键在于根径粗度，1~2年生苗，根径粗要求0.6厘米以上，最好达0.8~1厘米，苗高60~80厘米以上。

（三）栽植方式

1. 裸根苗

可选在阴雨天气定植，起苗前先将嫩枝叶修剪1/3到1/2，挖起的苗木及时用黄泥浆蘸根，苗木放入预先挖好的种植穴中扶正，使根系舒展伸直，覆土后将苗稍稍提起，防止窝根。然后分层回土踩实，再盖一层松土。

2. 容器苗

应选择在雨季造林，湖南一般在5月中旬至6月上旬完成造林。造林用容器苗高20厘米，以雨后初晴造林成活率最高，成活率可达98%。造林时先撕破容器底部，切不可将土团破碎。容器苗放在定植穴内，覆土比原苗根际深1~2厘米，回土后将容器底部四周的泥土踩实后，再盖上一层松土。

五、林分管理

（一）幼林抚育

1. 中耕除草

幼林阶段，每年中耕除草2次，分别在6月、9月执行，中耕除草有刀抚、扩穴抚育、林农间作、除草剂除草等。对穴外影响幼树生长的高密杂草，要及时割除，连续进行3~5年，每年1~3次。混交林则视林木生长的具体情况，必要时，对影响其生长的邻近木，在疏伐时先期伐除。

2. 水分管理

新栽植的幼树，新根发育慢，吸收水分的能力不足，旱季应注意灌溉，中耕除草，覆膜保墒等措施，雨季要及时开沟防排涝。造林地采用自然排灌，沿自然地形开挖主排水沟，同时建立足够数量的子排灌沟，做到涝能排，旱能灌。

（二）施追肥

幼林期每年夏秋各施肥一次，肥料的种类及用量：基肥以有机肥、复合肥、磷肥、钾肥为主，追肥以复合肥和尿素为主。幼树的施肥量每株每年施尿素0.32~0.55公斤，过磷酸钙0.25公斤，从开始结果到盛果期前的这段时间，施尿素0.65~1.09公斤，氮磷钾比例为1:0.6:0.8。成龄树：施肥量施尿素1.1~2.3公斤，过磷酸钙2.2公斤，硫酸钾1.0公斤。

(三)修枝、抹芽与干型培育

要培育丰产树形，必须进行修枝、抹芽等整形修剪，且贯穿幼林、成林等管理培育的全过程。幼树修剪以疏删为主(将拟剪枝条自基部剪掉)，以短截为辅，短截强度宜轻(剪除枝条2～3个弱芽即可)。幼树修剪可在冬季休眠季节进行，也可在生长季节进行。成年结果树的修剪宜在冬季休眠季节进行，除对衰老枝、重叠枝、过密枝和病虫枝进行修剪外，应以短截为主，主要目的是有利于形成通风透光的树形。

(四)间伐

间伐一般约在造林后10年左右进行，当胸径达到12～14厘米以上，树冠互相挤压之时即可间伐。间伐是增加林分前期收入和培养大径材的关键措施之一，可一次性完成或分次进行，具体应根据林分生长状况而定。

1. 抚育间伐

林分郁闭后，5～20年生间，按林分自然整枝和自然稀疏状况进行透光伐，一般林分郁闭度达0.9；自然整枝高达树高的1/3以上时，就要开始间伐；主要伐除下层林木中生长不良的被压木和被害木，同时伐去上层林木中个别的“霸王树”。20年生后，此时自然稀疏减弱，林分生长比较稳定，采取综合性疏伐，本着“择劣而伐”的原则，主要伐除上层林木中树干弯曲、多枝节、尖削度大；或树冠过于庞大的树木，以及病虫木、濒死木、枯立木等，要注重“砍密留稀”，否则影响单位面积产量，必须制止“拔大毛”或“择优而伐”的错误做法。

2. 间伐强度

在适宜侧方庇阴条件下，有利保留木良好干形的培育，故间伐强度不宜过大，每次间伐株数控制在10%～20%内，间伐后郁闭度保持在0.7左右；抚育间隔期也不应过长，每隔3～5年1次。培育成中径材的林木营养面积20～30平方米，而培育成大径材的营养面积大多在40～50平方米以上。10～15年生林分，间伐后每公顷保留2250～3000株，15～20年生以上林分，间伐后每公顷保留1200～1500株。

第三十八章　翅荚木

第一节　树种概述

翅荚木 *Zenia insiqnis* 又名任豆树、任木、砍头树，是我国特有珍稀树种，属苏木科翅荚木属落叶高大乔木，高达33米，胸径达160厘米。翅荚木耐干旱、瘠薄土壤，特别适合石灰岩发育的土壤，在湖南江华、江永、道县、通道、保靖、永顺等地有天然群落，在湖南江华、道县、衡阳等地有人工栽培。

一、木材特性及利用

(一)木材材性

翅荚木木材绝对含水率19.4%，木材全干密度为每立方厘米0.335克，气干密度为每立方厘米0.378克，基本密度为每立方厘米0.314克；吸水率分别为45.6%(6小时)、178.5%(24小时)，为吸水性较强木材。其纤维素含量为48.72%，木质素含量为20.35%；纤维平均长度为910~1490微米、平均宽度为15.0~18.0微米，长宽比为50.6~90.3。

(二)木材利用

翅荚木木材很坚实，纹理密致，是一种很有价值的优良木材。木材经水泡阴干后，能避虫蛀，不翘不裂，可作桁头、门窗、板材、农具、家具等。5年生翅荚木的纤维长度除只短于I-69杨纤维长度7.2%外，均长于赤桉、尾叶桉等各种桉树的纤维长度，是桉树平均值的1.25倍，纤维宽度除比5年生I-69杨窄10.2%外，比其他各种桉树宽23.98%以上，纤维长宽比比桉树低23.1%、而比杨树高4.88%。根据翅荚木纤维形态与桉树、杨树比较分析，翅荚木与桉树、杨树一样，是一优是优质的纸浆材原料。

(三)其他用途

翅荚木木材热值为每克18000~19000焦，且萌芽能力强，是一优质纤维能源树种。翅荚木种子可以榨油，用于油漆、肥皂工业。树叶含蛋白质，嫩枝叶可作饲料喂养牛羊，叶片还含有一定数量的氮素，可作稻田的绿肥和沤制堆肥。花黄棕色，适于观赏，又能分泌蜜汁，为良好的观赏和蜜源树种。种子可以榨油，用于油漆、肥皂工业。它的作用除了有涵养水源，防风固沙，还有吸收有毒气体，还可以作为行道树，可塑性好，可作为园林绿化树种。

二、生物学特性及环境要求

(一)形态特征

翅荚木树皮灰白带褐色；树冠伞形，枝条开展。奇数羽状复叶，互生；托叶大，早落；小叶互生，长圆状披针形，先端急尖或渐尖，基部圆形，下面密生白色平贴短柔毛；花排列成疏松的顶生聚伞状圆锥花序；花梗和总花梗有黄棕色柔毛；花红色，近辐射对称，花瓣比萼片稍长，最上面的1枚花瓣略宽于其他花瓣；子房边缘疏生柔毛，具子房柄。荚果褐色，不开裂，长圆形或长圆状椭圆形，果皮膜质；种子扁圆形，平滑而有光泽，棕黑色。

（二）分布

翅荚木分布于云南西南部和东南部、贵州西南部、广西西部和东部、广东北部和南部、湖南南部、贵州、四川、福建等省（区），现已濒临灭绝，属国家重点保护植物。

（三）生长习性

在土质深厚、肥沃湿润和排水良好的地方生长特别迅速，苗期年生长量高达3～6.7米，根径3～6厘米，一般5～6年就可采伐利用。苗期分枝性不强，苗干高4～5米也甚少分枝，宜于培植高干无节良材。

（四）生态学特性及环境要求

翅荚木属强阳性树种，不耐阴蔽和水淹，但耐高温和耐寒能力较强。浅根性，根系特别发达。断头锯蔸后仍能萌发，主伐后经多代萌芽更新，其萌芽力经久不衰。具根瘤，能改良土壤，适应性强，在乱石丛中以及山地黄壤、黄棕壤、红壤、石质土、多腐殖质的沟壑均能生长。

翅荚木适应能力较强，无论山区、丘岗、平原及四旁均可种植。造林地的海拔不要超过500米，但当风口和当风的北坡，不宜种植。

翅荚木具有适应性强、育苗造林容易、生长迅速、萌芽力极强的特点。翅荚木树形高大，枝叶茂密，对土壤的适应性较强，适宜于种植在石灰岩山地，微碱性至微酸性土壤。翅荚木是阳性树种，不耐阴蔽，但耐干旱瘠薄。喜钙质土，在石山上多生长于山腰、山脚土壤较疏松、肥沃的地方，年树高生长量可达1米～2米，年胸径生长量达1.5厘米以上。

第二节　苗木培育

一、良种选择与应用

宜选用优良种源、优良林分、优良单株的种子进行育苗。优良种源和优良林分的种子材积增益可达8%～10%。经生产实践证明湖南造林选用通道、江华、道县种源或各产地中选择优良母树采种为好。

二、播种育苗

（一）种子采集与处理

选择生长健壮、树干通直无病虫害的25年以上成年母树采集种子。每年10～11月，当荚果由青变棕褐色时采收，晒干、打烂荚果，除去杂质。种子可随采随播，也可干藏到次年播种。采集的种子在干燥、通风条件下保存。

（二）选苗圃及施基肥

育苗地选择地势平坦，交通方便，有良好排水灌溉条件，土壤为中性沙壤质土，深厚湿润肥沃。

圃地耕作时，每亩施过磷酸钙150公斤、生石灰10公斤，深耕细耙，使过磷酸钙、生石灰与土壤混合均匀。苗床采用条幅，畦宽1米，畦长根据圃地而定，畦高20厘米，畦距间上宽28厘米，下宽22厘米。床面要求平整无积水，整地在育苗前七天完成，以便使土层发酵，增加土壤肥力。

（三）播种育苗与管理

1. 种子催芽与播种

（1）催芽。翅荚木种子扁圆形，浅褐色，坚硬具有蜡质，不易透水，播种前采用热水浸种催芽。将种子浸入60℃的热水中，种子与热水体积之比为1:2，待热水自然冷却后，用双手捏着种子均匀摩擦，使种子外层被有的蜡质蜕光，再用清水冲洗干净。将软化种子用25℃温水浸种24小时，使种子吸水膨胀，然后捞出种子装进箩筐里放在通风背光的地方催芽，每天早晚用清水淋两次，当30%的种子露出白色的胚根时，即可播种。经催芽的种子圃地发芽率可达到90%以上。

（2）种子播种。春播育苗一般采用穴播。穴距宽幅15厘米，行距间宽20厘米，每穴播2粒种子。播种后盖上一层火土灰（每担火土灰拌0.5公斤过磷酸钙），以不见种子为度，然后覆盖稻草保温，保持圃地湿润，约经3~5天、93%左右的小苗出土后，傍晚应揭去覆盖物。

2. 苗期管理

（1）水分管理。种子发芽前，苗床适宜的水分是种子生根发芽出土的必备条件。晴天要灌足底水，畦底有水高3~5厘米，一般出苗前灌2次，即3天1次，3~5天苗木基本出齐。阴天出苗前一般灌溉1次，雨天不需要灌溉，还应注意排水防涝。

（2）松土锄草。松土锄草应在雨后进行，行内一般不需要松土，锄草（拔草）后应浇水，使松动的苗木紧实，以免造成死亡。幼苗期除草、补苗、追肥管理方法为：幼苗出土20天后，已有7~8厘米高，展开了一对叶子，此时必须进行除草、补苗和追肥等管理工作。苗木过稀处阳光充足，生长特快，苗木高矮不一致，不仅影响出苗率，而且降低苗木质量，必须进行补苗，苗高10厘米左右时进行间苗定植补苗，将缺蔸苗用附近2粒种子完全发芽成活的苗木中抽一株进行补植。补苗后给苗木全面追肥一次，补充苗木生长所需的养分。每亩用尿素15公斤，按1.5%的浓度兑水淋于苗木行间。以后每隔20天左右再除草一次，连续2次。同时，结合松土，给苗木再追肥一次，每亩用复合肥15公斤，行间开沟条施，并覆盖，如遇晴天，在施肥盖土后淋一次水。2个月后苗木高达40厘米，枝叶已基本郁闭，此后杂草受阴难以生长，不再需要进行除草工作。

（3）施肥。苗木出土后七天左右，在阴天或傍晚时用1%的人尿液或0.1%的尿素溶液喷施。根据苗木出土时间的长短，幼苗木质化后，根外施肥量逐渐增加。

（4）苗木截顶修剪。每年7月、9月对苗木进行截顶修剪，第一次修剪高度为40厘米左右，第二次修剪高度为50厘米左右，以促进苗木粗生长。

（5）促进苗木木质化。8~9月份为翅荚荚苗生长高峰期，此时不宜追肥，尤其不能追施氮肥，这样可促使苗木提前木质化。到11月底苗木基本落叶，木质化程度高，应提高抗寒抗冻能力，通过控制水肥，提高苗木木质化程度，为苗木过冬打好了基础。

（6）苗木生长节律。翅荚木苗木从播种到出土约需15天，至幼苗形成需要23天，经过约30天的幼苗期后进入速生期，速生期即生长量高峰期在6月上旬至10月中旬，苗木生长期长，生长速度快。

3. 病虫害防治

播种一周后，种子基本发芽出土。幼苗出土后及时喷施500~600倍的多菌灵或托布津药液一次，以防猝倒病发生。在8月中旬，苗木生长高峰期，用40%的氧化乐果1000倍液喷洒叶面一次，以防木虱为害苗木嫩叶嫩枝。

三、容器苗培育技术

（一）育苗地点选择

育苗地点宜选在交通方便，近造林地，近水源，地势平缓的地方作为育苗地，以减少管理和运输成本，节省造林开支。

（二）容器规格与营养土配制

用规格为高15厘米、直径10厘米的塑料薄膜袋育苗。营养土配制为黑色石灰土、火土灰、腐熟牛栏粪肥，比例为8∶1.5∶0.5。

（三）育苗季节

育苗季节春、夏、秋季均可，但夏季育苗必须搭阴棚，詹永亮认为秋季轻基质容器育苗与春季大田育苗相比，具有育苗周期短，苗木规格适中，可降低育苗成本，提高苗木抗逆性，提高造林成效。

(四)营养土装袋

基质配方采用泥炭：椰康/腐木屑：珍珠岩配比为4∶2∶1，将配制好的营养土装入营养袋，注意装满。

(五)点播或芽苗移植方法

种子经浸泡处理后(方法同裸根育苗)，即可选择有发芽能力的种子进行点播，每杯点播2粒种子，盖土厚度约1厘米。

种子经浸泡处理后(方法同裸根育苗)，经沙床催芽，待种子发芽后，移植到营养袋，每袋移植一颗芽苗，一周后检查，发现死苗及时补植。

(六)苗期管理

1. 水肥管理

播种后必须经常保持土壤湿润，以利幼苗出土，20天左右时，要及时间苗补苗，每杯留一株健壮苗。视苗木生长情况，可适量追施腐熟的水粪或化肥，施肥量按照少量多次的原则，避免施量过多而伤苗。根据苗木的生长情况进行追肥，苗木生长好可不追肥，苗木生长弱应适当追肥，追肥时，春夏苗木生长旺盛期，以氮素肥料为主；秋季苗木生长缓慢期，以磷、钾肥为主。一般9月底后不能浇水与施肥。叶面追肥可用0.2%～0.4%复合肥水溶液或0.2%～0.4%尿素水溶液或0.2%～0.5%的磷酸二氢钾水溶液进行叶面喷施，一般每10天喷施一次。苗木经过3个月培育，苗高20厘米以上，即可出圃造林。

2. 除草

除草要掌握除早、除小、除了的原则。人工除草在地面湿润时连根拔除。翅荚木容器育苗一般不用除草剂除草。

3. 病虫害防治

翅荚木苗期主要虫害为小地老虎(别名叫地蚕、切根虫)，主要是其幼虫为害苗木的嫩茎，咬断茎基部，并把苗木拖入穴中啮食，从而造成缺苗。防治方法：初龄幼虫期喷90%敌百虫500倍液。注意喷药时，最好是在傍晚或阴天进行，也可在每天上午到圃地进行检查，发现苗木被害时，应在附近扒开表土进行捕捉。

第三节　栽培技术

一、立地选择

翅荚木造林地宜选在土壤湿润、排水良好的地方，以钙质岩、石灰岩发育的中性偏碱性土壤、土层厚度在60厘米以上的沙壤土、轻壤土、中壤土。

二、栽培模式

翅荚木为强阳性树种，可以栽植纯林，亦可栽植混交林，但以块状混交造林模式为主，翅荚木以种植在山脚、山沟为主。

三、整地

(一)造林地清理

对于荒地、皆伐作业等类似之地，先将地中的树枝、树叶和杂草进行清理和集中，然后选择无风的天气、放到迹地的中央、并在有人看护的前提下进行集中烧毁。在清理过程中，必须保留生长好的乔木树种的幼苗和幼树。对于低质低效林改造、森林恢复、森林重建、改培、优材更替中的造林之地，只清理需要栽树周围的杂草、枯枝以及影响其生长的霸王树枝。

(二)整地时间

整地时间要避开雨季，以减少水土流失，一般在秋末冬初造林前进行，利于改善土壤理化性质。

(三)整地方式

整地方法要以保土蓄水，增加土层厚度，提高土壤肥力为目的，尽量少破坏当地原生植被。整地时将土壤翻松，清除杂灌、草根。适宜石灰岩地区荒山造林的整地方式主要有“V”字形、穴状2种类型。“V”字形整地方式适宜于坡度26°~35°的荒山裸岩。操作方法是在裸岩缝隙小块土的附近垒土或垒小石块，然后沿两边向外倾斜呈“V”字形，其造林地形状多为不规则的菱形。②穴状整地方式适合坡度25°以下的地势平缓的沟底或裸岩稍少的地段应用，穴规格为50厘米×50厘米×40厘米。

(四)栽植密度

翅荚木纸浆材造林密度每亩110~200株，株行距3米×2米或1.5米×2米，胶合板材造林密度每亩74~90株，株行距3米×3米或2.5米×3米，具体根据立地情况确定。种植穴规格为50厘米×50厘米×40厘米。土壤回坑时，土块要粉碎，表土归心，填满为止。石山地区造林株行距难以统一，可随地形而定，种在土层较厚的石缝、石窝之中，保持每亩110~200株左右。

1. 造林初植密度对翅荚木胸径、树高的影响

翅荚木各种造林初植密度对翅荚木胸径、树高的影响的方差分析见表15-1，生长效应见图15-1、图15-2。

表15-1　胸径、树高方差分析表

因子	变异来源	自由度	F值	p值
差立地胸径	处理间(初植密度)	8	36.504	0.0000**
中高立地胸径	处理间(初植密度)	8	209.668	0.0000**
差立地树高	处理间(初植密度)	8	3.788	0.0112*
中高立地树高	处理间(初植密度)	8	321.264	0.0000**

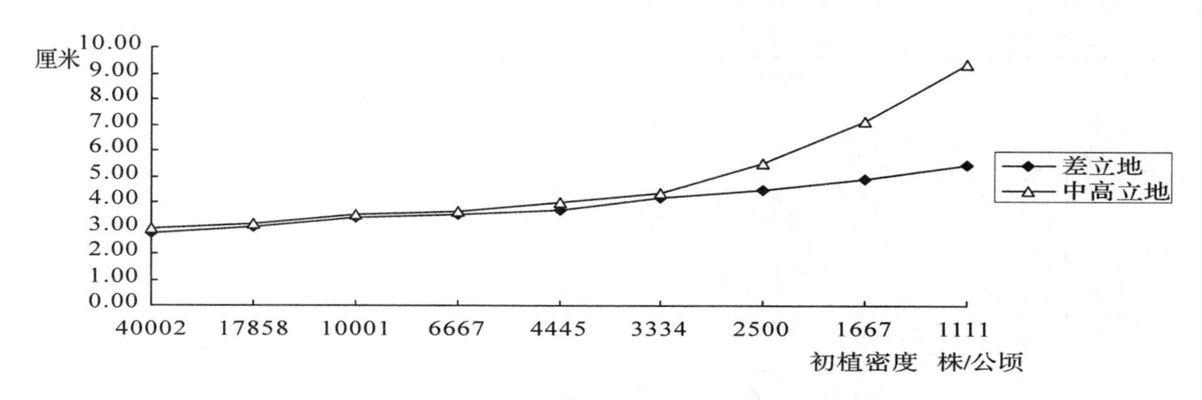

图15-1　不同立地条件下造林初植密度对翅荚木胸径生长的影响效应

根据表15-1分析和图15-1、图15-2可知，差立地和中高立地不同造林初植密度对翅荚木胸径生长有极显著影响，差立地不同造林初植密度对翅荚木树高生长有显著影响，中高立地不同造林初植密度对翅荚木树高生长有极显著影响。在差立地和中高立地条件下，随着初植密度的减小，4年生翅荚木的胸径增加，且中高立地的胸径生长量大于差立地；随着初植密度的减小，4年生翅荚木的树高增加，且中高立地的树高生长量大于差立地。各立地胸径、树高生长量见表15-2。

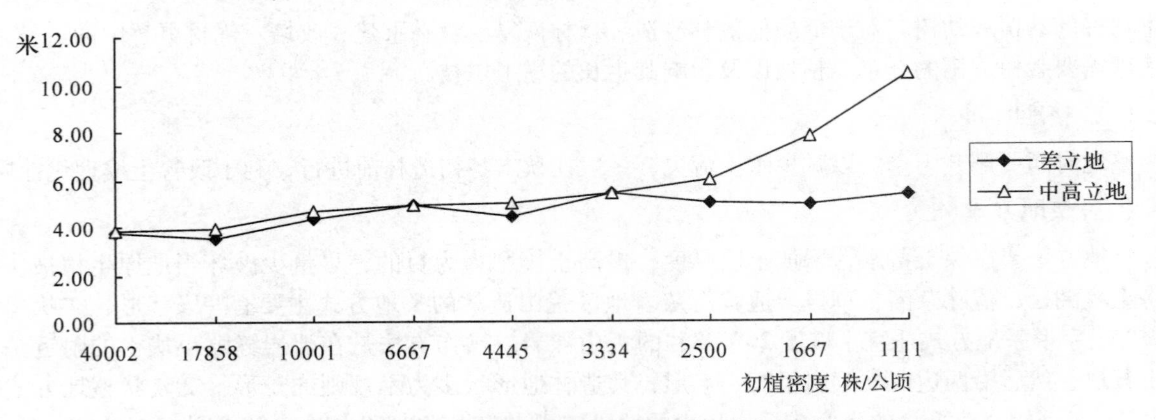

图 15-2　不同立地条件下造林初植密度对翅荚木树高生长的影响效应

表 15-2　翅荚木胸径、树高生长量表

因子	立地	初植密度(株/公顷)								
		40002	17858	10001	6667	4445	3334	2500	1667	1111
胸径(厘米)	差	2. 81	3. 02	3. 41	3. 53	3. 69	4. 16	4. 50	4. 93	5. 48
	中高	2. 97	3. 14	3. 49	3. 63	4. 02	4. 36	5. 53	7. 13	9. 39
树高(米)	差	3. 73	3. 50	4. 36	4. 86	4. 44	5. 38	4. 99	4. 91	5. 33
	中高	3. 87	3. 88	4. 62	4. 88	4. 98	5. 41	5. 95	7. 75	10. 35

2. 造林初植密度对翅荚木生物量的影响

选择了 6 种初植密度，即每公顷分别为 40002 株、17858 株、10001 株、6667 株、4445 株、3334 株进行生物量调查，6 种初植密度翅荚木生物量方差分析与密度效应分别见表 15-3、图 15-3。

表 15-3　不同密度翅荚木生物量方差分析

因子	变异来源	自由度	*F* 值	*p* 值
差立地生物量	处理间(初植密度)	5	258. 694	0. 0000 * *
中高立地生物量	处理间(初植密度)	5	139. 672	0. 0000 * *

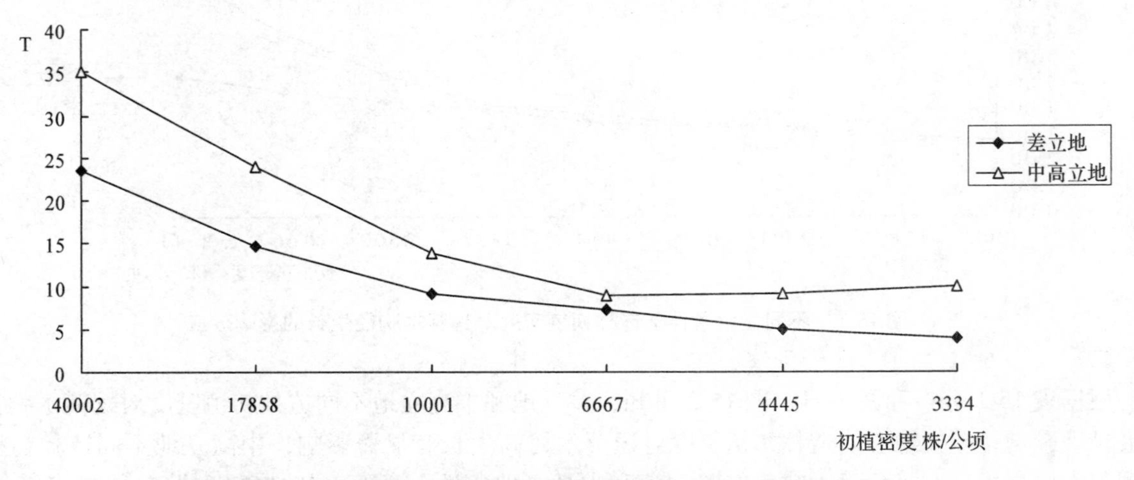

图 15-3　不同立地条件下造林初植密度对翅荚木生物量的影响效应

根据表 15-3 和图 15-3 分析可知，差立地和中高立地不同造林初植密度对 4 年生翅荚木生物量有极显著影响，在差立地和中高立地条件下，随着初植密度的减小，4 年生翅荚木的生物量降低，且中高立地的生物量大于差立地的生物量。

(五)施基肥

挖穴时表土和心土分开，每穴可施入0.2公斤过磷酸钙作为基肥，前三年每年施放0.1公斤尿素。

四、栽植

栽植时，先把穴中的土挖出来，把苗木放在穴中间，然后分层填土。并用脚踩实，直填到穴面形成面包型。这种填土种植，在长期晴天太阳暴晒干旱时苗木不会枯干；或在长期下雨时，穴中不会积水，不会造成苗木烂根，能使苗木正常生长。

(一)栽植季节

春季是造林的好季节，裸根苗造林在1~3月的阴雨天，种子直播造林为3~5月(雨季开始的月份)，容器苗造林则于春夏之交的阴雨天造林。

(二)苗木选择、处理

裸根苗选择1年生苗，苗高要求在1.2米以上，苗木地径在0.8厘米以上，如是长途运输和起苗后长时间才栽植，应在栽植时进行苗木截干，截干高度为离地面约25~30厘米。

容器苗高应在20厘米以上，以雨后初晴造林成活率最高，成活率可达98%。造林时先撕破容器底部，切不可将土团破碎。容器苗放在定植穴内，覆土比原苗根际深1~2厘米，回土后将容器底部四周的泥土踩实后，再盖上一层松土。

(三)栽植方式

栽植方式以裸根苗全苗、切干苗和容器苗造林3种方式。

1. 全苗栽植

可选在阴雨天气定植，起苗前先将嫩枝叶修剪1/3至1/2，挖起的苗木及时用黄泥浆蘸根，苗木放入预先挖好的种植穴中扶正，使根系舒展伸直，覆土后将苗稍稍提起，防止窝根。然后分层回土踩实，再盖一层松土。

2. 切干栽植

造林时把一年生苗木主干截去，保留苗基部干长25~30厘米即可。操作方法同全苗造林。

3. 容器苗栽植

应选择在雨季造林，湖南一般在5月中旬至6月上旬完成造林。造林用容器苗高20厘米，以雨后初晴造林成活率最高，成活率可达98%。造林时先撕破容器底部，切不可将土团破碎。容器苗放在定植穴内，覆土比原苗根际深1~2厘米，回土后将容器底部四周的泥土踩实后，再盖上一层松土。

五、林分管抚

(一)幼林抚育

春夏是杂草快速繁殖的季节，苗木栽植后不久开始长出杂草，这时要及时拔草，以免影响苗木生长。除草一般在下雨后或阴天进行。除草时，将铲除植株周围的杂草，覆盖于地面，杂草腐烂成为肥料，提高土壤肥力。除草一般结合松土进行，造林每年可行1~2次，时间在5~6月或11~12月。幼林期间，每年中耕一次，时间宜在5~6月。除草也可用化学除草剂进行，用量为每公顷喷施41%草甘膦3.75~4.50升，施用时要注意对幼苗的保护，防止药液溅到植株上。

(二)施追肥

追肥能促进根系和植株地上部分生长。追肥时间宜在栽植后第一次新梢老熟时，选择阴雨天进行，次年再进行1次。追肥以氮肥为主，每株20~30克为宜，在植株立地上方25厘米左右，开小沟撒施，及时覆土。造林当年可少施、晚施，第二年可适当多施。肥料以腐熟有机饼肥加尿素混施为好，每株每次施入0.3～0.5公斤，并与浇水结合进行，以保证肥效的发挥。施肥时可同时进行中耕除草，范围应只限于种植穴周围，避免破坏当地原生植被。

翅荚木配方施肥所用苗木为一年生裸根苗，造林时将树干离根颈处15厘米截干。配方施肥各处理为：(1)$P_{0.1}$、(2)$P_{0.2}$、(3)$P_{0.3}$、(4)$N_{0.05}$(5)$N_{0.1}$、(6)$N_{0.15}$(7)$P_{0.1}N_{0.05}$、(8)$P_{0.1}N_{0.1}$、(9)$P_{0.2}N_{0.1}$、(10)$P_{0.2}N_{0.05}$、(11)$P_{0.3}N_{0.05}$、(12)$P_{0.3}N_{0.1}$、(13)复合肥$_{0.1}$、(14)复合肥$_{0.2}$、(15)CK(不施肥)，配方中P、N分别为钙镁磷肥、尿素，下标数字为施放肥料的数量，单位为公斤，各处理连续施肥3年。造林地前茬为湿地松林，整地规格为50厘米×50厘米×40厘米，株行距为2米×2米，整地时间为2006年12月，造林时间为2007年2月。分析数据为2009年11月调查，调查因子为胸径和树高。

翅荚木虽然根系带有根瘤菌，自身具有固氮的功能，其树高、胸径对不同配方肥料的生长响应是不一致的。3年生翅荚木配方施肥各处理胸径、树高方差分析见表15-4。

表15-4 翅荚木施肥肥效胸径、树高方差分析表

项目	变异来源	平方和	自由度	均方	F值	p值
胸径	区组间	1.4239	3	0.4746	1.226	0.3121
	处理间	13.7544	14	0.9825	2.538**	0.0094
	误差	16.2578	42	0.3871		
树高	区组间	4.1973	3	1.3991	2.667	0.062
	处理间	18.6372	14	1.3312	2.537**	0.0089
	误差	22.036	42	0.5247		

1. N、P养分对胸径的影响效应

从表4可知，不同配方处理(N、P、NP组合及复合肥)的翅荚木胸径生长有极显著差异，各区组间翅荚木胸径生长则没有显著差异。多重比较结果见图15-4。

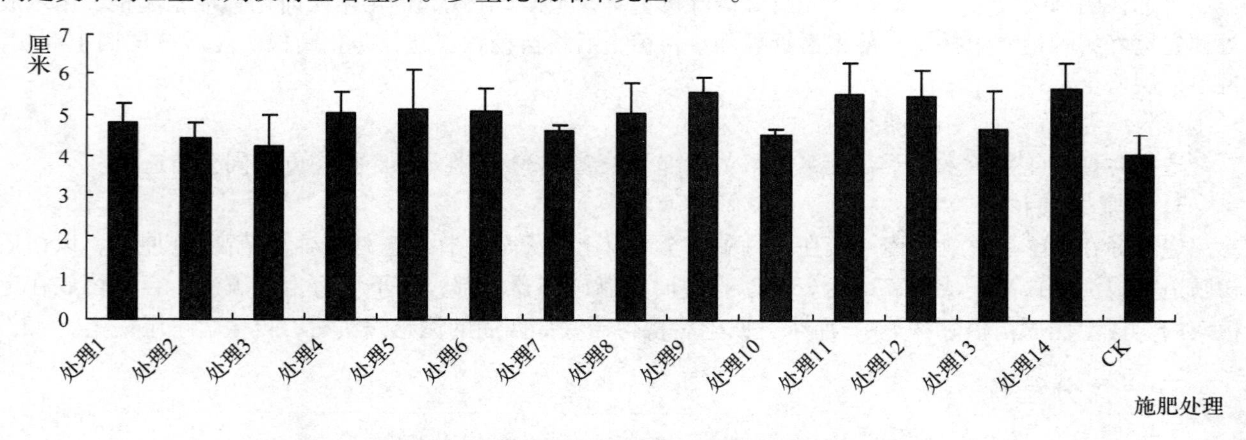

图15-4 翅荚木胸径对不同配方肥和生长响应图

从图15-4可知，处理14、处理9、处理12、处理11，即连续3年每株翅荚木施放复合肥$_{0.2}$、$P_{0.2}N_{0.1}$、$P_{0.3}N_{0.1}$、$P_{0.3}N_{0.05}$(单位为公斤)其胸径生长量分别为5.63厘米、5.55厘米、5.48厘米、5.45厘米，而对照生长量为4.05厘米。

2. N、P养分对树高的影响效应

从表15-4可知，不同配方处理(N、P及NP组合)的翅荚木树高生长有极显著差异，区组间翅荚木胸径生长则没有显著差异。多重比较结果见图15-5。

从图5可知，处理9、处理11、处理12、处理14，即连续3年每株翅荚木施放$P_{0.2}N_{0.1}$、$P_{0.3}N_{0.05}$、$P_{0.3}N_{0.1}$、复合肥$_{0.2}$(单位：公斤)其树高生长量分别为6.88米、6.72米、6.70米、6.57米，而对照生

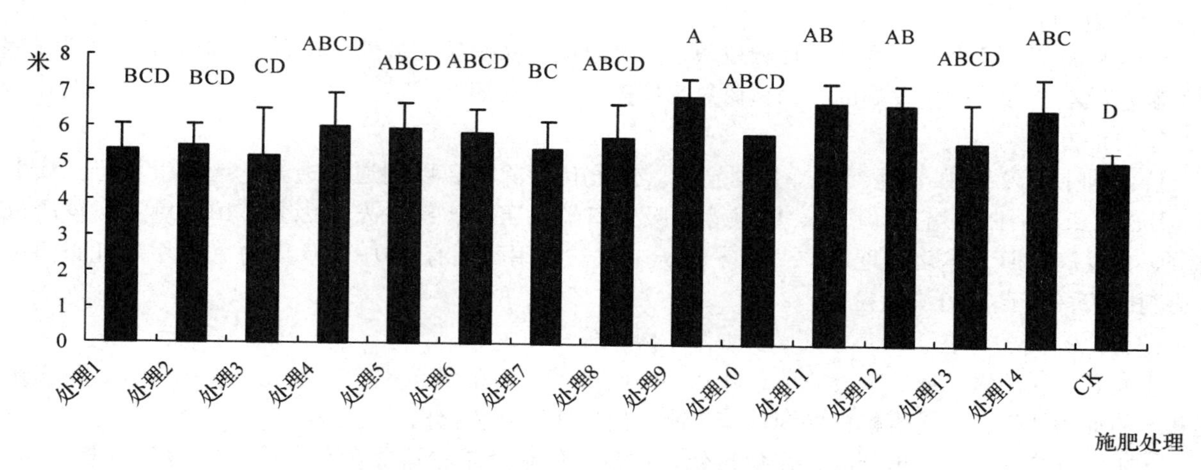

图 15-5　翅荚木树高对不同配方肥和生长响应图

长量为 5.14 米。

综合分析，幼龄翅荚木每年以施用钙镁磷肥 0.2 公斤、尿素 0.1 公斤其胸径、树高生长量提高显著，3 年胸径生长量提高 37.04%、树高生长量提高 33.85%。

(三)修枝、抹芽与干型培育

如是截干苗，应在当年的 6 月剪枝除萌，只保留一根生长旺盛的主干，在 8～9 月还应进行第二次除萌。

在苗木栽植后的前两年应进行整形修枝，修枝时发现死苗及时补植。用材林适当修枝整形，以改善材质和树形，提高经济效益，主要是抹芽，春季萌芽时进行，每年一次，抹掉主干上的新生侧枝芽，以营造通直树干，培育无节大径级良材。

(四)间伐

当林木生长到一定阶段，要进行合理间伐，实现优质、高效栽培。

根据林分生长状况，当郁闭度达 0.9 时，树高生长减缓，林木个体间出现分化时开始第一次间伐。翅荚木纯林一般造林后第 8 年进行，砍去部分生长不良和过密的树木，为留下的树木生长发育创造良好环境条件。间伐强度为 20%～30%，为培育大径材 5～6 年后郁闭度又恢复到 0.9～1.0 时，应进行第二次间伐，最后保留每亩 50～60 株。

(五)病虫害防治

1. 病虫害防治

翅荚木幼林病虫害较少，肥料充分，光照充足，抚育及时，就能够较快生长。但是，当树干胸径达 4 厘米，郁闭度 0.6 以上时，往往有蛀干害虫(鳞翅目蛾类)为害，造成木材穿孔，生势减弱，对材质的影响大。如发生病害，要及时清除病株，集中烧毁，每隔 7～10 天，用 500～1000 倍敌克松或用 400～800 倍 70% 甲基托布津溶液喷洒苗木根颈部，以控制病害的蔓延。

(1)烟煤病。

①发病特征。危害翅荚木的叶片和枝条，严重时可全株发病。黑色煤状物先在叶正面沿主脉产生，再逐渐扩散至全叶，严重发病的树木，树冠好像盖上一层煤烟。

②防治方法

I、农业防治：加强管理，坚持合理施肥，适度抚育除草，以利通风透光，增强生长势，减少发病。II、用药防治白鹅蜡蚕、粉虱、叶螨等刺吸式口器的害虫，减少发病因素。III、对发病较严重的林分，在发病初期，连续用药2次，相隔10天一次。选用药剂有400～800倍的70%甲基托布津可湿性粉剂或75%百菌清可湿性粉剂。

(2)鞍象。

①发病特征。鞍象成虫啃食幼芽和叶片，专吃叶肉，有的甚至把全叶吃光，只剩主脉，直接影响翅荚木的抽梢和生长。受害植株要到秋季才能长出一些新叶和秋梢。

②防治方法。保持合理密度，避免过伐、过疏。冬季及早春清除杂草，可消灭越冬幼虫，5月上旬成虫出土活动时铲除林地中的杂草、蕨类植物、青冈等第二寄主，阻止成虫补充营养。保护树蛙等天敌。晚上用塑料袋捕捉躲藏到叶子背面的成虫。2月幼虫活动时用灭幼脲（1：2000）淋烧，2～6月在林地施白僵菌。

(3)八点灰灯蛾。

①发病特征。八点灰灯蛾分布于全国各地。是一种广食性害虫，常间歇性成灾。

②防治方法。冬季及早春清除林地的杂草、石块，可消灭部分越冬幼虫及部分蛹。幼虫盛发危害期，夜间用黑光灯诱杀幼虫，可减少虫源。成虫产盛期，摘除卵块，在受害严重的地方，晚间或清晨捕捉幼虫。用5%来福灵4000倍液或Bt乳剂500倍液，可控制幼虫危害。喷药应掌握在初孵幼虫群集时进行人工捕杀。

(4)天牛。

①特征。天牛幼虫蛀干，影响水分和营养输送，主枝受害后易风折，严重者枯死。

②防治方法。诱杀成虫：该成虫有趋光性，在羽化盛期，于林内装上黑光灯诱杀成虫。修剪虫枝：发现被害枝，及时剪除，以杀死枝条内的幼虫。钩杀或毒杀：用铁线顺蛀孔钩杀幼虫。对蛀孔较深的幼虫，可用吸水纸或蘸上80%的敌敌畏乳油的药棉塞入孔内，然后用黄土封堵孔口，以毒死蛀道内的幼虫。

第三十九章　黄檀

第一节　树种概述

黄檀 *Dalbergia hupeana* 属蝶形花科 Papilionaceae 黄檀属 *Dalbergia*，乔木，高 10 ~ 20 米；常生于海拔 600 ~ 1400 米的山地，花多且香，是极好的蜜粉源植物；材质坚硬、耐腐耐磨，且具花纹、有光泽及芳香，宜作高档用材，是珍贵的用材树种；适应性强，易天然更新，热值高，因此也是荒山造林先锋树种和理想的薪炭原料，在植被恢复及群落演替方面有着极其重要的意义。

一、木材特性及利用

（一）木材材性

黄檀木结构略细，纹理交错，具生长轮花纹。木材坚硬且有光泽，弯曲强度、抗压强度高，抗震性能中等，耐用性好，蒸汽弯曲性能好。

（二）木材利用

黄檀木材坚韧、致密，具深色条纹，芳香宜人，抗压强度颇高，耐腐耐磨耐冲击，亦能抗虫。这些特性是其他用材树种很难媲美的，所以它是制作高级家具、精密仪器、高档装修、车船装饰的上等用材，亦是雕琢工艺品、刨切微薄木、车旋工件、运动器材、人造板贴面等上好原料。民间多利用黄檀木材作斧头柄、农具等。

（三）其他用途

黄檀花香四溢，开花能吸引大量蜂蝶，是很好的蜜源植物。其根、干、叶性辛、温，有活血化瘀、辟秽降逆、止血止痛的功效，主治疮疥疔毒、毒蛇咬伤、细菌性痢疾、跌打损伤等。民间也用于急慢性肝炎、肝硬化腹水等的治疗。

二、生物学特性及环境要求

（一）形态特征

树皮暗灰色，呈薄片状剥落。幼枝淡绿色，无毛。羽状复叶有小叶 3 ~ 5 对，近革质，椭圆形至长圆状椭圆形，长 3.5 ~ 6 厘米，宽 2.5 ~ 4 厘米，顶端钝或稍凹，基部圆形或阔楔形；叶轴与小叶柄有白色稀疏柔毛。圆锥花序顶生或生于最上部的叶腋间，花梗长约 5 毫米，与花萼同疏被锈色柔毛；基生和副萼状小苞片卵形，被柔毛，脱落；花萼钟状，萼齿 5，上方 2 枚阔圆形，近合生，侧方的卵形，最下一枚披针形，较长；花冠白色或淡紫色，雄蕊 10，成 5 + 5 的二体；子房具短柄，除基部与子房柄外，无毛，胚珠 2 ~ 3 粒。荚果长圆形或阔舌状，长 4 ~ 7 厘米，宽 13 ~ 15 毫米，顶端急尖，基部渐狭成果颈，果瓣薄革质；种子肾形，长 7 ~ 14 毫米，宽 5 ~ 9 毫米。花期 5 ~ 7 月，果熟期 9 ~ 10 月。

（二）分布

主要分布于中国长江流域及其以南地区。

（三）生态学特性及环境要求

黄檀为阳性树种，在中低山地和丘陵地区，零星或小块状生长在阔叶林或马尾松林内。海拔 1000

米以下的荒山荒地和采伐地的阳坡、半阳坡，常年气温较高，干湿季明显，土壤为褐色砖红壤和赤红壤等土壤类型，均可造丰产林。其深根性，具根瘤，能固氮，是荒山荒地的先锋造林树种。天然林生长较慢，但人工林生长快速。

第二节　苗木培育

一、良种选择与应用

母树是良种的关键，应选择树干通直、发育正常、生长健壮、无病虫害、结果良好的15～30年生的单株作为采种母树。切忌只图方便，采收弯扭、矮小、长势不良的母树种子。好的种质能进一步改善黄檀的遗传品质，确保良种的增产效益。

二、播种育苗

（一）种子采集与处理

果实采回后应及时摊开晒干，将果壳揉碎，取出种子，置于阴凉通风处进一步晾干，使种子含水率达到收贮要求，然后装进透气的布袋或麻袋中。特别是暂时不播种的种子，更要注意保管，防止受潮霉坏，影响发芽率。保持种子活力的办法：用相当于种子重量1/3的草木灰均匀拌入种子中，然后将种灰混合藏于缸内，这样贮藏1～2年不会降低发芽率。

（二）选苗圃及施基肥

苗圃地应选择地形平坦，交通方便，有良好排水灌溉条件，土壤沙质壤土，土层湿润，深厚肥沃的地方。苗圃地制作改良前，在圃面上撒放过磷酸钙3000～4000公斤/公顷，经过三犁三耙形成细土，使过磷酸钙与土壤混合搅拌均匀，然后作畦，畦面沟间30厘米，下宽为20厘米，畦高25厘米，畦面平整无积水。在畦面上开成条距，并在条沟内撒施一层5厘米左右的营养土，使播种后的种子能在营养土里及时吸收到一定的营养，迅速生根发芽。

（三）播种育苗与管理

未经事先浸泡的种子，发芽出苗会推后7～10天，且出苗还会很不整齐。为此，播前应用60℃左右的热水进行浸泡处理，待热水冷却，再换热水2～3次，捞出自然冷却24小时，晾干即可播种。一般每平方米播种200～300粒种子为宜，并均匀撒播在苗床上，然后覆盖细土约1厘米。

幼苗生命力弱，经不住干旱和暴晒及其他危害，必须做好相关管理工作。①要注意浇水，保持苗床湿润。应根据天气情况酌情处理，干旱季节，宜早晚各浇水1次，浇量以湿透为宜。雨季应少浇或不浇；②苗木出土后要定期喷洒杀菌剂，如多菌灵等，以防幼苗根腐病、立枯病等病害的发生；③气候炎热、阳光照射强烈的地方，应加盖遮阴棚，防止幼苗灼伤。

三、扦插育苗

（一）圃地选择

圃地应选择在交通便利、水源充足，病虫害少或没有病虫害的地方，土壤选用沙壤质或轻沙壤质土为宜；做床后，必须进行土壤消毒。苗床宽1～1.3米，高30厘米，苗床长根据实际情况而定，搭盖塑料拱棚以保湿保温，夏季加盖黑尼龙网遮阴。

（二）插条采集与处理

剪取生长健壮、无病虫害的1年生枝条。选择芽苞饱满、节间距短、枝直的枝条作插条，采条时间一般是早上或傍晚，枝条采收回来后要尽快处理以免失水干枯。插穗长度通常为15厘米。插穗的剪口要平滑，上端切口是平面口，切口应在芽眼以上 1 厘米左右处，下端切口呈马蹄形，所有枝条的下切口最好是在插穗最后一个芽眼的基部。扦插前，插穗先消毒，再用 50 毫克/升的生根粉溶液浸泡插穗基部 3 小时后，取出插穗，低温保湿备用。

（三）扦插时间与要求

扦插应选取在每年的 3 月为宜。扦插时，先用比插条稍大的木棍在已消毒好的扦插床上引洞，扦插床上按 10 厘米 ×10 厘米的株行距垂直打孔，深度为 8 厘米，与插穗入土的深度相等，然后将插穗插入孔中，插后用手指将插孔压实，然后淋水。

（四）插后管理

穗条扦插后，要注意遮光与浇水。穗条未生根前，用遮阳网遮光。下雨天或温度低时要加盖薄膜防水或保温。注意定时喷水，保持穗条表面湿润，保持阴棚内的相对湿度在 85% 左右，这样有利于穗条生根。注意控制好水分，过多穗条易腐烂，过少穗条易失水干枯。为了防止穗条感染病菌，每隔 7 天向穗条喷洒杀菌剂 1 次。

四、轻基质容器育苗

（一）轻基质的配制

先将锯末摊晒，添加滤泥（10%）、农家肥、氮肥（3 公斤/立方米）、磷肥（3 公斤/立方米）后拌匀、归堆、淋透水，翻堆 2～3 次，让其充分腐熟后再使用；稻壳和锯末炭化后备用；按锯末 35% ＋炭化锯末 15% ＋泥炭土 30% ＋炭化谷壳 20% 将基质混合均匀，装袋，然后采用 1.5% 的高锰酸钾溶液浸泡 12 小时以上，装入塑料筐，运至育苗地，供育苗用。

（二）容器的规格及材质

4.5 ×15 厘米的半降解性的无纺纤维袋或者塑料营养钵。

（三）圃地准备

圃地尽量选择地形平缓、排水良好、交通方便的地方。播种床土质以沙壤土为主，占 60%～70%，火烧土占 30%～40%，播种前用 0.5‰的高锰酸钾溶液进行土壤消毒，然后晾晒数日。苗床土壤要达到疏松、细碎、平整、无树根、无石块等要求。床面一般宽 100～120 厘米，高 15～20 厘米，长度视地形而定。

（四）容器袋进床

将装满基质的容器袋高低一致，松紧一致的摆放于苗床上，每畦确保容器袋顶部形成一个平面，且周围用土或沙围好，以加固苗床。

（五）种子处理

播种前，种子要经过精选、检验，再催芽。催芽方法：播种前用 60℃的 0.1‰高锰酸钾溶液消毒 15 分钟，再用清水清洗 2 次后浸泡 24 小时；需要注意的是要先将水倒入器皿内，然后边倒种子边搅拌，水面要高出种子 10 厘米以上；期间换水 1～2 次，防止种子霉烂；种皮吸水膨胀后，捞出摊于器皿中，常温下晾干至不黏粒后即可播种。

（六）播种与芽苗移栽

播种时将种子均匀撒播于苗床上，播种量约 100～150 粒/平方米，随后用过筛的火烧土或黄心土覆盖种子，厚度以不见种子为宜，覆土后再盖稻草。早晚淋水，保持苗床适当湿润，以促进种子发芽。播种后约 15 天，种子先后发芽出土，待 70% 种子出土后，分次揭去稻草，每隔 3～5 天揭去 1/3，直至完全揭去稻草。

当子叶完全展开转绿，真叶开始长出时可移栽至网袋容器。晴天移植应在早、晚进行。同一批次的种子，分早、中、晚三批发芽，长出的苗高、径粗不一，因此，苗木移植的时候亦要按照不同规格进行分批移植。移植前将培育芽苗的轻基质浇透水，轻拔芽苗放入盛清水的盆内，用湿透的毛巾盖好备用；移苗时用事先准备好的小竹签在移植点上垂直插一小洞，深度以芽根植入不漏白根为宜，放入芽苗后用手挤压基质使苗根与基质紧密接触。

(七)苗期管理

水肥管理：移苗后需保持基质湿润，一般早、晚各淋水1次，视天气情况适当增减淋水次数。当出现初生叶，进入速生期前开始追肥。追肥结合浇水进行，用按一定比例的氮、磷、钾混合肥料，配成1/300～1/200浓度的水溶液施用，前期浓度不能过大。根据苗木各个发育时期的要求，不断调整氮、磷、钾的比例和施用量，速生期以氮肥为主，生长后期停止使用氮肥，适当增加磷、钾肥，促使苗木木质化，提高苗木抗性和造林成活率。追肥宜在傍晚进行，严禁在午间高温时施肥，追肥后要及时用清水冲洗幼苗叶面，以防烧苗。

病虫害防治：黄檀苗期主要病害是炭疽病，常侵害叶片，在叶片上出现圆形褐色小病斑，其上有黑色小点；在嫩枝上，发病处呈黑色，逐渐干枯。该病害多发生在4～6月雨季，幼苗可喷0.5∶0.5∶100的波尔多液、1∶1 000的托布津水液、1∶800的敌克松水液喷洒或70%的代森锰锌可湿性粉剂进行预防，每隔7天喷1次，各种杀菌农药交替使用，根据防治效果喷2～3次。主要虫害有金花虫，3～4月间幼虫专吃叶和芽，甚至整株叶被吃光。防治方法：可用80%敌敌畏乳剂或40%氧化乐果或20%氯氰菊酯，30～40毫升加水50公斤进行喷杀。

五、苗木出圃与处理

黄檀苗在营养袋中培育5个月后，苗高达30厘米，裸根苗在育苗床种培育8个月后，苗高达50厘米，此时苗木可以出圃。为了提高苗木的抗逆性和成活率，苗木出圃前必须要炼苗。炼苗时应全部揭除遮阳网，使苗木在全光照下生长，炼苗期间，苗木不再施肥。

第三节　栽培技术

一、立地选择

黄檀虽对林地要求不严，适应范围较广，但要使它长得快、长得好、产量多、效益高，应选择最适宜的地方造林。具体要求是：土层深厚，土质疏松、肥沃，阳光充足，排水良好的土地，促其速生丰产。

二、栽培模式

(一)纯林

黄檀纯林头两年可套种喜阳植物，如药材类植物青蒿、穿心莲等，粮油类作物花生、大豆等。待树木基本郁闭后，宜种半阴性或阴性植物如壳砂、益智等。无论套种哪一类植物，均以不影响黄檀生长为准。

(二)混交林

黄檀可与杉木，马尾松，福建柏等树种进行混交。

三、整地

(一)造林地清理

所选造林地一般为宜林荒山或灌木林地，为彻底清除杂草、灌木树根，在砍除灌木、杂草的基础上，应全垦翻耕1次。这样做的好处：一是可将树根、草根翻出暴晒，大大减少萌发、萌生的可能性；二是将地内生土翻出经日晒雨淋，促其风化、熟化，改良了土壤；三是为挖穴创造了便利。

(二)整地时间

整地宜在冬春季节进行，一般要在造林前2个月左右完成。

(三)整地方式

明穴整地。挖穴规格为60厘米×60×50厘米，或50厘米×50×40厘米。

(四)造林密度

株行距以2.5米×2.5米或3米×3米为宜，即每公顷栽植1598～1100株。

(五)基肥

每穴选用鸡粪3.0公斤+复合肥0.15公斤，或复合肥0.2～3公斤，然后将基肥与穴土混匀，继续回土至植穴比原地面高出15厘米。

四、栽植

(一)栽植季节

选择在春季或冬初进行。

(二)苗木选择、处理

选择一年生、高50厘米以上的健壮且无病虫害的苗木，用锄头将苗木根部带宿土挖出，蘸泥浆，确保根系完整，在运输过程中尽量减少对苗木根与茎皮的损害。随起随栽，不能及时栽植的苗木，要假植保湿。

(三)栽植方式

栽植应在雨透后的阴雨天进行，最好在三月底前完成。栽植时先在植穴中央挖一个比苗木泥头稍大稍深的栽植孔，去掉苗木的包扎材料或营养袋后，带土轻放于栽植孔中，扶正苗木适当深栽，然后在苗木的四周回填细土，回满时将其压实，使苗木与原土紧密接触。继续回土至穴面，压实后再回松土呈馒头状(要求回土高出穴面10厘米)。

五、林分管抚

(一)幼林抚育

淋水：定植初期旱天每天早晚淋水一次，直到幼苗成活为止。以后视土干旱程度适当淋水。

补苗：补苗结合淋水同时进行，定植期间，及时补种缺株，确保林相整齐。

(二)施追肥

穴施，每株挖两穴，每穴鸡粪1.5公斤+复合肥0.1公斤，幼林期内每年3～4月份施一次。施肥量及施肥次数亦可以根据土壤肥沃程度及黄檀长势适当调整。

(三)修枝、抹芽与干型培育

为使林内通风透光，减少树木不必要的营养水分消耗，有利主干笔直健壮生长，植后2～3年，每年冬季应进行修枝整形，主要剪去下垂枝、弱枝、枯枝、根萌枝和过密的侧分枝。

(四)间伐

抚育间伐是用材林培育中的一项重要技术措施，是保重点、保优质、保丰产的主要手段，生产中不应忽视。为保证长势高大、强壮的树木有足够的生长空间和养分需要，就应该及时间伐砍去一部分长势不良、弯扭、病态的林木。此外，对生长过密、互相影响的健康林木也应疏伐一部分，为留下树木创造更好的生长环境。抚育间伐期，第一次间伐时间为 8 ~ 10 年生的林木，间伐强度为 25% ~ 30%，即每公顷砍去 225 ~ 375 株。

（五）病虫害防治

黄檀主要病害为炭疽病，在发病初期，常用药剂可选：80% 炭疽福美可湿性粉剂 800 倍液；50% 多菌灵可湿性粉剂 500 ~ 800 倍液；50% 甲基托布津湿性粉剂 500 ~ 800 倍液。有瘤胸天牛等虫害可摇树使其落地加以捕杀，或用敌百虫、辛硫磷等 300 ~ 400 倍液喷洒或针注入虫孔后用黏泥封口杀之。

第四十章　红豆树

第一节　树种概况

红豆树 *Ormosia hosiei* 又名花梨木、黑樟、红宝树、何氏红豆、鄂西红豆、江阴红豆等，为蝶形花科 Fabaceae 红豆树属 *Ormosia Jackson* 常绿乔木，树高达35米，胸径达1.4米，树干通直，以种子皮色鲜红而得名，为世界著名的珍贵用材树种。

一、木材特性及利用

(一)木材材性

木材边材浅黄褐色，心材褐色，坚硬细致，结构均匀，纹理美丽，有光泽，密度高(气干密度每立方厘米0.758克)，硬度适中，不翘不裂，宜切削，削面光滑美观、芳香而有光泽，心材耐腐朽，油漆后光亮性好，易胶粘。

(二)木材利用

是制作高档家具、高级地板、仪器箱盒、工艺雕刻和特种装饰品的珍贵高档用材，有些地方用于制剑柄及剑鞘。

(三)其他用途

根与种子入药，具有药用价值，理气，通经，主治疝气，腹痛，血滞，闭经。树姿优雅，叶色亮绿，树冠浓阴覆地，可作很好的庭园绿化树种。种子鲜红亮丽，收藏多年如初，常用来赠送亲友，以寄怀念之情，自古以来都把红豆作为情爱相思的象征之物。

二、生物学特性及环境要求

(一)形态特征

树皮灰绿色，平滑。小枝绿色，幼时有黄褐色细毛，后变光滑；冬芽有褐黄色细毛。奇数羽状复叶，长12.5~23.0厘米；叶柄长2~4厘米，叶轴长3.5~7.7厘米，叶轴在最上部一对小叶处延长0.2~2.0厘米生顶小叶；小叶多为2对，互生或对生，薄革质，卵形或卵状椭圆形，稀近圆形，长3.0~10.5厘米，宽1.5~5.0厘米，先端急尖或渐尖，基部圆形或阔楔形，上面深绿色，下面淡绿色，幼叶疏被细毛，老则脱落无毛或仅下面中脉有疏毛，侧脉8~10对，和中脉成60°角，干后侧脉和细脉均明显凸起成网格；小叶柄长2.0~6.0毫米，圆形，无凹槽，小叶柄及叶轴疏被毛或无毛。圆锥花序顶生或腋生，长15~20厘米，下垂；花疏，有香气；花梗长1.5~2.0厘米；花萼钟形，浅裂，萼齿三角形，紫绿色，密被褐色短柔毛；花冠白色或淡紫色，旗瓣倒卵形，长1.8~2.0厘米，翼瓣与龙骨瓣均为长椭圆形；雄蕊10，花药黄色；子房光滑无毛，内有胚珠5~6粒，花柱紫色，线状，弯曲，柱头斜生。荚果近圆形，扁平，长3.3~4.8厘米，宽2.3~3.5厘米，先端有短喙，果颈长约5~8毫米，果瓣近革质，厚约2~3毫米，干后褐色，无毛，内壁无隔膜，内有鲜红色种子1粒至2粒，种皮鲜红光亮。种子近圆形或椭圆形，长1.5~1.8厘米，宽1.2~1.5厘米，厚约5毫米，种皮表面鲜红色或暗红色，有光泽，侧面有条状种脐，种脐长约8~10毫米，位于长轴一侧。种皮坚脆。子叶发达，

2 枚富油性、气微。

(二)生长规律

红豆树进入速生树龄约 7 ~ 8 年生左右，速生期后胸径生长逐渐加快，优势木更为明显。据优势木树干解析测定，22 年生胸径去皮总生长为 20.45 厘米，年均胸径生长量为 0.93 厘米，连年生长量最大为 2.08 厘米，出现于第 12 年生，第 22 年生时仍有 0.61 厘米。22 年生树高总生长为 12.2 米，年均生长量为 0.57 米，9 年时出现最大年间树高生长量 1.0 米，35 年生时树高“封顶”。

(三)分布

红豆树广泛分布于中国长江以南各省，如福建、江苏、湖北、湖南、安徽、浙江、江西、河南、贵州、四川，长江以北的陕西、甘肃等省区也有分布，多生于海拔 650 米以下。由于缺乏人工栽培，野生资源变得越来越少，大多在低山区、谷地、溪边阔叶林中和村庄附近，与樟树、楞树、树参、石栎、冬青、枫香等混生。在海拔 1100 米处也能生长，是同属树种中树形最大、分布最北、经济价值最高的珍贵树种。为国家Ⅱ级重点保护被子植物野生植物，渐危种。由于本种经济价值很高，从 20 世纪 50 年代开始，在有些产地，红豆树常为产地收购，部门和群众大量砍伐利用，致使分布范围愈益狭窄，成年树日益稀少，已很难找到片林分布和较大单株，仅在寺庙和村落附近保存少数大树。在本种分布较集中地区(如浙江省龙泉黄山头、岭根等地)已建立红豆树保护点，严密控制群众乱砍滥伐，并积极开展人工繁殖。浙江及南方一些林场已进行成片造林，建立造林基地。

(四)生态学特性及环境要求

较耐寒，在本属中是分布于纬度最北的一个种，生于海拔 100 ~ 1300 米山地、溪边、谷地林内。红豆树幼年喜湿耐阴，中龄以后喜光，喜温暖湿润气候，为阳性树种。对土壤肥力要求中等，但对水分要求较高；适生于肥沃深厚、排水良好的酸性或中性土壤，生长速度中等。在土壤肥沃、水分充足的地方的山洼、山麓、水口生长较快，干形通直，在干燥山坡与丘陵顶部则生长不良。深根性树种，具根瘤菌，主、侧根皆较发达，具萌芽力，能天然下种更新，寿命长，可达 300 年，老树仍能保持旺盛生长。

第二节　苗木培育

一、良种选择与应用

(一)全国红豆树种子区

福建、湖南、湖北、广西、四川、贵州、浙江、安徽、江西、江苏等省份都有生长，我国尚未划分红豆树种子区。根据中华人民共和国国家标准之用种规定，应遵循用种地的生态环境与产种地生态环境基本一致的原则进行调种。

(二)优良种源及优树

福建、浙江通过种源试验，现已选择出的优良种源有福建建阳、三明、浙江龙泉、四川成都、湖南张家界等地种源，在其试验点生长均表现优良。湖南省尚未开展红豆树种源试验，下一步应开展该项研究，选择适宜湖南省的优良种源推广应用。

福建省应用标准差选择法、多目标决策和集对分析原理对红豆树人工林进行优树选择，选择红豆树优树 22 株，选树的胸径、树高、单株材积年平均生长量分别为 1.07 厘米、0.57 米、0.0325 立方米，与全省红豆树胸径、树高、材积年平均生长量相比，分别增长了 95.7%、29.5%、40.6%。鉴于现有红豆树人工林分较少，可供开展红豆树优树选择的群体较小，为防止一些优良遗传材料的漏选，还采用树干通直、胸径年生长量 > 1.0 厘米、树高生长量 > 平均值、枝下高 >6 米的标准，精选了 8

株生长特别突出的四旁树单株为特选优树。特选优树的胸径、树高、单株材积年平均生长量分别为1.23厘米、0.60米、0.0497立方米，与全省红豆树平均生长量相比，分别增长了125%、36.4%、664.6%。

（三）球果采摘与处理

红豆树结实年龄迟，栽植后15～20年开花结果，且有大小年之分。选择生长健壮50年以上的天然林或30年以上人工林的优良母树进行采种。红豆树种子在11月成熟，此时荚果自然开裂，种子由黄色变为深红色，大部分种子自然落下。当荚果快要开裂时，爬上母树用高枝剪钩取果枝，也可通过摇动树枝使其落下，收集荚果。采回的荚果，稍加晒干后放室内摊开，使荚果自然开裂脱粒，清除杂质，切忌曝晒，仅宜阴干收集种子，阴干后采用沙藏或置于冷库贮藏。种粒较大，种子每公斤858～1090粒，千粒重917～1168克，场圃发芽率可达70%。

二、种子育苗

红豆树育苗采用露天培育供植树造林的苗木，集体苗圃和个体育苗户可参照执行，国有苗圃必须执行中华人民共和国国家标准《育苗技术规程（GB6001～85）》的基本技术要求。

（一）用种量确定

人工进行红豆树育苗，必须使用前一年采收的新鲜种子。按每公顷30万株出苗估算，大田育苗时优良种源林分的种子用种量为每公顷220～250公斤，优树种子用种量为每公顷200～220公斤。

（二）育苗圃地选择

要育好红豆芽树裸根壮苗，首先要选好苗圃地。红豆树对育苗圃地要求不苛刻，根据红豆树幼苗喜水、喜湿、耐阴的特点，苗圃地应选择周边较封闭、半光照、平坦或略有倾斜的山垅地、农田作圃地。土壤应选择土层深厚肥沃、疏松、水源充足、排水良好的微酸性沙质轻黏壤土，最好是靠近山脚的农田更佳。排水不良、低洼积水地苗木生长不良，不宜育苗。不要选种过蔬菜、瓜类、棉花，马铃薯等易染病害和地下害虫的土壤育苗。

（三）圃地准备

细致整地是培育壮苗的物质基础。苗圃地在前一年冬天来临之前，于初冬对圃地进行深翻，播种前要2犁2耙，保证土壤精细，无大土块。打破厚而坚实的土层，增加土壤的透气性，耕深一般16～18厘米。沿圃地四周及中央十字挖排水沟，排水沟的目的就是为了保持土壤的疏松透气，排水沟深度0.40～0.50米，宽度0.30米。

如果土壤的pH值不符合红豆树苗的生长要求，即使能够出苗，幼苗也不会健壮。因为红豆树苗最适合的土壤为pH值在6.0～6.5的弱酸性土壤，如果土壤是中性土壤，在犁耙之后每公顷可以使用硫酸钾复合肥300公斤改良土壤；如果土壤的pH值在7.5以上，呈弱碱性，那么就要求在犁耙之后使用硫酸钾复合肥450公斤改良土壤。

在作床前，为了预防立枯病和地下害虫，应进行土壤消毒。通常使用25%的多菌灵可湿性粉剂每公顷30～45公斤。因为多菌灵可湿性粉剂的使用量比较小，如果直接撒到土里边会造成药剂不均匀，所以，可以将多菌灵可湿性粉剂与细土拌匀，均匀地撒在苗床里。圃地要施足基肥后，再整地做床，苗床要求与杉、松育苗相近。播种方法宜采用沟状条播，沟深2～3厘米，沟距15～20厘米。

（四）修筑苗床

当春天来临，温度稳定在15℃以上的时候，就可以修筑苗床准备播种了，苗床方向大都依地形而异，但以南北向为好。苗床的宽度1.0～1.3米为宜，床高0.15～0.20米，长度根据地块而定，可长可短，步道宽30厘米。步道和排水沟挖好之后，要把苗床里的土精细的耙平，耙地之后，土壤上松下实，上面的土壤松，保墒通气好，有利于出苗，下面的土壤实，种子与土壤接触紧密，有利于吸水发芽和根系下扎。

(五)浇水保墒

苗床整理好之后，播种前浇底水，它的目的是为种子提供发芽所需要的水分，这一次浇水一定要浇透，要让15厘米厚的苗床土充分吸收水分并达到饱和状态。浇足了水之后，不能马上播种，要等苗床里的水全部渗透到地里之后，才可以播种。

(六)播种

红豆树种子种皮坚硬，不易透水，在播种前应进行种子处理。一般采用草木灰浸种1天，再用温水浸种3天，然后利用湿沙进行层积处理3~4天后，种子将大部分裂开，并长出胚根，此时可进行播种。注意在层积催芽过程中，要不断翻动种子，否则会造成烂种。2月底至3月，用清水筛选种子，把浮在水面上的种子捞除，因为这些种子不成熟，最后把剩下的种子捞出。如不进行种子催芽处理，红豆树的种子发芽时间可能需要几个月，有的甚至需要1~2年。

种子在贮藏运输过程中，会或多或少地带有各种病菌，在播种之前应进行种子消毒。可以将甲基托布津等药物撒在浸泡后的种子上，与土一起拌匀，在土壤中闷4~5小时后，再进行播种；或者，以0.3%的高锰酸钾溶液淋洒入混有基质的种子中，并以薄膜覆盖，1周后揭膜用清水淋洒后播种。

可采用条状点播或块状撒播：条状点播时，先在床面上开条状小沟，条距20~30厘米，将红豆树林下表土过筛后均匀撒于条状沟内，点播种子间距5~6厘米；苗床撒播时，将红豆树林下表土过筛后均匀撒于苗床表面，为了使种子在苗床里分布更加均匀，可以将种子和细土掺匀后再播种，撒施的时候一定要均匀，不可以有的厚有的薄，以防出苗时不整齐。播种后随即以过筛黄心土或火土灰覆盖种子，施人畜粪水，再用茅草、稻草、杉枝或发酵的锯末屑覆盖。覆盖物厚度0.5~1.0厘米，不可太厚，太厚会使种子顶不出土，造成出苗困难。当种子发芽出土一半以上时，在晴天傍晚或阴天分2次揭除上层覆盖物。播种当天至种壳脱落前，应及时在圃地四周及步道两侧投放鼠药，并经常检查、更换，以防鼠鸟危害。

(七)苗期管理

红豆树的苗期管理主要工作有遮阴、除草、施肥、浇水、间苗、病虫害防治等。

1. 遮阴

红豆树苗出土后即需遮阴，要搭棚遮阴方可正常越夏。在苗床四周搭架，高1米左右。苗床南北向时，棚顶水平设置，东西向时则南低北高倾斜；上盖竹帘、草帘，透光度50%左右。阴天、晚上收起遮盖物。遮阴时间一般3个月，到8月底就可不遮阴。如是大面积育苗，可采用防晒网进行遮阴，以节约育苗成本。

2. 除草

苗圃中的土壤条件好了，杂草也会长得很旺盛，这些杂草与小苗争夺养分，所以，松土锄草是必不可少的。每年的春季和夏季是杂草生长最旺盛的时候，当苗床杂草影响苗木生长时应不定期及时人工除草，一般每15天进行一次松土锄草，保持育苗地干净无杂草，可改善土壤的透气性和透水性，还可以减少土壤水分蒸发，调节土壤温度，减少灌溉次数，有利于根系的生长发育。除草要做到除早、除小、除了，除草剂对幼苗生长及苗床土壤腐蚀严重，一般禁止使用。

3. 松土施肥

为促进苗木迅速生长，提高苗木质量，出苗后要立即浅挖松土，并用清淡人畜粪水追肥1次。5月下旬至8月中下旬，可每隔15天喷施1次0.12%~0.15%的磷酸二氢钾溶液，有条件的地方，最好每隔30天苗床土壤中追施清淡人畜粪水追肥1次，以促进苗木稍部充分木质化。当苗木进入生长后期（9月中旬至11月），应停止施肥，促进苗木木质化，以便苗木安全越冬。

4. 浇水

当苗木进入生长盛期（6月中旬至9月中旬），此时气温高，苗木生长快，晴天要注意及时浇水保湿，除高温、干旱季节出现苗木萎蔫时适量进行灌溉外，平时应尽量控制水分，以达到有效促进须根发育的目的。

5. 间苗移苗

因为一段时间的生长，红豆树的小苗有的长得密，有的长得稀，需要进行间苗移补苗。由于红豆树小苗很珍贵，把过密的弱势小苗挖出来千万不要丢弃，应补到缺苗的地方，达到株行距30厘米左右，保证幼苗分布均匀。

6. 病虫害防治

在苗期管理期间应积极做好病虫害防治工作。红豆树苗病虫害较少，主要是在高温高湿的条件下易发生角斑病，可用50%多菌灵可湿性粉剂600倍液或70% 甲基托布津可湿性粉剂800倍液防治。对一些害虫，可用水胺硫磷、甲基异柳磷、三唑磷、DL~泛酰内酯等高效低毒农药，按说明的低限浓度配制水溶液淋洒圃地，用量以药液湿润表土为度。

（八）苗木出圃

红豆树大田种子育苗，苗木生长较快。育苗试验表明：一年生苗高可达40~50厘米，地径0.5~0.8厘米，主根长20厘米以上，冠幅宽度21厘米左右，每公顷产苗30万株左右。苗木培育一年即可出圃，起苗前1天要浇透水，起苗时如苗木根扎入苗床较深，则要用锋利的铁铲平行苗床方向边铲边取。出圃苗要求顶芽饱满、无伤害，苗干直、色泽正常、无病虫危害，根系发达且已形成良好根团，无机械损伤。

起苗时间应与造林时间相衔接，做到随起、随运、随栽植。起苗前先用齿锄松土，不能硬拔，轻拿轻放。苗木在搬运过程中，苗间要设法保持间隙通风不能密贴，不能堆积过夜，以防烧坏苗木。

三、扦插育苗

（一）插床准备

初冬对圃地进行深翻，2犁2耙，深16~18厘米，保证土壤精细。沿圃地四周及中央十字挖排水沟，深度一般0.40~0.50米，宽度0.30米。将新鲜细黄心土过5目筛后与细沙按2∶1比例混合均匀以作扦插基质。插床为大田育苗中常用的固定长形插床，高0.2米，宽1.2米，基质厚15厘米。在进行扦插的前5天对苗床喷洒0.3%的高锰酸钾水溶液进行消毒并覆盖薄膜，3天后撤除通气。

（二）浇水保墒

插床准备好消毒以后，于扦插前1天浇底水，浇水一定要浇透，要让15厘米厚的插床土充分吸收水分并达到饱和状态。浇足了水之后，不能马上扦插，要等插床里的水全部渗透到地里之后，才可以扦插。

（三）扦插

采用扦插技术进行红豆树繁殖，植株不会变异，材料来源广，繁殖周期短，操作简单，除冬季严寒或夏季干旱地区不能行露地扦插外，凡温暖地带及有温室或温床设备条件者，四季都可以扦插。

在清晨或阴天的10时前及16时后采取插条，选取生长健壮、无病虫害、节间发育均匀的半木质化枝条为插条，长度8~10厘米左右，每根插条保留2~3个腋芽芽点。在扦插前每根插条保留四分之一叶片，茎端剪斜切面45°，每片叶子留1/3叶面积。

插穗切口采用生根剂ABT（浓度每升100毫克）处理15分钟，蘸完生根剂后，每10枝扦插于消毒完的基质中（插穗插入基质3~4厘米为宜，株行距3~5厘米，将插穗的叶片统一朝向即顺沿苗床的纵向），扦插成1行。扦插完成后，用手指压紧插条与土壤接触基部并及时浇透水，保证水分供应及土壤与插穗间紧密接触。

（四）苗期管理

在苗床上采用木、竹等材料搭设尼龙薄膜小棚，并定期进行喷水，保持棚内相对湿度为80%~

95%，若在高温夏季则加盖70%遮阴网以降温，令棚内温度控制在32 ℃及以下，进行良好的插后管理。除草、松土施肥、浇水、间苗移苗、病虫害防治与种子育苗管理相同。当天气气温下降，苗木生长进入中后期时，要适时拆除小棚和遮阴网，以苗木生长。

(五)苗木出圃

可出圃的苗木规格是，Ⅰ级苗苗高60厘米以上、地径0.7厘米以上；Ⅱ级苗苗高50～60厘米、地径0.6～0.7厘米。

第三节　栽培技术

一、选地

红豆树造林地适宜在分布区内海拔600米以下、最适宜海拔200～600米。红豆树趋肥、趋水性强，对立地条件要求高，造林地必须选择土层深厚、肥沃的Ⅰ、Ⅱ级地。适宜低山、丘陵、台地、平原，宜选择山坡中下部、有效土层深厚、排水良好、由花岗岩、板页岩、砂砾岩、红色黏土类、河湖冲积物等发育形成的酸性红壤、黄壤和黄踪壤等。土壤湿润肥沃的山坡地以及房前屋后、四旁地造林，以平原路旁、河岸最为适合，干燥、瘠薄的土壤和山顶、山脊部位不能营造。

二、整地

采用带垦后挖穴或直接挖穴的整地技术，大、中穴的标准分别为70厘米×70厘米×60厘米、60厘米×60厘米×50厘米，根据不同立地和土壤而采用不同的挖穴规格。

三、造林密度

为了培育优良干材，造林初植密度可适当加大，纯林一般高立地条件为每公顷1950～2100株，中立地条件为每公顷2400～2550株。

红豆树比较适宜与杉木行带混交，2～3行红豆树1行杉木，混交林初植密度每公顷1800～2250株。

四、基肥

在中等立地上每株施复合肥0.4公斤，在较好立地上每株施复合肥0.2公斤。

五、栽植

一般用种子繁殖育苗造林，也可挖取根部萌生小苗栽植。

在1～2月萌芽前进行栽植，选择下雨前后无风的天气造林，用Ⅰ、Ⅱ级苗造林，严禁用等外苗造林。红豆树幼苗根际部位含有糖分，造林前要在苗木根部浇拌药浆预防鼠害。裸根苗采用“三覆二踩一提苗”的造林方法(深栽、栽紧)，同时造林前剪除80%叶片和离地面30厘米以下的侧枝及过长的主根；容器苗造林要注意始终保持容器中的基质不散，同时使容器基质与穴中的土壤充分密接。同时剪除1/3的树叶。

六、修枝与干形培育

红豆树自然整枝差，幼林郁闭后要进行适当修枝。在冬末春初一是剪除树根根际处的萌发枝和树干上的霸王枝(包括次顶梢)，确保主干生长；二是将树冠下部受光较少的枝条除掉。

七、抚育与追肥

幼树生长速度中等，造林后要加强前期管理，促进幼树生长发育。前三年每年4～5月、7～8月进行松土除草抚育。施追肥宜在春季进行，每次每株施复合肥0.4公斤，从第三年开始每1～2年施肥一次，于树冠垂直投影外侧挖环形沟施入。

八、病虫害防治

（一）角斑病

1. 危害特征

危害当年新叶，病叶初期叶面出现针头大小的褐色斑点，继而逐渐扩大成典型的多角形褐色斑点，后期许多小角斑连在一起形成不规则坏死型块斑，部分病叫焦黄脱落。5～6月份为病害盛发期。

2. 防治方法

秋季结合抚育收集落叶烧毁或深埋，减少次年病源。用波尔多液喷雾3次，初春展叶时1次，叶子长齐后1次，以后隔半月再喷1次可防止病害蔓延。

（二）膏药病

1. 危害特征

主要危害阴湿地带的幼树树干，影响树干发育。

2. 防治方法

及时间伐，促进通风有抑制效果。用百菌清或5%甲基托布津或70%代森锌500倍液喷洒，每隔7天喷1次，共喷2～3次。或用石硫合剂涂抹病斑。

（三）堆砂蛀蛾

1. 危害特征

幼虫钻蛀嫩梢造成枯死，成虫产卵于新抽的嫩梢上，孵化后，幼虫咬破嫩皮钻入新梢，虫道长约5厘米，虫道有一孔口，幼虫将粪粒堆在洞口。

3. 防治方法

4月份喷洒40%乐果400～600倍液，剪除枯梢，消灭其中幼虫。

九、间伐

每公顷2505株的造林地第6年开始郁闭。幼林郁闭后的第5～6年进行第一次抚育间伐，伐除被压状态的被压木和枯死木和个别生长过密植株，间伐强度30%左右。

第四十一章　刺槐

第一节　树种概述

刺槐 *Robinia pseudoacacia* 又名洋槐，属豆科刺槐属的落叶乔木。原生于北美洲，现被广泛引种到亚洲、欧洲等地。生长快，是世界上重要的速生树种。木材坚韧、纹理细致、有弹性、耐水湿、抗腐朽，是一种优良的造林树种。刺槐树冠高大、整齐，叶色鲜绿，花白叶翠，芳香宜人，是优良的行道树和庭院树，我国西北、华北等地区常将其用于防风固沙、水土保持、改良土壤和“四旁”绿化。

一、木材特性及利用

(一) 木材材性

刺槐木质坚韧，有弹性，边材黄白或黄褐色，心材暗黄褐或金黄褐色，纹理直，结构中，不均匀，干缩中至大，易干燥，无细裂，有大劈裂，耐腐性强、耐水湿，不易注防腐剂，难切削，切面光滑，油漆后光亮性优良，易胶粘，质硬耐久，强度大，抗冲击。

(二) 木材利用

广泛用于建筑、农用车辆把柄、造船、矿柱、地板等，也是优良的薪炭材。

(三) 其他用途

花含优质蜜，是良好的蜜源植物。鲜花含芳香油0.15%～0.2%，可食及提制香精。树皮富含纤维和单宁，可作造纸、纺织及提取栲胶。树叶可作饲料及绿肥，种子含油12%～13.9%，可榨油供工业用，茎皮、根及叶药用，可利尿、止血。

二、生物学特性及环境要求

(一) 形态特征

树冠椭圆状倒卵形；树皮灰褐色至黑褐色，深纵裂。小枝无毛或幼时有细微毛。小叶7～19枚，小叶椭圆形、长圆形或卵形，长2～5.5厘米，宽1～2厘米，先端圆钝或微凹，有时有小尖头，两面无毛或幼时下面有绢状毛；小叶柄长约2毫米，具针状小托叶。总状花序长10～20厘米，总花梗及花梗有柔毛；花萼钟状，具柔毛；花冠白色，芳香，长15～18厘米，旗瓣基部有2黄色斑点；子房无毛。荚果赤褐色，线状长圆形，长5～10厘米，扁平，有3～10粒种子。种子黑褐色，肾形，扁平。花期4～5月，果期7～8月。

(二) 分布

原产美国。北纬23°～46°、东经86°～124°都有栽培。17世纪传入欧洲及非洲。中国于18世纪末从欧洲引入青岛栽培，现中国各地广泛栽植。在黄河流域、淮河流域多集中连片栽植，生长旺盛。在华北平原，垂直分布在400～1200米之间。我国从吉林至华南各省区普遍栽培。

(三) 生态学特性及环境要求

刺槐喜光，强阳性树种。适应较干燥而凉爽的气候，在年均气温8～14℃，年降水量500～900毫米地区生长好。在空气湿度较高的沿海地区生长更佳；雨量过大，气温过高易使树干弯曲，植株矮化。

对土壤要求不严，石灰性、酸性及轻盐碱土均能正常生长，但以肥沃、深厚、湿润而排水良好的冲积沙质壤土生长最佳。地下水位过高会引起烂根、枯梢，甚至死亡。刺槐速生，浅根性，侧根发达。抗风能力较弱，萌蘖力强，一般寿命30~50年。

第二节　苗木培育

一、良种选择

湖南省目前尚未建立刺槐种子园，故尚不能使用种子园的种子进行育苗造林。刺槐自然类型很多，选用优良类型刺槐作采种母树为佳。如营造速生用材林：宜选择生长迅速、干形通直圆满，出材率高的母树。园林绿化观赏型：宜选择干形通直、冠形美观，花色丰富、鲜艳的母树。水土保持林、薪炭林：宜选择粗枝大冠，生长旺盛，根系发达，无刺或者小刺的母树。

二、播种育苗

（一）种子采集与处理

刺槐一般在每年4月下旬至5月上旬开花，7月下旬至8月上旬种子渐成熟。它的种子是荚果不易开裂，易受虫害，因此要随成熟随采集为宜。刺槐荚果由绿色变为赤褐色，荚皮变硬呈干枯状，即为成熟。采集来的种子要放在通风的场院内摊开晾干，将晾干的种子采用风选、筛选的方法使其净种，净种后的种子应及时进行干燥，当种子安全含水量达到6%~10%左右时就要安全贮存。可采用湿藏（沙藏）或普通干藏的方法贮存，湿藏种子要选地势高，背风向阳的地方。土坑挖好后，先在坑底铺上一层石子或粗沙，用种、湿沙小于1/3的比例混合均匀后装入竹筐埋在已挖好的坑内，坑中央要插一束秸秆，使高出坑面20厘米，以便通气。种子堆到离地面10~30厘米时为止。其上覆以湿沙，再盖土堆成屋脊形，贮存至翌年开春。荚果出种率为10%~20%，千粒重约为20克，发芽率为80%~90%。刺槐种子皮厚而坚硬，播前必须进行催芽处理，即将种子倒入60~80℃的热水中，用木棒充分搅拌，5~10分钟后掺入凉水，使水温降到30~40℃为止，然后将浮在上面的杂质和坏种捞除，好种浸泡24小时后捞出，稍干时用细眼铁筛筛去未泡胀的硬粒种子，再进行烫水浸种，已吸水膨胀的种子放入筐箩内，盖上湿麻袋，放在向阳温暖处，每天用温水淘洗2次。4~5天后待种子萌动时即可播种。

（二）苗圃选择与整理

刺槐幼苗畏寒、怕涝、怕碱，所以育苗地应选择地势较高、便于排灌的肥沃沙壤土为宜。土壤含盐量要在0.2%以下，地下水位大于1米。选用水浇地，或土质深厚、平坦的熟土地。不要在涝洼地和土质瘠薄的山地育苗。刺槐不宜连作，可与杨树、松树等轮作，以防立枯病，切忌黏重土壤育苗。整地要求精耕细作，秋季整地，翌年2月底或3月初，将苗圃地进行耕作，用浓度为2%~3%的硫酸亚铁水溶液，每平方米用4.5公斤，均匀浇洒在地面上，也可在播种时将适量的硫酸亚铁粉末与细土等量混合均匀撒入播种沟内，也可用退菌特45~60公斤/公顷，进行土壤消毒，在消毒的同时用50%辛硫磷乳油0.5公斤，兑水0.5公斤，再与125~150公斤细土混拌均匀，制成毒土。施用225公斤/公顷左右。将毒土翻入土中须在种子下面，勿使种子接触毒土为宜，从而消灭地下害虫。在最后一次耙地时，施复合肥750公斤/公顷及经过熟腐的饼肥750公斤/公顷，作为基肥。

（三）播种育苗与管理

播种时间：刺槐播种一般采用春播。春播，刺槐过早播种易遭受晚霜冻害，所以播种宜迟不宜早，以“谷雨”节前后为最适宜。畦床条播或大田式播种均可。一般采用大田式育苗，先将苗地耱平，再开沟条播，行距30~40厘米，沟深1~1.5厘米，沟底要平，深浅要一致，将种子均匀地撒在沟内，然后及时覆土厚 1 ~ 2 厘米并轻轻镇压，从播种到出苗 6 ~ 8 天，播种量 60 ~ 75 公斤/公顷。

苗期管理：在刺槐育苗中，掌握幼苗耐旱、喜光、忌涝的特点，是保证育苗成活的关键。

(1)灌水。播种后到幼苗出齐以前不能灌水。出苗后，土壤湿度适中时，要及时松土中耕，提高地温，有利发芽。灌水过早，土壤湿度过大，地温低，容易坐苗或出现黄叶病。在反复中耕松土的基础上，6 月初可以灌第 1 次水，以后在正常情况下每隔 20 天灌水 1 次。7 月上旬灌水后暂停一段时间以促进苗木提高木质化程度、增强越冬能力，11 月下旬最后灌 1 次冬水。

(2)间苗与定苗。苗木抚育管理宜早间苗、晚定苗，一般分 2 ~ 3 次间苗。当苗高 15 厘米时定苗，株距 10 ~ 12 厘米，每公顷约出苗 15 万株左右。在苗木速生期可施用少量磷肥。

(3)追肥。当刺槐定苗后，结合第 1 次灌水进行第 1 次追肥，施入尿素 45 ~ 75 公斤/公顷，6 月底结合灌水追施以氮、磷肥为主的复合肥 2 次，施肥量为 75 ~ 195 公斤/公顷，8 月初停止施肥。

(4)松土除草。育苗地要在灌水后或雨后及时中耕，经常保持疏松无草。

(5)防寒越冬。刺槐一至二年生苗易遭秋霜冻及春风干的危害，致使苗木地上部分干枯，故一年生苗应在秋后挖出进行秋季造林或越冬假植，第 2 年春季提供造林。

(6)移植培育大苗。培育道路、庭院、城市绿化等需要的大苗，一般在 4 月下旬至 5 月上旬进行移植，移植密度主要取决于苗木培育规格和年限。一般四年生移植苗株行距以 50 厘米 × 100 厘米为宜。培育苗木年限越长移植的株行距越大。刺槐移植多采用穴植，移植前应剪去地上部分，并将劈裂损伤的根条剪掉。根系长度应保持在 20 ~ 30 厘米，苗根蘸浆栽植，栽苗深度应使根颈顶端与地表持平。移植后的苗木要及时进行浇水追肥、松土除草、防寒越冬等抚育工作，尤其对平茬苗应做好去梢、抹芽、修枝等工作，选留健壮直立的枝条作为主干。

三、扦插育苗

刺槐属于难生根的树种，一般扦插成活率很低。

(一)圃地选择

刺槐苗期怕涝、怕风、怕寒、怕霜、忌重盐碱。圃地宜选在交通便利，排灌条件良好，距造林点较近，土层深厚、肥沃的沙壤土或沙土地上，地下水位在 1.5 米以上。深翻土壤，清除杂草石块，打碎耙平，做出宽 1.2 米的高床，长度不限。浇足底水，再于其上铺盖 5 厘米厚的黄心土，土质要纯而不含石砾、杂草，细小而湿润，一捏成团，一松即散，当天铺盖当天使用，插床扦插前用多菌灵溶液进行消毒。

(二)插条采集与处理

在树木进入休眠后选取生长健壮、发育充实、无病虫害的直径 1 ~ 2 厘米的一年生枝条中下部，截成 20 厘米的小段，进行沙藏。也可以在翌年春季，枝条为萌发时采集进行扦插。

(三)扦插时间与要求

扦插时间：刺槐扦插一般在早春 3 月进行。

扦插要求：插穗长 10 ~ 15 厘米，上端剪口离顶芽 0.5 ~ 1 厘米，基部削成马耳形斜面，斜面长 1.5 ~ 2 厘米，剪口要平滑，剪口的部位要在芽眼的下面。扦插前，把插穗浸泡在水中约 12 ~ 24 小时后，把插穗基部约 2 ~ 4 厘米浸入 800 ~ 1000 微升/升的萘乙酸溶液中 5 秒钟，或者在 1000 微升/升的 ABT1 生根粉水溶液中浸泡半小时，按株距 20 ~ 30 厘米，行距 30 ~ 35 厘米的要求开沟，开沟深度为 25 ~ 30 厘米，把插穗直插在沟内，上切口与土壤表面齐平。扦插后浇一次透水，最后覆膜。

(四)插后管理

刺槐插条扦插后 15 ~ 20 天后即开始发芽，根据刺槐具有大量复生隐芽的生物学特性，为减少插穗养分消耗，促进地下生根，要及时抹除插穗生根前地上部的芽子，一般要进行 2 次。第一次抹芽在芽子长到 3 ~ 5 厘米时全部将芽子从基部剪除。抹芽时不要松动插穗，抹后浇水一次。第一次抹芽后，随着气温的逐步回升，经 7 ~ 10 天刺槐插穗上的隐芽继续萌发生长，高度可达 3 ~ 5 厘米，此时应进行第二次抹芽，具体做法同第一次抹芽。第二次抹芽后，插穗的隐芽继续萌发生长，此时要注意保护，不再进行抹芽。经过两次抹芽，插穗下切口形成大量愈伤组织，随着气温的回升和地上部的生长，插穗即开始生根。

（五）苗期管理

在苗高 3 ~ 4 厘米时，选择雨后或灌溉后间苗，去除病弱小苗，同时结合间苗进行第 1 次除草。苗高 15 厘米时，按照“去弱留强，去小留大”的原则进行定苗，并结合定苗进行第 2 次中耕除草。追肥结合中耕进行，宜沟施 600 公斤/公顷，或撒施 750 公斤/公顷。

（六）移栽

刺槐宜在萌芽前移栽，可保证较高的移栽成活率。栽植前用水浸苗 3 ~ 5 天，使苗木吸足水分，可达到 90% 以上成活率。

四轻基质容器育苗

（一）轻基质的配制

基质配方：40% 的珍珠岩 +40% 的泥炭土 +19% 的追肥 +1% 的复合肥，过筛后进行土壤消毒，一边喷洒 0.5% 的高锰酸钾（每立方米 30 升），一边搅拌营养土，使土壤消毒均匀。用塑料薄膜覆盖密封 7 天备用。基质 pH 值应控制在 5.5 ~ 6.5 之间。

（二）容器的规格及材质

刺槐容器育苗营养袋规格有 14 厘米 ×17 厘米、16 厘米 ×19 厘米。材质一般有塑料和无纺布两种。塑料容器在栽植前应该去除塑料容器，无纺布则不需要。

（三）圃地准备

为了便于运输和管理，在选择苗圃的时候，首先要考虑交通、水利条件；其次，整个苗圃要求地势平坦、光照充足、土壤通气性和排水性好，注意不要在低洼地、易被水风冲击地、易积水地、菜园地及林下育苗。

（四）容器袋进床

将消毒过的基质装入容器中，在装基质时要注意填实装满（约低于容器上口 1 厘米）。防止施肥浇水时流失基质和肥料。完成后将容器整齐地排在苗床上，尽量减少容器间的空隙，防止高温时基质干燥，同时用湿土垒边以防容器倒翻。如发现排水不良的容器，要及时用竹签在底部扎 1 个排水孔。

（五）种子处理

刺槐种子皮厚而坚硬，播前必须进行催芽处理，即将种子倒入 60℃ 的热水中，用木棒充分搅拌，5 ~ 10 分钟后掺入凉水，使水温降到 30 ~ 40℃ 为止，然后将浮在上面的杂质和坏种捞除，好种浸泡 24 小时后捞出，稍干时用细眼铁筛筛去未泡胀的硬粒种子，再进行烫水浸种，已吸水膨胀的种子放入筐箩内，盖上湿麻袋，放在向阳温暖处，每天用温水淘洗 2 次。4 ~ 5 天后待种子萌动时即可播种。

（六）播种与芽苗移栽

播种前把装好基质的容器淋透水，使土下沉，有的容器基质多，用棍子捣个洞，把已催好芽的种子点播于容器内，每个容器内播种 3 粒。然后将细绵沙均匀地撒在容器上面，盖土以看不见种子为宜。

（七）苗期管理

播种后视天气情况，一般 3 天左右浇水一次，以保证出苗，随着苗木生长阶段不同，浇水量也有区别。苗子出土一个月后，就可以补苗、间苗，一般在补苗后进行间苗，每容器保留一株，要及时拔草。做到拔小、拔了，以免影响苗木生长。苗木速生期可施少量磷肥。幼苗出齐后每 10 天喷洒 1% ~ 2% 的硫酸亚铁溶液防治立枯病。

(八)苗木出圃与处理

1. 出圃规格

容器苗以具备形成根团完整、茎干粗壮通直、叶片色泽正常、整体发育整齐、无虫害无损伤为优质苗。

2. 出圃准备

在苗木出圃前2天左右，要进行1次施肥并浇透水，两者可结合进行，先用磷钾肥喷施，再用清水浇洗叶面直至基质湿透。

3. 运输

为减少运输成本，在装车时可将容器苗横向垒叠，这样能使装苗量达到最大，但注意车厢边缘层苗木全部朝内，以免擦伤。此外可以用塑料箱等器具进行分箱装运。

4. 容器苗在造林过程中的注意事项

对于塑料容器，栽植前要去除容器。去除前，应该用手轻握基质，防止去除容器杯时基质与根系脱落。栽植时，要注意保护根团完整，全部埋入泥土下。无纺布容器苗直接栽植。

第三节 栽培技术

一、立地选择

丘陵山区造林地以阳坡、半阳坡中下部、低谷带为宜。最适生的造林地为：具有壤质间层的河漫滩，在地表40～80厘米以下有沙壤至黏壤土的粉砂地、细砂地，土层深厚的石灰岩和页岩山地。但风口地、含盐量在0.3%以上的盐碱地、地下水位高于0.5米的低洼积水地、过于干旱的粗沙地、重黏土地等均不宜栽植刺槐。

二、栽培模式

(一)纯林

鉴于刺槐在大部分省区均有人工纯林存在，因此，营造刺槐纯林仍是可行的。如培养目标培育是大径材，且立地条件好，营造及管护技术力量强，营造用材林可选择纯林摸式。

(二)混交林

刺槐与杨树、白榆、臭椿、侧柏、紫穗槐等混交造林，林木生长量大，病虫害少。混交方式以带状和小块状为好。

三、整地

(一)造林地清理

在整地前进行林地清理，以改善造林地的卫生条件和造林条件。注意清除林业有害植物，鼠害发生严重地区要先降低鼠口密度，然后造林。林地清理采用团状清理为主，以栽植点为中心，对半径0.5米范围内的杂、灌进行清理，对于有培育前途的原有树种应予保留。

(二)整地时间

整地时间在造林一个月前或上年秋、冬季进行整地。土壤质地较好的湿润地区，可以随整随造。

(三)整地方式

整地宜采用穴状整地，采用圆形或方形坑穴，穴径和穴深均应在50厘米以上。

(四)造林密度

造林密度要适宜，速生丰产林每公顷可栽1650～3000株；一般用材林可栽3300～4590株；水土保持林、薪炭林可栽4590株以上。刺槐与杨树、白榆、臭椿、侧柏、紫穗槐等混交造林，林木生长量大，病虫害少。

(五)基肥

每株苗木应该施0.5～1公斤复合肥或者采用充分腐熟的有机肥7.5～10公斤。

四、栽植

(一)栽植季节

刺槐春、秋二季都能造林。造林方法因地而异。在冬、春季多风、比较干燥寒冷的地区，可在秋季或早春采用截干造林；在气候温暖湿润而风少的地方，可在春季带干造林。刺槐发芽迟，春季待芽孢绽放时造林成活率高，造林时间以秋季落叶后至土壤封冻前为宜，择下雨前后无风的天气造林。容器苗可以随时栽植，但以雨季最好。

(二)苗木选择及处理

选用Ⅰ、Ⅱ级苗造林。1～2年生裸根苗采用“三覆二踩一提苗”的造林方法；容器苗造林要注意始终保持容器中的基质不散，同时使容器基质与穴中的土壤充分密接。

(三)栽植方式

利用刺槐根蘖和枝条萌发力强的特性，主要采用一至二年生健壮苗(地径≥0.8厘米，主根长≥20厘米，毛细根发达完整)进行截杆埋根栽植，即起苗时对地上部分保留苗高15～20厘米进行短截，栽植时先将苗木根系蘸泥浆保湿后放入已挖好的栽植穴，扶正苗木，根系舒展，填土分层踏实，春季栽植不须埋土，秋季栽植必须埋土越冬。注意栽植不宜过深，一般栽植深度比苗木根颈高出1～3厘米，覆高15～20厘米的小土堆埋住苗干，埋土不宜过深，应与苗木埋平或苗干外露1～3厘米；土堆不要打实，到春季不要刨去土堆，以保持苗木周围土壤湿度。

五、林分抚育

(一)幼林抚育

幼林抚育管理除了正常的除草松土、病虫害防治外，主要是进行除蘖抹芽、修枝去梢等，培育壮直的主干，促使树干和树冠的形成，每年5月和9月份进行松土除草抚育。

(二)施追肥

结合抚育进行追肥，造林当年结合抚育每株施复合肥25克，第2、3年的4～5月份每株施复合肥50克，沿树冠垂直投影内开半环状浅沟，深10～15厘米，把肥料均匀施入沟内，然后填土，以防肥料流失，确保肥效。

(三)抹芽修枝培育干形

在冬末春初，一是剪除树根根际处的萌发枝和树干上的霸王枝(包括次顶梢)，确保主干生长。二是将树冠下部受光较少的阴枝除掉。

(四)间伐

当林分充分郁闭后出现被压木时，可进行第1次间伐，间伐强度20%～25%，本着留优去密、分布均匀地原则，砍去干形不良或多分叉的被压木。

(五)病虫害防治

刺槐受白蚁、叶蝉、蚧、槐蚜、金龟子、天牛、刺槐尺蛾、桑褶翅尺蛾、小皱蝽等多种害虫为害。

刺槐种子小蜂是种子的主要害虫，被害率可高达 80% 以上。刺槐小苗的病虫害有地蛆、象鼻虫、蚜虫、立枯病等。发现虫害可用 40% 氧化乐果乳剂 1500 倍液喷雾防治，蛀干虫害可及时剪除虫枝烧毁。主要病害有褐斑病、黑斑病、白粉病和立枯病。病害用三唑酮 1000 倍液叶面喷雾防治，每 7 天喷 1 次，连喷 2 ~ 3 次。同时要保持树体清洁，清理枯枝落叶及染病枝。

第四十二章　枫香

第一节　树种概述

枫香 *Liquidambar formosana* 别名枫木、黑饭木、三角枫、香枫等，为金缕梅科枫香属的高大落叶乔木。是湖南省重要的乡土树种，也是亚热带地区优良速生落叶阔叶树种。其适应性广，生长迅速，抗风抗大气污染，对土壤要求不严，耐干旱瘠薄，耐火烧，采伐迹地能天然更新恢复成林，属典型的"荒山先锋"树种。维护地力明显，生态效益好，是人工林树种结构调整的首选树种之一。由于其在用材、观赏、药用等方面都具有重要价值，因此是值得大力发展的造林绿化树种。

一、木材特性及利用

(一) 木材材性

木材轻软，质地坚实，纹理致密，易加工，旋切性能好。但原木易翘裂，水湿易腐朽，保持干燥则耐久。密度、硬度、抗弯强度、顺纹抗压强度、径向顺纹抗剪强度和弦向顺纹抗剪强度等指标，均随着树龄的增加而增大。

(二) 木材利用

木材是做胶合板、木地板、仿古家具、台面板的理想用材，也是作为生产出口食品、茶叶、药品等包装箱的优质材料。

(三) 其他用途

1. 观赏价值

枫香树高干直，树冠宽阔，气势雄伟，深秋叶色红艳，美丽壮观，是优美的园林观赏树种及我国南方著名的秋色树种。在我国许多城镇用枫香作为行道树及庭院观赏树栽培，具有很高的观赏价值。

2. 药用价值

枫香全株均可药用，树皮、根、叶味辛、微苦、性温，有去风湿、行气、解毒之功效。民间用于治疗风湿、感冒、急性肠炎、消化不良。果称路路通，微涩、性微温，有通经活络的功效，治少乳或乳汁不通、闭经、痛经、荨麻疹。枫香脂有通窍、祛痰的功效，常用作收敛剂、解郁剂及疥癣涂膏，能解毒生肌、止血止痛，治外伤出血、跌打疼痛等，为外科良药，广泛应用于生产伤湿止痛膏等药品。

3. 工业价值

枫香树脂可制枫香浸膏，还用作显微技术的黏合剂及塑料和人造革的原料。浸提后的残渣还是制造驱蚊片的优质原料。枫香油可用调和香料，有定香作用。叶可提取芳香油，为"苏合香"的代用药品，作为皮肤杀菌药，还可养枫蚕。果实可作染料。

二、生物学特性及环境要求

(一) 形态特征

枫香为高大落叶乔木，树干通直、圆满，高可达 48 米，胸径 190 厘米。树皮幼时灰白平滑，老时褐色粗糙。小枝有柔毛。单叶互生，掌状三裂，两侧裂片常外展，具基生三出脉。幼叶有毛，老叶光滑。

花单性同株，雄花生于短枝的顶端，排成总状花序，雌花排成头状花序。蒴果聚合成圆球状果序。每一蒴果内有具翅的可孕性种子 1~2 粒及多数无翅的不孕性种子。种子黑色，扁平，多角形。花期 3~4 月份，果 10~11 月份成熟。

(二)生长规律

枫香树高生长 3~5 年进入速生期，15~18 年高生长速度开始逐渐下降，23~25 年生树高生长较缓慢，此时树高一般可达 18~22 米，30 年生左右树高生长可达 22~24 米。胸径生长 8~15 年进入速生期，20~22 年胸径生长速度开始逐渐下降，30 年生左右胸径生长较缓慢，此时胸径一般可达 30 厘米，最大胸径可达 1 米。

(三)分布

枫香属植物较古老，是第三纪的孑遗植物。主要分布于我国黄河流域及其以南地带，北起河南、山东，南抵广东、海南；东自东海边，西至四川、贵州、云南和西藏。它主产于江苏、浙江、安徽、湖南、湖北、江西、福建、台湾、广西等省份。越南北部、日本、老挝和朝鲜南部亦有分布，是亚热带常绿阔叶林地带性森林植被中的主要乔木阔叶树种，跨越北中南至热带 3 个气候带。垂直分布一般在海拔 1000~1500 米以下的低山丘陵及平原。

(四)生态学特性

枫香是阳性树种，喜光，喜温暖湿润气候。幼树稍耐阴，耐干旱瘠薄土壤，不耐水涝。多生于平地，村落附近及低山的次生林中。深根性，主根粗长，不畏短期水淹，萌芽率高。能耐干旱瘠薄、耐火烧，生长较为迅速，抗风能力强，常与榆科及樟科树种混生，萌蘖性强，可天然更新。

(五)环境要求

宜向阳立地。适生年平均气温 15~18℃，绝对低温不低于 -10℃。适应性强，能耐干旱、瘠薄，在沙砾土或黏重黄泥土上也能生长，但不耐水湿。在采伐迹地、疏林地及荒山上天然更新良好。不耐盐碱，不耐严寒，不适于高海拔寒冷地区。

第二节　苗木培育

一、良种选择与应用

湖南省目前尚未建立枫香种子园，故尚不能使用种子园的种子进行育苗造林。生产上应该选择同一种子区域与造林地区的气候、土壤相近的优良母树采集果实育苗造林。

二、播种育苗

(一)种子采集与处理

1. *采种期*

枫香果实为蒴果，成熟时子房上部开裂，种子顶端有翅，易飞散，故宜在果实转为褐色而稍带青色、尚未开裂时收集。最佳采种时间应在霜降后至小雪前采集。

2. *采种方法与处理*

不同年龄枫香母树种子产量和种子品质存在显著差异，其中以 20 年生母树所采种子产量最高、品质最好。20 年生枫香母树种子千粒重、出籽率及发芽率均高于 40 年生枫香母树种子，因此枫香育苗宜选择 20~30 年生健壮无病虫害的枫香母树采种。

待蒴果开裂时用采种镰、球果耙等工具采摘或用竹秆敲法采集。球果采回后，要进行干燥，以日晒自然干燥为主，使球果逐渐失去水分，再进行堆积、翻堆、翻动敲打。果鳞裂开种子脱出，清除杂质筛选后，种子装袋，干藏于通风干燥处。枫香出籽率 0.5% ~1% 左右，种子千粒重 315 ~615 克，种子发芽率 20% ~35% ，发芽力可保持 1 年。

(二)选苗圃及施基肥

枫香种子细小，苗圃地应选择土质疏松的轻壤土，处于背风向阳、水源充足之地。经过"二犁二耙"后，进行平床，做宽 1 米，床高 20 厘米以上，沟度宽 30 厘米左右标准床，然后用 1% 的多菌灵液对苗床进行一次消毒处理。

在苗床上撒施适量有机肥、复合肥料，每公顷施饼肥 750 公斤，人畜粪肥 22150 公斤(或复合肥 750 公斤)，使用疏耙工具疏松床面土壤，使肥料与土壤均匀混合，并平整床面，垫黄心土约 2 厘米厚以减少杂草和病虫害的发生。

(三)播种育苗与管理

1. 播种育苗

采取春播，优点是时间短，出苗快，省工省时。适时早播苗木质量好，最适宜时间应在惊蛰前后播种。对枫香种子进行催芽是打破种子休眠期，提高种子发芽率，使幼苗出土齐，缩短出苗期提高苗木质量和合格苗产量。采用 60℃左右热水浸种一昼夜，每天用温水淘洗种子 2 ~3 次，催芽几天后"裂嘴露白"种达 30% 以上即可播种。

播种方法采用条播或撒播。经测算和试播，枫香每公顷播种量在 7.5 ~10.5 公斤之间最适宜。条播行距 20 ~25 厘米，播幅宽 10 ~13 厘米，开沟将种子增均匀地撒在沟内，并均匀覆盖黄心土，盖度以 90% 以上种子不见为宜。撒播则将种子全面均匀播于苗床上，播种当后即盖草，以防雨水冲刷导致土壤板结，并使土壤保温、保湿，提高发芽率和防治鸟害。

2. 苗期管理

枫香在前 3 年内幼苗生长较慢，应及时松土除草。苗木出土后长到 5 厘米时即可间苗补苗，合适育苗密度为 70 ~80 株/平方米。

三、扦插育苗

(一)圃地选择

枫香对土壤要求不严，以沙壤土做圃地为好。育苗地每公顷施饼肥 750 公斤，人畜粪肥 22150 公斤(或复合肥 750 公斤)，结合深翻埋入土中。做宽 1 米、高 20 厘米的苗床，床面整平，四周开好排水沟。扦插前 10 天，床面上每公顷洒多菌灵 15 公斤消毒土壤。

(二)插条采集与处理

采穗母树年龄愈小成活率愈高，实生母树的插穗成活率高于扦插母树。截取年幼健壮的实生母树上 1 ~2 年生的粗壮枝作插穗，粗 0.8 厘米左右，长 10 ~12 厘米(夏插长 5 厘米 ~7 厘米)，上切口剪平，下切口剪斜面，成活率可达 90% 以上。插穗应在早上或傍晚、阴天采集最好，剪去插穗上部二次分枝，用 ABT1 号生根粉溶液浸泡插穗基部 1 厘米，时间 24 小时左右，浓度为 2.5 毫克/升(50 毫克兑 20 公斤冷开水)，浸泡后在清水中冲洗片刻，立刻扦插。夏季应剪取当年春季抽出的新梢，剪去树叶，插穗基部可带些上年老枝。

(三)扦插时间与要求

以春季、夏季扦插为好，春插以 2 月中旬至 3 月上旬为宜，夏插可在 5 月下旬至 6 月中旬进行。秋季或晚秋扦插成活率均下降。

(四)插后管理

常保持土壤湿润，扦插后生根较快，但土壤不能过分潮湿，以免引起土壤缺氧而使伤口难以愈合生根。一般 10 天后芽开始萌动，夏季扦插及时搭棚遮阴，立秋后拆除。1 个月左右芽约长 3 厘米，生长较缓慢，但到40天后开始快速生长。60天时追肥一次，每亩用尿素5公斤，以后每20天追一次肥，每亩用尿素5公斤，8月下旬后不施肥。在未生根前20天～30天时，天晴干旱每天早晚喷施一次水，长久干旱时必须用甲胺磷1000～1500倍液喷雾防虫，前期浇水忌大水漫灌，后期遵循不旱不灌原则。

四、轻基质容器育苗

（一）轻基质的配制

基质配方采用60%黑龙江泥炭土＋40%珍珠岩，或者46%黑龙江泥炭土＋27%珍珠岩＋27%稻壳。

（二）容器的规格及材质

一般采用口径为5厘米、长度为10厘米的可降解纤维网袋。以培育容器大苗为目的，可将容器规格增加至口径15厘米、长度20厘米。

（三）圃地准备

圃地应选择地势平坦、排水良好、背风向阳的中沙壤土，为了便于灌溉及排水，最好做低床，挖深沟，苗床宽1.5米，长视实际情况定，为了防治地下害虫，可将地下杀虫剂在播种前灌入，也可用杀虫剂乳油制成毒土在播种前撒施。

（四）容器袋进床

将灌好育苗基质的容器袋直立排码在育苗盘内，运到育苗现场，摆放于架空苗床。基质充分浇水后用0.5%的高锰酸钾溶液浇灌杀菌消毒，再用清水淋溶后进行播种。

（五）种子处理

种子购入后，立即冷藏（1～5℃），直到翌年2月份。播种前用0.3%～0.5%的高锰酸钾溶液浸泡0.5～1小时，然后滤出。置清水中漂去空瘪种粒并冲洗干净，阴干待用。

（六）播种与芽苗移栽

1. 播种

在2～3月，将经层积处理已萌发胚根的种子直接播于容器中，每杯点播2粒种子，播时胚根朝下，种实埋入土中1～2厘米，播后浇透水。一周后检查，以便及时补植。

2. 芽苗移栽

先将采回的种子播于种床，待种子萌发、幼苗长出两片真叶时再移栽于容器中，每杯移植1株芽苗，播于种床的种实，要注意拌灭鼠剂防鼠食。种子发芽后每7至10天喷70%甲基托布津1000倍液或36%百菌清500倍液一次，交替施用。苗龄15天左右是移植的最佳时间。移植宜在阴天或晴天傍晚进行。取苗时用手指尖抓住芽苗茎部轻轻向上提起，然后用锋利的刀片切除1/3主根。将保留的根部置于70%甲基托布津1000倍液中消毒片刻，整齐排放于盛有少量清水的容器内，用湿毛巾盖好备用。定植时，先用筷子在容器介质的中央捣一小孔，深5至6厘米。将芽苗的根部放入时一定要舒展，不可弯曲在孔内，其根茎部与介质表层持平即可。再用手在芽苗四周轻按使其根部与介质充分密接，然后浇透定根水。

（七）苗期管理

主要是水肥管理，晴旱天加强浇水，保持营养土湿润，以利幼苗出土，20天左右时，要及时间苗补苗，每杯留一株健壮苗。8月份以前，每10～15天追施氮肥1次，9至11月每15天追施复合肥或磷肥1次，以促进苗木木质化。追肥应遵循少量多次的原则，注意做好病虫害的防治。若为全日照圃地，要在幼苗出土或芽苗移植后搭荫棚遮阴。此外，摆放在苗床面没垫农膜的容器苗每年要搬动、截根（剪去穿出容器底部的主根）1～2次，以促使苗木多长侧、须根。

五、苗木出圃与处理

经过精心管理，一年生苗木高度可达60厘米以上，地径可达0.7厘米以上，此时可出圃造林。苗木出圃时，要选择雨后晴、阴天进行。出圃前1个月左右应控制水、肥，进行炼苗。土壤干旱时，起苗前1天应浇透水。裸根苗先用锄头将苗木周边土壤挖松，然后挖出苗木。不损伤根皮，不撕断侧根和须根。不损伤地上枝干，做到苗干不断裂，树皮不碰伤。在质量和规格上要做到不够规格、树形不好、根系不完整、有机械损伤、有病虫害的苗木不出圃。苗木随起、随分级、随假植，有条件的可喷洒蒸腾抑制剂保护苗木，最大限度地减少根系、枝条水分的散失。适量修剪过长及劈裂根系，处理病虫感染根系。将苗木分级包装，对不合格的苗木可留床培育。对雨天不能运出造林的苗木要在圃地集中进行假植。

第三节　栽培技术

一、立地选择

年平均气温15～18℃，绝对低温不低于－10℃。海拔1000米以下，温暖湿润、土壤深厚的山谷、山坡中下部及丘陵土层厚度30厘米以上排水良好的中性或酸性土壤上均可造林。低山丘陵区以阴坡、半阳坡为好。

二、栽培模式

（一）纯林

如培养目标是培育枫香大径材，且立地条件好，营造及管护技术力量强，营造枫香用材林可选择纯林模式。

（二）混交林

亦可与马尾松、杉木、栎类等进行混交造林。

三、整地

（一）造林地清理

把林地上的杂草、灌木等割除砍倒，堆积后用火烧除。一定要对火势进行严格的控制，开好防火路并做好各项防火措施准备，以防止跑火而引起的森林火灾。

（二）整地时间

整地可以从秋季开始，最好在冬季完成。

（三）整地方式

低山、丘陵、平原均可采用穴垦整地，穴规格50厘米×50厘米×50厘米，或60厘米×60厘米×50厘米；缓坡地可选带垦整地，带宽1.2～1.5米，深20厘米。带面穴40厘米×40厘米×40厘米，带面内低外高成水平梯田状。陡坡地，整地半圆形，内低外高半径约60厘米。

（四）造林密度

枫香树冠大、生长快，根据立地条件、经营目的等情况考虑栽植密度，株行距跨度较大，在1.5～3.0米×1.5～3.0米之间，栽1110～4440株/公顷，一般用材林以2米×2.5米、2.5米×2.5米或2米×3米株行距为宜。土壤条件好的或培育大径材的可稀植，立地条件较差的或培育中小径材的可适当密植。丘陵和低山区可营造混交林，与马尾松、杉木等树种混交，混交方式为带状或块状，混交比例枫香占30%～40%。杉木或马尾松采伐迹地更新，可营造以枫香为主的混交林，其比例为枫香占70%左右。

（五）基肥

每株施过磷酸钙肥0.5～1公斤。

四、栽植

（一）栽植季节

造林应在春季进行，最好是在早春进行，一般在3月上中旬气候较稳定时根据土壤墒情造林。

（二）苗木选择、处理

裸根苗苗高30厘米以上，地径0.25厘米以上。容器苗苗高50厘米以上，地径0.30厘米以上。且苗木顶芽饱满，茎干健壮，组织充实，木质化程度高。根系发达而完整，起苗后大根系无劈裂。无病虫害。

（三）栽植方式

定植时做到苗正、根舒、踏实。栽前最好将枫香苗木根系放入200毫克/公斤浓度的ABT3生根粉溶液中浸泡5分钟，造林后可提早7天生根、展叶，并可提高造林成活率，有效促进新梢、地径和冠幅的生长。栽后1个月内进行检查，发现露根要及时培土，不成活的可及时补植。

五、林分管抚

（一）幼林抚育

造林后要连续除草松土3年，每年2次，上半年在4～5月，下半年在8～9月，第1年以除草为主，第二、三年结合除草进行扩穴，穴径60厘米，深度15厘米。除草松土不可损伤植株和根系。上半年幼抚时除松土除草外，还要进行施肥，下半年除松土除草外还要除去基部萌蘖。

（二）施追肥

有条件的造林地，如丘陵、平缓地、退耕还林地，可以结合抚育进行施追肥，用有机肥或复合肥进行条状沟施。造林头3年施肥应给合松土除草进行，以上半年为宜，每株施复合肥150克作追肥。3年后林地郁闭，施肥时间可在9月至翌年5月结合抚育进行，用有机肥或复合肥进行条状沟施。成林后施肥最好在冬季进行。培育大径材时应深翻施肥，深翻应选择在秋末冬初进行，翻土深度以15～25厘米为宜，施肥可结合深翻进行撒施，以施氮肥或复合肥为主，每次施肥量为每株0.2～0.5公斤。条件允许的山场还可在林内套种绿肥，压青改土，提高地力。

（三）修枝、抹芽与干型培育

修枝是培育良好干形，提高其干材质量的有效手段之一。枫香林5年生时，可进行第一次修枝，以后每隔2～3年修一次，到15年生时为止。5～10年生时弱度修枝，即修去树干以下1/3的枝条。11～15年生时中度修枝，即修去树干1/2以下的枝条。选择晚秋林木停止生长期间至早春芽萌动前进行修枝。

（四）间伐

林分郁闭后，应及时疏伐，减少自然整枝速度，避免树冠窄小，主干细长，生长衰退。当林分郁闭度达0.9以上时，被压木占总株树的20%～30%时，应进行间伐。主伐之前，一般间伐2次。首次间伐一般在栽后10年左右。主要采用下层抚育法，即伐去林冠下层的林木及个别粗大的干形不良的树木，间伐强度为林分总株数的25%～35%，以间伐后郁闭度不小于0.7为宜；第二次间伐间隔期以不少于8年为宜，间伐强度为20%～30%。

（五）病虫害防治

（1）刺蛾类害虫：为害枫香的刺蛾主要有黄刺蛾、桑揭刺蛾、扁刺蛾等，取食枫香叶片。

防治方法：①人工清除越冬虫茧；②灯光诱杀成虫；③化学防治。在5月下旬至6月上旬、7月下旬至8月上旬，为幼龄幼虫期，一般触杀剂喷洒均可奏效。可选用下列药剂兑水稀释喷雾：1.8%阿维菌素乳油2000～2500倍液、90%敌百虫晶体1000～1500倍液；2.5%溴氰菊酯乳油3000～4000倍液、灭幼脲3号1500倍液、20%天达虫酰肼2000倍液，2.5%高效氯氟氰菊酯乳油2000倍稀释液。

（2）银杏大蚕蛾：为害枫香叶片，1年1代。

防治方法：①人工防治：分别在卵期和蛹期采用人工刮卵块和摘茧蛹的方法防治。②化学防治：4月上旬该虫初孵幼虫群集危害期，可用90%敌百虫1000倍，或50%辛硫磷1000倍，或10%天王星6000倍，或20%速灭杀丁3000倍等喷雾，杀虫效果最好。

（3）掠色天幕毛虫：幼虫为害枫香叶片。

防治方法：①人工摘茧：该虫幼虫下树在杂灌丛中集中结茧，茧白色，较大易发现。②保护天敌：人工采茧时，若发现茧壳上有褐色水渍斑块，则该茧已被蛹期天敌寄生，可不采摘或采摘后将其捡出放回林中。③喷雾防治：幼虫为害期，用25%灭幼脲三号3500倍液，或20%杀灭菊酯2000倍液，或25%溴氰菊酯2000倍液，或40%氧化乐果800倍液，用机动喷雾机于傍晚喷雾树冠。④毒绳触杀：幼虫下树化蛹前，在树干胸高处绑缚毒蝇，毒蝇制作方法：用20%杀灭菊酯与机油按1:8混合调好，纸绳浸泡30分钟后捞出晾干待用。此法适宜于高山缺水地区及树木高大地区。⑤灯光诱杀：在危害较重林地集中设置诱虫灯，诱杀成虫。上述方法防治防治效果均在90%上。

第四十三章　光皮桦

第一节　树种概述

光皮桦 *Betula luminfera*，别名亮叶桦、桦角、花胶树，系桦木科桦木属落叶乔木。光皮桦生长快、树干修直、材质优良用途广；病虫害少；适应性强，较耐干旱瘠薄，既能适应丘陵、荒山、夏秋炎热干燥，又能适应冬季严寒的高寒山区，常混生于常绿阔叶林或竹林中；中根性，侧根发达，根系穿透力较强，具有固氮作用；是优良乡土速生用材树种，也是良好的荒山造林先锋树种。

一、木材特性及利用

(一) 木材特性

主干圆满，纹理通直；隐心材，色淡黄或淡红褐；材质细致，坚韧而富有弹性，耐冲击，强度大，握钉力大；干燥易，不翘裂；切削、胶粘、防腐处理均易，油漆光亮性好；气干容重 0.723 克/立方厘米，硬度(端面)824、(径面)658、(弦面)690 公斤/平方厘米。木材横断面生长轮不明显，边材、心材无甚区别。纹理直，结构细，质坚硬，耐磨损，收缩中等。不耐腐，木工性质良好，刨面光滑，且材质光亮，木纹美观，胶粘、油漆性质亦好。

(二) 利用

光皮桦具有较高的经济价值和广泛的用途。其材质优良，为淡黄色或淡红褐色，纹理细致，木材坚硬，是作高级家具的优良材料，在航空、军工上可制作高级胶合板，又可作层积塑料和层压木以代替核桃木作枪托。

(三) 其他用途

此外还可以提炼香桦油，供作消毒剂、矿选剂和治皮肤病。树皮在工业上可提取桦皮油，作化妆品及食物的香料或代替松节油。

二、生物学特性及环境要求

(一) 形态特征

叶矩圆形、宽矩圆形、矩圆披针形、有时为椭圆形或卵形，长 4.5 ~ 10 厘米，宽 2.5 ~ 6 厘米，顶端骤尖或呈细尾状，基部圆形，有时近心形或宽楔形，边缘具不规则的刺毛状重锯齿，叶上面仅幼时密被短柔毛，下面密生树脂腺点，沿脉疏生长柔毛，脉腋间有时具髯毛，侧脉 12 ~ 14 对；叶柄长 1 ~ 2 厘米，密被短柔毛及腺点，极少无毛。雄花序 2 ~ 5 枚簇生于小枝顶端或单生于小枝上部叶腋；序梗密生树脂腺体；苞鳞背面无毛，边缘具短纤毛。果序大部单生，间或在一个短枝上出现两枚单生于叶腋的果序，长圆柱形，长 3 ~ 9 厘米，直径 6 ~ 10 毫米；序梗长 1 ~ 2 厘米，下垂，密被短柔毛及树脂腺体；果苞长 2 ~ 3 毫米，背面疏被短柔毛，边缘具短纤毛，中裂片矩圆形、披针形或倒披针形，顶端圆或渐尖，侧裂、片小，卵形，有时不甚发育而呈耳状或齿状，长仅为中裂片的 1/4 ~ 1/3。小坚果倒卵形，长约 2 毫米，背面疏被短柔毛，膜质翅宽为果的 1 ~ 2 倍。

(二) 生长规律

光皮桦每年 2 月下旬至 3 月初开始发芽抽叶，3 ~ 4 月为展叶期，5 ~ 8 月为生长盛期，9 ~ 10 月开始落叶，11～12月至翌年2月中旬为换叶期，花期3～4月，果期4～5月。周凤娇等研究表明光皮桦胸径生长速生期在第6～18年，树高生长速生期在第3～15年，材积生长速生期在第15～18年；梁跃龙等研究推导出胸径、树高和材积生长的成熟年龄分别为第47年、40年和102年。

(三)分布

产于云南、贵州、四川、陕西、甘肃、湖南、湖北、江西、浙江、广东、广西。主要分布于华东、西南地区海拔500～2500米之阳坡杂木林内，也能在低海拔和平原地区生长。

(四)生态学特性

光皮桦混生于常绿或落叶阔叶林中，林下天然更新情况良好。光皮桦茎干的构造具有适应速生生长的特性；叶为典型异面叶，对光能的吸收较强，同化效率高；侧根、须根发达，菌根多，吸收、输导能力强。萌芽性强，天然更新好。为亚热带主要落叶阔叶林类型之一。适于混交种植。光皮桦有菌根共生特点，与杉木、马尾松等混交，可改善土壤肥力。适应性强。喜温暖、湿润气候和深厚肥沃、排水良好的酸性沙壤土，耐干旱瘠薄；适应中亚热带丘陵荒山的夏季炎热干燥，也适应冬季严寒的高寒山区。

(五)环境要求

生长在海拔800～1900米的山坡，与灯台树、响叶杨、杉木等多种树种混生。喜温、喜湿、喜肥，中等喜光。在湿润、土层深厚、肥沃、排水良好的黄红壤上生长迅速，阴湿山沟两旁生长更好。

第二节　苗木培育

一、良种选择与应用

光皮桦优良种源地主要有贵州锦屏、云南富源、湖南古丈、广西融水、广东连州、江西铜鼓、福建永安、湖北巫山、浙江景宁、安徽临溪等。

邵增明等于2003年开始光皮桦良种选育工作，在林分、单株、优树3个育种层次的基础上，通过嫁接、建园、当代测定、子代测定等选育程序，最终选育出光皮桦－AH13号、光皮桦－AH29号、光皮桦－AH77号3个光皮桦优良家系。

二、播种育苗

(一)种子采集与处理

由于光皮桦种子成熟期较短，果序由青绿色变为淡黄至黄褐色只需几天，如果采种时间过早，即果序还处在由青转为淡黄时采种，种子成熟度不够，将会造成种子发芽率很低。果序由淡黄转为黄褐色时采种，经处理后种子场圃发芽率较高。光皮桦种子细小，本身养分含量少，含水量较高，果序采下后，不可放在阳光下曝晒，而应及时摊放在阴凉通风处，随时翻动，以免发热，待3～5天后果序上的种子充分成熟，用手轻轻搓动果序，种子脱落，净种后即可播种。暂不播种的以不脱粒继续摊凉为宜，如果气温高、摊放时间长，可用清水喷雾，以防种子失水，保证种子品质。

(二)选苗圃及施基肥

应选择交通方便、排水良好、灌溉方便、土层深厚、土壤肥沃且较疏松的水稻田作圃地，以利于苗木的生长。并提前在冬季或早春进行细致整地，结合土壤消毒(敌克松15公斤/公顷)，施足基肥(磷肥900公斤/公顷或有机肥)，经过三犁三耙后，作好高床(高出步道35厘米以上)，苗床宽1米左右，床面要平整，土块细碎。

（三）播种育苗与管理

播种前，重新翻松苗床上层土壤，整平后铺上一层2厘米厚的黄心土，用板块拍平床面后即可播种。为了播种均匀，播种前宜用湿润的细锯末与光皮桦种子充分拌匀，然后均匀地撒播在苗床上。播种量视种子的播种品质而定，种子成熟度高、品质好，且随采随播，播种量为15～30公斤/公顷。如果种子品质较差，播种量要加大到45～60公斤/公顷。播种后立即覆盖一层薄细土，最好是用少量的草木灰与黄心土（或火烧土）拌匀粉碎过筛后的细土。盖土厚度以不见种子为宜，最后用竹片支成弓形，盖上透光度50%～60%的遮阴网。如果采用搭荫棚，透光度应控制在50%～60%，注意荫棚两头应敞开，以利于通风透气，同时床面上需加盖一薄层稻草保湿，并喷水一次，但应注意及时揭草。

苗期田间管理好坏是能否育出优质壮苗的关键。播种后应保持苗床湿润，在5月中旬播种，4～5天后开始出苗，7～8天就齐苗。此期幼苗细弱，抗逆性差，应在阴天掀掉遮阴网，晴天夜间也要开网让苗木滋润露水，以增强苗木的抗逆性，早晚要喷水，保持苗床湿润、阴凉，上午8～9时再盖上网。苗木出齐后每7～10天应喷药防病、治病，药剂可选用800倍液的多菌灵或退菌特、1000倍液的甲基托布津，发现病态严重和死亡的苗木要及早拔除。6月中旬应部分开网进行炼苗，6月底7月初可完全去掉遮阴网。幼苗长出3～5片真叶时施追肥，以促使苗木快速生长，采用薄施尿水或清水加氮肥的方式，每7～10天施1次，可与喷药交叉进行。8月下旬应停施氮肥，而改施1～2次钾肥，以促进苗木木质化，增强苗木的抗性。当苗木长出7～8片真叶时进行间苗移栽，补植空缺苗床，间苗次数根据发芽率高低和苗床幼苗数量来确定。发芽率高、幼苗密度大，应分3～4次间苗，最后一次间苗宜在8月中下旬结束，定苗密度以90～100株/平方米为好，平均苗高45厘米以上，地径≥0.4厘米，即可出圃上山造林。

三、扦插育苗

（一）圃地选择

选择气候温和、水源充足、交通方便、排水良好、灌溉方便、土层深厚、土壤肥沃且较疏松的位置作圃地，以利于苗木的生长。

（二）插条采集与处理

选用1年生充分木质化，生长健壮的光皮桦实生苗，苗木高50～80厘米，地径0.4～0.7厘米，于扦插当天清晨采条，切口采用斜切，扦插深度约为插穗长度的1/3。

由于ABT对插穗生根的促进作用明显，扦插基质对扦插成活率影响显著，所以扦插前插穗要经过ABT生根粉500毫克/公斤处理+12厘米穗条长度+（黄土+细河沙）混合基质的处理。

（三）扦插时间与要求

以春插和秋插为好。3月春插最理想，生根率可达96.17%。春季为光皮桦生长期，且地温高于气温，有利于愈伤组织的形成，同时气温较低，空气湿度较大，蒸腾作用较弱，插穗能保持水分。夏季光皮桦处于快速生长期，抽梢快，且气温高，插穗易失水萎蔫。秋季光皮桦生长速度减慢，插穗营养成分积累多，也有利于愈伤组织形成，扦插成活率较高。

（四）插后管理

扦插后浇透水，采用盖薄膜、遮阴、通风、喷水等措施控制光照、温度及湿度，保持透光度60%，相对湿度为80%～90%，温度控制在25～30℃，并注意培育过程中枝条抽芽后的水肥管理。

四、轻基质容器育苗

（一）轻基质的配制

经过基质配方试验，选用东北泥炭土70%+谷壳30%+适量长效控释肥（1立方米基质加2公斤）

为最佳。

(二)容器的规格及材质

选用宽度为15厘米、可完全降解的无纺纤维布，采用轻基质网袋成型机制作成10厘米长的透底容器。

(三)圃地准备

选择土壤疏松、排灌条件好的农田做圃地。在4月底或5月初将圃地全面深翻，经过三犁三耙后，除去草根和杂物，用50%多菌灵可湿性粉剂1.5克/平方米对土壤进行一次全面消毒，施足基肥(磷肥900公斤/公顷)或有机肥。

(四)容器袋进床

将制作好的透底容器袋整齐摆放在选好的苗圃地上，周围用土围实，做好苗床。

(五)种子处理

光皮桦种子不需要特别处理，随采随播。

(六)播种与芽苗移栽

重新翻松苗床上层土壤，整平后铺一层2厘米厚的黄心土，用板块拍平床面后即可播种，播种量为30~45公斤/公顷。播种后立即覆盖1层薄细土，同时床面上需加盖1层薄稻草保湿。

光皮桦芽苗特别娇嫩，起芽苗时应将挑好的芽苗放置到尿素袋内的托盘，托盘中盛0.15% ATT溶液，芽苗要随起随栽，避免被太阳灼伤，这是光皮桦移栽成活的关键。移芽苗时用一根竹签在容器中间打一个小孔，孔的深度与芽苗根系长度基本一致，一般以2~3厘米为宜，当苗根长于3厘米时应切除多余部分，以免窝根、影响苗木成活。将幼苗小心地放入小孔中，要求根系舒展伸直。然后用竹签在芽苗旁边轻轻插入并挤压，使芽苗与基质充分接触。移栽后的芽苗整齐地摆放在砖块或铺有地布的圃地上，以利于空气修根。光皮桦芽苗移栽1小时内必须淋透水，否则会因脱水影响成活率。芽苗移栽后至分苗前，应放置在用农膜和遮阴网覆盖的拱形大棚内，喷水应以喷雾为宜。

(七)苗期管理

1. 水肥管理

光皮桦幼苗期生长要注意水肥管理，幼苗期淋水不宜过多，更不能缺水，一般早晚各1次。浇水次数视天气情况而定。当基质表面发黄或发白即应浇水，否则苗木一旦出现枝叶干枯，即难以恢复生长或导致死亡。基质中因加有长效控释肥，其肥效可长达6个月，一般情况下苗期不需进行根外施肥。分盘后的苗木枝叶茂盛，生长较快，需水量大增，喷水应采用旋转喷头，以增加喷水量。苗木应放置在透光率60%遮阴网的大棚内培养，同时注意观察容器苗侧壁根横向生长状况，经常移动袋苗，防止串根。

2. 除草

苗木移栽后至分苗期间要特别注意除草管理，应以“除早、除小、除了”为原则，以人工拔草为主，拔草时应注意对芽苗的保护，拔除的杂草须用托盘装起、集中销毁，不能扔在圃地内，直到分苗结束。在除草过程中应尽量少用或不用化学除草法，如发现空穴或死苗应即时进行补苗，以提高苗木成活率，并可充分利用基质。

3. 病虫害防治

芽苗移栽成活后，每月用50%可湿性托布津粉剂1000倍液或多菌灵药液交替喷洒1次，当出现虫害时用40%乐果乳油1000~2000倍液于每周喷雾1次，一般喷2~3次。在育苗过程中，如出现叶部腐烂，应将其拔除，同时注意控水。发现少量的虫害，可采用人工捕捉的方法及时灭除。

4. 炼苗

当年10~11月，必须进行炼苗。逐步揭开遮阳网，增加光照时间和强度，逐渐减少淋水次数和淋水量。对生长较茂盛的苗木，应喷施少量硼砂，促进苗木停止生长并木质化，提高容器苗抗逆性。通过以上培育技术措施，七个月生的光皮桦容器苗，平均苗高达 27 厘米，地径 0.32 厘米，可出圃造林。

五、苗木出圃与处理

（一）苗木规格与调查

出圃苗木应是生长健壮及树形、骨架基础良好的苗木，根系发育良好，有较多的侧根和须根；起苗时不受机械损伤；根系的大小根据苗龄和规格而定，苗木的茎根比小、高径比适宜、重量大。苗木无病虫害和机械损伤；有严重病虫害及机械损伤的苗木应禁止出圃。

（二）起苗与包扎

（1）起苗时应有一定深度和幅度，不损伤根皮，不撕断侧根和须根。不损伤地上枝干，做到枝干不断裂，树皮不碰伤，保护好顶芽。保证达到对苗木规定的标准。

（2）保持圃地良好墒情。土壤干旱时，起苗前一周适当灌水。苗木随起、随分级、随假植，及时统计数字，裸根苗应进行根系蘸浆。有条件的可喷洒蒸腾抑制剂保护苗木。

（3）适量修剪过长及劈裂根系，处理病虫感染根系。

（4）清除病虫危害苗木，按林木植物检疫要求进行处理，尤其是有危险性病虫害的苗木，要集中处理。

第三节　栽培技术

一、立地选择

根据适生的立地因子进行选择。选择湿润、肥沃、排水良好的黄红壤，阴湿山沟两旁立地更好。

二、栽培模式

（一）纯林

光皮桦在中、低山地或丘陵荒山和采伐迹地均可造林。但不同的立地条件，其生长量差异较大，纯林以土层深厚肥沃的山地生长尤佳。营造纯林的初植密度 1200 ~ 1650 株/公顷，于立春至雨水间下透雨后造林。做到深栽、根舒、栽直、压实。

（二）混交林

光皮桦适宜与杉木、福建柏、柳杉、马尾松等树种营造针阔混交林。与杉木混交造林，造林密度 1800 ~ 2100 株/公顷，杉桦混交比 1:1 或 2:1，行间混交，但光皮桦株距应加大。造林当年扩穴培土一次，全面锄草块状松土一次，第 2 ~ 3 年各全面锄草或块状锄草松土 1 ~ 2 次。第 4 年以后采用劈草抚育，直至幼林郁闭。根据初植密度的大小间伐 1 ~ 2 次。纯林最终保留 450 ~ 600 株/公顷，混交林中光皮桦保留 225 ~ 300 株/公顷。

三、整地

（一）造林地清理

在植被比较稀疏、低矮，或迹地上的剩余物数量不多，对整地影响不大的情况下，不需要炼山，剩余物可留在林地上任其腐烂。当剩余物数量很多，严重影响整地作业，且形成大的火灾隐患时，要求在具备安全措施情况下炼山。

(二)整地时间

播种前应在冬季或早春整好地、作好苗床。

(三)整地方式

(1)穴状整地：穴垦整地是山地、丘陵、平原广泛采用的整地方法。山地陡坡、水蚀和风蚀严重地带更应采用。穴的规格低山丘陵区 50 厘米 ×50 厘米 ×40 厘米，山区(坡度大于 25°时)40 厘米 ×40 厘米 ×30 厘米。

(2)全垦整地：低山丘陵平缓地，可采用拖拉机全耕整地，全耕深度 25 ~30 厘米。

(四)造林密度

株行距为 2.0 米 ×2.5 米或 2.0 米 ×2.0 米。

(五)基肥

立地条件好的地块造林不需施基肥，立地条件较差的地块栽植前每穴施 0.5 公斤复合肥作为基肥。

四、栽植

(一)栽植季节

春季造林。南方光皮桦造林，一般在树木发芽前的 3 月份完成。要注意雨情动态，雨后洞穴湿润时马上造林。

(二)苗木选择、处理

选择二年生壮苗进行栽植，苗木要竖直，根系要舒展，深浅要适当，填土一半踩实，再填土踩实，最后覆上虚土培蔸。裸根苗造林前对苗木进行苗根浸水、蘸泥浆等处理；容器苗运输途中保护好容器中营养土，严禁故意将营养杯击破去土，栽植时须拆除根系不易穿透的容器。苗木都要分级造林。

(三)栽植方式

根据立地条件、土壤含水量和树苗高度确定栽植深度，一般应略超过苗木根颈部。干旱地区、沙质土壤宜适当深栽。

五、林分管抚

(一)幼林抚育

根据实际需要，及时进行松土除草。与扶苗、除蔓等结合进行，做到除早、除小、除了，对穴外影响幼苗生长的高密杂草，要及时割除。连续进行 3 年，每年 2 次，第 1 次为 4 ~5 月份的锄抚，松土除草应做到里浅外深，不伤害苗木根系，深度一般为 5 ~10 厘米，干旱地区应深些，丘陵山区可结合抚育进行扩穴埋青工作，增加土壤营养。为节约成本，第 2 次 9 ~10 月采用刀抚，只砍掉影响光皮桦生长的杂草灌木。

(二)施追肥

造林后前 3 年对林分中生长较差的幼株施加追肥。结合抚育管理，4 ~5 月份锄抚时一同进行，施肥方法沿树蔸上半方离树干 50 ~60 厘米挖环形沟，每株施 0.5 公斤复合肥，拌土均匀后用土覆盖，当植株生长势赶上时停止追肥。

(三)修枝、抹芽与干型培育

光皮桦纯林经营时，因侧枝扩展影响干形生长，从第 4 年起应适当修剪下部枝条。与杉木等混交造林时，由于种间竞争，分叉减少，侧枝较细，可免修剪。

(四)间伐

第 6 年时首次间伐，由每公顷 1980 株或 2490 株间伐到 1575 株或 1950 株；第 10 年时进行第二次间伐，由每公顷 1575 株或 1950 株间伐到每公顷 1200 株或 1500 株。

（五）病虫害防治

（1）光皮桦病害发生较少，虫害主要为疖蝙蝠蛾，以卵在土表落叶层或以幼虫在树干髓部越冬，4 月中旬至 8 月下旬为幼虫期，9 月上旬至 10 月上旬为成虫期。幼虫钻蛀枝干，在韧皮部和髓部形成坑道，致使树势衰弱、断干、甚至枯死。

（2）人工防治主要是清理造林地，消灭幼虫于栖息场地；化学防治结合 4 ~ 5 月份的锄抚，用氧化乐果 3000 倍液注入虫孔内，或于幼虫刚蛀入树干基部出现粪屑时，立即于土中施 3% 呋喃丹颗粒剂。

（3）加强苗木检疫，禁止到疫区调苗。

第四十四章　红锥

第一节　树种概述

红锥 *Castanopsis hystrix* 又名红锥、锥栗、刺锥栗、红锥栗、锥丝栗、椆栗，为壳斗科锥属常绿乔木。因其速生、适应性强、木材坚硬耐腐、色泽纹理美观等优良特性而成为我国南方珍贵用材树种。红锥较耐阴，幼年耐阴性更强，改土效果好，萌芽力强，且混生性较好，可作为水源涵养林进行纯林种植，亦可作为残次林、生态公益林改造的混交造林树种进行推广应用。

一、木材特性及利用

（一）木材材性

红锥 17 年生人工林木材生材至绝干状态的纵向、径向和弦向干缩率平均值分别为 0.297% 、4.525% 、8.125%，基本密度为每立方厘米 0.504 克。力学性质的平均值为抗弯强度 100.9 兆帕、抗弯弹性模量 17.054 兆帕、顺纹抗压强度 53.0 兆帕、径面顺纹抗剪强度 9.9 兆帕、弦面顺纹抗剪强度 12.9 兆帕、径向握钉力每毫米 38.106 牛、弦向握钉力每毫米 37.064 牛、顺纹方向握钉力每毫米 22.365 牛、径面表面硬度每平方毫米 7.673 牛、弦面表面硬度每平方毫米 10.636 牛、端面表面硬度每平方毫米 26.597 牛，气干密度为每立方厘米 0.611 克。

（二）木材利用

红锥为半环孔材，心材色红，结构细至中，其木材淡红色至褐红色，树干通直，密度中，硬度和强度中等，这些基本特性表明了红锥人工林木材可应用于家具制造、胶合板生产、室内装饰等高附加值利用。

（三）其他用途

红锥种子富含淀粉，可炒食、饲料和酿酒。种实、壳斗均富含单宁，可提制栲胶。

二、生物学特性及环境要求

（一）形态特征

乔木，高达 25 米，胸径 1.5 米，当年生枝紫褐色，纤细，与叶柄及花序轴相同，均被或疏或密的微柔毛及黄棕色细片状蜡鳞，二年生枝暗褐黑色，无或几无毛及蜡鳞，密生几与小枝同色的皮孔。叶纸质或薄革质，披针形，有时兼有倒卵状椭圆形，长 4 ~ 9 厘米，宽 1.5 ~ 4 厘米，稀较小或更大，顶部短至长尖，基部甚短尖至近于圆，一侧略短且稍偏斜，全缘或有少数浅裂齿，中脉在叶面凹陷，侧脉每边 9 ~ 15 条，甚纤细，支脉通常不显，嫩叶背面至少沿中脉被脱落性的短柔毛兼有颇松散而厚、或较紧实而薄的红棕色或棕黄色细片状蜡鳞层；叶柄长很少达 1 厘米。雄花序为圆锥花序或穗状花序；雌穗状花序单穗位于雄花序之上部叶腋间，花柱 3 或 2 枚，斜展，长 1 ~ 1.5 毫米，通常被甚稀少的微柔毛，柱头位于花柱的顶端，增宽而平展，干后中央微凹陷。果序长达 15 厘米；壳斗有坚果 1 个，连刺径 25 ~ 40 毫米，稀较小或更大，整齐的 4 瓣开裂，刺长 6 ~ 10 毫米，数条在基部合生成刺束，间有单生，将壳壁完全遮蔽，被稀疏微柔毛；坚果宽圆锥形，高 10 ~ 15 毫米，横径 8 ~ 13 毫米，无毛，果脐位于坚果底部。花期 4 ~ 6 月，果翌年 10 ~ 11 月成熟。

(二)生长规律

红锥天然林 5 年前生长较慢，5 年后树高、直径生长明显加快。树高平均年生长量 0.7 米以上，胸径速生期约 6 ~ 20 年，平均生长量 0.6 ~ 0.8 厘米。红锥 10 年左右开始开花结实，20 年进人盛果期。

(三)分布

水平主要分布在我国南部的广东、广西、云南、贵州、湖南、江西、福建、台湾等地，边缘分布至西藏的墨脱县；从垂直分布上主要在海拔 300 ~ 1500 米，以低山丘陵为主，由南向北分布海拔逐渐降低。

(四)生态学特性和环境要求

红锥较耐阴，幼年耐阴性则更强。喜湿润、温暖、多雨的季风气候，要求海拔高度 500 米以下、降雨量在 1300 毫米以上，以 1800 ~ 2200 毫米为宜，年均气温 17 ~ 25℃之间，极端最低 -5℃，极端最高 40℃，年活动积温≥10℃在 5000 ~ 8000℃之间；土壤条件为由花岗岩、变质岩、沙页岩等母岩发育而成、土层深厚在 80 厘米以上、排水性良好的酸性壤土或轻黏土(砖红壤、赤红壤和红壤)，坡向主要选择阴坡和半阳坡为主，土壤 pH 值在 4.0 ~ 6.0(最适宜 pH 值为 4.5 ~ 5.5)之间。

第二节　苗木培育

一、良种选择与应用

宜选用优良种源、优良林分、优良单株的种子进行育苗。优良种源和优良林分的种子材积增益可达 8% ~ 10%。经生产实践证明湖南宜在江华、江永等地选择优良母树采种为好。

2.2 播种育苗

二、采种及种子处理

在现有林分中选择优良类型采集种实。采种树应生长迅速、健壮、主干明显、通直、分枝高、树冠发达、结实量多。红锥在每年的 10 ~ 11 月果实成熟，可以在总苞由青色转褐色时进行采收。总苞放于室内 2 ~ 4 天，可移出室外暴晒，待总苞开裂后及时取出种子。红锥种子是含水量高的大粒种子，种子取出后应马上清除杂物，并用湿沙混合贮藏、催芽。因种子淀粉含量高，极易受虫蛀和鼠害，故沙藏前应清除杂物，并用 90% 敌百虫 0.2% 溶液冲洗，切忌晒种。沙藏方法以室外沙藏较好，其发芽率高，发芽整齐。室外沙藏除苗床覆盖稻草外应外加薄膜保温、注意防止鼠害，每晚应将薄膜盖严。

红锥种实一般随采随播；若要留种至翌春播，则应用河沙进行层积处理。先将种实放在流水中浸半个月，再与干净的河沙分层堆积催芽。保持河沙湿润，约经 70 天，有 90% 左右的种实伸出胚根时进行播种。红锥种实易被鼠食，可将少量红锥种拌灭鼠剂后撒于种堆周围防鼠。

三、裸根苗培育

(一)圃地选择

圃地首先应选择灌溉方便又排水良好的水稻田，如没有水稻田应选择在高热量地区的阴坡或半阴坡，土壤肥沃，靠近水源的地方；在强阳光处育苗，需搭棚遮阴。

(二)苗床准备

苗床高 20 厘米，宽 80 ~ 100 厘米，苗床土应经精细打碎，床面平整。为了控制主根生长，多发侧根，在整地时，不需深耕，有15厘米的松土层即可，关键是在松土层里下足基肥，每公顷施放钙镁磷肥3000公斤。在整地时，取少量红锥林内或马尾松林内带有菌根的表土放进苗床，可使苗木生长得更壮。

（三）种子催芽

为了促使种子提早发芽，利用种子本身的热量，采用分层混沙堆积催芽法，一层沙一层种子，堆于沙床内，每层沙厚为4～5厘米，种子厚为1.5～2厘米，上盖稻草或薄膜保温保湿和防鼠，每隔2～3天打开浇水一次，沙的湿度保持在10%～12%，温度保持在18℃以上，以达到种子发芽所需的温度。

（四）牙苗移栽

1. 裸根牙苗移栽

当芽苗长出2～4片真叶、长度为3～8厘米后便可进行芽苗移栽，一般选阴天或小雨天及时移栽。苗圃如干燥，需在移栽前一天下午将苗床浇水，浇水量视土壤的干湿度而定，一般在移栽时用手"抓起来成团，甩下地能散"为适。操作时，做到随起随移。一般高5厘米～8厘米的苗，采用20厘米×12厘米或20厘米×14厘米株行距进行栽植；高3～5厘米的苗，采用8厘米×12厘米株行距进行栽植。按上述密度，首先用削尖的竹片在苗床上根据不同种植密度进行打孔，孔直径1厘米，深3～4厘米，使芽苗的根尖部顺洞穴植入，然后用手指将洞穴周围的营养土压实，覆盖黄心土，以减少杂草滋生，厚度4厘米左右。芽苗移栽完后要及时浇水，最好栽一段苗浇一段水，及时浇水有利于芽苗成活。芽苗移栽后的头几天要注意浇水，根据土壤干湿度和天气情况，每天喷水2～3次，直到苗木成活为止，如土壤很潮湿，达到手挤出水时，可暂不浇水。最后在苗床上覆盖透光率为50%的遮阳网。

2. 芽苗截根移栽

当芽苗长出2～4片真叶、长度为3～8厘米后便可进行芽苗截根移栽。芽苗截根方式可以按照以下四种方式进行：

（1）先将芽苗轻轻提起，集中一小把小苗，对齐根茎部用小剪刀剪去根的2/5，蘸上浓度为每升30毫克的6号ABT生根粉与加水稀释800～1000倍多菌灵混合溶液待栽。

（2）起苗时可用锋利钢锹或钢铲，用力将苗根深处铲断，然后将芽苗从土中取出，放入竹篮或盆中、动作要轻，不可碰掉种子，否则影响芽苗成活率。

（3）先将芽苗轻轻拔起，对齐根际处，切去根长的1/3后，放在盛少量加水稀释800～1000倍多菌灵溶液的盆子里保湿。

（4）将一小把芽苗对齐子叶，切去根的1/2至1/3，沾上黄泥浆与加水稀释800～1000倍多菌灵混合溶液后用小盘装好待栽。

芽苗截根处理后移栽方法与不截根芽苗移栽相同。

（五）播种

红锥可以采用条播或点播，待催芽的种子大部分露白时，即可筛选出露白的种子进行播种，种粒间距以1.5～2厘米为宜，行距15～20厘米，过密会增大移苗的难度。播种后用河沙或过筛土覆盖，覆土厚度不超1厘米，覆土后浇透水，再用稻草等遮盖，待苗芽刚钻出地面时及时揭草，并搭棚遮阴。

（六）苗期管理

芽苗移栽后的田间管理主要注意松土除草、清沟排水灌水、施肥和病虫害的防治等工作。

松土除草：移栽后畦面长出杂草，应及时拔除，如土壤板结，可用小锄进行除草松土。

清沟排水与灌水防旱：每逢大雨过后必须清理步道和排水沟道，做到雨后步道不积水。天气久晴视苗木与圃地土壤干燥程度，及时灌溉，以利苗木生长。

施肥：芽苗成活发新叶后，每隔15天施一次肥。前期（4～5月份）以0.5%尿素为主，中后期（8～9月份）以1%复合肥为主；同时，每隔30天叶面喷施0.1%磷酸二氢钾，可增强苗木抗性。

1. 遮阴护苗

红锥幼苗喜阴，极易被阳光灼伤，必须做好遮阴防晒工作。苗床揭草及移苗入杯后，均应马上搭盖遮阴棚。荫棚高度不得低于1米，宽度应超出畦边，然后视苗木的生长情况及天气状况，应适时揭盖透光，逐渐增加光照，待幼苗木质化后，可完全揭开荫棚。

2. 水肥管理

红锥喜肥喜湿，必须经常保持营养土湿润，同时又要避免积水。苗入容器杯后约20天，长出新叶，可以结合浇水施氮肥，施肥应遵循"由稀到浓、少量多次、适时适量、分期巧施"的技术要领，到苗木出圃前30天应停止施肥。在苗木生长过程中，可视苗木状况配合根外追肥，如发现侧根少，叶色淡时可用绿芬、植保素、磷酸二氢钾等喷洒幼苗叶面，以改善生长。

3. 病虫害防治

红锥苗期极易受到病虫害的危害，常见病害有根腐病、叶枯病等，常见虫害有尺蠖、卷叶螟、金龟子等。根腐病主要发生在苗前期，可通过控制浇水量或拔除病株，并喷洒1%的波尔多液、多菌灵0.1%溶液等进行防治。防治尺蠖、金龟子等虫害，可用90%敌百虫0.2%溶液、40%乐果乳剂0.03% ~0.04%溶液防治。

四、容器苗培育

（一）圃地选择与作床

红锥幼苗喜荫庇和湿润环境，圃地以选择半日照、空气湿度大的山沟、山窝地为好。若无这种环境条件，则应搭荫棚。整平土地后作床。苗床高10 ~15厘米，宽1 ~1.2米，床面要平、土要碎。排水良好的圃地可采用平床。

为避免苗根长落地，减少在苗木管抚期间的搬苗截根的工作量，提高造林成活率，可在床面垫1 ~2层农膜，膜上垫2厘米厚粗沙，在沙上摆放育苗容器。

（二）营养土配制与装杯

红锥幼苗对土壤要求较高，营养土要疏松。轻型育苗基质的主要成分是泥炭、珍珠岩和蛭石，其中泥炭用量最多，约占基质比例的1/3至1/2。另加入一定比例的红锥菌根土，以给幼苗接种菌根，促进幼株生长。将营养土充分捣碎拌匀，装入直径10厘米，高12 ~15厘米的蜂窝纸杯或营养袋内待用。

（三）播种或移植芽苗

红锥容器育苗的方法有两种：

（1）播种：在2 ~3月，将经层积处理已萌发胚根的种子直接播于容器中，每杯点播2粒种子，播时胚根朝下，种实埋入土中1 ~2厘米，播后浇透水。一周后检查，以便及时补植。

（2）移植芽苗：先将采回的种子播于种床，待种子萌发、幼苗长出两片真叶时再移栽于容器中，每杯移植1株芽苗，播于种床的种实，要注意拌灭鼠剂防鼠食。移栽时要选择阴天，剪掉芽苗的主根（保留2厘米长左右），用生根剂浸根，压实，浇透定根水。

（四）苗期管理

主要是水肥管理，晴旱天加强浇水，保持营养土湿润，以利幼苗出土，20天左右时，要及时间苗补苗，每杯留一株健壮苗。8月份以前，每10 ~15天追施氮肥1次，9 ~10月每15天追施复合肥或磷肥1次，以促进苗木木质化。追肥应遵循少量多次的原则，注意做好病虫害的防治。若为全日照圃地，要在幼苗出土或芽苗移植后搭阴棚遮阴。此外，摆放在苗床面没垫农膜的容器苗每年要搬动、截根（剪去穿出容器底部的主根）1 ~2次，以促使苗木多长侧、须根。

（五）苗木出圃

苗木经过3个月培育，苗高20厘米以上时，达到了出圃高度，此时应控制水、肥，进行炼苗。此项工作一般在出圃前1个月左右进行。出圃前1天应浇透水，有条件时还可用0.01%浓度的920浇透营养土，然后上山造林，可以明显提高造林成活率。

第三节　栽培技术

（一）立地选择

红锥喜湿润、温暖、多雨的季风气候，因此湖南种植地要求选择在：海拔高度500米以下，降雨量在1300毫米以上，以1800～2200毫米为宜，年均气温17～25℃之间，极端最低－5℃，极端最高40℃，年活动积温≥10℃在5000～8000℃之间；土壤条件为由花岗岩、变质岩、沙页岩等母岩发育而成的、土层深厚、排水性良好的酸性壤土或轻黏土（砖红壤、赤红壤和红壤）；土壤pH值在2.0～6.0（最适宜pH值为4.5～5.5）之间，土壤有机质含量要求较高；坡度要求在25°以下，种植地以山地、丘陵和台地为主；营造红锥纯林时，造林地应选择阴坡、半阴坡，以南坡、西南坡、东南坡为宜，营造混交林时则可不考虑坡向及遮阴措施。

红锥不宜种植在沙质土、贫瘠的石砾土、山脊、土层薄（＜50厘米）的重壤土和排水不良的土壤上；不宜在石灰岩地区种植。

（二）栽培模式

红锥可按立地条件类型营造人工纯林。由于红锥较耐阴，特别是幼年耐阴性则较强，因此是杉木、马尾松、湿地松中成年林分林下改培套种的主要树种。

红锥亦是营造混交林的重要混交树种。混交造林有利于提高森林生物多样性，增加人工林生态系统的稳定性，提高其抗御各种自然灾害的能力。根据朱积余在广西的研究，在较好立地条件下9～11年生的松锥、杉锥混交林的年均蓄积生长量达每公顷15立方米，比同龄的松、杉纯林的林分增产15%～30%。表明红锥与松、杉混交造林是可行的。红锥具有较高的改良土壤的能力，能有效地提高林分对病虫、火灾的自控能力，耐阴性和萌芽力强，天然更新快，是与松、杉混交造林理想的伴生树种。红锥与火力楠、山杜英等阔叶树混交造林也是可行的，但需在较好的立地，才能有较好的效果。混交方式无论从效果或操作考虑，行间或行带状混交都是可行的，根据试验结果，较好的立地以8杉（松）2锥为宜，中等立地以6松（杉）4锥或7松（杉）3锥为宜，较差立地5松5锥为宜。

（三）整地

1. 造林地清理

对于荒地、皆伐作业等类之地，先将地中的树枝、树叶和杂草进行清理后直接挖穴造林。对于低产林改造、森林恢复、森林重建、优材更替中的造林之地，只需清理需要栽树周围的杂草、枯枝以及影响其生长的霸王树枝或进行适当补植。红锥林地清理严禁炼山方式，可采用集中烧毁清理物的方式。

2. 整地时间

造林前一年度的秋季、冬季或造林前，以秋冬季整地最好。

3. 整地方式

低山、丘陵广泛采用的穴垦整地方式。大、中穴的标准分别为70厘米×70厘米×60厘米、50厘米×50厘米×40厘米，根据不同立地和土壤而采用不同的挖穴规格。多以穴垦整地方式为主，穴规格50厘米×50厘米×40厘米。缓坡地（15°左右）也可采用带垦整地，按环山水平整地，带宽1.2～1.5米，去杂全垦20厘米，再挖穴，规格可采用规格40厘米×40厘米×40厘米，带面内低外高，呈水平梯田状，以保持水土。

4. 造林密度

在林木群体生长发育过程中起关键作用的是林分的密度，种群密度合理，可促使良好人工群体结构的形成，从而形成速生、丰产、优质、高效的林分。苏新财在福建省华安金山国有林场12年生不同造林初植密度试验结果表明：培育红锥中大径材的适宜初植密度为每公顷 1335～1950 株，不但有较高的保存率和生长量，8 年生以后的成林阶段保存率仍达 75%，未成林阶段和成林阶段年均树高可达 1.0 米以上，胸径达 1.2 厘米以上，而且培肥效果较好；10 年生左右的成林阶段，红锥用材林的密度控制在每公顷 1000～1500 株较为适宜。

朱积余根据 30 个 9～12 年生的不同立地条件的红锥人工林样地调查资料统计，每公顷 1100～2250 株的红锥林，侧枝粗而多，树冠较大，树高与胸径之比为 89∶1，每公顷 2500～4500 株的林分，主干通直、饱满，侧枝细而少，树高与胸径之比为 96∶1。红锥造林初植密度的大小应视立地质量高低而定。一般来说，中等立地条件每公顷 3000～3750 株为宜，较好的立地以每公顷 2250～3000 株、较差的立地以每公顷 3750～4500 株为宜。

5. 施基肥

合理施肥能促进红锥人工幼林的生长，施肥量水平不同，其促进生长效果也不同，N、P、K 肥对红锥人工幼林的生长具有同等重要的特性。朱炜在福建省华安金山国有林场对 3 年生红锥幼林施肥试验结果表明：红锥人工幼林的初步合理施肥量为每株尿素 100 克、钙镁磷 150 克、氯化钾 50 克，养分配比为 2∶3∶1（尿素∶钙镁磷∶氯化钾），超过该施肥量，已没有增产效益。且当每株施肥量尿素超过 300 克或氯化钾超过 200 克时，会发生肥害。

(四)栽植

1. 栽植季节

湖南以 12 月或 1 月至 2 月下旬造林为宜，在红锥的芽还未萌动之前栽植为最好。

2. 苗木选择、处理

用 1 年生苗造林，在起苗时如土壤干燥，要先一天浇水润根，用机具松土起苗，不宜用手强拔。如果是容器苗，虽然不存在起苗之事，但有的容器苗的根可能已长出容器之外，并扎入土中，故这些苗在移动或搬运之时，一定要用枝剪将容器苗的接地根小心地剪断。苗木取出后要根据苗的平均高度将所有苗木分为 2～3 级，以便分级造林。

苗木分级后，要尽快将所有的苗木进行修枝打叶，修剪枝叶主要是剪除红锥每株裸根苗上的每片叶片 3/4 及离地面 30 厘米以下的侧枝，并适当修剪过长的主根。如果是容器苗只要疏掉 1/3 的叶片或不剪叶。

苗木修枝打叶后，要马上进行浆根处理。浆根最好用黄心土（加少量育苗地的土）和钙镁磷肥，按 10∶1 配合，再加适量的腐熟人尿和水调成的泥浆，这样有促进苗根生长，提高造林成活率作用。

苗木修枝打叶和浆根后，要马上按 50 或 100 株一捆将苗木捆扎好，然后用地膜将每捆的根系捆扎好，并将捆扎好根系的苗木放到阴凉处，等待苗木运输，这样可以防止浆根的苗木根系的水分损失，从而影响造林成活率。

红锥裸根苗造林成活率低，因此造林前的准备工作要充分，苗木要及时起苗、及时分级、及时修剪打叶、及时浆根、及时包装、及时运输，尽可能减少苗木在空间暴露，遭受风吹日晒的时间。

3. 栽植方式

裸根苗采用“三覆二踩一提苗”的通用造林方法，但要注意二点：①栽植要紧。栽植时将根系舒展置于栽植穴内，然后覆土分层将土壤踩紧，使土壤与根系紧密接触，有利于苗木早扎根，提高成活率，如果栽植过松则成活率很低。②摘除叶片。叶片大而密，应结合起苗摘除叶片，然后栽植。如果带叶片造林，因叶片蒸腾作用易使苗木失水死亡。

如果是容器苗，在容器袋撒开过程中要确保容器中的基质不散，只是在容器基质的周围轻踩，使容器基质与穴中的土壤充分密接。栽后每株必须浇水，以使苗木根系与土壤密接，确保苗木成活。

由于红锥裸根苗造林成活率较低，因此最好用容器苗造林。

红锥裸根苗造林需剪除大部分叶片和过长根系，并沾上泥浆后栽植，苗木高宜在 30～45 厘米以上，且顶芽饱满，生长健壮，根系发达，充分木质化，无病虫害和无机械损伤。容器苗造林时要除去育苗袋，保持营养土团完整，不损伤根系，坡度平缓的林地苗木置于植穴中央，坡度较陡的林地，苗木应靠近上坡栽植；树苗要端正、压实，栽植深度比苗木根茎位置略深2~5厘米，周围填土压紧。造林季节宜选择在春节前后，待下雨穴土湿透时进行，最好选择阴雨天进行栽植。如遇干旱天气，栽植后需浇灌，提高成活率。此外，栽植后1~2个月左右，要全面检查苗木的成活情况，发现死株及时进行补植，补植用营养袋苗。

（五）林分管抚

1. 幼林抚育

红锥幼林抚育宜根据造林地的杂草生长情况进行。一般来说，造林当年8~9月结合施肥带状铲草抚育1次；第2、3、4、5年每年抚育2次(6月、9月)。林分郁闭后可根据林地实际情况进行抚育。抚育一般采用带铲或全铲法，也可以结合化学除草的方法作业。

2. 施追肥

红锥施肥前要求清除苗木周围杂灌草。红锥施肥以幼年为主，一般在造林当年8~9月施肥一次，可以施用复合肥或尿素，复合肥每株施100克，尿素每株施50克；第2~5年每年施肥一次，时间在5月进行，第二年施复合肥量每次每株为150克，第三年复合肥施肥量每株为200克，第四、五年每年复合肥施用量每株为400克。施肥方法一般采用沟施法，即在植株树冠垂直投影地面两对侧外边开长0.5~1.0米、宽0.20米、深0.20米的施肥沟，将肥均匀施于施肥沟，然后覆上土。幼林抚育宜根据造林地的杂草生长情况进行。

3. 修枝、抹芽与干型培育

当林分郁闭度达0.7以上，下部枝条明显衰弱时对下部枝条进行修枝，修枝高度在树高的1/2至1/3。

4. 间伐

当林分郁闭度达0.8以上，被压木占20%以上时可以进行第一次间伐。林分生长较均匀的采用下层抚育间伐法，林分分化特别大的采用综合抚育间伐法，林木遭病虫害或其他特殊损害时应及时进行卫生伐。根据红锥的生物学特性，红锥大径材的培育期一般为30~35年，一般在10年左右首次间伐，在15~17年间进行第二次间伐。

5. 病虫害防治

红锥苗期应注意防治地下害虫，主要有地老虎、蟋蟀、蝼蛄、白蚂蚁和金龟子等幼虫的危害，可用90%的敌百虫或52%的马拉松乳剂500~600倍液进行喷杀；危害嫩叶的卷叶虫、竹节虫危害幼林或成林，可用90%敌百虫1500~2000倍液进行喷洒可防治，也可用白僵菌防治。

第四十五章　黧蒴栲

第一节　树种概述

黧蒴栲 *Castanopsis fissa* 又名大叶栎、闽粤栲，是壳斗科栲属常绿乔木，广泛分布于我国的广西、广东、海南、江西、福建、湖南、贵州南部、云南东南部，国外越南和老挝也有分布。湖南主产湘南、湘西南的低山和丘陵，北至衡阳南部，海拔500米以下，多零星分布，但通道和江永有较大面积的纯林。喜光、速生、萌芽力强、耐瘠薄，是亚热带地区常绿阔叶林被破坏后植被恢复的先锋树种及优质的珍贵用材树种。

一、木材特性及利用

黧蒴栲用途广泛，木材常用于建筑、家具、地板、胶合板、纤维板、造纸以及食用菌栽培等方面。

(一) 木材材性

据梁宏温等对广西平果县海明林场23年生黧蒴栲木材的主要物理力学性质研究表明：黧蒴栲木材的气干密度（含水率为12%）、基本密度和全干密度分别为每立方厘米0.583克、0.462克和0.507克；人工林木材纤维长度、宽度、腔径、双壁厚和长宽比、壁腔比分别变化在1098.2～1224.6微米、24.22～26.38微米、15.95～17.02微米、8.26～9.36微米和43.37～51.12微米、0.521～0.555微米，平均值分别为1156.2微米、25.43微米、16.56微米、8.87微米和46.01微米、0.540微米；径向、弦向和体积干缩系数分别为0.099%、0.183%、0.296%，湿胀率依次为4.106%、7.958%和12.627%，差异干缩为1.5～1.9，其尺寸稳定性较好；冲击韧性为每平方米52.12千焦，端面、径面和弦面硬度分别为41.53兆帕、31.41兆帕和35.51兆帕，顺纹抗压强度为44.50兆帕，抗弯弹性模量和抗弯强度分别为12.63兆帕和127.31兆帕，径面和弦面顺纹抗剪强度分别为8.76兆帕和10.54兆帕，抗劈强度依次为每毫米124.3牛和138.6牛。据华南理工大学制浆造纸工程重点实验室对黧蒴栲的纤维形态和化学成分研究表明：用KP法或Soda－AQ法蒸煮，得浆率46%，卡伯值18，黏度每克631～768平方厘米，纸浆强度好；用OQP进行纸浆漂白，白度可达66.8%～68.8% SBD，返黄值较小，是一种优良的造纸原料。

(二) 木材利用

黧蒴栲是我国南方优良速生乡土阔叶树种，是良好的纤维能源树种，也可作食用菌饵料林。据研究广西苍梧县粗放经营条件下6年生林木材产量可达每公顷307.4吨，黧蒴栲萌芽能力极强，1年生萌条高可达3～4米，3年即可成林成材，是良好的纤维板原料。

(三) 其他用途

黧蒴栲木材平均燃烧热值为每克18681.11焦，是速生树种中热值较高的树种，其叶片燃烧热值为可达每克16000.0焦，是一优质颗粒能源树种。果实淀粉含量高，每100公斤果实可酿50°白酒40公斤。

二、生物学特性及环境要求

（一）形态特征

常绿大乔木，高达45米，胸径100厘米以上，树干通直。树皮灰褐色、不裂，芽、小枝幼被红褐色秕鳞及短毛。小枝有棱，叶长椭圆形或倒卵状椭圆形，长10～25厘米，顶钝尖，基锲形；叶柄长1.5～2.5厘米。果序长8～20厘米；壳斗全包坚果，被红褐色鳞秕，苞片鳞片状；花期4～5月，果期10～11月。

（二）生长过程

黧蒴栲直径生长过程为在1～5年时，连年生长量快速增长，5～15年连年生长量呈下降趋势，15～27年连年生长量呈波浪形曲线。其中3～24年连年生长量的值均大于0.6厘米，第5年出现连年生长第1个高峰值，其值为0.9厘米；18年第一次出现直径平均生长量与连年生长量曲线相交现象。这说明黧蒴栲在18年后，由于林木生长过密，抚育间伐措施未跟上，抑制了直径生长，因此，连年生长量出现了下降趋势。其直径生长过程可用逻辑斯蒂模型拟合。

树高生长过程为在0～5年时，连年生长量持续快速增长，5～12年增长速度稍减慢，12～20年增长迅速减慢，20年后呈下降趋势；其中10～23年连年生长量的值均大于0.8米，第20年连年生长量出现高峰值，其最大值为0.93米；第25年出现树高平均生长量与连年生长量生长曲线相交现象。这说明在25年时，林分密度过大，抑制了树高生长。其树高生长过程可用理查德模型拟合。

（三）分布

产福建、江西、湖南、贵州四省南部、广东、海南、香港、广西、云南东南部，越南北部也有分布。生于海拔约1600米以下山地疏林中，阳坡较常见，为森林砍伐后萌生林的先锋树种之一。

（四）生态学特性及环境要求

在湘中以南地区适宜于海拔500米以下、在湘西北和湘北地区适宜于400米以下的低山、丘陵和平原；适宜于由花岗岩、板页岩、砂砾岩、红色黏土类等发育的红壤、黄壤；以阳坡和半阳坡生长最好，在山坡的中、下部的土层较深厚肥沃地带，腐殖质层厚度以薄至厚为最好，土壤厚度也以中至厚为最好，土壤质地以沙土、沙壤土和轻壤土最合适，立地条件从肥沃型或中等肥沃型都合适，土壤酸碱度宜在5.5～6.5之间。

第二节　苗木培育

一、良种选择与应用

宜选用优良种源、优良林分、优良半同胞家系的种子进行育苗造林。湖南省优良种源有怀化市林业科学研究所、通道种源，广西壮族自治区优良种源有平果、融水种源；优良半同胞家系有平果7号、融水9号、通道1号、融水8号、平果8号和平果10号。

二、播种育苗

（一）种子采集与处理

黧蒴栲6～8年开始开花结果，15年生以后为正常结实期，花期在4～5月，11～12月果实成熟。果近球形或圆锥形，种子全包于壳斗内，斗外表具5轮波浪式的小鳞片，成熟时壳斗由青转黄绿色，顶端开裂，种子脱出。种子褐色，表面光滑，形状近球形或圆锥形。采种应选择16年生以上、干形通直、生长健壮的优树作为采种母树，于种子大部分成熟时敲落在地收集。采集的种子易受虫蛀，不宜久存，应及时进行处理。种子忌干燥，不宜暴晒，以防种壳开裂，亦不可湿水堆沤，以免发热变质，可摊放在通风阴凉处。较好的种子处理方法有：将种子用90%的敌百虫晶体500～1000倍液浇淋种子后，盖上农膜闷12小时，然后水选，去除浮出水面的有虫粒、空粒及幼虫，捞起种子，稍阴干后沙藏。种子不能失水，否则将失去发芽力。将1份种子与3～4份润沙层积贮藏，即一层种子一层沙贮藏或者种子和沙混合贮藏，沙藏种子要注意控制湿度，以沙子有湿润感为宜。

（二）选苗圃及施基肥

选择排灌方便、疏松肥沃的沙壤土，深耕碎土耙平，每公顷施用复合肥750公斤、锌肥7.5公斤掺表土拌匀，施在起好的床面上作基肥，再铺一层2厘米的粘细黄心土，用板压平。

（三）播种育苗与管理

种子用清水漂洗，剔去劣种，然后用40℃左右温水浸泡2～3天，充分吸水和闷死象鼻虫，捞起滤干分层混沙催芽，保持湿润，约待15天，种子大部分破肚露白时，取出洗净即可播种。

播种采用条点播法，条距25厘米，粒距10厘米，每公顷播种量375～525公斤。种子播后覆土2～3厘米，盖草淋水保湿，约15天开始出土，若未经催芽即播的需30多天才出土。从播种至发芽基本结束，约需1～1.5个月。

当大部分幼苗出土后，要及时分批揭除覆盖草，并用50%的遮阳网架棚遮阴，在全光照下，亦能生长，但长势偏弱。早晚适时浇水，每隔3～5天浇水1次。盖黄心土后，苗床杂草很少，若有杂草应除早、除小、除了。

鳖蒴椤抗逆性强，少有病虫害，偶有食叶害虫或地老虎危害幼苗，可用50%敌敌畏乳油0.125%溶液喷杀。

追肥可结合浇水进行，每隔10～15天追肥1次，每次每公顷用复合肥30公斤水淋施并洗苗。至10月上旬停止水肥并逐渐撤除遮阳网，以促进苗木提早木质化。1年生规格苗高40厘米，地径0.5厘米以上可出圃造林。

三、扦插育苗

（一）优质插穗的培育

1. 采穗圃的选择与整地

选择交通便利、地势较平坦、供水排水状况良好，表土较肥沃的地块作采穗圃。采用机耕或人工全垦，深翻25厘米以上。待土块充分曝晒，风化半个月以后，耙碎土块，起畦。畦面宽1.0～1.2米，畦长5～10米，畦高20厘米、畦沟40厘米。每100平方米施放12公斤钙镁磷肥。

2. 母株的种植及管理

（1）母株的种植。选择优良种源、家系采种育苗的超级苗作母株。苗高40厘米时可定植，按株距20～25厘米，行距30厘米，开沟种植，植后淋定根水。

（2）母株的管理。①遮阴管理：鳖蒴椤苗期喜阴，夏、秋季节太阳直射易导致苗焦叶、枯顶。因此，整好畦后圃地要搭建遮阴棚，棚高1.8～2.0米，遮阴率为75%以上。

②母株修剪：伐桩母株培养。鳖蒴椤伐桩萌条节间短、粗细适中、半木质化程度高，扦插成活率可达80%以上，高于2、3级侧枝。因此，鳖蒴椤母株可培育成伐桩萌条类型。当母株培养到地径2厘米时，于6月在距地面2～5厘米高处平茬，松土后用泥覆盖母树桩，干旱时适当浇水。

母株栽植后约1～2个月，在离地面8～10厘米剪顶，淋足水，一周后陆续有芽眼萌出。利用一级侧枝，8～10厘米长、半木质化时可剪取扦插。从6月到12月中旬，每母株可剪穗条2～4批，可采10～15条穗条，一年生母株，繁殖系数可达20倍以上。

③水肥管理：鳖蒴椤母株修剪前期主要是促生长管理。苗期要定期除草，每月1次，结合除草后施肥，开沟埋每100平方米施复合肥10公斤。叶色不黄，不需追肥。剪取1批穗条后，可淋水1次

促萌。

④病虫害防治：黧蒴栲母株修剪前病虫害很少发生，偶见食叶性害虫，可用600～800倍敌敌畏喷杀。修剪后，萌芽生长期，病虫害以防为主，每半月定期喷1次杀菌剂、杀虫剂，杀菌剂以多菌灵、甲基托布津、敌克松轮流交替使用，杀虫剂以敌敌畏、敌百虫、敌杀死轮流交替使用，以保证萌芽健康生长。

3. 扦插繁殖

(1)扦插基质的选择。黧蒴栲扦插育苗可直接使用无菌黄心土，透水透气性好，扦插生根率达80%以上。若黄心土太粘，可适量加入约20%的河沙。

(2)扦插育苗容器。采用无纺布容器育苗，规格为10厘米×12厘米。

(3)穗条激素处理。激素对黧蒴栲扦插成活影响不显著，但用吲哚丁酸可促进须根发达，以浓度每升300毫克为宜。

(4)扦插季节。从3月到11月均可扦插，但以6、7、8、9、10、11月扦插成活率高，可达80%以上，其中尤以6、9月扦插成活最高，穗条成活率高达95%。春季及初夏雨水多发季节，穗条含水量大，易感病褐变，扦插成活率低。

(5)消毒与扦插。

①基质消毒：扦插前一天用0.1%的高锰酸钾水液对基质消毒，扦插前1小时淋透水备用。

②插条处理：选取无病虫害、粗壮、半木质化的萌条作插条，保留插条长10～15厘米，基部5厘米内叶子剪除，上部每片叶子剪半，插条剪好后即放入清水备用。

③扦插方法：将处理后的插条放入1000倍多菌灵水液消毒0.5小时，然后在其基部3厘米范围内蘸上生根剂，垂直插入容器中，深约3厘米，插后即淋水1次。

(6)扦插苗管理。

①湿度：插穗扦插后必须保证有适量的水分，黧蒴栲扦插育苗保持空气湿度和基质湿润是关键的技术之一。一般扦插后35天左右开始生根，在生根前要保持空气湿度在90%以上，基质湿润而不积水。因此，在没有雾状喷淋设施的苗圃，扦插后要用塑料农膜做全封闭小弓棚。

②光照：强光的直射会造成温度过高，插穗的蒸腾作用加大，往往会导致插穗凋萎或基部褐变。因此，扦插地要安装遮阴网，遮光度为70%～80%为宜。夏季高温季节，在小弓棚农膜上加一层遮阴网，中午高温时段还需在小弓棚上喷水1～2次降温。

③水肥及病虫害防治。

生根前管理：每周定期在傍晚揭膜透气1次，约0.5小时。用洒水壶淋水使基质湿润，清除掉落叶及死株，以免产生病菌影响其他苗木生长。然后喷1次1000～1500倍的多效丰产灵+800～1000倍杀菌剂液(多菌灵、甲基托布津、百菌清轮流使用)，可起到防病治病、补充养分的作用。

生根后管理：当插条扦插生根1个月，插穗约80%生根后，可适当根施氮肥或复合肥，浓度为0.1%～0.6%，先稀后浓，一般每隔半个月左右施肥1次。施肥后要淋清水洗苗，以免产生肥害。约3个月后，当插穗抽生第2对新叶时，便可去除农膜，每日淋水2～4次，保持基质湿润。

(7)出圃。

苗木出圃标准：苗高15～30厘米，地径0.2厘米以上，并已形成3～5条主根系，须根发达。当苗木达到出圃要求时，可移袋，1次进行苗木分级。黧蒴栲苗期遮阴环境下生长良好，叶色浓绿，7、8月在阳光直射下易造成叶片灼伤，因此，10月后才进行炼苗。炼苗阶段仍要注意水肥和病虫害的管理。当年扦插的苗木经过炼苗后，即可出圃造林。

第三节　栽培技术

一、立地选择

湘中以南地区选择海拔500米以下、在湘西北和湘北地区选择400米以下的低山、丘陵、岗地，由花岗岩、板页岩、砂砾岩、红色黏土类等发育的红壤、黄壤。坡度为斜坡、缓坡、平坡，坡向以阳坡和半阳坡为最好。坡位以山坡中、下部的土层较深厚肥沃地带，腐殖质层厚度以薄至厚为最好。土壤厚度也以中至厚为最好(60厘米以上)。土壤质地以沙土、沙壤土和轻壤土最合适。立地条件从肥沃型或中等肥沃型都合适，土壤pH值应在5.5～6.5之间。

二、栽培模式

黧蒴栲可以营造人工纯林，亦可营造混交林。营造混交林有利于改善干材形质，提高防御病虫害的能力。可以采用黧蒴栲与杉木、马尾松、枫香、木荷、楠木、红椆、青冈等块状或行状混交，作为主要造林树种时，初植密度可为每公顷1350～1800株，作为次要造林树种时，初植密度可为每公顷450～900株。

三、整地

(一)造林地清理

黧蒴栲选择荒地、皆伐作业等类似之地造林，在迹地清理中先将迹地中的树枝、树叶和杂草进行清理和集中，然后选择无风的天气、放到迹地的中央、并在有人看护的前提下进行集中烧毁。在清理过程中，必须保留生长好的乔木树种幼苗和幼树。

(二)整地时间

一般在前一年度的秋季完成整地，至少应在前一年度的12月前完成整地。

(三)整地方式

广泛采用穴垦整地，规格为50厘米×50厘米×40厘米或60厘米×60厘米×50厘米。

穴垦整地时，应将表土与心土分开放置，待放好基肥后，首先将表土填入穴底，然后再放基肥，最后填心土。

(四)造林初植密度

初植密度应根据立地条件而定，土壤条件一般的林地，初植密度以2.5米×2.5米为好，造林后在10年左右进行一次间伐，强度为30%左右；土壤条件较好的林地，初植密度以2.5米×2.8米为宜，造林后在10年左右进行一次间伐，强度为30%左右。

(五)施基肥

每穴施钙镁磷肥0.5～1.0公斤或复合肥0.25～0.35公斤。

四、栽植

(一)栽植季节

以黧蒴栲的芽还未萌动之前栽植为最好，一般为当年的1月至2月上旬。

(二)苗木选择、处理

裸根苗选择1年生苗造林，在起苗时如土壤干燥，要先一天浇水润根，用机具松土起苗，不宜用手强拔。

如果是容器苗，虽然不存在起苗之事，但有的容器苗的根可能已长出容器之外，并扎入土中，故这些苗在移动或搬运之时，一定要用枝剪将容器苗的接地根小心地剪断。

苗木取出后要根据苗的平均高度将所有苗木分为2~3级，以便分级造林。

苗木分级后，要尽快将所有的苗木进行修枝打叶，修剪枝叶主要是剪除黧蒴栲每株裸根苗上的每片叶片3/4以及离地面30厘米以下的侧枝，并适当修剪过长的主根。

如果是容器苗只要疏掉1/3的叶片或不剪叶。

苗木修枝打叶后，要马上进行浆根处理，黧蒴栲苗有菌根，造林时最好用苗床宿土浆根，以利苗木生长，也可用黄心土(加少量育苗地的土)和钙镁磷肥，按10:1配合，再加适量的腐熟人尿和水调成的泥浆，这样有促进苗根生长，提高造林成活率作用。

苗木修枝打叶和浆根后，要马上按30~50株一捆将苗木捆扎好，然后用地膜将每捆的根系捆扎好，并将捆扎好根系的苗木放到阴凉处，等待苗木运输，这样可以防止浆根的苗木根系的水分损失，从而影响造林成活率。

黧蒴栲裸根苗造林成活率低，因此造林前的准备工作要充分，苗木要及时起苗、及时分级、及时修剪打叶、及时浆根、及时包装、及时运输，尽可能减少苗木在空间暴露，遭受风吹日晒的时间。

(三)栽植方式

黧蒴栲可用裸根苗、容器苗造林。

裸根苗采用“三覆二踩一提苗”的通用造林方法，但要注意二点：一是栽植要紧。栽植时将根系舒展置于栽植穴内，然后覆土分层将土壤踩紧，使土壤与根系紧密接触，有利于苗木早扎根，提高成活率，如果栽植过松则成活率很低。二是摘除叶片。黧蒴栲属常绿树种，叶片大而密，应结合起苗摘除叶片，然后栽植。如果带叶片造林，因叶片蒸腾作用易使苗木失水死亡。

如果是容器苗，在容器袋撒开过程中要确保容器中的基质不散，只是在容器基质的周围轻踩，使容器基质与穴中的土壤充分密接。栽后每株必须浇水，以使苗木根系与土壤密接，确保苗木成活。

由于黧蒴栲裸根苗造林成活率较低，因此最好用容器苗造林。

五、林分管抚

(一)幼林抚育

幼林抚育宜在生长高峰和旱季将到之前进行。造林的第一年抚育次数宜多，一般以2~3次较好。以后每年抚育次数应根据幼林生长发育情况决定。一般每年都要进行二次，及至幼林开始郁闭，林地杂草少了，可以每隔1~2年除杂松土一次。在丘陵地造林的第一年要预防日灼的为害，如能在林内间种农作物，以耕代抚是促进林木生长较有效的办法。

(二)施追肥

在造林前3年，每年黧蒴栲萌芽前在树冠周围开沟每株施复合肥0.25~0.3公斤。

(三)修枝、抹芽与干型培育

在头3年及时剪除树根处的萌发枝、树干上的霸王枝，确保主干的生长。黧蒴栲幼苗基部喜生萌生枝，另外由于一年多次抽梢，容易形成多个顶梢，影响主干生长。以培育用材为目的的，在造林前几年要进行抹芽和及时剪除主梢侧边的次顶梢，以确保主梢的生长，加快主干高生长。抹芽是离地面树高2/3以下的嫩芽抹掉，减少养分消耗。修枝主要是将树冠下部受光较少的枝条除掉。修枝要保持树冠相当于树高的2/3。过多修枝会丧失一部分制造营养物质的树叶，而影响树木生长。修枝季节宜在冬末春初。

(四)间伐

抚育间伐一般在造林后10年左右进行，当胸径达到12~14厘米以上，自然整枝、树冠互相挤压之时即可间伐，强度为30%左右。间伐是增加林分前期收入和培养大径材的关键措施之一，可一次性完成或分次进行，具体应根据林分生长状况而定。

（五）病虫害防治

鳖蓢株抗性强，病虫害很少，即使发生也未形成大面积危害。目前已发现3种害虫，即白蚁、栗实象甲和天牛。

1. 白蚁

危害特征：幼株近地部位，呈环状啃皮，严重时导致幼树死亡。

防治方法：①诱杀，在被害林地，挖1米×0.3米×0.6米的坑，放入松木或蕨类，洒上糖液，再喷白蚁粉或灭蚁灵，盖好稻草，诱杀白蚁效果好；②用5%氯丹乳剂1：300倍液浇被害株基部土壤，也能有效防治。

2. 栗实象甲

危害特征：危害果实，幼虫在种子内蛀食，导致种子丧失发芽能力和利用价值。

防治方法：①及时处理种子。种实成熟时，种内害虫尚处于幼小阶段，此时将害虫杀死，对种子活力影响不大；但如不及时处理，则害虫在种内迅速生长，被害种子将被损坏。因此种子脱壳后应立即照前述方法用温水浸泡处理，然后捞出晾干贮藏。此方法简单易行且效果好。如种子批量大，也可将种子置于密封的室内，用化学熏蒸剂处理。如每平方米用溴甲烷2.5～3.5克，熏蒸24～48小时，害虫杀灭率可达100%，且对种子无害无污染；②杀灭成虫。8月份为成虫羽化期，此时对历年危害较严重的林分，可用50%对硫磷2000～2500倍液喷洒树冠，效果较好。

3. 天牛

危害特征：危害树干，形成蛀洞，导致树势衰弱而发育不良，但一般不会造成树木死亡。

防治方法：检查树干，如发现有新鲜粪渣木屑的蛀口，从蛀口沿虫道注入80%敌敌畏100倍液，然后用泥堵住虫孔，效果很好。

六、采伐更新

鳖蓢株生长快、成材早，既可培育短周期工业原料林，又可培育大径级商品林。鳖蓢株人工林在早期密植情况下，造林10年左右林木胸径可达到14厘米，林分蓄积可达到每公顷9～10立方米，此时适宜进行短周期工业原料林皆伐和大径级商品林间伐。当林分生长至28年左右，其材积生长高峰期转向减缓生长期，此时采伐，可兼顾产材数量和质量，又有利于林地及时更新轮作，因此，培育大径材的采伐期以30年左右为好。实际操作时，还应综合考虑立地条件和林分生长状况确定采伐期。鳖蓢株萌芽力强，利用这一特性，采伐后可保留伐蔸，然后从伐蔸萌发的枝条中选一粗壮枝条作主干，其余萌条去除，可迅速成林。伐蔸萌条更新只可实行1～2代，否则根系老化影响地上部分生长。

第四十六章　钩栗

第一节　树种概述

钩栗 *Castanopsis tibetana* 又称钩锥，别称钩栲、钳栗、猴栗、厚栗，壳斗科栲属(锥属)树种。钩栗为常绿高大乔木，树高达30米，胸径达1.5米。因生长较迅速，且材色红褐，材质坚硬，是湖南省乡土树种中最珍贵的用材树种之一。由于其果实是清热解毒，收敛止泻的良药，其种仁又可健脾除湿，因此也是很好的药用树种。近年来，已成为湖南省优材更替的优良乡土树种，涉林企业和广大林农营造钩栗的热潮正在兴起。

一、木材特性及利用

(一)木材材性

木材为环孔材，木质部仅有细木射线，心边材分明，心材红褐色，边材色较淡，年轮分明，材质坚重，密度在0.6～0.7，耐水湿，抗腐性强，木材具光泽。

(二)木材利用

钩栗木材是上等优质家具用材，也可作建筑，坑木、梁、柱等用材。

(三)其他用途

钩栗的成熟果实可入药。其果实味微苦、涩，性平，是清热解毒，收敛止泻的良药。种仁味甘，性平，具有健脾除湿的功能。种仁含淀粉25%～30%。树皮、木质部富含鞣质，可做栲胶原料。木材还是良好的香菇培育材。

二、生物学特性及环境要求

(一)形态特征

树皮暗灰色或红褐色，呈薄片状剥落；枝粗壮，向上斜展，无毛。叶互生；厚革质，椭圆形至长椭圆形，长15～30厘米，宽5～10厘米，顶端短尾状，基部宽楔形或截形，边缘中部以上具疏锯齿，齿端细小，有时不明显，上面绿色，光滑无毛，下面密被锈色粉末状鳞秕，老时变为银灰色，侧脉15～18对，主脉和侧脉在下面隆起；叶柄粗壮，长1.5～3厘米，光滑。雄花序呈疏散的圆锥状或穗状，长15～20厘米；雌花单生于总苞内。壳斗球形，规则地4瓣裂，连刺径6～8厘米，壁厚3～4毫米；苞片针刺状，长1.5～2.5厘米；每一壳斗内有1粒坚果，坚果为顶部压扁的圆锥形，径2～2.8厘米，长1.5～1.8厘米，密被褐色绒毛。花期5～6月，果期9～10月。

(二)生长规律

钩栗树高生长从5年生左右进入速生期，15年生左右高生长速度开始逐渐下降，25年生左右树高生长较缓慢，此时树高一般可达20～22米，35年生左右树高生长可达25～26米。胸径生长8年生左右进入速生期，20年生左右胸径生长速度开始逐渐下降，30年生左右胸径生长较缓慢，此时胸径一般可达30～32厘米。35年生时胸径生长可达35～40厘米。

(三)分布

主要区域分布于湖南、湖北、浙江、安徽、江西、福建、广东、广西、贵州、云南、四川、重庆等省(自治区、直辖市)。海拔分布主要在200~1500米。多混生在山地较湿润地方或山区村寨周围的杂木林中，有时成小片纯林。

(四)生态学特性

钩栗喜湿润生境，早期生长喜阴蔽，中期后渐趋喜阳。适宜于凉爽气候。较耐高温，耐寒性強，在-15℃的低温时尚无冻害。

(五)环境要求

适宜于湿润的山谷洼地，或溪沟两侧的坡地，以及坡面较开阔缓坡地。年平均气温15~18℃，极端最低气温-15℃。年降水量800毫米以上。平均相对湿度达80%以上，无霜期约300天以上。

第二节　苗木培育

一、良种选择

林木良种是造林获得高效益的关键。使用良种造林在不增加其他投入的情况下，可使造林获得5%~30%增益。因此，钩栗造林必须使用良种。由于钩栗的良种选育研究工作较晚，目前在湖南省尚未建立种子园，故尚不能使用种子园的种子进行育苗造林。但各地都先后开展了树种资源普查，对钩栗的分布情况有所掌握。因此，当前应使用钩栗优良种源或优良林分的种子进行育苗造林。

二、播种育苗

(一)种子采集与处理

通过钩栗不同年龄母树种子品质、不同播种方式育苗试验，进行钩栗人工育苗对比研究。结果表明：不同年龄钩栗母树种子产量和种子品质存在显著差异，25年生母树种子品质高于45年生母树种子。因此育苗宜选择优良种源的20~30年生的母树进行采种。母树要求生长健壮，无病虫害，主干明显、通直，树冠发达，分枝高且枝少而紧密，结实量大。9~10月果熟，当球苞由青转褐色时将其采回，在室内或阴蔽处堆放3~4天，再置室外暴晒，使球苞开裂，取出种子。千粒重800~900克。种子(坚果)易受虫蛀，不宜日晒，宜即用湿沙贮藏。可在秋末或冬初播种，也可将种子用湿沙贮藏待翌年春播使用。贮藏期间应注意保持沙的湿润，以手握沙不散开为宜。温度过低时用薄膜或稻草覆盖沙堆上，以防种子被冻坏。温度过高时，要及时翻动沙中种子，使其透气防止高温导致种子霉变。

(二)苗圃选择与整理

苗圃地条件的好坏直接影响到苗木的产量、质量和育苗成本。因此，选择最适合的地方做苗圃，可使育苗收到事半功倍的效果。钩栗的苗圃位置要选择在造林地附近，交通方便，便于运送育苗物资及减少苗木长途运输，以降低造林成本和避免因运苗使苗木失水过多，影响造林成活率。育苗地应尽量选在地势平坦、光照充足、背风、水源丰富且利于排灌的地方。忌选积水洼地、山谷风口等地。土壤结构疏松，透水性和通气性良好，吸肥能力强，温度变化小，有利于种子发芽和幼苗根系发育，同时又便于土壤耕作、除草、松土和起苗作业。因此，圃地以选择石砾少的、土层深厚肥沃的沙壤土、壤土为宜，土壤pH值为6.0~7.0。常年种马铃薯、茄科和十字花科蔬菜的土地及前作种植烟草、棉花、玉米的土地，育苗易发生病虫危害，不宜选作苗圃。

苗圃地整理可在冬季进行一次深耕，以20~25厘米为宜。将土地犁翻后，可不耙平，待冬季风化或冰雪使其自然松散。初春时，可将圃地再进行一次浅耕，深达10~15厘米，耙平，使地表土壤细碎平整，保蓄土壤水分。清除土面杂草。

（三）施放基肥

种子直播育苗的圃地必须施放基肥，用营养袋育苗的圃地可不放基肥。基肥一般以有机肥料为主，如人畜堆肥、绿肥和草皮土等。有机肥料与矿物质肥料混合或配合使用效果更好。施基肥一般是在浅耕地前将肥料全面撒于圃地，浅耕时把肥料全部翻入耕作层中。每公顷施有机堆肥 15000 ~ 30000 公斤。施种肥一般以速效磷肥为主，多常用过磷酸钙或钙镁磷肥，每公顷施 4500 ~ 7500 公斤。种肥不仅给幼苗提供养分，又能提高场圃出苗率，因而能提高苗木的产量和质量。种肥可在浅耕后施入土中，通过耙平使其与土壤充分混合。也可在作床前施入土中，通过作床后平整床土使其与土壤充分混合。

（四）播种育苗

1. 种子直播育苗

播种时间在 3 月，低山丘陵地区宜在 3 月上、中旬，高寒山区适于 3 月下旬。播种前将种子从湿沙中取出，去除霉变、干瘪的种子，将好种子用清水洗净后，放入高锰酸钾溶液中 5 ~ 10 分钟浸泡消毒，再用清水冲洗干净，晾干。选择晴或阴天播种，株行距 10 厘米 ×20 厘米。种子播下后盖上一层黄土，以不见种子为宜。然后再盖上一层稻草以利苗床保湿增温，促进种子发芽。钩栗苗木早期喜阴，因此应在苗床上搭建高 2 米遮阳架，上盖透光度为 60% 或 70% 的遮阴网。但高寒山区育苗地不需遮阴，因其冷湿阴雨天气较多，盖遮阴网反而不利苗木生长。

2. 芽苗移植育苗

2 月下旬，将洗净消毒晾干后的种子放进沙床上进行催芽。沙床宽 1 米，沙层厚度 20 厘米，长度根据需要和场地条件而定。床间设置步道，便于操作管理。也可在圃地苗床进行芽苗的培育。播种密度株行距 5 厘米 ×15 厘米，上盖 3 厘米厚的细沙，喷透水保湿。催芽苗床用竹条搭建拱棚，拱棚上置薄膜保温保湿。拱棚上方要建遮阳架，架上盖透光度 70% 的遮阴网。一般应做到晴天盖，阴天揭；大雨盖，小雨揭；晴天中午盖，早晚揭；前期盖，后期揭。较少进行全生育期的覆盖，阴、晴天傍晚要揭去遮阴网。晴天中午升温很快，为防止棚内温度升高烧苗，应高度注意棚内温度情况，适当揭膜开窗，通风降温，防止高温伤苗。

种子经过 30 天左右开始发芽，当芽苗长至 5 厘米时即可移植，一般多在 3 月下旬至 4 月初进行。芽苗挖取前一天将芽苗床淋透水，使取苗时芽苗易与沙或土分裂。取苗时要用铲小心将苗取出，不可用手拔苗，以免损伤芽苗根系，造成移栽后苗木不易成活。选择阴天或雨后的晴天上午和下午进行移栽，晴天中午不宜移栽。芽苗移植到大田苗床上的株行距是 20 厘米 ×20 厘米。在苗床挖开深 10 厘米左右的沟或洼坑，将芽苗置于沟中，用细土轻轻压实根际周围，使芽苗根际与苗床土壤紧密接触。栽后浇定水，以利芽苗成活。苗床上需盖遮阴网，防治芽苗被高温灼伤。

3. 容器育苗

容器育苗营养土的配制：含腐殖质量高圃地土或火烧土 40%，黄心土 55%，磷肥 5%，捣碎拌匀过筛。将过磷酸钙同火土灰、黄心土按比例 3∶27∶70 混合，用时过筛，除去块状物，使土肥混合均匀。或采用泥炭土、珍珠岩、钙镁磷肥按 7.5∶2.5∶0.5 的比例混合，然后装入直径 10 厘米，高 20 厘米的无纺布容器内，将营养袋整齐地摆放在苗床上备用。幼苗装袋，将经催芽后长至 5 厘米高的幼苗移到营养袋中栽植，轻轻将袋中营养土压紧，浇透一次水，使营养土与幼苗接触密实。为防治芽苗被高温灼伤，苗床上需盖遮阴网。

（五）苗期管理

1. 防旱防涝

天气久晴不下雨，要及时对苗木进行浇水。如有条件，以苗田灌透水为好。灌水时，以水漫到床面为宜，然后及时将水排走，切不可久浸苗木。苗木速生期的灌溉要采取次多量少的方法，每次要灌透灌匀。在苗木生长后期，除遇到特别干旱的天气外，一般不需灌溉。

若遇久雨天气，要及时对圃地进行清沟排水，做到明水能排，暗水能滤，使苗圃无积水，防止地下积水对苗木的危害。

2. 除草松土

苗木生长到10厘米以后，杂草也逐渐多了起来，因此要及时进行除草。除草要掌握“除早、除小、除了”的原则，在每次灌溉或降雨后的晴天或阴天进行除草。一般不用除草剂灭草，以免对苗木发生药害。松土要逐步加深，全面松匀，确保不伤苗，不压苗。

3. 追肥

追肥要使用速效肥料。按照次多量少的原则，一般进行3次左右，每次相隔一个月。先在行间开沟，沟深宽5~6厘米。然后将肥料施于沟内，盖土。也可将肥料稀释后，均匀喷施于苗床上，注意喷洒时不要淋浇在苗木上。追肥时间应在苗木生长侧根时进行，立秋后应停止追施氮肥，苗木封顶前30天停止追肥。否则，苗木难以形成木质化，冬季易受冰雪冻害，影响苗木出圃和造林成活率。

4. 揭除遮阴网

7月下旬至8月初，苗木生长基本稳定后，要及时揭除遮阴网。若过迟揭除，苗木后期生长缓慢，合格苗率降低。

5. 防治病害

春末至夏季期间，随着气温回升和雨量增多，苗木猝倒病和立枯病发病率高、蔓延快，是苗木生产的大敌，常造成苗木成片大量死亡。这些病害主要由真菌引起，其中腐霉菌最适土温为12~20℃，丝核菌和镰刀菌最适土温为20℃左右。在温度适宜和相对湿度达10%~100%之间，湿度越大，其侵染和繁殖能力越强。而这时的苗木一般多处于幼嫩期，容易受病菌感染。因此，一旦发现有猝倒病、立枯病病苗，必须收集进行销毁，同时在病苗地周围撒些石灰粉，防止其再次侵染蔓延；春末至夏季期间，每隔10~15天，每公顷苗圃可用0.5%~1%波尔多液750~1125公斤，或65%代森锌500倍液1125~1500公斤喷洒苗木，这样能使苗木外表形成一层保护膜，可防止病菌入侵并直接杀死病菌。

（六）苗木出圃与运输

1. 出圃

苗木出圃时，要选择雨后晴、阴天进行。土壤干旱时，起苗前一周适量灌水，防治起苗时土壤干燥造成根系损伤。先用锄头将苗木周边土壤挖松，然后挖出苗木。不损伤根皮，不撕断侧根和须根。不损伤地上枝干，做到苗干不断裂，树皮不碰伤。在质量和规格上要做到规格不够、树形不好、根系不完整、有机械损伤、有病虫害的苗木不出圃。苗木随起、随分级、随假植，有条件的可喷洒蒸腾抑制剂保护苗木，最大限度地减少根系、枝条水分的散失。适量修剪过长及劈裂根系，处理病虫感染根系。清除病虫危害苗木，按林木植物检疫要求进行处理，尤其是有危险性病虫害的苗木，要集中处理，防止感染危害其他苗木。将苗木分级包装，合格的苗木每100株一小梱，每1000株一大捆。不合格的苗木可留床培育，极度弱小或严重受损的废苗要集中烧毁处理，对不能及时运出造林的苗木要在圃地集中进行假植。

2. 运输

如遇特殊情况，苗木远距离运输到外地造林应采取快速运输，运输前应在苗木上挂上标签，注明树种和数量。为防止苗木滚动，装车后将树干捆牢。在运输期间，要勤检查包内的温度和湿度。如包内温度过高，要把包打开通风。如湿度不够，可适当喷水。运到目的地后，要逐梱抬下，不可推卸下车。对卸后的苗木要立即将苗包打开进行假植，过干时适当浇水或浸水，再行假植。

第三节　栽培技术

一、立地选择

营造钩栗速生丰产用材林，宜选择海拔1500米以下中低山的中下部缓坡地、溪沟两侧的平谷地，丘陵岗地。土壤为花岗岩、砂页岩等发育而成的酸性红壤、黄壤或赤红壤，石灰岩发育的土壤不宜作为营造钩栗用材林的林地。山坡上部及山脊土层瘠薄、土壤石砾含量高等立地条件差的地方以及低洼积水地不宜选用。土层要深厚、疏松、肥沃、湿润、排水良好。年降水量1000毫米以上，年平均温度16℃以上，极端低温-15℃以下。

二、栽培模式

(一)纯林

由于纯林的造林、经营、采伐利用的整个过程，技术都比较简单，且纯林能够保证主要树种积累最高的木材蓄积量。因此世界上迄今为止，仍以营造纯林为主，我国也是如此。虽然现有的钩栗林木大多仍是单株散生于其他阔叶林中，但也有小块状的纯林呈自然分布状态。因此，如培养目标是培育钩栗大径材，且立地条件好，营造及管护技术力量强，营造钩栗用材林可选择纯林模式。为了稳妥起见，大面积培育钩栗用材林，以采取纯林营造，混交林管护的方式进行为宜。即造林时不营造其他树种，只造钩栗。而管护时，保留林地上的灌木和小树，使其形成以钩栗为优势种的天然混交林。如林地上极少灌木和小树，则在造林后第2或第3年时，在林地上再补植其他混交树种。

(二)混交林

由于混交林使具有不同生长特点的树种搭配在一起，各树种能够在较大的地上地下空间分别在不同时期和不同层次范围利用光照、水分和各种营养物质。树种多，生境条件好，病虫害的天敌较多，可以抑制病虫害的繁殖和蔓延。但由于营造技术较复杂，如树种配置不适当，结构不合理，抚育不及时，便不能发挥其优越性，单位面积上目的树种的蓄积量较小。因比，选择混交方式尤为重要。在株间混交、行间混交、带状混交、块状混交等几种混交方式中，以带状混交和块状混交二种为好。不同树种用2行以上组成带，“带”与“带”彼此交替混交的方法，称为带状混交。带状混交易形成稳定的混交林，便于造林施工和抚育管理，是林业生产中经常采用的一种混交方法。一般主要树种的带应该宽一些，伴生树种(次要树种)的带窄一些。块状混交即是把一个树种栽植成规则的或不规则的块状，与另一个树种的块状地依次配置进行混交的方法。规则的块状混交，是将平坦或坡面整齐的造林地，划为正方形或长方形的块状地，然后在每一块状地上按一定的株行距栽植同一树种，相邻的块状地栽植另一树种。不规则的块状混交，是在山地造林时按小地形的变化分别成块地栽种不同树种，这样既可达到混交的目的，又能因地制宜造林。

钩栗与针叶树混交：多选择与马尾松、杉木等树种混交。

钩栗与阔叶树混交：多选择与木荷、火力楠、藜蒴栲、枫香等树种混交。

但无论与哪种树种混交，都要认真考虑到主栽树种与伴生树种的搭配比例，以及间伐方式和收益培育目标。因此，在带状混交中可采取钩栗配其他树种2∶1的比例进行搭配。

三、整地

(一)造林地清理

对于杂草、灌木、刺藤不太多的荒山荒地及植被已经恢复的老采伐迹地可采取割除的清理方法，将林地上的杂草、灌木等割除砍倒，然后将其清除到林地边缘，以利挖穴整地。这是一种小块林地最常用的清理方法。但对面积大且造林地中存在着大量的灌木、杂草或采伐剩余物，这些剩余物量较大，无法采用割除的方法清理，因而可以用火烧方法进行清理。清理时，一定要开好防火隔离带并做好各项防火措施准备，对火势进行严格的控制，以防止跑火而引起森林火灾。

(二)整地时间

整地时间直接关系到造林质量。选择在冬季进行整地，有利穴土的风化和回穴后的土壤向下坐实，以提高造林成活率，同时使挖翻起来的杂草更容易被冰雪冻死，有利于翌年夏季的抚育。而春季进行随造随整，由于回穴的土壤干松，苗木根系难以与土壤密实接触，对造林成活率有影响。因此，宜在冬季整地。

(三)整地方式

1. 穴垦

对于坡度在25°以下的山地可进行穴垦。大穴规格是60厘米×60厘米×50厘米，中穴50×50×40厘米，小穴40厘米×40厘米×30厘米。土壤深厚疏松肥沃的立地可挖小穴，土层紧实浅薄肥力贫瘠的立地需挖中穴或大穴。挖穴时，将穴面的表土堆积在穴的上坡方向，穴的里土堆放在穴的下坡方向。填土回穴时，将穴上方挖出的表土及穴水平两侧的表土埋入穴内。

2. 带垦

对于坡度在10°~15°的缓坡地可进行带垦。整地时顺坡自上而下沿等高线挖筑水平阶梯，按“上挖下填、削高填低、大弯取势、小弯取直”的原则，筑成内侧低外缘高的水平带，再在带面上挖穴。带面宽度和带间距离根据地形和栽植密度而定，一般带面宽度1.5~2米，带间距离2~3米。大穴规格是60厘米×60厘米×50厘米，中穴50厘米×50厘米×40厘米，小穴40厘米×40厘米×30厘米。根据立地土壤条件选择穴位的规格。

(四)造林密度

钩栗造林密度主要有三种，即株行距2米×2米，每公顷2490株；株行距2米×2.5米，每公顷1995株；株行距2米×3米，每公顷1665株。进行一次间伐，可选择2米×3米的密度。进行二次间伐，可选择2米×2.5米或2米×2米的密度。基本原则是初植密度宜稍大，立地条件好密度宜稍大，管育水平高密度宜稍大。总之，要根据立地条件、经营目标和管育水平来选择具体的造林密度。

(五)基肥

基肥主要是供给钩栗林木整个生长期中所需要的养分，为树木生长发育创造良好的土壤条件，也有改良土壤、培肥地力的作用。每穴施磷肥300~500克。将磷肥施入穴内后，与土壤充分拌匀，防止肥料烧坏苗木根系。

四、栽植

(一)栽植季节

海拔较低的低山丘陵地区可在立春后(2月)造林，海拔较高的高寒山区可在惊蛰前后(2月下旬至3月上旬)造林。容器苗木可在前述时间段提前或推迟一个月造林。

(二)苗木选择

裸根苗苗高30厘米以上，地径0.25厘米以上。容器苗苗高20厘米以上，地径0.2厘米以上。且苗木顶芽饱满，茎干健壮，组织充实，木质化程度高。根系发达而完整，起苗后大根系无劈裂。无病虫害。

(三)栽植

选择雨后晴天或阴天进行栽植。将定植穴内回填的松土挖开，形成一洼坑，苗木置于洼坑中央，根系要舒展，然后用土填满，踏实，锄紧，要求做到适当深栽，栽植深度比苗木根茎位置略深3~5厘米。裸根苗栽种，种植前适当剪去部分枝叶，浆根后再造林，如采用2年苗，苗干过高，可截干造林，能提高造林成活率。营养袋苗造林，栽植时要除去育苗袋，保持营养土团完整，不损伤根系。栽植后1~2个月左右，要全面检查苗木的成活情况，发现死株及时进行补植。

五、林分抚育

(一)幼林抚育

幼林期应加强抚育管理，伐去混生杂灌木，抹除侧枝过多萌芽。抚育管理一般3年，也可5年，主要是除草松土。第一年于秋末冬初时进行，先砍除钩栗树干1米范围内的杂草灌木，然后将此范围内的土锄松，深达20厘米，并且对幼树干基部进行培土。第二年的第一次6月底7月初进行，主要进行刀抚，砍除钩栗树干1米范围内的杂草灌木；第二次10月底~11月初进行，先砍除钩栗树干1米范围内的杂草灌木，然后将此范围内的土锄松，深达20厘米。第三年抚育的时间、方法与第二年相同。第四、五年生时，在每年的秋末冬初进行一次刀抚，除钩栗树干周围内杂草和影响钩栗生长的灌木。

(二)施追肥

追肥的作用主要是为了供应钩栗幼林期对养分的大量需要，或者补充基肥的不足，促进钩栗生长。在造林后的第2年至第5年期间每年施一次。于每年春季展叶前进行，每株施复合肥100~150克，或过磷酸钙200~300克。在离树干茎部30厘米处挖一条深厚20厘米的环形沟，将肥料与表土拌匀后施入沟内，复满土。

(三)修枝培育干形

修枝是培育良好干形，提高其干材质量的有效手段之一。钩栗林6年生时，可进行第一次修枝，以后每隔2~3年修一次，到15年生时为止。5~10年生时弱度修枝，即修去树干以下1/3的枝条。11~15年生时中度修枝，即修去树干1/2以下的枝条。由于生长季节树液流动旺盛，修枝后必然造成或大或小的伤流，损失掉大量的有效营养(树液)，因此，一定要选择晚秋至早春林木停止生长期间进行修枝。

(四)间伐

间伐可使钩栗有足够的营养空间，形成合理的树冠结构，有利于培育成大径材。在造林后第8~9年生进行第一次间伐，每公顷保留1000株~1200株。14~15年生进行第二次间伐，每公顷保留750株左右。采用下层疏伐法，伐去生长势弱的劣株及病虫害严重的植株。如是带状混交林，则对钩栗带两侧的伴生树种进行强度间伐，以扩大钩栗带两侧的受光度，促进目的树种的生长。

(五)病虫害防治

钩栗林的病害极少，主要易受卷叶虫、竹节虫危害幼林或成林，可用90%敌百虫1500~2000倍液进行喷洒可防治。或在竹节虫大发生的春末或夏初，可用白僵粉剂进行喷放，能收到较好的防治效果。

六、轮伐期的确定

钩栗前5年生长速度较缓慢，6年生开始加速生长进入速生期，25年生后，材积生长速度放慢。因此较为合理、经济的采伐时期在栽植后30年生左右时进行，大径级林木采伐则需40年生后进行。

第四十七章　赤皮青冈

第一节　树种概述

赤皮青冈 *Cyclobalanopsis gilva* 属壳斗科青冈属常绿乔木，主要分布于湖南、浙江、福建、台湾、广东、贵州等地，日本也有少量分布。本种是青冈属中东亚广布种，在分布区内为主要建群树种之一。赤皮青冈木材坚硬，红褐色，是优质硬木之一。赤皮青冈枝叶茂密，树形整齐，终年常青，树姿雄伟，能吸烟滞尘，萌芽能力强，在园林中可用作观赏树种，亦作为行道树。因此，既是珍贵的用材树种，又是优良的风景园林绿化树种，深受人们的喜爱。

一、木材特性及利用

(一) 木材材性

木材棕红色，心材暗红褐色，边材淡黄褐色，心、边材区别不明显。木材辐射孔材，宽木射线极宽，在弦切面呈纺锤形，纹理直，质坚重，木质柔硬，有韧性，特重，径向花纹美丽，结构细密，强度高，油漆、胶粘性能好。径向花纹美丽，握钉力强。强韧有弹性，气干容重 0.85 ~ 0.91 克/立方厘米，为最优良硬木之一。

(二) 木材利用

木材供家庭装饰、体育器材、高级地板、文化用材、车轴、工具柄、滑车、农具、纺织器材、各种细木工及高级家具等用材。在沿海和河川两岸人们，常用做出海渔轮框架中龙骨、龙筋、肋骨等主要原料。

(三) 其他用途

果实富含淀粉，是木本粮食、饲料和工业用淀粉的主要来源，种仁可制淀粉及酿酒，树皮和壳斗含鞣质，可以提取栲胶，也可作食用菌生产原料。

二、生物学特性及环境要求

(一) 形态特征

常绿乔木，高达 36 米，胸径 1.8 米，树皮暗褐色。小枝密被灰黄色或黄褐色星状绒毛。叶倒被针形或倒卵状长椭圆形，长 6 ~ 12 厘米，宽 2.0 ~ 3.5 厘米，先端渐尖，基部窄楔形，中部以上具短芒状锯齿。侧脉在叶面平坦，不明显，每边 11 ~ 18 条，下面被灰黄色星状短绒毛，叶柄长 1.0 ~ 1.8 厘米，叶背被灰黄色星状短绒毛，托叶窄披针形，长约 5 毫米，被黄褐色绒毛。雄花葇荑花序，花序下垂，花序长在 2 ~ 3 厘米，雌花单生，花序长约 1 厘米，通常有花 2 朵，花序及苞片密被黄色绒毛，花柱基部合生。壳斗碗形，包果约 1/4，直径 1.1 ~ 1.5 厘米，高 6 ~ 8 毫米，被灰黄色薄毛，小苞片合生成 6 ~ 7 环带，全缘，坚果卵状椭圆形，径 1.0 ~ 1.5 厘米，高 1.5 ~ 2.0 厘米，顶部被微柔毛。果脐微凸起。花期 4 ~ 5 月，果期 10 ~ 11 月。

(二) 分布

湖南永州、浙江舟山、福建、台湾、广东、贵州等省份。日本亦有分布。在海拔 300 ~ 500 米山地，常与缺萼枫香、木荷、甜槠、岭南柯、黄山松、大穗鹅耳枥等混生。

（三）环境要求

赤皮青冈喜温暖环境，宜在土层深厚，排水良好，肥沃、富含腐殖质的偏酸性砂质土壤中生长。不耐干旱瘠薄，在浅薄板结贫瘠的土壤上，生长特别缓慢。它喜阳光，但有一定的耐阴能力。幼树时需要有一定的蔽荫，成年后要求要有相对充足的光照，才能正常生长。喜欢洁净通风的环境，有一定的耐烟尘危害，畏淹涝积水，比较耐寒。

第二节　苗木培育

一、良种选择与应用

选择优良种源、优良林分或单株的种子进行育苗造林。

二、播种育苗

（一）种子采集与处理

选择生长旺盛，树干通直、具有优良遗传品质的母树进行采种。当坚果由青转黄褐色，并有部分坚果自然脱落，表明坚果已成熟，用棍轻打果枝，即可进行采集。采种后将果实放入流水或清水2～3天，然后放入通风处自然干燥2～3天，使果实含水量恢复到浸种前的水平，然后用湿润砂贮藏。因种子富含淀粉或兼含鞣质，在贮藏时要注意防鼠防虫。

（二）选苗圃及施基肥

选择交通方便、背风向阳、地势平坦、邻近水源、土壤肥沃，地形条件好的地点作为苗圃地。

细致整地作床，圃地耕后耙平，做到细碎平坦，上虚下实，疏松，无草根，无石块，无土块。床宽1.2米，床高25厘米，床与床间距40厘米。

在圃地施足基肥。有条件的地方可以通过土壤营养元素测定来确定施肥种类和数量。所施用的基肥，应以有机肥料为主，在一定条件下，也可混入部分无机肥料。每公顷施腐熟饼肥2250公斤，磷肥1500公斤，有农家肥的应施腐熟厩肥4.5万公斤。在耕地前将肥料均匀地撒在地面，在翻耕过程中，肥料埋入耕作层中。

（三）播种育苗与管理

（1）播种：2～3月播种。采用条播，每隔20厘米开5～7厘米深沟，每行播种20～30粒，播种后覆土2～3厘米厚，压实。

（2）灌溉、排涝：要根据苗木大小、土壤情况和干旱程度，做到适时适量浇水，保持苗床湿润。并注意排涝，做到内水不积，外水不浸。

（3）除草、松土：除草要以除早、除小、除了为原则，做到有草必除，以利苗木的生长和发育。松土除结合人工、机械除草进行外，土壤比较黏重的地块每次降雨、灌溉后要松土，以改善土壤通气条件。

（4）追肥：应在6月雨季到来后进行。追肥以速效氮肥为主（如尿素）可在6月中旬、8月上旬各追肥1次，每次用量为150～225公斤/公顷。

（5）间苗、定苗：幼苗出土后要及时间苗，拔除生长过于密集、发育不良和病虫害苗木，做到去劣留优，分布均匀。幼苗长出2对真叶时，进行第1次间苗，幼苗开始进入生长旺期时，再进行1次间苗，并结合间苗进行定苗，每公顷保留苗木30万～45万株。

三、扦插育苗

(一)圃地选择

选择交通方便、背风向阳、地势平坦、邻近水源的地方。圃地应选择适宜在土层深厚，土质疏松，背风向阳的砂质壤，尤喜富含腐殖质的石灰性土壤。扦插前要对土壤进行消毒处理，方法是：在扦插前5天，在床面上洒2% ~3%的硫酸亚铁水溶液，用药液5公斤/平方米。亦可在扦插前3天用40%的福尔马林溶液稀释400倍，喷洒床面，淋透深度为3 ~5厘米，用塑料薄膜覆盖。宜选用轻壤质耕地进行深耕做床。要求床宽120厘米，床高25厘米，沟道宽40厘米，要做到土壤细碎，床面平坦，沟道畅通。在插床上方搭盖距床面50厘米的薄膜拱棚，其上再搭盖距床面高1.8米、透光率30%的荫棚。

(二)插条采集与处理

应选用优良母树上发育充实、生长健壮、无病虫害且粗壮含营养物质多的枝条。剪取的插穗，是选用枝条的尖端部位或根际萌芽条，有枝尖的插穗，不仅成活后树形好，同时成活率也比较高，这是因为尖端枝段的枝叶最新，分生能力强，阻碍物质相对较少，生根成活率高于基部和中部的枝段。

(三)扦插时间与要求

扦插季节，通常在春季进行。春插是利用前一年生休眠枝直接扦插或经冬季低温贮藏后进行扦插。可在4月初至6月中旬选1年生春梢进行扦插，这是最佳扦插季节。也可在6至8月下旬。一般情况下，对于条种的采集是在春天进行的，随采随插，也有一些是在秋季进行的，因为在秋季树叶掉落之后是养分最多的时候。

扦插时间阴天可在全天进行，晴天在上午10点前，下午在4点以后进行。剪取半成熟枝作为嫩枝插穗，到9至11月(或9月中旬至10月中旬)，又可剪取成熟的枝条作为硬枝扦插的插穗。

(四)插后管理

(1)水分管理：水分管理主要是防止插穗蒸腾失水，补充基质水分不足。可以通过地上部分遮阴、覆盖、喷雾等方法减少和补充水分蒸腾。嫩枝扦插时采用自动间歇喷雾装置保持水分平衡。喷水与遮阴棚膜内无水珠且床上干燥时，应喷水保湿。高层荫棚早盖晚揭，膜棚内相对湿度保持在85%以上，气温控制在18 ~28℃之间。如果温度偏高，湿度过小，可以通过揭除遮盖物和增加喷水进行调节。如果温度偏低，湿度过大，可采用封闭棚膜和减少喷水来进行控制。喷药与松土结合喷水，每隔7天喷施2000倍多菌灵溶液1次，以防止插穗感染病菌而造成皮层腐烂。要经常浅中耕插壤，以保持床土的通透性能，防止插穗幼根缺氧而引起腐烂。

(2)温度管理：温度控制最适生根的温度是20 ~25℃，早春扦插时的地温较低，一般开始时达不到适温要求，往往需要加温催根。夏季扦插和秋季扦插，地温较高，气温更高，需通过遮阴降温、喷水降温等使扦插温度达到适宜状态。冬季扦插时气温和地温都很低，需要在保护地内进行。

(3)遮光管理：由于树种和品种的不同，对遮光率的要求也不尽相同。赤皮青冈为喜光树种，遮光率不得大于40%，一般为30%。喷雾可迅速取得降温效果，在塑料大棚内喷雾可降低温度5 ~7℃，在露天地苗圃喷雾可降低温度8 ~10℃，连续喷雾还可降得更低。所以，采用电子叶控制喷雾装置，在大田中全光照喷雾保护插穗，可以在35℃高温下避免插穗死亡。

(4)施肥管理：插穗从基质吸收水分和养分，也可进行根外施肥，一般在插穗生根抽梢进入生长期是对扦插苗追施肥料。根外施肥：绿枝扦插因带有叶片，扦插后每间隔5 ~7天可用0.1% ~0.3%浓度的氮、磷、钾复合肥喷洒叶面，对加速生根有一定效果。休眠枝扦插当新梢展叶后，也可采用上述同样方法进行叶面喷肥，促进生根和省长。流水追肥：将稀释后的液态肥料顺喷灌系统或间歇弥雾系统水流入苗圃，对促进吸收和生根具有一定的效果。

(5)扦插生根后的管理：室内插条待新根长达2毫米以上即可以移栽定植。这时插条的根系很为脆弱，移植时须是分当心，并注意保护，移植以后，初期置于与插床温度、湿度条件相近之处，以后再移到空气流通、日照充足的地方，使幼苗经受锻炼，待充分成长后再移入苗圃。

(6)移植：一般于春季开始生长以前移栽，冬季温暖地区，秋季亦可移植。北方寒冷地区，如有保护设施，亦可秋季移植。应用自动间歇喷雾系统繁殖的苗木要及时在生长季中移栽定植培育。

(7)抚育管理：扦插苗移植后，必须注意遮阴、中耕除草、防止病虫害等管理工作，使其迅速生长及早成苗。

四、轻基质容器育苗

(一)轻基质的配制

育苗基质配方为泥炭土: 谷壳 =7:3 或6:4，泥炭土比例不低于60%，谷壳需经堆沤腐熟处理，基质料中加入控释肥2～3公斤/平方米。将搅拌均匀后的基质放在容器灌装机中进行灌装，灌装基质后的无纺布网袋规格为直径4.5厘米，长8～10厘米。将切割好的基质网袋放入方形塑料育苗盘中，育苗盘内用宽约2厘米，长度比育苗盘内壁略短的竹片隔成小方格，再将基质网袋分别放入每个小方格中，然后搬运到遮阴大棚准备赤皮青冈的芽苗移栽工作。

(二)容器的规格及材质

容器选用聚乙烯材料，规格为8厘米×10厘米。将发酵、消毒后的轻基质分别装填到容器内，必须填实，距离容器上口缘保留约0.5～1.0厘米空间。

(三)圃地准备

圃地应选择通风良好、光照充足、交通及排灌方便的平坦地区。对圃地要进行深耕细耙，拣净草根石块，地面要求平整。然后作床(床面高度以轻基质容器土面高于步道5到10厘米为宜)。苗床宽1～1.2米，长度不限，床与床之间的步道宽度35～40厘米，苗床四周步道要互通，便于排水与作业。

(四)容器袋进床

将装填好的容器呈“品”字形整齐排列到苗床上，容器之间相互挤紧，中间空隙用细沙土填平。四周用泥土堆起与容器平齐，最后用洒壶均匀地对容器洒水，浇透为宜。

(五)种子处理

种子用2%的高锰酸钾溶液浸泡消毒24～48小时，然后用清水将残留的高锰酸钾溶液冲洗干净，稍稍晾干以备用。

(六)播种与芽苗移栽

将种子装入轻基质营养土的容器内，每个容器3～5粒种子，如果容器营养土干燥时可用洒壶适量洒水，再用营养土覆盖种子厚度0.5～1厘米，上面用稻草覆盖营养袋，以保持湿润。芽苗起出后要尽快栽植到基质袋中，最好边起苗边栽植。将长15～20厘米，宽2厘米的小竹片顶端削成尖形，尖端插入基质内3～4厘米，略微晃动后拔出竹片，将芽苗栽入容器中，每个容器1株芽苗，并将基质回填轻压以利于芽苗根系与基质紧密接触。移栽过程中适当剪去过长主根，以利于侧根生长和避免移栽后窝根。移栽前5～7天，用5%的硫酸亚铁溶液进行浇灌，对容器袋消毒。

(七)苗期管理

(1)水湿管理：把经过处理后的种子均匀地撒播在沙床上，沙床应在播种前一天整好，并喷洒0.05%的硫酸亚铁溶液或喷洒0.02%的福尔马林溶液进行消毒。沙床长度依地形而定，宽度一般1米，厚度10厘米左右。撒种后覆盖一层1～2厘米厚的细沙，以见不到种子为宜，并用清水喷湿，让种子和沙紧实在一起，起到保湿保温的作用。晴天可增加喷水数次，阴、雨天减少喷水或不要喷。

(2)根系管理：赤皮青冈苗木普遍存在主根长，侧根少，移栽困难。因此，对根系进行适当的调控显得及为重要。容器控根，通过调节林木根系的营养生长空间，即选择种控根育苗容器，控制主根的过快生长，促进侧根生长的方法。一般 24 ~ 48 小时后种子就开始出芽，即可移芽。经多次试验，用高锰酸钾处理的种子发芽率 93%，用 ABT – 3 号生根粉处理的种子发芽率 99%。

(3) 芽苗移栽：当芽苗出床约 2 ~ 3 厘米左右即可移栽。移栽前先喷水湿透，避免损伤幼苗。拔出的芽苗立即放入清水，由于不能长时间浸泡，尽量随栽随拔。移栽时用 5 毫米粗的竹签在容器袋中打孔，将幼苗放在小孔中，根部埋土至原土痕，然后轻轻摁实。幼苗移栽后及时遮阴。用高锰酸钾处理过的种子幼苗移植成活率 95%，用 ABT – 3 号生根粉处理的种子幼苗移植成活率 99%，后者比前者高 4 个百分点。

五、苗木出圃与处理

苗高达 30 厘米以上时基本停止生长，可以考虑出圃。苗木出圃前三天要浇足水，起出的营养袋装入竹筐或纸箱，注意轻拿轻放，呈三角形排列摆放整齐、紧密，防止破损或机械损伤，尽可能一次性运输到造林地点，减少中途搬运环节。

第三节　栽培技术

一、立地选择

赤皮青冈海拔要求在 100 ~ 800 米，适在石灰岩、板页岩发育的厚土层酸性红壤。要求土壤肥沃、湿润、耕作层在 50 厘米以上。

二、栽培模式

赤皮青冈不宜营造纯林，宜与其他树种混交栽培。

三、整地

(二) 整地时间

整地时间宜在 10 月、11 月进行，能灭除杂草，又能蓄水保墒。

(三) 整地方式

整地方法要根据林地成土母岩(母质)，土壤种类，坡度大小，植被状况等因素综合考虑。为保护生态环境，减少水土流失，整地方式一般采用穴垦，整地挖穴规格为 60 厘米 × 60 厘米 × 50 厘米或 50 厘米 × 50 厘米 × 40 厘米，植树穴沿等高线呈“品”字形排列。在整地时，要做到心土，表土分开堆放，回穴时，先放基肥，表土覆盖基肥上，同时还应把穴周围的肥土收入穴内，以集中养分，促进林木生长。在栽植前 1 个月左右覆土，覆土时取表土填平栽植穴。应沿等高线每隔 4 ~ 5 行开挖一条拦水沟(竹节沟)，沟底宽 30 厘米以上、深 30 厘米以上，以防止水土流失。

(四) 造林密度

不同密度间林木生长发育的差异主要是由于其营养生长空间的差异造成，密度大，林木间相互挤压抑制了树冠生长，造成树冠枯损和窄小，林木营养面积小，林木生长不良。赤皮青冈作为珍贵用材树种，造林密度 3 米 × 3 米或 3 米 × 4 米为宜。

(五) 基肥

造林时每穴施 0. 2 公斤钙镁磷肥作基肥，施肥方法是将肥料放入穴中，填入表土至穴深的一半后，将表土与肥料拌匀，再覆表土填平即可。

四、栽植

（一）栽植时间

2～3月造林。

（二）苗木选择、处理

一般选择两年生健壮种苗，苗高≥30厘米，地径≥0.5厘米，顶端优势明显、顶芽完好，主干粗壮、根系发达，高径比协调，叶片浓绿，无病虫害。丛枝、顶端优势不明显、枝缩叶淡、体态纤弱的劣苗应淘汰。

（三）栽植方式

采用人工植苗栽植方式。一年生幼苗主根发达，侧根稀少，必须严格掌握栽植技术。造林前苗木进行修剪枝叶，剪去2/3的枝叶和过长的主根，选择阴天或小雨天随起苗随栽植，根部打泥浆，栽时根系舒展，层层放土压实，埋土可至根际8～10厘米处。栽植时要做到苗正、根舒、土实，深浅要适当，因赤皮青冈是菌根植物，栽植时必须带土，不能伤根。

五、林分管抚

（一）幼林抚育

在中立地上需连续抚育5次，即造林当年和第二年分别于5月、9月各抚育一次，每3年5月或9月抚育一次，在高立地上需连续抚育6次，即造林当年和第二年，第三年分别于5月，9月抚育一次。抚育方式为铲草浅耕抚育。

（二）施追肥

一般采用环状施肥的方式。环状沟应开于树冠外缘投影下，施肥量大时沟可挖宽挖深一些。施肥后及时覆土。

（三）间伐

间伐的原则是“去弱留强，去劣留优，去密留疏，照顾均匀”，即下层间伐法，在间伐前，应对林木进行每木调查（主要测量胸径和树高），确定优势木，平均木和劣势木的等级。间伐时，首先砍去病虫害严重，多梢，断梢，严重弯曲木，其次砍去生长量远低于平均木的树木，按要求间伐的强度，时间进行间伐，不能任意加大间伐强度。

间伐开始期，因造林密度，立地条件，幼林抚育状况不同而异。当林分郁闭度达到0.9时，天然整枝，约占树冠长度1/3左右，一般8～9年即会出现此情况后可开始间伐。9～10年后可开始弱度抚育间伐，伐除约10%～20%，生长势弱的，干型不好的植株，并结合进行修枝，以改善林分的通风和光照条件。带状和块状整地的原在带间和块间保留侧方庇护的非目的树种，可以逐年分期伐除。

15～20年后，胸径生长进入高峰期，青冈林分自然分化主次树冠已明显形成，为保证林相整齐，当林分郁闭度又恢复到0.9时，可进行第二次间伐。

（四）病虫害防治

1. 病害及防治

主要病害是青冈霉病，危害叶片，发病初期，叶片上形成散圆形黑色斑点，若不及时防治，病斑逐渐扩大增多并连接一起形成一层黑色煤层，影响光合作用，妨碍树木生长。防治方法除了加强抚育管理，搞好林内卫生外，初春喷1度石硫合剂，冬季喷3度石硫合剂，可杀死越冬菌。

2. 虫害及防治

主要虫害有吉丁虫，属于蛀干性害虫，危害幼树干基，幼虫蛀入基干韧皮部，吃食部分韧皮而后钻入木质部危害干材，严重时可造成可造成青冈树枯死。一般采用常规方法中的熏杀法进行防治或虫眼插毒签毒杀。

第四十八章　水青冈

第一节　树种概述

水青冈 *Fagus longipetiolata* 又名长柄水青冈，别称麻栎金刚、石灰木、白半树、杂子树、矮栗树、长柄山毛榉，为壳斗科水青冈属树种，有中国山毛榉之称。常绿乔木，高达25米以上，胸径达1米以上。是第三纪残留下来的古老高大植物，系湖南省重点保护植物。在湖南省炎陵县桃源洞国家级自然保护区，海拔1650米的山上有一株树龄近1000年的水青冈古树，树干基部直径达1.6米，6个成年人都难以合围。水青冈林既是良好的用材林，又是重要的水源涵养林。因生长较迅速，且材色红褐，材质坚硬，用途广泛，是湖南省乡土树种中最珍贵的用材树种之一。

一、木材特性及利用

（一）木材材性

木材纹理直，结构细，材质较坚重且硬。心材略大于边材，界限颇分明，棕褐色，花纹美丽；木材有光泽，无特殊气味；文理直，结构中。木材为半环孔材，具宽木射线，纤维长度和长宽比大，差异壁厚和微纤丝角小，为造纸和纤维工业的最佳原料。木材干燥缓慢，干缩大，干燥时易发生开裂、劈裂及翘曲。木材强度属中等。木材耐腐性弱或中等。木材切削较容易。油漆后光亮性良好，胶粘容易。

（二）木材利用

是高级板材原料，可作贴面单板、胶合板、地板、地板条、墙板、复合木门。也是制作乐器、仪器箱盒、文具、运动器械、高级家具、玩具、日杂器皿及工农具柄、农具、木桶的良好用材。也常用于船舶、车辆、木柱、枕木、坑木、电杆。也可作为造纸和纤维工材原料。同时由于其热值大，亦是良好的薪炭材和固体生物质能燃料。

（三）其他用途

种子含油量40%～45%，可提炼生物柴油或作油漆。

二、生物学特性及环境要求

（一）形态特征

高达25米，胸径达1米。树干通直，分枝高。树冠卵圆形。树皮浅灰或灰色，薄而平滑。冬芽长达20毫米，小枝的皮孔狭长圆形或兼有近圆形。叶薄革质，卵形或卵状披针形，叶长9～15厘米，宽4～6厘米，稀较小，顶部短尖至短渐尖，基部宽楔形或近于圆，有时一侧较短且偏斜，叶缘波浪状，有短的尖齿，侧脉每边9～15条，直达齿端，开花期的叶沿叶背中、侧脉被长伏毛，其余被微柔毛，结果时因毛脱落变无毛或几无毛；叶柄长1～3.5厘米，总梗长1～10厘米；壳斗4（3）瓣裂，裂瓣长20～35毫米，稍增厚的木质；小苞片线状，向上弯钩，位于壳斗顶部的长达7毫米，下部的较短，与壳壁相同均被灰棕色微柔毛，壳壁的毛较长且密，通常有坚果2个；坚果比壳斗裂瓣稍短或等长，脊棱顶部有狭而略伸延的薄翅。花期4～5月，果期9～10月。

(二)生长规律

树高生长从5～7年生左右进入速生期，15～17年生左右高生长速度开始逐渐下降，25～27年生树高生长较缓慢，此时树高一般可达16～18米。胸径生长8～10年生进入速生期，20～22年生胸径生长速度开始逐渐下降，30年生后胸径生长较缓慢，此时胸径一般可达25～30厘米，年高生长速度0.5～1米，胸径生长1～2厘米。

(三)分布

分布于湖南、湖北、江西、福建、浙江、安徽、广东、广西、四川、重庆、陕西、贵州、云南等省(自治区、直辖市)。在湖南省常生长于海拔500～1500米山地杂木林中，但多见于封禁良好的阔叶老林中，很少见于受破坏的次生林内。但在四川、贵州、湖北等省的一些自然保护区内有保存较完好的水青冈片林存在。

(四)生态学特性及环境要求

适宜于湿润凉爽气候，喜向阳、生境肥沃、酸性土壤。耐寒性强，在－15℃以下低温时尚无冻害。多见于向阳坡地，但在湿润荫蔽的溪谷或北向山坡上沙质壤土及石灰质土中生长也较好，与常绿或落叶树混生，常为上层树种。环境要求气候温暖、湿润，年平均气温15℃，年均活动积温4000～5000℃，年降水量1000毫米以上。

第二节　苗木培育

一、良种选择

湖南省目前尚未建立水青冈种子园，故尚不能使用种子园的种子进行育苗造林。各地可根据树种资源普查所掌握的资料，从水青冈优良种源或优良林分的母树上采种育苗进行造林，可使水青冈的遗传品质得到一定的改善和提高。

二、播种育苗

(一)种子采集与处理

采种前应进行种源调查和母树选择。采种母树应选择生长条件好，树龄20～30年，树干端直圆满，树冠整齐匀称，无病虫害的优良单株为宜。9～10月，当球苞外现为褐色，鳞片微裂，种仁白色蜡质状时即可上树将其球苞采下，或用长竹秆将其轻击打下，也可捡拾自然脱落的种子。采迟了球苞开裂，种实脱落；采早了，果未成熟，不能发芽。球苞采回后随即放阴凉干燥处或微弱阳光下晾裂，脱出坚果。坚果取出后不能让其继续干燥，应立即进行贮藏。水青冈种子饱满率低，活力水平较低，毛种子千粒重150克左右，去除空粒、坏粒或不成熟的种子后，饱满种子千粒重300克左右。由于种皮阻碍、内源化学物质抑制和种子的不完全发育，种子存在休眠现象，即采即播难以发芽出苗。因此，种子适宜用室内、地窖湿沙贮藏，但应注意通风，避免水分过多造成霉变。

(二)苗圃选择与整理

苗圃地应选在地势平坦、光照充足、背风、水源丰富且利于排灌的地方。忌选积水洼地、山谷风口等地。土壤结构疏松，透水性和通气性良好，吸肥能力强，温度变化小，有利于种子发芽和幼苗根系发育，同时又便于土壤耕作、除草、松土和起苗作业。因此，可以选择平缓山坡下部地段，土壤以深厚肥沃，疏松的沙壤土为宜，尤以疏松、深厚、排灌方便的山坡稻田最佳。

苗圃地整理可在冬季进行一次深耕，以25～30厘米为宜。将土地犁翻后，可不耙平，待冬季风化或冰雪使其自然松散。初春时，可将圃地再进行一次浅耕，深达 15 ~ 20 厘米，耙平，使地表土壤细碎平整，保蓄土壤水分。清除土面杂草。

（三）施放基肥

施放基肥一般是在浅耕地前将肥料全面撒于圃地，浅耕时把肥料全部翻入耕作层中。每公顷施有机堆肥 15000 ~ 30000 公斤。施种肥一般以速效磷肥为主，多常用过磷酸钙或钙镁磷肥，每公顷施 4500 ~ 7500 公斤。种肥不仅给幼苗提供养分，又能提高场圃出苗率，因而能提高苗木的产量和质量。种肥可在浅耕后施入土中，通过耙平使其与土壤充分混合。也可在作床前施入土中，通过作床后平整床土使其与土壤充分混合。如有条件，播种前半月左右时再用淡粪水对床土施透 1 次。

（四）播种

播种季节 2 月中旬至 3 月上旬。播种前将种子从湿沙中取出，去除霉变、干瘪的种子，将好种子用清水洗净后，放入 1% 的高锰酸钾溶液中浸泡 10 ~ 20 分钟消毒，再用清水冲洗干净，晾干。选择晴或阴天播种。以沟状条播为宜，行距 15 ~ 20 厘米，沟播时 40 ~ 50 粒/米，播种后覆土 2 ~ 3 厘米，以不见种子为宜。然后再覆盖一层稻草增温保湿，促进种子发芽。水青冈苗木早期喜阴，因此应在苗床上搭建高 2 米遮阳架，上盖透光度为 60% 或 70% 的遮阳网，适度喷水，保持土壤表面湿润。

如果采用容器育苗，则需先准备营养土。营养土配制是，含腐殖质量高的圃地土或火烧土 40%，黄心土 50%，磷肥 5%，捣碎拌匀过筛。将过磷酸钙同火土灰、黄心土按比例 3∶27∶70 混合，用时过筛，除去块状物，使土肥混合均匀。然后装入直径 10 厘米，高 20 厘米的薄膜袋内。将营养袋整齐地摆放在苗床上备用。幼苗装袋，将经催芽后长至 5 厘米高的幼苗移到营养袋中栽植，轻轻将袋中营养土压紧，浇透一次水，使营养土与幼苗接触密实。为防治芽苗被高温灼伤，还可加盖弓形塑膜小棚，棚上搭架盖遮阳网。

（五）苗期管理

1. 揭草间苗

种子播种半个月后，幼苗可陆续出土。出苗 1/3 时即可揭除稻草，防止稻草将幼苗带出。幼苗出齐后适当间苗，拔除弱株和病虫害株以及过密株。对于过于稀疏的地方，要及时补植。产苗量控制在 2 万 ~ 3 万株/亩。

2. 防晒防旱防涝

水青冈是喜凉湿气候的树种，幼苗早期耐阴，通常在海拔较低（600 米以下）的低山丘陵地区育苗，进入 6 月中下旬后，正逢温度高升，易发生叶片常萎缩脱落，致大量苗木死亡的现象。因此，需注意遮阴和喷水，防止幼苗遭受日灼失水。高温季节应浇水抗旱。7 ~ 8 月份，是苗木快速生长期，及时抗旱，保持土壤温润，利于苗木生长。如有条件，以苗田灌透水为好。灌水时，以水漫到床面为宜，然后及时将水排走，切不可久浸苗木。苗木速生期的灌溉要采取次多量少的方法，每次要灌透灌匀。在苗木生长后期，除遇到特别干旱的天气外，一般不需灌溉。若遇久雨天气，要及时对圃地进行清沟排水，做到明水能排，暗水能滤，使苗圃无积水，防止地下积水对苗木的危害。

3. 除草松土

苗木生长到 10 厘米以后，杂草逐渐多了起来，因此要及时进行除草。除草要掌握"除早、除小、除了"的原则，在每次灌溉或降雨后的晴天或阴天进行除草。一般不用除草剂灭草，以免对苗木发生药害。松土要逐步加深，全面松匀，确保不伤苗，不压苗。

4. 追肥

需使用速效肥料。按照次多量少的原则，一般进行 3 次左右，每次相隔一个月。先在行间开沟，沟深宽 5 ~ 6 厘米，然后将肥料施于沟内，盖土。也可以坚持少量多次的原则喷施叶面肥，将肥料稀释成 1% ~ 5% 的浓度喷施，喷施时间一般为下午，每 15 天喷施一次。均匀喷施于苗床上，注意喷洒时不要淋浇在苗木上。追肥时间应在苗木生长侧根时进行，立秋后应停止追施氮肥，苗木封顶前 30 天停止追肥。否则，苗木难以形成木质化，冬季易受冰雪冻害，影响苗木出圃和造林成活率。

5. 揭除遮阳网

7月下旬至8月上旬，苗木生长基本稳定后，要及时揭除遮阴网。若过迟揭除，苗木后期生长缓慢，合格苗率降低。

6. 防治病害

春末至夏季期间，是苗木猝倒病、立枯病高发时期，必须对病苗进行收集销毁，同时在病苗地周围撒些石灰粉，防止其再次侵染蔓延；每隔10～15天，每公顷苗圃可用0.5%～1%波尔多液750～1125公斤，或65%代森锌500倍液750～1500公斤喷洒苗木，这样能使苗木外表形成一层保护膜，可防止病菌入侵并直接杀死病菌。

（六）苗木出圃与运输

1. 出圃

苗木出圃时，要选择雨后晴、阴天进行。土壤干旱时，起苗前一周适量灌水。先用锄头将苗木周边土壤挖松，然后挖出苗木。不损伤根皮，不撕断侧根和须根。不损伤地上枝干，做到苗干不断裂，树皮不碰伤。在质量和规格上要做到规格不够、树形不好、根系不完整、有机械损伤、有病虫害的苗木不出圃。苗木随起、随分级、随假植，有条件的可喷洒蒸腾抑制剂保护苗木，最大限度地减少根系、枝条水分的散失。适量修剪过长及劈裂根系，处理病虫感染根系。清除病虫危害苗木，按林木植物检疫要求进行处理，尤其是有危险性病虫害的苗木，要集中处理，防止感染危害其他苗木。将苗木分级包装，合格的苗木每100株一小捆，每1000株一大捆。对不合格的苗木可留床培育，极度弱小或严重受损的废苗要集中烧毁处理。对不能及时运出造林的苗木要在圃地集中进行假植。

2. 运输

苗木运输前应挂上标签，注明树种和数量。苗木装车后，为防止滚动，应将树苗捆牢。在运输期间，要勤检查车内的温度和湿度。如车内温度过高，要及时通风。如湿度不够，可适当喷水。运到目的地后，要逐捆抬下，不可推卸下车。对卸后的苗木要立即将苗进行假植，过干时适当浇水或浸水，再行假植。

第三节 栽培技术

一、立地选择

水青冈速生丰产用材林的立地宜选择海拔1500米以下中低山的中下部缓坡地，溪沟两侧的平谷地，丘陵岗地。土壤为花岗岩、砂页岩等发育而成的酸性红壤、黄壤或赤红壤，或石灰岩发育的深厚土壤。土质以沙土、沙壤土、轻壤土最佳，土层要深厚、疏松、肥沃、湿润、排水良好。避免选择过于贫瘠的山脊、山顶造林，以免造成生长不良，影响丰产效果。年降水量1000毫米以上，年平均温度16℃以上，极端低温－15℃以下。

二、栽培模式

（一）纯林

鉴于水青冈在现有的自然分布中有小块状纯林存在，因此，营造水青冈纯林仍是可行的。如培养目标培育是大径材，且立地条件好，营造及管护技术力量强，营造水青冈用材林可选择纯林模式。

（二）混交林

适宜水青冈混交林的栽植模式，主要有带状混交和块状混交二种。带状混交采用不同树种用2行以上组成带，“带”与“带”彼此交替混交，便于造林施工和抚育管理，是林业生产中常采用的一种混交模式。一般主要树种的带应该宽一些，伴生树种(次要树种)的带窄一些。块状混交即是把一个树种栽植成规则的或不规则的块状，与另一个树种的块状地依次配置进行混交的方法。

宜与水青冈混交的针叶树种有马尾松、杉木等树种。宜与水青冈混交的阔叶树种有木荷、火力楠、藜蒴栲、枫香、栎类等树种。无论与哪种树种混交，都要认真考虑到主栽树种与伴生树种的搭配比例，以及间伐方式和收益培育目标。因此，在带状混交中可采取水青冈与其他树种 2∶1 的比例进行搭配。

三、整地

(一)造林地清理

造林前，要进行林地清理，特别是针对荒地、皆伐作业等类似之地，先将林地内的树枝、落叶、杂草、灌木、藤蔓等进行割除清理，并集中到林地边缘，或选择无风的天气进行焚烧。焚烧前，一定要开好防火隔离带并做好各项防火措施准备，对火势进行严格的控制，以防止跑火而引起森林火灾。

(二)整地时间

整地时间一般在冬季或造林前一个月进行整地，其中以冬季整地效果较好。因为在冬季整地，有利穴土的风化和回穴后的土壤向下坐实，这样有利于造林成活率的提高。同时，使挖翻起来的杂草更容易被冰雪冻死，有利于翌年夏季的抚育。

(三)整地方式

营造水青冈丰产林的整地方式主要有穴垦和带垦二种，但以穴垦为主。

穴垦整地是在的坡度较大的山地中广泛采用的方式，具有省工，减少水土流失等优点。穴规格有 60 厘米×60 厘米×50 厘米、50 厘米×50 厘米×40 厘米、40 厘米×40 厘米×30 厘米三种。土壤深厚疏松肥沃的立地可挖小穴，土层紧实浅薄肥力贫瘠的立地需挖中穴或大穴。挖穴时，要捡尽穴中的石砾、树根等杂物。填土回穴时，将挖出的表土及穴水平两侧的表土埋入穴内。在缓坡地可选择带垦，带宽 1.5 ~2 米，深 20 厘米，带面穴规格 50 厘米×50 厘米×40 厘米，带面内切外垫呈反坡梯田状。

(四)造林密度

水青冈造林密度主要有三种，即株行距 2 米×2 米，每公顷 2490 株；株行距 2 米×2.5 米，每公顷 1995 株；株行距 2 米×3 米，每公顷 1665 株。进行一次间伐，可选择 2 米×3 米的密度。进行二次间伐，可选择 2 米×2.5 米或 2 米×2 米的密度。基本原则是初植密度宜稍大，立地条件好密度宜稍大，管育水平高密度宜稍大，培育中径材较培育大径材密度宜稍大。

(五)基肥

每穴施磷肥 300 ~500 克。立地条件好土壤深厚肥沃的林地可少施，反之则可多施。将磷肥施入穴内后，与土壤充分拌匀，防止肥料烧坏苗木根系。

四、栽植

(一)栽植季节

海拔较低的低山丘陵地区可在立春后(2 月)造林，海拔较高的高寒山区可在惊蛰前后(2 月下旬至 3 月上旬)造林。容器苗木可在前述时间段提前或推迟一个月造林，但在越冬芽开始萌发前造林为佳。

(二)苗木选择及处理

裸根苗苗高 30 厘米以上，地径 0.25 厘米以上。容器苗苗高 20 厘米以上，地径 0.2 厘米以上。且苗木顶芽饱满，茎干健壮，组织充实，木质化程度高。根系发达而完整，起苗后大根系无劈裂。无病虫害。造林前可以适当的切断苗木的主根，以促进侧根的发育。

(三)栽植方式

选择雨后晴天或阴天进行栽植。将定植穴内回填的松土挖开，形成一洼坑，苗木置于洼坑中央，根系要舒展，然后用土填满，踏实，锄紧，要求做到适当深栽，栽植深度比苗木根茎位置略深3~5厘米。裸根苗栽种，种植前适当剪去部分枝叶，浆根后再造林，如采用2年苗，苗干过高，可截干造林，能提高造林成活率。容器苗造林，栽植时要除去育苗袋，保持营养土团完整，不损伤根系。栽植后1~2个月左右，要全面检查苗木的成活情况，发现死株及时进行补植。

五、林分抚育

（一）幼林抚育

幼林抚育一般进行3年，也可5年，主要是除草松土。栽植后的第一年于秋末冬初时进行，先砍除树干1米范围内的杂草灌木，然后将此范围内的土锄松，深达20厘米，并且对幼树干基部进行培土。第二年的第一次在6月底7月初进行，主要进行刀抚，砍除树干1米范围内的杂草灌木；第二次于10月底11月初进行，先砍除树干1米范围内的杂草灌木，然后将此范围内的土锄松，深达20厘米，并进行培土。第三年抚育的时间、方法与第二年相同。第四、五年生时，在每年的秋末冬初进行一次刀抚，割除树干周围内杂草和影响幼树生长的灌木。

（二）施追肥

幼林抚育应进行施肥，在造林后的第2年至第5年期间每年施一次。于每年春季展叶前进行，每株施复合肥100~150克，或过磷酸钙200~300克。在离树干基部30厘米处挖一条深厚20厘米的环形沟，将肥料与表土拌匀后施入沟内，复满土。

（三）抹芽修枝培育干形

水青冈萌生能力强且一年多次抽梢，容易形成多个顶梢，影响主干的生长，对于以用材为主的林分，要在造林的头几年注意抹芽和去除次顶梢，以确保主梢的生长，促进主干生长。幼林郁闭后要适当修剪侧枝，修去水青冈发达的侧枝，改善林内透光环境，促进主干生长。6年生时，可进行第一次修枝，以后每隔2~3年修一次，到15年生时为止。5~10年生时弱度修枝，即修去树干以下1/3的枝条。11~15年生时中度修枝，即修去树干1/2以下的枝条。修枝的季节宜在冬末春初林木停止生长期间进行，否则伤口不易愈合，影响干材质量。

（四）间伐

幼林郁闭后林木出现分化，郁闭度达0.7~0.8时开始间伐。第一次间伐一般在造林7~8年以后进行，按照留优去劣、留稀去密的原则，同时去除弯曲木、病腐木等。间伐后郁闭度不低于0.6，每公顷保留1050~1200株。对于培育大径材，第二次间伐一般在造林15年以后进行，间伐后的密度每公顷保留在750~900株。

（五）病虫害防治

主要病害是煤污病，发病部位为叶片，发病初期，叶片上形成散圆形黑色斑点，防治方法主要是加强林内抚育管理和改善林内卫生状况，或在5月上旬左右，喷洒石硫合剂。主要虫害为蛀干害虫，其幼虫蛀入基干韧皮部，啃食韧皮部后钻入木质部危害木材，严重时造成植株枯死，可用烟熏或虫眼插毒签毒杀的方法进行防治。

六、轮伐期的确定

水青冈前5年生长速度较缓慢，6年生开始加速生长进入速生期，25年生后，材积生长速度放慢。因此较为合理、经济的采伐时期在栽植后30~35年生左右时进行，大径级林木采伐则需40~45年生左右时进行。

第四十九章　麻栎

第一节　树种概述

麻栎 *Quercus acutissima* 壳斗科栎属树种，又名青冈、橡椀树。落叶高大乔木，树高达30米，胸径达1米。麻栎生长快，萌芽力强，速生期来得早，材质坚硬，对土壤要求不严格，是我国南方优良的乡土用材树种。麻栎对二氧化硫、氯气、氟化氢的抗性和吸收能力较强，抗火、抗烟能力也较强，可营造城市风景林，也是营造防风林、防火林、水源涵养林的优良乡土树种。

一、木材特性及利用

(一) 木材材性

木材为环孔材，具宽、细两种射线，薄壁组织环管和带状，边材淡红褐色，心材红褐色，且具大量侵填体，气干密度0.8克/立方厘米，材质坚硬，纹理直或斜，耐腐朽，气干易翘裂。

(二) 木材利用

用材林：木材坚硬，不变形，耐腐蚀，作建筑、枕木、车船、家具用材。

菌材林：全木可以截成木段后种植香菇和木耳。

(三) 其他用途

种子含淀粉和脂肪油，可酿酒和作饲料，油制肥皂；壳斗、树皮含鞣质，可提取栲胶；果入药，涩肠止泻，能消乳肿；树皮、叶煎汁治疗急性细菌性痢疾。叶含蛋白质13.58%，可饲柞蚕。

二、生物学特性及环境要求

(一) 形态特征

树皮深灰褐色，深纵裂。幼枝被灰黄色柔毛，后渐脱落，老时灰黄色，具淡黄色皮孔。冬芽圆锥形，被柔毛。叶片形态多样，通常为长椭圆状披针形，长8~19厘米，宽2~6厘米，顶端长渐尖，基部圆形或宽楔形，叶缘有刺芒状锯齿，叶片两面同色，幼时被柔毛，老时无毛或叶背面脉上有柔毛，侧脉每边13~18条；叶柄长1~5厘米，幼时被柔毛，后渐脱落。雄花序常数个集生于当年生枝下部叶腋，有花1~3朵，花柱30，壳斗杯形，包着坚果约1/2，连小苞片直径2~4厘米，高约1.5厘米；小苞片钻形或扁条形，向外反曲，被灰白色绒毛。坚果卵形或椭圆形，直径1.5~2.0厘米，高1.7~2.2厘米，顶端圆形，果脐突起。花期3~4月，果期翌年9~10月。

(二) 生长规律

麻栎生长快，树高生长4年左右进入速生期，连年生长量在第10年时达到1.6米/年，10年后高生长速度开始逐渐下降，20年后树高生长较缓慢，此时树高一般可达20余米，30年生树高可达30米。胸径生长4~10年为速生期，18年后胸径生长速度开始下降，22~24年生左右胸径生长较缓慢，此时胸径一般可达20~22厘米。

(三) 分布

麻栎在我国分布广泛，分布于辽宁以南，在西部为山西、甘肃、陕西以南，东界沿海，西南至川滇，南达华南；生长于海拔1200米(东部)或2500米(西部)以下。水平分布以长江流域及黄河中下游较多，垂直分布在云南省伏牛山，大别山，秦岭，大巴山以及南岭都有麻栎林生长，常与枫香、栓皮栎、马尾松、柏树等混交或成小面积成林。

(四)生态学特性

麻栎适宜于温暖湿润气候，喜向阳生境酸性肥沃土壤。多见于向阳坡地，在湿润荫蔽的溪谷或北向山坡上沙质壤土及石灰质土中生长也较好，与常绿或落叶树混生，常为上层树种。麻栎抗火、抗烟能力较强，对二氧化硫的抗性和吸收能力较强，对氯气、氟化氢的抗性也较强。

(五)环境要求

适宜生长在阳坡、半阳坡，沙壤土，土层50厘米左右均可，要求气候温暖、湿润，年平均气温15℃，年均活动积温4000～5000℃，年降水量1000毫米以上。

第二节　苗木培育

一、良种选择与应用

湖南省目前尚未建立麻栎种子园，故尚不能使用种子园的种子进行育苗造林。生产上应该选择同一种子区域与造林地区的气候、土壤相近的优良母树采集果实。

二、播种育苗

(一)种子采集与处理

1. 种子采收

9～10月果实生长定型，颜色由绿色变为黄褐色或栗褐色，果皮光亮，标志果实成熟，继而自然脱落，应及时采集。一般初期脱落的多系发育不健全或遭受虫害的果实，大小不均，品质较差，数量也少。中期脱落的果实饱满，重量大，数量较多，品质最好。因此，采种应在脱落盛期及时从地上拾取，或在树下铺设塑料布收集。橡实落地后易被野兽啮食，所以要及时采集。采收后要清除壳斗、小枝、叶片及有缺陷的橡实，保留饱满的种子。

2. 种子灭虫

果实象鼻虫对麻栎种子危害极为严重，于幼果期间产卵于果皮之下，橡实成熟后孵化为幼虫，啮食橡仁。因此，橡实采收后要及时灭虫处理，通常最便捷、最有效的方法是水浸灭虫。采收后的种子装入编织袋内，浸入流动的河水中(切不可把种子在死水泡或缸、桶等容器内长时间浸泡)，编织袋要浸入水面以下，上面用石块等重物压好，以免漂浮，流走。一般浸泡7～10天可杀死种内象鼻虫，再从水中将种子捞出。

3. 种子晾晒

在平坦、干燥的地方，摊放厚度3～5厘米为宜，每天翻动4～5次，晾晒7～8天后，种皮由红褐色逐渐变为黄褐色，有少部分种皮欲开裂时，便可将种子收集起来，暂时摊放在通风、无阳光直射的屋内。摊放厚度10～12厘米左右，定期翻动，使其含水量保持在30%～60%，以防发芽、变质和干裂。

4. 种子贮藏

种子越冬贮藏可采用室内混沙埋藏的方法。贮藏室应选择通风、不受阳光直射、无供暖设施的空屋。一般在12月上旬至中旬进行，先在地面上铺7～10厘米细沙(沙子湿度要求含水量70%左右，以手握成团，松开即散为宜)，然后铺上5～7厘米种子，再铺5～7厘米细沙，一层种子一层沙，堆积厚度在40～50厘米，最后在上面封盖10厘米细沙。在埋藏过程中要每4平方米范围内设置一草把，以利于通气，草把要高出沙面20厘米。贮藏期间，要定期检查，防止种子发热、发霉，防止鼠害。贮藏时间一般为100～120天。

5. 种子催芽

翌年3月中下旬至4月上旬，播种前4～5天，将种子筛出。水选后的种子，要及时摊放在地面上，种子下面铺1～2层草帘，种子摊放5～7厘米厚，每天翻动2次，种子干燥时适时喷水。一般4～5天后，有30%左右的种子发芽，便可播种。

（二）选苗圃与施基肥

1. 圃地选择

选择地势平坦，排水良好，有灌溉条件的沙壤土、轻壤土作为育苗地。

2. 整地

育苗地要进行细致整地，包括翻耕、耙捞、平整，做到深耕，细整，清除草根、石块等。最好是秋翻春整，因为秋翻对改良土壤，保墒蓄水，减少杂草，消灭虫害都有显著作用。育苗可采用床作或垄作，床式育苗要求床高15厘米、宽100～110厘米，床间距离为30～40厘米，作床虽然育苗产量高，但不便于管理，只适合小面积育苗。为便于管理作业，通常采用垄作育苗，垄底宽60厘米，垄高15～20厘米。起垄、作床时间不宜过早，以免土壤干燥，应选在播种前1～2天即可。

3. 基肥

在整地的同时要对育苗地进行施肥，以施用厩肥和堆肥最好，施肥量为37500公斤/公顷。也可施用有机肥，可采用二铵，施用量300～450公斤/公顷。为防治地下害虫，可同时施入辛硫磷或3911颗粒药剂，施用量为120～150公斤/公顷。

（三）播种育苗与管理

1. 播种

做到适时播种，春季土壤解冻后即可播种。垄作播种顺垄开5～7厘米深沟，然后均匀摆放种子，种子最好横向放置，播种沟播种40～50粒/米。播种后覆土3～4厘米，并稍加镇压。床用播种采用条播，横床每隔20厘米开5～7厘米深沟，每行播种20～30粒，播种后覆土、镇压。

2. 灌溉

要根据苗木大小、土壤情况和干旱程度，做到适时适量。种子发芽和保苗阶段，应量少次多，防止地表板结，保持湿润。苗木生长发育旺盛阶段，应量多次少。生长后期，在不干旱的情况下，尽量少浇或不浇水，以增强苗木木质化。并注意排涝，做到内水不积，外水不浸。

3. 除草、松土

除草和松土是幼苗抚育管理中的一个十分重要的环节，除草要以"除早、除小、除了"为原则，以利苗木的生长和发育。松土除结合人工、机械除草进行外，土壤比较黏重的地块每次降雨、灌溉后要松土，以改善土壤通气条件。

4. 追肥

幼苗出土后1个月内地上部分生长缓慢，根系生长较快，所需养分主要依靠子叶贮藏的营养，从外界吸收养分的能力较差，因此追肥应在6月雨季到来后进行。追肥以速效氮肥为主（如尿素），可在6月中旬、8月上旬各追肥1次，每次用量为150～225公斤/公顷。

5. 间苗、定苗

幼苗出土后要及时间苗，拔除生长过于密集、发育不良和病虫害苗木，做到去劣留优，分布均匀，为了保证苗木质量，不得以密代稀。幼苗长出2对真叶时，进行第1次间苗，幼苗开始进入生长旺期时，结合间苗进行定苗，每次间苗后都要及时灌水。单位面积上留苗株数，要比计划产苗量多10%左右。

6. 病虫害防治

主要虫害有栗实象鼻虫和柞天牛，前者采用温水浸种，即将种子放进55℃温水中浸泡10分钟，杀虫率很高，且不影响种子发芽。后者可采用蛀沟内注入25%亚胺硫磷乳剂250～500倍液10～20毫升，效果良好。

三、扦插育苗

(一)圃地选择

应选择地势平坦、排水良好、土层深厚、背风向阳的中沙壤土地为育苗圃地，平整、做床，为了便于灌溉，最好做低床，苗床宽1.5米，整地后铺5厘米厚的珍珠岩。为了防治地下害虫，可将地下杀虫剂在扦插前灌入。

(二)插条采集与处理

早上采取1年生半木质化萌条为穗条，根据穗条实际情况剪成12～14厘米长的插穗，上下切口均为平切口，每根插穗具有2～4个芽，上半段保留1～2片被剪去一半的叶片，且保证最上端的目的芽饱满、健壮，将插穗的下端浸泡在200毫克/升的ABT－1号生根粉溶液中浸泡2小时。

(三)插条时间与要求

将浸泡好的插穗扦插于珍珠岩插床中，扦插深度为插穗长度的2/3左右，扦插株行距为5厘米×8厘米。扦插基质事先采用稀释500倍的多菌灵溶液进行消毒处理。

(四)插后管理

扦插之后采用自动喷雾系统进行水分管理；插穗幼芽萌发后，晴日的白天采用遮阳网进行遮阴，以防止幼芽灼伤和失水。每隔半个月采用稀释500倍的多菌灵溶液进行消毒处理。

四、轻基质容器育苗

(一)轻基质的配制

用泥炭土、珍珠岩、蛭石为原料，按照泥炭土∶珍珠岩∶蛭石＝8∶1∶1的体积配比配制成育苗基质。

(二)容器的规格及材质

采用口径为5厘米、长度为10厘米的可降解纤维网袋。

(三)圃地准备

圃地应选择地势平坦、排水良好、背风向阳的中沙壤土地块。为了便于灌溉，最好做低床，苗床宽1.5米，长视实际情况定。为了防治地下害虫，可将地下杀虫剂在播种前灌入，也可用杀虫剂乳油制成毒土在播种前撒施。

(四)容器袋进床

将灌好育苗基质的容器袋直立排码在育苗盘内，运到育苗现场，摆放于架空苗床。基质充分浇水后用0.5%的高锰酸钾溶液浇灌杀菌消毒，再用清水淋溶后进行播种。

(五)种子处理

麻栎种子饱满率低，活力水平较低，种子采回后，应去除空粒、坏粒或不成熟的种子后，由于种皮阻碍、内源化学物质抑制和种子的不完全发育，种子存在休眠现象，即采即播难以发芽出苗。因此，种子适宜用室内、地窖湿沙贮藏，但注意通风，避免水分过多造成霉变。

(六)播种与芽苗移栽

1. 播种

在 1 ~2 月份，将经层积处理已萌发胚根的种子直接播于容器中，每杯点播 2 粒种子，播时胚根朝下，种实埋入土中 1 ~2 厘米，播后浇透水。一周后检查，以便及时补植。

2. 芽苗移栽

先将采回的种子播于种床，待种子萌发、幼苗长出两片真叶时再移栽于容器中，每杯移植 1 株芽苗，播于种床的种实，要注意拌灭鼠剂防鼠食。移栽时要选择阴天，短剪芽苗的主根（保留 2 ~4 厘米长左右)，压实，浇透定根水。

(七)苗期管理

育苗期为 1 ~7 月份。主要是水肥管理，晴旱天加强浇水，保持营养土湿润，以利幼苗出土，20 天左右时，要及时间苗补苗，每杯留 1 株健壮苗。8 月份以前，每 10 ~15 天追施氮肥 1 次，9 ~11 月份每 15 天追施复合肥或磷肥 1 次，以促进苗木木质化。追肥应遵循少量多次的原则，注意做好病虫害的防治。若为全日照圃地，要在幼苗出土或芽苗移植后搭荫棚遮阴。此外，摆放在苗床面没垫农膜的容器苗每年要搬动、截根（剪去穿出容器底部的主根）1 ~2 次，以促使苗木多长侧、须根。每月除杂草 1 次，其余管护措施，按照苗圃常规管理进行。

五、苗木出圃与处理

(一)苗木分级

苗木出圃应达到表 1 中Ⅰ级和Ⅱ级苗木标准，苗木主干明显，无病虫害，生长旺盛，根系发达。裸根苗分级在起苗时进行，容器苗在 80% 以上的苗达到Ⅱ级苗木标准时进行，Ⅱ级以下的苗木分出后另行管护。

(二)苗木检验

检验方法按 GB 6000 的规定执行。

表 1　苗木等级表

苗木种类	苗龄	合格苗				综合控制条件	Ⅰ、Ⅱ级苗百分率%
		Ⅰ		Ⅱ			
		地径(厘米) >	苗高(厘米) >	地径(厘米)	苗高(厘米)		
裸根苗	1	0.55	50	0.35 ~0.55	35 ~40	色泽正常、成分木质化	80
容器苗	1	0.35	35	0.25 ~0.35	25 ~35	色泽正常、成分木质化	90

(三)起苗方法

1. 裸根苗

起苗前一天淋透水，起苗后修剪根系，从下部往上剪除 1/3 至 1/2 的叶片，用黄泥加 200 毫克/升的生根水液拌成糊状浆根，50 株苗扎成一把，用塑料薄膜袋或编织袋包住根系。

2. 容器苗

出圃前 1 个月挪动容器杯进行断根炼苗，起苗前一天淋透水，起苗时保持容器完整，基质不松散。

第三节　栽培技术

一、立地选择

麻栎的造林地是多种多样的，采伐迹地，灌丛地或荒山荒地都可用来营造麻栎林。根据麻栎的生物学特性，造林地宜选择土壤疏松、肥沃，排水良好，pH 值 5.5～7.5，土层厚度 50 厘米以上，坡度 25°以下的中低山和丘陵区最为合适。丘陵地栽培麻栎要注意坡向，以阳坡、半阳坡为好，岗地地势平缓可不问坡向。

二、栽培模式

(一)纯林

由于纯林的造林、经营、采伐利用的整个过程，技术都比较简单，且纯林能够保证主要树种积累最高的木材蓄积量。因此，如培养目标是培育麻栎大径材，且立地条件好，营造及管护技术力量强，营造麻栎用材林可选择纯林模式。为了稳妥起见，大面积培育麻栎用材林，以采取纯林营造，混交林管护的方式进行为宜，即造林时不营造其他树种，只造麻栎。而管护时，保留林地上的灌木和小树，使其形成以麻栎为优势种的天然混交。如林地上极少灌木和小树，则在造林后第 2 或第 3 年时，在林地上再补植其他混交树种。

(二)混交林

在麻栎混交模式中，常以带状混交和块状混交二种为主。不同树种用 2 行以上组成带，“带”与“带”彼此交替混交的方法，称为带状混交。带状混交易形成稳定的混交林，便于造林施工和抚育管理，是林业生产中经常采用的一种混交方法。块状混交即是把一个树种栽植成规则的或不规则的块状，与另一个树种的块状地依次配置进行混交的方法。不管与哪种树种混交，都要认真考虑到主栽树种与伴生树种的搭配比例，以及间伐方式和收益培育目标。因此，在带状混交中可采取麻栎 2 配其他树种 1 的比例进行搭配。

麻栎与针叶树混交：多选择与马尾松、杉木、湿地松等树种混交。

麻栎与阔叶树混交：多选择与木荷、栓皮栎、枫香等树种混交。

三、整地

旱、瘦、荒是湖南丘岗影响麻栎造林成活和生长的主要因素；实践证明，细致整地，加深了土壤“活土层”厚度，提高了土壤保水能力，从而保障了造林成活，促进了林木生长。合理整地方式是一项林业水土保持措施，不合理的整地则会引起水土流失。立地条件越差，越需要细致整地。

(一)造林地清理

清除林地杂灌木，并分堆烧毁，注意森林防火。

(二)整地时间

整地时间直接关系到造林质量。选择在冬季进行整地，有利穴土的风化和回穴后的土壤向下坐实，这样有利于造林成活率的提高。同时，使挖翻起来的杂草更容易被冰雪冻死，有利于翌年夏季的抚育。而春季进行随造随整，由于回穴的土壤干松，苗木根系难以与土壤密实接触，对成活率有影响。因此，宜在冬季整地。

(三)整地方式

1. 全面整地

在平坦地、缓坡地（坡度 15°以下），便于机耕、实行林农间作的造林地，采取全面整地，穴状栽植。全面整地连片面积不宜过大。要适当保留山顶和山脊天然植被，坡长每隔 30 米，沿等高线保留 3 米宽的植被带。

2. 带状整地

带状整地是丘陵斜坡地（坡度 16°～25°）常用的整地方式，要求沿着等高线进行；带的宽度一般 1 米左右，带的长度按地形确定，其形式有水平阶、水平槽、反坡梯田等。

3. 穴状整地

穴状整地是湖南省广泛采用的方式，麻栎栽培大多采取大穴，规格为 60 厘米 ×60 厘米 ×50 厘米。剔除穴内杂灌木、根蔸、石块等杂物。

(四) 造林密度

造林密度按培育目的、立地条件及经营水平来定。用材林初植密度一般为每公顷 3000～4500 株；薪炭林密度可稍大些，每公顷 4950～6600 株。立地条件好、经营水平高则可稀些。为便于林农间作和机械化操作，栽植点采用宽行距、窄株距长方形配置；行距与株距的比例为 2:1～3:1，如比例过大，则会产生偏冠现象，影响林木生长和材质。

(五) 基肥

定点开挖栽植穴，将表层肥土填入穴内，每穴施放磷肥 0.25 公斤氮肥或复合肥 0.15 公斤作基肥，与表土混合施入穴底，然后填土至穴深的 3/4 处。

四、栽植

(一) 栽植季节

于一月至三月中旬，最好选择阴天或者雨后初晴天气栽植。

(二) 苗木选择、处理

麻栎造林必须选用壮苗，用 1～2 级苗造林，壮苗标准关键在于根径粗度，1～2 年生苗，根径粗要求 0.6 厘米以上，最好达 0.8～1 厘米，苗高 60～80 厘米以上。

(三) 栽植方式

麻栎栽植方式有植苗和直播，由于植苗造林成活率高、幼树生长快、易管理、便于间作，故现大多采用此法。为保证造林成活率，可采取以下技术措施：①用 0.005% 浓度的 GGR 生根粉溶液浸根 2 小时，再用新鲜黄泥浆拌根；②苗木落叶后截根保湿栽植。栽植时要求苗木栽紧、栽正、浇足定根水。

五、林分管理

造林头 3 年是幼苗存活和发育的关键时期，此时植株幼小，易被杂草、灌木丛遮掩阳光和争夺养分，导致死亡或生长发育不良。因此，及时加强林地管护非常重要，做法如下：

(一) 幼林抚育

造林头 3 年是幼林成林的关键时期，此时植株幼小，1 年中应进行 2 次松土除草，第 1 次在 5～6 月份杂草生长旺盛时进行，第 2 次在 10 月份杂草尚未结籽时进行。为节省劳力和生产成本，可采用栽植穴内及树冠周边松土除草，其他区域刀抚。

(二) 施追肥

栽植第二、三年幼树每年追肥 1 次，4 月中旬到 5 月中旬，将尿素和复合肥按 2:1 的配比开沟施入，施肥量每株为 0.25 公斤，沟距树蔸 30 厘米，开沟规格为 40 厘米 ×30 厘米 ×20 厘米。

(三) 修枝、抹芽与干型培育

麻栎应及时修枝、抹芽，以培养优良干形，把枯死枝、衰弱枝、病虫害枝及徒长枝剪掉。修枝有利于形成良好的树干，同时增加林内通风透光度。修枝在林分出现自然枯枝时开始进行，并根据树木长势逐年实施，最后形成5～6米的枝下高。修枝应避免过重过急，以免影响树木生长。在混交林中，还要砍掉压抑麻栎生长的其他树种，在麻栎侧下方的伴生树种和下木，则应尽量保留。

(四)间伐

间伐一般约在造林后10年左右进行，当胸径达到12～14厘米以上，树冠互相挤压之时即可间伐。间伐是增加林分前期收入和培养大径材的关键措施之一，可一次性完成或分次进行，具体应根据林分生长状况而定。

1. 抚育间伐

林分郁闭后，5～20年生间，按林分自然整枝和自然稀疏状况进行透光伐，一般林分郁闭度达0.9；自然整枝高达树高的1/3以上时，就要开始间伐；主要伐除下层林木中生长不良的被压木和被害木，同时伐去上层林木中个别的“霸王树”。20年生后，此时自然稀疏减弱，林分生长比较稳定，采取综合性疏伐，本着“择劣而伐”的原则，主要伐除上层林木中树干弯曲、多枝节、尖削度大；或树冠过于庞大的树木，以及病虫木、濒死木、枯立木等，要注重“砍密留稀”，否则影响单位面积产量，必须制止“拔大毛”或“择优而伐”的错误做法。

2. 间伐强度

在适宜侧方庇阴条件下，有利保留木良好干形的培育，故间伐强度不宜过大，每次间伐株数控制在10%～20%内，间伐后郁闭度保持在0.7左右；抚育间隔期也不应过长，每隔3～5年1次。培育成中径材的林木营养面积20～30平方米，而培育成大径材的营养面积大多在40～50平方米以上。10～15年生林分，间伐后每公顷保留2250～3000株，15～20年生以上林分，间伐后每公顷保留1500～2250株。

3. 病虫害防治

麻栎抗性强，病虫害很少，即使发生也未形成大面积危害，目前主要有白蚁、栗实象鼻虫和柞天牛。

(1)白蚁。

防治方法：诱杀，在被害林地，每公顷挖20厘米见方的坑180处、要求均匀分布全林，在坑内放入枯松针或者枯蕨类，每坑放灭蚁灵1～2包，再覆盖松针和蕨类，覆土压实，防治效果可达到90%以上。

(2)栗实象鼻虫。幼虫在种子内蛀蚀，种子在外面看不到柱孔，仅有一小黑点，受害种子不成熟往往早落，如有三头以上幼虫为害，一般都失去芽力。成虫体长7～9毫米，赤褐色或黑色而有灰黄色鳞毛嘴细长，腿节棍棒状，下面有一齿突。特别在种子堆积期间，温度升高，幼虫蛀蚀严重。

防治方法：

①温水浸种：将种子放进55°温水中浸泡10分钟，杀虫率很高，且不影响种子发芽，浸种后2天阴干后才能贮藏。

②二氧化碳熏蒸：将种子放密室内或密封容器内，在温度25°以下每立方用二氧化碳30毫升处理20小时，杀虫率在95%以上，对种子发芽无影响。也可用于溴化钾蒸熏，当气温在23°时每立方用药37.4克，熏蒸40小时，杀虫率可达100%。

③成虫盛发期可用90%敌百虫1000倍溶液喷杀。

④幼虫未爬出栎实前，收集并清除早期脱落的栎实。

(3)柞天牛。成虫于7月出现，啃食树皮，吸食树液，补充营养。初孵幼虫为害树干内皮肤，越冬后来年6月间向水平方向蛀食，到树下再向下穿蛀纵沟，排出粪便。老熟幼虫在坑道末端越第二个冬天。

防治方法：

①蛀沟内注入25%亚胺硫磷乳剂250～500倍液10～20毫升，效果良好。

②成虫大量羽化时，聚尾群交，可发动群众捕杀。

第五十章　白栎

第一节　树种概述

白栎 *Quercus fabri* 属壳斗科栎属树种，落叶乔木，树高可达 20 米。木材坚硬耐腐，花纹美丽，是做高档家具特别是地板的优质良材。白栎枝叶繁茂、经冬不落，宜作庭荫树于草坪中孤植、丛植，或在山坡上成片种植，也可作为其他花灌木的背景树。因其适生性强，萌芽力强，耐干旱、瘠薄，故有荒山造林先锋树种之称。

一、木材特性及利用

(一)木材材性

木材具光泽；花纹美丽，纹理直；结构略粗，不均匀；重量和硬度中等；强度高；干缩性略大；耐腐。木材为环孔材，边材浅褐色，心材深褐色，气干密度 0.767 克/立方厘米。

(二)木材利用

木材供建筑、器具等用，是地板用材的上乘原料。

(三)其他用途

果实有时被虫害而长成苞片状球形的虫瘿，供药用。药用部分为白栎蓓(即果实的虫瘿)入药。树枝可培植香菇。树皮及总苞含单宁，可提取栲胶。

二、生物学特性及环境要求

(一)形态特征

落叶乔木，高可达 20 米。树皮灰白色，纵裂成阔条状，小枝有沟槽，密生柔毛。叶互生，革质或坚纸质，叶片倒卵状椭圆形，长 7 ~ 14 厘米，顶端钝，基部楔形，边缘有 6 ~ 12 对波状钝圆齿，上面疏生星状毛或近于无毛，下面密生灰色星状绒毛，侧脉 9 ~ 12 对，直达边缘；叶柄长 3 ~ 5 毫米，少数达 10 毫米。花黄绿色，单性同株；雄花排列成葇荑花序，下垂，生于上年生枝条上；花被 6 深裂，雄蕊 6 枚，偶为 8 枚；雌花单生或 2 ~ 3 朵聚生于新梢叶腋内，子房下位，3 室。总苞浅杯状，鳞片卵状披针形，呈覆瓦状排列，紧贴，每 1 总苞通常内含坚果 1 个，坚果圆锥形或长卵形，果实有时幼时被虫害而长成苞片状球形的虫瘿。花期 4 月，果期 10 月。

(二)分布

分布于陕西(南部)、江苏、安徽、浙江、江西、福建、河南、湖北、湖南、广东、广西、四川、贵州、云南等省份。垂直分布于海拔 50 ~ 1900 米的丘陵、山地杂木林中。

(三)生态学特性

喜光，喜温暖气候，较耐阴；喜深厚、湿润、肥沃土壤，也较耐干旱、瘠薄，但在肥沃湿润处生长最好。萌芽力强。在湿润肥沃深厚、排水良好的中性至微酸性沙壤土上生长最好，排水不良或积水地不宜种植。与其他树种混交能形成良好的干形，深根性，萌芽力强，但不耐移植。抗污染、抗尘土、抗风能力都较强。

(四)环境要求

喜阳坡半阳坡，喜温暖气候；虽耐干旱、瘠薄，但在肥沃湿润处生长最好。土层深厚、排水良好的中性至微酸性沙壤土上生长最好，排水不良或积水地不宜种植。

第二节　苗木培育

一、播种育苗

(一)种子采集与处理

种子采集后进行精选，剔除病虫损害及颜色异常的种子。一般大量种子采用水选法选种，可获得优良种子90%以上。用自来水浸泡5分钟后将仍漂浮在水面的种子弃掉不用，剩下的壳斗(果碗)和种子沥水后分开放置。危害种子的害虫为栗实象鼻虫，用55℃温水浸种10分钟即可全部杀死种内害虫；也可在流水中浸泡7~10天杀死种内象鼻虫。经浸泡的种子要及时摊开在干燥地方晾干，避免阳光直射，以防发热霉烂。摊放厚度3~5厘米为宜，每天要翻动4~5次，晾干后白栎种子即可沙藏。

沙藏在室内进行，沙铺宽1米，第一层5厘米厚，长度适宜，沙上摊放一层白栎种子，种子上再铺一层细沙，交替堆放一般在50~80厘米以内，最上层摊放10厘米厚细沙。细沙要干净，湿度以手握不成形为原则，过湿种子易霉烂，过干影响发芽率。在堆放过程中可在每隔1米插一草把，草把要高出沙面利于通气。贮藏期间，根据沙子湿度情况定期用喷壶喷一些水，并定期检查，防止种子发热、发霉，防止鼠害。

(二)选苗圃及施基肥

苗圃地应选择地势平坦、土层深厚，肥沃、有排灌条件的沙壤土作为育苗地。育苗整地要细致，做到深耕，细整，清除草根、石块等。采取秋翻春整，对改良土壤，保墒蓄水，减少杂草，消灭虫害都有显著作用。

结合整地对育苗地进行施放基肥，一般每公顷施用厩肥和堆肥37500~45000公斤或施复合肥750公斤或经过腐熟的饼肥750公斤。为防治地下害虫，要进行土壤消毒，可使用锌硫磷或3911颗粒药剂，用量为每公顷120~150公斤。

苗床要求高15~20厘米，床宽100~120厘米，苗床间距30~40厘米，以利管理。

(三)播种育苗与管理

播种采用春播，春季土壤化冻后，一般在3月中下旬至4月上旬。播种量每公顷225~375公斤；播种方式主要为条播，行距在30~40厘米，开沟深5~7厘米，播种前将种子浸水1~2天(每天换2次水)，捞出后摊放在阴凉处，每天喷水至部分种子萌芽即可取出播种，将种子均匀播在沟内随后覆土3~5厘米，覆土后可以盖稻草，并浇透水。

播种后做好圃地的排水和灌溉，出苗后要及时中耕除草、浇水、间苗、施肥和病虫防治等工作，保证苗木质量和数量。

灌溉水量根据土壤情况和干旱程度及苗木大小确定。一般在种子发芽和成苗阶段，应量少次多，保持土壤湿润，防止板结；苗木生长发育旺盛阶段，应量多次少；生长后期，尽量不浇水或少浇水，增强苗木木质化。

除草松土是幼苗抚育管理的重要环节，除草原则是除早、除小、除了，达到改善土壤通气条件，以利于苗木的生长和发育。

幼苗出土初期根系生长较快，所需养分主要依靠子叶贮藏营养，从外界吸收养分的能力较差，在苗木的生长期 6 月底 ~7 月初每公顷追施尿素 225 ~300 公斤，以促进苗木良好的生长。

幼苗出土后要及时间苗，剔除生长过于密集、发育不良和病虫害苗木，做到去劣留优，保证苗木分布均匀，提高苗木质量，并结合间苗及时灌水。

为防止病害的发生，可每隔 10 ~15 天用 800 ~1000 倍多菌灵或 1000 倍百菌清液喷洒防治。

第三节　栽培技术

一、立地选择

造林地宜选择 1000 米以下的中低山、丘陵岗地，以土壤湿润、肥沃、排水良好的河谷冲积土为最好。

二、整地

(一) 整地时间

11 ~12 月进行整地。

(二) 整地方式

按株行距定点进行块状整地，挖除杂草、灌丛，块状平面直径 60 厘米以上。缓坡地(坡度小于 15°)宜全垦加穴状整地，山地陡坡(坡度大于 15°)采取鱼鳞坑或穴状整地，栽植穴规格为 50 厘米 ×50 厘米 ×40 厘米。

(三) 造林密度

经营目的不同，造林密度也不相同，一般株行距为 1 ~2 米 ×1.5 ~2 米，每公顷 2500 ~6660 株。立地条件好的可适当稀植，立地条件差的可适当密植。经营白栎薪炭林，造林密度应稍大些，每公顷 4500 ~6660 株；培育用材林可稀植每公顷 3000 ~4500 株。

(四) 基肥

用于平原绿化、村前屋后、四旁零星移栽的要施足底肥，成片造林要回填好表土，亦可加施基肥，每株施磷肥 0.25 ~0.5 公斤。

三、栽植

(一) 苗木选择、处理

白栎造林苗木一定要选地径 0.6 厘米以上、苗高 70 厘米以上壮苗，并要求根系完整，无病虫害，无机械损失，尽可能做到随起随栽，打浆造林。

(二) 栽植

白栎植苗造林应在春季，一般在早春 2 月下旬至 3 月上旬进行，栽植深度比根颈深 2 厘米 ~3 厘米，栽植时将苗木扶正，不要窝根，主根过长时可截根，保留 15 厘米 ~20 厘米，然后栽植培土成馒头形。

四、林分管抚

造林后连续进行除草松土 2 ~3 年，即造林当年及第二年每年松土除草 2 次，分别在 4 月 ~5 月和 8 月进行。造林第三年抚育 1 次，在 6 月进行。抚育标准规格为 50 厘米 ×50 厘米 ×10 厘米。若苗木干形不良，造林后第三年进行平茬，即在白栎停止生长季节，从基部平地面截掉，次年选留 1 株直立粗壮的萌芽条抚育成林。用材林培育白栎要及时修枝，培养优良干形，提高木材品质，一般在休眠期进行，剪掉枯死枝、衰弱枝、病虫枝及竞争枝。经营白栎薪炭林，到3～4年生时，齐地面平茬，使产生粗壮萌芽条，但每桩只留养壮条1～2株，促使迅速生长，可获得大量薪炭和小径材，作为烧炭、培殖食用菌的原料。

第五十一章　榔榆

第一节　树种概述

榔榆 *Ulmus parvifolia* 别名小叶榆、细叶榆、秋榆，为榆科榆属落叶乔木。榔榆材质坚硬，多作高档家具及车船用材，为珍贵用林树种；其树形优美，姿态潇洒，树皮斑驳，枝叶细密，在庭院中孤植、丛植，或与亭榭、山石配置都很合适。特别是其萌生性强，耐修剪，可塑性大，是制作盆景、桩景、树景的绝佳材料，值得大力开发利用。是园林景观的优良树种，也可选作街道、居民住宅区、厂矿区绿化树种。

一、木材特性及利用

(一)木材材性

边材淡褐色或黄色，心材灰褐色或黄褐色，材质坚韧，纹理直，耐水湿。

(二)木材利用

可供家具、车辆、造船、器具、农具、油榨、船橹等用材。

(三)其他用途

树皮纤维纯细，杂质少，可作蜡纸及人造棉原料，或织麻袋，编绳索。

根、皮、嫩叶入药有消肿止痛、解毒治热的功效，外敷治水火烫伤；叶制土农药，可杀红蜘蛛。

(一)形态特征

落叶乔木，高达25米，胸径可达1米；树冠广圆形；树干基部有时呈板状根；树皮灰色或灰褐，裂成不规则鳞状薄片剥落；当年生枝密被短柔毛，深褐色；冬芽卵圆形，红褐色，无毛。叶质地厚，披针状卵形或窄椭圆形，稀卵形或倒卵形，叶面深绿色，有光泽，除中脉凹陷处有疏柔毛外，余处无毛，侧脉部凹陷，叶背色较浅，幼时被短柔毛，后变无毛或沿脉有疏毛，或脉腋有簇生毛；叶柄长2～6毫米，仅上面有毛。3～6数在叶脉簇生或排成簇状聚伞花序，花被上部杯状，下部管状，花被片4，深裂至杯状花被的基部或近基部，花梗极短，被疏毛。翅果椭圆形或卵状椭圆形，长10～13毫米，宽6～8毫米，除顶端缺口柱头面被毛外，余处无毛，果翅稍厚，基部的柄长约2毫米，两侧的翅较果核部分为窄，果核部分位于翅果的中上部，上端接近缺口，花被片脱落或残存，果梗较管状花被为短，长1～3毫米，有疏生短毛。花期8～9月，果期9～10月。

(二)分布

分布于河北、山东、江苏、安徽、浙江、福建、台湾、江西、广东、广西、湖南、湖北、重庆、贵州、四川、陕西、河南等省份。日本、朝鲜也有分布。垂直分布一般在海拔500米以下的低山丘陵及平地。

(三)生态学特性

阳性树种，喜光，耐旱，耐寒，耐瘠薄，耐湿、不择土壤，适应性很强。萌芽力强，耐修剪。生长速度中等，寿命长。具抗污染性，叶面滞尘能力强。

(四)环境要求

生于平原、丘陵、山坡及谷地。喜光，耐干旱，在酸性、中性及碱性土上均能生长，但以气候温暖，土壤肥沃、排水良好的中性土壤为最适宜的生境。对有毒气体烟尘抗性较强。

第二节　苗木培育

一、良种选择与应用

生产上应该选择同一种子区域与造林地区的气候、土壤相近的优良母树采集种子育苗。

二、播种育苗

(一)种子采集与处理

1. 采种期

10～11月，果翅呈黄褐色时应及时采收。

2. 种子处理

果实采回后，及时摊开晒干，扬去杂物，袋装干藏。翅果寿命极短，可随采随播，提高出苗率。也可贮藏后，待次年春季3月播种。

(二)选苗圃及施基肥

选择交通方便和背风向阳、接近水源、排灌方便、取土容易的地方做育苗地。可在冬季进行一次深耕，以20～25厘米为宜。将土地深耕后，可不耙平，待冬季风化或冰雪使其自然松散。初春时，可将圃地再进行一次浅耕，深达10～15厘米，耙平，使地表土壤细碎平整，保蓄土壤水分，清除土面杂草。

每公顷施腐熟饼肥2250公斤，磷肥1500公斤，有农家肥的应施腐熟厩肥4.5万公斤，用150～225公斤硫酸亚铁进行土壤消毒。细致作床，床高25厘米，宽120厘米，步道宽30厘米，开好排水沟。最后，床面铺上一层新鲜黄心土，厚约2～3厘米。

(三)播种与管理

播种采用撒播或条播均可，由于种子轻而有翅，易飘散，可适当喷水湿润后播种，保持土壤湿润。条播的行距25厘米，选无风晴天播种，上覆细土，以不见种子为度，再盖以稻草。

播种后约30天即可发芽出土，应及时揭草，做好间苗、补植和病虫害防治工作。

三、扦插育苗

(一)圃地选择

扦插基质，一般要求洁净，保水性强和温差小，并具备良好的排水和透气性。扦插基质采用生产蘑菇后废弃的棉籽皮。该基质不仅具有透气、透水、保湿性好的特点，而且含菌量低，插穗不易腐烂，价格便宜，pH值为6.0，尤其适合南方植材栽培基质的要求。

插床设置在背风向阳处，以避免因风大，出现插穗过度蒸腾，影响成活率的不利因素。插床东西走向，总长为15米，宽2米，高0.4米，分隔成4个大小不同的插床，红砖砌墙，水泥抹缝。两侧分设深0.2米、宽0.3米的排水沟。扦插基质厚度为0.35米，下面铺设厚3厘米，直径为1～5厘米的石子为渗水层，水由渗水层可直接流至排水沟内。插床中间，距床面0.8米处，安置直径为6厘米的喷雾器，两侧每间隔2米安装一个直径为1.8厘米的圆形喷头，喷嘴直径0.1厘米，喷雾范围1.5米，双侧同时喷雾.

（二）插条采集与处理

插穗选择 1 年生枝，插穗长为 7～8 厘米。

（三）扦插时间与要求

春季扦插。先将插床内基质铺好，搂平，然后将插穗用 400×10 萘乙酸处理 10 分钟后，垂直插入疏松的基质内，插穗的株距为 4 厘米，行距 8 厘米。扦插的深度为插穗的 1/3。随即喷雾，使基质吸水下沉，与插穗紧贴。

（四）插后管理

插床东侧设一泵房，并安置加压泵一台，可根据天气状况和插床内温度，随时控制喷雾。插床内空气湿度一般保持在 85% 左右。

生根后将榔榆起出土盆，栽培基质仍采用棉籽皮，上盆后将其分组放置在插床内，使其仍保持在扦插时的良好环境中，待 20 天后，将其移至温室内。

插穗在生根发芽过程中，消耗了枝条内储藏的大量养分，急需得到补充。因此，在插穗上盆后 10 天，施用淡水肥浇灌，以满足其根系和植株生长发育的需要。

四、轻基质容器育苗

（一）轻基质的配制

营养土的配方为：黄心土 30%、泥炭土 30%、火土灰（谷壳炭）30%、细河砂 5% 和过磷酸钙 5%。营养土、肥料要碾碎过筛，充分拌匀，并堆放 3 个月。

（二）容器的规格及材质

选择直径 6～8 厘米、高 10～15 厘米的薄膜营养袋。为了保护环境，利于苗木造林后根系生长，要选用易降解材料制作的营养袋。

（三）圃地准备

选择交通方便和背风向阳、接近水源、排灌方便、取土容易的地方作为育苗地。

（四）容器袋进床

装袋时营养土要分层灌紧，尤其下层的营养土更要压紧，每袋营养土的装土量，离营养袋口 1 厘米左右，并松紧一致。将营养袋排放整齐，相互靠紧、放平，防止积水。

（五）种子处理

种子采回后，将种子放入清水浸种一晚，除去空粒、坏粒或不成熟的种子。晾干后，可用室内、地窖湿沙贮藏，但注意通风，避免水分过多造成霉变。

（六）播种与芽苗移栽

1. 播种

在 2～3 月，将经层积处理已萌发胚根的种子直接播于容器中，每杯点播 2 粒种子，播时胚根朝下，种实埋入土中 1～2 厘米，播后浇透水。一周后检查，以便及时补植。

2. 芽苗移栽

待种子萌发、幼苗长出两片真叶时再移栽于容器中，每杯移植 1 株芽苗。移栽时要选择阴天，短剪芽苗的主根（保留 2 厘米长左右），用生根剂（ABT3 号）浸根，压实，浇透定根水。

（七）苗期管理

苗期管理的重点是控制苗床内温度和湿度。主要是水肥管理，晴旱天加强浇水，保持营养土湿润，以利幼苗出土，20 天左右时，要及时间苗补苗，每杯留一株健壮苗。8 月份以前，每 10～15 天追施氮肥 1 次，9 至 10 月每 15 天追施复合肥或磷肥 1 次，以促进苗木木质化。追肥应遵循少量多次的原则，注意做好病虫害的防治。若为全日照圃地，要在幼苗出土或芽苗移植后搭荫棚遮阴。此外，摆放在苗床面没垫农膜的容器苗每年要搬动、截根(剪去穿出容器底部的主根)1～2次，以促使苗木多长侧、须根。

五、苗木出圃与处理

苗木出圃时，要选择雨后晴、阴天进行。出圃前1个月左右应控制水、肥，进行炼苗，土壤干旱时，起苗前1天应浇透水。裸根苗先用锄头将苗木周边土壤挖松，然后挖出苗木。不损伤根皮，不撕断侧根和须根。不损伤地上枝干，做到苗干不断裂，树皮不碰伤。在质量和规格上要做到不够规格、树形不好、根系不完整、有机械损伤、有病虫害的苗木不出圃。苗木随起、随分级、随假植，有条件的可喷洒蒸腾抑制剂保护苗木，最大限度地减少根系、枝条水分的散失。适量修剪过长及劈裂根系，处理病虫感染根系。将苗木分级包装，对不合格的苗木可留床培育。对雨天不能运出造林的苗木要在圃地集中进行假植。

第三节　栽培技术

一、立地选择

椰榆对林地的立地条件要求不甚严格，海拔500米以下，光照条件好的立地都可作为造林地。因抗性较强，椰榆还可选作厂矿区绿化树种。

二、栽培模式

椰榆为阳性树种，无论是造纯林还是混交林，都要适当降低造林密度。

三、整地

(一)造林地清理

造林地的清理，是翻耕土壤前，清除造林地上的灌木、杂草、杂木、竹类等植被，或采伐迹地上的枝丫、伐根、梢头、倒木等剩余物。清理的主要目的是为了改善造林地的立地条件、破坏森林病虫害的栖息环境和利用采伐剩余物，并为随后进行的整地、造林和幼林抚育消除障碍。

(二)整地时间

秋冬季炼山整地，一般12月底完成。挖穴规格50厘米×50厘米×40厘米，株行距2米×2.5米或2米×3米。

(三)整地方式

荒山造林，采用鱼鳞坑反坡阶整地，栽植坑为50厘米×50厘米×40厘米，外沿高出30厘米。退耕地修集雨坑，将梯田隔成小方块。土埂高30厘米，宽30厘米。以栽植点为中心进行挖土，逐步向外扩大，将挖出的熟土集中堆放，用生土堆成外高中心低的漏斗式集流面，在坑穴中心挖60厘米×60厘米×50厘米的锅底状植树坑，将熟土回填植树坑内夯实。

(四)造林密度

按培育的目的材种确定最适宜的造林密度。一般情况下，为了保证良好的干形，造林密度宜控制在每公顷1600～2500株。

(五)基肥

每穴可施入150克复合肥和250克过磷酸钙作为基肥。

四、栽植

(一)栽植季节

春季和冬季均可栽植，春季栽于土壤解冻后至苗木萌芽前进行。冬季在土壤未上冻之前。

(二)苗木选择、处理

选用苗高60厘米以上，地径0.6厘米以上，具有3条以上10厘米长侧根，无病虫害和机械损伤的优质壮苗。随起苗、随运输，苗木出圃时适当打叶，打捆后用塑料袋包装，运输途中遮篷布，尽可能减少水分散发。经长途运输的苗木抵达后在清水中浸泡24小时，使吸足水分，再用生根粉处理。

(三)栽植方式

定植时做到苗正、根舒、踏实。栽后1个月内进行检查，发现露根要及时培土，不成活的可及时补植。

五、林分管抚

(一)幼林抚育

1. 中耕除草

每年中耕除草2次，分别在6月、9月执行，中耕除草有刀抚、扩穴抚育、林农间作、除草剂除草等。对穴外影响幼树生长的高密杂草，要及时割除，连续进行3~5年，每年1~2次。混交林则视林木生长的具体情况，必要时，对影响其生长的邻近木，在疏伐时先期伐除。

2. 水分管理

新栽植的幼树，新根发育慢，吸收水分的能力不足，旱季应注意灌溉，中耕除草，覆膜保墒等措施，雨季要及时开沟防排涝。造林地采用自然排灌，沿自然地形开挖主排水沟，同时建立足够数量的子排灌沟，做到涝能排，旱能灌。

(二)施肥

幼林阶段的3~5年间，每年冬季或早春施一次厩肥或饼肥作追肥，以保持幼树正常生长养分的需要。

(三)修枝、抹芽与干型培育

要培育丰产树形，必须进行修枝、抹芽等整形修剪，且贯穿幼林、成林等管理培育的全过程。

(四)间伐

间伐一般约在造林后10年左右进行，当胸径达到10~12厘米以上，树冠互相挤压之时即可间伐。间伐是增加林分前期收入和培养大径材的关键措施之一，可一次性完成或分次进行，具体应根据林分生长状况而定。

(五)病虫害防治

1. 虫害防治

榔榆虫害较多，常见的榆叶金花虫、介壳虫、天牛、刺蛾和蓑蛾等。可喷洒80%敌敌畏1500倍液防治；天牛危害树干，可用石硫合剂堵塞虫孔。

2. 病害防治

榆桩在制作盆景中常见及危害较大的病害大致有两种：就是根腐病和枝梢丛枝病。

(1)根腐病：榆桩根腐病症状主要表现在生长期叶发黄脱落，枝条逐步枯死，芽久滞不发或中途停止生长。严重时直接导致树桩死亡。

防治方法：在采掘野生榆桩时，必须多加注意使根的截面整齐，不要留有伤口，以防病菌侵入。

榆桩的枝皮层较厚，水分较多，在养坯假植前必须使根截面适当干燥，并可涂杀菌药水防治根部染病。假植时不应选择有腐殖质和有未发酵物质的不干净的土壤。土壤应进行消毒，养坯期间严格控水，切勿使根部处于过度潮湿和长期浸泡状态，这样容易促成根腐菌滋生。在翻盆时一旦发现根部皮层有黑褐色腐状物，应立即用利器将其刮净见新鲜组织，并对患部涂以25%可湿性粉剂和浓度为1000倍液的多菌灵，待药液风干后上盆，同时对坏死的根条应剪除、烧毁，还要注意将刮除的残物不要混入盆土中，以防再次感染。伤口愈合新根产生后方可施肥，以增强其抗病力。

(2)丛枝病：榆桩丛枝病主要危害新梢、叶，表现为新梢丛生，直立向上，病枝展叶早且小，分枝密集等症状。丛枝病病菌以菌丝体在被害枝梢上越冬，第二年抽新梢时侵入为害。

防治方法：在冬季对榆桩整枝时要剪除丛生枝梢，集中烧毁；在早春芽萌动前可喷洒5°Be的石硫合剂，效果显著。

第五十二章　榉树

第一节　树种概述

榉树 *Zelkova serrata* 又名大叶榉、血榉、鸡油树、岩郎木、黄栀榆、大叶榆等，为榆科 Ulmaceae 榉属 *Zelkova Spach* 落叶大乔木，国家二级保护植物。榉树寿命长，树龄可长达到几百年，甚至上千年，可以长成合抱大树。榉树材质优良，其刨光后的木材有油蜡，且老龄木材带赤色者特名为血榉，异为珍贵，因此常作高档用材。榉树树冠广阔，树形优美，叶色季相变化丰富，春叶嫩绿，夏叶深绿，秋叶橙红，观赏价值高，是深受人们喜爱的传统色叶园林树种。此外，榉树树冠庞大，落叶量多，有利改良土壤，特别适于在土层较深的石灰岩山地营造用材林，发展前景广阔。

一、木材特性及利用

(一) 木材材性

榉树木材为环孔材，具有非常明显的年轮，且形成层分化的各种类型细胞在不同生长期所占比例不同。其中，管孔环状排列的部分为早材部分，其包含的导管分子有 1 ~ 2 列；而呈管孔团状的部分则为晚材部分，包含有较多的螺纹维管管胞和较小的导管分子；边材木纤维含量比心材少，且两者中的木纤维都较整齐地径向排列；而木射线主体构成横卧细胞，且异形多列，而方形细胞或直立细胞则主要构成其边缘部分。螺纹加厚现象在小导管分子和维管管胞中发生，且侵填体较严密的填充了心材中的导管，从而使木材的耐腐性得到增强。木材致密坚硬，纹理美观，不易伸缩与变形，耐腐力强。而且部分老树木材的心材常带红色。

(二) 木材利用

榉木是供造船、桥梁、车辆，以及生产各类高档家具和工艺品等的上等木材，具有很高的经济价值。比如，我国的江、浙一带习惯将榉木用在船舶的首尾柱、船梁、舵杆、肋骨、龙骨等部位。

(三) 其他用途

榉树茎皮含纤维高达 46%，可用作人造棉、绳索和造纸等的制造原料。

榉树树皮、叶可入药，能清热安胎，主治感冒，头痛，肠胃实热，痢疾，妊娠腹痛，全身水肿，小儿血痢，急性结膜炎。叶可治疗疮。榉树叶外敷能治火烂疮、感冒、痢疾、妊娠腹痛、全身水肿、急性结膜炎等症，具有重要的药用价值。

此外，榉树还是一种重要的油脂资源。根据中国科学院植物研究所分析，采自江苏南京的果实含油 27.1%，油的碘值为 11.1，可作生物柴油的原料。

二、生物学特性及环境要求

(一) 形态特征

榉树一般树高 25 ~ 35 米；胸径达 80 厘米以上，树冠倒卵状伞形。树皮灰褐色至深灰色，呈不规则的片状剥落；当年生枝条灰绿色或褐灰色，密生伸展的灰色柔毛；冬芽常两个并生，球形或卵状球形。叶厚纸质，大小形状变异很大，卵形至长椭圆状卵形，长 3 ~ 10 厘米，宽 1.5 ~ 4 厘米，先端渐尖、尾状渐尖或锐尖，基部稍偏斜，圆形、宽楔形、稀浅心形，上面粗糙，具脱落性硬毛，叶背浅绿色，密被柔毛，边缘具圆齿状单锯齿，侧脉 7 ~ 15 对；叶柄粗短，长 3 ~ 7 毫米。叶片自早春发叶至夏末通常为绿色，秋天逐渐转变为红色、棕红色，部分个体的叶片早在夏季开始色彩的变化，但也有部分个体叶片的颜色直至落叶也不变成红色或棕红色。花单性，稀杂性，雌雄同株，雄花常 1 ~ 3 朵簇生于新枝下部的叶腋或苞腋，雌花 1 ~ 3 朵生于新枝上部的叶腋；雄花的花被浅钟形，4 ~ 6 裂，雄蕊与花被裂片同数，花丝短，退化子房缺。由于雌花生于新枝上部，其发育略迟于雄花，在同一枝条不同部位的雌花发育也不同步，愈是在枝条先端的花，发育愈迟。当雄花发育成熟时，只是最早形成的1 ~ 2 朵雌花处于可授粉状态。雌花花被片小，4 ~ 6 裂，宿存，裂片覆瓦状排列；子房无柄，歪斜，花柱短，柱头 2，条形，偏生。核果几乎无梗，淡绿色，上部斜歪，直径 2. 5 ~ 4 毫米，具背腹脊，网肋明显，表面被柔毛，具宿存的花被。花期为 3 月下旬至 4 月上旬，果实成熟期 10 下旬至 11 月上旬。

(二)生长规律

榉树为速生树种，早期生长快，其木材的积累和形成期主要在前 30 年，以后木材累积会迅速减慢。研究表明，榉树前 30 年左右生长迅速，平均年轮宽度达 3. 75 毫米，30 年后，生长速率则急剧下降，平均年轮宽度不及前者的 1/3。这意味着榉树用材林的成熟采伐年限为 30 年左右。且榉树的心材中含有大量的侵填体，增加了木材的天然防腐性，是木材加工中的优良材质。

(三)分布

榉树分布广泛，陕西、甘肃、江苏、安徽、浙江、江西、福建、河南、湖北、湖南、广东、广西、四川、贵州、云南和西藏等省份均有分布。常生于溪间水旁或山坡土层较厚的稀疏林中，海拔 200 ~ 1100 米，在云南和西藏可达 1800 ~ 2800 米。

(四)生态学特性

榉树为中等耐阴树种，利用弱光的能力比较强，但对光强条件的适应范围比较窄。这与榉树长期生长的自然环境有关。据调查，现存榉树一般生长于寺庙、村边宅旁的风水林，或生长在岩石峭壁或河边，属于比较阴凉的地方。方元平等研究了英山、吴家山的红榉种群大小级、高度级结构及种群存活曲线，发现该种群中红榉幼苗、幼树严重不足，中成树高频分布，整个种群表现为不稳定的成熟类型；且其地理分布点呈收缩集群分布，种群规模较小。各种群的相对隔离，构成了不同程度的生殖隔离，不利于种群之间、分布岛之间和亚区之间的基因交流；而较小的种群规模，又增加了遗传漂变的机率，导致遗传上的不稳定性增加，影响种群的生存能力，这是导致红榉趋向濒危的重要原因。

(五)环境要求

榉树适应性广，喜光，喜温暖气候及肥沃湿润的土壤，在微酸性、中性及钙质土、石灰性土壤上均可生长，常散生，或混生于阔叶林中。在石灰岩山地多与青檀、黄檀等喜钙树种生长在一起。忌积水地，也不耐干瘠。耐烟尘，抗有毒气体；抗病虫害能力强。深根性，侧根广展，抗风力强。生长速度中等偏慢，寿命较长。

第二节　苗木培育

一、播种育苗

(一)种子采集与处理

应从 20 年生以上、结实多且籽粒饱满的健壮母树上采种。具体采种时还应根据不同利用目的分别进行。如作为用材林，应从树形紧凑、树体高大、干形通直、枝下高高、生长旺盛和无病虫害的母树上采种；作为风景园林观赏植物，应从树冠开阔、叶色季相变化丰富和色叶期长的母树上采种；作为盆栽观赏植物，应从树体矮小和器官奇异的母树上采种。

采种时间在10月中下旬当果实由青转褐色时进行。采种方法多用自然脱落法或剪枝法在地面收集。种子采集后要先除去枝叶等杂物，然后在室内通风干燥处摊开，让其自然干燥2～3天，再行风选。在种子贮存前必须将含水量干燥到13%以下。干燥时可任选以下其中一种方法：室内自然干燥5～8天；用沸石等干燥剂干燥处理3天；用60℃的风干机处理8小时。去杂阴干后的纯净种子，可袋装置于通风干燥处。

(二)选苗圃及施基肥

选择背风向阳、地势平坦、土壤疏松肥沃、排水良好的沙壤土或轻壤土处建立苗圃，并在前一年冬季深耕圃地。翌年3月上旬深耕细耙，同时施入充足底肥和一些杀虫剂、杀菌剂，每公顷用量为复合肥($N: P_2O_5: K_2O = 19: 19: 19$)900公斤、呋喃丹30公斤、硫酸亚铁75公斤。做宽1.0～1.2米宽的苗床，步道沟宽30厘米，床面土壤要整细整平。

(三)播种育苗与管理

“雨水”至“惊蛰”时播种。播种前种子可浸水4～5天，除去上浮瘪粒，取下沉的种子晾干后条播(注意每天及时换水)。散播，每公顷播种量90～180公斤。播种后，用筛子筛细土覆盖，以看不到种子为度。覆土后喷洒800倍乙草胺除草剂，以减少幼苗期杂草。最后覆盖稻草，厚度以不露出床面为宜，既可保湿、保温、防止土壤板结，又可防止鸟类啄食。

播种20天左右，种子开始出土。当出苗60%时即可分期分批揭去稻草。第一次揭去1/3，第二次揭去剩下的1/2，最后全部揭去。幼苗长至5厘米时，在阴天或小雨天及时间苗和补苗。6月中旬和7月中旬选雨天对苗木进行根外施肥(尿素)，第一次每公顷45公斤，第二次每公顷75公斤。如果苗木生长旺盛，可不施追肥。要注意及时松土、除草，原则上是有草就除，大雨后松土，及时排水和浇灌。幼苗期有小地老虎、蚜虫和麻皮蝽；食叶害虫有尺镬、蜻蝙叶螟、印度赤蚊蝶、袋蛾、芋双线天蛾的幼虫，还有粉白金龟子、赤绒金龟子、茶色金龟子、黑绒金龟子、棕色金龟子和鳞绿象的成虫等。红榉苗期虫害虽多，但苗木集中连片，观察、喷药都比较方便。可每月及时喷洒80%敌敌畏1000倍液、90%敌百虫1200倍液或2.5%敌杀死6000倍液等杀虫剂1～2次。小地老虎防治须浇灌或用毒饵诱杀。

二、扦插育苗

(一)圃地选择

扦插圃地选择可同其播种育苗地。

细致整地，施足基肥，覆盖8厘米～10厘米基质，并进行土壤消毒。简易大棚扦插所用基质可考虑用70%的无菌黄心土、20%的细河沙、10%的谷糠灰，过筛拌匀后使用。基质消毒方法则可用50%多菌灵粉剂50克均匀拌入1立方米插壤内，用薄膜覆盖3～4天，揭膜1周后可用。苗床宽1.2米，沟深30厘米。

(二)插条采集与处理

插穗一般选取生长健壮，无病虫害的1～3年生榉树幼树上的半木质化嫩枝，且一般选取嫩枝中上部枝条，由于中上部内源生长素含量最高，而且细胞分生能力旺盛，对生根有利。采穗时应避免高温和强光照，最好在清晨剪穗，以减少插穗水分散失。采穗后立即进行插前处理，不时对插穗洒水，并放置于阴凉处进行处理。

插穗长度在8～12厘米左右，插穗上最好保留顶端2～4片叶子的1/2，切口上平下斜，上切口在芽上方1～1.5厘米处，下切口在芽下方0.5厘米处。插穗粗度应尽量选择大于0.6厘米的插条，小于0.6厘米的插条不宜用作扦插使用。粗插穗所含的营养物质多，对生根有利。短插穗至少要保证一芽一叶扦插。

插穗剪好后可用浓度为1000毫克/升ABT生根粉浸泡15～20分钟，要保证穗条基部稍微阴干再做处理，便于生根粉溶液充分吸入基部。

（三）扦插时间与要求

6～8月均可进行嫩枝扦插。

扦插前将苗床浇透水，开沟扦插，插深3～4厘米，以插穗下部叶片稍离床面基质为度。扦插密度以插穗间枝叶互不接触为宜。

（四）插后管理

扦插完毕后，浇透含多菌灵溶液的水，搭建拱棚，盖上塑料薄膜，这样既可使插壤与切口密接，又可提高土壤湿度。周围用土压紧。生产上常采用遮阳网进行70%遮阴。可在清晨和傍晚掀开遮阳网，让阳光照射，7:30至19:00阳光强的时段盖上遮阳网，防止日光灼伤幼苗。每间隔1周喷撒1次多菌灵溶液，应在早上浇透多菌灵溶液后再将薄膜覆盖好。温度超过30℃时适当通风，通风时间应在傍晚，掀开薄膜两端通风。

插后50天后插穗开始展新芽时可减少喷水次数，喷水可用0.1%的尿素溶液喷施。

插穗展叶后可掀开薄膜两端进行逐步炼苗，温度合适可逐步掀掉薄膜，最后再掀开遮阳网，喷施磷钾肥溶液。

三、轻基质容器育苗

（一）轻基质的配置

轻基质容器播种基质可用草炭与蛭石（体积比）按1:1混合。将混合后的基质加入500～800倍的多菌灵水溶液，基质水分含量控制在55 %左右（用手握料成团，松之即散），拌好后用薄膜覆盖7～10天。

（二）容器的规格及材质

播种采用72孔，深4.0厘米的穴盘。或者近似规格的无纺布容器袋。

（三）圃地准备

依据苗圃地的走向，修建排水沟，保证在降雨或灌溉后及时排除积水。大棚间距控制在1.0～1.5米，中间挖一条宽25厘米、深30厘米的排水沟。阴棚根据地块的形状和大小连体建设，每单体中间挖一条宽25厘米、深30厘米的排水沟，设施外围挖宽50厘米、深50厘米的排水沟。在育苗区内安装喷雾系统，在容器苗生产区内安装喷灌溉系统。

（四）容器袋进床

营养土装入袋内，要装满、装实，直立排放在苗床上，避免倾斜。袋与袋之间要相互挤紧，无空隙，排成梅花状，并将袋四周用土围起来。袋与袋之间的小缝隙用细土填实。

（五）种子处理

为了提高发芽率和出苗率，选用优质种子，去处霉变、空秕的种子，对种子进行浸种、消毒、催芽、低温层积等处理，浸种2～3天后，用0.5%高锰酸钾消毒，沥干备用。

（六）播种与芽苗移栽

穴盘装料后将基质稍加压实并弄平，保证每孔料的松紧程度基本一致。将装好的穴盘整齐摆放于准备好的苗床上。每孔播种1粒，播种深度2.0～2.5厘米，播种完毕立即浇透水，料面喷施500～800倍多菌灵水溶液。然后用毛竹片搭建小拱棚，最后盖无滴薄膜保湿。

（七）苗期管理

光照管理由弱逐渐加强，出芽前，遮光率控制在75%左右，小拱棚内的温度控制在20～30℃；出芽且揭去薄膜后，仍要保持遮阴，当真叶展开后，减少遮光率，增加光照强度，种苗生长温度保持在

25℃左右。

播种后注意检查穴盘，保持基质含水量，当真叶展开后，慢慢开始控制基质水分，做到基质干湿交替，干湿的交互作用，给幼苗根提供了充足的氧气，促进根系的健康发育。当苗真叶长出后，此时可喷施0.1%的叶面肥，约15天/次，直至出圃。

四、苗木出圃与处理

榉树苗根细长而柔韧，起苗时要先将四周苗根切断后再挖，以避免拉破根皮。选用一年生壮苗，做到随起、随打浆、随运、随栽。

第三节　栽培技术

一、立地选择

根据榉树喜光、喜肥沃湿润土壤和在海拔1000米以下山坡、谷地、溪边、裸岩缝隙处生长良好的特性，应选择低山中下部，土层较深厚，腐殖质层在10厘米左右，肥力中等以上的谷地、山脚和坡度在25°以下的山坡栽植。有效土层深厚、排水良好、由花岗岩、板页岩、砂砾岩、红色黏土类、河湖冲积物等发育形成的红壤、黄壤和山地黄踪壤等。海拔100～1000米。

二、栽培模式

一是成片造林。在平原地区较大面积的隙地，丘陵山区的狭谷、台地，土层比较深厚、湿润，均宜成片造林，海边轻盐碱地也可营建防风林。二是山地造林。初期宜适当密植，株行距2～3米，以后再行疏散，通过密植促进高生长，培养通直干形。栽植前应进行细致整地，挖大穴栽植。栽植季节一般宜在立春前后。榉树也可与杉木、马尾松、朴树和楠木等树种搭配栽植行状或块状混交林。三是四旁植树。榉树用于村前、院内、宅旁、渠旁路边绿化或营造农田防护林带都适宜。这些地方土壤比较深厚肥沃，宜于早春栽大苗。栽时，挖大穴，适当下基肥，剪去苗木过长的主根，根系要舒展。成行种植或块状栽培，密度应大。一般初植株行距3米×4米为宜。

(一)造林地清理

将造林地上的灌木、杂草以及采伐迹地上的枝丫、梢头、站秆、倒木、伐根等清除掉。在清理完成后进行归堆和平铺，在严格防火的前提下，采用火烧将其清除。

(二)整地时间

适宜的整地季节，对提高整质量，节省经费开支，减轻劳动强度，降低造林成本，充分发挥整作用具有相当生重要的意义。

在造林季节之前进行的整地叫提前整地或预整地，一般提前1～2个季节。但提前时间不能过长，否则也发挥不了整地作用。在干旱半干旱地区，为了增加蓄水，整地一般在雨季之前进行，以利于尽可能地多拦截贮蓄水分。因此，秋季造林时，整地可提前到雨季前；春季造林时，整地时间可提前到头一年雨季前、雨季或至少头年秋季。因为在这些地区，雨季是整地的良好季节，除了可以大量蓄水外，土壤湿润松软，作业比较省力，工效高，能取得事半功倍的效果。

(三)整地方式

整地方式可根据坡度大小确定，坡度小于15°一般采用机械带状整地；坡度大于15°时一般采用穴状整地。带状整地沿等高线设置整地带，带宽2米，深30厘米。带垦后挖穴时，大、中穴的标准分别为70厘米×70厘米×60厘米、60厘米×60厘米×50厘米；穴状整地规格根据不同立地和土壤而采用不同的挖穴规格。

（四）造林密度

榉树的用材林初植密度为2米×2米或2米×3米，适当密植可抑制侧枝生长，有利高生长，以培育通直干形。经间伐后，密度可达4米×4米或4米×3米，可以培育大径材。

（五）基肥

在中立地上施榉树专用肥2公斤/株，在高立地上施榉树专用肥1公斤/株。

（二）苗木选择、处理

榉树壮苗应枝叶色泽正常、木质化程度高、无病虫危害、无机械损伤并具有饱满的顶芽。用Ⅰ、Ⅱ级苗造林（Ⅰ级苗苗高80厘米以上、地径0.8厘米以上，Ⅱ级苗苗高70厘米以上、地径0.7厘米以上），严禁用等外苗造林。

（三）栽植方式

在1~2月榉树萌芽前进行栽植，为提高成活率，选择下雨前后无大风的阴天或晴天造林。裸根苗采用“三覆二踩一提苗”的造林方法（深栽、栽紧），同时造林前剪除苗木离地面30厘米以下的侧枝及过长的主根，对远途运输的苗木，定植前应将苗木的根系浸入80毫克/升ABT2号生根粉水溶液中15分钟后，再根蘸泥浆定植。栽植深度应适宜，不宜栽植过浅，深度比原土痕深2厘米~3厘米即可。回土呈馒头形。若造林时阳光强、天气干燥、风大，此时应将苗木暂时放在阴湿的地方或树林中，并覆盖保湿物（如草或湿布等），充分保湿，待天气变阴、空气湿润、无风时再进行造林。也可用2~3年生的容器苗造林。容器苗造林要注意始终保持容器中的基质不散，同时使容器基质与穴中的土壤充分密接。

五、林分管抚

（一）幼林抚育

抚育包括松土、除草、除萌、培蔸、扶正、修枝、施肥、清除绕干藤本等。前3年每年进行2次抚育，分别于6月和10月进行。6月用锄头深挖20厘米，将土翻松，杂草埋入土中。10月份再用锄挖10厘米浅抚。随时注意培蔸、扶正。3年后，可用刀抚，即砍去杂草和灌木，让林内通风透光良好。

（二）施追肥

榉树施追肥宜在春季进行，幼林期间每年一次，每株施复合肥200~300克，于树冠垂直投影外侧挖环形沟施入。

（三）修枝与干型培育

榉树是合轴分枝，发枝力强，梢部弯曲，顶芽常不萌发，每年春季由梢部侧芽萌发3~5个竞争枝，多形成庞大的树冠，不易生出端直主干。栽植后在冬末春初剪除树根根际处的萌发枝和树干上的霸王枝（包括次顶梢），确保主干生长；并将树冠下部受光较少的阴枝除掉。待主干枝下高达5米以上时停止，可培育通直高大圆满的主干。

（四）间伐

在10年生左右进行一次卫生伐，将虫害而无主干、歪斜弱小无培养前途的植株去掉，或萌芽更新，使之形成通直的树干，整齐的林相。以后每隔10年左右进行一次间伐，使终伐时每公顷保留600~900株为宜。

在培育目标明确的前提下，即以提供家具、装饰原料为培育目的的林分，应依据以材种工艺成熟为基线，重点考虑经济成熟，适当兼顾数量成熟的原则，确定其主伐年龄，按照林分采伐时所提供的木材质量需求和获得的经济效益结合起来考虑，榉树人工林的主伐年龄一般为50年左右。

（五）病虫害防治

榉树幼树期虫害有云斑天牛、双带粒翅天牛的成虫啃食树皮；紫茎甲、一点扁蛾、豹蠹蛾的幼虫蛀干为害。苗期吃叶的害虫还有樟蚕。

造林后须防治紫茎甲、一点扁蛾、蠹蛾等主要蛀干害虫。应结合抚育、除萌、修枝等工作，检查危害部位，及时逐株用铁丝戳杀，或用脱脂棉沾杀虫剂原液或低倍的稀释液如氧化乐果、敌敌畏等堵住虫孔杀死。紫茎甲防治的根本方法是清除掉林中的葛藤。对于食叶害虫也可考虑用黑光灯或糖醋液加入杀虫剂诱杀。亦可在冬季或早春人工剪摘掉虫囊。防治小地老虎则必须浇灌或用毒饵诱杀。较科学的办法是采用生物防治，如放赤眼蜂、肿腿蜂等天敌昆虫进行防治。

第五十三章　椿叶花椒

第一节　树种概述

椿叶花椒 *Zanthoxylum ailanthoides* 芸香科花椒属树种，又名樗叶花椒、满天星、刺椒、食茱萸。落叶高大乔木，高达28米，胸径49厘米，是湖南典型的乡土速生阔叶树种。对生长环境要求不严，无论密林中或丘陵空旷地均可自然生长，干形通直圆满，生长迅速，出材率高，木材不开裂，易加工，可供家具、胶合板、造纸原料、火柴梗、隔热板片等用。椿叶花椒用途广泛，为材、油、药多用树种，也是湖南省山区、丘陵地良好绿化树种，近年来，已成为湖南省优材更替及木材战略储备的优良乡土树种。

一、木材特性及利用

(一)木材材性

木材纹理通直，结构细致中等，有光泽，无特殊气味和滋味，硬度较强；心边材区分略明显；生长轮分界略明显，中等宽度，弦径20～40微米，侵填体可见，梯形螺纹加厚明显；木射线非叠生，每毫米6～9根，射线细胞纺锤形，宽6～10微米，高70～100微米，射线与导管间的纹孔式圆形至卵圆形。

(二)木材利用

可供家具、胶合板、造纸原料、火柴梗、隔热板片等用。

(三)其他用途

果、叶、根均可提取芳香油及脂肪油；药用一般用于腹痛，避孕，根茎治重感冒，跌打损伤，树皮可用于祛风通络，活血散瘀，用于跌打损伤，风湿痹痛，蛇伤肿痛，外伤出血。果实辛，温，有毒，燥湿，杀虫止痛，用于心腹冷痛、寒饮、带下病、齿痛等症。

二、生物学特性及环境要求

(一)形态特征

茎干有鼓钉状、基部宽达3厘米、长2～5毫米的锐刺，当年生枝的髓部甚大，常空心，花序轴及小枝顶部常散生短直刺，各部无毛。叶有小叶11～27片或稍多；小叶整齐对生，狭长披针形或位于叶轴基部的近卵形，长7～18厘米，宽2～6厘米，顶部渐狭长尖，基部圆，对称或一侧稍偏斜，叶缘有明显裂齿，油点多，肉眼可见，叶背灰绿色或有灰白色粉霜，中脉在叶面凹陷，侧脉每边11～16条。花序顶生，多花，几无花梗；萼片及花瓣均5片；花瓣淡黄白色，长约2.5毫米；雄花的雄蕊5枚；退化雌蕊极短，2～3浅裂；雌花有心皮3个，稀4个，果梗长1～3毫米；分果瓣淡红褐色，干后淡灰或棕灰色，顶端无芒尖，径约4.5毫米。油点多，干后凹陷；种子径约4毫米。花期8～9月，果期10～12月。

(二)生长规律

树高生长在第5年时进入速生期，15年后生长速度放慢，25年生左右树高生长较缓慢，25年树高一般可达 17 ~20 米；胸径生长在第 10 年开始进入速生期，20 年后胸径生长开始下降，其平均连年生长量在 13 年时最大，为 1.05 厘米，25 年胸径一般可达 18 ~20 厘米；材积生长在 15 年后进入速生期，材积的连年生长量在 20 年时达到高峰，且持续时间长达 10 年，比胸径连年生长量的最大值出现时间推迟 8 年。

(三) 分布

分布于海拔 500 ~1500 米的密林或湿润地区，主要分布在浙江、福建、广东、广西、台湾等省区，日本也有分布。在湖南省主要分布于怀化市通道县的独坡、团头、播阳、县溪乡等地和南部地区的永州市、郴州市的部分县市区。

(四) 生态学特性

喜光，稍耐阴，环境要求气候温暖、湿润，年平均气温 15℃，年均活动积温 4000 ~5000℃，年降水量 1000 毫米以上。喜生长在海拔 800 米以下低山、丘陵地，对土壤要求不严，酸性、中性、钙质土均生长良好，适合在向阳、半阴的地方栽植。

(五) 环境要求

适宜于温暖湿润的山谷洼地，或溪沟两侧的坡地，以及坡面较开阔缓坡地。年平均气温 15 ~18℃，极端最低气温 -15℃。年降水量 800 毫米以上。平均相对湿度达 80% 以上，无霜期约 300 天以上。

第二节　苗木培育

一、良种选择与应用

椿叶花椒的良种选育研究工作较晚，目前在湖南省尚未建立种子园，尚不能使用种子园的种子进行育苗造林。当前应使用椿叶花椒优良种源或优良林分的种子进行育苗造林。采种应选择林分起源明确，一般在天然林中采种。林分组成和结构基本一致，密度适宜，采种林分无严重病虫害，在结实盛期，生产力较高，采种林分面积较大，能生产大量种子，在优势木上采种，这样能提高育苗和造林效果。

二、播种育苗

(一) 种子采集与处理

播种前将种子用 5% 的洗衣粉液或 5% 的纯碱液和 60℃的温水淘洗脱脂，再在常温下浸泡 1 小时，反复搓洗直至表面油脂完全脱净为止，将其捞出放入清水中浸泡 3 天。然后捞出种子用 0.5% 的高锰酸钾溶液浸泡消毒 2 小时，用清水冲洗干净，直到完全脱色。再将种子与湿沙混合，在 5℃的条件下湿沙层积处理 120 天待播。

(二) 选苗圃与施基肥

1. 圃地选择

选择交通方便和背风向阳、接近水源、排灌方便、取土容易的地方做育苗地。可在冬季进行一次深耕，以 20 ~25 厘米为宜。将土地深耕后，可不耙平，待冬季风化或冰雪使其自然松散。初春时，可将圃地再进行一次浅耕，深达 10 ~15 厘米，耙平，使地表土壤细碎平整，保蓄土壤水分，清除土面杂草。

2. 基肥

基肥一般以有机肥料为主，如人畜堆肥、绿肥和草皮土等。有机肥料与矿物质肥料混合或配合使用效果更好。施基肥一般是在浅耕地前将肥料全面撒于圃地，浅耕时把肥料全部翻入耕作层中。每公顷施有机堆肥15000～30000公斤。施种肥一般以速效磷肥为主，多常用过磷酸钙或钙镁磷肥，每公顷施7500～9000公斤。种肥可在浅耕后施入土中，通过耙平使其与土壤充分混合。也可在作床前施入土中，通过作床后平整床土使其与土壤充分混合。

（三）播种育苗与管理

1. 播种

椿叶花椒播种时间为11～12月。在大棚内，用70%甲基托布津可湿性粉剂800倍液喷施消毒地面后铺一层10厘米厚的纯净细河沙，沙上均匀撒播种子，上面盖1厘米厚的火土灰，再铺盖1层干净稻草。所用的河沙、种子、火土灰、稻草都要按上述方法做消毒处理。

2. 苗期管理

芽苗苗期管理的重点是控制苗床内温度和湿度。温度以22～26℃为宜，湿度以保持苗床湿润为准。播种后，经常掀草检查土壤的湿度，每浇水1次，都用50%的多菌灵可湿性粉剂800倍液或70%甲基托布津可湿性粉剂800倍液消毒处理。发现土壤有霉菌时，用45%敌克松可湿性粉剂500倍液浇土或喷施。下种30～40天出芽，出芽后掀开稻草，要注意保持苗床湿度。苗木发芽后要交替施用敌克松500倍液和50%的多菌灵可湿性粉剂800倍液，用喷雾器喷施，每周1次。

三、扦插育苗

（一）圃地选择

育苗地要选择肥力中等以上，地势平坦，非盐碱涝洼地，浇水条件好的地块，深翻30～50厘米，并施足底肥，使土壤疏松肥沃。地整好后，可按120厘米行距画线，顺线开沟，向两侧覆土筑成，顶宽70厘米，高15厘米垄床，床面要平或中间稍凸，无坷垃踏实，并拍实垄床两侧坡面，然后在筑好的垄床上用0.015毫米的透明农用地膜覆盖，覆盖时要紧贴床面，拉紧覆平，做到地膜平展无皱，地面之间不留空隙，用土将四周压紧，增温保墒并要经常检查，发现有破损的地方及时用土压紧，压严防止大风揭膜。

（二）插条采集与处理

种条选择生长健壮，芽子饱满，无损伤的健壮半硬枝枝条，此条组织充实，水分、养分充足，生命力强，插后易成活生根。插条采回后立即进行修整，统一剪成长10厘米左右，粗0.5～0.8厘米的插穗，上剪口距芽1厘米左右平剪，下剪口于节处1/3斜剪，上部保留1～2片叶，去除插穗上的针刺。在扦插前插穗要进行化学药剂处理，即将插穗基部2～4厘米处置于浓度500毫升/升的IBA溶液中浸泡30分钟。

（三）插条时间与要求

扦插时间以2月上旬至3月上旬为宜，在覆膜后的垄床上按行距10厘米，株距7厘米规格，将芽眼向上，竖直插入土中，使插条上切口与地面平，插后在每根插穗上端用湿土封小堆。

（四）抚苗管理

插后1月左右破土引苗，将插穗上部的小土堆扒掉，并重新用湿土将幼苗四周压严，防止从破膜处漏气而烫伤幼苗。破膜引苗后马上浇水1次，以后视干湿情况酌情浇水。进入6月中下旬膜下土温与陆裸地土温已无明显差异，可将地膜揭除，并清理干净。随即在苗木基部培土5～7厘米，促进新茎生根，扩大吸收面积，促进苗木生长。

四、轻基质容器育苗

（一）轻基质的配制

营养土的配方为：黄心土60%、火土灰（谷壳炭）30%、细河砂5%和过磷酸钙5%。营养土、肥料要碾碎过筛，充分拌匀，并堆放3～4个月。

（二）容器的规格及材质

选择直径6～8厘米、高9～12厘米的薄膜营养袋。为了保护环境，利于苗木造林后根系生长，要选用易降解材料制作的营养袋。

（三）圃地准备

选择交通方便和背风向阳、接近水源、排灌方便、取土容易的地方作为育苗地。

（四）容器袋进床

装袋时营养土要分层灌紧，尤其下层的营养土更要压紧，每袋营养土的装土量，离营养袋口1厘米左右，并松紧一致。将营养袋排放整齐，相互靠紧、放平，防止积水。

（五）种子处理

播种前将种子用5%的洗衣粉液或5%的纯碱液和60℃的温水淘洗脱脂，再在常温下浸泡1小时，反复搓洗直至表面油脂完全脱净为止，将其捞出放入清水中浸泡3天。然后捞出种子用0.5%的高锰酸钾溶液浸泡消毒2小时，用清水冲洗干净，直到完全脱色。再将种子与湿沙混合，在5℃的条件下湿沙层积处理120天待播。经以上处理，种子发芽率及发芽势均有较大程度的提高。

（六）播种与芽苗移栽

当芽苗长出1对真叶时就可移植。移植前先用小铲轻轻松动苗床，将适量芽苗拔出，迅速将苗根放入盛有清水的小碗内，始终不离水，随起随栽。移植时用一细棍（筷子粗细）于袋中心打孔，孔深较原芽苗土痕约低0.5厘米，将芽苗移植入孔中，用手指轻轻摁实苗基部，埋土至原土痕。移植时注意快移勤浇水，一般每栽植1平方米左右即用喷壶喷透水。芽苗移栽成活率可达95%以上。

（七）苗期管理

苗期管理的重点是控制苗床内温度和湿度。温度以22～26℃为宜，湿度以保持苗床湿润为准。播种后，要经常掀草检查土壤的湿度，每浇水1次，都用50%的多菌灵可湿性粉剂800倍液或70%甲基托布津可湿性粉剂800倍液消毒处理。发现土壤有霉菌时，用45%敌克松可湿性粉剂500倍液浇土或喷施。下种30～40天出芽，出芽后掀开稻草，要注意保持苗床湿度。苗木发芽后要交替施用敌克松500倍液和50%的多菌灵可湿性粉剂800倍液，每周1次用喷雾器喷施。

五、苗木出圃与处理

苗木出圃时，要选择雨后晴、阴天进行。容器苗上山前炼苗1个月左右，这个月内停止施肥，但仍需每星期用70%甲基托布津可湿性粉剂800倍液消毒处理或45%敌克松可湿性粉剂500倍液浇交替使用杀菌消毒，起苗前一天浇透水。裸根苗起苗前一周适量灌水，防治起苗时土壤干燥造成根系损伤，先用锄头将苗木周边土壤挖松，然后挖出苗木，不损伤根皮，不撕断侧根和须根。不损伤地上枝干，做到苗干不断裂，树皮不碰伤。在质量和规格上要做到不够规格、树形不好、根系不完整、有机械损伤、有病虫害的苗木不出圃。苗木随起、随分级、随假植，有条件的可喷洒蒸腾抑制剂保护苗木，最大限度地减少根系、枝条水分的散失。适量修剪过长及劈裂根系，处理病虫感染根系。清除病虫危害苗木，按林木植物检疫要求进行处理，尤其是有危险性病虫害的苗木，要集中处理，防止感染危害其他苗木。将苗木分级包装，对不合格的苗木可留床培育。对每天不能运出造林的苗木要在圃地集中进行假植。

第三节　栽培技术

一、立地选择

椿叶花椒对林地的立地条件要求不甚严格，由于幼年喜阴耐湿，宜选择土层深厚、排水良好的中性或酸性的低山、丘岗、平原为造林地，因为是喜光植物，宜选择阳坡或半阳坡，主要土壤类型为红壤、山地黄壤、山地黄棕壤。

二、栽培模式

（一）纯林

由于纯林的造林、经营、采伐利用的整个过程，技术都比较简单，且纯林能够保证主要树种积累最高的木材蓄积量。因此世界上迄今为止，仍以营造纯林为主，我国也是如此。虽然现有的椿叶花椒林木大多仍是单株散生于其他阔叶林中，但也有小块状的纯林呈自然分布状态。因此，如培养目标是培育大径材，且立地条件好，营造及管护技术力量强，营造椿叶花椒用材林可选择纯林模式。为了稳妥起见，大面积培育用材林，以采取纯林营造，混交林管护的方式进行为宜。即造林时不营造其他树种，只造椿叶花椒。

（二）混交林

混交林具有许多优越性，应该在生产中积极提倡培育混交林。对于椿叶花椒并不能做出在任何地方和在任何情况下都必须培育混交林的结论，应根据现有天然林和人工林的试验情况决定营造纯林还是混交林。对于培育防护林、风景游憩林等生态公益林，强调最大限度地发挥林分的防护作用和游憩价值，并追求林分的自然化培育以增强其稳定性，应培育混交林；培育速生丰产用材林、短轮伐期工业用材林等商品林，为使其早期成材并便于经营管理，可以考虑营造纯林。

三、整地

椿叶花椒造林整地采用全面整地和局部整地两类。全面整地能改善立地条件，并能给造林苗木的成活和生长创造一个良好的空间。过去中国南方山地可在劈山和炼山的基础上进行全面垦复，但为了节省造林成本和减轻水土流失，很少采用全面整地，只有在地势非常平坦的地段才采用。椿叶花椒采用这种方法时，是在造林初期实行林粮间作的林地。局部整地一般分带状整地和块状整地。

（一）造林地清理

造林地的清理，是翻耕土壤前，清除造林地上的灌木、杂草、杂木、竹类等植被，或采伐迹地上的枝丫、伐根、梢头、倒木等剩余物。清理的主要目的是为了改善造林地的立地条件、破坏森林病虫害的栖息环境和利用采伐剩余物，并为随后进行的整地、造林和幼林抚育消除障碍。椿叶花椒造林地的清理方式主要有割除、火烧及化学药剂处理。

（二）整地时间

整地时间要避开雨季，以减少水土流失，一般在秋末冬初造林前 3 ~ 4 个月进行，利于改善土壤理化性质。

（三）整地方式

荒山造林，采用鱼鳞坑反坡阶整地，栽植坑为 50 厘米 ×50 厘米 ×40 厘米，外沿高出 30 厘米。退耕地修集雨坑，将梯田隔成小方块。土埂高 30 厘米，宽 30 厘米。以栽植点为中心进行挖土，逐步向外扩大，将挖出的熟土集中堆放，用生土堆成外高中心低的漏斗式集流面，在坑穴中心挖 60 厘米 ×60

厘米 ×50 厘米的锅底状植树坑，将熟土回填植树坑内，最后将集流面夯实拍光。

(四) 造林密度

椿叶花椒作为用材林，需要林分形成有利于主干生长的群体结构，要按培育的目的材种确定最适宜的造林密度。一般情况下，为了保证良好的干形，造林密度宜控制在每公顷 1600 ~ 2500 株。

(五) 基肥

挖坑时表土和心土分开，每坑可施入 150 克复合肥和 50 克过磷酸钙作为基肥。

四、栽植

栽植时将泥浆蘸根的苗木置于坑穴，扶直树身，严格按照“三埋两踩一提苗”的步骤栽植。栽植深度以比苗木原土痕深 2 ~ 3 厘米。栽后浇定根水，水渗完后封土。定杆于地面 5 ~ 10 厘米处。

(一) 栽植季节

春季和冬季均可栽植，春季栽于土壤解冻后至苗木萌芽前进行。冬季在土壤未上冻之前。

(二) 苗木选择、处理

选用苗高 60 厘米以上，地径 0.6 厘米以上，具有 3 条以上 10 厘米长侧根，无病虫害和机械损伤的优质壮苗。随起苗、随运输，苗木出圃时打捆后用塑料袋包装，运输途中遮篷布，尽可能减少水分散发。经长途运输的苗木抵达后在清水中浸泡 24 小时，使吸足水分，再用生根粉处理。

(三) 栽植方式

1. 裸根苗

可选在阴雨天气定植，起苗前先将嫩枝叶修剪 1/3 到 1/2，挖起的苗木及时用黄泥浆蘸根，苗木放入预先挖好的种植穴中扶正，使根系舒展伸直，覆土后将苗稍稍提起，防止窝根。然后分层回土踩实，再盖一层松土。

2. 容器苗

应选择在雨季造林，湖南一般在 5 月中旬至 6 月上旬完成造林。造林用容器苗高 20 厘米，以雨后初晴造林成活率最高，成活率可达 98%。造林时先撕破容器底部，切不可将土团破碎。容器苗放在定植穴内，覆土比原苗根际深 1 ~ 2 厘米，回土后将容器底部四周的泥土踩实后，再盖上一层松土。

五、林分管理

(一) 幼林抚育

椿叶花椒根系浅，杂草与本种争肥争水现象相当严重，特别是在 1 ~ 3 年生幼树期，为椿叶花椒定植后的缓苗期，应及时清除杂草，以促进树势健壮生长。

(二) 施追肥

幼树每株施农家肥 5 ~ 10 公斤，尿素 0.5 ~ 0.15 公斤，磷肥 0.1 ~ 0.2 公斤；6 ~ 7 年生树，每株施农家肥 15 ~ 20 公斤，尿素 0.5 公斤，磷肥 1 ~ 2 公斤。

(三) 修枝、抹芽与干型培育

栽后当苗木高 60 厘米以上时，及时定干 50 ~ 60 厘米，不宜过低或过高，过低不便管理，过高不利于树体生长和树冠扩大。整形以自然开心形为主，一般留主枝 5 ~ 7 个，每个主枝上再选留 2 ~ 4 个侧枝。结果树修剪以疏为主，疏除病虫、交叉、重叠、密生、徒长枝，去强留弱，交错占空，做到树冠内外留枝均匀，通风透光，立体结果。材用林不需定干，整形，但可适当修枝，以培育通直圆满的干形。

(四) 间伐

根据椿叶花椒的特性，采用生长抚育。将林分自壮龄以后至成熟主伐利用以前一个龄级的很长时期内，为了解决个体间的矛盾，为了不断调整林分密度，使保留木得以良好生长，并提高木材质量，缩短成材期，实现优质、丰产的目的，可采用下层疏伐法，砍伐处于林冠下层生长落后的被压木，以人工稀疏，并不改变自然选择的总方向，有利于保留木的持续速生。

（五）病虫害防治

危害椿叶花椒树的病主要是流胶病，树的枝干特别是基部流胶，这就是人们所说的“出油”。流胶是一种病，是由一种真菌寄生而引起的。这种病要防治结合，以防为主。椿叶花椒应栽植在向阳的地方，半阴地区也可以栽植，要尽量避免在积水、太阴的地方栽植，以免流胶病的发生。追肥、换土，是预防流胶病的重要措施。适时追肥、换土，既有利于树木生长，又可以使树木增强对病菌的抵抗力。及时剪除病枝，是防止病害蔓延的重要方法。虫害主要有蚜虫、天牛和凤蝶。蚜虫主要在花期及果实生长期发生，喷 2.5% 的敌杀死 4000 倍液防治；凤蝶可用 50% 敌百虫 1000 倍液喷洒。天牛蛀食枝干，防治天牛主要是直接向其虫洞插入毒签，用注射器向蛀孔中注入 800 倍甲胺磷，也可采用捕捉成虫，用铁丝钩杀幼虫。

第五十四章　臭椿

第一节　树种概述

臭椿 *Ailanthus altissima* 属苦木科臭椿属，因树皮及枝叶有一种苦涩的味道、小叶基部的腺齿挥发出特殊的臭味而得名，又称椿树、白椿、恶木、樗树。在我国分布普遍，水平分布在北纬22～43°之间，垂直分布西北可达海拔1800米，陕西西部1500米，河北西部到1200米。我国北起辽宁、河北，南达江西、福建，东起海滨，西至甘肃均有分布，其中以华北、西北地区栽培最多。臭椿生长迅速，适应性强、容易繁殖，病虫害少，材质优良，用途广泛，同时耐干旱、瘠薄，是一种优良的用材、绿化、观赏、药用、油料和盐碱地造林的良好树种。

一、木材特性及利用

(一) 木材材性

木材黄白色，纹理通直，有光泽，质地轻韧，硬度适中，有弹性，不易翘裂，易加工，不耐腐。木材纤维含量约占总干重的40%，纤维长，是上等的造纸原料。

木材通性边材黄白色，易受感染呈蓝变色；与心材区别略明显或不明显，界限略分明或不分明。心材姜黄至浅褐色。木材有光泽；无特殊气味；滋味微苦；纹理直；结构中，不均匀；重量中等或轻至中；干缩小至中；强度弱至中；冲击韧性中；锯刨等加工容易；不耐腐或稍耐腐，不抗蚁蛀，防腐油浸注较难。生长轮明显；环孔材；宽2.7～5毫米。旱材管孔略大，在肉眼下明显，连续排列成旱材带，宽1～4管孔；心材管孔内侵填体未见；含少量橘黄色树胶；旱材至晚材急变。晚材管孔略小，在放大镜下可见或不见；常呈簇集状；分布不均匀；散生；在生长轮外部常与轴向薄壁组相连呈斜列或弦列。轴向薄壁组织在肉眼下可见，放大镜下明显；呈傍管型，在晚材带呈傍管短带状。木射线稀；在肉眼下横切面上明显，比管孔小，材身上呈灯纱纹，径切面上射线斑纹明显。波痕缺如。胞间道未见。

微观构造导管在旱材带横切面上为圆形，卵圆及椭圆形；最大弦径312微米，平均220微米；侵入体未见；树胶可见；导管分子平均长260微米。在晚材带横切面上为不规则多角形，多呈管孔团，少数为径列复管孔(2～10个或以上)，稀单孔管；散生；平均弦径60微米；导管分子局部迭生，平均长380微米；螺纹加厚见于小导管管壁上。管间孔纹式互列，多角形，长径7～10微米；孔纹口，圆形或透镜形。单穿孔，圆形，卵形及椭圆形；穿孔板平行至倾斜。与射线及轴向薄壁组织间纹孔式类似管间纹孔式。轴向薄壁组织局部迭生；为环管束状，傍管带状及轮界状；树胶稀少；晶体未见。木纤维局部迭生；壁薄，平均直径24微米；平均长960微米；具缘纹孔略明显；分隔木纤维偶见。木射线非迭生；每毫米1～4根。单列射线高1～12细胞或以上。多列射线宽2～11细胞；高4～78细胞或以上，多数15～55细胞；鞘细胞偶见。射线组织异形III型与同形单列及多列。直立或方形射线细胞比横卧射线细胞略高；后者为椭圆形。射线细胞内树胶较少；晶体未见。胞间道未见。

(二) 木材利用

适于造纸，及其他纤维工业，也可以为农具、家具门窗及梁檩、包装箱盒、刀鞘、玩具、单板、羽毛球拍、网球球拍等。

（三）其他用途

臭椿全身都是宝。根皮、树皮、果实可入药，有清热利湿、收敛止痢功效，树皮对痢疾杆菌、伤寒杆菌都有一定抑制作用。叶及果实晒干，磨碎后，经发酵可以喂猪。叶及树皮均含鞣质，可提取栲胶。叶子捣出来的汁水可以治疗白秃不生发。树皮纤维用作工业原料或制绳索。果实能清热、止血、治胃病，种子含脂肪油30%～35%，种仁含油57%，种子出油率可达35%，为半干性油，是最值得推广种植的生物柴油植物之一。油可做药用软膏、精密仪器的润滑油和制作肥皂或食用。榨过油的油饼是一种优质肥料，又可防治蝼蛄、蛴螬等；也可作猪饲料。

臭椿适应性强，萌蘖力强，根系发达，属深根性树种，是水土保持的良好树种，绿化和生态防护兼用。在湖南各地，海拔1000米以下，生山地阔叶林中，尤以石灰岩山地较常见，是山地造林的先锋树种，在水土保持及盐碱地改良中发挥重要作用。对烟尘和二氧化硫的抗性较强，对Cl_2及HCl气体有中等抗性，病虫害较少，可作城市行道树及工矿区绿化树种。

臭椿提取液可配制土农药，无公害、无残留，防止多种害虫。臭椿茎皮含多种药用成分，其水浸出液可防治稻螟、棉蚜、棉铃虫、叶跳虫、菜青虫等，效果很好；根皮对于猿叶虫、蝗虫、棉卷叶虫和黏虫都有胃毒作用。臭椿树皮提取物对米象、锯谷盗、赤拟谷盗、小眼书虱均有较强的驱避作用，对米象具有较强的触杀作用，对锯谷盗和米象具有较强的熏蒸作用，对锯谷盗和米象当代种群具有较强的抑制作用。用臭椿树叶1份加水3份，浸泡1～2天，将水浸液过滤后喷洒，可防治菜青虫、蚜虫等害虫。

臭椿茎皮中含有树胶，割破树皮即可流出，采集后可以加以利用。臭椿树胶味苦而涩，其性寒凉，具有清热燥湿，解毒消肿，祛腐生肌之效，主治疔疮。治疗疔疮初起，能解毒消肿；脓成能消肿排脓；溃后能祛腐生肌。其用法是将新鲜臭椿树胶适量，置于敷料或干净布上，贴于患处。

臭椿树干通直高大，树皮光滑，冠如伞盖，叶大荫浓，春季嫩叶紫红花黄，秋季红果满树，是良好的观赏树和行道树，可孤植、丛植或与其他树种混栽。在印度、英国、法国、德国、意大利、美国等常常作为行道树，颇受赞赏而成为天堂树。叶可养蚕，用蚕丝所织之绸称为椿网或小茧绸，坚固耐久，很实用，但较不易染色是其缺点。臭椿变种有大果臭椿、千头椿、小叶臭椿、白材臭椿、红果臭椿、垂叶臭椿、红叶臭椿等，其中千头椿、红果臭椿、红叶臭椿的观赏价值尤佳。红叶臭椿叶片紫红色，颜色亮丽，红叶持续到7月份，以后老叶变暗绿色，新发枝叶片始终亮红色，持续到落叶前，是优良的风景园林、生态绿化高大乔木彩叶树种。

二、生物学特性及环境要求

（一）形态特征

臭椿属落叶乔木，高可达30米，胸径1米以上。树皮灰色至灰黑色，浅裂或不裂。小枝粗壮。一回奇数羽状复叶，互生，披针形或卵状披针形，先端渐尖，基部楔形或圆形，略偏斜，叶缘波状，上部全缘，近基部具少数粗齿，其上有腺点，有臭味，上面深绿色，下面淡绿色。叶痕宿存呈倒卵形，内具9维管束痕。雌雄同株或雌雄异株。圆锥花序顶生，花小，白绿色。翅果，扁平，纺锤形，长3～5厘米，成熟时淡褐色或灰黄褐色，翅果中部含有1枚种子。花期4～5月，果熟期9～10月。

（二）生长规律

臭椿根系发达，为深根性树种，萌蘖性强，生长较快。其高生长幼龄期较快，10年生前后达最大值，以后高生长渐缓，有利于造林地的郁闭；粗生长10年生前最为迅速，生长减缓期到来较迟。在肥沃湿润的条件下，幼树生长速度较快，20年左右成材。材积生长量第一次高峰期出现在15～20年生，第二次高峰期出现在50年生，且第二次高峰生长量比第一次高峰要大50%，因此臭椿不仅早年材积增长较快，而且中后期材积增长更快，无论是零星种植或规模造林营林，这种生长特性都是值得注意开发的生产潜力。臭椿雄株与雌株在高生长和粗生长方面都存在明显差异，一般高生长雄株比雌株高5%～20%，最高可达29%；粗生长雌株比雄株高17%～27%。

(三)分布

我国有5种。

(1)岭南臭椿产于福建、广东、广西、云南，生于山区林中。东南亚也有分布。

(2)常绿臭椿产于广东南部、云南南部。在滇南海波600米以下山地，云南婆罗双林中，近水沟潮湿地带，为常见伴生树种。

(3)刺臭椿产于四川、湖北、云南，生于海拔800～1500米阳坡及林缘，为上层林木。

(4)四川臭椿产于四川、陕西、甘肃，生于山区疏林或灌木林中。

(5)臭椿产于东北南部、华北、西北、中南、华东、西南，南至广东、广西。多生于地山、丘陵、平原疏林中或荒地。

(四)生态学特性

臭椿为中国原产种，分布极为广泛，为极喜光树种。对气候要求不严，适应性强，适应干冷气候。在西北地区耐绝对最高气温47.8℃和绝对最低气温－35℃。在分布区内年平均气温7～19℃，年降水量400～2000毫米范围内正常生长。年平均气温12～15℃，年降水量550～1200毫米范围内最适生长。

(五)环境要求

耐干旱瘠薄，不耐水湿。对土壤条件要求不严，对微酸性、中性、和石灰性土壤都能适应，以排水良好的沙壤土和中壤土生长最好，喜深厚、肥沃、湿润的沙质土、钙质土，耐中度盐碱土，在含盐量0.4%～0.6%的盐碱土上可以成苗；在重黏土及水湿地生长不良。

第二节　苗木培育

一、良种选择

林木良种是造林高效的保证。目前，在湖南省尚未建立种子园，故尚不能使用种子园的种子进行育苗造林。但各地都先后开展了树种资源普查，可根据已掌握的臭椿的分布情况，使用臭椿优良种源或优良林分的种子进行育苗造林。

二、播种育苗

(一)种子采集与处理

选择15～30年生健壮的母树采种。翅果9～10月成熟。采种前，可在树下铺大块的塑料布，用高杆钩采摘果穗，连小枝一起剪下，翻晒4天～5天，干燥、净种后入库，用干藏法贮存。种子带翅，空粒较多，一般带翅种子纯度为65%～85%，千粒重28～32克，每公斤种子约3.0万～3.4万粒，发芽率75%左右。种子干藏，发芽力可保持两年，但到第二年就迅速减弱。

种子处理是促进提早发芽、保证出全苗的一项有效措施。具体方法是：播前10天左右，将干藏种子取出，净种后用40℃温水浸泡24小时，再用清水浸泡12小时，捞去上浮秕种和杂物，把下沉的饱满种子(发芽率88%～94%)捞出平摊在背风向阳处，使表皮水分蒸发，然后用赤霉素、50×10^{-6}的生根粉或增产灵2克浸泡2小时，再按1∶1的比例配细河沙，堆放在温暖向阳处，用草帘或湿麻袋盖住催芽，每天用清水喷洒一次，保持湿度，大约7～8天，40%的种子裂嘴时即可播种。

(二)苗圃选择与整理

圃地选择是一项重要工作，选地不适宜，就会给育苗工作带来很大困难或造成不可弥补的损失。

苗圃地要选择地势平坦，土壤肥沃深厚，透气性好，向阳，背风，最好有浇水条件的沙壤土地。而不宜选下列四种地作圃地：①河滩地：虽然透气性好、土层深厚且为沙质壤土，但不定型，易被水冲毁。②重黏土地：黏度大、板结严重，芽苗出土会严重受阻。③菜地：病虫害严重，且种类多。④下湿地。另外，宜就近选地，这样育出的苗木适应性好，便于运输，避免了因远距离调运而出现的各种弊端。

圃地选好后，必须细致整地。即通过耕、翻促进深层土壤熟化，加强土壤的通气、透水性，提高蓄水、保墒及抗旱能力，增强土壤中微生物的活力，提高土壤肥力，减少杂草及病虫。

育苗前一年秋季，深翻不耙。翻地时先要施足底肥，尤其是基肥，一般施熟化农家肥 100～133.3 公斤/公顷，打碎撒匀，所施基肥每 1000 公斤要用 1.5 公斤 3911 乳剂杀菌防虫。翌年春季，深耙不翻，用旋耕机深耙二次，以打碎土块，去除杂草。结合深耙进行土壤消毒，可施入 2.67 公斤/公顷硫酸亚铁或 0.33 公斤/公顷退菌特。

（三）播种育苗

播种分为春播和秋播，一般以春播为主，但春播不宜过早，因为晚霜会使芽苗受冻而死。臭椿种子发芽适宜温度（9～15℃）。播种量：根据种子发芽率而定，一般在发芽率 40% 时下种，播种量宜为 0.67～1.0 公斤/公顷；当发芽率达 50% 时，下种可适当多一些。

育苗可采用床式，也可采用大田式。床向要求为南北朝向，这样有利于苗木的光合作用，并保证苗木干形通直。高床：当地下水位高时，宜作高床，规格一般为床高 15～20 厘米，宽 1 米，长15～20 米，步道宽 30～40 厘米，这种苗床不易被水冲毁，但不易保墒。平床：埂高 15 厘米左右，床宽 1 米，长视地形而定，床面要平整疏松。低床：当地下水位低时，宜作低床，规格为床下深 15～20 厘米，宽 1 米，长 15～20 米，采用条播法。用开沟播种器播种，开沟深度为 2～3 厘米，播幅 4～6 厘米，行距 40 厘米，每米沟上播种 60～70 粒，覆土厚度 1～1.5 厘米，最后用播幅板轻加镇压。大田育苗是用耧开沟，顺沟撒籽，覆土踏平，覆土厚度 1～1.5 厘米。

苗期管理措施的好坏是育苗成败的重要一环，科学管理苗木，根据臭椿幼苗生长特点，管理期间应做好以下工作。

（1）适时适量浇水　春季种子播后 4～6 天幼芽开始出土（出苗期），此时严禁浇水，否则土壤板结会影响幼苗出土，应着重提温保墒，促使早出苗，出全苗；播后 10～15 天幼苗出齐，当幼苗长高至 3～4 厘米时进行第一次浇水（透水），但严禁浇闷头水。

在苗木整个生长过程中，要根据其生理特性及土壤干湿程度进行适量灌水，但绝不能使圃地积水（尤其是雨季，必要时排水），否则苗木会烂根，使育苗失败，造成不必要的损失。

（2）勤松土除草　中耕除草是苗期管理的重要措施之一，疏松土壤，可以增加透气性，促使肥料分解，防止水分蒸发，避免草苗争肥争水，减少病虫为害。因此对杂草必须除早、除小、除了，中耕次数不能少于 6～8 次。

（3）合理间苗　间苗是保证优质壮苗的一项必不可少的措施。当苗高长到 4～5 厘米时，应合理间苗，一般株距为 5～7 厘米。可将间起的小苗补植在出苗不全的地方，以减少不必要的损失；当苗高达 8～10 厘米时定苗，若不培育大苗则株距为 18～20 厘米，若培育大苗则株距为 30～40 厘米，400～533 株/公顷。由于播种苗主根发达，侧根细弱，为了培育优质壮苗要进行截根处理，以促进侧根生长。方法是：6 月下旬至 7 月初，当苗高达 20～30 厘米时，苗处于生长缓慢阶段，此时，在苗木背阴一侧挖至 15～18 厘米深处将主根截断，之后埋土压实，同时浇一次透水，以使根土充分接触，待土壤干后，要及时进行松土。

（4）适时适量施肥　为了提高苗木质量，除施基肥外，还应适时适量增施追肥，以促进苗木生长。施肥必须科学合理，要根据气候、土壤及苗情综合考虑。

看天施肥：气候炎热多雨时，为避免养分流失，视情况应少施勤施。相反气候较冷时，应多施经过充分腐熟的有机肥。

看地施肥：不同性质的土壤，所含营养元素的种类和数量不同，因此应缺什么元素施什么肥；土壤质地不同，其缓冲能力和保肥能力也不同，沙壤土宜少量多次施，而黏土地则宜量大次少，即适当增加每次的施肥量而减少施肥次数。

看苗施肥：苗木品种不同，其生长发育期和生长发育状况亦不同，对各种营养元素的需求量也不一样。因此，要根据具体情况，有针对性地合理施肥，以满足苗木对各种养分的需求。每年5~9月是臭椿的最佳生长阶段，此时树体生长迅速，应追施2~3次氮磷钾复合肥，每次每亩追肥量9公斤左右。一般在5~7月份先后用硫铵、过磷酸钙分别施两次肥，每次0.5~0.67公斤/公顷。7月下旬以后，严禁追肥，以免贪青徒长，使顶部不能充分木质化，造成冬季抽梢。另外，上冻前应结合冬浇施一次有机肥。

(5)病虫害防治臭椿病虫害较少，常见的虫害有椿毛虫、刺蛾，病害主要是白粉病。可喷施孢子含量为100亿/克的青虫菌剂300~500倍液防治刺蛾等，用0.3°波美石硫合剂在子囊孢子飞散期每10~14天喷洒一次，夏天可喷洒1%波尔多液防治白粉病。

(四)扦插育苗

臭椿的常见育苗技术除了播种育苗、嫁接育苗外，还可插根育苗。插根繁殖法简便易行，效果良好。苗圃地选择地势平坦，土壤肥沃深厚，透气性好，向阳，背风，最好有浇水条件的沙壤土地。选择健壮的一年生壮苗侧根根段，截成20厘米长、粗1~2厘米的插条，下切口为斜形，上切口为平形，以区别上下，防止倒插。一般根插条较软，多采用开沟斜埋的办法，上切口与地面齐平。插根后注意养护，确保发芽率。一般在三月中上旬，扦插于施入基肥(施饼肥750公斤/公顷、过磷酸钙1500公斤/公顷)的高垄两侧，株行距40厘米×50厘米。覆盖薄膜，幼苗出土后，及时除萌，留1株壮苗，加强管理，每次施尿素75公斤/公顷，浇水4次，及时中耕除草，排水防涝，防治病虫。

(五)轻基质容器育苗

轻基质有泥炭、火烧土、黄心土、圃地土、银屑、轻石、珍珠岩、有机肥(河塘齡泥、厩肥、土杂肥、堆肥、饼肥、鱼粉、骨粉)等。育苗容器有聚丙烯育苗盘(箱)，无纺布容器，塑料袋等等。规格15厘米X 15厘米，8厘米(径)×15厘米(高)，距底2~3厘米处打若干孔，以利排水透气。

将圃地耙耢平整，打好畦埂，作好苗床，一般畦宽1.0~1.2m，长度因地而定，做到畦面水平。将轻基质装入容器中，在苗床平铺码好。在干旱地区宜整成低床。

播前用40℃温水浸泡24h，捞出后在温暖向阳处盖草帘催芽，每天用水冲1~2次。春天一般催芽10天左右，种子有30%~40%露白时即可播种。将露白的种子，播入容器中，覆盖薄土镇压，喷水保湿。

(六)苗木出圃与运输

臭椿苗如用于造林，1年生即可出圃。如作为绿化材料，则第二年春要进行移植培育，在苗圃培养到地径5厘米左右时出圃，落叶后到萌芽前(除冰冻天外)都可不带土挖掘移植。起苗时，主根要深，一般15~20厘米，侧根要全，同时不能伤皮，运输时要用塑料包根或塞入湿草，不能及时运走的要进行假植。另苗木出圃时必须分级，并贴上标签。

第三节　栽培技术

一、立地选择

臭椿适应性强，在多种气候和土壤条件下均可生长。在平原、丘陵、山地土层深厚，酸性、中性和石灰性，排水良好的中、沙壤土上生长最好。耐干旱和瘠薄土地，耐盐碱，但怕积水，在重黏土和水湿地生长不良。为使臭椿造林适地适树，达到迅速生长的目的，褐土、黄棕壤、棕壤和潮土对臭椿有利，营造臭椿速生用材林时，以选褐土、黄棕壤、棕壤和潮土等土壤为佳。石质山地选土层厚15厘米以上的沟地、坡地，也可利用石质山坡上分布不均的大量山间隙地进行造林。

二、栽培模式

（一）纯林

在立地条件较好，以用材林为主目标的情况下，可造纯林，每定植1800 ～ 2400株/公顷。

（二）混交林

臭椿为喜光性树种，叶片大，不耐阴，造林密度不宜过大。植株保留密度要根据经营目的、立地条件灵活掌握，在立地条件较差，土壤干旱瘠薄，造林难度较大的情况下，以营造水土保持林为主要目的，可以采用乔灌混交林，每900～1200/公顷株臭椿与900～1200/公顷株灌木进行带状混交，水平阶内栽植臭椿，鱼鳞坑内栽植灌木的造林方式。

三、整地

（一）造林地清理

造林前对造林地进行整地清理，清除杂灌木，将枯草、灌木、树枝、落叶等集中清理，放置在林缘，选择无风无雨天气进行焚烧处理。与此同时，要做好森林防火工作，严格控制火势，避免造成森林火灾的发生。

（二）整地时间

一般在春季造林前或秋冬季进行整地清理。

（三）整地方式

整地方式因地制宜。在造林地条件较好，坡度不大的情况下，可采用全垦、块状整地，挖定植穴造林。规格为50厘米×50厘米×50厘米。山上或陡坡可用穴状、水平沟或鱼鳞坑整地。

石质山区、丘陵区，结合水土保持，根据具体条件，采用大鱼鳞坑整地，或抽槽整地，或采用反坡梯田。盐碱地栽培臭椿，必须做好排水系统，雨后无积水，地下水位较高时，可整成条田或台田后栽植。

（四）造林密度

臭椿喜光，造林密度不宜过大。要根据林种、立地条件灵活掌握。立地条件差山地可适当密植，采用2米×2米株行距，立地条件较好的退耕坡地可采用2米×3米或3米×3米的株行距。

（五）基肥

每公顷施圈肥3.75万～5.25万公斤、氮肥1125公斤、磷肥750公斤。

四、栽植

（一）栽植季节

臭椿的栽植冬春两季均可，秋末初冬采用壮苗穴栽，春季栽苗宜早栽。

（二）苗木选择及处理

宜用地径5厘米以上，干型直，无病虫害，1～2年生壮苗。在苗干上部壮芽膨大呈球状时栽植成活率最高。选苗时要清除患有根腐病的苗木，主根过长可截断一部分，随起苗随栽植。栽植不宜太深，一般在原根颈土印以上2～3厘米为宜。作为行道树用的大苗，要求主干通直而分枝点高。一般可在育苗的第二年春进行平茬，以后要及时摘除侧芽，使主干不断延伸，到达定干高度后再让发侧枝养成树冠，即可进行移植。

(三)栽植方式

栽植时要做到穴大、深栽、踩实、少露头。干旱或多风地带易采用截干造林。

植苗造林关键是掌握“适时”和“深栽”。带干栽植，春季宜迟不宜早，一般在 3 月下旬至 4 月上旬，椿苗上部壮芽膨大呈球状时栽成活率最高；干旱地区需适当深栽，深度以超过根颈 15 厘米为宜。截干造林，春季截干造林需早栽，时间应在 3 月上、中旬早春进行。要掌握“深埋、实砸、少露头”，原则埋土深度超过根颈约 15 厘米，上端与土面取平或露出 1 厘米。

五、林分抚育

(一)幼林抚育

臭椿林在幼龄期要及时开展抚育，清理杂生灌木，以保证苗木的正常生长。第 1 年在 7 月 ~8 月间抚育松土 1 次，第 2 年于 5 月 ~6 月，8 月 ~9 月间各进行 1 次。造林后 2 ~3 年内，每年均要进行扩穴培土、踩穴、清淤等工作。

直播造林的苗，第三年苗木出现分化，穴沟内幼株出现争光、争肥等现象，应及时除去大部分弱苗。一般立地条件好的，幼苗生长快，间苗时间要早，强度要大，反之则间苗时间迟，强度小。

(二)施追肥

幼林每年松土除草，结合追施土杂肥，可开沟环施。

(三)抹芽修枝培育干形

对于当年造林生长不良的苗木，可于次年萌芽前采取平茬措施，则再次萌发的主干通常生长迅速，干形通直。第 2 ~3 年，每年春季或秋季平茬一次。第三年平茬后，5 月上旬摘芽，选留一个健壮顶芽，培育无节良材，当年高生长可达 1.5 ~2.7 米。以后，每年连续用摘芽法抚育，待主干生长高度达到培育要求时，停止摘芽，抑制高生长，促进直径生长。在土壤瘠薄和风口处，生长缓慢或易遭风折，主干不宜留得过高，慎用此法。15 ~20 年左右可以采伐利用。

(四)间伐

臭椿根系发达，为深根性树种，萌蘖性强，生长较快。不仅早期材积增长较快，而且中后期材积增长更快。生产上要利用臭椿的生长发育特性，及时调整或控制林木密度，并延长林木生长期，做到“早抚育、晚采伐”。

(五)病虫害防治

臭椿挥发出的特殊臭味具有很强的杀菌除虫功效，并可与其他物质混合成杀虫剂，所以臭椿对病虫害抵抗能力较强，病虫害危害较轻。臭椿常见病有白粉病、褐斑病等；虫害有臭椿樗蚕蛾、斑衣蜡蝉等。为害苗木的旋皮夜蛾是主要的食叶害虫，斑衣蜡蝉是常见的刺吸害虫，臭椿沟眶象是常见的蛀干害虫。臭椿叶点霉病和白粉病是主要危害叶部的病害，要及早发现及时防治，但一般除苗圃发病外造林后多不发病。

臭椿沟眶象 *Eucryptorrhynchus brandti*(Harold)，又名椿小象，属鞘翅目，象虫科，食性单一，是专门危害臭椿的一种枝干害虫，主要以幼虫蛀食枝、干的韧皮部和木质部，因切断了树木的输导组织，导致轻则枝枯、重则整株死亡。成虫羽化大多在夜间和清晨进行，有补充营养习性，取食顶芽、侧芽或叶柄，成虫很少起飞、善爬行，喜群聚危害，危害严重的树干上布满了羽化孔。人工林和行道树受害较严重。因臭椿沟眶象飞翔力差，自然扩散靠成虫爬行，故人为调运携带有虫的苗木或新采伐的带皮圆木是远距离传播的主要方式。防治上主要从三种途径入手：一是严把检疫关，防止其传播蔓延。二是加强监测，适时防治。可采用用螺丝刀挤杀刚开始活动的幼虫、打孔注药、人工捕杀、仿生剂防治等方法。三是保护天敌啄木鸟，发挥生物控制的作用。

臭椿皮峨别名旋皮夜蛾、椿皮灯蛾，属鳞翅目夜蛾科。只为害臭椿。幼虫食量大，数量多时能吃光全株树叶。防治方法：①于冬春季在树枝、树干上寻茧灭蛹。②检查树下的虫粪及树上的被害状，发现幼虫人工震动枝条捕杀。③幼虫期可用20%灭扫利乳油2000倍液、2.5%功夫乳油2000倍液、2.5%敌杀死乳油2000倍液等喷洒防治，还可推广使用一些低毒、无污染农药及生物农药，如阿维菌素、B.T乳剂等。④灯光诱杀成虫。⑤采用生物防治，利用胡蜂、螳螂、寄生蜂、寄生蝇等天敌消灭害虫。

斑衣蜡蝉别名斑蜡蝉、樗鸡。蜡蝉科，主要为害臭椿枝干，使树干变黑，树皮干枯或全树枯死。成虫、若虫吸食幼嫩枝干汁液形成白斑，同时排泄糖液，引起煤污病，使枝干变黑，树皮干枯，或嫩梢萎缩、畸形，对树木生长有一定影响，尤其对幼树影响更大。防治方法：①冬季刮除树干上的卵块。②斑衣蜡蝉以臭椿为原寄主，在为害严重的纯林内，营造混交林。③保护利用若虫的寄生蜂等天敌。④对成虫、若虫可用20%磷胺乳油1500~2000倍；或50%久效磷水溶剂2000~3000倍；或50%辛硫磷乳剂2000倍；或40%乐果乳油1500~2000倍液喷雾。

瘿螨主要为害幼芽，使得新叶短小皱缩，质地变硬，呈暗黄褐色，顶梢生长停止，严重影响了树体的发育及观赏价值。防治方法：①将带虫苗木置于50℃的温水中浸泡10分钟或用硫黄粉熏蒸，可杀死虫体。②在春季发芽前，喷洒5°Be的石硫合剂，杀死越冬虫体。③虫害发生时可喷洒20%三氯杀螨醇乳油1000倍液或1.8%虫螨立克乳油2000~3000倍液。

立枯病主要为害当年生播种嫁接苗或组培苗的茎基部，造成被害部位坏死，植株死亡。防治方法：①施足基肥，每亩施用腐熟的鸡粪2000公斤或其他厩肥5000公斤。②病害发生时可用72.2%普力克水剂稀释600－1000倍进行茎基部喷洒或浇灌苗床，阴雨季节用药要勤。

臭椿白粉病。白粉病主要为害叶片，病叶表面褪绿呈黄白色斑驳状，叶背出现白色粉层的斑块，进入秋天形成颗粒状小圆点，黄白色或黄褐色，后期变为黑褐色，即病菌闭囊壳。该菌主要生在叶背，偶尔生在叶面，会导致叶片早落。病原 *Phyllactinia ailanthi*（Golov. et Bunk.）Yu 称臭椿球针壳，属子囊菌亚门真菌。病菌以闭囊壳在落叶或病梢上越冬，翌春条件适宜时，弹射出子囊孢子，借气流传播，病菌孢子由气孔侵入，进行初侵染，在臭椿生长季节可进行多次再侵染。生产上天气温暖干燥有利该病发生和蔓延。防治方法：①秋季认真清除病落叶、病枝，以减少越冬菌源。②采用配方施肥技术，以低氮多钾肥为宜，提高寄主抗病力。③春季子囊孢子飞散时，喷洒下列药液：石硫合剂、30%绿得保悬浮剂400倍液、60%防霉宝2号水溶性粉剂800倍液、25%三唑酮可湿性粉剂1500倍液、40%福星乳油9 000倍液。

樗蚕蛾。樗蚕蛾幼虫绿色，有白色黏粉，成虫灰白色，幼虫吃臭椿树叶，危害树木生长。防治方法主要有：①人工捕捉。成虫产卵或幼虫结茧后，可组织人力摘除，也可直接捕杀，摘下的茧可用于缫丝。②灯光诱杀。成虫有趋光性，掌握好各代成虫的羽化期，适时用黑光灯进行诱杀，可收到良好的治虫效果。③药剂防治。幼虫为害初期，喷洒90%的敌百虫1500~2000倍液；也可用20%敌敌畏重烟剂，每亩0.5~0.7公斤，幼虫时防治效果最好。还可用除虫菊剂或鱼藤精等进行防治。④生物防治。引进樗蚕幼虫的天敌绒茧蜂、喜马拉雅聚瘤姬蜂、稻包虫黑瘤姬蜂和樗蚕黑点瘤姬蜂等进行防治。

盲蝽。盲蝽8~9月危害叶片，使叶尖部卷曲，影响植株正常生长。防治方法是喷洒40.7%毒死蜱乳油1000倍液或25%爱卡士乳油1000倍液。

第五十五章　苦楝

第一节　树种概述

苦楝 *Melia azedarach* 又称苦苓、金铃子、栴檀、森树等，为楝科楝属落叶乔木。苦楝是我国古老的树种，在公元6世纪的齐民要术中就有苦楝树生长特性及育苗造林的记载，“以楝子于平地耕熟作垄种之，其生长甚急，五年便可作大椽”。由此可见，古人就认为苦楝是优质速生用材树种。苦楝不仅生长迅速，而且适生性广，对土壤要求不严，在酸性、碱性及盐碱化土壤上均能生长，以紫色土、冲击土上生长好，耐涝，抗烟尘和病虫害能力强，既可作荒山绿化树种，还可作庭荫树、行道树、疗养林的造林树种，也是工厂、四旁绿化的好树种。

一、木材特性及利用

(一)木材材性

材质轻软、结构细，边材灰黄色，心材黄色至红褐色，纹理粗而美，有光泽，耐腐。

(二)木材利用

是制作家具、建筑、农具、舟车、乐器等的良好用材。

(三)其他用途

果实、根皮和叶均可入药。干根皮名苦楝皮，果实供中药用称“金铃子”，《本草备要》记载金铃子，性味苦寒有小毒，治疝气、杀虫、舒缓肝经、利小便。从其花、叶、根、皮分离出的苦楝素，是良好的杀虫剂。

果核仁油可供制油漆、润滑油和肥皂。

二、生物学特性及环境要求

(一)形态特征

落叶乔木，高可达2０余米；树冠宽阔；幼树皮光滑，皮孔多而明显，老时树皮暗褐色，纵裂。分枝广展，小枝有叶痕。叶互生，叶为2~3回奇数羽状复叶，长20~40厘米；小叶对生，卵形、椭圆形至披针形，顶生一片通常略大，长3~7厘米，宽2~3厘米，先端短渐尖，基部楔形或宽楔形，多少偏斜，边缘有钝锯齿，两面均无毛。花两性，腋生圆锥状聚伞花序，淡紫色，圆锥花序约与叶等长，无毛或幼时被鳞片状短柔毛；花芳香；花萼5深裂，裂片卵形或长圆状卵形，先端急尖，外面被微柔毛；花瓣淡紫色，倒卵状匙形，长约1厘米，两面均被微柔毛，通常外面较密；核果球形至椭圆形，长1~2厘米，宽8~15毫米，果皮肉质成熟时橙黄色，平滑，冬季宿存在树上翌年春逐渐脱落。内果皮木质坚硬，淡褐色，核分4~5室，每室有种子1颗；种子先端尖而光滑椭圆形呈黑色。花期4~5月，核果10月~11月成熟。

(二)分布

苦楝广布于亚洲热带和亚热带地区，温带地区也有栽培。在中国黄河以南各省区，较常见。北起河北、山西、陕西南部及甘肃东南部，东至台湾，西至四川、云南，南至海南均有野生或栽培，多生于低山、丘陵平原地区，以长江以南生长最好。垂直分布海拔100～1900米，而以700米以下生长良好。

(三)生态学特性

苦楝喜温暖、湿润气候，喜光，不耐庇荫，较耐寒。对土壤要求不严，在酸性、中性、钙性土和碱性土壤中均能生长，在含盐量0.45%以下的盐碱地上也能良好生长。耐干旱、瘠薄，也能生长于水边，但以在深厚、肥沃、湿润的土壤中生长较好。苦楝树势强壮，萌芽力强，抗风，生长迅速，耐潮、耐风，耐烟尘，抗二氧化硫和抗病虫害能力强，具有吸滞粉尘和杀灭细菌的功能。但是怕积水，在积水处则生长不良。

第二节　苗木培育

一、良种选择与应用

苦楝种子园虽尚未建立，但已开展了种源试验研究。因此，可从优良种源林中选择10～20年生的健壮母树作为采种母树，可使造林的增益得到提高。

二、播种育苗

(一)种子采集与处理

楝树种子为肉质果，种子成熟后由绿色变为淡黄色。果实10月份成熟，果皮变黄略有皱纹时即可采集。由于熟果久悬不落，采果期可延至12月初。采集时用竹竿敲击果枝，使核果落地收集。采后放置在干燥通风处保存。因其种皮结构坚硬、致密，具有不透性，不经处理，种子发芽率极低。可将楝果在阳光下曝晒2～3天，再放入60～70℃的热水中浸泡，适当沤制，使果皮变软，再将其揉搓，用水将果肉淘洗干净，洗净果核后阴干沙藏。另一种方法是在播种前用0.5%高锰酸钾溶液浸泡2～3分钟，用清水冲洗干净即可。也可不除去果皮果肉而将核果晒干作为播种材料，出籽率20%～25%，果核千粒重1000～1700克，每公斤果核600～1000粒，发芽率80%～90%。贮藏期间每隔10～15天翻动一次，防止种子发霉。

(二)选苗圃及施基肥

选择肥沃、湿润、疏松和排水良好的土壤作为圃地。每公顷施厩肥2.25万公斤或磷肥3000公斤，施足基肥后整地筑床，要精耕细作，打碎泥块，平整床面。

(三)播种育苗与管理

播种季节在2月下旬到3月上中旬。播种时选用籽粒饱满、没有残缺或畸形、没有病虫害的种子。需催芽处理，播种前20天左右，将种子暴晒两三天，用50℃温水浸种，任其自然冷却。浸泡1～2天，种子吸水膨胀后捞出，混拌3倍湿沙催芽，沙的湿度为手握成团，松手即散。在温床上覆盖塑料薄膜催芽，约10天种子开始萌动，待果核开始有1/3咧嘴露白时即可播种。

条状点播育苗，条距20～30厘米，条幅3～5厘米，播种沟深2～3厘米，每米播种沟播施种子15～20粒，每公顷用果核450～750公斤，播后覆细土厚约2～3厘米。播种后用松针叶、稻草等覆盖苗床，以不见床面为宜。早春播种后遇到寒潮低温时，可覆盖较厚的稻草，以利保温保湿。5月上中旬幼苗出土后，要及时把稻草揭开，否则幼苗会生长得非常柔弱。在出苗期前要做好圃地除草工作。大部分幼苗长出3片或3片以上的叶子，在苗高5～10厘米左右时，趁阴雨天间苗、移栽补植。苗高10～15厘米时中耕除草1次，施人粪尿等有机肥；苗高18～20厘米时，进行第二次中耕除草；7月上旬后苗木进入速生期，应从6月下旬开始，每隔15天开沟深施尿素，每公顷600～900公斤，早期要结合灌溉，以充分发挥其速生潜力。后期以磷肥为主，增强木质化程度。最后一次追肥时间不应超过7月底，以防徒长，造成冬季枯梢。培育一年后于冬季或第二年春季发芽前移栽。苗床土壤湿度过大时，常会出现幼苗猝倒病，出现时淋洒500～800倍的敌克松溶液，以淋湿苗床土壤表层为度，新洁尔灭5000倍液或8:2的草木灰石灰粉也有效果。当年生苗高1.5米，根径1.7厘米，每公顷产苗15万株左右。

三、扦插育苗

（一）插条采集与处理

常用当年生的枝条进行嫩枝扦插，或于早春用去年生的枝条进行老枝扦插。进行嫩枝扦插时，在春末至早秋植株生长旺盛时，选用当年生粗壮枝条作为插穗，把枝条剪下后，选取壮实的部位，剪成5～15厘米长的一段，每段要带有3个芽以上的枝节。剪取插穗时需要注意的是，上面的剪口在最上一个叶节的上方大约1厘米处平剪，下面的剪口在最下面的叶节下方约0.5厘米处斜剪，上下剪口都要平整。进行老枝扦插或硬枝扦插时，应在早春气温回升后，选取去年的健壮枝条做插穗。每段插穗通常保留3～4个枝节，剪取方法同嫩枝扦插。

（二）扦插时间与要求

进行嫩枝扦插时，在春末至早秋植株生长旺盛时；进行老枝扦插或硬枝扦插时，应在早春气温回升后。扦插株距为15～20厘米、行距为30～40厘米，深度为长度的1/3，扦插后将周围土壤按实。

（三）插后管理

扦插后应注意温度、湿度和光照管理，插穗生根的最适温度为20～30℃，低于20℃，插穗生根困难、缓慢；高于30℃，插穗的上下两个剪口容易受到病菌侵染而腐烂。保温的措施主要是用稻草来覆盖；降温的主要措施主要是给插穗遮阴50%～80%，同时每天喷雾3～5次。扦插后必须保持空气相对湿度在75%～85%。扦插后必须遮阴50%～80%，扦插繁殖待根系长出后，逐步移去遮阴网。

四、轻基质容器育苗

（一）轻基质的配制

容器育苗的基质是为苗木成活和生长发育提供养分和水分的基础，是影响苗木成活和生长的重要条件，也是决定苗木质量的关键因素，所以如何选择和配制好营养土，对容器育苗的成败起决定性作用。适当的基质配方比例，既要考虑到苗木在苗床里生长的条件及造林地的立地条件，同时也要考虑到操作和运输都轻便。不同的基质配比，不仅对苗木苗期生长反应有所不同，而且经过几年生长后这种影响仍然存在。因此，基质的选择十分重要。

通过对不同基质的对比试验，以黄心土2:锯末1:珍珠岩0.1，或黄心土1:泥炭1:珍珠岩0.2这两种基质育苗效果好。

（二）容器的规格及材质

育苗容器是培育容器苗的主要设备，容器设计的合理与否，直接影响到苗木的生长发育、生产管理和经济成本。同一体积的容器，高径比不同，苗木的生长也不同。最佳的容器尺寸应该是适合苗木生长的需要，又要尽量降低成本。一般而言，大规格容器生长空间大，利于苗木的生长发育。但从经济成本和空间利用率来考虑，建议使用8厘米×8厘米×16厘米的聚乙烯容器（塑料袋容器）来培育苦楝容器苗，成本相对较低，所占空间小，苗木表现优。

（三）圃地准备

圃地位置应选择通风良好、光照充足、交通及排灌方便的平坦地区。对圃地要进行深耕细耙，捡净草根石块，地面要求平整，同时施入腐熟农家肥1～2公斤/平方米。然后作床，床面高度以轻基质容器土面高于步道5～10厘米为宜。苗床宽1～1.2米，长度不限，床与床之间的步道宽度35～40厘米。苗床四周步道要互通，便于排水与作业。苗床做好再施用与生黄土拌匀的硫酸亚铁对苗床进行土壤消毒，用量为10克/平方米。

（四）容器袋进床

将发酵、消毒后的轻基质分别装填到容器内，必须填实，距离容器上口缘保留约0.5～1.0厘米空间。将装填好的容器呈"品"字形整齐排列到苗床上，容器之间相互挤紧，中间空隙用细沙土填平。四周用泥土堆起与容器平齐，最后使用喷灌系统均匀地对容器洒水，浇透为宜。

（五）种子处理

播种时选用籽粒饱满、没有残缺或畸形、没有病虫害的种子。需催芽处理，播种前20天左右，将种子暴晒2～3天，用50℃温水浸种，任其自然冷却。浸泡1～2天，种子吸水膨胀后捞出，混拌3倍湿沙催芽，沙的湿度为手握成团，松手即散。在温床上覆盖塑料薄膜催芽，约10天种子开始萌动，待果核开始有1/3咧嘴露白时即可播种。

（六）播种与芽苗移栽

将催芽后的苦楝种子装入轻基质营养土的容器内，每个容器3粒～5粒种子。如果容器营养土干燥时可适量洒水，后用营养土覆盖种子厚度0.5～1厘米，上面用稻草覆盖营养袋，以保持湿润。

（七）苗期管理

1. 病害、鸟兽危害防治

播种后7～10天开始发芽，视天气情况在一个月内逐渐撤去稻草。种子发芽前后要防止鸟兽危害。苗木出齐后喷一次500～600倍液多菌灵或800倍液退菌特，以后每隔10～15天喷药一次，共4～5次，严防苗木猝倒病和立枯病的发生。

2. 间苗补苗及水肥管理

苗期要经常保持苗床湿润，及时除去杂草。每个容器内保留1～2株健壮苗，其余间苗补缺。夏季6月初至7月中旬可进行根外追肥2次，第一次用尿素（浓度0.2%～0.3%），第二次用磷酸二氢钾（浓度0.2%）。

3. 苗木出圃与处理

一般当年生苗高可达到3.0～3.5米，根茎3.0～3.5厘米。苗木出圃造林成活率高，植株生长速度快。营养袋苗木生长到9月下旬至10月中旬，苗高达30厘米以上时基本停止生长，可以考虑出圃。苗木出圃前三天要浇足水，起出的营养袋装入竹筐或纸箱，注意轻拿轻放，呈三角形排列摆放整齐、紧密，防止破损或机械损伤，视竹筐或纸箱体积大小可装50～100个营养袋为宜。尽可能一次性运输到造林地点，减少中途搬运环节。

第三节　栽培技术

一、立地选择

苦楝造林地宜选择中低山、丘陵、岗地的湿润、肥沃、排水良好土壤。

二、整地

（一）整地时间

造林前于上一年秋冬季进行整地。

（二）整地方式

块状整地不小于60厘米×60厘米，深度不小于20厘米。栽植穴底径不小于40厘米，深不小于50厘米。

（三）造林密度

每公顷420～1110株。一般四旁植树株行距3米×4米，片林4米×6米。

（四）基肥

用于平原绿化、村前屋后、四旁零星移栽的要施足底肥，成片造林要回填好表土后，每穴施磷肥0.25～0.5公斤。

三、栽植

用当年生苗高1.5米，根径1.7厘米的优质苗造林。苦楝树须根少，起苗时主根适当修剪，栽后以促进侧根生长。

于苗木落叶后或翌年春季苗木发芽前栽植。

四、林分管抚

（一）幼极抚育

造林后的前三年，每年分别抚育2次，可于春末和秋初各抚育1次。3或5年生时施追肥1～2次，以农家肥为主，或每株施磷肥0.5公斤；也可套种绿肥、豆类，以耕代抚。

（二）修枝、抹芽与干型培育

楝树自然生长，分枝低，树干矮，为了培育通直用材，可采用"斩梢抹芽"方法。具体实施过程为：头3年通过"斩梢抹芽"，养成高大而直立主干，即用大苗造林后，在2～3月新芽未萌发前，斩去地上部分的1/3～2/3。5月，当不定芽萌发至10厘米长时，选留一个靠近切口的粗壮新枝培育为主干，剪去其余萌芽，第2或第3年再斩去梢部不成熟部分，在上年留枝的相反方向选留一个新株，如此进行，直至主干达到需要的高度止。第4年后是径生长阶段，此时可任其自然分枝，努力养成一个大而丰满的树冠，供楝树本身生长和干物质积累的需要。

（三）间伐

由于采取"斩梢抹芽"方法，10年内不进行间伐。10年以上的人工林，应根据经营目的、林分生长状况，及立地条件等具体情况，适当调整密度。

（四）病虫害防治

（1）斑点病：是病原真菌引起的。初期叶片出现褐色小斑，周围有紫红色晕圈，斑上可见黑色霉状物。随着气温的上升，有时数个病斑相连，最后叶片焦枯脱落。

可用可湿性粉剂1000倍或50%多菌灵1000倍液喷雾。

（2）黄化病：该病有的是由于线虫、细菌类、病毒、支原体等病原体而引起的疾病；有的是由于养分的过分不足而引起的生理性疾病。表现为茎叶的一部或全部退绿。防治方法：①采取在树干上直接嵌入含有螯合铁的"绿亨铁王"药片。通过树木的营养吸收将铁均匀输送到树叶中去，从而补充有效铁元素。②将专用吊瓶营养液挂在树身1.3米左右输液。③用充电式电钻在树干上钻注射孔，深约1.2～1.5厘米至木质部，再用手动式树干注射器注射硫酸亚铁+纯净水+杀菌剂稀释液。

（3）溃疡病：苗木、幼树受害最重，常造成枯梢或全株枯死。防治方法：①入冬用刀刮除溃疡病斑，集中后及时烧除；②或对病部喷70%托布津200倍液。

（4）苦楝丛枝病：叶蝉类是丛枝病的主要传播者。防治应首先从消灭叶蝉着手。①可在叶蝉的初孵若虫期喷洒40%乐果或50%的马拉硫磷2000倍液。②对刚发病的植株用1～1.5万单位的四环素或土霉素进行根施或注入髓心，有一定效果。

(5)金龟子：防治时应于傍晚或凌晨用辛硫磷或乐斯本喷雾进行防治。

(6)红蜘蛛：可用敌敌畏1200～1500倍液喷杀，也可用40%乐果1500倍液喷杀。

(7)大袋蛾：大袋蛾的幼虫蚕食叶片，7～9月危害最严重。防治方法：可用90%的敌百虫0.1%溶液喷杀。亦可在冬季或早春人工剪摘虫囊。

第五十六章　红椿

第一节　树种概述

红椿 *Toona ciliata*，又名红楝子、南亚红椿、香铃子，是楝科香椿属落叶大乔木，属国家二级保护植物，是中国特有的珍贵用材树种。红椿生长迅速，干形圆满通直，材质优良，用途广泛，且抗病虫害，是培育大径级材的理想速生树种，也是营造河堤、滨海等防护林和山区、四旁、庭园绿化的优良树种。

一、木材特性及利用

(一)木材材性

红椿心材深红褐色，边材色较淡，木纹美丽，木材具显著香气，可防蛀虫，耐腐性好。材质轻软至中等，干燥快，变形较小，加工性能优良，油漆及胶粘性能良好。

(二)木材利用

红椿木材基于上述优点，在工业上有广泛应用，一般用于高级家具，胶合板面板及各种贴面板，箱盒，车船制造及室内装修等，被视为珍贵用材。

(三)其他用途

树皮含单宁 12% ~18%，纯度为 90% ~91%，属缩合类单宁；可供提制栲胶。树皮受伤后，可分泌多量黄棕色透明树胶，可作为胶粘剂。

二、生物学特性及环境要求

(一)形态特征

红椿为落叶或近常绿乔木，树干通直，高可达 35 米，胸径达 1 米，树皮灰褐色、纵裂，小枝被黄褐色茸毛，后渐秃净，具稀皮孔。叶为羽状复叶，长 20 ~50 厘米，小叶 7 ~14 对，长椭圆形至椭圆披针形，长 6 ~16 厘米，先端渐尖，全缘，基部常歪斜，背面脉腋间具黄褐色茸毛。圆锥花序，顶生，花白色(或粉红色)，长 5 ~7 毫米，萼极短，5 裂，被微柔毛及睫毛，花瓣 5 枚，膜质，长椭圆形，长 4 ~5 毫米，边缘具睫毛；雄蕊 5 枚分离，与花瓣等长；花盘与子房等长，被粗毛；子房密被粗毛，5 室，每室 8 ~10 个胚珠，花柱秃净，柱头盘状。蒴果长椭圆状卵形，成熟时开裂，木质棕褐色，种子长卵形两端有薄翅，翅长 1.5 ~2.2 厘米。花期 6 ~7 月份，果成熟 10 月中下旬。

(二)生长规律

红椿树高生长前期速生很明显，从 3 年生开始至 15 年生，每年高生长平均超过 1 米，最高超过 1.5 米；15 年后，树高年生长量逐渐下降，至 30 年生时，树高生长量在 0.6 ~0.8 米，30 年后，树高年生长量在 0.5 米以下。此时，树高总生长量可达 21 ~25 米。胸径年平均生长量从 5 年生开始增大，每年生长 2 厘米左右，10 年至 15 生时是胸径年生长量最大时期，尔后呈下降趋势，20 年至 30 年生时，胸径生长渐趋平缓，此时树木胸径总生长量已达 35 ~45 厘米。30 年生后，胸径年平均生长量仍可达 1.3 厘米以上。材积年平均生长量从 10 年生后逐渐加大，15 年后迅速增加，30 年后开始下降。

(三)分布

红椿在我国主要分布于云南、广东、广西、贵州、海南、湖南、福建等省份，垂直分布于海拔300～2260米，通常多生于海拔300～800米的低山缓坡谷地阔叶林中。印度、马来西亚、印度尼西亚、越南等国亦有红椿分布。

(四)生态学特性

红椿喜温暖湿润气候，年平均温15～22℃，年降水1250～1750毫米，相对湿度80%。土壤为红壤和砖红壤，pH值4.5～6.0。红椿为阳性树种，不耐庇荫，但幼苗或幼树可稍耐阴。在土层深厚、肥沃、湿润、排水良好的疏林中，生长较快。红椿为浅根系，主根不明显，侧根发达，根系主要分布在20～50厘米土层内，天然大树易风倒。其萌芽更新能力较强，在空地或疏林下，特别是火烧迹地或退耕地，天然种更新效果很好，但在密林下或庇荫地更新困难。

(五)环境要求

红椿适宜砖红壤及黄壤，在石灰岩淋溶土上也可生长。对水肥条件要求较高，在深厚、肥沃、湿润、排水良好的酸性及中性土上生长良好，在良好的立地条件下生长迅速。

第二节　苗木培育

一、良种选择与应用

湖南省对红椿资源进行了调查，初选了一些优良林分和优良单株，并采种进行了子代测定，因此，可根据其调查及测定结果，选择优良种源优良林分或及优良单株的种子进行育苗造林，可提高苗木质量和造林效益。

二、播种育苗

(一)种子采集与处理

选用生长健壮的母树，采集其种子。红椿一般10月底至11月上旬，蒴果由绿转棕色或棕红色时采下，在阳光下摊晒数天，脱出种子，去杂，扬净后袋装藏于通风干燥的室内，种子不宜久藏。

(二)选苗圃及施基肥

选择交通方便、背风向阳、地势平坦、邻近水源的地方。土壤宜土层深厚、肥沃、疏松，要求土壤近中性或偏酸性，即土壤pH值在5～6之间为好，忌用重黏土和前作物是瓜类、马铃薯、红薯、茄子、辣椒、烤烟等的土壤，若用原来育过红椿苗的圃地育苗，则每公顷需用2250公斤生石灰进行土壤消毒与改良。

选好的苗圃于秋季或冬季进行深耕、耙平、整细，除去杂物，结合整地每公顷施硫酸亚铁225公斤，碾成粉，撒在圃地面进行土壤消毒。如有地下害虫，每公顷施50%辛硫磷颗粒剂37.5公斤(拌土施入)，再复耕一次；结合开厢作床每公顷施复合肥($N:P_2O_5:K_2O=19:19:19$)1500公斤作基肥。均匀撒施于圃地后将其翻人土中。

(三)播种育苗与管理

2月底～3月初播种。采用条播，条距25～30厘米，播种沟深2～3厘米，播种后用无菌过筛黄心土覆盖，不见种子为宜。圃地排水沟畅通，以雨停苗圃地不积水为标准。

约20天后种子相继发芽出土。幼苗出土至真叶出现约需一周。4月底至5月份为苗木生长初期，苗木生长缓慢，嫩弱，此时应注意喷淋保润，6月幼苗生长加快，此时需要加强水肥管理。幼苗期间根据需要，喷50%多菌灵可湿性粉剂800倍液，以后每月1次。幼苗长出3～5片真叶时进行追肥，每

15 天追肥 1 次，以氮肥为主，及时做好松土除草、施肥、排水工作。

三、扦插育苗

(一) 圃地选择

选择交通方便、背风向阳、地势平坦、邻近水源的地方。将苗圃进行耕深 25 厘米，整细、除去杂物，结合整地亩施生石灰 50 公斤撒在地面进行土壤消毒，结合开厢每公顷施钙镁磷肥 750 公斤和复合肥 1500 公斤作基肥。

(二) 插条采集与处理

穗条为当年生半木质化的嫩枝，生长健壮、发育正常、无病虫害，将其剪成 6 ~ 8 厘米长的枝段，穗条保留 2 叶片，穗条基部采用浓度为 100 毫克/公斤的生根促进剂 GGR 溶液进行处理，处理时间为 5 ~ 8 分钟。穗条扦插株行距为 15 厘米 ×15 厘米，插入深度为插穗长度的 1/2 以上。

(三) 扦插时间与要求

扦插一般在 3 月进行，穗条为当年生半木质化的嫩枝，生长健壮、发育正常、无病虫害，将其剪成 6 ~ 8 厘米长的枝段，枝段保留上部 1 ~ 2 个复叶，每个复叶基部仅留 1 ~ 2 片小叶，其余叶全部剪除；穗条基部采用生根促进剂 GGR 溶液进行浸泡，浸泡时间为 5 ~ 8 分钟。

(四) 插后管理

扦插完毕后，浇透水立即用塑料薄膜覆盖，以保温、保湿。插后喷药防菌、灭菌，主要药品有多菌灵、甲基托布津、代森锰锌，浓度为 800 ~ 1000 毫克/公斤，进行轮流喷撒，以防止霉变发生。在扦插后覆膜前喷一次，以后视情况喷撒。

四、轻基质容器育苗

(一) 轻基质的配制

轻基质营养土选择可结合当地自然条件，本着就地取材、灵活搭配、营养全面的原则，以有机质为主，选择林中腐殖质土或枯枝落叶、食用菌袋料废弃物、动物粪便(猪、牛、羊、鸡、鸭粪均可)复合肥、钾肥，一般以 1 种到 2 种材料为骨架，加入肥料和多种添加剂进行调节。基质一般采用泥炭: 珍珠岩 =7:3，缓释肥施入 2.5 公斤/立方米。

(二) 容器的规格及材质

容器选用聚乙烯材料，规格为 8 厘米 ×10 厘米。将发酵、消毒后的轻基质分别装填到容器内，必须填实，距离容器上口缘保留约 0.5 ~ 1.0 厘米空间。

(三) 圃地准备

圃地应选择通风良好、光照充足、交通及排灌方便的平坦地区。对圃地要进行深耕细耙，拣净草根石块，地面要求平整。然后作床(床面高度以轻基质容器土面高于步道 5 ~ 10 厘米为宜)。苗床宽1 ~ 1.2 米，长度不限，床与床之间的步道宽度 35 ~ 40 厘米，苗床四周步道要互通，便于排水与作业。

(四) 容器袋进床

将装填好的容器呈“品”字形整齐排列到苗床上，容器之间相互挤紧，中间空隙用细沙土填平。四周用泥土堆起与容器平齐，最后用洒壶均匀地对容器洒水，浇透为宜。

(五) 种子处理

种子用 2% 的高锰酸钾溶液浸泡消毒 24 ~ 48 小时，并用清水将残留的高锰酸钾溶液冲洗干净，稍稍晾干以备用。

（六）播种与芽苗移栽

将种子装入轻基质营养土的容器内，每个容器3～5粒种子，如果容器营养土干燥时可用洒壶适量洒水，再用营养土覆盖种子厚度0.5～1厘米，上面用稻草覆盖营养袋，以保持湿润。当芽苗生长高度达到4～5厘米，有4～6张真叶时开始移栽。移栽前5～7天，用5%的硫酸亚铁溶液进行浇灌，对容器袋消毒。

（七）苗期管理

移栽后要及时遮阴，要遮阴15～20天到成活。芽苗移栽后15天内，要保持容器袋内基质湿润。要经常喷水或浇水，喷水时间一般在上午10时以前或下午5时以后。梅雨季节要清沟排水，特别不能让苗床积水。夏秋季高温干旱，要经常喷水或浇水。由于在基质中加入缓释肥料，一般不需要进行根外追肥。视苗木生长情况可结合浇水施肥。

五、苗木出圃与处理

苗高达30厘米以上时基本停止生长，可以考虑出圃。苗木出圃前三天要浇足水，起出的营养袋装入竹筐或纸箱，注意轻拿轻放，呈三角形排列摆放整齐、紧密，防止破损或机械损伤，尽可能一次性运输到造林地点，减少中途搬运环节。

第三节　栽培技术

一、立地选择

选用土层深厚、肥沃、疏松壤土，要求土壤近中性或偏酸性，即土壤pH值在6～7之间为好，忌用重黏土和前作物是瓜类、马铃薯、红薯、茄子、辣椒、烤烟等的土壤。红椿适合温暖湿润的气候，年平均温度15～22℃，极端最低温度－3～－12℃，年平均降水量1250～1750毫米，相对湿度为80%。

二、栽培模式

（一）纯林

红椿作为热带亚热带珍贵用材树种，目前尚未发现有大面积的天然纯林，因此，新造红椿人工林时，不宜营造纯林。

（二）混交林

营造混交林有利于红椿的健康生长。在澳大利亚已成功营造包括红椿、相思类、南洋杉、大叶杜英、苦楝、桉树等20余个树种的混交林，效果良好。红椿属阳性树种，可能因其他速生树种过度遮阴而影响其生长。

通过对杉木×毛红椿混交林生长效应的研究表明，毛红椿×杉木混交造林是一种较好的混交组合。其林木在胸径、树高、林分蓄积量等方面生长较好，在造林后8年毛红椿杉木混交林的表层（0～10厘米）土壤有机质、全N、水解性N和有效P均有所改善，且生物量较高。随着树龄增长，毛红椿在混交林中的树高和冠幅大于杉木，必然对相邻的杉木有一定的挤压作用，将对杉木的生长产生不利的影响，可在造林时将毛红椿与杉木接触行的行距适当增大，推迟种间竞争发生的时间，或者在种间竞争加剧时及时采取修枝、间伐等措施加以调控。

三、整地

整地的主要作用是改善幼苗生长的立地条件，可使造林施工容易进行，同时提高造林成活率和促进幼林生长。整地可以改变小地形，增加透光度，能极大改变土壤的物理性及土壤的温度、水分、通气状况，因此有利于土壤微生物活动加速营养物质的分解，并且能促进各种营养元素有效化和可溶性盐类的释放。整地在加快腐殖质及生物残体分解的同时，能增加土壤养分的转化和积蓄，不仅可提高造林成活率，还使水土能得到保持，减少水土流失。

（一）造林地清理

对造林用地进行清理是翻垦土壤前所要进行的第一道工序。根据土壤里杂物的不同可以结合割除清理、化学药剂清理和火烧清理三种方法。将造林地上的灌木、杂草以及采伐迹地上的枝丫、梢头、站秆、倒木、伐根等清除掉。在清理完成后进行归堆和平铺，在严格防火的前提下，采用火烧将其清除。

（二）整地时间

整地时间一般伏秋整地为宜，能灭除杂草，又能蓄水保墒。

（三）整地方式

整地的方式包括局部整地和全面整地两种，局部整地主要是带状整地和块状整地。在山地带状的整地方法一般是水平阶、反坡梯田、水平沟、撩壕等。在平地上的整地方法一般有高垄、带状和犁沟等方法。所谓块状整地指的是呈块状的翻垦来造林的一种整地方法。在山地所运用的一般是块状、穴状和鱼鳞坑。而在平原上运用的方法主要包括块状、坑状和高台。全面整地是翻垦造林地全部土壤的整地方式，这种方式改善立地条件的作用显著，可以用于平坦、辽阔的造林地，在山地则不宜提倡。

（四）造林密度

不同密度间林木生长发育的差异主要是由于其营养生长空间的差异造成，密度大，林木间相互挤压抑制了树冠生长，造成树冠枯损和窄小，林木营养面积小，林木生长不良。红椿作为珍贵用材树种，造林密度 3 米 ×3 米或 3 米 ×4 米为宜，种植穴规格 50 厘米 ×50 厘米 ×40 厘米。

（五）基肥

每公顷施钙镁磷肥 750 公斤和复合肥 1500 公斤作基肥。

四、栽植

（一）栽植季节

低山丘陵地区 2 月下旬 ~3 月中旬，中高山地区 3 月中旬 ~4 月上旬造林。

（二）苗木选择、处理

一般选择健壮种苗，苗高≥30 厘米，地径≥0. 3 厘米，顶端优势明显、顶芽完好，主干粗壮、根系发达，高径比协调，叶片浓绿，无病虫害。丛枝、顶端优势不明显、枝缩叶淡、体态纤弱的劣苗应淘汰。

（三）栽植方式

栽植方式一般为穴植和散植，红椿宜用穴植造林，成活率高于散植，散植时植株不能直立生长，浇水时容易倒伏。栽植时，先挖好栽植穴，将树苗根部放于穴中，根系要平展，然后填土，土埋至根地径上 5 厘米左右，锄紧。栽植后及时浇足定根水。

五、林分管抚

（一）幼林抚育

幼林定植后的前 3 年每年的 5 月和 8 月进行全面砍草、块状扩穴培土各 1 次。

（二）施追肥

根据红椿幼林的生长情况进行追肥，可于栽植后的第 2 年至第 5 年，每年的早春追肥 1 次，每株肥复合肥 100～150 克。立地条件好，树木生长旺盛可不追肥。立地条件不好，或树木生长弱应适当加大追肥量。

（三）修枝与干型培育

从造林后第 5 年起，要适当修除红椿主干 1/3 以下的枝条，10 年生以后，要适当修除红椿主干 1/2 以下的枝条，以培育良好干型。并剪除枯枝、病虫枝。

（四）间伐

对于混交林，应及时将影响红椿生长的其他树种进行修枝，以防过度遮阴。红椿主要是作为优质用材培育，抚育间伐是必要的。幼林郁闭后，可伐除生长势差、过度被遮或受病虫害危害的植株，以保证林分健康。

（五）病虫害防治

1. 病害及防治

（1）烂皮病。导致红椿烂皮的诱因是日灼、冻裂、昆虫危害和人畜损伤树皮。用 70% 托布津 400 倍液喷涂治疗红椿烂皮病，可取得较好效果。

（2）煤污病。煤污病影响红椿光合、降低生长量甚至引起死亡。其症状是在叶面、枝梢上形成黑色小霉斑，后扩大连片，使整个叶面、枝梢上布满黑霉层。呈黑色霉层或黑色煤粉层是该病的重要特征。高温多湿、通风不良、蚜虫、介壳虫等分泌蜜露害虫发生多，均加重发病。

防治方法：①植株种植不要过密，增加通风透光，以降低湿度，切忌环境湿闷；②该病发生与分泌蜜露的昆虫关系密切，喷药防治蚜虫、介壳虫等是减少发病的主要措施。适期喷用 40% 氧化乐果 1000 倍液或 80% 敌敌畏 1500 倍液。防治介壳虫还可用 10～20 倍松脂合剂、50% 甲胺磷乳油 800～1000 倍液，同时加入 50% 退菌特可湿性粉剂 600～800 倍混合液喷雾防治煤污病，防治时要仔细认真，枝、干、叶正背面均匀喷到，严重田块每间隔 10～15 天重复防治一次，连续防治 2～3 次。

2. 虫害及防治

红椿常见虫害为食叶害虫和食根害虫。

（1）食叶害虫。红椿食叶害虫叶甲、铜绿丽金龟，在红椿苗期也有少量发生。以成虫和幼虫同时进行危害红椿树叶片及嫩枝表皮。从 4 月上旬开始进行防治，用灭幼脲 1500 倍液，25% 灭幼氰乳剂 1000 倍液、速灭杀丁 800 倍液进行防治，效果较好。

（2）食根害虫。地下害虫防治可施未腐熟的有机肥料，以破坏地下害虫如金龟子类幼虫的适生环境。每公顷用 50% 辛硫磷乳油 3750 毫升，加水 10 倍稀释，喷洒在 375～450 公斤细土上，拌匀，将药土均匀撒在苗床上，结合中耕除草，翻入土中。或每公顷用 20% 甲基异柳磷乳油 1875 克与 40% 乙酰甲胺磷乳油 1875 克混合，加水 15000 公斤稀释，浇注苗木根际，防治地下害虫效果较好。

第五十七章　香椿

第一节　树种概述

香椿 *Toona sinensis* 楝科香椿属，别名山椿、虎目树、虎眼、大眼桐、椿花、香椿头、香椿芽。香椿是原产中国的高大乔木，现东亚与东南亚地区，北从朝鲜南至泰国、印尼等地均有栽培。香椿生长迅速，树高至25米，胸径达70厘米，干形通直，材质优良，素有“中国桃花心木”之称，是我国珍贵的用材树种。香椿树冠庞大，枝叶茂密，散发沁人的香味，因此也是园林景观和“四旁”绿化的首选树种。香椿芽更是餐桌上的珍品菜肴，令人食而不忘，故而椿树又是天然的森林食品树种。

一、木材特性及利用

(一) 木材材性

香椿木材纹理美观，质地坚硬有光泽，耐腐蚀，且具有浓郁的香味，材质红褐色，干缩性小，易干燥，不翘不裂，易切削。心材与边材区别明显，边材极狭。心材深红褐色至淡紫色；边材黄白色，色浅。纹理直，结构中，质略轻至略重，比重约0.53～0.65。油漆及胶粘力好。

(二) 木材利用

香椿木材为建筑、船舶、高档家具及室内装饰等的上等材料。在军事上用作包装胶合板。还用作羽毛球、乒乓球和网球的球拍以及绘图板、木尺、标尺、三脚架、箱盒及文具仪器等的材料。

(三) 其他用途

香椿的叶片有独特浓厚的味道，嫩叶可以食用，干燥后磨成细粉，素食者时常拿来当调味料。嫩芽(称椿芽)味美，富含多种维生素及多种营养物质，其中蛋白质含量为番茄的6.75倍，黄花菜的1.86倍，胡萝卜的9.00倍，是优良的天然蔬菜。

香椿的木屑及根可提芳香油，国外用作雪茄烟的赋香剂。

种子可榨油，含油量38.5%。

根皮及果入药，有收敛止血去湿止痛的功效。树皮含川楝素，图醇，鞣质；叶含胡萝卜烃，维生素B，维生素C。

二、生物学特性及环境要求

(一) 形态特征

落叶乔木，树高达20多米。树皮呈灰褐色至竭色，且呈不规则的条状纵裂，片状剥落。叶互生，为偶数羽状复叶，长25～50厘米，有香味，小叶矩圆状披针形或卵状披针形，长8～15厘米，先端尖，基部圆形，不对称，叶缘有锯齿或近全缘。幼叶紫红色，成年叶绿色，叶背红棕色，轻披蜡质，略有涩味，叶柄红色。复聚伞花序，下垂，两性花，白色，有香味，花小，钟状，子房圆锥形，5室，每室有胚珠3枚，花柱比子房短，蒴果，狭椭圆形或近卵形，长2厘米左右，成熟后呈红褐色，果皮革质，开裂成钟形。种子椭圆形，上有木质长翅，种粒小。6月开花，10～11月果实成熟。

（二）生长规律

香椿在幼龄阶段树高生长较快，15 年以前其平均年生长量在 1.4 米以上，生长高峰期出现在第 9 年，年生长量 1.63 米；胸径生长高峰期在第 9 年，年平均生长量达 1.95 厘米，18 年后至 32 年，年平均生长量仍达到 1.3 厘米以上；在 30 年前，材积增长一直处于上升阶段，并出现两次高峰。

（三）自然分布

香椿在我国的自然分布，东起辽宁，西至甘肃，南至广东、广西、云南、贵州等省份，北至内蒙古南部，广泛分布于我国华北至华南和西南各省。东亚与东南亚地区，北从朝鲜南至泰国、印度尼西亚等地亦有栽培。

（四）生态学特性及环境要求

香椿的耐寒性和耐旱性较差，在较寒冷而又干旱的地区，地上部分易冻死，早春幼树容易枯梢，随着树龄的增大，抗寒抗旱能力逐渐加强。香椿喜深厚肥沃湿润的沙壤土，对土壤酸碱度要求不甚严格，酸性、中性、微碱性（pH 值 5.5～8.0）的土壤上均能生长，在石灰土壤上生长良好，习性喜光照耐庇荫。香椿植株的抗寒力随树龄的增加而提高。我国大部分地区都可种植香椿。年平均温度 10～23℃，年降水量 700～2300 毫米的低山丘陵、平地、干热河谷地区均可栽培。

第二节　苗木培育

一、良种选择与应用

香椿为多用途树种，具有材用、药用、菜用和观赏价值。因此，在人工林资源培育上必须实行定向培育。作为材用林培育，收获的主要是木材，因此需要选择速生，材质优良，有较强的抗逆性，能形成稳定的林分的遗传基因。如作为菜用林培育，收获的是嫩芽，则需要选择萌芽力强而持久，芽色好而香味浓，抗逆性强的品种进行栽植。

二、播种育苗

（一）种子采集与处理

采种应选生长健壮的 15～30 年生的母树。蒴果成熟时，由绿色变为黄褐色，应及时采摘，如果迟则果开裂，种子飞散，难以采到。采后应晾晒数天，取籽时应去掉杂物，然后密封干藏。种子千粒重约 7.5～13.0 克。香椿种子含脂率较高，寿命一般仅 7～8 个月，在常温条件下经半年贮藏，发芽率仅 50% 左右，一年之后发芽力丧失殆尽。因此，应在低温干燥的条件下保存，以延长其寿命。

（二）苗圃选择及施基肥

香椿幼苗对水分和土壤通气性要求严，宜选地下水位在地表 1.5～2.5 米以下，背风向阳，光照充足，肥沃疏松，通气性良好，能灌能排的地段作苗圃。土壤质地最好是沙壤土，质地过黏的水稻土、黄黏土需要改良后才能使用。以 pH 值 3.5～6.0 为宜。忌用积水地、重黏地和前作物为茄科植物的地块。也不要与香椿重茬，否则易患根腐病。

对苗圃地进行翻耕，耙细整平后作床。苗床宜作高床，以增加土层厚度，利于根系吸收。苗床畦宽 1～1.2 米，长 10 米左右，步道宽 30～40 厘米，整平待播。

结合作苗床时施足基肥，每公顷施农家肥 30000～45000 公斤，过磷酸钙 750～900 公斤，碳铵 600～750 公斤作基肥，施肥后翻耕和整地。有条件的进行土壤消毒杀灭地下害虫。

(三) 播种育苗与管理

1. 种子的选择

种子要饱满，颜色新鲜，呈红黄色，种仁黄白色，净度在98%以上，发芽率在60%以上。

2. 浸种催芽

为了出苗整齐，需进行催芽处理。催芽方法是：用40℃的温水，浸种5分钟左右，不停地搅动，然后放在25～30℃的水中浸泡24小时，种子吸足水后，捞出种子，控去多余水分，放到干净的苇席上，摊3厘米厚，再覆盖干净布，放在20～25℃环境下保湿催芽。催芽期间，每天翻动种子1～2次，并用25℃左右的清水淘洗2～3遍，控去多余的水分。一般经7～10天，有少量种子裂嘴，露出胚根时播种。

3. 适时播种

播种期一般在3～4月上旬为宜，播种方法为条播。在1米宽苗床上按30厘米行距开沟，沟宽5～6厘米，沟深3～4厘米，浇小水湿沟，水渗下后，将催芽后的种子均匀播入沟内，控制每平方米育苗25～30株，每公顷苗圃用种子75～150公斤左右。播后覆细土1～1.5厘米，顺沟轻轻耙平覆盖。天旱时覆土可加厚些，或者土面上再加覆一层细沙，或畦面盖地膜、草、麦秸等保墒，以利出苗。苗圃土质较黏时，可在播种前1周左右，先满畦浇水湿地，等土壤稍干时再开沟播种，播时不再浇水。

4. 幼苗管理

香椿为子叶出土型植物。种子发芽时，下胚轴伸长，子叶出土。催芽后的种子出苗需7～10天开始发芽，子叶出土见光后转绿，上胚轴伸长并发出真叶。在播种至出苗期间，土壤应保持一定的湿度，每隔1～2天浇一次水。土质较黏的圃地在未出苗前严格控制浇水，以防土壤板结影响出苗。刚出土的香椿幼苗，茎叶娇嫩，不耐强光曝晒，怕灼伤。播后最好在畦、垄面上架设1米左右的遮阳网，适当给苗床遮阴。苗高6～7厘米有2～3片真叶时浇1次水，并结合松土除草，苗根处雍土0.5厘米厚，用100～200倍液尿素喷洒，喷后用清水浇苗。当小苗出土长出4～6片真叶或高度达到10厘米时可进行间苗和定苗，拆除遮阳网。定苗前先浇水，以株距20厘米定苗，间苗和定苗后及时中耕松土和除草，每公顷留苗20～30万株。苗期如遇到干旱天可在行间开沟浇小水，慢慢浸润苗木根部，切忌大水漫灌。苗床土壤湿度过大或积水时，幼苗易感染根腐病而死，因此大雨后应及时排水。

5. 后期管理

6～8月是苗木生产的速生期，适量补充磷、钾肥，用磷酸二氢钾喷叶面1～2次，基肥不足每公顷还需追尿素150～225公斤。8月中下旬再施1次磷钾肥，每公顷用过磷酸钙和硫酸钾各180～240公斤，以加速苗木枝条木质化，增强抗寒力，有利安全越冬。播种及时，苗圃管理良好时，实生苗当年能长成1～1.2米高，地径粗1厘米的幼苗，每公顷出圃合格苗15万～22.5万株。生长弱小的苗木，须再培育1年后才能出圃栽植。

三、扦插育苗

(一) 圃地选择

插床准备：按常规方法选择扦插圃地，以120厘米宽开厢作床，东西向，苗床上铺一层厚5厘米左右的过筛干净未耕种过的无菌黄心土或火烧土，苗床做好后，搭设高1.5米左右的遮阳棚，用遮阳网进行遮阳，要求遮阳网的透光度为50%左右，避免基质表面温度过高。

(二) 插条采集与处理

(1) 嫩枝扦插：为防止插条失水，采穗需选在早上或阴天进行。选择生长健壮、休眠芽饱满、发育正常、无病虫害、未失水的当年生半木质化的嫩枝，将嫩枝剪成8～12厘米长的枝段，每穗2个芽以上，最上面的芽离上切口1～2厘米。枝段保留上部1～2个复叶，每个复叶基部仅留2～4片小叶，其余叶全部剪除；将穗条浸入800倍多菌灵液中10分钟，然后将穗条基部用100毫克/公斤浓度的生根促进剂 GGR 液进行处理，处理时间为 5 分钟。

(2)硬枝扦插：可以在成年树上选取 1 年生或 2 年生枝条，剪取 15～20 厘米长有 2～4 个芽眼的茎(枝)段为插条。秋季将插条用 NAA 或 IBA500 毫克/升的滑石粉糊剂处理或不用任何药剂处理，冬贮窖藏，只在扦插前用 2，4－D500 毫克/升的滑石粉剂处理。或在早春直接剪取插条扦插，扦插前用 200 毫克/升 ABT 溶液速蘸处理。

(三)扦插时间与要求

穗条扦插株行距为 15 厘米×20 厘米，插入深度为插穗长度的 1/2 以上。插后及时浇透水，使插穗与土壤密接，插完一垄应及时覆膜保湿，其方法是：用约 2 厘米宽光滑竹片两头插入苗床两侧其中间成拱形，中间高 50 厘米，其上覆盖无色透明地膜(半透明的地膜不能用)，用土压膜边，使苗床处于全封闭中。香椿嫩枝扦插育苗从 6 月到 8 月均可进行。

(四)插后管理

喷药防菌、灭菌，主要药品有多菌灵、甲基托布津，进行轮流喷撒，防止霉变发生，浓度为 800～1000 毫克/公斤，在扦插后覆膜前喷一次，以后视情况喷撒；插后 150 天左右可以揭膜，揭膜时先打开拱膜两端，让其自然通风 3～5 天后再揭膜。10 月下旬以后，白天平均气温低于 20℃时，及时拆除遮阳网，使苗木接受全光照。扦插后经常查看扦插圃内土壤湿度等情况，当土壤变得干燥时，应揭膜喷水并及时密封地膜。

四、根插育苗

使用埋根和留根育苗的方法简便，成活率也高，苗木质量高、成本低。枝插条是愈伤组织生根，根插条则以皮部型生根为主，少部分为愈伤组织生根。插穗抽梢时间，枝条扦插抽梢早于根条扦插，这是由于枝插条上已有的定芽可直接萌发抽梢，而根插条扦插后需要在其顶端先分化形成不定芽再萌发抽梢，因而在相同的扦插条件下，枝插穗萌发新梢要早于根插穗。

(一)插根的采集

插根的采集一般在树木休眠期间进行。插根的来源有二，一是利用苗木出圃后，在圃地里所遗留的根；二是挖掘健壮中年母树的侧根。其方法是，苗木出圃后，可将老苗圃地里遗留的 0.5 厘米以上粗的根全部搜出后备用；也可选用生长健壮的中年母树，在秋季距树干 1～2 米处挖半圆形的沟，将直径 0.5～1.5 厘米粗的侧根挖出，但要注意不能采的过多，以免影响母树正常生长。

(二)插根的处理及扦插要求

采集根应及时剪截，长度 15～20 厘米，上切面为平面，下切口为斜面，以辨认上下形态，截制时，要求剪口平滑，不能劈裂。截制后分级扎捆。若秋冬季采根，春季扦插，应将根插穗用湿沙进行沟藏。粗度为 1.0～1.5 厘米的香椿侧根以 45°角斜插育苗。粗度为 0.5～1.0 厘米香椿侧根平埋式育苗，覆土 1～2 厘米，成苗率可达 85%以上。扦插前，将根插穗放入 250 毫克/升的 NAA 或 ABT 的溶液中处理 0.5 分钟，能显著提高生根发芽率。扦插时，在床面上按株行距 20 厘米×30 厘米挖穴，将插穗插入穴内。

(三)插后管理

扦插后一般不浇水，如过分干旱可侧面灌水。幼芽出土后，加强松土除草、施肥灌水、防治病虫、除萌等管理措施。一般扦插成活率在 90%左右，当年生苗平均苗高可达 1 米以上。

五、轻基质容器育苗

(一)轻基质的配制

新土 50 % ＋腐殖土 49 % ＋复合肥 1%(体积比)，基质处理：对基质进行粉碎、混合、消毒处理，分别堆放，用薄膜覆盖密封沤制 12 天待用。腐殖土是森林中表土层树木的枯枝残叶经过长时期腐烂发酵后而形成，蕴含着大量有利于植物生长的多种复合养分，也可人工沤制。所以，育苗基质选择时，腐殖土可作为泥炭的替代物。

(二) 容器的规格及材质

将基质过筛后装入塑料膜或无纺布容器袋中，容器规格为口径 8 厘米，高 12 厘米。

(三) 圃地准备及管理

秋季在温棚内浸种、催芽、装袋、移栽，将温湿度控制在一定范围(温度 18 ~25℃，湿度 80% ~90%)，让苗木越冬正常生长，出圃前 2 月逐步揭膜炼苗，次年春、夏季出圃造林。

(四) 苗木出圃

香椿是一种速生树种，当年苗高达 1 米以上；2 年生苗高达 3 米、胸径达 3 厘米时可出圃。

第三节　栽培技术

一、立地选择

香椿速生丰产林造林应选择立地条件较好的Ⅱ、Ⅲ类地，坡位为中下部，土层深厚、湿润、肥沃、排水性能良好的沙壤土。水肥条件较好的山谷、沟侧是其最适生的造林地。也可在土壤湿润、肥沃的坡面造林。

二、整地及施基肥

(一) 整地时间

整地时间应比造林时间要提前 1 ~6 个月，最好在造林前 1 年的雨季前进行，以利吸收和拦蓄降水。风害较大的地区，提前整地容易跑墒，可随整地随造林。

(二) 整地方式

造林前要进行带状或穴状整地。带状整地的带宽 1.5 米以上，沿等高线设带；穴状整地，穴面 1 米见方。在整好的林地上，按原定的株行距挖栽植穴，穴规格为 60 厘米 ×60 厘米 ×50 厘米，或 50 厘米 ×50 厘米 ×40 厘米。挖穴掘出的表土与心土分开堆放在穴旁备用，填穴时将表土先填在穴下部，心土填在穴上部。

(三) 施足基肥

穴内应施足基肥，以改良土壤结构和增加林地肥力。多施有机肥，其中以厩肥，大粪干和土杂肥为好，一般每公顷施 30000 ~45000 公斤，掺入 1500 ~3000 公斤的饼肥或磷肥，效果会更好。

三、造林密度

根据经营目的不同可分为两种。管理方便的地方，以生产芽为主，株行距以 2 米 ×2 米进行密植，集约经营，提高单位面积芽产量，待林分完全郁闭后可适当间伐；对于偏远地区的林地，株行距 3 米 ×3 米或 3 米 ×4 米，以生产木材为主，产芽次之。

在确定造林密度时，可根据立地条件和培育目的而进行合理选择。若在较好立地条件下培育大经材，造林密度以 1111 ~1667 株/公顷为宜；若是为了充分利用地力，获得较大的材积，造林密度则以 2615 株/公顷为宜。但到 6 年生时，其个体生长已开始出现下降趋势，必须进行抚育间伐。一般说来，香椿的造林密度以 1667 ~1665 株/公顷为宜。

四、栽植

(一)栽植季节

一般在春季造林，春季造林是香椿造林的主要季节，可在2月中旬至3月初进行造林。

(二)苗木选择、处理及栽植

香椿造林都是裸根栽植。定植前，将劈伤的苗根用利剪剪平伤口，浸入0.1%尿素和0.2%的过磷酸钙溶液中浸泡2~3小时，或在10~15毫克/公斤的ABT生根粉中浸泡1小时，苗根上打浆，可显著提高造林成活率和幼树生长量。

栽植时应选择优质壮苗，香椿壮苗标准为：苗高120厘米以上，地径达1.1厘米以上。先将表土与肥料均匀拌和，取其一部分垫入穴底，再在其上植苗，再将拌和的表土和底土相继填入穴中。填土过半时将苗木轻轻上提，使根系舒展，防止发生窝根。覆土完毕、踏实之前，再轻轻提苗一次。栽植过深过浅均不好，以踏实后的土面高于原根际2~4厘米为宜。最后，在踏实的土面上撒一层疏松细土保墒，防止地表干裂。

五、混交模式

香椿与湿地松在混交比例为1:2时，促进了香椿和湿地松的生长，而在混交比例为1:1时，促进了香椿的生长，却影响了湿地松的生长。杉木与香椿混交后，杉木生长量明显提高，但香椿的生长受影响。因此，营造香椿用材林时，宜采用香椿与湿地松的混交模式。

六、林分管抚

(一)幼林抚育及间伐

造林后适时进行松土锄草是保证成活，促进幼苗生长的关键。注意清除断头，偏冠、弯曲、病腐、生长势弱的单株，改善林地卫生条件。另外，香椿萌蘖力强，常从根茎部发生很多萌蘖条，影响主干生长，消耗养分。因此，只要主干生长尚好，就应将所有萌蘖全部去掉，以保证主干生长健壮。由于人们有采摘香椿嫩芽的习惯，香椿被采摘叶芽后，会严重影响幼树生长，因此，香椿用材林内应严禁采食椿芽和嫩叶。同时还要防止被家畜破坏。

合理调整单位面积保留株数，以促进林木的迅速生长。间伐后郁闭度保持在0.6左右。

七、病虫害防治

(一)香椿的病害

1. 香椿流胶病

香椿流胶病主要危害老树及外部有损伤的近、成、过熟林。发病后病部皮层腐朽，易为腐生菌侵害。随着流胶量的增加，树势日趋衰弱，叶片变黄，严重时甚至枯死。

防治措施：

(1)及时防治蛀干害虫，避免害虫蛀咬和机械损伤造成的伤口流胶；在冬季进行消毒，刮除流胶硬块及其下部的腐烂皮层及木质，集中起来烧毁。

(2)在流胶的伤口处将胶质物及时刮除，然后用5波美度的石硫合剂或1%的福尔马林、高锰酸钾液涂伤口处进行消毒，再涂接蜡或煤焦油，加以保护伤口。

(3)用50%乙基托布津500倍液喷树干，有一定防治效果。

2. 香椿叶锈病

苗木发病较重，感病后生长势下降，叶部出现锈斑，受害植株生长衰弱，叶变黄，提早落叶。

防治措施：

(1)冬季清除病叶，携带林外集中烧毁，减少初次侵染来源。

(2)发现香椿叶片上出现橙黄色的夏孢子堆时，初春向树枝上喷洒1～3波美度石硫合剂与五氯酚钠350倍液的混合液1～2次或用15% 三唑酮可湿性粉剂1500～2000倍液或用15% 可湿性粉锈宁600倍液喷洒防治，喷药次数根据发病轻重而定。当夏孢子初期时，向枝上喷100倍等量式波尔多液，每隔10天喷1次，每次每公顷用药1500公斤左右，连喷2～3次，有良好的效果。

3. 香椿白粉病

主要危害香椿叶片，有时也侵染枝条。严重时叶片卷曲枯焦，嫩枝染病后扭曲变形，最后枯死。

防治措施：

(1)及时清除病枝、病叶，集中堆沤处理或烧毁，减少初次侵染来源。

(2)香椿萌动和抽梢期可喷1次5波美度的石硫合剂或高脂膜100倍液进行叶面喷雾；每10天喷1次，连续喷2～3次。发病期喷洒15% 粉锈宁1000倍液，或高脂膜与50% 退菌特等量混用，10～20天防治1次，视病情连续喷2～3次。

4. 香椿干枯病

该病一般多见于危害幼树。苗圃发病较多，染病率很高，主要危害枝干，引起病部以上的枝干枯萎死亡，轻者被害枝干干枯，重者全株枯死。

防治措施：

(1)及时清除病枝、病叶，集中堆沤处理或烧毁，修剪宜于晴天进行，剪后用波尔多液涂于伤口，促使伤口愈合，有利于减少初次侵染来源。

(2)在初发病斑上用刀刻划，深达木质部，然后喷涂70% 托布津100～200倍液，生长季节喷施50% 退菌特可湿性粉剂500倍液，或50% 多菌灵可湿性粉剂1000倍液等进行防治；伤口处涂以波尔多液或石硫合剂。

5. 紫纹羽病

该病主要危害香椿的根和根际处以至地面上，使树干基部的树皮腐烂，造成树木长势衰弱，叶子变色而逐渐枯黄，严重时渐渐死亡。

防治措施：

(1)进行苗木检疫，发现病苗剪除病部；造林地发现病株，可扒开土壤剪除病根，然后覆以无菌土壤。

(2)苗木造林前浸于1% 硫酸铜液或20% 的石灰水或50%代森铵水剂1000倍液等药剂浸苗10～15分钟消毒。

6. 香椿立枯病

立枯病指引起根茎腐烂的一类病害。幼苗期表现为芽腐、猝倒和立枯，大苗上根茎和叶片腐烂，叶部脱落、死亡。

防治措施：

(1)进行苗木检疫，发现病苗时要在病苗周围的健壮基部施药进行封锁，剪除病部，及时防止病害扩大流行。

(2)及时拔除病株，病穴内撒入石灰，或用50%代森锌800倍液灌根；出圃苗用5%石灰水或0.5%高锰酸钾液浸根15～30分钟或用50%代森锰锌1000倍液喷根茎。

7. 香椿腐烂病

病菌常侵染树势衰弱、生长不良的植株，导致病部以上部位树干死亡。

防治措施：

(1)物理防治：露地香椿要加强冬季防寒，如搭设风障、树干缠草、涂白，防止冻害发生，减少侵染机会。

（2）化学防治：剪除染病枝条并烧毁，在伤口处涂波尔多液或石硫合剂；刮除病斑，并涂抹10%碱水或5%托布津。

8. 香椿猝倒病

猝倒病发病初期使病苗幼茎近地面处呈水渍状病斑，逐渐变为黄褐色，迅速扩展后病部缩成线状，子叶青绿时，幼苗便折倒贴伏在地面上，引起成片倒苗，最后病苗腐烂或干枯。

防治措施：

（1）发病时，应及时清除病苗。

（2）用铜铵制剂400倍溶液喷洒病菌和周围土壤或用25%甲霜灵可湿性粉剂800倍液、或75%百菌洁可溶性粉剂600倍液、或70%代森锰锌可湿性粉剂500倍液、或40%乙膦铝可溶性粉剂200倍液，每7～10天喷1次，连续2～3次，药液喷洒后待植株表面落干后，撒干细土或草木灰降低苗床土层湿度。

（二）香椿的虫害

1. 桑黄萤叶甲

桑黄萤叶甲又称黄叶虫、黄叶甲、蓝尾叶甲，4月下旬成虫咀食叶片，大发生时将全部叶片吃光，如同火烧。

防治措施：

（1）物理防治：利用成虫的假死性进行捕杀；在清晨敲打树干，振落地，迅速捕杀。

（2）化学防治：利用植物源农药0.63%烟苦参碱500倍、生物农药BT2000倍液进行喷雾防治。

2. 斑衣蜡蝉

斑衣蜡蝉吸食叶片或嫩枝的汁液，造成伤口流出汁液，被害部位形成白斑而枯萎，影响树木生长。秋季干旱少雨，蜡蝉猖獗，常易酿成灾害。

防治措施：

（1）集中卵块，可用人工及时清除，烧毁。

（2）在若虫期喷洒敌杀死3000倍液，10%吡虫啉可湿性粉剂1500～2000倍液喷雾防治。

3. 香椿蛀斑螟

香椿蛀斑螟危害香椿的枝干，幼树主干受害后，常致整株死亡，大树枝条受害引起枯枝。

防治措施：

（1）合理修枝，剪除被害虫枝及带虫枝，集中烧毁。

（2）越冬幼虫早春爬出取食时，可用1000～2000倍敌敌畏乳剂，或1000倍杀螟松，或90%敌百虫1000倍液喷施，毒杀幼虫。

4. 云斑天牛

云斑天牛成虫啃食新枝嫩皮，使新枝枯死，幼虫孵化后，先蛀食韧皮部，20～30天后蛀入木质部，深达髓心，影响树木生长，严重者可致整枝、整树死亡。

防治措施：

（1）在成虫集中出现期组织人工捕杀；或挖掉虫卵。

（2）用80%敌敌畏（或40%乐果）：柴油＝1∶9混合均匀，点涂产卵刻槽，毒杀卵、初孵幼虫及侵入不深的幼虫；树干上发现有新鲜排粪孔，用80%敌敌畏乳油200倍液，或40%乐果乳油400倍液注入排粪孔，再用黄泥堵孔，毒杀幼虫；磷化铝片是良好的熏蒸杀虫剂，对幼虫已蛀入木质部的，可用56%磷化铝片剂每片分成6～8小颗粒，每虫孔塞入1粒，封口熏杀。

5. 黄刺蛾

黄刺蛾初龄幼虫在树冠中、下层取食叶肉，而将叶脉留下。幼虫长大以后，将叶片吃成缺刻，以至只留下叶柄和主脉，重则全株叶片吃光，严重影响树木生长。

防治措施：

(1)冬季落叶后，树上虫茧裸露，结合修枝摘除虫茧；姬蜂均可在刺蛾幼虫体内产卵寄生，姬蜂寄生率高，幼蜂可将黄刺蛾致死，应予大力保护；利用成虫趋光性，在成虫羽化后，每日 19 ~ 21 时设黑光灯诱杀成虫。

(2)幼虫期可喷 20% 杀灭菊酯乳油或 2.5% 功夫乳油 3000 倍液、Bt 生物杀虫剂(苏云金杆菌)500 ~ 1000 倍液或 25% 灭幼脲 3 号胶悬剂 1500 ~ 2000 倍液(上述药剂选用一种即可)均匀喷雾。

香椿的虫害还有有金龟子、椿毛虫、蝼蛄、地老虎等，可以用 1500 倍液 10% 乐果乳剂防治，也可对地下害虫用 1000 ~ 2000 倍液 75% 辛硫磷乳剂或 800 倍液 90% 敌百虫顺苗沟浇灌防治。地上害虫可用 90% 敌百虫或 50% 辛硫磷诱饵诱杀防治。

第五十八章　复羽叶栾树

第一节　树种概述

复羽叶栾树 *Koelreuteria bipinnata* 别名灯笼树，黑色叶树，属无患子科栾树属，落叶乔木，主要分布在我国云南、贵州、四川、湖北、湖南、浙江、江西、广东、广西等省份。其树形高大而端正，枝叶茂密而秀丽。喜光，喜温暖湿润气候，深根性，适应性强，耐寒，耐干旱，对土壤要求不严格，抗风，抗大气污染，速生，在土层疏松处生长迅速，萌芽力强。春季嫩叶多呈红色，夏叶羽状浓绿色，秋叶鲜黄色，花黄满树，成熟蒴果的膜质果皮膨大如小灯笼，鲜红色，成串挂在枝顶，如同花朵。有较强的抗烟尘能力。宜做庭荫、风景、行道观赏树种栽植，也可用作防护林、水土保持及荒山绿化树种。

一、木材特性及利用

(一) 木材材性及利用

木材黄白色，较脆，易加工，可作板料、器具等。

(二) 其他用途

枝、叶有杀菌作用，可提取黄铜和栲胶。花为优良蜜源，可作黄色染料。种子富含不同饱和脂肪酸，可榨油，用来制造肥皂及润滑油。

二、生物学特性及环境要求

(一) 形态特征

落叶乔木，高 10 ~ 20 米。树皮暗灰色，呈片状剥落，小枝有明显的白色皮孔。树冠广伞形。叶互生，2 回羽状复叶，对生，长 60 ~ 70 厘米；羽片 5 ~ 10 对，每羽片有互生或近对生和对生的小叶 9 ~ 16 片，下部羽片的基部第一小叶或分裂成 2 ~ 4 片；小叶纸质，斜卵形至长矩圆形，长 4 ~ 9 厘米，边缘有锯齿，基部下侧偏斜，顶端渐尖或短尖，上面有光泽、下面淡绿色。网脉明显。背面中脉脉腋内有束毛。圆锥花序顶生，宽 20 ~ 40 厘米；花小，单性，繁多，花瓣 4 或 5 片，黄色，开展后向下反转，基部红色；雄蕊 8 枚。蒴果，卵状三棱形，3 瓣裂，宽 3 厘米，顶端圆，有小尖头，果瓣膜质，囊状，成熟时紫红色；种子圆球形，黑色。花期 8 ~ 9 月，果期 9 ~ 11 月。

(二) 生长规律

生长速度中等，幼树生长较慢，以后渐快。

(三) 分布

自然情况下，栾树多分布在海拔 1500 米以下的中低山及平原，最高海拔可达 2600 米。栾树适应性强，有较强的抗烟尘能力，对干旱、水涝及风雪也都有一定的抵抗力，病虫害少，故栽培管理较为简单。

(四) 生态学特性

树形端正，枝叶茂密而秀丽，春季嫩叶多为红色，入秋叶色变黄；夏季开花，满树金黄，是理想的绿化观赏树种。

（五）环境要求

喜光，半耐阴；耐寒、耐旱、耐瘠薄土壤，生长于石灰质土壤，也耐盐碱及短期水涝。

第二节　苗木培育

一、良种选择与应用

由于不同种源的种子生长差异较大，要尽量选用当地的优质种源或者优树的种子育苗。

二、播种育苗

（一）种子采集与处理

选择10～20年的生长健壮的复羽叶栾树作为采种母树，在蒴果成熟期及时采收。最佳采收的时期是在果实红褐色而未开裂时，应用高枝剪进行采摘果穗，采后晾晒1～2天搓揉碎使果壳与种子分离净种。因复羽叶栾树种子种皮坚硬有休眠的习性，未经处理的种子春播发芽率很低，因此，要先用水选剔除空粒和瘪粒种子，然后用湿沙贮藏材料，采用层积催芽的方法，经过冬季低温2～3个月保湿贮藏（注意室外不能淋雨）后，待播种。经过湿沙贮藏的种子，首先结合水选剔除发霉腐烂和空瘪粒种子，然后将种子阴干后用0.5%～1.0%的硫酸铜溶液浸种4～6小时，进行消毒。

（二）选苗圃及施基肥

选择土层深厚肥沃、疏松湿润的土壤作为播种苗床，要求在排灌良好、地形平坦的开阔地带。春季播种的，在上一年秋季对其进行1～2遍深翻，经过冻融交替、冬耕晒垡，使土壤的墒情能得到有效的恢复，并施足基肥，形成良好的土壤团粒结构，为来年的播种、育成壮苗打下基础。播种前处理土壤，一般用2%～3%的硫酸亚铁溶液浇灌苗床，同时用敌百虫或地虫杀星等药剂制成毒土放入苗圃中，主要是为了消灭土壤中的病菌和地下害虫。

（三）播种育苗与管理

在播种时间上可以采用冬播或早春播种，但一般情况下，我们采用在冬季贮藏过的种子进行春季播种，通常在3月上旬进行。按照精平、下粗、上细的原则对播种苗床进行整平。采用压行的方法，播种行距20～30厘米，将处理过的种子均匀播在条行内，每行（约1.1米）播种约40～50粒，用筛过的细土或砻糠灰均匀覆盖在种子上，一般厚度1～2厘米，浇1次透水，并加盖稻草或其他干草保湿，根据天气情况及时补充水分，确保苗床湿润。

三、扦插育苗

（一）圃地选择

插壤以含腐殖质较丰富、土壤疏松、通气性、保水性好的壤质土为好。施腐熟有机肥。插壤秋季准备好，深耕细作，整平整细。扦插前，按垄距70厘米，先整地再起垄。起垄时每公顷撒施磷酸二铵或复合肥300～450公斤作为底肥，一般垄底宽50厘米，垄高15厘米，将上部土壤搂成圆弧形并整细。一般扦插前2～3天灌足水，1～2天前盖好地膜以备扦插。来年春季扦插株行距30厘米×50厘米，先用木根打孔，直插，插穗外露1～2个芽，分级扦插。

（二）插条采集与处理

在秋季树木落叶后，结合1年生小苗平茬，把基径0.5～2厘米的树干收集起来作为种条，或采集多年生树的当年萌蘖苗干，徒长枝作种条，边采集边打捆。整理好后立即用湿土或湿沙掩埋，使其不失水分以备作插穗用。取出掩埋的插条剪成15厘米左右的小段，上剪口平剪，距芽1.5厘米，下剪口在靠近芽下剪切，下剪口斜剪。

(三)扦插时间与要求

扦插时间为土壤解冻后至栾树萌芽前。进入惊蛰，土壤完全解冻后，立即扦插。扦插越早成活率越高且苗木生长健壮，扦插越晚成活率越低。插穗萌芽后切忌再扦插。扦插前将插穗从沟内取出，将根部2/3以下速蘸500～600毫克/公斤的生根粉，放于阴凉背阴处用湿麻袋盖好备用。扦插时用尖木棍扎孔，每垄1行，深度13～14厘米，将插穗根部朝下直插并将缝隙埋严，地面露出1～2芽为宜。初插密度株行距为0.3×0.7米，每公顷扦插48000株左右，扦插时分开粗穗、细穗进行扦插，使苗木生长齐整，避免以大压小。

(四)插后管理

扦插结束后，立即浇足水，通过底部及缝隙渗透到垄内，使插穗与土壤、地膜与土壤密切接触，避免漏风跑气。苗木发芽后，视土壤墒情适时补水。进入4月中旬，随着地温的升高，苗木逐渐开始生长展叶，此时土壤要保持适当的湿度；

5月上旬，将地膜逐步划开小口以便浇水，下旬后将地膜全部清除并进行松土；6月上中旬后，苗木进入速生期后，可喷施0.3%尿素+0.2%磷酸二氢钾混合液进行叶面喷肥，一般15天一次，全年喷5～6次；9月上旬后，严格停肥控水，防徒长，促木质化并安全越冬。

四、轻基质容器育苗

(一)轻基质

培养基质为草炭土、珍珠岩、蛭石和缓释肥，按一定比例配制。基质疏松透气，保水和排水性能良好，具一定的肥力，无地下害虫和病菌。

(二)容器的规格及材质

采用轻基质无纺布容器营养杯育苗。营养杯直径10厘米、高15厘米。

(三)圃地准备

畦状育苗设施，将育苗地整平，畦宽1米，两边放置两排空心砖，利于育苗操作，选择通透性好且能阻隔苗木根系伸长的隔离材料(无纺布)铺在中间，无纺布宽度为1.4米，将营养杯顺序排列，每行10个。

(四)种子处理

栾树种子的种皮坚硬，不易透水，需经过催芽处理。生产上采用层积催芽法：在晚秋选择地势高燥，排水良好，背风向阳处挖坑。坑宽1～1.5米，深度在地下水位之上，冻层之下，大约1米，坑长视种子数量而定。坑底可铺1层石砾或粗沙，约10～20厘米厚，坑中插1束草把，以便通气。将消毒后的种子与湿沙混合，放入坑内，种子和沙体积比为1:3或1:5，或1层种子1层沙交错层积，每层厚度约为5厘米左右。沙子湿度以用手能握成团、不出水、松手触之即散开为宜。装到离地面20厘米左右为止，上覆5厘米河沙和10～20厘米厚的秸秆等，四周挖好排水沟。翌年3月取出种子直接播种。种子经层积催芽后，出苗期短而整齐，效果较好。干藏的种子播种前40天左右，用60℃的温水浸种后混湿沙催芽，当裂嘴种子数达30%以上时即可播种。

(五)播种与芽苗移栽

播种前喷灌一遍透水，播种时，首先在营养杯中间打2厘米深的小孔，选取已发芽或露白的栾树种子，每孔播种2粒，播后用消过毒的细沙覆盖。播种后，及时浇水，然后用草、秸秆等材料覆盖，以提高地温，保持土壤水分，防止杂草滋长和土壤板结。待幼苗大部分出土后，及时分批撤除覆盖物。

(六) 苗期管理

1. 遮阴

在覆盖物撤除以后，要及时搭棚遮阴。遮阴时间、遮阴度应视当时当地的气温和气候条件而定，以保证其幼苗不受日灼危害为度。进入生长旺季要逐步延长光照时间和光照强度，直至接受全光，以提高幼苗的木质化程度。

2. 间苗、补苗

幼苗长到高度 5 ~ 10 厘米时，间苗 1 次。间苗要求间小留大，去劣留优，全苗等距，并在阴雨天或早晨进行为好。结合间苗，对缺株进行补苗处理，以保证幼苗分布均匀。

3. 日常管理

幼苗出土长根后，要经常除草、浇水，保持床面湿润，宜结合浇水勤施肥。在年生长旺期，应施以氮为主的速效性肥料，促进植株的营养生长。入秋，要减少浇水，停施氮肥，增施磷、钾肥，以提高植株的木质化程度，提高苗木的抗寒能力。

五、苗木出圃与处理

栾树属深根性树种，宜多次移植以形成良好的有效根系。播种苗于当年秋季落叶后即可掘起入沟假植，翌春分栽。由于栾树树干不易长直，第一次移植时要平茬截干，并加强肥水管理。春季从基部萌蘖出枝条，选留通直、健壮者培养成主干，则主干生长快速、通直。第一次截干达不到要求的，第二年春季可再行截干处理。移植时要适当剪短主根和粗侧根，以促发新根。栾树幼树生长缓慢，前两次移植宜适当密植，利于培养通直的主干，节省土地。

第三节　栽培技术

一、立地选择

造林地宜选择交通方便、土层深厚、土壤肥沃湿润、石砾含量少、坡度小于10°的丘陵岗地或排水良好的土地。

二、整地

(一) 造林地清理

清除原有树根和较大石块，并对造林地进行平整。

(二) 整地时间

整地一般在秋、冬季进行。

(三) 整地方式

根据预期培育林木的大小选择合适的株行距进行打点挖穴。穴大小为 70 厘米 × 70 厘米 × 60 厘米、60 厘米 × 60 厘米 × 50 厘米、50 厘米 × 50 厘米 × 40 厘米三种规格，栽植前 15 天开始回填穴土，首次回填 30 厘米后每穴均匀撒施复合肥 100 ~ 150 克，再次将定植穴填平，培土高度略高于地表。

(四) 造林密度

建议初植密度不要太密，株行距 2 米 × 3 米，造林密度 1665 株/公顷。

三、栽植

（一）栽植季节

造林从秋季落叶后到翌年春季发芽前均可进行，以2～3月栽植较好。

（二）苗木选择、处理

上山造林采用一年生裸根苗，园林观赏则用多年移植苗栽植。栽植时苗干要竖直，根系要舒展，深浅要适当。土壤墒情较差时，栽后要浇定根水。栽植深度一般以根茎以上1～2厘米即可。

四、林分管抚

（一）幼林抚育

造林后郁闭前，每年都需进行抚育管理。抚育管理可以采用林粮间作或松土除草与化学除草相结合的方法进行。林粮间作可以以耕代抚，以短养长，是我国传统的集约管理林地最经济、有效的方法。一般可间作2～3年，间作时以不伤害或尽量少伤害林木根系为宜。对不实行林粮间作的林地，可对树周围进行人工锄草，其他地方进行化学除草。松土除草既可抑制杂草争夺土壤的水分和养分，也可增加土壤透气性，促进土壤熟化，还可减少蒸发，保墒蓄水。

（二）施追肥

栾树栽植后幼林期一般每年施肥1～2次，第1次施肥时间在2～3月，第2次施肥时间在5～6月，每次施复合肥100～250克/株，施肥量应根据树木生长酌情增加。

（三）修枝、抹芽与干型培育

栾树树冠近圆球形，树形端正，一般采用自然式树形。要求主干通直，第一分枝高度为2.5米至3.5米，树冠完整丰满，枝条分布均匀、开展。一般可在冬季或移植时进行。

（四）病虫害防治

主要病虫害有栾树流胶病、栾树日本龟蜡蚧、栾树蚜虫、六星黑点豹蠹蛾。

1. 栾树流胶病

流胶病可分为生理性流胶和侵染性流胶。生理性流胶主要由冻害、日灼或机械损伤造成的伤口引起；侵染性流胶由真菌或细菌侵染而引起，以真菌侵染居多。

此病主要发生于树干和主枝，枝条上也可发生。发病初期，病部稍肿胀，呈暗褐色，表面湿润，后病部凹陷裂开，溢出淡黄色半透明的柔软胶块，最后变成琥珀状硬质胶块，表面光滑发亮。树木生长衰弱，发生严重时可引起部分枝条干枯。防治时要加强水肥管理，增强树势，提高树的抗病能力。夏季注意防日灼，及时防治枝干病虫害，尽量避免机械损伤。加强越冬管理，防止冻害发生，避免机械损伤，大枝修剪后伤口应及时涂抹调和漆进行处理。在早春萌动前喷石硫合剂，10天喷1次，连喷2次，以杀死越冬病菌。如有发生，可用经消毒处理的刀片将胶块刮除，用石硫合剂涂抹在伤口上，每10天1次，连续涂抹3～4次；也可喷百菌清或多菌灵800～1000倍液。

2. 栾树日本龟蜡蚧

栾树日本龟蜡蚧属同翅目，蜡蚧科，名枣包甲蜡蚧、俗称枣虱子。在栾树上大面积发生时严重者全树枝叶上布满虫体，枝条上附着雌虫远看像下了雪一样，若虫在叶上吸食汁液，排泄物布满全树，造成了树势衰弱，也严重影响了绿化景观。

该虫1年1代，以受精雌成虫密集在1～2年生小枝上越冬，卵就产在雌虫下，每只雌虫可产卵1500～2000粒，越冬雌成虫3、4月间开始取食，4月中下旬虫体迅速增大，5月中下旬开始产卵，卵期长达25～30天，若虫6月下旬开始发生，初孵化的若虫多静伏在雌虫的介壳下，经数日后才分散外出，多爬到叶片的叶脉两侧危害，数日后即分泌蜡质，形成介壳，固定不动。雌虫发育成熟后再由叶片迁回枝上，并与雄虫交配，以后即在枝上固定越冬。雄性若虫8月上中旬开始化蛹，蛹期15天左右，8月下旬、9月上旬羽化为成虫，雌、雄虫交尾后，雄虫即死亡，以雌虫越冬。

防治措施：

(1)若虫大发生期喷乐斯本2000倍与洗衣粉1000倍混合溶液，喷2～3次，间隔7～10天。用25%的呋喃丹可湿性粉剂200～300倍在5月份灌根2次，对杀死若虫效果很好.

(2)从11月至翌年3月，可刮除越冬雌成虫，集中刮下来虫体到塑料袋后深埋，配合修剪，剪除虫枝。打冰凌消灭越冬雌成虫，严冬时节如遇雨雪天气，枝条上有较厚的冰凌时，及时敲打树枝震落冰凌，可将越冬虫随冰凌震落，把打落的冰凌集中处理掉。

3. 栾树蚜虫

栾树蚜虫为同翅目、蚜科，主要危害栾树的嫩梢、嫩芽、嫩叶，严重时嫩枝布满虫体，影响枝条生长，造成树势衰弱，甚至死亡。

1年数代，以卵在芽缝、树皮裂缝处过冬。次年4月上旬栾树刚发芽时，过冬卵孵化为若蚜，此时多栖息在芽缝处，与树芽颜色相似。4月中旬无翅雌蚜形成，开始胎生小蚜虫；4月下旬出现大量有翅蚜，进行迁飞扩散，虫口大增；4月下旬至5月份危害最严重，枝条嫩梢，嫩叶布满虫体，吸食树木养分，受害枝梢弯曲，叶片卷缩，树枝、树干、地面都洒下许多虫尿，既影响树木生长，又影响环境卫生；6月中旬后，虫量逐渐减少；至10月中下旬有翅蚜迁回栾树，并大量胎生小蚜虫，危害一段时间后，产生有翅胎生雄蚜和无翅胎生雌蚜，交尾后产卵过冬。

防治措施：

(1)过冬虫卵多的树木，于早春树木发芽前，喷30倍的20号石油乳剂。4月初于若蚜初孵期开始喷洒蚜虱净2000倍液、或10%吡虫啉2000倍液。幼树可于4月下旬，在根部埋施15%的涕灭威颗粒剂，树木干径每厘米用药1～2克，覆土后浇水；或浇乐果乳油，干径每厘米浇药水1.45公斤左右。

(2)于初发期及时剪掉树干上虫害严重的萌生枝，消灭初发生尚未扩散的蚜虫。注意保护和利用瓢虫、草蛉等天敌。

第五十九章　无患子

第一节　树种概况

无患子 *Sapindus mukorossi* 别名黄金树、洗手果、假龙眼、鬼见愁、木患子(本草纲目)、油患子(四川)、苦患树(海南)、目浪树(台湾)等，为无患子科无患子属典型代表树种。落叶大乔木，生长快，高可达24米，干形好，材质优良，是世界上最知名的珍贵树种之一，地方上有“桃花心木”之称。是目前新兴的行道和园林观赏树种，也是绿化造林和商品用材的首选树种。

一、木材特性及利用

(一)木材材性

无患子的木材材质致密，气干密度每立方厘米0.65~0.75克，木材物理力学性质好。花纹美观。该木材心、边材区别明显，边材色浅，心材浅红褐色。纹理清晰，通直至略交错。结构略粗。稳定性好，耐磨，耐腐，抗白蚁。树干笔直少枝，木质硬且重。由于无患子木材内含有天然皂素，不经防腐剂处理就可自然防虫。

(二)木材利用

适合于家具、高档装修、室内装饰、尤其适合地板用材等。木材自然防虫，可用于制作木梳、雕刻、工艺品等。

(三)其他用途

其根、果可入药，能清热解毒、化痰止咳，花可治疗眼疾；种仁可防口臭；果皮可用于喉痹肿痛、咳喘、食滞、疮癣、肿毒。

种仁含脂肪、蛋白质、可食用；种仁的含油率高达42%，是极具开发前景的木本生物柴油原料，还可用于制作高级润肤剂和润滑油，生物洗涤剂及天然化妆品。

花味香浓，富含花粉及花蜜，是很好的蜜源植物。

二、生物学特性及环境要求

(一)形态特征

树皮灰褐色或黑褐色，嫩枝绿色，无毛。枝开展，单回羽状复叶，叶连柄长25~45厘米，叶轴稍扁，上面两侧有直槽，无毛或被微柔毛；小叶5~8对，通常近对生，叶片薄纸质，长椭圆状披针形或稍呈镰形，长7~15厘米，宽2~5厘米，顶端短尖或短渐尖，基部楔形，稍不对称，腹面有光泽，两面无毛或背面被微柔毛；花序顶生及侧生，圆锥形；花小，辐射对称，花梗常很短；萼片卵形或长圆状卵形，大的长约2毫米，外面基部被疏柔毛；花瓣5，披针形，有长爪，长约2.5毫米，外面基部被长柔毛或近无毛，鳞片2个，小耳状；花盘碟状，无毛；雄蕊8，伸出，花丝长约3.5毫米，中部以下密被长柔毛；核果近球形，直径1.5~2.5厘米，熟时黄色或橙黄色，干时变黑。种子10~11月成熟，球形、黑色，光亮而坚硬。花期5~7月，果成熟期8~10月。

(二)生长规律

树龄约5~6年生时进入速生期，生长逐渐加快。年均胸径生长量为1.1厘米，连年生长量最大为

1.8 厘米，出现于第 10 年生；年均树高生长量为 1.2 米，连年生长量最大为 2.0 米，出现于第 8 年生；寿命长，树龄可达 100 ~ 200 年，易种植养护。

(三) 分布

据研究无患子属在全世界约 14 个种，分布于美洲、亚洲和大洋洲的热带及亚热带地区。我国有 4 个种，即无患子、川滇无患子、毛瓣无患子和绒毛无患子，产于长江以南地区。其中川滇无患子为我国特有树种，在国内广泛分布，其余 3 种均与印度、马来西亚共有。

无患子分布地域广阔、分布范围跨度大，从温带到热带都有分布，广泛分布于中国东部、南部至西南部及日本、朝鲜、中南半岛和印度等地，其垂直分布可达海拔 2000 米。它对土壤要求不严，耐干旱贫瘠，在低山、丘陵、石灰岩山地均有分布；它的耐寒能力也较强，可耐 -10℃低温。原产中国长江流域以南各地以及中南半岛各地、印度和日本。如今，浙江金华、兰溪等地区有大量栽培，其他地区不多。

(四) 生态学特性及环境要求

喜光，稍耐阴，耐寒能力较强。根系发达，对土壤要求不严，深根性，抗风力强。抗病虫害能力强，可吸收汽车尾气、空气中二氧化硫等有害气体。种子外种皮硬骨质，自然萌芽力极低，在长江流域几十年的无患子母树周围，尽管母树年年结果，但难见其幼苗生长。不耐水湿，能耐干旱。萌芽力弱，不耐修剪。

第二节　苗木培育

一、良种选择与应用

(一) 全国种子区划

福建、浙江、江苏、湖南、湖北、广东、广西、四川、贵州、安徽、江西等省份都有无患子种子采摘，但我国尚未对无患子种子区进行划分。根据中华人民共和国国家标准之用种规定，应遵循用种地的生态环境与产种地生态环境基本一致的原则进行调种。

湖南省尚未进行无患子育种区划，在树种育种区划之前，湖南省原则上要求本地采种、本地育苗、本地造林。

(二) 优良种源及优树

福建省林业科学研究院范辉华、姚湘明、张天宇等在福建、江西、浙江、安徽、湖南、广西和云南等 7 省份初步筛选的 61 株优树，平均皂苷产出率为 60. 87%，其中福建邵武 6 号、安徽芜湖 70 号、福建顺昌 2 号、广西柳州 108 号这 4 株优树的平均皂苷产出率达 81. 17%。

南京林业大学孙斌初步选择出江西上犹、浙江龙泉、江西宜丰 3 个优良种源，并在其中选择出上犹 7、上犹 8、上犹 9、宜丰 1、宜丰 6、龙泉 4 和龙泉 10 计 19 个优良家系，皖 5、皖 12、皖 16、皖 18、皖 21、皖 31、皖 44、皖 59、皖 60、皖 61、皖 65、吉 4、吉 14、吉 16、吉 17、吉 20、赣 6、赣 7、赣 16 计 18 个优良单株。

中国林业科学研究院岳华峰选择出种仁含油率和种子出仁率均较高的浙江遂昌、庆元和广西龙州三个优良种源。

二、果实采摘与贮藏

无患子采种应选择生长健壮的 8 年生以上壮龄母树，10 中旬至 11 月中旬，无患子果实呈褐黄色而略显透明、表面起皱时即为成熟，即可击落拾集。种子贮存前，应将采回的果实放入清水池中浸泡5 ~

7天，沤烂软化肉质果皮，将其搓去用清水洗净，即可得到纯净种子。将洗净的种子放置在通风处阴干表皮水分，将去皮阴干的种子用湿沙层积法贮藏，按沙与种子3∶1的比例层积堆放，厚度20~30厘米，贮藏至翌年3月份。

三、播种育苗

（一）用种量确定

在自然条件下，无患子的萌发率很低，只有8%~9%，而且出苗不整齐。而人工育苗可提高其发芽率，是一种有效的繁殖手段。人工育苗是将成熟种子去皮净种后，埋于湿沙层中越冬，之后用苗床育苗，经深层沙藏处理的种子萌发率可达60%~82%。人工进行无患子种子育苗，必须使用前一年采收的新鲜种子。按每公顷30万株出苗估算，大田育苗时优良种源林分的种子用种量为每公顷600~700公斤，优树种子用种量为每公顷500~600公斤。

（二）圃地选择

苗圃地宜选择在排灌方便，背风向阳，土层深厚、土质疏松、土壤肥力好，地形平坦的缓坡地、农田作圃地，以沙质壤土最好。排水不良、低洼积水地苗木生长不良，不宜育苗。不要选种过蔬菜，瓜类，棉花，马铃薯等易感染病害和地下害虫的土壤育苗。

（三）圃地准备

苗圃地在前一年冬天来临之前，于初冬对圃地进行深翻，播种前要2犁2耙，保证土壤精细，无大土块。打破厚而坚实的土层，增加土壤的透气性，耕深一般16~18厘米。沿圃地四周及中央十字挖排水沟，排水沟的目的就是为了保持土壤的疏松透气，排水沟的深度一般0.40~0.50米，宽度0.30米。

苗圃地翻耕前应施足基肥。施腐熟农家肥每公顷15000~30000公斤，与土肥混合均匀，耙细整平后，再将苗床整好。在作床前，为了预防地下病虫害，应进行土壤消毒。播种前3~4天，用呋喃丹每公顷30~45公斤，或地虫净每公顷15公斤进行土壤消毒。

（四）修筑苗床

当春天来临，温度稳定在15℃以上的时候，就可以修筑苗床准备播种。苗床方向大都依地形而异，但以南北向为好。苗床的宽度1.0~1.2米为宜，床高25厘米，长度根据地块而定，可长可短，步道宽30厘米。步道和排水沟挖好之后，要把苗床里的土精细的耙平，耙地之后，土壤上松下实，上面的土壤松，保墒通气好，有利于出苗，下面的土壤实，种子与土壤接触紧密，有利于吸水发芽和根系下扎。

（五）播种

播种时间一般在2月中旬至3月上旬，种子胚根露白时开始播种。苗床整理好之后，播种前浇底水，这一次浇水一定要浇透，要让苗床土充分吸收水分并达到饱和状态。浇足了水之后，不能马上播种，要等苗床里的水全部渗透到地里之后，才可以播种。

播种前必须对种子进行催芽处理，催芽处理方法很关键，处理方法不尽相同。方法一：采用湿沙贮藏和催芽同步进行，发芽率最高达82.7%，前20天的发芽势也很好，且出苗整齐。方法二：将种子消毒后，再将种子放入33%~49%的硫酸液中进行1~4小时脱脂处理并用清水漂洗干净，在22~25℃条件下保湿催芽，待种壳破裂胚根露白才播种。方法三：在播种前可先用40~50℃的温水浸泡1~3天，种子发芽率在70%左右。

在播种之前还应进行种子消毒。可以将甲基托布津等药物撒在浸泡后的种子上，与土一起拌匀，在土壤中闷4~5小时后，再进行播种；或者，以0.3%的高锰酸钾溶液淋洒入混有基质的种子中，并以薄膜覆盖，1周后揭膜用清水淋洒后播种。

可采用条状点播或块状撒播：条状点播时，按行距20~25厘米开横沟条播，沟深5~7厘米，每隔 10 ~ 12 厘米（株距）播入 1 粒种子，播种时将种胚朝下。苗床撒播时，为了使种子在苗床里分布更加均匀，可以将种子和细土掺匀后再播种，撒施的时候一定要均匀，以保障出苗整齐。播种后随即以过筛黄心土或火土灰覆盖种子，施人畜粪水，再用茅草、稻草、杉枝覆盖。覆盖物厚度 0.5 ~ 1.0 厘米，不可太厚，太厚会使种子顶不出土，造成出苗困难。当种子发芽出土一半以上时，在晴天傍晚或阴天分 2 次揭除上层覆盖物。播种当天至种壳脱落前，应及时在圃地四周及步道两侧投放鼠药，并经常检查、更换，以防鼠鸟危害。

(六) 苗期管理

当出苗达到 80% 以上时，可揭去稻草。揭草后要及时浇水与松土除草。

1. 遮阴

树苗出土后即需遮阴，要搭棚遮阴方可正常越夏。在苗床四周搭架，高 1 米左右。上盖防晒网，透光度 50% 左右。阴天、晚上收起遮盖物。遮阴时间一般 3 个月，到 8 月底就可不遮阴。

2. 松土除草

幼苗出土后要及时松土除草，人工拨出杂草，松土除草时要做到不伤苗根和地上部分，除草松土深度应由浅到深，以 5 ~ 10 厘米为宜。松土除草次数在 7 ~ 8 次，在 6 月以前幼苗期每月 2 次，在6 ~ 8 月苗木生长期，每月至少 1 次。

3. 浇水与排水

要根据幼苗生长的不同时期对水分的不同需求，确定合适的浇灌量和浇灌时间。在苗木生长前期灌水要足，但在幼苗出土后的 20 天内要控制好浇灌量，尽量少浇水，以保持土壤湿润即可。浇水时间视天气而定，一般隔 10 天左右在傍晚浇灌 1 次。遇干旱时要及时灌溉，阴雨天要注意排水，防止因积水造成烂根。

4. 间苗与补苗

当幼苗长出 2 ~ 3 片真叶，苗高 3 ~ 5 厘米时，可进行第 1 次间苗和补苗。应间弱留强，间密补稀。补苗时应带土移栽补植。以后根据幼苗生长情况间苗 1 ~ 2 次。

5. 苗期施肥

苗期可施肥 3 ~ 4 次。可结合第 1 次间苗时进行第 1 次追肥，采用 0.2% ~ 0.3% 尿素叶面喷施；以后可看苗施肥，5 ~ 7 月施尿素，每隔 20 ~ 30 天施 1 次，用量每公顷 75 ~ 150 公斤，8 月以施钾肥为主，停施速效肥。干施时，应施在行间，宜离苗木根际 10 ~ 12 厘米，避免肥害。

6. 苗木出圃

无患子大田种子育苗，苗木生长快。育苗试验表明：1 年生苗高可达 90 ~ 130 厘米，地径 1.0 ~ 1.8 厘米，主根长 30 厘米以上，冠幅宽度 30 厘米左右，每公顷产苗 18 万 ~ 22.5 万株。苗木培育一年即可出圃，起苗前 1 天要浇透水，起苗时如苗木根扎入苗床较深，则要用锋利的铁铲平行苗床方向边铲边取。

苗木将要面对的是没有人工灌溉和保护的环境，干旱、高温、低温、植被竞争、动物破坏等现象随时可能发生，苗木运至造林地后和栽植过程中要为苗木提供一个良好的保湿环境。起苗时应保护好苗木的顶芽及根系，并尽量多带宿土。运输过程中包装材料应稻草帘包装，严禁苗木受风吹日晒，绝不允许不经任何包装运输。苗木运到造林地后，选择平坦、背风、背阴和有水源之处，及时将苗木假植于土壤中，将根系与土壤充分接触、踩实，并浇水。

四、扦插育苗

(一) 插穗材料的选择

选取小于 10 年生的实生母树上 1 年生木质化或半木质化顶端健壮的枝条作插穗，若采用当年生无患子苗为采穗母苗效果更好。扦穗长 10 厘米，扦插时保留 1/3 或 1/2 叶片。

（二）插穗处理

采用双削（即基部芽两侧各斜切长度1厘米）的方法，使用浓度每升200毫克的ABT1号生根粉处理1分钟，或采用1% H_2O_2溶液浸泡处理12小时。

（三）扦插方法与管理

采用直插法，插后浇定根水。扦插后及时在床面用竹片（条）作高40厘米的小拱棚，随即用宽2米的新鲜农膜密闭覆盖（农膜要绷紧），四周用泥土压实、压紧苗床。扦插苗完全成活后去除农膜，沿插床四周改搭建高1.8米的遮阳棚。其他管理措施同种子育苗。

五、组织培养

（一）外植体选择

剥除鳞片的越冬芽是无患子快速繁殖最理想的外植体。适宜培养基为：MS+BA（每升1.5毫克）+NAA（每升0.2毫克）。

（二）继代增殖

适宜的增殖培养基为：MS+BA（每升1.0毫克）+IBA（每升0.02毫克）。

（三）生根培养

适宜的生根培养基为：1/2MS+NAA（每升0.5毫克）+IBA（每升0.1毫克）。

六、大苗培育

选好圃地，施足基肥，按东西向作床，床宽1.5米，床高25厘米。自秋季苗木落叶至翌年春季萌芽前，挑选树形好、长势旺盛、无病虫害的一年生苗木，按株行距60厘米×80厘米定植。起苗及定植时，应保护好顶芽及根系，并尽量多带宿土。定植后，在做好常规的田间管理时，应注意以下工作：

第一，定植后，如有侧枝萌发要及早抹除，以利培养通直的主干，定干高度2.0~2.5米。

第二，修剪时，要特别注意顶端一层侧枝的修剪，确保中心主干顶端延长枝占绝对优势，削弱并疏除与其同时生出的一轮分枝，保留定干后的第二、三树枝。

第三，采用自然式树冠可促进枝繁叶茂，要特别注意保护顶芽，切忌碰伤，除密生枝和病虫枝要及时修剪外，其余应任其生长。

经过3~4年的培育管理，所培育的苗木生长良好，苗木平均胸径可达4厘米，苗高可达3.5米，此时，可出圃用于园林绿化。

第三节　栽培技术

一、选地

根据无患子的生长习性，宜选择在海拔1000米以下的宜林荒山荒地、采伐迹地、火烧迹地、退耕还林地作为无患子的造林地，尤以土壤疏松、肥沃湿润、富含腐殖质，土层深厚，排水良好的阳坡或半阳坡地块为最佳造林地。

二、整地

造林整地前要进行清林作业，砍除造林地上的杂灌、草丛，将其堆腐或运出造林地。清林结束后，要及早细致整地，以保证造林质量，提高造林成活率。坡度在10°以上的造林整地以大穴整地为主，坡度在10°以下的平地或缓坡地可采用全垦或带状整地。造林宜采用穴植，规格为60厘米×60厘米×60

厘米，将表土填入底部，施入基肥，与表土拌匀，再覆盖厚 10 厘米的细土。每穴可施腐熟厩肥 5 公斤，磷、钾肥各 0.5 公斤的基肥。

三、初植密度

可根据自己需求，分别可按株行距 2.0 米 ×2.0 米，2.0 米 ×3.0 米，3.0 米 ×3.0 米，3.0 米 ×4.0 米，折合 2505 株/公顷、1665 株/公顷、1110 株/公顷、840 株/公顷进行栽植。

四、造林季节

根据造林树种的生物、生态学特性、气候条件、土壤条件以及社会经济等因子全面考虑，合理安排造林季节，有利于保证造林质量，提高造林成活率，一次造林成功。每年的 11 月下旬至次年的 3 月中旬均可进行栽植，春天土壤墒情好，一般成活率比秋季高，以春季 2 ~ 3 月造林最佳。

五、苗木质量

选用苗高 90 厘米以上，地径 0.8 厘米以上，树形好、顶芽饱满、苗干粗壮、根系发达、无病虫害、无机械损伤，长势良好的 1 年生苗木。应将苗木进行分级，将不同规格的苗木分别栽植，以便于经营管理。

六、植苗

裸根苗栽植前要做好苗木浆根工作，可在泥浆中加入 ABT 生根粉溶液来提高苗木成活率。修剪苗木过长根系，打好泥浆后在已挖好的明穴栽植，如栽植过程中泥浆被风干，一定要用水冲洗后重新打泥浆栽植。在栽植前要严格执行“三埋两踩一提苗”的栽植技术，做到苗正、根伸，分层填土压实，浇透定根水，栽植深度一般以超过苗木根颈为宜。盖土要稍高于地面，使窝面呈馒头状。

七、林分管理

（一）抚育管理

松土除草的季节和次数，要根据造林地具体条件和幼林生长特点综合考虑，一般情况下造林初期幼林抵抗力弱，抚育次数宜多，后期逐渐减少，有进行到幼林郁闭为止，大约需 3 年。造林第 1 ~ 3 年，每年至少中耕除草两次，一般松土除草时间应在 4 ~ 6 月和 8 ~ 10 月进行，中耕除草要避免伤及幼树。

（二）适时施肥

幼树期以营养生长为主，施肥主要以氮肥为主，配合磷、钾肥，并根据树龄大小逐年提高施肥量。幼树定植成活后 1 个月左右，挖环状沟进行 1 次施肥，每公顷施氮肥或复合肥 150 ~ 300 公斤。生长至第 2 年，根系发育良好，吸收能力较强，在 5 ~ 6 月，每公顷施氮肥或复合肥 300 ~ 450 公斤。第 3 年后，秋末施入适量腐熟的厩肥或堆肥。

（三）树形培育

定植如有侧枝萌发要及早抹除，以利培养通直的主干。

修剪时要特别注意顶端一层侧枝的修剪，确保中心主干顶端延长枝占绝对优势，削弱并疏除与其同时生出的一轮分枝。

树冠可促进枝繁叶茂，要特别注意保护顶芽，切忌碰伤，除密生枝和病虫枝要及时修剪外，其余应任其生长。

(四)病虫害防治

1. 根腐病

在苗期易发根腐病，可在发病初期喷洒1:1:100倍波尔多液；也可用50% 多菌灵600倍液或75%百菌清可湿性粉剂600倍液灌入病株根部，每隔10~15天灌施1次。

2. 炭疽病

炭疽病主要出现在春季和夏季，树木染病后会导致枯枝，早期落叶和落果。可用70%托布津1000倍液或70%代森锌500倍液每隔10天喷施防治1次，连续3次即可。喷施叶面、树枝及果实，以喷至滴水为宜。

3. 蜡蝉(透明疏广蜡蝉)

若虫刺吸嫩枝梢为害，成虫产卵于寄主小枝一侧，造成长10~20厘米伤口，影响树树木枝条的生长。防治药剂可选用：

(1)80%敌敌畏乳油加10%吡虫啉乳油1000~1500倍喷施；

(2)40%速扑杀乳油加阿维菌素1000倍液喷施；

(3)50%杀螟松乳油或者20%杀灭菊酯1000倍喷施。

4. 天牛

幼虫在树干基部、根颈处迂回蛀食，有粪屑积于隧道内，数月后方蛀入木质部，并向外蛀1通气孔排粪孔，排出粪屑堆积于基部。防治方法：

(1)发现无患子树基部有粪屑堆积，可以用细铅丝从排粪孔沿着隧道刺杀幼虫。

(2)如找不到幼虫，也可以塞入用蘸有80%敌敌畏乳油或40%乐果乳油10~50倍液浸过的药棉球或注入80%敌敌畏乳油500~600倍液，施药后用湿泥封口；还可以用敌百虫精或杀虫双500倍液进行浇灌。

5. 桑褐刺蛾

主要以幼虫啮食或蚕食无患子叶部，当虫口密度大时能在短期内把叶片吃光，仅剩下主脉，严重影响植物生长和市容面貌。防治方法：

(1)结合冬季修剪，剪除在枝上越冬虫茧；或挖除在土中越冬虫茧。

(2)幼虫发生期可喷施每克孢子含量100亿以上青虫菌1斤渗水1000倍液；或90%晶体敌百虫1000~1500倍液；或青虫菌1公斤加90%晶体敌百虫400克渗水1000倍的菌药混合液。

第六十章　南酸枣

第一节　树种概述

南酸枣 *Choerospondias axillaris* 为漆树科南酸枣属落叶高大乔木，高可达 30 多米，胸径达 1 米以上。是我国南方林果兼用的重要造林树种，在湖南各地均有人工栽培，以湘西地区人工栽培最多。湖南华容县胜峰林场有 7～10 年南酸枣人工林 200 多公顷。南酸枣抗环境污染能力强，吸氟量为每毫克 0.5～1.0 克，是城市、矿区废弃地抗污林的良好树种。

一、木材特性及利用

(一) 木材材性

南酸枣木材结构略粗，横断面上生长轮明晰，心边材区别不太明显或略明显，心材宽，淡红褐色。边材狭，白色至浅红褐色。木材具光泽，耐腐、无特殊气味；刨面光滑，纹理直或斜，花纹美观。材质略轻软柔韧，硬度、干缩度及冲击韧性中上等。木材平均气干密度每立方厘米 0.596 克，径向、弦向、体积干缩系数分别为 0.153%、0.264% 和 0.463%，顺纹抗压强度 44.2 兆帕，抗弯强度 98.5 兆帕，顺纹抗拉强度 142.9 兆帕，端面、径面、弦面硬度分别为 42.3 兆帕、33.0 兆帕、37.1 兆帕。

在 25 年的树龄内，南酸枣－马尾松混交林、南酸枣－杉木混交林和南酸枣纯林中南酸枣木材纤维的长度分别为 843～1401、858～1489 和 873～1347 微米，宽度分别为 19.28～23.58、19.34～22.34 和 19.76～25.26 微米，长宽比分别为 39.70～62.04、39.20～63.96 和 40.60～59.34；随树龄的增加，纯林和混交林中南酸枣木材纤维的长度、宽度及长宽比均逐渐增加，且不同林分间的差异逐渐达到显著水平，并以南酸枣－杉木混交林中南酸枣木材纤维的长度和长宽比最大、宽度最小。

(二) 木材利用

是胶合板、微薄板、家具、车厢、枪托、造船、房屋建筑、室内木装饰的优质用材，也是加工精细的出口物质—首饰盒、茶托、木碗、木碟钵等工艺品的理想木料。

(三) 其他用途

南酸枣果实甜酸，可生食或酿酒，果实含维生素 C 丰富，果核可作活性炭原料，其较高含量的酸、单宁是构成果酒风味的重要成分，故南酸枣是酿酒的良好原料。又因含果胶较高，适于制作果冻、果糕、果酱。南酸枣茎皮纤维可制绳索及造纸。鲜茎皮含纤维 56.8% 以上，纤维长 10 毫米以上，可作绳索和造纸，树皮含鞣质 7.25%～19.55%，树皮、树枝均含鞣质，可提取栲胶。树皮、果肉可入药，有消炎解毒、止血、止痛等功效，此外，树浸出液可染渔网，种壳可做活性炭原料。

二、生物学特性及环境要求

(一) 形态特征

南酸枣树干挺直，树皮灰褐色，小枝粗壮，暗紫褐色，具皮孔无毛，奇数羽状复叶互生，卵状椭圆形或长椭圆形，花杂性，异株；雄花和假两性花淡紫红色，排列成顶生或腋生的聚伞状圆锥花序，雌花单生于上部叶腋内；核果椭圆形或倒卵形，成熟时黄色，中果皮肉质浆状，花期 4 月，果期 8 ~ 9 月。

(二)生长规律

曾凡地对福建三明市南酸枣天然及人工状态下的生长过程研究表明，南酸枣天然林胸径生长量高峰期在 15 年、树高生长量高峰期在 15 ~ 20 年，材积生长量高峰期在 20 年，具有前期速生的特点。而南酸枣人工林的胸径、树高生长峰值出现时间早、峰值大。其胸径峰值出现在第 8 年(比天然南酸枣早 12 年)，连年生长量峰值为 1.85 厘米；树高的连年生长量峰值为 1.6 厘米，出现在第 6 年(比天然南酸枣早 9 年)。经过人工培育，南酸枣具有更好的速生性能。

(三)分布

南酸枣广泛分布于我国湖北、湖南、广东、广西、贵州、江苏、云南、福建、江西、浙江、安徽、重庆、西藏、陕西、甘肃、海南、四川等省份。在中南半岛，印度也有分布。

(四)生态学特性和环境要求

南酸枣生于海拔 300 ~ 2000 米的山坡、丘陵或沟谷林中。垂直分布多在海拔 1000 米以下，最高达 1600 米。喜光，要求湿润的环境。对热量的要求范围较广，从热带至中亚热带均能生长，能耐轻霜。生长快、适应性强，性喜阳光，略耐阴；喜温暖湿润气候，较耐寒；适生于深厚肥沃而排水良好的酸性或中性土壤，多生长在山谷、山脚、沟边、溪旁、山坡中下部等水湿条件较好、气候湿润的地方，其自然分布区年降水量在 1200 ~ 2000 米，且季节分配均匀。要求年平均气温 14℃以上，1 月平均气温 5℃以上，7 月平均气温 26 ~ 28℃，极端最低气温 -10℃以上，年积温 4500℃以上，才能生长良好。南酸枣喜光照，但在日照过长的阳坡，因日照长，气温高，土壤水分蒸发大，气候干燥，而生长不良。所以在亚热带低山丘陵地区，对坡向、坡度无明显要求，但以阴坡或半阴坡，半阳坡为佳，在中高山地区的上坡生长状况欠佳。

第二节　苗木培育

一、良种选择与应用

宜选用优良种源、优良林分、优良单株采集的种子进行育苗。优良种源和优良林分的种子材积增益可达 8% ~10%。湖南宜选择泸溪、华容、衡山等地种源。

二、播种育苗

(一)种子采集与处理

选择 20 ~ 40 年生的健壮母树采种，于 9 月下旬至 11 月上旬当鲜果皮转为黄色、果实成熟坠落地面后及时捡取。将果实堆积沤制 3 ~ 4 天或浸水 7 天，经常翻动，待果肉软化时，用木棒搅动和揉碎果肉，然后用水冲洗干净，捞出果核，置阴凉通风处晾 2 ~ 4 天，晾干至种皮发白即可贮藏。

采用室内沙藏法。先用细河沙垫底 5 厘米，然后撒上一层果核，再盖一层 3 ~ 5 厘米的细河沙，依次堆积，最上面盖上一层湿沙，沙藏高度不超过 30 厘米，最后覆盖塑料薄膜保湿，薄膜四周用砖压紧防鼠害。以后每半个月翻动检查一次，保持沙的合理湿度(用力将细河沙捏成团，松开手后沙团自然松散即可)，发现有沙粘附种核表面，则沙太湿，及时配干沙调节。

(二)圃地选择及土壤改良

1. 圃地选择

选择地势平缓、背风向阳、土质疏松肥沃，土层厚度在 35 厘米以上，排水良好，有灌溉条件和交通便利，微酸性至中性沙壤土或轻壤土作圃地。坡地育苗要将坡地改成水平梯带，并在圃地上方开挖拦水沟。

2. 整地作床

南酸枣速生喜肥，播种地宜选择土层深厚肥沃的壤土，苗床在冬季深翻一遍备用，播种时细致整地，土壤用0.5%的高锰酸钾消毒，每100平方米施复合肥3公斤左右，视土壤肥力酌施一定量的腐熟饼肥。筑床高30厘米、宽100厘米、步道宽30厘米，做到苗床平整。

（三）播种育苗

种子质量检验：播种前应对种子进行质量检测，测定种子的净度、生活率、发芽率、千粒重等主要指标。

播种前用浓度为0.1%～0.2%的高锰酸钾液浸泡种子10～15分钟消毒，然后用温水（45℃）浸种48小时，捞出阴干备用。

3月中下旬，当土壤5厘米深处的土温稳定在10℃左右时即可播种。

播种量：每公顷300～450公斤。

播种方法：播种采用开沟条播法，沟深5～8厘米，宽8～10厘米，沟间距25厘米，种孔朝上，种间距12～15厘米，覆土2厘米后再覆盖一层松针、稻草或茅草，并浇透水。当苗出齐后除去覆盖物。

（四）芽苗移栽

4月下旬芽苗已有二对叶片，此时最适合移栽。移栽应选择阴天或早晚，按30厘米×30厘米的株行距把芽苗分株移栽到苗床。移栽时用小竹条在苗床上插一小孔，深度略大于芽苗根茎部，使芽苗能自然放入，压实苗茎四周。移栽后浇足水，保持苗床湿润，如遇强光照天气，用遮阴网遮盖，避免芽苗曝晒。

（五）苗期管理

1. 中耕除草

苗木出土后，应根据杂草生长和土壤板结情况，及时中耕除草，保持圃地土壤疏松，无杂草。

2. 间苗补苗

南酸枣种子出苗会有多株丛生（种子具3～5个胚，一般可萌发2～3株），不利于幼苗生长。

当苗高生长到8～10厘米时，按间小留大、去劣留优的原则及时进行间苗，每丛保留一株，间苗宜在阴雨天进行。结合间苗，对缺株进行移苗补植，补植后及时浇定根水。最后密度控制在每平方米28～33株。

3. 浇水

幼苗出土后，应根据天气情况和土壤干燥程度于清晨或傍晚浇水，浇水要适度，以浇透为度，避免积水。

4. 追肥

5月中旬～7月上旬用尿素按每公顷30～60公斤兑水进行喷施追肥，做到先稀后浓，一般每15天追一次肥，共2～3次，9月上旬以后停止或少浇水，以促进苗木木质化。

（六）苗木病虫害防治

1. 防治原则

防重于治，首先作好圃地选择、种子检疫、种子和土壤消毒。

2. 主要病虫害

在幼苗出土和小苗移栽后易发生蛴螬和地老虎虫害，可用敌百虫（50%可湿性粉剂）按1∶100的比例与麦麸或米糠制成毒饵，于傍晚撒于苗床诱杀，或500倍液喷雾应及时防治。

(七)苗木出圃

苗木出圃前应对在圃苗木进行调查，统计出圃苗木的数量和质量。进行起苗、苗木分级等工序。

三、扦插育苗

(一)优质插穗的培育

1. 采穗圃的选择与整地

选择交通便利、地势较平坦、供水排水状况良好，表土较肥沃的地块作采穗圃。采用机耕或人工全垦，深翻25厘米以上。待土块充分曝晒，风化半个月以后，耙碎土块，起畦。畦面宽1.0～1.2米，畦长5～10米，畦高20厘米、畦沟40厘米。每100平方米施放12公斤钙镁磷肥。

2. 母株的种植及管理

(1)母株的种植。选择优良种源、家系采种育苗的超级苗作母株。苗高40厘米时可定植，按株距20～25厘米，行距30厘米，开沟种植，植后淋定根水。

(2)母株的管理。①伐桩母株培养：半木质化的穗条扦插成活率最高，生根质量好。南酸枣伐桩萌条节间短、粗细适中、半木质化程度高，扦插成活率可达80%以上，高于二、三级侧枝。因此，南酸枣母株可培育成伐桩萌条类型。当母株培养到地径2厘米时，于六月在距地面2～5厘米高处平茬，松土后用泥覆盖母树桩，干旱时适当浇水。从六月到十二月中旬，每母株可剪穗条2～4批，可采10～15条穗条，一年生母株繁殖系数可达20倍以上。

②平茬母株培养：母株栽植后约1～2个月，在离地面8～10厘米剪顶，淋足水，一周后陆续有芽眼萌出。利用一级侧枝，6～8厘米长、半木质化时可剪取扦插。

(3)水肥及病虫害管理。南酸枣母株修剪前期主要是促进生长管理。苗期要定期除草，每月一次，结合除草后施肥，开沟每100平方米施复合肥10公斤。叶色不黄，不需追肥。剪取一批穗条后，可淋水一次促萌。

南酸枣母株修剪前病虫害很少发生，病虫害以治为主，偶见食叶性害虫，可用600～800倍敌敌畏喷杀。修剪后，萌芽生长期，病虫害以防为主，每半月定期喷一次杀菌剂、杀虫剂，杀菌剂以多菌灵、甲基托布津、敌克松轮流交替使用，杀虫剂以敌敌畏、敌百虫、敌杀死轮流交替使用，以保证萌芽条健康生长。

(二)扦插繁殖

1. 扦插基质的选择

南酸枣扦插育苗可直接使用无菌黄心土，透水透气性好，扦插生根率达80%以上。若黄心土太黏，可适量加入约20%的河沙。

2. 扦插育苗容器

采用无纺布容器育苗，规格为10厘米×12厘米。

3. 穗条激素处理

激素对南酸枣扦插成活影响显著，以用吲哚丁酸效果最好，浓度为每升500～600毫克为宜。

4. 扦插季节

从3月到11月均可扦插，但以6～11月扦插成活率高，可达80%以上，其中尤以6月、9月、10月扦插成活最高，穗条成活率高达95%。

5. 消毒与扦插

(1)基质消毒。扦插前一天用0.1%的高锰酸钾水液对基质消毒，扦插前一小时淋透水备用。

(2)插条处理。选取无病虫害、粗壮、半木质化的萌条作插条，保留插条长10～15厘米，基部5厘米内叶子剪除，上部每片叶子剪半，插条剪好后即放入清水备用。

(3)扦插方法。将处理后的插条放入1000倍多菌灵水液消毒0.5小时，然后在其基部三厘米范围内蘸上生根剂，垂直插入容器中，深约 3 厘米，插后即淋水一次。

(4)扦插苗管理。

①湿度管理。插穗扦插后必须保证有适量的水分，南酸枣扦插育苗保持空气湿度和基质湿润是关键的技术之一。一般扦插后 15 天左右开始生根，在生根前要保持空气湿度在 90% 以上，基质湿润而不积水。因此，在没有雾状喷淋设施的苗圃，扦插后要用塑料农膜做全封闭小弓棚。

②光照管理。强光的直射会造成温度过高，插穗的蒸腾作用加大，往往会导致插穗凋萎或基部褐变。因此，扦插地要安装遮阴网，遮光度为 70% ~80% 为宜。夏季高温季节，在小弓棚农膜上加一层遮阴网，中午高温时段还需在小弓棚上喷水 1 ~2 次降温。

(5)水肥及病虫害防治。

①生根前管理。每周定期在傍晚揭膜透气 1 次，约 30 分钟。用洒水壶淋水使基质湿润，清除掉落叶及死株，以免产生病菌影响其他苗木生长。然后喷 1 次 1000 ~1500 倍的多效丰产灵加 800 ~1000 倍杀菌剂液(多菌灵、甲基托布津、百菌清轮流使用)，可起到防病治病、补充养分的作用。

②生根后管理。当插插穗约 80% 生根后，可适当根施氮肥或复合肥，浓度为 0. 1% ~0. 6%，先稀后浓，一般每隔半个月左右施肥 1 次。施肥后要淋清水洗苗，以免产生肥害。约三个月后，当插穗抽生第二对新叶时，便可去除农膜，每日淋水 2 ~4 次，保持基质湿润。

(三)苗木出圃

扦插苗木出圃标准：苗高 20 ~30 厘米，地径 0. 3 厘米以上，并已形成 3 ~5 条主根系，即可出圃造林。

第三节　栽培技术

一、立地选择

南酸枣为喜湿树种，虽然其适应范围广，但在选择造林地的时候应该选择土层深厚、肥沃、湿润、排水良好、温暖向阳的山谷、沟边、溪旁或山坡中、下部及“四旁”等微酸性土壤。切忌选择土壤板结的重黏土以及当风的山脊、风口、高寒瘠薄的山地，积水的湿地以及郁闭度较大的林缘空地和日照过长的阳坡也不能作为造林地。

南酸枣在酸性、中性或石灰岩风化的土壤上均能生长，适宜的土壤酸碱度为 4. 5 ~7. 5，最佳酸碱度范围为 5. 0 ~7. 0。从土壤肥力角度来讲，喜花岗岩、板页岩、砂砾岩、红色黏土、石灰岩、河湖冲击物等发育的红壤、山地黄壤、潮土，喜肥沃、耐瘠薄，但不耐盐碱。喜沙土、沙壤土、轻壤土，在过分黏重、板结、排水不良的土壤生长不良。海拔宜在 800 米以下，土层厚度宜在 60 厘米以上。

二、整地

(一)林地清理

对于荒地、皆伐作业等类似之地，先将地中的树枝、树叶和杂草进行清理和集中，然后选择无风的天气、放到迹地的中央、并在有人看护的前提下进行集中烧毁。在清理过程中，必须保留生长好的乔木树种的幼苗和幼树。对于低质低效林改造、森林恢复、森林重建、改培、优材更替中的造林之地，只清理需要栽树周围的杂草、枯枝以及影响其生长的霸王树枝。

(二)整地方式

为了改良土壤，充分发挥整地的蓄水、保水作用，采用穴垦整地方式，一般应在前一年的 10 ~12 月前完成整地，在南方的紫色页岩土地上整地，要提前一年，整地规格为 60 厘米 ×60 厘米 ×50 厘米。

（三）施基肥

整地的同时应该结合施肥，施肥以有机肥、氮肥为主，也可适当混施磷、钾肥。每穴施磷肥0.5公斤，或每穴施复合肥0.25公斤，并与土壤充分拌匀。

（四）栽植密度

南酸枣人工林造林初期应适当密植，纯林可采用2米×(2~3)米的株行距。适当密植，能促进提早郁闭，抑制侧枝生长，促使主干直伸，培育高干通直良材，一般以三年郁闭为好。培育大径材，造林初植密度可为每公顷1005~1500株，定向培育短周期工业原料林的密度为每公顷2010~2505株。

三、栽植

（一）苗木选择

为了提高造林的成活率，一般选用1~2年生、苗高60厘米以上、地径1厘米以上的苗木。

南酸枣喜温暖，冬季因苗木木质化程度差，故在冬季有冻害的地区，裸根苗宜春季造林。栽植时间在2~3月为宜，最迟不能超过3月中旬，过晚会因苗木发芽、植株缺水而枯死。

（二）造林方法

栽植方法可采用植苗造林、直播造林和截干造林。

植苗造林的栽植深度一般比苗木原土痕深3~5厘米，但在干旱疏松的土壤上还可以深些，在湿润黏重土壤上则应浅些，栽植时不要伤根皮，防止感染病害。

直播造林仅适应于土质疏松、湿润、肥沃、立地条件好的造林地，时间宜在早春1~2月进行，播种前将果核浸种1~2天，然后按株行距2米挖穴，穴宽30厘米，深20~25厘米。

截干造林既能提高造林成活率，又能培养直立粗壮的主干，南酸枣全截干比截干1/2至2/3或未截干干形通直率提高22%，而干形弯曲率要降低8.2%。

四、幼林抚育

（一）除草抚育

南酸枣的抚育管理是巩固造林成果，提高造林成活率，促进林木迅速生长，达到速生丰产、优质的重要措施。抚育的内容包括幼林补植、除草松土、修枝、施肥等工作。造林前三年每年抚育二次，如杂草生长快可抚育三次。一般于每年5月、9月进行松土除草抚育。

（二）补植

当造林成活率低于90%时，应于当年冬季或第二年春季进行补植，补植时一定要细致整地，最好带土栽植。

（三）幼林施肥

南酸枣作为用材林时，一般造林的头三年可以每年每公顷开沟施复合肥750公斤，钙镁磷肥1050~1500公斤即可。施肥时选在阴天或下午，最好是下雨前1~2天，施肥方法为开沟撒施。

（四）修枝

在头三年及时剪除树根处的萌发枝、树干上的霸王枝，确保主茎的生长。

幼苗基部喜生萌生枝，另外由于一年多次抽梢，容易形成多个顶梢，影响主干生长，以培育用材为目的时，在造林头几年要进行抹芽和及时剪除主梢侧边的次顶梢，以确保主顶梢的生长，加快主干高生长。抹芽是离地面树高2/3以下的嫩芽抹掉，减少养分消耗。修枝主要是将树冠下部受光较少的枝条除掉。修枝要保持树冠直径相当于树高的2/3。过多修枝会丧失一部分制造营养物质的树叶，而影响树木生长。修枝季节宜在冬末春初。

五、抚育间伐

当林木生长到一定阶段，要进行合理间伐，实现优质、高效栽培。根据林分生长状况，当郁闭度达0.9时，树高生长减缓，林木个体间出现分化时开始第一次间伐。南酸枣纯林一般造林后第6~8年进行，砍去部分生长不良和过密的树木，为留下的树木生长发育创造良好环境条件。间伐强度为20%~30%，为培育大径材3~5年后郁闭度又恢复到0.9~1.0时，应进行第二次间伐，最后保留公顷450~600株。

六、混交林营造

南酸枣营造混交林有利于改善干材形质，提高防御病虫害的能力。可以采用南酸枣与杉木、马尾松、毛竹、枫香、木荷、楠木、鬣蒴栲、红椆、青冈等块状混交，作为主要造林树种时，初植密度可为每公顷1350~1800株，作为次要造林树种时，初植密度可为每公顷450~900株。林金国认为，南酸枣—杉木混交林中南酸枣木材的解剖特性总体上优于南酸枣—马尾松混交林和南酸枣纯林，因此，在南酸枣木材品质定向培育过程中宜选择杉木作为伴生树种。从纤维的长度及长宽比方面看，人工混交林的造林方式有利于提高南酸枣木材纤维等材性的品质。

七、病虫害防治

(一)袋蛾类防治

大袋蛾、茶袋蛾、小袋蛾、白囊袋蛾的幼虫取食叶片及幼树枝条皮部。防治方法：冬季修剪或摘除烧毁虫茧；幼虫期喷洒90%敌百虫、80%敌敌畏、90%杀螟松乳油1000~1500倍液，亦可采用杀螟杆菌和白僵菌进行生物防治；成虫时采用黑光灯或性激素诱杀。

(二)刺蛾类防治

褐刺蛾、黄刺蛾、褐边绿刺蛾、扁刺蛾的四龄前幼虫啃食叶片下表皮及叶肉，五龄后啃食全叶，仅留主脉及叶柄，严重时将新梢的叶子全部吃光。防治方法：在冬季可采用人工去茧的方法进行防治，幼虫时喷洒90%敌百虫、25%亚胺硫磷，成虫时利用诱光灯捕杀。

(三)叶甲类防治

叶甲幼虫取食树叶，严重时可将幼树新梢的叶子全部吃光。化学防治方法可采用喷洒80%敌百虫1000倍液，成片林治虫可用杀虫烟雾剂熏杀，也可以通过营造混交林达到生物防治的目的。

(四)地老虎类防治

小地老虎、黄地老虎、大地老虎幼虫主要取食新叶、幼苗或未出土的幼芽。防治方法可采用及时除草、黑光灯诱杀、10%敌百虫拌毒饵或2.5%的敌杀死2500倍液喷洒。在幼虫盛发时，施行漫灌，待幼虫漂浮水面时，集中扑杀。

第六十一章　青钱柳

第一节　树种概述

青钱柳 *Cyclocarya paliurus* 又名摇钱树、麻柳，胡桃科青钱柳属落叶乔木。青钱柳是冰川四纪幸存下来的珍稀树种，仅存于中国，属国家二级保护树种。青钱柳树姿壮丽，枝叶舒展，果如铜钱，其果有水平圆形翅，金黄色，每一果梗上串有十几个果实，形似串串铜钱，迎风摇曳，叮当作响，妙趣横生，酷似古代铜钱，可作道路、庭院观赏树种栽培。由于其材质好且用途广泛，是湖南省珍贵用材造林树种。

一、木材特性及利用

（一）木材材性

青钱柳木材轻软，有光泽，纹理交错，结构略细，加工容易，干燥快，稍耐磨、切削容易、且切面光滑，粘性和油漆性能好。

（二）木材利用

木材适用于做家具、农具、小船、箱盒、火柴杆、胶合板、坑木、建筑、包装及薪炭材等。还可以用于制浆造纸和中密度纤维板生产用材。树皮含鞣质及纤维，可提制栲胶，亦可做纤维原料。

（三）其他用途

青钱柳嫩叶可制成保健茶，具有改善糖代谢、降低胆固醇、促进血液循环、抗氧化等作用。树皮、树叶还具有清热解毒，止痛功能，可用于治疗顽癣。

二、生物学特性及环境要求

（一）形态特征

落叶乔木，高达 10 ~ 30 米；树皮灰色；枝条黑褐色，具灰黄色皮孔。芽密被锈褐色盾状着生的腺体。奇数羽状复叶长约 20 厘米（有时达 25 厘米以上），具 7 ~ 9（稀 5 或 11）小叶；叶轴密被短毛或有时脱落而成近于无毛；叶柄长约 3 ~ 5 厘米，密被短柔毛或逐渐脱落而无毛；小叶纸质；侧生小叶近于对生或互生，具 0.5 ~ 2 毫米长的密被短柔毛的小叶柄，长椭圆状卵形至阔披针形，长约 5 ~ 14 厘米，宽约 2 ~ 6 厘米，基部歪斜，阔楔形至近圆形，顶端钝或急尖、稀渐尖；顶生小叶具长约 1 厘米的小叶柄，长椭圆形至长椭圆状披针形，长约 5 ~ 12 厘米，宽约 4 ~ 6 厘米，基部楔形，顶端钝或急尖；叶缘具锐锯齿，侧脉 10 ~ 16 对，上面被有腺体，仅沿中脉及侧脉有短柔毛，下面网脉显明凸起，被有灰色细小鳞片及盾状着生的黄色腺体，沿中脉和侧脉生短柔毛，侧脉腋内具簇毛。雄性葇荑花序长 7 ~ 18 厘米，3 条或稀 2 ~ 4 条成一束生于长约 3 ~ 5 毫米的总梗上，总梗自 1 年生枝条的叶痕腋内生出；花序轴密被短柔毛及盾状着生的腺体。雄花具长约 1 毫米的花梗。雌性葇荑花序单独顶生，花序轴常密被短柔毛，老时毛常脱落而成无毛，在其下端不生雌花的部分常有 1 长约 1 厘米的被锈褐色毛的鳞片。果序轴长 25 ~ 30 厘米，无毛或被柔毛。果实扁球形，径约 7 毫米，果梗长约 1 ~ 3 毫米，密被短柔毛，果实中部围有水平方向的径达 2.5 ~ 6 厘米的革质圆盘状翅，顶端具 4 枚宿存的花被片及花柱，果实及果翅全部被有腺体，在基部及宿存的花柱上则被稀疏的短柔毛。花期 4～5 月，果期 7～9 月。

（二）生长规律

青钱柳树高生长以 1～5 年生长最快，5 年生以后略为降低，但仍处于速生阶段，25 年以后迅速下降；胸径在 25 年之前均属速生，尤以 5～15 年生时为生长高峰期，25 年以后开始下降；材积生长在第 1～5 年极为缓慢，以后迅速上升，10～15 年生为生长高峰期，25 年生以后开始下降，因此，必须加强幼林抚育管理，以充分发挥早期速生的特性。

（三）分布

我国独有分布，我国南方多省均有发现，多以零星分散，湖南省邵阳、岳阳等地均有分布。

（四）生态学特性及环境要求

喜光深根性树种，山区、半山区、丘陵山地均可栽培，一般喜生长在土壤肥沃、湿润的山谷、山凹地带及河流两岸的冲积土上，在花岗岩及油页岩的风化母质上也能生长。能够与楠木、槠栲类等树种混生。在酸性、石灰质土壤上均能够生长。

第二节　苗木培育

一、良种选择

选择 20～40 年生健壮的母树，营造用材林时，要求母树干形通直。有国家或省级良种，宜选择良种。

二、播种育苗

（一）种子采集与处理

采种：青钱柳系雌雄同株，9 月下旬至 10 月初，当果实由青变为黄褐色时，即可采摘。采种可以利用高枝剪或竹竿敲打枝条，铺布收集。将采摘的种子除去果翅，净种后盛在竹箩里阴干后，袋装干藏于室内通风处；也可用湿沙混藏，进行春播，能提高发芽率。

种子处理：青钱柳种子具有深度休眠的特性，没有通过处理的种子需隔年才萌发。为了争取有较好的发芽率，播前用 50～60℃温水浸种，冷却后再浸泡于清水中 5～7 天，阴干后播种。采用 GGR 生根粉溶液浸种 3～6 天可获得较好的发芽率。

（二）苗圃选择与整地

青钱柳适宜在湿润凉爽的生境中生长，圃地应选择水源充足，排灌方便，日照时间较短的山区农田。青钱柳育苗时间为冬季或春季，圃地土层要求深厚、肥沃的微酸性沙质土或壤土。由于青钱柳种子相对较小，幼苗出土后 1～2 月，抗性较差，暴雨、干旱、强光照、高温、病虫危害都易给幼苗造成损伤或死亡。因此要精细整地，整地时要求每公顷匀撒 300～375 公斤石灰和敌百虫 45～75 公斤进行土壤消毒，每公顷施腐熟厩肥 7500 公斤、钙镁磷肥 3000 公斤，耕耙后作畦。

（三）播种育苗与管理

播种时间：早春条播，条距 30～35 厘米，播种量 225 公斤/公顷。播种后覆焦泥灰或黄心土厚约 1～2 厘米，再盖稻草。待苗木出土后要及时揭取苗床覆盖的草，并适时进行除草，施追肥。苗木出土后，需要大量的养分，圃地除施足基肥外，要及时追肥，在 5～6 月各施氮肥 2 次，并及时中耕除草，清沟排水。在炎夏伏季要搭棚遮阴并停止施肥。

苗期管理：青钱柳种子较小，幼苗出土之后 1～2 周抗性较差，暴雨、强光、高温、病虫害等易使幼苗造成损伤或死亡。播种后 30 天左右，幼苗开始萌发，待种子发芽 50% 以上时，要适时揭草，第一次揭草1/2，5天以后全部揭去。以后要做好苗期正常的除草、松土、追肥、排水等田间管理。当幼苗长至7～10厘米时，进行间苗，株距13～17厘米，产苗量15万株/公顷左右。1年生苗高可达60～80厘米，可出圃造林。

三、扦插育苗

(一)圃地选择

圃地宜选在交通便利，排灌条件良好，距造林点较近，土层深厚、肥沃的沙壤土或沙土地上，地下水位在1.5米以上。深翻土壤，清除杂草石块，打碎耙平，做出宽1.2米的高床，长度不限。浇足底水，再于其上铺盖5厘米厚的基质，当天铺盖当天使用，插床扦插前用多菌灵溶液进行消毒。

(二)插条采集与处理

选择半木质化、健康饱满无病虫害的直径1～2厘米的一年生枝条中下部，每个插穗留1～2个节，约8～10厘米长，切口上平下斜，留4个半片叶。

(三)扦插时间与要求

扦插时间：扦插时间从4～10月均可，但以6～7月为最佳。

扦插要求：扦插基质一般为黄心土、河沙。不同植物生长调节剂与浓度处理对扦插穗条的成活率与生根数量影响较大，青钱柳扦插宜采用吲哚丁酸或6号ABT生根粉，浓度配制采用0.1%～0.125%药液为宜，成活率分别达81.1%，83.1%。插条激素处理后晾干后进行扦插。扦插时先将基质插一小洞，然后将处理好的插穗插入小洞中，适当压紧。然后淋透清水，喷洒1000倍75%的百菌清溶液。

(四)插后管理

插后要保持苗床的湿润，5～6月气温升高时，应该遮阴处理。

(五)苗期管理

在苗高3～4厘米时，选择雨后或灌溉后间苗，去除病弱小苗，同时结合间苗进行第1次除草。苗高15厘米时，按照“去弱留强，去小留大”的原则进行定苗，并结合定苗进行第2次中耕除草。追肥结合中耕进行，宜沟施复合肥600公斤/公顷，或撒施750公斤/公顷。

(六)移栽

青钱柳宜在萌芽前移栽，可保证较高的移栽成活率。栽植前用水浸苗3～5天，使苗木吸足水分。

四、轻基质容器育苗

(一)轻基质的配制

基质配方：土壤+砂+腐殖质(各占1/3)、蛭石、蛭石+珍珠岩(各占1/2)、珍珠岩+泥炭土(各占1/2)，其中蛭石+珍珠岩(各占1/2)、珍珠岩+泥炭土(各占1/2)较为合适。基质配置好后用1000倍75%的百菌清溶液浇透消毒。

(二)容器的规格及材质

容器育苗营养袋规格有13厘米×15厘米、14厘米×16厘米。材质一般有塑料和无纺布两种。塑料容器在栽植前应该去除塑料容器，无纺布则不需要。

(三)圃地准备

为了便于运输和管理，在选择苗圃的时候，首先要考虑交通、水利条件；其次，整个苗圃要求地势平坦、光照充足、土壤通气性和排水性好，注意不要在低洼地、易被水风冲击地、易积水地、菜园地及林下育苗。

(四)容器袋进床

将消毒过的基质装入容器中，在装基质时要注意填实装满(约低于容器上口1厘米)。防止施肥浇水时流失基质和肥料。完成后将容器整齐地排在苗床上，尽量减少容器间的空隙，防止高温时基质干燥，同时用湿土垒边以防容器倒翻。如发现排水不良的容器，要及时用竹签在底部扎1个排水孔。

(五)种子处理

用50～60℃温水浸种，冷却后再浸泡于清水中5～7天，阴干后播种。采用GGR生根粉溶液浸种3～6天可获得较好的发芽率。选取发芽的种子进行容器育苗。

(六)播种与芽苗移栽

播种前把装好基质的容器淋透水，使土下沉，有的容器基质多，用棍子捣个洞，把已催好芽的种子点播于容器内，每个容器内播种3粒。然后将细绵沙均匀地撒在容器上面，盖土以看不见种子为宜。

(七)苗期管理

播种视天气情况，一般3天左右浇水一次，以保证出苗，随着苗木生长阶段不同，浇水量也有区别。苗子出土一个月后，就可以补苗、间苗，一般在补苗后进行间苗，每容器保留一株，要及时拔草。做到拔小拔了，以免影响苗木生长。苗木速生期可施少量磷肥。

(八)苗木出圃与处理

1. 出圃规格

容器苗以具备形成根团完整、茎干粗壮通直、叶片色泽正常、整体发育整齐、无虫害无损伤为优质苗。

2. 出圃准备

在苗木出圃前2天左右，要进行1次施肥并浇透水，两者可结合进行，先用磷钾肥喷施，再用清水浇洗叶面直至基质湿透。

3. 运输

为减少运输成本，在装车时可将容器苗横向垒叠，这样能使装苗量达到最大，但注意车厢边缘层苗木全部朝内，以免擦伤。此外可以用塑料箱等器具进行分箱装运。

4. 容器苗在造林过程中的注意事项

对于塑料容器，栽植前要去除容器。去除前，应该用手轻握基质，防止去除容器杯时基质与根系脱落。栽植时，要注意保护根团完整，全部埋入泥土下。无纺布容器苗直接栽植。

第三节　栽培技术

一、立地选择

选择海拔800～1200米山区的黄红壤土，在腐殖质丰富、土层深厚的山坡造林。在海拔800米以下山区，选土层深厚、湿润、排水良好的酸性肥沃的中下部造林。

二、栽培模式

(一)纯林

青钱柳在湖南、湖北等地均有人工纯林，因此可纯林种植。

(二)混交林

青钱柳可与杉木、鹅掌楸、柳杉、楠木、青冈等树种混交。混交方式以小块状混交为宜。

三、整地

(一)造林地清理

在整地前进行林地清理，以改善造林地的卫生条件和造林条件。注意清除林业有害植物，鼠害发生严重地区要先降低鼠口密度，然后造林，林地清理采用团状清理为主，以栽植点为中心，对半径0.5米范围内的杂、灌进行清理，对于有培育前途的原有树种应予保留。

(二)整地时间

整地时间在造林一个月前或上年秋、冬季进行整地。土壤质地较好的湿润地区，可以随整随造。

(三)整地方式

整地宜采用穴状整地，采用圆形或方形坑穴，穴径60厘米、深50厘米。敲碎土地后，表土回穴。

(四)造林密度

培育短周期工业原料林(取叶用)的株行距为2米×2米，造林密度2500株/公顷。

(五)基肥

每株苗木应该施0.5~1.0公斤复合肥或者采用充分腐熟的有机肥7.5~10公斤。

四、栽植

(一)栽植季节

青钱柳栽植一般在春季进行，造林应在3月底前完成，择下雨前后无风的天气造林，容器苗则随时均可造林。

(二)苗木选择及处理

选用Ⅰ、Ⅱ级苗造林。1年生苗木造林，由于苗木主根不明显，侧根须根多，从起苗到栽植应保持根系处于湿润状态。

(三)栽植方式

裸根苗采用“三覆二踩一提苗”的造林方法(深栽、栽紧)，同时造林前剪除苗木全部叶片和离地面30厘米以下的侧枝及过长的主根；容器苗造林要注意始终保持容器中的基质不散，同时使容器基质与穴中的土壤充分密接。同时造林前剪除苗木1/3叶片。

五、林分抚育

(一)幼林抚育

青钱柳幼林生长快，3~4年可郁闭成林，应连续抚育3年，每年2次。抚育时，应做好补植、除杂灌、扩穴松土等项工作。造林地若在800米以上的山地，在造林后3年内可进行块状抚育。因山高、风大、寒冷，幼林周围需要有一定的灌木和杂草，以防风、保暖、保湿。

(二)施追肥

结合抚育进行追肥，以促进幼林生长，提早郁闭，减少抚育次数。造林当年结合抚育每株施复合肥25克，第2、3年4~5月每株施复合肥50克，沿树冠垂直投影内开半环状浅沟，深10~15厘米，把肥料均匀施入沟内，然后填土，以防肥料流失，确保肥效。

(三)抹芽修枝培育干形

在冬末春初，一是剪除树根根际处的萌发枝和树干上的霸王枝(包括次顶梢)，确保主干生长。二是将树冠下部受光较少的阴枝除掉。

（四）间伐

青钱柳前期生长较慢，10 年后生长加速。间伐期 20 年，主伐期在 50～55 年。

（五）病虫害防治

立枯病：又称猝倒病。此病发生严重时会造成幼苗大量死亡。病因和发病期，症状也不一，有猝倒型、立枯型等。防治方法：①搞好土壤消毒；②加强育苗管理，雨季及时排水，防止积水；③发病前每 7 天喷 0.5%～1% 波尔多液预防；④发病时，用 70% 敌克松粉剂 500 倍水溶液喷施。

地老虎：幼虫从地面将幼苗咬断拖入土穴内。危害严重时，会给幼苗造成较大的损害。防治方法：①在幼虫发生期间，可诱杀或捕杀幼虫。②用 50% 辛硫磷乳油 1000 倍液，或 99% 敌百虫 800 倍液进行地面喷药。

第六十二章　喜树

第一节　树种概述

喜树 *Camptotheca acuminata* 又名旱莲木、水栗子、千丈树、水桐树、天梓树，蓝果树科喜树属树种，是我国特有的一种高大落叶乔木，1999 年 8 月被列为第一批国家Ⅱ级重点保护野生植物。喜树主干通直圆满，生长迅速，材质好，用途广泛，是优良用材树种；其树冠开展，枝叶茂密，树形美观，具有很高的观赏价值，适用于公园、庭院作绿荫树和街道、公路作行道树。喜树对二氧化硫抗性较强，可改善环境、净化空气，是绿化、美化环境的优良树种。树皮、果实可提炼治疗原发性肝癌、胃癌、结肠直肠癌等恶性肿瘤的喜树碱，因此还是药用树种，具有很好的市场前景。

一、木材特性及利用

（一）木材特性

喜树木材呈黄白或浅黄褐色，心边材区别不明显，有光泽，结构细密均匀，材质轻软坚韧，易干燥，易翘裂，不耐腐，容易感染蓝变色菌；喜树木材切削容易，切面光滑，且花纹也较美观。

（二）木材利用

喜树木材是重要的造纸原料，还广泛用于建筑模板、包装、火柴杆、胶合板、小件家具、室内装修、日常用具、雕刻等用材。

（三）其他用途

1. 医药用途

喜树的果实、根、树皮和枝叶中含有具抗肿瘤作用的喜树碱，它是继紫杉醇之后又一个由植物提炼的抗癌物质。喜树碱是 DNA 合成抑制剂，对 DNA 合成期的肿瘤细胞有较强的杀伤作用，可以治疗胃癌、结肠癌、膀胱癌、食道癌、贲门癌等，特别是近年来对喜树碱结构的人工改造，获得了许多溶解性好、毒副作用小、疗效显著的喜树碱水剂、粉剂、喜树酒等产品，投放市场供不应求。

2. 工业用途

果实含脂肪油 19.53%，可榨油供工业用，出油率约 16%。

二、生物学特性及环境要求

（一）形态特征

喜树是落叶乔木，高达 30 米，胸径可达 50 厘米；树干通直，树皮灰白色或浅灰色，浅纵裂；小枝圆柱形，平展，1 年生小枝紫绿色，被灰色微柔毛，2 年生枝淡褐色或浅灰色，无毛，疏生圆形或卵形皮孔；冬芽腋生，锥状，边缘被短柔毛；单叶互生，叶椭圆形至长卵形，长 12 ~ 28 厘米，宽 6 ~ 12 厘米，前端突渐尖，基部近圆形或宽楔形，全缘或呈微波状，羽状脉弧形而表面下凹，表面亮绿色，幼时脉上被短柔毛，其后脱落，背面淡绿色，疏生短柔毛，叶脉上更密；叶柄长 1.5 ~ 3 厘米，常带红色；花雌雄同株，头状花序顶生或腋生，径约 1.5 ~ 2 厘米，常由 2 ~ 9 个组成总状复花序，上部为雌花序，下部为雄花序，总花梗圆柱形，长 4 ~ 6 厘米，幼时被微柔毛，后渐脱落。坚果香蕉形有窄翅，长2～3厘米，顶端具宿存的花盘，两侧具窄翅，幼时绿色，干燥后黄褐色，集生成球形，花期5～7月，果9～10月成熟。

（二）生长规律

一年生苗高可达1米，地径1厘米。树高年生长量45.3～165.9厘米，胸径年生长量0.5～2.5厘米，前10年生长迅速，以后变慢。湖南慈利干燥瘠薄粗沙土上的人工林，16年生，平均树高7.3米，平均胸径7.5厘米；湖南衡山，深厚沙壤土上的人工林，14年生，平均树高23.2米，平均胸径35.1厘米；较耐水湿，在河滩沙地、河岸、溪边生长均较旺盛，洞庭湖区渠道林带，7年生，平均树高11米，平均胸径13厘米。在水肥条件较好的立地，主伐期20～25年，培育大径材在30年左右。

（三）分布

喜树是我国特有树种，主要分布在江苏南部、浙江、福建、江西、湖北、湖南、四川、贵州、广东、广西、云南等长江以南及长江以北部分地区，常生于海拔1000米以下的低山、谷地、林缘、溪边。

（四）生态学特性

喜树性喜温暖，喜光照，不耐严寒，幼树期间极端低温－6℃左右即产生枯梢现象，冬季或早春未解冻前造林也会出现枯梢。喜肥沃湿润土壤，不耐干旱瘠薄，在丘陵酸性红壤及干燥瘠薄的荒山生长不良，在平原湖区及四旁土壤深厚肥沃之处生长良好。

（五）环境要求

喜树性喜光，喜温暖湿润，不耐严寒和干燥，－6℃低温产生冻害，低于10℃时停止生长，适宜在年均温度13～17℃之间、年降水量1000毫米以上地区生长。幼苗、幼树稍耐阴，在山地阴湿谷地天然更新良好。对土壤酸碱度要求不严，在酸性、中性、碱性土壤中均能生长，在石灰岩风化的钙质土壤和板页岩形成的微酸性土壤中生长良好，但在土壤肥力较差的粗沙土、石砾土、干燥瘠薄的薄层石质山地均生长不良。不耐烟尘及有毒气体。

第二节　苗木培育

一、播种育苗

（一）种子采集与处理

喜树果实由青绿变为淡黄褐色，表明种子已充分成熟，是采种的最佳时间。选择15～30年生健壮优树作为采种母树，于11月下旬采种。种子采回后立即剔除果梗、病虫害果和杂物，摊放在通风、阴凉处晾干，装袋内置于通风、干燥、阴凉处待处理或混沙湿藏，喜树种子千粒重约28～36克。

（二）选苗圃及施基肥

选择向阳、肥沃、土层深厚、排灌条件良好的耕地作为苗圃地。冬前深翻休闲，翻耕深度25厘米左右，翌春每公顷撒施复合肥750公斤，深翻耕耙，清除杂草及石块，播种前一周作床，床面要求平整，土壤细碎，用0.3%的硫酸亚铁溶液进行床面消毒。采用高床育苗，床面宽90～120厘米，床高20～30厘米，步道宽30厘米。

（三）播种育苗与管理

播种前对种子进行催芽处理，用0.5%高锰酸钾溶液消毒1～2小时，然后将种子漂洗干净，用40℃左右温水浸泡12小时，然后将种子取出与1/3的鲜河沙混合均匀，放入花盆，保持湿润，并经常翻动，当80%的种子张口露芽时，即可播种。

播种在3月下旬至4月中旬进行，在苗床上按行距30厘米开沟，沟宽5厘米，深3厘米，按株距15厘米双籽点播。播后覆2～3厘米厚的沙土，用铁锨等工具拍实。采用喷灌、滴灌或漫灌等方式浇透水。因为是采用催芽种子播种，播前土壤须有一定湿度，否则需先行浇灌。灌溉条件不方便时，最好采用干籽直播。

播后田间管理可分4个时期进行阶段管理。

1. 发芽出土期

指种子发芽到幼苗出土，真叶显露，一般约经50天。此期管理重点是保持地面湿润，有条件时可采用遮阴或地面覆盖等方式保湿，以利于种子发芽出土，20～30天后可出苗。苗出齐后要及时撤除遮阴或地面覆盖物。

2. 苗木速生期

指真叶显露到苗高生长停滞阶段，一般指5月初到10月初。本阶段水分管理仍为重点，需根据天气、土壤状况适时补充水分，同时需全面加强管理，包括光照、肥料、草害、病虫害等的管理。5月份管理要点是保全苗，根据出苗状况及时间苗或补苗，每穴留苗1株，剔除弱小苗。补苗应在下午进行，栽后按穴浇透水。6～9月是苗木快速生长期，此时植株叶面积迅速扩大，株高日均增长0.5厘米，是苗木生物量增加的主要时期。据观察，喜树植株在年内二次生长现象不明显，因此本阶段管理以促苗为主。鉴于本阶段温度较高，光照充足，宜加强水肥管理，随降雨或灌水，每月每公顷施氮磷复合肥150公斤。及时中耕除草，防止板结，保湿保肥增温。1年生幼苗几乎无病虫害，一般可不喷药，但如发现，则依病虫类型施用常规药物防治。

3. 缓慢生长期

指苗木生物量增加明显减缓，叶片部分老熟黄化至落叶，茎杆逐渐木质化的时期，一般从10月初到12月初。本阶段由于温度降低，植株生长减缓因而无需大量水肥，管理要点是促使植株健壮生长，延长绿叶期，防止病虫害，可结合喷施叶面肥1～2次。

4. 成苗期

指落叶到来年新叶萌发前的时期，一般在12月初至翌年3月中旬。此阶段植株生长基本停止，管理措施减少，当冬季干旱时可冬灌1～2次，12月落叶后适时清理圃地，3月初尽早中耕除草。此阶段是移栽造林的适宜期，尤以3月初萌芽前为宜。本阶段需及时抹除茎上新生幼芽，保持树冠顶部4～6个分枝即可。

另外，在苗期应加强苗床管理，对苗床定期进行除草与松土，保证幼苗有充分的肥料和氧气的供应，促苗齐、苗壮。

二、扦插育苗

（一）圃地选择

扦插圃要求地势高、排灌方便，土壤要求较肥沃、疏松。将苗圃进行深耕25厘米、整理、除去杂物，结合整地每公顷施生石灰750公斤撒在地面进行土壤消毒，结合开厢每公顷施钙镁磷肥750公斤或复合肥750公斤作基肥。以120厘米宽开厢，东西向，厢沟宽25厘米，厢沟深20厘米，其余围沟、腰沟依次渐深。苗床上铺一层厚4～5厘米的过筛干净未耕种过的无菌黄心土，苗床做好后，搭设高1.8米左右的遮阳棚，用遮阳网进行遮阳，要求遮阳网的透光度为50%左右，避免基质表面温度过高。

（二）插条采集与处理

选生长健壮、叶片完整、营养充实、遗传性能较好、无病虫害的绿条。插穗长度一般为10～15厘米，每条留1个顶梢，其余侧枝、叶片全部剪除，并在枝节处用手术刀片削成马蹄斜口作为插条下口，放入GGR生根粉200ppm溶液中浸泡，深度为2～3厘米，浸泡时间12小时。

（三）扦插时间与要求

扦插时间以5月下旬至9月中旬夏季为好，夏季相对湿度、气温都较高，能于当年形成相当数量的根系并木质化，过冬越春抗旱能力较强。扦插深度 3 ~5 厘米，扦插密度 6 厘米 ×5 厘米。

(四) 插后管理

苗期的管理主要是每天进行喷雾浇水。苗床设置遮阳棚，遮阳棚上盖遮阳网，确保苗床内温度在 35℃以内。扦插完后，立即喷 1 次透水，第 2 天早上或晚上喷洒 0.01% 的多菌灵溶液，避免感染发病，在此之后，视情况喷撒。育苗过程中除抓好水分和温度管理外，还要抓好营养管理，每隔 5 天喷 1 次低浓度营养液。生根前喷 0.2% 的磷酸二氢钾和生根剂；生根后每隔 3 ~5 天喷 1 次 0.2% 的营养液(尿素 50%、磷酸二氢钾 40%、复合微量元素 10%)，以促进根系木质化。

扦插完后要经常观察，尤其是每天中午更要随时观察，大棚内的温度在 25 ~28℃之间，棚内湿度以 85% -90% 最好，对插穗生根极为有利，在此环境下扦插第 9 天开始产生愈伤组织，第 17 天开始长出新的根系，第 25 天根长度可达 5 ~10 厘米，这时开始炼苗。炼苗时，减少喷水次数，打开塑料布两头通风，然后去掉塑料布，进行全面炼苗，炼苗后 5 ~7 天开始移栽。

三、苗木出圃与处理

喜树 1 年生苗一般苗高达 1 ~1.2 米，地径 1.1 厘米左右，即可出圃造林。起苗前进行苗木调整、分级统计，起苗时注意不伤顶芽，不撕裂根系，去劣留优，分级包装待用。

第三节　栽培技术

一、立地选择

造林时应选择海拔 1000 米以下、土层深厚、疏松、肥沃、湿润排水良好的阳坡或向阳沟谷、或平地、或溪边冲积土，也可选择河边堤埂、地下水位较高的地方栽培，避开干旱、贫瘠、土壤黏性重的山地及土壤肥力较差的粗沙土、石砾土、干燥贫瘠的石质山地。造林地坡度不应大于 25 度，山丘地区需选择低海拔缓坡地段，修梯田栽植。此外，喜树抗风力不强，选地时应避开风口。

二、栽培模式

在低山丘岗区坡度 25°以下，土壤深厚、肥沃的阳坡或立地条件较好的沟谷坡地可营造成片纯林。在滨湖平原区“四旁”营造防护林时，因喜树抗风力不强，应与生长速度比较一致且树冠较小的枫杨、乌桕、香椿等树种混交，增强林带抗风能力。

三、整地

(一) 造林地清理

整地以前采用人工砍荒清理造林地，时间为秋冬农闲季节，砍去杂草、灌木；也可在春夏采用化学除草剂清理造林地。用除草剂清理林地时，应根据不同植被选择除草剂。以白茅等杂草为主的造林地，用草甘膦每公顷有效量 2250 毫升，于杂草旺盛期施药；以牧荆、胡枝子等小灌木为主的造林地，用草灌净每公顷有效量 3000 毫升，于灌木刚萌动时施药；以蜈蚣草等蕨类为主的造林地，用林草净每公顷有效量 1875 毫升或用草灌净有效量 750 毫升 + 草甘膦 1500 毫升，于植物生长旺盛期施药(先割后施药，效果更好)；草木混生植被的造林地，用草灌净 + 草甘膦每公顷有效量 1200 毫升 +1500 毫升于植物生长旺盛期施药。以上除草效果皆可达 90% 以上。

(二) 整地时间

在秋季整地、挖穴。

（三）整地方式

成片造林的，按密度要求挖栽植穴，栽植穴规格 0.6 米 ×0.6 米 ×0.5 米。可根据立地状况调整穴的规格。

（四）造林密度

成片造林株行距为 2 米 ×3 米或 3 米 ×3 米；“四旁”绿化造林株距为 3 ~4 米。

（五）基肥

结合整地挖定植穴进行。挖穴时，将表土与底土分开堆放，每穴施土杂肥 25 ~50 公斤，过磷酸钙 0.3 公斤，与表土混匀。也可选用氮磷钾复合肥，每穴 0.3 ~0.5 公斤。栽植时，视苗木根系大小，先回填 10 ~30 厘米厚肥土再栽苗。

四、栽植

（一）栽植季节

从秋季落叶到翌春发芽前都可栽植。以春分前后叶芽开始萌动时为好，过早植苗梢易受冻枯死。

（二）苗木选择、处理

用材林及防护林营造宜选用 3 ~5 年生大苗，药用采叶林宜选用 1 ~3 年生苗。苗木应充实健壮，无病虫害，根系完整发达，并尽量采用附近苗圃培育的苗木，避免苗木的长途运输。起苗时要维持根系完整，主侧根不劈不裂。1 年生苗木根系长度不低于 20 厘米。起出的苗木要按规格分级，剪除枯梢、病虫害枝条和根系受伤部分。必须长途运输时可将裸根沾上泥浆，并用湿草包装。运输途中要避免根系干燥失水或发生霉烂，运到栽植点后应立即栽植。

（三）栽植方式

采用植苗造林。

五、林分管抚

（一）幼林抚育

1. 中耕除草

造林后 2 ~3 年内，林地尚未郁闭，应及时中耕除草。每年 2 次，第一次在 4 ~5 月，第二次在 8 ~9 月。人工除草或用化学除草剂除草。

2. 水分管理

喜树喜湿怕旱，干旱时应及时灌水。当土壤含水量小于 30% 时，就应引水灌溉。

（二）施追肥

为了保证喜树旺盛生长及获得高的生物产量，应及时浇水、合理施肥。

药用林每年追肥不得少于 3 次。第一次在 3 月下旬至 4 月上旬，此时正值萌芽、展叶、抽枝，追肥可促进新梢生长及花芽分化与发育；第二次是在 7 月中下旬，追肥对种子发育、果实膨大有良好的促进作用；第三次是在 10 月中下旬，此时果实基本成熟，植株即将进入落叶休眠期，追肥可促进根系生长，为翌年丰产奠定基础。施肥可选农家肥，每株 25 公斤左右，大面积林地以种植豆科绿肥较好。3 次追肥可分别施氮磷钾复合肥，每株 0.2 ~0.5 公斤，施肥方式为在距树中心 1 ~2 米处，挖深 20 ~30 厘米穴施肥。根外追肥可结合病虫害防治。生长期还可用 0.5% 的尿素和磷酸二氢钾进行根外施肥，在 4 月、8 月、9 月、10 月各喷 1 次。对促进树体生长、花芽分化和营养积累具有显著作用。

用材林在定植 2 ~3 年内每年施肥 1 次，6 ~7 月间进行，以促进幼树迅速生长，化肥与有机肥配合使用。

（三）修枝、抹芽与干型培育

喜树主根发达，萌芽能力强，幼林期间应及时抹芽修枝。为培育优良主干，春季以抹芽代替修枝。幼树修枝不能过度，在冬季落叶后，按冠干比2：1的强度，修去下部侧枝。发现枯梢幼树，应及时剪除枯梢，促进换头。造林后如遇枯梢现象，立即切干，使其重新萌芽成林。

（四）间伐

间伐应根据造林密度、立地条件及培育材种来确定间伐开始年限、次数、强度，一般2米×3米成片造林地，第一次间伐可在造林后6～8年内进行，如培育大径材，15年生左右还要进行第二次间伐。各次间伐强度，应视林分生长状况确定，至主伐时每公顷保留900株左右。防护林带的间伐，应以林带的稀疏要求为准则，一般保持25%～40%的通风度。喜树萌芽力很强，可萌芽更新1～2代。培育一般用材20年左右即可主伐，培育较大径级用材可在30年生左右主伐。

（五）病虫害防治

（1）根腐病多发生在排水不畅、土壤通气不良的苗圃和林地。应注意排水，加强中耕除草，增加土壤通气性。

（2）黑斑病在苗期和幼林期较多，一般7～8月发病。可用5～10克/升的青矾液或波美0.3度石硫合剂、或代森铵800倍溶液防治。

（3）刺蛾类主要有黄刺蛾、绿刺蛾、青刺蛾等。取食喜树叶片，多发生在5～6月、7～8月。防治方法：①结合抚育，人工清除越冬虫茧；②灯光诱杀成虫；③化学防治：在幼龄幼虫期一般触杀剂均可奏效。可选用下列药剂喷雾：90%敌百虫晶体1000～1500倍溶液，2.5%溴氰菊酯乳油3000～4000倍溶液。④生物防治：主要是保护茧期寄生蜂。

（4）飞蛾类主要是茶蓑蛾、大蓑蛾，在局部发生，将树叶食光。防治措施：①幼林时期结合冬季修剪人工摘除越冬护囊，消灭越冬幼虫，平时也可结合日常管理工作，顺手摘除护囊。②药剂防治：虫量多时可喷90%敌百虫晶体或40.7%毒死蜱乳油1000倍溶液或2.5%溴氰菊酯乳油2000倍溶液。根据幼虫多在傍晚活动的特性，宜在傍晚喷药。喷药时应注意喷施均匀，要求喷湿护囊，以提高效率。③生物防治：用青虫菌或Bt制剂500倍溶液喷雾，保护蓑蛾幼虫的寄生蜂、寄生蝇。

第六十三章　君迁子

第一节　树种概述

君迁子 *Diospyros lotus* 属柿树科君迁子属，又名软枣、黑枣、牛奶柿。落叶乔木，树高 5 ~ 10 米，树皮暗褐色，幼树有灰色柔毛。性强健，阳性，耐寒，耐干旱瘠薄，耐湿，抗污染，是目前造林绿化的主要树种。它的树叶和果子火红，亦可作风景树。林分成熟后，果实可食用，同时具有药用价值。

一、木材特性及利用

木材质硬，耐磨损，纹理细致，是良好的家具、农具、细木工装饰材料。

二、生物学特性及环境要求

(一)形态特征

君迁子是落叶乔木树种，树高可达 30 米，一般 5 ~ 10 米，树皮暗褐色，深裂成方块状，幼树有灰色柔毛，叶椭圆形至长圆形，长 6 ~ 12 厘米，宽 3 ~ 6 厘米。花淡黄色或淡红色，单生或簇生叶腋，果实近球形，直径 1 ~ 1.5 厘米，初熟时为黄色，熟时蓝黑色，有蜡层，近无柄。花期 5 ~ 6 月，果实成熟期 10 ~ 11 月。

(二)分布

君迁子在我国除广东、广西、福建、新疆、青海、宁夏、内蒙古、吉林、黑龙江等 9 省份，均有分布，垂直分布达海拔 2200 米以上，是我国柿属植物中分布最高和最耐寒的一种。

(三)生态学特性

君迁子较耐旱、耐寒，但不耐湿热，喜在阳光充足和排水良好的地方生长。自然分布多生长于海拔 50 米以上的坡地杂木林中，竞争能力根据立地条件，往往成为优势树种之一，但在一些阴湿的谷地或常绿阔叶林中却不易见到。该树种树体高大，树冠开张，萌芽率低，成枝力强，干性较弱，适应性强，有较强的抗病虫害能力。

(四)环境要求

君迁子阳性，耐寒，耐干旱瘠薄，很耐湿，抗污染，深根性，须根发达，喜肥沃深厚土壤，对瘠薄土、中等碱性土及石灰质土有一定的忍耐力，对二氧化硫抗性强。

第二节　苗木培育

一、播种育苗

(一)种子采集与处理

君迁子的果实成熟后适时采收，搓去果肉，取出种子，用于采种的果实采收不可过早，以免影响种子的发芽率。采集后的种子，要放在阴凉处阴干，收藏于干燥通风处，以防种子发霉变质。采集的种子在小雪前后，用湿沙层积，沙子的湿度为手握成团、松手而不散开为宜，沙藏前种子需浸泡1~2天，使种皮充分吸水。层积的方法，在室内地面上先铺20~25厘米的湿沙，上面放一层种子，如此一层细沙一层种子交替摊放，顶部沙层厚25厘米，沙堆成梯形，高70厘米左右，上面盖上草帘，洒水，以保持湿度。

嫁接用的穗条可在上年封冻前采集。从健壮雄性君迁子母树上剪取发育健壮、芽体饱满、无病虫害的枝条作种条，采用坑窖混沙贮藏至翌年春季。嫁接前将种条取出，用清水洗净，绑成捆，把基部浸泡于20厘米深清水中，浸泡1昼夜。去掉基部和梢部芽体不充实部分，将剩余部分剪成带3~4个芽的接穗，长10~15厘米，采用54°半精炼石蜡全封，置于阴凉处沙埋备用。

(二)选苗圃及施基肥

君迁子育苗对苗圃地要求不太严格，但为保证苗木质量，要选择土层较厚、背风向阳、水源充足、坡度小、交通方便的地块，不要选择黏土地及积水地，以沙壤土地为宜。播种前深翻土壤25~30厘米，施足基肥，每公顷施复合肥600~900公斤、尿素375公斤，整地作畦，畦宽1米，山区旱地育苗做平畦。

(三)播种育苗与管理

为了便于管理，一般多采用春季育苗，但也可在种子采集后，11月小雪前后直接播种。播后灌足水，可减少种子贮藏的麻烦，翌春可出苗。春季育苗应在3月下旬至4月上中旬进行，育苗的种子要经过3~4个月的沙藏催芽处理，未经沙藏的种子在播种前用温水浸种3~4天，每天换水1~2次，使种子充分吸水后，捞出曝晒，并不断翻动种子，使种子裂嘴后播种。为保证育苗地的墒情，播种前在育苗地灌足水，待水渗透晾干表土松散时，在畦内开沟播种，沟深5~10厘米，行距25~30厘米，覆土厚度5厘米左右，每公顷播种量75~120公斤，播种适宜穴播，每穴5~8粒。播后20天左右出苗，在出苗期注意保墒，幼苗出齐后，长到3~4片叶及时间苗，中耕除草。6月下旬至7月上旬追施尿素675~900公斤/公顷。6月上旬至8月下旬为苗木生长旺期，要加强苗期的肥水管理，干旱及时浇水，雨水多时及时排水，严防草荒，注意防治苗期病虫害。

二、轻基质容器育苗

(一)轻基质

培养基质为草炭土、珍珠岩、蛭石和缓释肥，按一定比例配制。基质疏松透气，保水和排水性能良好，具一定的肥力，无地下害虫和病菌。

(二)容器的规格及材质

采用轻基质无纺布容器营养杯育苗。营养杯直径10厘米、高15厘米。

(三)圃地准备

畦状育苗设施，将育苗地整平，畦宽1米，两边放置两排空心砖，利于育苗操作，选择通透性好且能阻隔苗木根系伸长的隔离材料(无纺布)铺在中间，无纺布宽度为1.4米，将营养杯顺序排列，每行10个。

三、苗木出圃

在苗木落叶后至土壤封冻前或翌春土壤解冻后至萌芽前出圃。起苗前浇透水，起苗时保证苗木主、侧根系完好。避免大风烈日下起苗。

第三节　栽培技术

一、整地

(一)整地方式

由于君迁子树耐旱、耐湿，造林地块很容易选择，一般的坡耕地和荒山都能正常生长。栽植君迁子树的整地应因地制宜，采用反坡梯田整地、沟状整地和穴状整地。为节省人力、物力，多采用穴状整地，规格 70 厘米 ×70 厘米 ×60 厘米、60 厘米 ×60 厘米 ×50 厘米、50 厘米 ×50 厘米 ×40 厘米，土壤深厚可选择小穴，反之则大穴。

(二)造林密度

进行单行栽植，株行距 3 米 ×5 米。

二、栽植

(一)栽植季节

君迁子树的栽植多采用春季植苗造林，春季栽植要在土壤解冻后清明节前后进行，此方法容易掌握，栽植后苗木易成活。

(二)苗木选择、处理

苗木应选择 1 ~2 年生、枝干粗壮、高度在 1 米以上、地径粗度在 1 厘米以上、芽体饱满、根系完整、须根发达、无病虫害及机械损伤的一级健壮苗木。起苗时修剪苗木过长根、破伤根，蘸好泥浆，每 50 株 1 捆，防止根系大量失水和单宁物质的氧化。

(三)栽植

栽植时将苗木放在定植穴的正中，扶正，使根系舒展，填回地表的熟土，采用三埋、两踩、一提苗的栽植法，踏实，使苗木原土印与地面齐平，栽后立即修好树盘，浇足栽植水，水渗后在树盘内覆一层干土，超出原土印 1 ~2 厘米。

三、林分管抚

(一)幼林抚育

君迁子树造林成活后，每年要对幼树进行抚育 1 ~2 次，松土，除草，荒山造林还必须割灌，以免柴草过旺影响幼树生长。在定植穴内修筑防水埂，里低外高，防止雨水流失，保证幼树生长所需的水分。幼树定植后 3 年内以施速效肥为主，使抽生的枝条又长又壮，快速扩大树冠。栽植第 2 年以后，每年结冻前对树盘深翻 1 次，生长季可在树盘内覆盖杂草，厚度 30 厘米，少量压土，可减少树下的水分蒸发。

(二)施追肥

栽植后当年要及时进行锄草、松土、追肥、浇水、培土埂等几项栽培管理。幼树成活后，新梢长至 15 ~20 厘米时，要每隔 15 天，连喷 3 次 0.3% 尿素水溶液。土壤追肥在雨后进行，1 年 2 次，每次每株追施尿素 0.1 公斤。生长季节，要及时锄草、松土。

2 ~5 年生树每年秋季结合深翻，每株施入有机肥 30 ~50 公斤、尿素 0.2 公斤、过磷酸钙 0.5 公斤。春季结合浇水每株追施尿素 0.1 ~0.25 公斤。若无浇水条件，在雨后进行追肥，或到雨季追施，9 月上旬停止追施氮素化肥，增施磷、钾肥。进入盛果期要视树势情况及结果多少确定施肥量，一般成龄树每年结合深翻每株施有机肥 50 ~ 100 公斤、追施尿素 1.5 公斤、过磷酸钙 3 ~ 5 公斤即可保证连年丰产。

(三)病虫害防治

君迁子的病害主要有角斑病、圆斑病。虫害主要有柿毛虫、柿蒂。防治：春季发芽前树冠喷 5 波美度石硫合剂。生长季喷甲基托布津 800 倍液 + 菊酯类农药 2500 ~ 3000 倍液，或多菌灵 800 倍液 + 菊酯类农药 2500 ~ 3000 倍液。

第六十四章　大叶冬青

第一节　树种概述

大叶冬青 *Ilex latifolia.* 又名大叶茶、菠萝树，为冬青科冬青属常绿阔叶乔木，广泛分布于四川、浙江、湖南、江西、贵州等省份(中亚热带气候区)。大叶冬青木材白而细致，可作细木工原料，树皮可提栲胶，芽、叶可制作苦丁茶。

大叶冬青还是我国南方城乡绿化建设中的优良树种。其树干通直、枝叶繁茂、树形优美、状似广玉兰，叶、花、果色相变化丰富。其幼芽和新叶呈紫红色，正常生长的叶片为青绿色，老叶呈墨绿色；5 月花为黄色，秋季果实由黄色变为橘红色，挂果期长，十分美观。

一、药用保健功效

大叶冬青制成的苦丁茶保健剂具有清热解毒、消炎杀菌、止咳化痰、明目益思、抗疲劳、抗衰老等药用保健功效，对治疗高血压、口腔炎、咽喉炎、肥胖症、急性肠胃炎有显著疗效，对鼻咽癌、食道癌、肺癌等也有抑制作用。

经研究测定：大叶冬青挥发油对革兰氏阳性细菌(金黄色葡萄球菌)和革兰氏阴性细菌(大肠杆菌)具有较强的抗菌活性，其叶内含物各组分中以总生物碱、水层物的抗菌活性最强。

二、生物学特性及环境要求

(一)形态特征

常绿乔木，高达 20 米；树皮灰黑色，粗糙；枝条粗壮，平滑无毛，幼枝有棱。叶厚革质，长椭圆形，长 8 ~20 厘米，宽 4.5 ~7.5 厘米，顶端锐尖，基部楔形，主脉在表面凹陷，在背面显著隆起；叶柄粗壮，长约 1.5 厘米。聚伞花序密集于 2 年生枝条叶腋内，雄花序每 1 分枝有花 3 ~9 朵，雌花序每 1 分枝有花 1 ~3 朵；花瓣椭圆形，基部连合，长约为萼裂片的 3 倍。果实球形，红色或褐色；分核 4。花期 4 ~5 月，果熟期 10 月。

(二)生长规律

大叶冬青的种子休眠期可长达 3 年，幼苗苗期生长较缓，一般在 3 年后进入速生时期，树高年生长量可达 80 ~150 厘米。1 年中有两个生长高峰期，分别出现在每年的 5 月和 8 月，其二次抽梢的特性为采嫩叶制作苦丁茶提供了条件。

(三)分布

大叶冬青主要生长在海拔 900 米以下的沟谷常绿阔叶林中，在河南南部大别山有自然分布。野生大叶冬青多分布在亚热带高山区的小溪边缘，以及海拔 500 ~1200 米的山谷和山坡中下部常绿阔叶林中。

(四)生态学特性

大叶冬青适应性强，无论酸性土壤、中性土壤以及微碱性土壤均能生长，对二氧化硫等有毒气体有较强的抗性。在生长速生阶段，幼树生长能耐干燥贫瘠，速生生长的生态需求是湿润疏松的土壤和较丰富的土壤养分(氮、磷、钾)。

(五)环境要求

大叶冬青喜温暖、湿润的气候和半阴的环境，盛夏烈日下易遭日灼。幼苗期喜荫蔽，需一定的侧方遮阴；耐轻度水湿；较耐寒。

第二节 苗木培育

冬青属种子的出苗率除受种子休眠影响外，还受播种基质、遮阳措施等因素影响，发芽困难，大多数种子出苗率低，大叶冬青的出苗率仅有30%。李晓储等对大叶冬青引种试验发现，大叶冬青幼苗喜阴湿环境，生长较慢，采用金丝垂柳、杜仲、南酸枣等与大叶冬青复层混交，利用伴生树种的侧方遮阴作用，能显著提高大叶冬青生长，比全光照栽培提前2年进入速生期，树高净生长量较全光照提高19.65%~34.20%。

一、播种育苗

(一)种子采集与处理

选择生长健壮的大叶冬青母树，在10月左右，当果皮由青绿转为红色或褐色时采摘。采种时要选择附近有雄株的母树进行采种，采下的果实去除果序堆于室内通风处2~3天，注意避免堆积太厚引起堆内温度过高烧坏种子，一般厚度以1.5~2厘米为宜，每天翻动1~2次，适当喷水。

经过3天左右的堆积，果实、果皮及果肉都有一定程度的软化，当果皮已腐烂时，将适量的果实放入竹篮内，然后手工搓烂或用脚踩踏，促使果肉与种子分离；然后用清水冲漂去杂物，取纯净的种子。

当种子表面无水渍时，种子与湿沙按1∶3的比例于室外层积处理。具体的贮藏方法是：在通风良好的阴凉干燥处，先在地面铺1层10厘米厚的湿沙，在湿沙上铺1层种子，种子厚度以能盖住沙面即可，然后1层沙1层种子，这样堆积6层左右，高度约为40厘米。堆积以后洒少许水，保持沙子湿润，盖上稻草保湿，忌用塑料薄膜覆盖。

(二)选苗圃及施基肥

大叶冬青播种地宜选择地势平坦、灌排方便的地块，土壤以疏松肥沃的砂质壤土、壤土或轻黏质土壤最适宜，避免选在易积水或干燥贫瘠、地下害虫较严重的地块播种。

精细整地。耕翻、捣碎土块，耙平后拉线做畦，畦宽120~130厘米、高约20厘米，起沟平畦，做到两耕两耙。其质量要求是：整地深度30厘米；地边角落整齐、苗床平整、畦边打实；表土约10厘米深处没有2厘米以上大的石块；无明显的杂草、残根。

(三)播种育苗与管理

(1)催芽。由于大叶冬青种子皮厚而坚硬，表面还覆盖1层蜡质，难以透水透气，休眠期长达3年。因此，播种前必须进行催芽处理。在次年1~2月把种子取出，先用40℃温水浸泡12小时，再将种子置于5℃低温处理24小时，再用40℃温水浸泡10小时，然后用0.3%高锰酸钾溶液浸种20~30分钟，取出后再用清水泡8~10小时，然后置于沙床内催芽。约需2个月种子可陆续萌动，露白后播种。经处理的种子发芽率达60%左右。

(2)播种。大叶冬青在3月下旬~4月初进行播种，采用条播法，播种株行距10厘米×15厘米为宜。在播种沟内均匀撒下种子并覆土，覆土厚度以不见种子为宜，盖稻草，播种量30~45公斤/公顷。

(3)揭草。直播育苗播种后20~40天即可出苗，待出苗达60%以上时在阴天或傍晚分批揭草，出苗后可逐渐揭除床面覆草，覆草不能一次除净，揭草可先放于条播行间，以防春旱或冻害，待天气晴暖、气温稳定后彻底清除。揭草时不得伤及幼苗或连草拔起。并及时搭遮阳率为50%的荫棚，以模拟大叶冬青种子在自然条件下天然下种的出苗条件，这样有利于种子萌发出土和生长发育。

(4)肥水管理。在4月每隔7～10天叶面喷施0.1%～0.3%过磷酸钙和磷酸二氢钾溶液1次，促进根系生长发育；7～8月每隔7～10天叶面喷施0.1%尿素液1次。苗木生长后期，每隔10～15天叶面喷施0.3%磷酸二氢钾或0.2%～0.3%硫酸钾溶液1次，促进苗木木质化，增强越冬抗寒性。秋后增施钾肥，促进苗木木质化，后期适当缩短遮阳时间，从9月上旬起，逐步揭除遮阳网，增加光照。

(5)间苗。在苗床清除覆草后即可进行间苗，将幼苗稠密处抽稀并补植到缺苗地方，以促使幼苗分布均匀。间苗一般在出苗二周后进行，以后每隔7～10天间苗1次，如遇干旱或虫害可适当推迟间苗。间苗应选在阴天或雨后土壤较为疏松潮湿时进行，间苗后应及时喷水1次。

(6)培土。幼苗出土后，由于雨水冲淋表土，会使根基裸露，导致幼苗遭受旱害或土壤病菌危害，通过培土可避免受害。培土可选用黄土或草木灰，培土时间选在5～8月，分2～3次进行，培土厚度以1～1.5厘米为宜，要求覆土均匀，不得伤到幼苗植株。

(7)除草。苗床除草应以拔草为主，坚持“拔早、拔小、拔了”的原则，切忌出现杂草丛生现象。拔草时不能伤到幼苗、根系，对大的杂草，可边按住苗木根系边拔出，以免拔草时动摇苗根甚至把小苗带出，而影响幼苗正常生长发育。

二、扦插育苗

(一)圃地选择

圃地适宜选择地势平坦，土壤疏松肥沃的砂质壤土、壤土或轻黏质土壤。扦插床宽1米，高20厘米。

(二)硬枝扦插育苗

采集1～2年生生长健壮、无病虫害的枝条，放在室内阴凉处，洒水保湿。将枝条剪成7～10厘米长的插穗，下部保留2个芽，顶部留1芽1叶，并将叶剪去一半。剪好的插穗放在(100～200)毫克/升的生根粉溶液中，浸泡12～24小时。

大叶冬青硬枝扦插时间在秋冬或早春，将插条准备好后，在整理好的苗床上，按株行距15厘米×20厘米扦插，扦插深度为插穗的2/3，并使叶片不贴近地面，叶片朝同一方向。插后浇足水，搭建小弓棚，施行全封闭育苗。到4月份，用枝架固定，支架上盖遮阳网，搭成简易凉棚。夏天可再加一层50%遮光度的遮阴网。插后要经常检查苗床和插穗，做好保湿防病和防高温工作。一般硬枝扦插成活率为60%左右。

(三)嫩枝扦插育苗

大叶冬青嫩枝扦插时间在6月上中旬进行。嫩枝扦插方法一般有3种方式。

(1)把插穗剪成8厘米左右，保留顶部3～4片半叶，基部双面反切，插前用100毫克/升生根粉浸12小时，即剪即处理即插；第3种方式是叶芽插，剪去枝长3厘米左右，只留一叶且切去叶背面的一半枝条，即剪即插。插后灌透水，并用塑料薄膜把其整个覆盖起来，同时用遮光度为50%～60%的遮阴网两层遮阴，保持床土湿度在60%～70%。

(2)采用全光照自动喷雾设备，插穗的采剪同上，插前用200毫克/升的生根粉溶液浸2小时，浸后拿出稍晾，即可扦插。或用100毫克/升的生根粉快蘸一下即插，插后用高凉棚遮阴，遮阴度为50%，以防夏季阳光直射。插后30天即开始生根。实践证明，遮阴半光比不遮阴全光为优。

(3)叶芽插。扦插深度以略见芽为度，插后要在近处立一小竹棒用细线把叶片与之绑在一起加以固定。插后60天开始生根。生根前要做好苗床消毒，插后做好防病工作。插穗根长5～10厘米时应及时去掉遮阴物，炼苗移栽。扦插和移栽过程中每周喷1次0.3%尿素溶液和0.4%的磷酸二氢钾。

(四)插后管理

大叶冬青扦插后大约50~70天才能长出新根，晴天每天喷雾3次，保持叶面有雾点状水珠，阴天喷雾次数减少。扦插30天后，用0.05%的尿素溶液进行叶面施肥，每隔15天一次，随着苗木的生根、发芽，可用0.2%的尿素溶液进行喷洒1~2次，也可在阴雨天每公顷施复合肥45~75公斤，施肥后应用清水喷淋叶面。

三、轻基质容器育苗

(一)轻基质的配置

基质为黄心土或黄心土+30%砻糠灰。

(二)容器的规格及材质

容器规格为直径5厘米、高12厘米塑料袋式容器。

(三)种子处理

种子先储藏1年，播种前用40~50℃温水浸泡12小时，再置于5℃低温处理24小时，再用50℃温水浸泡10小时；经变温处理后用0.3%高锰酸钾溶液浸泡20~30分钟，取出用清水浸泡8~10小时后置于湿沙床内催芽，约需3~4月种子陆续萌动。用上述方法可使种子提前9~12个月发芽。

(四)播种与芽苗移栽

1. 萌动种子直播

将萌动的种子及时播于容器袋内，种子上覆盖1厘米厚细土。浇足水分，保持土壤湿润。

2. 催芽移植

萌发的种子3月播入沙床，约8~12天幼苗出土，再经7~19天长出真叶。将长出真叶幼嫩芽苗及时移至塑料袋式容器中。

在幼苗高2厘米，出现真叶时，移入塑料袋营养钵中，排入苗床。塑料袋口径6厘米，株距5厘米，行距10厘米，钵高12~15厘米。在幼苗移入后，要防治高温日灼和干旱，要及时搭设遮阳棚。

3. 苗期管理

根据大叶冬青幼苗生长特性，分别在峰值期、速生期、生长后期进行根外追肥。第1次峰值期(4月苗木开始生长期)每隔5天叶面喷施0.1%~0.3%过磷酸钙液和磷酸二氢钾液，促进苗木根系生长发育和茎干木质化。第2次峰值期和速生期每隔5~7天叶面喷施0.1%~0.2%尿素液，促进苗木峰值生长。苗木生长后期，每隔5~7天叶面喷施0.3%磷酸二氢钾或0.2%~0.3%硫酸钾液，促进苗木木质化，增强越冬抗寒性。

根据观测，在南京引种浙江新昌、江西南昌等产地大叶冬青苗，在-5℃~-6℃情况下，1年生苗顶梢受冻率达20%~30%。故当年生苗木防寒技术是容器育苗的重点，应注意冬季防寒。

第三节 栽培技术

一、栽培模式

(一)纯林

1. 采叶林

为采叶制作苦丁茶造林。春季定植，每公顷3300株左右，株行距1.5米×2米，明穴植苗。幼树60厘米高开始摘顶芽，促进萌发侧枝，塑造树冠形状。控制树高在1.3米以下，树冠中间高，四周略低，确定采叶面。每年年底进行保形修剪。幼树采叶注意以养定采，成林时头轮多采，叶未展尽不采。

要及时除草松土、施肥、病虫防治等，提高产叶量。

2. 药材林

春季按株行距2米×3米定植。植穴深、径各50~60厘米，穴底施放掺拌均匀的基肥和熟土，每穴植苗1株，填土踏实，浇水覆土。林地可以间种草本药材或豆科作物。3~5年后即可成林，提供药材。

(二)混交林

培育大叶冬青苗需针对其幼龄喜阴湿的重要生态习性，采用适宜的阔叶树做伴生树种，进行复层混交。伴生树种选择金丝垂柳，杜仲，南酸枣等，株行距分别为1.8米×1.8米，2.5米×3.4米，2米×2米。行间作宽1.1~1.2米的栽植床。移栽大叶冬青容器苗，株行距0.4米×0.4米或0.5米×0.5米。利用伴生树种侧方遮阴，改善小气候的作用，能使大叶冬青苗提前2年速生，3~4年苗高达1.72~2.07米，年生长量比全光照增加19.65%~34.02%，为大叶冬青绿化苗木培育及叶用园栽培提供了基础。

李金宝进行大叶冬青混交试验的结果表明：马尾松是大叶冬青的较佳混交树种，大叶冬青与马尾松混交能够促进大叶冬青和马尾松的生长，可在相同立地条件的林地进行推广；福建柏、乳源木莲与大叶冬青混交也能不同程度地促进林木的生长，可根据具体情况营造大叶冬青和福建柏或乳源木莲的混交林；大叶冬青和光皮桦混交林的生长状况不良。

二、栽植

(一)密植矮化茶园高产栽培

1. 园地选择

选择茶园地是茶园成败的关键技术。在影响大叶冬青生产的若干因素中，土壤是最基本最重要的条件。土壤性质和质地不但直接关系到苦丁茶的繁殖和生长，而且对今后能否达到优质高产的影响较大。大叶冬青忌风，茶园地宜选择低丘、中丘或低山山腰、山麓，海拔较低、背北风、背西晒的谷地或坡地，坡度在25℃以下；要求土层深厚、疏松、肥沃、湿润、排灌良好、土壤pH值5.5~6.5、富含腐殖质的沙质壤土；同时，要靠近水源，有条件的可安装喷淋设备。此外，为了方便管理，茶叶采制和商品流通应选在公路干线旁边，以节省财力、人力、物力，提高经济效益。

2. 整地方法

平地或缓坡地经两犁两耙后按行距开通沟，深50厘米，宽40厘米，填入10厘米表土，再放入青草等有机肥料；坡地及零星块地可按1米×1米的株行距挖穴，穴宽、深各50厘米，先放表土10厘米，再施土杂肥20~30厘米。无论造林地坡度多大，都要求覆土高出穴面10厘米，每公顷宜栽9900株左右。

3. 栽植方法

采用良种壮苗裸根栽植。苗高要求不小于70厘米，根径不低于0.6厘米，根系完整发达，现起现栽；栽植时淋足定根水，注意深浅适当，根系舒展，土壤与根系紧密结合；如遇晴天干旱，应适时浇水，检查是否需要补植，以保证成活快，保存多，茎干壮，生长旺。

4. 园地管理

茶苗定植后要保持土壤湿润。幼龄茶园行间空地都较大，易于杂草生长繁殖，土壤管理的主要目的就是防除杂草。由于大叶冬青幼苗茎叶柔嫩，此时不能使用化学除草剂，只能人工锄草。春夏季最好浅耕锄草，秋季可进行一次行间中耕。除草工作应坚持有草必除的原则，使地面无杂草。由于大叶冬青茶树生长迅速，3年生幼树抵抗力逐渐增强，在密植条件下树冠覆盖度扩大，有的3年即已郁闭，此时锄草耕作次数应逐渐减少，少量杂草可用化学除草剂防除，以后则可完全实现免耕。

大叶冬青苗木成活后，宜施稀薄的复合肥，氮、磷、钾比例为1:1:1；幼茶树施肥应多次少施；

成林树要多施氮肥，氮、磷、钾比例为3:1:1。大叶冬青幼龄茶树行间可种植花生、黄豆等豆科植物，作物收获后可将其茎叶开沟压或穴周覆盖作为绿肥。

5. 采摘修剪

叶片采摘要适时适量，采摘过嫩，则损耗大，产量少；采摘过老、过多，则影响采摘轮次和品质。原则为：摘中留边，摘强留弱；长芽多采，短芽少采；高梢多采，低梢少采。尽量将树高控制在1米以内，保证四面枝梢均衡发展，形成高产树冠。栽后2年内，以采代剪；3年生，每年年底进行平修剪，待来春萌发新芽嫩枝。

(二)城市或村庄绿化大苗栽培

大叶冬青孤植或丛植都很优美。其对二氧化碳和氯气抗性强，具防尘耐烟习性，适于厂矿及街坊绿化。

1. 大苗选择

根据树高、干径、冠幅、树形、分枝点及主要观赏面等参考因子，选择生长旺盛、无病虫害的健壮苗木，力求交通便捷，起运方便。城市或村庄绿化大苗栽培，选择大叶冬青树苗高度为1.8米左右，胸径为8~9厘米，1.2米以下无分枝点，冠幅大于1.2米生长旺盛、健壮的树苗。

2. 栽培时间

可在早春或雨季移栽，但以秋后土壤封冻前为最佳移栽时期，此时地温高于气温，根系伤口愈合快，成活率高有的当年能产生新根，第二年缓苗期缩短，生长快。

3. 栽培方法

①根部处理。大苗栽培最好采用根部带土球法。土球大小一般为树干胸径的8~10倍，但具体情况要根据根系伤口愈合能力、根系发达程度、土壤质地等因素而定。细根较少、土壤为砂砾土，土球宜稍小，否则在装运过程中土球易碎。挖出的土球要修成圆球形，再用浸过水的草绳缠绕以防破裂；较小的土球可不缠严，但大土球一定要缠严缠实，以不见泥土为度。

②茎冠处理。一般可分为整冠式、截枝式、截干式几种。整冠式即为保留原有的粗枝大干，修剪掉徒长枝、交叉枝、病虫枝、枯枝及过密枝；截枝式只保留树冠的一级分枝，将其上部截去；截干式是将整个树冠截去，只保留3米以下的主干。

③栽植方法。应堆土浅栽，穴不宜太深，基肥不宜太多，以免积水或灼伤树根，影响成活率。苗木移入穴后，先卸除捆扎物，在根部截断处放入砂土，这样既排水、透气，又保温、保湿，不易引起根部腐烂；再回填表土，分层填实，使根部隆起呈馒头形；然后搭立支架，以免风吹摇晃。

4. 抚育管理

新栽的大树树干可用草绳缠绕，根部用地膜覆盖，有利于防止水分蒸发，提高地温。夏季要早立遮阳网，还可向树冠喷水，来减缓树冠过度失水，维持树体水分平衡。在不同的施肥抚育措施中，通过合理施肥和松土除草抚育，可以明显改善大叶冬青的生长发育，从而改善大叶冬青对肥、水、土壤理化性状、气、热等生长所需条件，促进大叶冬青苗木快速生长。

5. 绿化配置

根据本树种喜侧方荫蔽的生物学特性，选用金丝垂柳、黄山栾树、光皮树等阔叶树进行异龄混交复合配置，形成落叶与常绿阔叶混交的稳定的树种群落。落叶树行距2~3米，株距1.8~2.5米；行间种植大叶冬青，株行距均为0.4~0.5米。成活后视生长状况和绿化要求施肥管理。

三、病虫害防治

大叶冬青病虫害虽少，但绝不是无需防治。提倡综合防治，强调环境保护，掌握喷药方法和时间，尽量减少喷药次数和浓度，做到防治能兼不专，能挑不普。

(一)防治原则

(1)要切实做好精修细剪工作。要适时去除病虫枝、枯死枝和内膛过密枝，及时通过改善通风透光条件，不断调整树体及树间结构，进而破坏病虫害的生存环境。

(2)要利用生物技术消灭害虫，可以采用人工饲养投放等办法，适当增加天敌种群的数量。

(3)是提倡使用生物农药，即动物源农药，微生物源农药和植物源农药等。

(4)是严禁使用剧毒高残留农药，在必须使用药物时，可少量使用低毒、低残留农药，如吡虫啉等，但在采摘前20天要停止用药。

(5)是不断改进喷药技术，要注意适时喷药，尽量减少施药次数和浓度，若防治1次有效，就尽量不再多次喷药。

(二)防治方法

苦丁茶的病害主要有炭疽病、根腐病、叶斑病等，虫害主要有黄条跳甲、蛴螬、金龟子等。

炭疽病在幼苗上发病较为严重，病原菌首先在叶片边缘叶脉处出现黑色粒状病斑，其后逐步扩大，在叶缘位置出现浅黑色症状，受害部位叶片死亡，变软，潮湿时显红褐色。喷施炭疽灵对该病有较好的疗效，一般喷施1~2次后，可以有效地控制该病的流行。

根腐病常发生在苗圃的幼苗上，常使幼根腐烂，幼苗萎蔫。该病的发生可能与耕地中残存大量的镰刀霉病原有关，在耕地改作苗圃时，要进行土壤消毒或参部分生土，同时注意苗圃的土壤湿度，注意排水晾苗，保持土壤的通透性能。

第六十五章　桂花

第一节　树种概述

桂花 *Osmanthus fragrans* 为木犀科木犀属常绿阔叶灌木或小乔木。原产我国西南部，现各地广泛栽培。桂花集绿化、美化、香化为一身，有2500多年的栽培历史，与梅花、牡丹等并列为我国十大传统名花，为重要的香料树种和园林观赏树种，同时也是珍贵的用材树种。

一、木材特性及利用

（一）木材材性

桂花木材为环孔材，生长轮明显，横切面上管孔甚多，多数为单管孔，少数为由2～3个径向排列构成的复管孔，偶见管孔团。管孔圆形、卵圆形或椭圆形；导管分子短，直径窄，壁的厚度中等；导管具单穿孔；相互间的纹孔甚小，互列；通过射线的纹孔同导管间的纹孔，具少数大纹孔，有附物纹孔。导管壁上具螺旋纹。螺旋纹的形态多样，单列射线和多列射线并存，射线宽度一般2～3个细胞，有时至4～5个细胞，高度一般25～30个细胞，低于1毫米，单列射线少而低，通常仅数个直立细胞，或直立细胞或横卧细胞。轴向薄壁细胞少至略多，一般以环孔型为主。木纤维薄至厚壁，具螺旋纹。

（二）木材利用

桂花木材坚实如犀，材质细密，纹理美观，有光泽，不破裂，不变形，刨面光洁，是良好的雕刻用材，以其制成的家具及雕刻的木器经久耐用，且长久散发桂花清香，因而是制作高档家具和雕刻的优质材料。

（三）其他用途

1. 观赏

桂花树姿典雅，亭亭玉立，碧叶如云，四季常青，尤以金秋时节，桂蕊飘香，浓香远溢，香飘十里，沁人肺腑，“独占三秋压众芳”，令人陶醉，具有很高的观赏价值，为我国人民喜爱的传统园林花木，广泛应用于园林、庭院和风景名胜区绿化等。

2. 香料

桂花香气幽甜，清正文雅，是一种著名的芳香植物，且应用历史悠久。1972年在湖南长沙发掘的马王堆一号汉墓中，就发现了含有桂花的香囊。在桂花的芳香物质中，有多达50种左右的化学成分。随着我国香料工业的迅速发展，桂花又成为提炼桂花浸膏、桂花香精和制造香皂、香水等化妆品的重要原料。且天然桂花香气异常清新，至今还不能人工合成，号称天香，其产品桂花浸膏在国际市场上几乎与黄金等价。

3. 食用

桂花是可食花卉之一，是食品、酿酒和制茶等工业的一种重要调料，且历史悠久，食用范围广。在古代书籍中就有桂花汤、桂花茶、桂花酒的记载。目前，人们利用桂花作为糕点、糖果、蜜饯、酿酒和熏茶的配料，以提高这些食品的质量。桂花茶、桂花糕、桂花酒、桂花豆奶在国际市场上享有盛誉，行销海内外。

4. 药用

桂花花、果、树皮均可入药，亦可用于配制食疗保健食品。根或根皮用于胃痛，牙痛，风湿麻木，筋骨疼痛。花可化痰、散瘀，用于痰饮喘咳、肠风血痢、疝瘕、牙痛、口臭。果实可暖胃、平肝、益肾、散寒。

二、生物学特性及环境要求

(一)形态特征

常绿乔木或灌木，高3~5米，最高可达18米；树皮灰褐色。小枝黄褐色，无毛。叶片革质，椭圆形、长椭圆形或椭圆状披针形，长7~14.5厘米，宽2.6~4.5厘米，先端渐尖，基部渐狭呈楔形或宽楔形，全缘或通常上半部具细锯齿，两面无毛，腺点在两面连成小水泡状突起，中脉在上面凹入，下面凸起，侧脉6~8对，多达10对，在上面凹入，下面凸起；叶柄长0.8~1.2厘米，最长可达15厘米，无毛。聚伞花序簇生于叶腋，或近于帚状，每腋内有花多朵；苞片宽卵形，质厚，长2~4毫米，具小尖头，无毛；花梗细弱，长4~10毫米，无毛；花极芳香；花萼长约1毫米，裂片稍不整齐；花冠黄白色、淡黄色、黄色或橘红色，长3~4毫米，花冠管仅长0.5~1毫米；雄蕊着生于花冠管中部，花丝极短，长约0.5毫米，花药长约1毫米，药隔在花药先端稍延伸呈不明显的小尖头；雌蕊长约1.5毫米，花柱长约0.5毫米。果歪斜，椭圆形，长1~1.5厘米，呈紫黑色。花期9~10月上旬，果期翌年3月。

(二)生长规律

桂花始花后至老年可分为青年期、成年期和衰老期三个时期。一般花期延续400余年；50~200年生的中年期是桂花产花的高峰期，鲜花产量在50~250斤之间，300年以后的老年期桂花产量才开始下降。

1. 生长物候期

1月下旬左右开始萌动，经历的时间较长，并随气温高低不同，表现出“时动时停”现象。四季桂类萌发则较早，约在2月上旬前后，当5天气温达到5℃时，多数芽体就开始萌发；当5天气温达到9~10℃时，新梢生长最快，14℃时封梢。秋桂类2月中下旬开始抽梢，清明前后，当5天气温上升到12~15℃时，新梢生长最快；当5天气温达到16℃时，新梢生长基本停止。

2. 开花物候期

桂花一般通常于4~5月抽梢展叶时就逐渐形成花芽，整个夏季持续膨大，至秋季两片芽鳞开始绽裂，逐渐进入开花期，果实翌年3月成熟。

(三)分布

1. 水平分布

桂花原产我国西南地区，现广泛分布于秦岭以南至南岭以北的北亚热带和中亚热带地区，并形成了苏州吴县、湖北咸宁、广西桂林、四川成都和浙江杭州等5大传统产区。印度，尼泊尔，柬埔寨也有分布。桂花在我国的适生分布是南岭以北至秦岭以南的广大中亚热带和北亚热带地区，大致相当于北纬24°~33°。该区水热条件较好，年平均气温14~21℃，最冷月均温2.2~4.8℃，最热月均温28~29℃，年降水量为900~1800毫米，年极端最低气温为-5~-18℃。土壤多黄棕壤和黄褐土。植被则以亚热带常绿阔叶针叶林类型为主。

桂花栽培扩大分布的南限是隶属于南亚热带范畴的广东、广西沿海地区以及隶属于热带边缘的海南岛和台湾省。桂花适生分布的北限则是秦岭南麓的汉中盆地，如南郑县圣水寺、勉县定军山下武侯祠内就有上千年树龄的古桂，是桂花分布北界的最好物证。由于人为栽培的影响，现在桂花栽培已经扩大到秦岭北麓位于南温带范围的一些地区，那里桂花生长良好，也能正常开花。但若再向北，进入黄河流域至长城脚下，包括华北(辽宁、吉林、黑龙江)大片平原地区，冬季寒风凛冽，年均温2~

8℃，最冷月均温 -2.5 ~ -10℃，绝对最低温达 -40℃左右，这里的桂花只能盆栽，冬季必须在温室内过冬。综上所述，从南北上看，桂花从我国山西的永济、夏县，河南的新乡(相当于北纬35°)，山东的青岛崂山(相当于北纬36°)向南都有分布；而从东西上看，桂花从沿海地区一直分布到川西、云南地区。因此，可以看出，桂花在我国的分布基本上已经覆盖了我国华中、华东、华南、西南的大部分地区和西北的小部分地区，遍及浙江、江苏、山东、安徽、湖北、江西、湖南、福建、四川、重庆、贵州、云南、西藏、广东、广西、陕西、甘肃、河南、山西等19个省份。

2. 垂直分布

桂花在华东地区如庐山(位于江西省北部)的垂直分布能达到1000米左右。而在浙江、安徽、福建等地分布海拔较低，一般在海拔750米以下，多在300 ~ 500米之间，生于山谷旁以及常绿阔叶林中。桂花在华南地区(广东、广西等)及西南地区(云南、贵州、西藏等)分布海拔较高，在1000米以上，云南维西甚至达2400米，多生于混交林中、山坡林下或常绿阔叶林边。在华中地区(湖北、湖南等)则分布很广，350 ~ 1200米均有分布，但也多在300 ~ 600米范围内的山谷水沟旁常绿阔叶林中。

(四)生态学特性

桂花性喜温暖，抗逆性强，既耐高温，也较耐寒，种植地区平均气温14 ~ 28℃，7月平均气温24 ~ 28℃，1月平均气温0℃以上，能耐最低气温 -13℃，最适生长气温是15 ~ 28℃。桂花性好湿润，切忌积水，但也有一定的耐干旱能力。要求年平均湿度75% ~ 85%，年降水量1000毫米左右。

桂花对土壤的要求不太严，除碱性土和低洼地或过于黏重、排水不畅的土壤外，一般均可生长，但以土层深厚、疏松肥沃、排水良好的微酸性砂质壤土最为适宜。桂花对氯气、二氧化硫、氟化氢等有害气体都有一定的抗性，还有较强的吸滞粉尘的能力，常被用于城市及工矿区抗污染。

第二节　苗木培育

一、良种选择与利用

在园艺栽培上，根据花色、花期等的不同主要分为金桂、银桂、丹桂和四季桂等四个品种群。每个品种群中又分为不同的栽培品种。以采花为目的宜选用花繁而密的丰产型，如开花、落花整齐的“潢川金桂”“金桂”“籽银桂”“大花丹桂”“橙红丹桂”等。以观花闻香为目的，宜选用“大花丹桂”“籽丹桂”“朱砂丹桂”“大花金桂”“圆瓣金桂”等。作灌木、盆栽、盆景宜选用“日香桂”“大叶佛顶珠”“月月桂”“四季桂”“九龙桂”“柳叶桂”等。用作乔木或作庭园主景宜选“大叶黄银桂”“金桂”“大叶丹桂”“大丹金桂”“橙红丹桂”等。

二、播种育苗

播种育苗是利用种子来繁殖后代的一种育苗方法。通过这种方式，能获得大量的实生苗，苗木生长健壮、根系发达、生活力强、寿命长，尤其是干形发育良好，适宜用作行道树和庭荫树。

在良好的栽培条件下，桂花播种苗生长速度快，发育好，同时解决播种苗出现返祖现象的最好办法就是利用实生苗作为本砧，提高砧穗的亲和。但是由于桂花品种较多，绝大多数为子房不正常发育，而无种子。另外，用播种苗繁育的桂花始花期晚，定植后一般要10年以上才会开花，并且，播种苗野生性状比较明显，遗传性状不稳定，香味不足，花小，花少，变异多。因此，在生产上通常采用无性繁殖，且无性繁殖能保留其优良品种的特性。

(一)种子采集与处理

1. 种子采收

桂花种子为核果，长椭圆形，有棱，一般4 ~ 5月份成熟。成熟时，外果皮由绿色变为紫黑色，并从树上脱落。种子可以从树上采摘，也可以在地上拾捡，但要做到随落随拾，否则春季气候干燥，种子容易失水而失去播种价值。

桂花种子采回后，要立即进行处理。成熟的果实外种皮较软，可以立即用水冲洗，洗净果皮，除去漂浮在水面上的空粒和小粒种子，拣除杂质，然后放在室内阴干。注意不要在太阳下晾晒，因为桂花种子种皮上没有蜡质层，很容易失水而干瘪，从而失去生理活性。

2. 种子贮藏

桂花种子具有生理后熟的特性，必须经过适当的贮藏催芽才能播种育苗。桂花种子贮藏一般有沙藏和水藏两种方式：沙藏就是用湿沙层层覆盖；水藏就是把种子用透气而又不容易沤烂的袋子盛装，扎紧袋口，放入冷水中，最好是流水中。经常检查，看种子是否失水或霉烂变质。沙藏种子的地点最好先在阴凉通风处，并堆放在土地或沙土地上，不要堆放在水泥地上。水藏的种子袋不要露出水面，夏天种子袋要远离水面的高温水层，以免种子发芽，受热腐烂。

（二）选苗圃及施基肥

1. 苗圃地选择

选避风向阳、地势平坦、排水良好的微酸性沙质壤土或轻壤土地块作培植圃地，土层要求疏松，通气透水，排灌方便。如果土质太黏，需适当掺些砂土调节土壤质地。

2. 苗圃地整理

在冬季，翻耕平整土地两次，捡净杂草、石块等杂物，苗圃地的床沟、围沟以苗圃的地势确定，达到沟沟相通，流水通畅即可。苗床长 5～10 米，宽 1 米，高 15～20 厘米，表面土壤要整细，略呈龟背状。为防止病害发生，还应在作苗床时喷洒农药进行土壤消毒。

（三）播种育苗及管理

1. 种子的检验和消毒

检验：播种前要进行种子检验，剔除空壳种子和变质种子。然后用小刀随机切开若干饱满种子，观察种仁是否新鲜，有无生活能力。一般良好种子的种仁为乳白色。

消毒：先将种子用清水洗净，然后放入 0.5% 高锰酸钾或 1% 的漂白粉溶液中浸 15～20 分钟，然后滤去消毒药液余渣，种子用清水冲洗后晾干播种；或者用 0.5% 福尔马林溶液浸种 15 分钟，倒去药液，密封闷种半小时，再用清水冲洗晾干后播种。

2. 催芽

桂花种子催芽是为了使种子能迅速而整齐地发芽。可将消毒后的种子放入 50℃左右的温水中浸 4 小时，然后取出放入箩筐内，用湿布或稻草覆盖，置于 18～24℃的温度条件下催芽。在催芽的过程中，要经常翻动种子，使上层和下层的温度和湿度保持一致，以使出芽整齐。待有半数种子种壳开裂或稍露胚根时，就可以进行播种。

3. 播种

一般采用条播法，即在苗床上作横向或纵向的条沟，沟宽 12 厘米、沟深 3 厘米；在沟内每隔 6～8 厘米播 1 粒催芽后的种子。播种时要将种脐侧放，以免胚根和幼茎弯曲，影响幼苗的生长。通常用宽幅条播，行距 20～25 厘米、幅宽 10～12 厘米，每公顷播种 300 公斤，可产苗木 375000～450000 株。播种后要随即覆盖细土，盖土厚度以不超过种子横径的 2～3 倍为宜；盖土后整平畦面，以免积水；再盖上薄层稻草，以不见泥土为度，并张绳压紧，防止盖草被风吹走；然后用细眼喷壶充分喷水，至土壤湿透为止。盖草和喷水可保持土壤湿润，避免土壤板结，促使种子早发芽和早出土。

4. 播种后培育管理

种子萌发后管理工作应及时跟上，以培养健壮的实生苗。幼苗的生长发育情况，在具体操作时应做好如下工作：

（1）揭草和遮阳。当种子萌发出土后，在阴天或傍晚要适当揭草。揭草过早，达不到盖草目的；

揭草过迟，会使幼芽折断或形成高脚苗。揭草应分次进行，并可将盖草的一部分留置幼苗行间，以保持苗床湿润，减少水分蒸发，防止杂草生长。揭草后，进入夏季高温季节，应及时搭棚遮阳，保持荫棚的透光度为40%左右，每天的遮阳时间一般是上午盖，傍晚揭；晴天盖，阴雨天揭，到9月上中旬，可以收贮遮阳用的芦帘。

(2)松土和除草。松土要及时进行，深度2～3厘米，宜浅不宜深，以防伤根。除草可结合松土进行，力求做到除早、除小、除了。此外，沟边、步道和田埂的杂草也要除净，以清洁圃地，消灭病虫孳生场所。

(3)间苗和补苗。桂花幼苗比较耐阴，生长速度又慢，一般不必间苗，适当移密补稀即可。移苗时不要损伤保留苗的根系，移苗后要进行一次灌溉，使苗根与土壤密切结合。

(4)灌排和施肥。夏秋干旱季节必须注意抗旱保苗，灌溉以早晨或傍晚进行为宜。采取速灌速排方法，水要浇透浇匀，雨季要加强清沟排渍，避免苗木受涝。幼苗出土1个月以后，进入苗木旺盛生长时期。每月应浇施1次腐熟稀薄的厩肥液或氮素化肥。浓度以每100公斤水掺对10公斤厩肥液或尿素150～200克或硫胺300～400克。随着幼苗的生长，施肥浓度可以适当增加。入秋后，停止追肥，以防苗木徒长和遭受冻害。在追肥时，不要使肥液沾附幼苗，避免伤苗。

(5)病虫害防治。桂花连作的苗圃容易发生褐斑病和立枯病，造成叶片大量枯黄脱落，或苗木根颈和根部皮层腐烂而导致全株枯死。同时幼苗期还容易发生蚜虫危害。因此，病虫害防治工作不可忽视。

5. 适时移栽

桂花1年生播种苗高20～30厘米，次年早春进行移植。2年生苗高约60厘米，3年生苗高约1米时，则要求再次进行移植。用作庭荫树或干道树，一般要求培育8～10年，高度2～3米，直径8～10厘米，才有利于栽后养护管理。

三、扦插育苗

(一)扦插时间

一般以夏季和秋季扦插最易成活。尤以6月份和7月份为佳，这时桂花新梢已停止生长，但还没有老熟，处于半木质化状态，花芽也刚开始发育，秋梢尚未萌发，枝条内部细胞分裂活跃，同时温度适宜，容易生根成活。此时，选当年生半木质化枝条进行带踵扦插，成活率较高。

(二)插穗的选择与处理

插穗的选择在扦插繁殖中是一个十分关键的环节。选择品质优良、生长健壮、无病虫害的幼龄桂花树作为母树，选择树体中上部与外围芽体饱满、生长势强和无病虫害的当年生半木质化的嫩枝或已木质化的健壮枝条作插穗。

为使插穗健壮饱满，在冬季必须对采穗母树加强肥水管理。在采穗前1～2个月，施2～3次速效肥料进行催条。如果春季干旱还应注意灌水。饱满和组织充实的枝条容易形成根的原始体，生根快，成活率高；而瘦弱的枝条则相反。

剪采插穗应在晴天的早晨或阴天进行，干旱天和雨天不能采集。对采集的插穗，要及时运至阴凉处摊开，洒少量的水，再盖上浸透水的棉布保湿，以防止插穗蒸发失水。插穗长度以三个茎节(5厘米左右长)为宜。扦插时，剪去插穗下部两对叶片，保留上部叶片，注意叶片不要留得太多，以免蒸发过量影响成活。在插条下端剪一略微歪斜的剪口，剪口要平滑，以利于扦插和愈合生根。插条最好在半成熟枝与老枝交界处的节下0.1厘米处剪下，俗称“带踵”。因为此处组织致密，养分充足，容易发根。

将剪好的插条下端对齐，按30～50株为一捆的标准将全部插条捆扎好。然后将插条整齐竖排在配置好的100毫升/升浓度的萘乙酸溶液或ABT生根粉溶液中浸泡6～8个小时。然后取出用清水清洗下部后即可扦插，这样处理可大大提高扦插成活率。

(三)插床准备

扦插中常用的机质有蛭石、珍珠岩和黄沙等，其中以蛭石和黄沙混合体效果较好。混合体由20厘米厚的下部黄沙和10厘米厚的上部蛭石组成，可以形成既保水又透气的双层结构，同时还能在一定程度上防止基质湿度过大。

露地插床可选用微酸性、疏松、通气和保水力好的土壤作扦插基质。插床长3~5米，宽1米，高20厘米。床面要平整，土粒要细碎，并反复翻晒几天。在插床四周开好排水沟防止积水。在扦插前一个月可用800~1000倍敌百虫药液喷洒土壤以消灭线虫。插前半个月，用1∶100倍福尔马林药液对土壤进行消毒以防止插条感染病菌而烂根。临插前2~3天再用清水浇透插床，待水渗干后整平床面待插。

(四)插条扦插

扦插时插条入土的深度一般为插条的1/2~2/3为宜，只留少数叶片于土外。扦插的株行距为6厘米×10厘米，可扦插200株/平方米。操作时用竹签在苗床上划一直线小槽以免插时伤枝，然后将插条直插，插后将土压实，浇透水使插条与土壤能够紧密结合并保持湿润。接着用塑料小拱棚罩住以保持生长所需要的湿度和温度，也能防止雨淋积水。扦插后还要搭上遮阳网，以防止阳光直射减轻日照强度，透光度在30%~50%为好。实际操作中，如果生根之后即移载，则扦插的密度还可加大(以叶片不相互重叠为宜)，可充分的利用塑料棚。扦插一般在上午10时以前或下午4时以后进行；当天采集的插条要求当天插完，防止枝条放久失水而枯萎，以保证成活率。

(五)插后管理

控制温度和湿度是插条能否生根成活的关键。由于扦插季节常多高温，插条上的叶片易失水分，故应注意采取防风、保湿和降温等保护措施。当发现薄膜内壁没有水珠或床面干燥时应及时浇水，保持空气相对湿度在90%左右。水浇透即可不宜过多，苗床上要有荫蔽物防止阳光直射。发现插穗基部萌芽应抹去以减少养分消耗。结合喷水，每隔10天可喷0.2%的尿素或磷酸二氢钾溶液促进根系和新梢生长。

护理得当，1个月左右插条即开始生根，3个月左右即可揭去薄膜增加光照。但生根后的小苗耐寒耐热能力仍差，为防止冬天可能霜冻，遮阳网最好不揭开，必要时还需将薄膜盖上，把两端打开透气即可，待春节过后再揭去。9~10月份扦插的，因地温较低，部分插条没有发根，薄膜应到第二年3月中下旬才能揭去，遮阳网最好到9月份以后再揭去，并且要适时浇水施肥，从而保证幼苗在冬末或来年春天移栽、出售。

(六)移栽

桂花扦插1个月后即能形成较好的根系，2个月根系即十分发达。但由于基质营养较为有限，应在扦插后40天左右进行移栽以保证后期生长，要选择阴雨天移栽，栽后适度浇水遮阴确保成活。栽后10天即可施少量5%~8%的尿素水溶液。如管理措施好，当年高度可达30厘米以上，3年即可形成80~100厘米高的植株，并可正常开花。

四、苗木出圃与处理

(一)小苗出圃

压条苗、嫁接苗生根后，可在冬季造林或定植在圃地培育大苗。扦插苗高达30厘米以上，播种苗达到25厘米以上，地径达到0.4厘米以上，可出圃造林或移植到大苗培育区。起苗时应尽可能保持根系的完整，起苗后应及时栽植，如需长途运输，应注意保湿。

(二)大苗出圃

起挖桂花大苗必须带土球，土球的直径应为其基径的6~8倍，土球的厚度为球径的2/3左右。起苗不宜在雨天进行，土壤湿度大，容易散球。夏天炎热，土壤过于干燥，起苗前两天要浇水，使土壤含有一定的水分，起苗时土壤有粘性，不易散球。起好土球后，用一对麻绳和适量的草绳将土球绑好。先用麻绳对折打结，放于土球底部，再用草绳围土球 3 至 4 圈，用麻绳打结，接着再将草绳围 3 至 4 圈至土球上部，最后将麻绳打结和树干绑紧，即可准备装运。

(三) 吊装和运输

用麻绳或胶皮垫在主干近土球处，用麻绳绑紧，70 厘米以上的土球可用吊车起装到汽车上，再加盖防雨布或遮阴网，以遮挡雨水和减少水分蒸发。夜间运输交通通畅，且有利于减少苗木的水分蒸发。

第三节　栽培技术

一、立地选择

桂花在平原、丘陵和山地均可以栽植。在丘陵低山种植桂花，日照充足，空气流通，排水良好，很有利于桂花的生长，以 5° ~ 15°角的缓坡地最为理想。在平地栽植桂花，应选择地势高燥，排水良好，土壤疏松，富含有机质，呈酸性或微酸性的地方。要根据当地的土壤实际情况，选择适宜的栽植园地，因为桂花栽植后的生长发育和开花情况，与所栽植地块的土壤性状，关系极大。

二、栽培模式

桂花一般作观赏林或作花用经济林，因此，桂花造林一般造纯林。但丘陵山区的桂花园，在栽植后的头几年，为了充分利用土地，并促进桂花幼林的生长，应尽可能地在幼林行间实行各种间作。这样，既可以充分利用地力，增加经济收入，又能在管理作物的同时抚育桂花幼林。

(一) 整地

在园地选定后，视具体情况进行细致严格的整地和土壤改良，使园地土壤得以深耕和熟化。整地应尽早进行，充分发挥土壤的蓄水保墒作用，保证栽植工作的及时进行。一般来说，整地宜在栽植前 3 个月进行。整地方法则因地区、坡度、土壤条件和地面情况不同而已。在荒山草坡，应先清除灌木丛和宿根杂草，平整好起伏不平的小地形，然后再进行整地。在丘陵山地，若坡度平缓，土层深厚时，可作水平带状整地；若坡度较大，则要采取一定的水土保持措施，一般采取穴状整地。

(二) 造林密度

桂花的栽植密度，要根据其栽培目的、品种性状和立地条件而定。总的来说，作为观赏的园林树种，其密度要比采收桂花的经济树种密一些，大面积成观赏林栽植时，通常株行距为 2.5 米 ×2.5 米，作为经济树种的栽植密度为 4 米 ×4 米。

(三) 栽植

1. 栽植季节

桂花主根不明显，侧根和须根均很发达，是一种耐移植和栽植成活率高的园林树种。除了炎夏季节和寒冬季节以外，其他时间均可栽植。但无论何时栽植。桂花树苗需带有完整的土球并作适当的修剪。

2. 苗木选择、处理

栽植桂花树常用穴植法。起苗前，先把栽植穴挖好，穴的直径较苗木根部所带的土球大 0.5 ~ 0.6 米，以便栽植时在土球周围加土捣实，使土球和穴土紧密结合。穴的深度比苗木所带土球的高度大 0.2 ~ 0.3 米。挖穴时，将表土和心土分开堆放，以便填土时先填表土再填心土。挖好穴后，最好施入基肥，基肥之上，再填入 10 厘米左右厚的泥土，使基肥不与土球直接接触，防止烧根。栽植时，将桂花苗安放在事先挖好的栽植穴内，把拢冠的草索剪除，调好观赏面，使树体直立，填入少量表土固定土球。然后剪开绑扎材料，填入表土。填至一半时，用锄头将土球四周夯实。再继续填入心土，覆土比原土球高 0.1～0.2 米为宜。如果植株较高大，定植时需要用木桩支撑固定。苗木定植后，围土筑埂，并及时浇透水，至不再下渗为度。

(四)林分管抚

桂花的栽培管护，主要应从土壤管理入手，通过松土、除草、施肥和林地间作等措施，改善土壤的理化性质，排除杂草及灌木对桂花的竞争；与此同时，还要求对桂花本身进行必要的抑制、调节和保护，如整形修剪等，使其迅速健壮地成长。

1. 幼林抚育

松土除草宜在天气晴朗或雨后 2～3 天、土壤不潮湿和不黏结时进行。对桂花小苗，以人工除草为主；对桂花大苗，既可人工除草，也可以机械除草。铲除的杂草要及时处理。除草次数，应根据当年雨水情况、杂草繁茂程度及管理水平而定。新栽植的桂花植株，在根际 0.5～1 米的土壤范围内，要经常松土除草。一般春秋之间进行 3～5 次，可安排在春、夏之间桂花两次生长高峰期即将来临之前进行。在杂草生长最旺的芒种和夏至之间，松土除草工作更应抓紧而不可放松。

中耕除草时，应注意桂花树基部宜浅、边缘宜深；伏耕宜浅、春耕宜深、夏耕适中。其深度应根据桂花幼树根系密集的深度范围而定，一般胸径 3 厘米以下的小苗，中耕深度为 3～5 厘米；胸径 3 厘米以上的大苗，中耕深度为 6～8 厘米。贴近树干处宜浅，远离树干处可略深。松土时，不可伤及树皮和折损枝条。地面上的石块等，要及时捡走。同时，应将桂花树周围和地边上杂草，以及攀援在树冠上的藤蔓类植物、寄生在枝干上的寄生植物，如桑寄生等清除干净。

2. 施追肥

桂花施肥要薄肥勤施，以速效氮肥为主。幼年桂花树全年要施肥 4 次，时间是入冬前、早春萌芽前、5 月下旬和 6 月底至 7 月底。要选择天气晴朗、土壤干燥时进行。头两次以牛羊粪、湖泥等作基肥为主，后两次以速效性的氮肥为主。成年桂花树则每年施肥 3 次。其中一次基肥，在 10 月中下旬至入冬前施入；两次追肥，第一次为催梢肥，在 2～3 月份施，以促发春梢；第二次为催花费，在 8 月份(开花前 1 个月)施入，以增加花量和提高花的质量。

同时，由于桂花苗木吸收养料和水分全在树冠外围的须根部位，因此，宜在树冠投影外圈挖沟施肥，沟深可视根的深度而定。新移植的桂花，由于根系的损伤，吸收能力较弱，因而追肥不宜太早。施肥时，肥料不能与枝叶接触，也不能与粗根和须根直接接触。施后要求覆盖土壤，并同时平整好地面。

3. 修枝、抹芽与干型培育

(1)修枝。栽培桂花，如果长期不注意修剪整形，就会长成畸形树。且修剪还可以增强树体抗风能力，降低病虫害发生率，防止病虫害的潜伏和蔓延。桂花修剪的操作要领为：小树弱剪，老树强剪；弱枝多截，强枝少截；枯到哪里，剪到哪里。当桂花树势、枝势生长不好时，可根据具体情况进行轻、中和重等不同短截方式，以有效控制树冠，促进中短健壮枝的发育。同时，对过密的外围枝进行适当疏除，并剪除细弱枝、徒长枝和病虫枝，以改善植株通风透光条件。

(2)抹芽。桂花发芽时，主干和基部的芽都能萌发，应及时将主干下部的芽抹掉，使营养和水分集中供应上部枝条，使其发育旺盛，健康成长，以形成理想的树形。

(3)干形培育。对观赏类桂花，通过人工整形修剪，可在自然美的基础上，创造出人为干预的自然与艺术融为一体的美。采花类桂花，通过人工整形修剪，能扩大树冠，加速生长，防止无谓的养分消耗，促进繁花满树。

①长很高而下部缺少枝叶的植株，可将主干的 2/3 或 3/4 以上部分截去，促使下部树干另发新枝。来年发现徒长枝、位置不当枝以及其他杂乱枝条应全部剪除，使之形成丰满的自然形。

②头重脚轻、生长过高的树，每年都要将上部强枝缩剪去约1/4。修剪整形时，同时要剪去过密枝、细弱枝、病虫枝、徒长枝以及不能开花的老枝，以利通风透光。凡经修剪整形后的桂花树，均应加强水肥管理。整形后，在树干基部或中部发现有丛生萌蘖，要及时将芽抹去。

(五)病虫害防治

1. 病害防治

桂花常见病害大都发生在叶部，主要有桂花褐斑病、桂花枯斑病、桂花炭疽病，这些病害可引起桂花早落叶，削弱植株生长势，降低桂花产花量和观赏价值。

(1)桂花褐斑病。褐斑病由木犀生尾孢真菌侵染引起，一般发生在4至10月份，老叶比嫩叶易感病。

(2)桂花枯斑病。是危害桂花的主要病害之一，发生在7至11月份，在环境条件不好的棚室内全年可发生。植株生长衰弱时及越冬后的老叶及植株下部的叶片发病较重。

(3)桂花炭疽病。炭疽病发生在4至6月份。

(4)防治措施。首先要减少侵染来源。秋季彻底清除病落叶。盆栽的桂花要及时摘除病叶。其次加强栽培管理。选择肥沃、排水良好的土壤或基质栽植桂花；增施有机肥及钾肥；栽植密度要适宜，以便通风透光，降低叶面湿度减少病害的发生。入冬时，及时摘除病叶并烧埋。

科学使用药剂防治。发病初期喷洒1:2:200倍的波尔多液，以后可喷50%多菌灵可湿性粉剂1000倍液或50%苯来特可湿性粉剂1000至1500倍液。重病区在苗木出圃时要用1000倍的高锰酸钾溶液浸泡消毒。每隔10~15天喷1次，连续2~3次即见效。

2. 虫害防治

(1)家庭养殖桂花的主要虫害是螨，俗称红蜘蛛。一旦发现发病，应立即处置，可用螨虫清，蚜螨杀，三坐(唑)锡进行叶面喷雾。要将叶片的正反面都均匀的喷到。每周一次，连续2~3次，即可治愈。

(2)桂花叶峰。危害桂花叶片与嫩梢的专食性害虫。

防治方法：幼虫在入土化蛹期间，浅翻树干周围土壤，破坏幼虫蛹室，将其灭杀在越冬期。在幼虫危害期，选用2.5%溴氰菊酯乳油2000倍液，或90%敌百虫1000~1500倍液，或40%乐斯本乳油1500倍液喷洒树冠、叶面。

(3)柑橘全爪螨。危害桂花的主要虫害螨之一。

防治方法：对幼苗、幼树应加强春、秋、冬三季的防治；对成年树则重视早春与晚秋的治理。前期以药剂防治为主，入冬，可选用20%哒螨灵可湿性粉剂600~800倍液喷洒树冠、枝叶；早春，可选0.3~0.5波美度石硫合剂防治；4月中旬，可用40%氧化乐果或80%敌敌畏900倍液，每隔10天左右喷洒1次，连续2次，效果显著。注意保护和利用天敌。

(4)糠片盾蚧。危害桂花及其他多种园林花卉植物。

防治方法：结合冬春间的整形修剪，及时发现、及时剪除有虫枝叶，并集中烧毁。在第一代若虫孵化期时，选用50%杀螟松乳油1000倍液，或25%喹硫磷乳油500~1000倍液，或5%吡虫啉乳油1500~2000倍液进行喷施。利用天敌昆虫如中华圆蚧蚜小蜂等进行生物防治。

第六十六章　川黔紫薇

第一节　树种概述

川黔紫薇 *Lagerstroemia excelsac* 又名贵州紫薇，千屈菜科紫薇属落叶大乔木，是中国特有种，并以“古、大、珍、稀”而称雄于植物王国，被誉为“紫薇王”。其生长较快，木材色红褐纹美丽，且具香气，为高档居室装饰及高级家具用材，因此是珍贵的乡土用材树种。其冠体紧实，枝叶浓密，花白色略显金黄，可做行道树或风景树，是理想的园林绿化树种。

一、木材特性及利用

（一）木材材性

川黔紫薇木材深红褐色，木纹美丽，极具观赏价值。具显著香气，可防蛀虫，耐腐性好。材质坚硬，结构细致，密度大，抗弯、抗压、抗拉性能好，变形较小，刨削后切面光滑，易干燥，加工性能优良。

（二）木材利用

是珍贵的室内装修材，以及优良的高级家具、雕刻、箱板、电工器材等用材。

（三）其他用途

对二氧化硫、氯化氢、氯气、氟化氢等有毒气体抵抗性较强，能吸附空气中的烟尘，富集重金属能力也较强，是重金属污染厂区的生态防护绿化的主要树种。

二、生物学特性及环境要求

（一）形态特征

落叶大乔木，树高 30 米，胸径达 1 米；树皮灰褐色，成薄片状剥落。叶对生，膜质，椭圆形或宽椭圆形，长 7 ~ 13 厘米，宽 3.5 ~ 5 厘米，上面无毛，下面初时被柔毛，后仅沿叶脉处宿存，侧脉在近叶缘处汇合成边脉，网脉在两面均突起；叶柄被短柔毛。圆锥花序长 11 ~ 30 厘米，分枝具 4 棱，密被灰褐色星状柔毛；花小，多而密，黄白色，5 ~ 6 数，花芽近球形，被柔毛；花萼长 2 毫米，有不明显的脉纹 12 条，初被星状短柔毛，后变无毛，裂片三角形，内面无毛，附属体小，直立；花瓣宽三角状长圆形；子房球形。蒴果球状卵形，长 3.5 ~ 5 毫米。4 月开花，7 ~ 8 月果熟。

（二）生长规律

川黔紫薇幼年阶段，一年抽 3 次新梢，即春梢—夏梢—秋梢。树高年生长量为 0.7 ~ 1.2 米，胸径年生长量达 0.7 ~ 1.0 厘米。每年 2 月下旬抽春梢、春梢生长缓慢，夏梢和秋梢生长快，6 月中旬前后夏梢生长最快，20 天内可生长 30 ~ 40 厘米，为全年高生长的高峰期，8 ~ 9 月间抽秋梢，出现高生长的第 2 个高峰，两个高峰期生长量占全年高生长的 70% 以上。胸径生长期主要在 5 ~ 11 月，以 6 ~ 9 月为最快，占全年生长量的 70% ~ 90% 。

人工林的初期生长明显比天然林快，一般早期生长较快，4 ~ 5 年生进入树高、胸径速生阶段。树高速生期持续到 16 年左右，胸径速生期持续到 20 年生，20 年生树高和胸径的生长量为 20 米和 25 厘米，树高生长10～20年最快，胸径15～25年生长最快，材积15～25年最快。110年生的天然川黔紫薇，树高25.3米，胸径50厘米，单株材积2立方米。

（三）分布

分布于贵州、四川、重庆、湖南、湖北、云南等省（市）。多生于海拔300～2000米的山谷密林里，也常见于村寨景观林中。为强阳性树种，树干通直，生长快，对土壤的适应性较强，在土层深厚、肥沃、湿润，排水良好的地带生长良好。

（四）生态学特性

萌蘖性强，寿命长，抗污染性强，有较强的杀菌能力。怕涝，在低洼积水的地方容易烂根，喜排水良好的壤土，喜生于肥沃的沙壤土中，在粘性土壤中也能生长，但生长速度较慢。

（五）环境要求

川黔紫薇喜光，耐热，生长和开花都需充足的阳光，在温暖湿润的气候条件下生长旺盛；对土壤要求不严，但种植在肥沃、深厚、疏松、呈微酸性或酸性的土壤中生长尤为健壮；怕涝，忌种在地下水位高的低湿地方，在较瘠薄土壤也能生长。

第二节　苗木培育

一、良种选择与应用

川黔紫薇目前尚未建立种子园及采穗圃。可选择优良种源的优势林分或优良单株进行采种，以提高育苗质量和造林效益。

二、播种育苗

（一）种子采集与处理

当川黔紫薇蒴果由青色变为黄褐色即可采种。采种时选择树冠匀称、生长健壮、无病虫害、树形美观的20～30年生能正常开花的母树。果实在未成熟前开裂，种子易散落，应及时连果梗一起采下，摊开晾干，去杂后即播或沙藏至翌年3～4月播种。因种皮薄，易失水，宜干燥后即播或沙藏后春播为宜。

（二）选苗圃及施基肥

圃地应选在地势平坦、靠近水源、利于排水的地方。翌年3月份，圃地经过犁耙，施足基肥（每亩施复合肥100公斤），南北向做床，作苗床宽1.0～1.2米，高15～20厘米，步道宽0.3米，细致整平床面，为防杂草滋生，播种前在苗床加铺一层3厘米厚的黄心土。

（三）播种育苗与管理

播种前种子用2%的高锰酸钾溶液浸泡消毒24～48小时，并用清水将残留的高锰酸钾溶液冲洗干净，稍稍晾干以备用。将苗床泥土锄松整平，进行条播。条距30厘米，条幅3厘米，深2～3厘米，播种后覆土，厚度以0.5厘米较好。喷透水，再覆草保湿。

播种后25天左右，种子开始发芽。当幼苗出齐后，要分批在傍晚揭草。出苗后要注意遮阴保护一段时间，用遮阳网遮阳，待幼苗开始木质化后再见直射光。苗期勤除草，6～7月追施薄肥2～3次。阴雨天要防止床面积水，天旱时要结合灌溉进行施肥，保持土壤湿润。及时松土、除草，阴雨天要结合间苗，对缺苗的地方进行补苗。

三、扦插育苗

（一）硬枝扦插

1. 圃地选择

川黔紫薇适宜在土层深厚，土质疏松，排水、通气良好的地方。将苗床进行耕深25厘米、整细、除去杂物，扦插前要对土壤进行消毒处理：一般于扦插前5天，在床面上洒2%～3%的硫酸亚铁水溶液5公斤/平方米。以120厘米宽开厢，东西向，厢沟宽25厘米、深20厘米，其余围沟、腰沟依次渐深。

2. 插条采集与处理

选择无病虫害的壮枝，剪成长16厘米左右的插穗，剪口为平口，下切口靠近芽节处。插穗用100毫克/升生根粉浸泡1小时后插入苗床，将插条插入疏松，排水良好的苗床中，深度为10厘米左右。

3. 扦插时间与要求

硬枝扦插一般在春季2月进行，选择无病虫害的壮枝。嫩枝扦插一般选择6月下旬至8月上旬，在生长健壮无病虫害的母株上选当年生木质化程度较高的枝条，约15厘米左右，剪除下部叶片，上端留2～3片叶，一般留四个叶茎节。为提高成活率，应随采、随剪、随插。

4. 插后管理

苗床上搭建高2米左右的遮阳网遮阴棚，并在棚内再搭一个高50厘米的塑料薄膜小拱棚，以保持插穗的湿度。

中午当棚内温度超过35℃时，应揭开小拱棚的两头，通风降温，使棚内温度保持在30℃以下。一般插后6～10天萌发新芽，15天开始生根，25天后可揭去薄膜通风，保留遮阳网，再适时浇水。

（二）嫩枝扦插

1. 圃地选择

川黔紫薇适宜在土层深厚，土质疏松，排水、通气良好的地方。将苗床进行耕深25厘米，整细、除去杂物，扦插前要对土壤进行消毒处理：一般于扦插前5天，在床面上洒2%～3%的硫酸亚铁水溶液5公斤/平方米。以120厘米宽开厢，东西向，厢沟宽25厘米、深20厘米，其余围沟、腰沟依次渐深。

2. 插条采集与处理

6月中下旬至7月底，在生长健壮的母株上选当年生木质化程度较高的枝条，长约15厘米左右，剪除下部叶片，上端留2～3片叶，一般留四个叶茎节。为提高成活率，应随采、随剪、随插。

3. 扦插时间与要求

嫩枝扦插一般在夏季进行，插穗用100毫克/升生根粉浸泡1小时后插入苗床，为防止嫩皮撕裂，先用工具插孔，顺孔插入，深度为插穗的2/3。然后将插穗周边的土壤挤紧，使其保湿，利于插穗生根。

4. 插后管理

苗床上搭建高2米左右的遮阳网遮阴棚，并在棚内再搭一个高80厘米的塑料薄膜小拱棚，以保持插穗的湿度。

中午当棚内温度超过30℃时，应揭开小拱棚的两头，通风降温，使棚内温度保持在30℃以下。一般插后6～10天萌发新芽，15天开始生根，25天后可揭去薄膜通风，保留遮阳网，再适时浇水。8月中下旬后，要揭去遮阳网，使苗木加速形成木质化。

四、轻基质容器育苗

（一）轻基质的配制

轻基质营养土选择可结合当地自然条件，本着就地取材、灵活搭配、营养全面的原则，以有机质为主，选择林中腐殖质土或枯枝落叶、食用菌袋料废弃物、动物粪便（猪、牛、羊、鸡、鸭粪均可）复合肥、钾肥、适量生黄，一般以1～2种材料为骨架，加入肥料和多种添加剂进行调节。基质一般采用泥炭∶珍珠岩＝7∶3，缓释肥施入2.5公斤/立方米。

（二）容器的规格及材质

容器选用聚乙烯材料，规格为8厘米×10厘米。将发酵、消毒后的轻基质分别装填到容器内，必须填实，距离容器上口缘保留约0.5～1.0厘米空间。

（三）圃地准备

圃地应选择通风良好、光照充足、交通及排灌方便的平坦地区。对圃地要进行深耕细耙，拣净草根石块，地面要求平整。然后作床（床面高度以轻基质容器土面高于步道5～10厘米为宜）。苗床宽1～1.2米，长度不限，床与床之间的步道宽度35～40厘米，苗床四周步道要互通，便于排水与作业。

（四）容器袋进床

将装填好的容器呈"品"字形整齐排列到苗床上，容器之间相互挤紧，中间空隙用细沙土填平。四周用泥土堆起与容器平齐，最后用洒壶均匀地对容器洒水，浇透为宜。

（五）种子处理

种子用2%的高锰酸钾溶液浸泡消毒24～48小时，并用清水将残留的高锰酸钾溶液冲洗干净，稍稍晾干以备用。

（六）播种与芽苗移栽

将种子装入轻基质营养土的容器内，每个容器3～5粒种子，如果容器营养土干燥时可用洒壶适量洒水，再用营养土覆盖种子厚度0.5～1厘米，上面用稻草覆盖营养袋，以保持湿润。当芽苗生长高度达到4～5厘米，有4～6张真叶时开始移栽。移栽前5～7天，用5%的硫酸亚铁溶液进行浇灌，对容器袋消毒。

（七）苗期管理

移栽后要及时遮阴，要遮阴15～20天到成活。芽苗移栽后15天内，要保持容器袋内基质湿润。要经常喷水或浇水，喷水时间一般在上午10时以前或下午5时以后。梅雨季节要清沟排水，特别不能让苗床积水。夏秋季高温干旱，要经常喷水或浇水。由于在基质中加入缓释肥料，一般不需要进行根外追肥。视苗木生长情况可结合浇水施肥。

五、苗木出圃与处理

苗高达30厘米以上时基本停止生长，可以考虑出圃。苗木出圃前三天要浇足水，起出的营养袋装入竹筐或纸箱，注意轻拿轻放，呈三角形排列摆放整齐、紧密，防止破损或机械损伤，尽可能一次性运输到造林地点，减少中途搬运环节。

第三节　栽培技术

一、立地选择

川黔紫薇适宜向阳的、排水良好的环境，石灰质土壤、沙壤或轻壤为最好。年降水量1500毫米以上，极端最低温度在－15℃以内。

二、栽培模式

（一）纯林

由于纯林的造林、经营、采伐利用的整个过程，技术都比较简单，且纯林能够保证主要树种积累最高的木材蓄积量。因此世界上迄今为止，仍以营造纯林为主，我国也是如此。但根据调查资料，现有川黔紫薇虽有小块状片林以纯林形式出现，但大多仍是单株散生于其他阔叶林中。虽然有引种川黔紫薇进行纯林栽植的报道，但仍处于幼林阶段，对于其纯林是否抗病虫害的风险，仍难以定论。因此，大面积培育川黔紫薇人工林，以采取纯林营造，混交林管护的方式进行为妥。

(二)混交林

在造林时不营造其他树种，只造川黔紫薇。而管护时，保留林地上的灌木和小树，使其形成天然混交。如林地上极少灌木和小树，则在造林后第2或第3年时，在林地上再补植其他混交树种。因川黔紫薇是阳性树种，应使其形成上层林分优势，而下层为其他混交树种。

三、整地

整地的主要作用是改善幼苗生长的立地条件，可使造林施工容易进行，同时提高造林成活率和促进幼林生长。整地可以改变小地形，增加透光度，能极大改变土壤的物理性及土壤的温度、水分、通气状况，因此有利于土壤微生物活动加速营养物质的分解，并且能促进各种营养元素有效化和可溶性盐类的释放。整地在加快腐殖质及生物残体分解的同时，能增加土壤养分的转化和积蓄，不仅可提高造林成活率，还使水土能得到保持，减少水土流失。

(一)造林地清理

对造林用地进行清理是翻垦土壤前的所要进行的第一道工序。根据土壤里杂物的不同可以结合割除清理、化学药剂清理和火烧清理三种方法。将造林地上的灌木、杂草以及采伐迹地上的枝丫、梢头、站秆、倒木、伐根等清除掉。在清理完成后进行归堆和平铺，然后在做好防火工作的前提下，采用火烧将其清除。

(二)整地时间

清山整地要在造林前一个月完成。

(三)整地方式

川黔紫薇整地方式可采用穴垦整地。穴垦整地可以减少水土流失，节省整地用工，节约造林成本。先将造林穴点一米范围内的杂草、刺棘和矮灌木清除干净，以便挖穴。保留穴点一米以外的杂草、刺棘、矮灌木和小树，增加造林之后幼树侧方遮阴，也可为以后形成混交林，以增加林分的综合效益。穴规格为50厘米×50厘米×40厘米，或60厘米×60厘米×50厘米。如土壤疏松肥沃，可用小规格穴。如土壤较紧实，且石砾多，可用大规格穴。穴垦整地时应将表土与心土分开放置，待放好基肥后，再将表土填入穴内，然后将心土覆盖在穴内表土上面。

(四)造林密度

不同密度间林木生长发育的差异主要是由于其营养生长空间的差异造成，密度大，林木间相互挤压抑制了树冠生长，造成树冠枯损和窄小，林木营养面积小，林木生长不良。密度小，单株生长量虽大，但单位面积产量较低。因此，确定川黔紫薇合理的造林密度，是确保川黔紫薇获得最大营养生长空间，促进林分快速生长，进而在单位面积内获得最大木材蓄积量，使造林获得最佳效益的主要技术措施。川黔紫薇作为珍贵用材树种，其冠体较紧密，枝叶较小，造林以2米×3米、3米×3米、3米×4米三种密度为宜。实践中可根据立地条件和人工经营水平，选择三种密度中的具体适宜密度。

(五)基肥

栽植时施足基肥。每穴施过磷酸钙(或钙镁磷)1~2公斤和施复合肥1公斤。在穴挖好后，将肥料施入穴底后，与土充分拌匀，以免肥料伤坏树苗根系。

四、栽植

（一）栽植季节

一般于春季栽植。

（二）苗木选择、处理

选择健壮苗木，地径0.8厘米、平均高100厘米，顶端优势明显、顶芽完好，主干粗壮、根系发达，高径比协调，叶片浓绿，无病虫害。丛枝、顶端优势不明显、枝缩叶淡、体态纤弱的劣苗应淘汰。

（三）栽植方式

栽植方式一般为穴植。穴面与原坡面持平或稍向内倾斜，穴径50～60厘米，深度30～40厘米以上。这是一种简易的局部整地，适用于地势平缓和缓坡地带。

（四）栽植

裸根苗采用"三覆二踩一提苗"的通用造林方法，栽植时将根系舒展置于栽植穴内，然后覆土分层将土壤踩紧，使土壤与根系紧密接触，有利于苗木早扎根，提高成活率，如果栽植过松则成活率很低。栽植后及时浇足定根水。

五、林分管抚

（一）幼林抚育

幼林定植后前3年每年的5月和8月进行全面砍草、块状扩穴培土各1次。每年施肥1次。4～6年生时，每年冬季或夏季砍去杂草和过密的灌丛，使林分通透。

（二）施追肥

在头3～5年，于每年川黔紫薇萌芽前离树干1米左右处，挖一条深宽20厘米左右的环形沟，每株追施复合肥0.5公斤，以促进幼林生长。

（三）修枝、抹芽与干型培育

川黔紫薇萌生枝条的能力强，且一年多次抽梢，容易形成多个顶梢，影响主干生长。以培育用材为目标，需在造林头几年要及时剪除主梢侧边的次顶梢，以确保主顶梢的生长，加快主干高生长。但对于不影响主梢生长的其他侧枝，则需保留，不得强度剪去，否则对川黔紫薇生长不利。

（四）间伐

当林分郁闭时，应及时进行间伐，调整林分密度。对初植密度为2米×3米或3米×3米的需经2次间伐，初植密度为3米×4米的需经1次间伐，使终伐时每公顷保留600株左右为宜。

（五）病虫害防治

1. 白粉病

白粉病是一种真菌性病害，主要危害叶片，枝条、嫩梢、花芽及花蕾有时也受危害，严重时整株树木都会死亡。

对重病植株可在冬季剪除所有当年生枝条并集中烧毁，从而彻底清除病源。并加强日常管理，注意增施磷、钾肥，控制氮肥的施用量，以提高植株的抗病性，同时也要注意选用抗病品种。发病严重的地区，在春季萌芽前喷洒3～4波美度石硫合剂。生长季节发病时可喷洒80%代森锌可湿性粉剂500倍液，或70%甲基托布津1000倍液，或20%粉锈宁（即三唑酮）乳油1500倍液，以及50%多菌灵可湿性粉剂800倍液。

2. 叶斑病

病原菌是一种真菌，主要侵害叶片。发病严重时，病斑连接成片，整个叶片迅速变黄，并提前脱落，影响树势。

对于叶斑病防治，可剪除密枝，改善通风透光，降低树冠内湿度。及时清地，减少病原菌；夏季干旱，及时灌水或覆草抗旱。在春、夏、秋各次梢萌发抽生展叶期，喷药保护，每隔10~15天喷1~2次药。使用的药剂及浓度是：0.5%~0.6%波尔多液(即用0.5~0.6份生石灰，0.5~0.6份硫酸铜，加水100份调配而成)，或70%甲基托布津可湿性粉剂或50%多菌灵可湿性粉剂800~1000倍液，或50%托布津可湿性粉剂或65%代森锌可湿性粉剂500~600倍液。

3. 煤污病

煤污病发病后病株叶面布满黑色霉层，影响叶片的光合作用，导致植株生长衰弱，提早落叶。

应加强栽培管理，合理安排种植密度。做好对长斑蚜、绒蚧的防治，是预防煤污病的关键因素。对上年煤污病发病较为严重的地段，可在春季萌芽前喷洒3~5波美度石硫合剂，以消灭越冬病源。对生长期遭受煤污病侵害的植株，可喷洒70%甲基托布津可湿性粉剂1000倍液，或50%多菌灵可湿性粉剂1000倍液。

4. 叶甲

叶甲为食叶害虫，以成虫和幼虫同时进行危害川黔紫薇叶片及嫩枝表皮。应从4月上旬开始进行防治，用灭幼脲1500倍液，25%灭幼氰乳剂1000倍液、速灭杀丁800倍液进行防治效果较好。

5. 银杏大蚕蛾

幼虫取食植物的叶片成缺刻或食光叶片，严重影响产量。对于银杏大蚕蛾的防治，冬季可人工摘除卵块；7月中、下旬人工捕杀老熟幼虫或人工采茧烧毁。成虫有较强趋光性，飞翔能力强，于8~9月份雌蛾产卵前，用黑光灯诱杀成虫，效果良好。银杏大蚕蛾3龄前抵抗力弱，并有群集特点，在5月上旬喷2.5%溴氰菊酯2500倍液。幼虫期喷洒90%敌百虫1500~2000倍液，或鱼藤精800倍液，或25%杀虫双500倍液，防治效果均好。

6. 绒蚧

绒蚧主要以若虫、雌成虫聚集于小枝叶片主脉基部和芽腋、嫩梢或枝干等部位刺吸汁液，常造成树势衰弱，生长不良。而且其分泌的大量蜜露会诱发严重的煤污病。如虫口密度过大，枝叶会发黑，叶片早落，开花不正常，甚至全株枯死。

清除虫害危害严重、带有越冬虫态的枝条。对发生严重的地区，除加强冬季修剪与养护外，可在早春萌芽前喷洒3~5波美度石硫合剂，杀死越冬若虫。苗木生长季节，要在若虫孵化期用药，可选用40%速蚧克(即速扑杀)乳油1500倍液，或48%毒死蜱乳油(乐斯本)1200倍液，或50%杀螟松乳油800倍液等进行喷洒防治。

7. 长斑蚜

长斑蚜常为害嫩叶，危害后新梢扭曲，嫩叶卷缩，凹凸不平，影响花芽形成，并使花序缩短，甚至无花，同时还会诱发煤污病。

对于长斑蚜的防治，可冬季结合修剪，清除病虫枝、瘦弱枝以及过密枝，以消灭部分越冬卵。尽可能做到枝干光洁，注意清除枝丫处翅裂的皮层，并集中烧毁，以减少越冬蚜卵。另外可以喷洒10%蚜虱净可湿性粉剂1500倍掖，或50%杀螟松乳油1000倍液等。

8. 星天牛

树木受星天牛危害后，生长势减弱，严重时整株死亡，影响林分产量。

在卵期或幼虫孵化初期，可喷洒40%久效磷乳油2000倍液，或50%磷胺乳剂2000倍液等具有内吸性的药剂。8月中下旬，在幼虫开始蛀干深入木质部时，可用细铁丝钩从通气排粪孔掏出粪屑后将蘸有80%敌敌畏乳油或40%氧化乐果乳油10~30倍液的棉球，塞入洞内毒杀幼虫；直接从孔道注入50%杀螟松乳油或50%敌敌畏乳油200倍液也可，但需黄泥封闭洞口。

参考文献

1. 陈存及，陈伙法．阔叶树种栽培．北京：中国林业出版社，2000.

2. 陈晓阳，沈熙环．林木育种学．北京：高等教育出版社，2005.

3. 成俊卿．木材学．北京：中国林业出版社，1985.

4. 傅立国．中国植物红皮书．北京：科学出版社，1991.

5. 高新一，王玉英．植物无性繁殖实用技术．北京：金盾出版社，2003.

6. 郭起荣．南方主要树种育苗关键技术．北京：中国林业出版社，2011.

7. 胡芳名，谭晓风．中国主要经济树种栽培与利用．北京：中国林业出版社，2001.

8. 李志辉，朱宁华．椿叶花椒人工林综合经营技术．北京：中国林业出版社，2011.

9. 梁立兴．中国银杏．济南：山东科学技术出版社，1988，2.

10. 卢宝明，贺毅．林业种子相关法律、法规、司法解释、规章、规范性文件汇编．北京：中国农业大学出版社．2013.

11. 祁承经，林亲众．湖南树木志．长沙：湖南科技出版社．2000.

12. 祁承经，汤庚国．树木学(南方本)．北京：中国林业出版社，2005.

13. 丘小军，王宏志．中国南方生态园林树种．南宁：广西科学技术出版社，2006.

14. 沈国舫．森林培育学．北京：中国林业出版社，2001.

15. 沈海龙．苗木培育学．北京：中国林业出版社，2009.

16. 沈熙环．种子园优质高产技术．北京：中国林业出版社．1994.

17. 盛炜彤，童书振．杉木丰产栽培实用技术．北京：中国林业出版社，2011.

18. 宋志伟．土壤肥料．北京：高等教育出版社，2009，(4).

19. 吴中伦．杉木．北京：中国林业出版社，1984.

20. 余本付．安徽省乡土树种造林技术．北京：中国林业出版社，2007.

21. 俞新妥．杉木栽培学．福州：福建科学技术出版社，1997.

22. 郑万钧．中国树木志(第二卷)．北京：中国林业出版社，1985.

23. 郑万钧．中国树木志(第四卷)．北京：中国林业出版社，2004，4：128 ~ 4 129.

24. 周家骏，高林．优良阔叶树种造林技术．杭州：浙江科学技术出版社，1985.

25. 蔡建武，陆顺江．无患子移栽育苗双繁技术．林业科技开发，2005，19(1)：45 ~ 46.

26. 曹高铨，姚月华．光皮桦轻基质网袋容器苗培育技术．现代农业科技，2011，8：194 ~195 .

27. 曹基武，刘春林．蓖子三尖杉生物学特性和繁殖技术．林业科技开发，2005，(6)：33 ~ 39.

28. 曹艳云，蒋燚等．大叶栎扦插育苗技术．广西林业科学，2009，(4)：252 ~ 253.

29. 陈碧华，范辉华．无患子繁育技术研究进展．湖北林业科技，2012，41(6)：45 ~ 48.

30. 陈长义．闽东沿海山地香椿湿地松混交林生长成效分析．防护林科技，2012，7(4)：26 ~ 28.

31. 陈德叶．福建柏人工林栽培技术．广东林业科技，2008.

32. 陈德叶．水青冈人工栽培技术研究．林业勘察设计，2007，(2).

33. 陈凤毛，高捍东．枫香种子生物学特性的研究进展．种子，2001，(1)：33 ~ 34.

34. 陈凤英．我国容器育苗现状及其技术发展趋势．林业科技开发，1989，2：1 ~ 5.

35. 陈国彪．刨花楠的利用与培育技术．广西林业科学，2004，33(4)：212 ~ 213.

36. 陈辉，洪伟．马尾松轻型基质容器育苗特性的研究．福律林学院学报，1993，13(4)：319 ~ 326.

37. 陈建光，程宏益．枫香的育苗技术．林业科技开发，2001，15(1)：51 ~ 52.

38. 陈美高．不同年龄马尾松人工林生物量结构特征．福建林学院学报，2006，26(4)：332 ~ 335.

39. 陈美珍．香椿山地丰产林栽培技术研究．防护林科技，2011，(4)：54 ~ 56.

40. 陈如平．南方红豆杉的经济价值及栽培管理技术．中国园艺文摘，2014，04：172 ~ 173..

41. 陈绍煌．无患子不同种源种子育苗试验．福建林业科技，2013，40(3)：90～95.
42. 陈淑容．不同立地因子对楠木生长的影响．福建林业科技，2010，30(2)：157～160.
43. 陈铁山，崔宏安，等．香椿育苗技术的研究现状．陕西林业科技，1999，(1)：68～71.
44. 陈小寿，檫树种子繁殖技术．安徽林业科技，2009，(2)：40.
45. 陈晓芬．任豆树硬枝扦插育苗技术研究．林业勘察设计(福建)，2006，2：126～128.
46. 陈孝，纪程灵，等．1年生桢楠容器苗质量分级研究．中国农学通报，2014，16：30～34.
47. 陈孝丑．杉木速生优良无性系的选育．浙江林学院学报，2001，18(3)：257～261.
48. 程晓建，黎章矩．香榧的生态习性及其适生条件．林业科技开发，2009，(1).
49. 池毓章．观光木播种苗生长规律及育苗技术研究．福建林业科技，2007，34(1)：121～125.
50. 崔青云，王小德．金钱松研究进展与展望．北方园艺，2010，(20)：202～203.
51. 戴启金，杨海．榉树的育苗及栽培管理．林业实用技术，2006，(1)：21～22.
52. 戴文，刘国华，等．喜树的播种育苗技术．现代农业科技，2005，(6)：5.
53. 戴文圣，黎章矩，等．香榧生长习性及提高造林成活率的关键技术．西南林学院学报，2005，(4).
54. 戴晓勇，林泽信，等．篦子三尖杉种子育苗技术研究，2012，31(8)：122～125.
55. 邓敏志，张弛．紫色土丘陵区臭椿育苗及造林技术．四川林业科技，2010，(5).
56. 邓荫伟，李晓铁，等．银杏主要病虫害综合治理技术应用．林业科技开发，2006，20(1)：63～66.
57. 董春英，陈明皋，等．闽楠大田播种育苗及富根壮苗培育技术研究．中国农学通报，2014，30(16)：48～52.
58. 董凤梅．优良绿化树种—栾树的栽培技术．中国林副特产，2010，3(106)：43～44.
59. 杜坤．不同基质对锐齿栎、栓皮栎和麻栎容器苗生长的影响．东北林业大学学报，2012，40(1)：12～15.
60. 杜铃，周菊珍，等．观光木的采种育苗技术．广西林业科学，2001，30(2).
61. 杜文军，谢双喜，等．侧柏人工林培育技术研究进展．湖北林业科技，2009，2(156)：39～42.
62. 樊丽春，丁银花．刨花楠采种育苗与造林技术．安徽农学通报，2011，17(14)：217～243.
63. 范理璋．无患子育苗技术．林业实用技术，2006，31(12)：5～8.
64. 范振富，高瑞龙，等．香椿人工林和天然林木材纤维形态和化学成分比较研究．亚热带植物科学，2003，32(3)：35～37.
65. 范振富．香椿速生丰产用材林栽培试验．林业科技开发，2004，5(18)：61～63.
66. 方江保，殷秀敏，等．光照强度对苦槠幼苗生长与光合作用的影响．浙江林学院学报，2010，(4).
67. 方乐金，施季森，等．枫香子代性状的遗传变异分析．林业科学，2003，39(3)：148～152.
68. 冯建国，季新良，等．特种经济高档用材红豆树培育技术．林业科技开发，2007，21(5)：93～95.
69. 冯建民，何贵平，等．光皮桦采种育苗技术．浙江林业科技，2006，26(1)：59 ~61.
70. 冯岳东．林木种子休眠原因与解除研究进展．园艺学文集 5，2010.
71. 付金贤，何贵平，等．南酸枣截干造林对其生长的效应研究．现代农业科技，2007，16：6～8.
72. 付玉嫔，杨卫，等．榉树容器苗壮苗培育技术研究．西部林业科学，2006，35(2)：31～35.
73. 傅国勇，杨堂亮，等．木荷优质苗的培育．林业实用技术，2009，(9).
74. 傅松玲，刘胜清．容器育苗质量问题及其对策．安徽农业大学学报，1996，23(1)：79～81.
75. 傅祥久．木荷优质干材培育修枝技术的研究．河北农业科学，2010，14(5)：10～13.
76. 甘国勇．不同立地质量红豆树人工林造林效果分析．福建热作科技，2011，29(1)：5～9.
77. 高捍东．我国林木种苗产业化现状及对策．林业科技开发，2005，01.
78. 高澜．栾树播种育苗与栽培技术．林业科技，2014，2：31～32.
79. 瑞龙，吴光华，等．不同树龄香椿人工林木材材质的比较．江西农业大学学报，2003，10(25)：124～127.
80. 永金，朱锦茹．容器苗质量评定指标研究．浙江林业科技，2006，26(1)：10～12.
81. 玉敏．沉水樟扦插繁殖试验．福建林业科技，2006.
82. 关朝祥．金钱松育苗技术．安徽林业，2005，(1)：26.
83. 官九红．光皮桦扦插育苗试验．防护林科技，2011，100(1)：51～52.
84. 郭春兰，杨武英，等．青钱柳嫩枝扦插育苗的研究，江西农业大学学报，2006，28(2)：254～257.
85. 郭晓敏，牛德奎，等．优良阔叶树种—刨花楠木材构造性质及用途的研究．江西农业大学学报，1999，21(3)：391～394.

86. 郭星，白怀臣，等．刺槐容器苗的培育与造林．林业实用技术，2003，11：21～23.
87. 郭玉硕．青钱柳杉木混交林的经营效果，福建林学院学报，2007，27(1)：61～64.
88. 郝海坤，潘月芳，等．红锥容器育苗的试验研究．西部林业科学，2009，38(2)：41～46.
89. 何贵平，陈益泰，等．南酸枣人工林早期生长特性及其与杉木混交效应研究．林业科学研究，2004，17(2)：206～212.
90. 何贵平，黄海泳，等．刨花楠、花梨木、乐东拟单性木兰嫩枝扦插繁殖试验．浙江林业科技，2004，24(3)：30～32.
91. 何贵平，麻建强，等．珍贵用材树种柏木轻基质容器育苗实验研究．林业科学研究，2010，23(1)：134～137.
92. 何林，万立东．榉树育苗及造林技术．安徽林业科技，2006，(3)：41.
93. 何慎，雷正菊，等．麻栎播种育苗及造林技术．育苗技术．2013，09：71～72.
94. 何燚，莫泽，等．大叶栎轻型基质扦插育苗试验．西部林业科学，2009，38(4)：43～47.
95. 洪俊溪．青钱柳人工林材性试验研究，福建林学院学报，1997，17(3)：214～217.
96. 侯伯鑫，林峰，等．福建柏资源分布的研究．中国野生植物资源，2005.
97. 侯元兆．现代林业育苗的理念与技术．世界林业研究，2007，20(4)：24～29.
98. 胡炳堂，洪顺山，等．湿地松幼林施肥研究．林业科学研究．1995，(4).
99. 胡茶青．金钱松种子处理及覆土方法对发芽率的影响研究．现代农业科技，2014，(6)：183～186.
100. 胡丛叶．臭椿造林技术．安徽农学通报(下半月刊)，2009，(20).
101. 胡德活，阮梓材，等．杉木优良无性系早期选择．广东林业科技，1998，14(3)：7～12.
102. 胡芳名，李建安．湖南省栎类资源开发利用研究．经济林研究，1999，17(2)：1～5.
103. 胡根长，冯建国，等．木荷容器育苗基质肥料配方研究．浙江林业科技，2009，29(6)：22～25.
104. 胡庆栋，周必勇．大叶冬青利用价值及其播种育苗技术．现代农业科技，2009，05：80～83.
105. 胡松竹，钟全林，等．刨花楠人工栽培技术初探．江西农业大学学报，2001，23(4)：332～335.
106. 胡希华．刨花润楠的优良特性及育苗栽培技术．湖南林业科技，2006，33(1)：65～66.
107. 花焜福．杉木毛红椿混交林生长效应研究．福建农林科技，2006，(4)：75～77.
108. 黄萍．楠木轻基质容器袋育苗技术．现代园艺，2012，18：35.
109. 黄荣林，蒋燚，等．黄冕林场大叶栎不同种源/家系子代林的测定结果研究．西部林业科学，2009，38(4)：36～42.
110. 黄山区，潘文全．优良乡土树种南酸枣造林技术．安徽林业，2008，5：30～31.
111. 王敬文．无患子的研究现状及其开发利用．林业科技开发，2009，23(6)：1～5.
112. 黄学明，廖世全．翅荚木适生立地条件调查分析．林业科技通讯，1993，7：19～20.
113. 黄勇来．沉水樟生物学特性及其人工栽培技术．亚热带农业研究，2007.
114. 黄云鹏．杉木与红锥混交林生长量及混交比例的研究．福建林学院学报，2008，28(3)：271～275.
115. 季孔庶，樊民亮，等．马尾松无性系种子园半同胞子代变异分析和家系选择．林业科学，2005，41(6)：43～49.
116. 贾建华．臭椿的播种育苗技术．山西林业科技，2003，(9).
117. 江丽仙，蒋善友．金钱松育苗造林．安徽林业，2005，(4)：22.
118. 江雄清．闽东山地香椿杉木混交林生态响应．安徽农学通报，2010，16(15)：190～193.
119. 姜翠翠，叶新福，等．无患子研究进展概述．福建农业学报，2013，28(4)：405～411.
120. 姜岳忠．毛白杨人工林丰产栽培理论基础与技术体系研究．北京：北京林业大学，2006.
121. 姜芸，吴际友，等．湖南省珍贵乡土用材树种研究现状与发展对策．湖南林业科技，2013，03：1～4.
122. 焦月玲，周志春，等．三尖杉苗木生长和形态种源差异．林业科学研究，2006，19(4)：452～454.
123. 金波，东惠茹．香椿种子及贮藏过程中的生理变化．上海农业学报，1991，7(4)：38～42.
124. 金航标．香榧组织培养及室内嫩枝嫁接技术研究．浙江林学院，2008.
125. 寇书宏，牛淑贤．刺槐速生丰产林营造技术．陕西林业科技，2012，2：98～99.
126. 雷凌菁，陈伟．光皮桦扦插育苗技术研究．林业科技开发，2004，18(6)：51～52.
127. 黎恢安，曹基武，等．南方红豆杉生长规律研究．湖北农业科学，2014，01：110～113.
128. 黎云昆．论我国珍贵用材树种资源的培育．绿色中国，2005，(16)：24～28.

129. 李春利，王青天．枫香种子育苗技术．林业实用技术，2005，(4)：39.
130. 李春梅．刺槐育苗及栽培技术．林业科技，2010，3：27～28.
131. 李纯教．皖南山区钩栲特征特性及播种育苗技术．现代农业科技，2012.
132. 李冬林，金雅琴，等．我国楠木属植物资源的地理分布、研究现状和开发利用前景．福建林业科技，2004，01：5～9.
133. 李贵，童方平，等．鬣蒴栲生长过程及数量成熟工艺成熟的初步研究．中南林业科技大学学报，2013，33(12)：53～56.
134. 李海玲，方升佐．青钱柳繁殖技术研究进展，林业科技开发，2005，19(6)：3～5.
135. 李红玲，文卫华，等．遮阴网遮光度对南方红豆杉大田播种育苗苗木保存率和生长的影响．广西林业科学，2014，01：56～60.
136. 李哗男．北方林区大棚工厂化容器育苗配套技术．林业科技，2001，11(6)：5～7.
137. 李金宝．大叶冬青不同混交造林模式的生长效果比较．亚热带农业研究，2012，02：90～92.
138. 李士坤．三尖杉繁育技术．现代农业科技，2008，(15)：79～82.
139. 李松海，谢安德，等．珍贵树种观光木研究现状及展望．南方农业学报，2011，42(8)：968～971.
140. 李文付．大叶栎营养杯育苗试验．广西科学院学报，2006，22(3)：180～182.
141. 李锡泉，罗勤初，等．檫树地理种源试验．湖南林业科技，1993，20(3)：15～18.
142. 李锡泉．檫树丰产栽培技术．湖南林业科技，2012，39(4)：72～73.
143. 李小文．侧柏育苗造林技术．农机服务，2013，30(9)：980～981.
144. 李晓储．杉木生长、材性兼优种源选择的研究．江苏林业科技，1998，25(1)：7～10.
145. 李晓清，唐森强，等．桢楠木材的物理力学性质．东北林业大学学报，2013，02：77～79.
146. 李永彬，马志平．栾树的栽培．河北林业，2008，1：45.
147. 李玉石，沈冠华，等．喜树繁育技术及其开发应用前景．山东林业科技，2005，(3)：53～55.
148. 李志辉，李柏海，等．我国南方珍贵用材树种资源的重要性及其发展策略．中南林业科技大学学报，2012，32(11)：1～8.
149. 李志辉，刘延青，等．KIBA对仿栗秋季扦插生根的影响．中国农学通报，2010，26(16)：109～112.
150. 连雷龙．青钱柳的栽培技术．林业科技开发，2003，17(3)：51～52.
151. 连永刚．麻栎播种育苗技术．林业实用技术，2007，(12)：21～22.
152. 梁宏温，黄寿先，等．23年生大叶栎木材物理力学性质的初步研究．西北林学院学报，2007，22(1)：115～118.
153. 梁有祥，秦武明，等．桂东南地区火力楠人工林生长规律研究．西北林学院学报，2011，26(2)：150～154.
154. 梁跃龙，吴钦树．江西九连山自然保护区光皮桦生长规律研究．江西林业科技，2010，4：4～6.
155. 廖德志，吴际友，等．柔毛油杉无性系嫩枝秋季扦插繁殖试验．中国农学通讯，2009.
156. 廖菊阳，陈迎辉，等．观光木栽培营林技术研究．湖南林业科技，2012，39(5)：83～85.
157. 廖龙泉．刨花楠生长规律的初步研究．江苏林业科技，1997，24(1)：39～42.
158. 林峰．福建柏地理种源试验及培育技术研究．湖南：中南林学院，2004.
159. 林金国，陈慈禄，等．人工纯林和混交林中南酸枣木材解剖特性的比较分析．植物资源与环境学报，2009，18(4)：46～52.
160. 林金国，范辉华，等．福建省杉木人工林材性产区效应的研究I. 木材基本密度和纤维形态．福建林学院学报，1999，(1)：273～275.
161. 林贤山，陈天文，等．南方红豆杉人工林木材物理力学性质的研究．林业实用技术，2002，04：4～6.
162. 林学志，李志良，等．南方红豆杉山地造林技术．绿色科技，2014，01：104～105.
163. 刘宝．珍贵树种闽楠栽培特性与人工林经营效果研究．福建农林大学，2005.
164. 刘济明．喜树的种子休眠及更新．西南师范大学学报，1998，23(6)：725～725.
165. 刘继忠．侧柏造林技术．林业科技，2010，05：29～30.
166. 刘军，陈益泰．毛红椿优树子代苗期性状遗传变异研究．江西农业大学学报，2008，30(1)：64～67.
167. 刘军，姜景民，等．闽楠种子轻基质容器育苗及优良家系选择．西北林学院学报，2011，26(6)：70～73.
168. 刘鲲．乡土树种椿叶花椒种子习性及生长特性研究．中南林学院，2005：18～22.

169. 刘美利，邓鸿荣．福建柏扦插繁殖技术．绿色科技，2010.
170. 刘潘全．马尾松桐棉种源优良家系造林密度试验初报．广西林业科学，2006，(S1)：12～16.
171. 刘群录，钟继军，等．香椿的扦插繁殖．河北林学院学报，1995，10(3)：226～230.
172. 刘顺国，王万强，等．大叶冬青育苗．中国林业，2007，12：62.
173. 刘伟强，侯伯鑫，等．福建柏栽培技术．湖南林业科技，2013.
174. 刘晓玲，符韵林．人工林观光木主要解剖特性及基本密度研究，浙江农林大学学报，2013，30(5)：769～776.
175. 刘雪梅，杨传贵，等．榔榆雾插技术的研究．山东林业科技，2005，(6)：44～45.
176. 刘延青．仿栗扦插繁殖技术及其生根机理的研究．中南林业科技大学，2010，1：16.
177. 刘勇．我国苗木培育理论与技术进展．世界林业研究，2000，5.
178. 刘勇．中国林木种子生物学与种子经营技术进展．林业科学，2011，8.
179. 刘增荣．枫香的多种用途和适应能力．湖南林业科技，1990.
180. 刘占彪，肖冬梅，等．杜英的扦插繁育技术．北方园艺，2010，3：83～85.
181. 龙汉利，梁国平，等．四川香樟人工林生长特性研究．四川林业科技，2011.
182. 龙汉利，周永丽，等．桢楠扦插繁育试验研究．四川林业科技，2011，06：85～87.
183. 龙平光，李日林．大叶栎采种育苗技术，湖南林业，2007，6：23～24.
184. 龙涛，蓝嘉川，等．采伐和炼山对马尾松林土壤微生物多样性的影响．南方农业学报，2013，32(08)：23～27.
185. 龙应忠，吴际友，等．湖南省湿地松、火炬松丰产栽培技术的研究．林业实用技术，1995，(8)．
186. 楼枝春，潘卫斌，等．山杜英优质育苗技术．中国林副特产，2003，1：41.
187. 卢锋，朱先富．金钱松栽培技术．安徽林业，2002，(4)：17.
188. 吕桂芝，刘芙，等．造林整地与植树造林技术．中国西部科技，2009，8(18).
189. 吕建雄，林志远，等．红锥和西南桦人工林木材干缩特性的研究．北京林业大学学报，2005，27(1)：6～9.
190. 吕玉华，沙珩．三尖杉的育苗技术．云南林业科技，2000，(2)：12～14.
191. 罗德光．杜英播种育苗技术研究．福建林业科技，2003，30(1)：31～33.
192. 罗在柒，王军辉，等．观光木网袋容器苗生理指标测定与基质筛选．林业科技开发，2010，24(1)：94～96.
193. 罗仲春，徐玉书．赤皮青冈造林应用技术研究．中南林业调查规划，1995，(3)：23～25.
194. 骆嘉言，林金国，等．香椿人工林和天然林木材材性的比较研究．西北林学院学报，2003，18(2)：77～79.
195. 麻建强，徐奎元，等．柏木容器育苗造林技术．现代农业科技，2009，8：39.
196. 马常耕．世界容器苗研究生产现状和我国发展对策．世界林业研究，1994，(5)：33～39.
197. 马桂莲，俞谐琴．木荷芽苗移栽育苗技术．浙江林业科技，2003，23(1)：56～57.
200. 马海林，刘方春，等．刺槐容器育苗基质特性及其评价．东北林业大学学报，2010，38(11)：38～41.
201. 马洪海．臭椿生物特性及栽培技术．吉林农业，2011，(12).
202. 马献良．红椿播种育苗初步研究．安徽林业科技，2005，(4)：7～8.
203. 缪妙青，吴光华，等．不同立地条件香椿人工林木材材质的比较．福建林业科技，2003，30(4)：12～14.
204. 莫家兴，梁宏温，等．大叶栎人工林木材纤维形态变异研究．安徽农业科学，2010，38(22)：12054～12056.
205. 牛毅．不同密度对南方红豆杉幼树生长量的影响．山东林业科技，2014，01：37～38.
206. 欧日明，李志辉，等．不同生根促进剂对仿栗扦插生根的影响．中南林业科技大学学报．2011，31(3)：139～143.
207. 潘柳娇，韦龙宾．香椿的主要病害及其防治方法．河北农业科学，2008，12(3)：69～72.
208. 潘永柱，叶金木，等．大叶冬青引种扦插试验及驯化技术．浙江林业科技，2013，01：45～48.
209. 潘月芳，曹艳云，等．任豆容器苗培育技术．技术开发，2001，15(2)：32～33.
210. 彭方仁，梁有旺．香椿的生物学特性及开发利用前景．林业科技开发，2005，19(3)：3～6.
211. 彭秀，耿养会，等．马褂木容器育苗轻基质配方研究．湖北林业科技，2013，1：5～9.
212. 普绍林．香樟容器育苗技术要点．云南林业，2014.
213. 普绍仁．不同种植密度对南方红豆杉苗木生长量的影响．四川林业科技，2014，02：90～91.
214. 钱洪涛，张纪林，等．金钱松幼苗移植措施对生长的影响．林业科技开发，2005，19(3)：58～60.

215. 邱炳发，石敏任，等．观光木的生材性质研究．福建林业科技，2011，38(2)：95～98.
216. 邱盛棵．楠木不同混交造林模式的生长效果比较．林业科技开发，2001，15(1)：26～27.
217. 曲良谱．苦楝、枫杨容器育苗技术研究．南京：南京林业大学，2007.
218. 尚旭岚，方升佐，等．综合处理措施对解除青钱柳种子休眠的影响，2014，34(1)：42～48.
219. 邵增明，光皮桦良种选育报告．安徽林业科技，2014，40(1)：33～34.
220. 施国良，朱丹，等．杜英的特征特性及主要培育技术．上海农业科技，2011，4：89～96.
221. 施季森，成铁龙，等．中国枫香育种研究现状．林业科技开发，2002，16(3)：17～19.
222. 施玲玲．山杜英扦插繁殖技术研究．浙江林业科技，1999，19(3)：26～30.
223. 舒金枝．桢楠容器育苗．广西林业科学，2009，03：197～198.
224. 宋荣．凹叶厚朴优良无性系扦插繁殖技术及其生根机理研究．中南林业科技大学硕士论文，2012，32.
225. 宋晓刚，杜树奎．栾树苗木繁殖与栽培管理技术．中国林副特产，2012，4(119)：57～58.
226. 苏新财．红锥用材林造林密度试验研究．现代农业科技，2013，13：160～161.
227. 苏燕洪，吴银兴．马尾松火力楠混交林生长特性和结构调控技术研究．江西农业大学学报，2003，25(2)：233～235.
228. 孙凡杰，李殿法，等．刺槐硬枝常规扦插育苗技术．山东林业科技，1991，1：56～57.
229. 孙锋．林业生产中提高苗木质量的几点思考．吉林农业，2012，08.
230. 孙伟琴，袁位，等．阔叶树容器苗应用技术研究．浙江林业科技，2005，25(2)：18～22.
231. 孙雪忠，金国庆，等．三尖杉扦插育苗技术研究．浙江林业科技，2008，28(3)：17～22.
232. 汤良智．不同遮阴度对南方红豆杉保存率及苗木生长量的影响．山东林业科技，2014，02：59～61.
233. 唐效蓉，房彩林，等．马尾松天然次生林间伐效应研究．湖南林业科技，2014，41(02)：12～17.
234. 唐效蓉，黄菁，等．马尾松良种富根壮苗培育技术．湖南林业科技，2011，38(06)：17～22.
235. 唐效蓉，蒋胜铎，等．马尾松人工中龄林间伐与施肥效应．湖南林业科技，2012，39(05)：21～15.
236. 唐效蓉，徐清乾，等．间伐对马尾松天然次生林林下植物多样性的影响．湖南林业科技，2012，39(02)：9～13.
237. 童方平，龚树立，等．翅荚木优质苗木培育技术．湖南林业科技，2013，39(1)：89～91.
238. 童方平，蒋燚，等．篦蒴榜生长材性热值灰色关联分析及优良半同胞家系选择．中国农学通报，2014，30(1)：11～15.
239. 童方平，李贵，等．翅荚木幼龄树配方施肥的效应研究．中国农学通报，2010，26(22)：118～120.
240. 童方平，吴际友，等．珍稀速生树种翅荚木栽培技术研究．湖南林业科技，2005，32(4)：13～15.
241. 万众．不同配比基质对香榧容器苗生长的影响．浙江：浙江农林大学，2011.
242. 汪德玉．杉木喜树混交林生态效应研究．河南大学学报，2005，35(2)：67～71.
243. 汪灵丹，张日清．榉树的研究进展．广西林业科学，2005，34(4)：188～192.
244. 王翠香，吴德军，等．栾树轻基质无纺布容器育苗技术．山东林业科技，2011，04(195)：27～88.
245. 王东光，尹光天，等．磷肥对闽楠苗木生长及叶片氮磷钾浓度的影响．南京林业大学学报(自然科学版)，2014，38(3)：40～44.
246. 王青天，余婉芳，等．杉木、红锥混交造林试验．绿色科技，2010，8：70～72.
247. 王青天．木荷种子不同方式浸种育苗试验．河北林业科技，2003，(3).
248. 王瑞辉．木荷育苗技术研究．湖南林业科技，2002，29(3)：24～25.
249. 王生华．闽楠人工林生长与干形形质分析．福建林业科技，2012，39(1)：58～62.
250. 王伟铎，罗友刚．铁坚杉树种种子育苗技术初报．湖北林业科技，1997，(4)：5～9.
251. 王伟铎，孙金成，等．铁坚杉生物量和生产力及木材物理力学性质．湖北林业科技，1995(4)：16～17.
252. 王小宁．青钱柳扦插育苗技术研究．林业实用技术，2012，4：25～27.
253. 王兴邦．青冈木材构造和利用的研究．中南林业调查规划，2003，(2).
254. 王秀花，马丽珍，等．木荷人工林生长和木材基本密度．林业科学，2011，47(7)：138～144.
255. 王胤，郭飞，等．马尾松与红锥混交人工林生长的初步研究．广西林业科学，2011，40(3)：199～201.
256. 王英生．山杜英育苗及造林技术．广东林业科技，2006，22(1)：100～103.
257. 王月生，汪树人．青钱柳育苗与造林技术，林业实用技术，2006，8：45.

258. 韦如萍，等. 林木育苗技术研究综述. 山西林业科技，2002，3.
259. 魏国海. 柳杉不同整地方式造林效果的比较研究. 山东林业科技，2007，168(1)：56 ~ 67.
260. 魏国余，覃德文，等. 麻栎人工林生长规律模拟与研究. 西北林学院学报，2014，29(4)：145 ~ 150.
261. 温秀梅. 樟树培育技术. 北京农业，2014.
262. 温佐吾. 造林技术措施对马尾松林分生长影响的定量分析与预测. 北京林业大学学报，2004，26(5).
263. 文卫华，吴际友，等. 红椿优树子代苗期生长表现. 中国农学通报，2012，28(34)：36 ~ 39.
264. 翁琴. 金钱松扦插育苗技术. 现代农业科技，2009，(6)：226 ~ 227.
265. 乌丽雅斯. 造林树种苗木定向培育理论探讨. 北京林业大学学报，2004，04.
266. 吴朝斌，伍铭凯，等. 蓖子三尖杉育苗技术. 林业实用技术 2007(8)：23 ~ 25.
267. 吴道圣，郑玉成，等. 木荷撒播育苗技术及苗木生长量研究. 浙江林业科技，2001，21(2)：29 ~ 31.
268. 吴际友，程勇，等. 红椿无性系嫩枝扦插繁殖试验. 湖南林业科技，2011，38(4)：5 ~ 7.
269. 吴际友，程勇，等. 铁坚油杉无性系嫩枝扦插繁殖效应. 中国农学通报，2007，23(12)：133 ~ 135.
270. 吴莉莉，王鸣凤，等. 红椿树的生物学特性及人工栽培试验研究. 安徽农学通报，2006，12(7)：168 ~ 169.
271. 吴小波. 银杏栽培管理技术. 广西园艺，2006，17(1)：41 ~ 42.
272. 吴小玲. 闽北引种果用银杏优良品种试验初报. 福建林业科技，2003，30(3)：79 ~ 82.
273. 吴兴盛. 闽楠的生态特性及栽培技术. 林业勘察设计，2002，2：67 ~ 69.
274. 吴幸连. 大叶栎扦插繁殖技术研究. 防护林科技，2008，86(5)：25 ~ 26.
275. 吴玉洲，张新权，等. 香椿生物学特性及育苗技术. 北方园艺，2012(15)：57 ~ 58.
276. 伍家荣. 我国特有珍贵树种——柔毛油杉. 湖南林业科技，1982.
277. 夏玉芳. 施肥对中龄马尾松木材主要物理性质和管胞形态的影响. 中南林学院学报，2002，(1).
278. 肖祥希，杨宗武，等. 福建柏人工林生长规律的研究. 福建林业科技，1998.
279. 肖祥希，杨宗武，等. 福建柏与杉木、马尾松人工林木材材性比较分析. 林业科技通讯，2000.
280. 谢声鹏，林俊鑫. 乡土树种山杜英人工造林技术. 防护林科技，2007，5：133 ~ 134.
281. 谢文雷. 木荷播种育苗的关键技术. 中南林业科技大学学报，2004，24(2)：59 ~ 63.
282. 邢付吉. 云南油杉“百日苗”培育及人工栽培技术. 林业调查规划，2002.
283. 徐朝阳. 杂种马褂木材性研究. 南京：南京林业大学，2004.
284. 徐俊玲，王小平，等. 栾树主要病虫害及防治方法. 河北林业科技，2014，04：88.
285. 徐清乾，殷元良，等. 湖南省杉木优良无性系定向选择. 湖南林业科技，2011.
286. 徐文才. 浙江楠轻基质容器苗培育技术研究. 安徽农业科学，2012，40(27)：13454 ~ 13459.
287. 徐有明，林汉，等. 施肥对湿地松幼林生长和木材物理力学性质的影响. 林业科学，2002(4).
288. 许传森. 轻质网袋容器全光雾扦插育苗技术与设备. 林业科技通讯，2001，8：7 ~ 10.
289. 许鲁平. 马尾松优良家系选择及遗传增益. 南昌工程学院学报，2014，30(04)：13 ~ 18.
290. 许绍远. 金钱松生长特性与林分结构的研究. 浙江林学院学报，1990，7(4)：297 ~ 306.
291. 许洋，许传森. 主要造林树种网袋容器育苗轻基质技术. 林业实用技术，2006，10：37 ~ 40.
292. 许云亮. 猴欢喜播种育苗和栽植技术研究. 林业勘察设计，2006，2：115 ~ 117.
293. 许忠坤. 杉木无性系选择与生长潜力分析. 林业科学研究，2014，27(5)：598 ~ 603.
294. 王洪友. 豫南引种檫树木材物理力学性质的试验研究. 河南林业科技，2007，6(2)：1 ~ 3.
295. 杨来安，秦武明，等. 观光木人工林生长规律的初步研究. 林业科技，2012，37(5)：9 ~ 14.
296. 杨鹏. 杉木与南酸枣混交造林效果分析. 福建林业科技，2011，38(2)：42 ~ 45.
297. 杨启明. 马尾松中幼林抚育经营方法与技术. 吉林农业，2014，31(4)：17 ~ 21.
298. 杨瑞国，吴增志，等. 香椿育苗密度研究河北林学院学报，1995，9(3)：231 ~ 234.
299. 杨硕知，王晓明，等. 测土配方施肥对湿地松生长与养分含量及其土壤肥力的影响. 湖南林业科技，2012，(5).
300. 杨天恩，马小荣，等. 刺槐高产优质育苗试验. 宁夏农林科技，2013，54(07)：35 ~ 36.
301. 杨永芳，于永明，等. 木兰属不同树种容器育苗基质选择技术研究. 甘肃林业，2014(1)：38 ~ 39.
302. 杨玉清，禹雄峰，等. 香椿嫩枝扦插繁殖效应研究. 湖南林业科技，2011，38(6)：83 ~ 84.
303. 杨玉盛，谢锦升，等. 杉木观光木混交林 C 库与 C 吸存. 北京林业大学学报，2003，25(5)：10 ~ 14.

304. 杨钰灏．香椿山地造林技术初探．青海农林科技，2012，1.
305. 杨宗武，郑仁华，等．珍稀树种—福建柏．林业科技通讯，1998.
306. 姚姜铭，陈宗福，等．氮磷钾不同肥料配比对火力楠苗木的试验研究，林业实用技术，2013，(7).
307. 姚增福，许彦婷．刺槐圃地播种育苗技术．河南林业科技，2010，30(1)：68～69.
308. 姚振一．闽楠幼树光合特性研究．长沙：中南林业科技大学，2013.
309. 叶火宝，程友亮，等．厚朴育苗造林技术．中国林副特产，2009，2(99)：44～45.
310. 叶建华，赖晓明．南方红豆杉种子育苗及苗期管理．北京农业，2014，06：59.
311. 叶世坚．木荷人工林大径材林分生长规律的初步研究．福建林业科技，1999，26(4)：49～52.
312. 叶晓霞，刘荣松，等．木荷容器苗技术应用和推广模式．江西林业科技，2011，(3).
313. 叶晓霞，肖纪军，等．赤皮青冈容器苗育苗技术．福建林业科技，2013，(3)：147～149.
314. 叶友章，吴开金．凹叶厚朴木材材性和弯曲应用研究．林业科技，2005，30(4)：46～47.
315. 易观路，罗建华，等．火力楠等木兰科5树种早期生长比较．广东林业科技，2007，23(6)：40～42.
316. 殷春梅．土壤容重及含水量对香樟树木生长的影响．安徽农学通报，2012，(11).
317. 殷国兰，冯绍惠，等．桢楠容器育苗试验．四川林业科技，2012，06：57～59.
318. 尹道刚，马开敏，等．无患子播种繁育及造林技术．四川林业科技，2011，32(3)：121～123.
319. 于琼花，张有珍，等．大叶冬青的繁育技术．林业实用技术，2004，04：28～29.
320. 余道平，彭启新，等．细叶楠穴盘育苗技术．林业实用技术，2012，12：39～40.
321. 余峰．刺槐的育苗及速生林施肥管理技术．吉林农业，2013，1：146.
322. 余琳，余新娟，等．阔叶树种容器育苗配套技术试验．浙江林业科技，2005，25(4)：35～38.
323. 俞良亮．马褂木扦插繁殖与植物生长物质的关系及苗期生长研究．南京：南京林业大学，2005.
324. 喻方圆，钱锦．不同采种期金钱松种子品质的研究．中南林学院学报，1999，19(4)：45～47.
325. 袁冬明，林磊，等．木荷轻基质网袋容器育苗技术研究．南京林业大学学报，2011，35(6)：53～58.
326. 岳军伟，骆昱春，等．沉水樟种质资源及培育技术研究进展．江西林业科技，2011.
327. 曾凡地．南酸枣天然林生长规律研究．福建林业科技，2001，28：13～15.
328. 曾令海，连辉明，等．樟树资源及其开发利用．广东林业科技，2012.
329. 曾庆良，杨先义，等．香椿容器育苗基质配方选择研究．西部林业科学，2011，40(4)：80～83.
330. 曾淑燕，李映珍．喜树生物学特性与栽培技术．广东林业科技，2007，23(1)：118～120.
331. 曾跃辉，刘新华，等．青钱柳资源利用与开发研究．湖南农业科学，2008，(4)：142～144.
332. 詹碧芳．杉木毛红椿混交林生物量结构研究．江西林业科技，2013，(3)：1～4.
333. 詹永亮．翅荚木轻基质秋季育苗技术研究．林业勘察设计(福建)，2013，2：128～131.
334. 张斌，刘延青，等．KIBA处理对仿栗插穗生理学特征的影响．中南林业科技大学学报，2011，31(3)：118～122.
335. 张凤良，张方秋，等．17个红锥种源生长、干形及木材基本密度变异分析．广东林业科技，2013，29(2)；17～22.
336. 张恒．冬青属植物资源收集与无性繁殖技术研究．杭州：浙江农林大学，2011.
337. 张季，田华林，等．南酸枣用材林培育立地条件选择研究．湖南农业科学，2010，(23)：138～140.
338. 张立军，周丽君．大叶榉人工栽培技术研究．湖南林业科技，1999，26(4)：18～24.
339. 张炼成，文卫华，等．不同地表覆盖物对南方红豆杉大田播种育苗效果的影响．湖南林业科技，2013，06：33～36.
340. 张庆．金钱松育苗技术．安徽林业，2008，(2)：36.
341. 张蕊，王秀花，等．不同红豆树人工林生长和心材特性的差异．浙江农林大学学报，2012，29(3)：412～419.
342. 张少强．喜树不同育苗方式的生长特性及培育技术研究．安徽农学通报，2014，20(9).
343. 张炜，何兴炳，等．四川桢楠生长特性与分布．林业科技开发，2012，05：38～41.
344. 张炜，江波，等．四川省桢楠天然群体种子表型多样性的初步研究．四川林业科技，2009，06：75～78.
345. 张先丽．臭椿育苗及造林技术．林业科学，2012，(9).
346. 张友元，夏玉芳，等．香椿生长规律初步研究．山地农业生物学报，2008，27(5)：393～397.

347. 张友元，夏玉芳，等．香椿木材解剖构造及其物理力学性质．植物分类与资源学报，2013，35(5)：641~646.

348. 张增强，孟昭福．生物固体用作树木容器育苗基质的研究．农业环境保护，2000，19(1)：18~20.

349. 赵丹．麻栎组培和扦插繁殖技术研究．南京：南京林业大学，2010，39~48.

350. 赵平，何友军．椿叶花椒生长规律及林分生产力研究．中南林业科技大学学报，2009，29 (5)：67~71.

351. 赵汝玉，李光友，等．红椿育苗及造林技术．广西林业科学，2005，34(3)：155~156.

352. 赵云，李凤鸣，等．刺槐硬枝扦插育苗试验．吉林林业科技，1995，2：41~42.

353. 郑冬英，何友军，等．椿叶花椒容器育苗技术．河南林业科技，2008，35 (2) ：60~61.

354. 郑建伟．金钱松育苗栽培技术．现代园艺，2011，(9)：41.

355. 郑天汉，兰思仁．红豆树天然林优树选择．福建农林大学学报(自然科学版)，2013，(4)：16~21.

356. 郑天汉，汤文彪，等．红豆树开花结实规律及种子发芽试验．林业科技开发，2006，20(6)：21~24.

357. 郑天汉．红豆树苗期的氮磷钾施肥效应．林业科技开发，2008，22(1)：22~25.

358. 钟全林，胡松竹，等．刨花楠生长特性及其生态因子影响分析．林业科学，2002，38(2)：165~168.

359. 钟永红．火力楠的栽培技术．林业实用技术，2005，8.

360. 周凤娇，丁访军．贵州西部地区光皮桦的生长规律．贵州农业科学，2011，39(9)：170~173.

361. 周国模，李孝青，等．喜树幼树和萌芽条生长规律及性状相关．浙江林学院学报，2000，17(4)：355~359.

362. 周华永，余能健，等．三尖杉切根育苗及造林成效的研究．福建林业科技，2003，30(3).

363. 周仁爱．马褂木种子育苗技术．安徽农学通报，2012，18(16)：163~164.

364. 周玮，周运超．施肥对马尾松幼苗及根系生长的影响．南京林业大学学报(自然科学版)，2011，(3)．

365. 周永丽，解锦华，等．红椿扦插育苗试验．西南林业大学学报，2012，32(4)：103~106.

366. 周宗瑞，李庸禄．桢楠人工栽培技术试验研究．湖南林业科技，1990，01：11~14.

367. 朱国华．大叶冬青嫩技扦插对比试验初报．浙江林业科技，2004，04：22~25.

368. 朱积余．红锥速生丰产栽培的试验研究．林业科技通讯，1993，2：8~10.

369. 朱炜．红锥人工幼林施肥试验研究．河南科技大学学报(农学版)，2004，24(2)：25~27.

370. 朱雁，田华林，等．桢楠容器育苗技术及苗木质量分级标准．中国林副特产，2014，01：42~43.

371. 朱雁，张季，等．南酸枣育苗技术及苗质量分级标准．中国林副特产，2010，109(6)：38~40.

372. 庄辉发，王辉，等．施用不同肥料对大叶冬青种植园土壤养分的影响．热带农业科技，2011，01：28~29.

373. 邹高顺，康木水．珍贵壳斗科树种种苗繁殖研究．林业勘察设计(福建)，2004(2)：15~20.

374. Huan－yong，Wang Yang，Wang Zhen－yue. Effect of planting density on plant growth and camptothecin content of Camptotheca acuminata seedlings. Journal of Forestry Research，2005，6(2)：137~139.

375. Yoshihiko Tsumura. Cryptomeria. Wild Crop Relatives：Genomic and Breeding Resources，2011，49~63.